U0304531

南黄海油气勘探若干地质问题认识和探讨

——南黄海中—古生界海相油气勘探新进展与面临的挑战

张训华　肖国林　吴志强　李双林 等　著

科学出版社

北　京

内 容 简 介

本书作者长期致力于南黄海陆相中—新生界和海相中—古生界油气资源的调查评价。针对海相油气地球物理勘探中存在的主要技术难点，开展勘探技术创新攻关研究和试验，形成了地球物理勘探与钻探的多项关键技术系列。首次在南黄海获得中部隆起及北部拗陷中—古生代海相碳酸盐岩层有效反射，并首次在南黄海中部隆起西部，以全取心钻进揭示了多套中—古生代海相地层，解决了中部隆起长期悬而未决的前新生代地层属性问题，揭示多层良好油气显示和多套中等—好的中—古生界海相烃源岩。在此基础上的区域地质与油气地质研究明确了南黄海处于下扬子块体主体部位，初步厘定了中—古生界海相油气地质条件，评价了生烃潜力、探讨了可能的成藏模式，开创了南黄海油气调查评价的新篇章。

本书比较全面地介绍了地球物理、地球化学、油气地质研究最新进展及面临的挑战，总结了南黄海油气勘查方面的新发现、新认识与新成果，是一部实用性很强的专业论著，内容新颖，理论与生产紧密结合，归纳总结简明扼要，对指导南黄海下一步中—古生界海相油气勘查、实现海域油气资源勘探二次创业的突破具有重要参考价值。

本书适合于从事海洋复杂构造与海相油气资源战略性调查的科技人员参考，也可作为大专院校师生教学参考。

图书在版编目（CIP）数据

南黄海油气勘探若干地质问题认识和探讨：南黄海中—古生界海相油气勘探新进展与面临的挑战／张训华等著. —北京：科学出版社，2017.11
ISBN 978-7-03-055282-2

Ⅰ.①南… Ⅱ.①张… Ⅲ.①南黄海–古生代–海相生油–油气勘探–研究 Ⅳ.①P618.130.208

中国版本图书馆 CIP 数据核字（2017）第 274177 号

责任编辑：孟美岑 韩 鹏 李 静／责任校对：张小霞
责任印制：肖 兴／封面设计：北京图阅盛世

科学出版社 出版
北京东黄城根北街 16 号
邮政编码：100717
http://www.sciencep.com
中国科学院印刷厂 印刷
科学出版社发行 各地新华书店经销
*
2017 年 11 月第 一 版 开本：889×1194 1/16
2017 年 11 月第一次印刷 印张：30 1/2
字数：965 000
定价：368.00 元
（如有印装质量问题，我社负责调换）

序

改革开放以来，国民经济的持续快速发展带来对油气资源的需求量迅速增长，从1993年开始，我国成为石油净进口国，2004年净进口量首次突破1亿t，2015年达3.28亿t，石油对外依存度突破60%，严重影响着国家的石油安全，也成为制约我国经济社会发展的主要瓶颈。

我国的油气资源丰富，新一轮的油气资源评价结果表明，石油和天然气地质资源量分别为765亿t和35万亿m³，目前油气的探明程度分别为34%和14%，分别处于勘探的中期和早期阶段，其中约61%的石油和天然气地质资源集中在中—古生代地层中，而这一层位探明程度更低。因此，在继续寻找陆相新生代盆地油气资源的同时，勘探和扩大前新生代（中生代、古生代，甚至元古代）海相沉积发育区的油气资源领域，发现更多的油气田，支撑国家经济建设持续稳定发展，是时代赋予石油人的历史使命。

南黄海盆地是一个晚元古代、古生代、中生代和新生代叠合盆地，最大沉积层厚逾万米，具有较大的油气资源潜力。始于20世纪60年代初，历经50余年勘探，仅在拗陷内的中、新生代陆相沉积层中获得少量油气发现，究其原因，除油气地质条件复杂、勘探难度大等因素外，更重要的是忽视了隆（凸）起区中-古生界可能的生油气层位，重视找油，忽视找气。

南黄海盆地是在前震旦纪结晶基底之上，叠加发育了晚元古—古生代克拉通盆地、早—中中生代内陆俯冲和类前陆盆地、晚中生代—新生代拉张断陷-断拗盆地，历经加里东、海西、印支、燕山和喜马拉雅多期构造运动，原来的沉积盆地及沉积体遭受挤压、改造、变形，形成形态多样的复杂地质体，加之不同类型盆地的互相叠加，发育多套生烃与储集层系，多次生烃与多期油气运移聚集造成油气分布复杂，极大地增加了地质认识上的困难和勘探的难度。创新勘探思路和手段，加强针对性的勘探技术攻关和地质与物化探综合研究，是南黄海盆地石油勘探的重大课题。

资源潜力不确定和勘探风险高是一直贯穿其中的难题，对复杂地质体的油气勘探是一个认识逐步积累和深化的过程，对海相中—古生界油气资源的认识，需转变思路，从基础地质调查入手，创新勘探理论，特别是应坚持不懈创新勘探技术方法。实践证明，每一次勘探理论与技术方法的创新和突破，都会带来新领域、新层位、新区域的油气新发现。

值得欣慰的是，中国地质调查局青岛海洋地质研究所长期致力于南黄海陆相中—新生界和海相中—古生界油气资源的调查评价，立足于隆（凸）起新区、中—古生界海相新层位，开展了针对性的油气地质条件和地球物理勘探新技术攻关研究和试验。通过20余年不懈的调查与探索研究，对南黄海前新生界深部地质构造和油气地质条件的认识取得了重要进展，并通过大陆架科学钻探，首次在南黄海中部隆起西部揭示了中—古生代海相地层，解决了中部隆起长期悬而未决的前新生代地层属性问题，钻遇了多层良好油气显示和多套中等—好的中—古生界海相烃源岩，开创了南黄海油气调查评价的新篇章。

本书比较全面地介绍了南黄海油气战略调查在地球物理、地球化学、油气地质等方面取得的最新进展和面临的挑战，是一部实用性较强的专业论著。该书理论与生产紧密结合，对指导南黄海下一步中—古生界油气勘查、实现油气资源勘探的突破具有重要参考价值。

作为长期从事油气藏地质研究的石油工作者，对《南黄海油气勘探若干地质问题认识和探讨——南黄海中—古生界海相油气勘探新进展与面临的挑战》一书的出版感到由衷的高兴，对南黄海地区油气调查所取得的丰硕成果感到欣慰，希望该书的出版对于发展我国海相油气勘探理论，为国家石油公司和油气战略调查系统广大科技及生产工作者提供指导和借鉴。

中国工程院院士：

2017年9月13日

前　　言

南黄海油气勘探目前有两个难点问题亟待解决：一是针对中—新生界和中—古生界叠合的复杂地质体，需创新勘探思路，加强针对性的勘探技术攻关，获得反映地下深部地层的地球物理、地球化学特性的有效信息，为地质解释、钻探井部署提供高精度资料；二是陆相中—新生代和海相中—古生代叠合盆地资源前景，尤其是海相中—古生界分布、生烃、储层、成藏地质条件与油气战略接替区等问题。

针对上述两个难点问题，近 20 年来，在国家科技攻关和有关海洋专项及战略性资源调查评价项目支持下，中国地质调查局青岛海洋地质研究所联合相关部门和单位在南黄海海域开展了大量的综合海洋地质与矿产资源调查，积累了大量地球物理和地质资料，特别是从 2005 年在南黄海开展了新一轮的油气地质调查以来，经广大科技人员的共同努力，攻克了诸多方法技术难关，形成了地球物理勘探与钻探的多项关键技术系列。

应用上述技术系列和方法，不仅首次在南黄海获得中部隆起及北部拗陷中—古生代海相碳酸盐岩地层有效反射，并首次在约 3 万 km² 的南黄海盆地中部隆起上全取心钻入前新生界，在 629.0～2843.4m 井段钻遇中生界三叠系、古生界二叠系、石炭系、泥盆系、志留系和奥陶系，证实南黄海盆地中部隆起发育多套中—古生代海相层，明确了南黄海是下扬子的主体，并在下三叠统青龙灰岩裂隙中见到原油渗出，在古生界多个层段见油气显示。钻井与地震综合解释对比进一步证实了南黄海盆地北部拗陷发育巨厚的陆相中生界和海相中—古生界、中部隆起和南部拗陷发育广泛的海相中—古生界，显示其具有良好的油气前景。这些勘探技术方法和科技成果在南黄海油气调查中的应用，转化为现实生产力，直接推动了南黄海海相中—古生界油气调查评价的进展，在海域复杂构造区油气调查技术方面处于国内领先地位。

在前述综合海洋地质调查评价，积累大量地球物理和地质资料基础上，针对上述两个问题，广大科技工作者在《地球物理学报》、《海洋地质与第四纪地质》、《海洋地质前沿》、《中国海上油气》、《石油地球物理勘探》等刊物上发表了大量探索性科研论文。从综合地球物理调查技术方法研究与试验应用、地球化学探测技术应用研究、盆地区域地质、结构与形成演化、基本油气地质条件与资源远景等方面进行了大量的探索研究，每位作者均从各自的专业领域出发进行分析总结，为南黄海地区的油气调查提出了诸多技术方法理论与实践建议。

油气调查与勘探是探索性极强和极富实践性的工作，许多专家提出建议，希望能从勘探历史回顾、油气地质特点与勘探难点、勘探技术方法攻关试验、适应性与应用效果等方面，从勘探实践出发，经过深入的思考，将勘探实践中的认识、问题及对策等进行系统归纳总结，为南黄海地区的油气调查提供技术方法理论与实践经验，减少工作的盲目性和失误，将科技成果应用于油气地质调查实践并转化为现实生产力，以期促进南黄海油气勘查和发现。

上述两个问题是本书编写的初衷。从综合地球物理调查、地球物理方法技术研究与应用、地球化学探测与研究、区域地质构造特征、盆地地质结构与形成机制和演化、油气地质条件及资源远景等方面，为南黄海的油气调查评价提供地质依据和具实际应用价值的基础资料。

全书共分为 9 章，分别由不同的作者编写，由张训华、肖国林、吴志强、李双林统稿，并由莫杰进行最终通稿编排电子版。

第一章绪论，由张训华、吴志强、肖国林编写。首先介绍了南黄海油气勘探历史，指出深部地震地质条件复杂、地震反射剖面品质较差、勘探技术方法针对性不强、适应性差，是困扰南黄海海相中—古生界油气调查的主要技术难点；概述了针对海相中—古生界的国家战略性油气调查阶段所取得的最新进展与成果。

第二章区域地质与构造演化沿革，由肖国林、郭兴伟、侯方辉、杨金玉编写。首先概述了南黄海及邻区大地构造背景、区域重、磁场特征、中—古生代盆地边界与地质属性、区域地层发育特征，建立了古生代、中生代、新生代主要地层层序并确定和推断了其分布特征；以块体构造学理论为指导，论述下扬子苏北-南黄海地区沉积与构造演化。

第三章地球物理勘探技术攻关与成果，由张训华、吴志强、杨金玉编写。概括论述了南黄海地球物理勘探历程，海相油气地球物理勘探主要的技术难点和针对性关键技术攻关研究方法，通过吸收、引进国际先进技术并加以创新，形成了：①地震长排列与立体采集关键技术系列；②复杂构造条件下低信噪比地震资料成像处理关键技术集成系列；③OBS深部探测资料处理关键技术系列；④多参数综合地球物理解释关键技术系列四个技术系列共10项关键技术，为深部地学大断面探测、海相中—古生界碳酸盐岩油气勘探提供了技术支撑。同时，开展了海底大地电磁探测试验，探索利用大地电磁探测获得地震高速屏蔽层之下的地层岩石物性信息与分布特征的技术途径。

第四章地质、地球物理综合研究，由肖国林、雷宝华、吴志强、王明健、孙晶、王建强编写。系统论述地震资料基础、成像品质、地震层序划分与标定、反射波组特征、地震波速度场特征；以钻井确定的古生界、中生界及新生界地质层位，通过井-震对比标定了各地震反射标准层对应的地质界面，结合重力、磁力异常特征和重、磁、震联合反演拟合，获得了南黄海中—新生界盆地基底构成、结晶基底埋藏深度，以及海相中—古生界分布特征，为南黄海盆地油气评价提供基础资料。

第五章油气地球化学勘查，由李双林、董贺平、赵青芳编写。概括论述了南黄海海域油气地球化学勘查工作史，从理论基础、技术方法和实际应用等方面，论述了南黄海油气地球化学勘查工作的新进展与成果，通过对各类地球化学指标异常特征的综合分析，在南黄海盆地中-北部划分出4个综合地球化学异常区并评价了其油气远景。

第六章油气地质条件，由肖国林、张银国、雷宝华、孙晶、王建强、蔡来星编写。依据钻井揭示生烃岩有机质丰度、类型、成熟度、生烃潜量等特征，综合研究指出了下扬子苏北-南黄海地区古生界—下中生界主要发育5套区域性海相烃源岩，并预测了有利生烃区域；南黄海中—新生代陆相盆地各凹陷分隔性强，北部坳陷和南部坳陷均各发育3套烃源岩，按生烃潜力由大到小共划分出3类凹陷。据盆地内勘探主要目的层与烃源岩的关系，中—古生界海相层系划分出3套古生界海相层成藏组合、1套古生界海相-海陆交互过渡层成藏组合、1套下中生界海相层成藏组合；中—新生界陆相层系成藏组合划分为与烃源岩直接相关的“完整型”和与烃源岩间接相关的“非完整型”两大类。按烃源岩、储层、盖层发育特征，以及生储盖组合时空配置，综合划分出优质、中等及较差三类共15种生储盖组合形式。

第七章油气资源评价与远景分析，由肖国林、闫桂京、庞玉茂编写，采用盆地模拟和有机碳法分别评价南黄海的中—新生代陆相和中—古生代海相层系的资源潜力。结果表明，中—新生界陆相盆地内，侏罗系和白垩系烃源岩对北部坳陷的生烃贡献较大，古近系（阜宁组和戴南组为主）烃源岩对南部坳陷的生烃贡献较大；中—新生代生成的油气在北部坳陷主要聚集在白垩系（泰州组），其次为阜宁组和戴南组，南部坳陷则主要聚集在古新统阜宁组，其次为白垩系（王氏组），明确指出了中—新生代陆相盆地有利的烃类聚集区带和成藏组合。

南黄海中—古生界海相层系烃源岩有机质热演化普遍较高，以生气为主，按生烃强度和资源潜力划分，下古生界最具资源远景的层系和区域是下寒武统幕府山组盆地相烃源岩发育区，上奥陶统五峰组-下志留统高家边组发育区次之；上古生界最具资源远景的层系和区域是上二叠统龙潭-大隆组发育区，下二叠统栖霞组发育区次之；下三叠统青龙组浅海陆棚相烃源岩发育区是下中生界海相层系有利远景区，并推测了海相中—古生界可能的成藏组合。

第八章南黄海中部隆起科学探井（CSDP-2）初步成果及其意义，由张训华、肖国林、吴志强、蔡来星、庞玉茂等编写。CSDP-2井为南黄海中部隆起上的第一口科学探井，先后钻遇第四系、新近系陆相沉积层和三叠系、二叠系、泥盆系、志留系、奥陶系等多套海相地层，证明了中部隆起上分布海相中—古生界，厘定了中部隆起地层属性，首次获得多个层位的油气显示，揭示中部隆起中—古生界发育多套中等—好等级的海相烃源岩，并经由源-储对比初步分析了中部隆起海相油气成藏组合及其特征，极大地推动了南黄海尤其是中部隆起海相油气勘查工作。钻探成果对南黄海地区环境地质重大科学问题研究和开辟油气勘探新领域，促进中—古生界海相油气勘探均具有重大科学意义和实际应用意义。

第九章进展与展望。由张训华、肖国林、吴志强、郭兴伟、庞玉茂、蔡来星编写。重点论述了南黄海中—古生界研究新进展，厘定了南黄海中—古生代海相沉积层分布特征。从上、下扬子区构造演化特征差异及叠合盆地油气地质条件对比、油气成藏地质条件及主控要素、"多旋回叠合盆地油气成藏"新理论对南黄海油气勘探的启示，以及四川盆地油气勘探对南黄海的指示意义等方面，探讨了南黄海中—古生界油气勘探突破的关键、地震勘探面临的挑战与努力方向。

本书的成果是中国地质调查局青岛海洋地质研究所老、中、青三代科技工作者和中国石油化工集团公司、中国石油与天然气集团公司、中国海洋石油总公司、教育部、中国科学院等多部门单位协作努力的结果。编写过程中得到青岛海洋地质研究所各级领导的大力支持，老专家周才凡研究员、莫杰研究员、郭振轩研究员和同济大学的耿建华教授审阅了全书，并提出了宝贵的意见，使一些认识得以更加系统化，同时也启发了作者的深入思考。油气勘探专家李阳院士百忙中为本书作序。国家专项之"全国油气资源战略选区调查与评价"、海洋地质调查项目、大陆架科学钻探项目，国家863计划项目"海陆联合深部地球物理探测关键技术研究"（2009AA093401），国家自然科学基金项目"黄海及邻区壳幔结构及深浅构造关系的综合地球物理研究"（41210005）、"渤海及邻域深部结构及其对华北克拉通破坏的响应"（90814011），青岛海洋科学与技术国家实验室鳌山科技创新计划项目（No. 2015ASKJ03）等项目提供了丰富的资料。青岛海洋地质研究所赵辉、林曦二位同志分别完成文稿排版打印和部分图件编绘，研究生赵维娜、张晓华、曲中党等完成了部分图件和文稿校对。在此一并表示衷心的感谢！

热诚希望本书的出版能为广大油气地质和地球物理工作者提供一些有价值的资料，在我国海域油气地质战略性勘查工作中发挥一定作用。应该指出，本书涉及的学科和技术方法较多，且有些尚在试验和完善过程中，难免存在不妥之处，一些认识与观点也有待进一步思考与完善。恳请读者给予批评和指正，以求不断完善和改进。

2016 年 10 月 10 日

-

目　　录

第一章 绪 论

第一节 南黄海油气勘探历史

南黄海为我国与韩国共陆架海，自 20 世纪 60 年代始，中国和韩国都曾在南黄海开展了一系列的油气资源调查研究，70 年代中期始，先后进行了钻探工作。

一、我国油气勘探历程

我国在南黄海海域油气调查勘探历史可追溯到 20 世纪 60 年代初期，主要工作范围在 124°E 以西海域（梁名胜和郭振轩，1986；莫杰，1987；业治铮，1988；刘光鼎，1989a；袁文光，1989；沿海大陆架及毗邻海域油气区石油地质志编写组，1990）。总结 50 余年的勘探历程，大致可划分为前期探索与调查起步、自主调查评价、对外合作勘探、相对低谷、国家战略性补充调查和海相碳酸盐岩调查评价共 6 个阶段。

（一）前期探索与调查起步阶段（1961~1967 年）

1961~1962 年中国科学院海洋研究所使用"金星号"船在南黄海部分海域（123°E 以西，31°~36°N）进行了初查。采用悬挂式 24 道电缆接收系统（排列长度 1km 左右）、"51"型光点地震仪记录系统和炸药震源、排列中间放炮、单次连续观测方式实测了 9 条地震剖面，开始了地球物理技术方法进行海洋地质特征调查的探索工作。

1967 年 7 月，地质部第五物探大队 543 浅水地震队和浅滩重力小组进入苏北浅滩进行地震和重力调查试验工作。由于苏北沿岸浅水地区海底地形复杂多变，只能选用几十吨位的木制渔船作为工作船，在工作条件远比陆地和深水地震工作更为困难的情况下，获得了 500 多千米地震剖面资料，为进一步开展浅水地震工作积累了经验，为海陆构造的对比提供了基础资料。

（二）自主调查评价阶段（1968~1978 年）

这一阶段地球物理调查工作改变了过去传统地震单打一的作法，积极研制海洋重、磁仪器，逐步做到了地震、重力、磁力多方法的综合应用。在前期对地球物理调查方法探索试验的基础上，进一步开展了海域区域地质特征的地球物理调查评价，并在 20 世纪 60 年代末期至 70 年代末期开展了综合地球物理初查、概查和古新系、新近系拗陷区的普查、构造详查及相应重力和磁力调查，同时进行了石油钻探工作（梁名胜和郭振轩，1986；莫杰，1987；业治铮，1988；刘光鼎，1989a；袁文光，1989；沿海大陆架及毗邻海域油气区石油地质志编写组，1990）。

1968 年是南黄海大规模地球物理调查的第一年，开展了面积约 80000km² 的 40km×80km 测网的地震、重力和磁力调查。截止到 20 世纪 70 年代末，共完成多道地震测线 31059km，重力测量 6153 个点，磁力测量 31051km。

多道地震调查由"奋斗一号"和"奋斗二号"船执行，采用悬挂式 24 道电缆接收系统（排列长度 1km 左右）、"51"型光点地震仪记录系统和炸药震源、排列中间放炮、单次连续观测方式进行。1970 年开始使用模拟磁带地震仪并且首次在国内海洋地震勘探中应用了多次覆盖技术，覆盖次数由早期的三次、四次，逐步增到六次。与此同时，陆续开展了海洋气枪震源和地震拖缆的研制工作。1973 年海上气枪试验成功，次年容量为 4L 的单枪震源投入了海上地震生产。1977 年又试验成功总容量为 6.8L 的六枪组合阵列。

重力勘探始于 1969 年，采用由地质部第五物探大队和海洋地质科学研究所共同研制的 SG 型海底重力仪进行海底重力调查。1970 年开始，使用 GSS22 型海洋重力仪及 CHHKI 型磁力仪在部分海区进行了试验性生产，这是我国海上重力连续观测的开端。

磁力测量始于 1968 年，由"燎原一号"船使用加拿大 AM-101A 型核子旋进磁力仪，完成了一条纵贯海区南北、全长 500km 的剖面。1971 年北京地质仪器厂研制的 CHHKI-69 型海空核旋磁力仪投入了海上生产。1974 年地质部航空物探大队在南黄海也完成了 1∶50 万比例尺的航空磁力测量。

在此后的十余年中，陆续完成了南黄海西部海域的 1∶100 万比例尺的重力、磁力、地震调查，南部拗陷和北部拗陷 1∶20 万比例尺的重力和地震调查，开展了重点构造带的详查，提供了一批海上石油普查井位。

在以上工作的基础上，地质部第一海洋调查大队提交了《南黄海地球物理调查报告》，圈出南黄海盆地轮廓及构造分区，指出："南黄海大部分海域是一个广阔的新生代沉积拗陷，是苏北拗陷区向海区延伸的一个构造单元；南黄海拗陷区与苏北拗陷区很可能是一个整体，区内局部构造发育，是一个很有含油气远景的海区。"

1974～1979 年，根据南黄海地质、地球物理调查成果，地质部第三海洋地质调查大队先后利用我国自行建造的排水量为 7960t、可钻探 3200m 的双体石油钻井船"勘探一号"在南黄海盆地南部拗陷和北部拗陷分别进行了钻探工作，打了 8 口石油普查井（黄海 1、2、3、4、5、6、7、9 井），总进尺 15562m。由于钻探深度局限在 2500m 之内（最深黄 6 井 2413m，最浅黄 3 井 535m），未能获得重要的油气显示，但仍起到了探索南黄海海区的含油气性，建立新生代地层层序，验证物探成果的作用，揭开了中国海洋钻探史上新的一页。这一阶段的调查取得了大量的地质、地球物理资料，提交了一系列有价值的成果报告，取得的主要地质成果有：

（1）根据相邻陆地地质调查，结合南黄海综合地球物理调查资料分析，华北准地台和扬子准地台的分界大致在苏北赣榆至海区 124°E 与 36°50′N 交界点一线，沿 NE 方向延伸从朝鲜海州以南进入朝鲜半岛陆地，经通川以南、高城以北斜贯朝鲜半岛。扬子准地台与华南褶皱系的界线大致在绍兴-杭州湾-长江口九段沙至海区的 124°E 与 33°N 交点一线，东延至朝鲜半岛南部木浦以南陆地，沿 NE 向经光州斜贯朝鲜半岛南部。

上述两条界线在磁测成果中反映明显。两条界线之间的南黄海部分，在大地构造属性上应划归扬子准地台的东延入海部分。同时提出了朝鲜半岛陆地的临津江准褶皱带、京畿地块和沃川沉降带 3 个构造单元可与扬子准地台相对比；临津江准褶皱带以北的海州沉降带、平壤隆起带和狼林山地块可与华北准地台相对比；沃川沉降带以南的小白山地块则与华南褶皱带的次级构造单元闽浙隆起区相对应。这对多年来一直讨论未定的扬子准地台如何东延入海和朝鲜半岛各构造单元的对应关系提供了进一步研究基础和地质构造的线索。

（2）通过海区地球物理调查所发现的北部拗陷、中部隆起和南部拗陷与苏北盆地共同构成了我国东部又一个地跨海陆、类似华北渤海湾的含油气盆地，称为南黄海-苏北盆地。它是一个叠置在扬子准地台古生界（包括中、下三叠统）地层基础之上的，以新生代沉积为主的中—新生代复式叠加型盆地，面积约 14 万 km²，其中海区部分的面积约 10 万 km²。在南部拗陷和北部拗陷内划分出了 21 个凹陷和 8 个凸起。

（3）盆地内新生代地层最大厚度可达 5000～6000m，这套巨厚的以陆相为主的新生代地层被两个明显的区域不整合面分成早、中、晚三大套，即早期的古新世—始新世地层，中期的渐新世地层，晚期的中新世—上新世加第四纪地层。

（4）盆地中有 EW、NE—NEE 和 NW—NWW 三组基本构造线，组成了南黄海苏北盆地的基本构造格局，其中 NE—NEE 构造线占主导地位。它们在各个不同阶段（印支运动、燕山运动、喜马拉雅运动）发育程度有所不同。早期继承了古生代的 EW 向构造格局；中期 NE 向构造线发育；晚期 NWW 向构造活动强烈。

（5）盆地内局部构造带发育，主要分布在南部拗陷和北部拗陷，可以分成低凸型背斜构造带、背斜构造带、断阶构造带和鼻状构造带，其中前两种构造类型较为发育。共发现和圈出了 46 个构造带，含构造高点 82 处。

（6）盆地中断裂发育、断距大、延伸远，属高角度正断层。它严格地控制着新生代地层的分布和厚薄，是区划各级构造单元的主要界线，也是盆地发生和发展的主要因素。

（7）通过钻探发现了中、新生代地层内有三套有利于油气生成的暗色泥岩。南部拗陷和北部拗陷是寻找中—新生代，特别是新生代油气远景区，南部拗陷的中部地区和北部拗陷的西部地区是最有油气远景的地区。中部隆起和勿南沙隆起则是寻找中生代—古生代油气的有利远景区。

（三）对外合作勘探阶段（1979～1990 年）

随着我国改革开放政策的实施，为加快海洋油气资源的勘探开发步伐，以 1979 年 4 月 27 日中法双方公司签订了《联合在南黄海北部海域开展地震普查工作的协议》为开端，进入了南黄海西部海域的中外合作勘探阶段（梁名胜和郭振轩，1986；莫杰，1987；业治铮，1988；刘光鼎，1989a；袁文光，1989；沿海大陆架及毗邻海域油气区石油地质志编写组，1990）。这一阶段大致分为如下两个时期。

1. 区域普查时期（1979～1982 年）

这一时期的工作是在自营勘探基本查清盆地面貌的基础之上分北部、南部两个海区进行的，工作中全面应用了数字地震仪、模拟电缆和气枪阵列震源的探测方式。

北部海区由中国石油公司（原石油工业部）与法国埃尔夫阿奎坦公司（Societe National elf Aquitan）和道达尔勘探公司（Total Exploration）联合进行。1979 年 4 月，中国石油公司石油与天然气勘探开发公司与法国埃尔夫–阿奎坦、道达尔石油公司签订了"联合在南黄海北部海域开展地震调查的协议"，埃尔夫是北部海区作业者，另有 33 家外国石油公司参与。从此开始了我国与国外合作勘探海上油气资源的新时期。

地震普查由法国的石油公司雇用我国海洋石油分公司的两艘地震船完成，资料采集采用单船拖缆、多次覆盖的方式进行。工作范围为 123°E 以西，32°～37°N 之间，面积约 60000km²，主要工作区为北部盆地西半部（123°E 以西）的 18500km²。地震测线密度在拗陷区达到 4km×8km，隆起区也布置了少量地震测线。在北部海区完成地震测线长 8579.15km。1981 年，由石油工业部组成的南黄海北部拗陷资源评价组完成了对地震资料的解释，并编写了石油地质评价报告。

南部海区由中国石油公司与英国石油有限公司（The British Petroleum Company，BP）联合进行。于 1979 年 6 月 8 日，中国石油公司与英国石油有限公司（BP）签订了以评价含油气前景为目的的"南黄海南部海域开展地震调查的协议"，BP 为南部海区的作业者，另有 31 家外国公司参与。调查范围为 32°～34°N，120°50′～123°00′E，部分延伸到 124°00′E。地震测网密度在拗陷区一般为 4km×8km 和 8km×8km。

地震勘探及重、磁测量雇用了中国海洋石油分公司和德国的各两艘地震调查船共同完成。资料采集采用数字地震仪，多次覆盖观测方式，共完成地震测线 10996km。此外，根据中英双方公司签订的一项补充协议，英国石油有限公司在南部拗陷的南五凹陷和南七凹陷各钻了一口地层参数井，其中 W20-ST1 井进尺为 3500m、W5-ST1 井进尺为 3260m。前者探明了新生代地层的岩性；后者揭示了古新系、新近系、下三叠统及上二叠统煤系地层。同时，由海洋石油分公司组织，苏北石油勘探局、上海海洋地质调查局参加的南黄海南部资源评价组于 1981 年提交了"南黄海南部石油地质评价报告"。

2. 区块勘探时期（1982～1989 年）

1982 年 2 月 15 日，中国海洋石油总公司正式成立，并向 11 个国家的 41 家物探参与公司发出了南黄海第一轮第一批招标区块。

1983 年 5 月 10 日，中国海洋石油总公司与英国石油有限公司（BP）在北京签订了《中国南黄海南部 23/06 合同区石油合同》。BP 公司租用了美国国际地球物理服务公司的地震船用数字地震仪在合同区进行了地震详查，测网为（1×1～2×2）km，合计完成地震剖面 1091.6km。随后于 1984 年 4 月 15 日于南四凹陷常州 6-1 构造上钻 CZ6-1-1（A）井，进尺 3097m，在 3017m 以下的古近系井段内多次发现油显示，在阜宁组三段试获日产原油 2.45t，首次在南黄海见到了油流，突破了盆地的出油关。1985 年 8 月在常州 6-2 构造上钻了第二口井——CZ6-2-1，进尺 2600m，未见油气显示。

1983 年 10 月，中国海洋石油总公司与英国克拉夫石油有限公司（Cluff Oil P. L. C）签订了《中国南黄海北部 10/36 合同区石油合同》，克拉夫石油公司租用中国调查船用数字地震仪作 48 次覆盖地震详查，完成剖面 1356km。并分别于 1986 年、1988 年在诸城 1-2 构造和诸城 7-2 构造上各钻了 1 口探井，ZC1-2-1 井进尺 3422m，于 3417m 井段泰州组岩心裂隙中见液体原油，ZC7-2-1 井进尺 1625m，未见油气显示。

1983 年 12 月，中国海洋石油总公司同美国雪佛龙（Chevron）海外石油有限公司、德士古（Texaco）东方石油公司（简称 C/T）签订了《中国南黄海南部 24/11 合同区石油合同》，实施了测网密度达（1×1 ~ 2×2）km，测线总长为 3453.9km 的地震详查。在合同区内钻了 3 口以中生界和古生界潜山油气藏为目的探井。其中，WX13-3-1 井进尺 2228m，未见油气显示；CZ12-1-1 井进尺 3511m，钻至石炭系黄龙组，未见明显油气显示；CZ24-1-1 井进尺 3435m，终孔于三叠系青龙组，并于阜宁组三段的 2443 ~ 2449.5m 井段见多层含气水层。

1986 年美国 BP 石油公司在 25/02 区块进行了重磁、数字地震调查，共完成重力测线、磁力测线各为 1137.225km，地震测线 1137.225km。

1987 ~ 1989 年，英国克拉夫（Cluff）公司在 24/16 区块上进行了化探剖面工作，并把原北部盆地的 10/36 转给了太阳公司。

这一时期的地震与钻探工作虽没有在全盆地取得突破性的油气成果，但取得了相当丰富的资料，对南黄海盆地石油地质条件有了更系统、深入的认识，概括起来可归纳为以下几个方面：

（1）对局部构造及新生代地层作了进一步的划分，证实南黄海盆地是一处能够生油的坳陷，有不止一套的生油层，油质较好。

（2）北部坳陷北部和盆地其余部分确实具有不同的地质背景和石油地质条件，生油岩可能更好，时代偏老，指出了新的找油前景。

（3）证实了南部坳陷古近系之下基岩主要为中、下三叠统和古生界，推测局部保存有中—上中生界，可与下扬子准地台对比。

（4）认为南黄海的新近系、中生界和古生界都具备形成油气藏的条件。对勿南沙隆起的地震调查，初步揭示了一批形态以较宽缓背斜为主的古生界内幕构造，破坏幅度较轻，构造条件优于陆地下扬子区，是一个具有潜在含油气远景的区域。

（5）基本地应力为拉张性质，但局部也有挤压应力的影响，如南部坳陷发现推覆构造，北部坳陷有挤压背斜等，证实了中国东部新近纪存在逆冲断层。

长期以来，许多知名学者将中国大陆和大陆架约 2 亿年前进入地台活化发展阶段形成的沉积盆地分为东部拉张、中部过渡、西部挤压型盆地。因此在中国东部地震资料解释过程中发现了逆断层而不能加以肯定。这一时期获得的 N-72 线地震剖面上对逆冲断层的清晰成像，地质工作者普遍接受了这一地质事实，有力地说明中国东部含油气盆地不是"一张到顶"的地质结构（杨克绳，2002；刘春成等，2010）。

（6）南黄海绝大部分（除最北部外）属下扬子准地台的一部分。中朝和扬子准地台的分界，在海域似应通过北部坳陷北部，既不在千里岩隆起南缘，也不在中部隆起北缘，而是介于两者之间（陈颐亨，1984；汪龙文，1989）。

（7）地质构造单元的划分及其性质有重新考虑的必要性和现实意义。

（8）找油方向和勘探目标乃至战略部署都需要进一步研究。

（9）坳陷盆地向东没有封闭，可能越过 124°E 和朝鲜半岛近海的两个盆地相通。

（10）在陆相盆地之下，确实存在上古生界，特别是在盆地中南部，因此在基底埋藏较浅区的中、古生界也应作为勘探目标。

（四）相对低谷阶段（1991 ~ 1995 年）

随着南黄海油气勘探失利，人们对其油气资源前景产生了疑问和困惑，大多数外国石油公司也停止了在南黄海的勘探活动，海上区域性调查工作基本处于停滞状态，油气勘探跌入了低谷。但石油勘探家们并没有放弃对南黄海油气地质条件的研究工作，1990年，地质矿产部海洋地质研究所通过研究盆地的地质结构与演化、构造区划、沉积相与沉积演化等基本油气地质特征，并与苏北盆地对比分析后认为，南黄海已发现的（中生界）泰州组有可能成为盆地的主要生油层，应列为重点勘探对象，认为中、古生界具有较大的油气资源潜力，并采用盆地模拟技术计算了该区的资源量，提出了开展古生界油气勘探的建议，为南黄海的油气资源调查打下了坚实的基础（温珍河，1989a，1995）。上海海洋石油勘探开发研究院陶国宝在前人研究基础上对南黄海周缘地区的地质构造进行了综合研究，提出了"苏北-南黄海陆核的核部主要位于南黄海中心部"，这个由块体及结合带组成的区域，经历了漫长复杂发展史，块体拼贴格架主要奠定于震旦纪前，三叠纪中期又经历一次重大构造变动，至于南黄海东、西两面间地质构造联系，看来并不如想象的那样简单，NW向的南黄海-东海断裂岩浆岩带可能是一条重要的构造界线等结论（陶国宝，1996）。

1990年，地矿部物化探研究中心承担了南黄海海域油气地球化学测量试验。完成测点352个，控制海域面积1000km²，圈出综合异常8个，可指示含油气远景的有利区块。

（五）国家战略性补充调查阶段（1996～2001年）

基于油气战略性评价的需要，1996～2000年国家再次进行南黄海油气资源的补充调查，为了解南黄海中、古生界的分布，部署了跨越南、北黄海区域地震测线和凹陷补充测线，采用240道、30次覆盖、道间距12.5m的观测系统，完成地震剖面4484.5km，对了解区域构造格局和中—古生代海相地层的分布起到了重要作用。

与此同时，中国海洋石油总公司对中—古生界油气勘探进行了不懈的努力。受20世纪90年代末江苏石油勘探局在盐城凹陷发现了以古生界为烃源的朱家墩气田的启发，开展了中、古生界油气勘探的探索工作，进行了少量的地震补充调查，先后钻探了WX4-2-1和CZ35-2-1两口中—古生界海相油气新领域探索井，但均告失利。

（六）海相碳酸盐岩调查评价阶段（2001年至今）

受刘光鼎院士提出中国油气资源"二次创业"观点和我国南方海相碳酸盐岩油气重大突破的启示（刘光鼎，1997，2001，2002；马永生，2006），南黄海油气资源勘探目标由新生代陆相沉积盆地转向中—古生代海相残留盆地。采用了从基础地质研究做起，技术方法研究与海上调查同步进行的勘探思路，开展了针对南黄海海相碳酸盐岩调查评价工作。按照刘光鼎院士的"区域约束局部，深层制约浅层"的勘探思路，首先开展区域地质、构造特征和油气地质条件的研究工作，以此为基础制定了地球物理和地球化学勘探部署，同时进行了有针对性的技术方法研究工作。

随着勘探思路的转变和海洋地震调查技术的进步，采用了由针对性的地震勘探方法对南黄海前新生代海相目标层进行探查。2001～2005年中国地质调查局广州海洋地质调查局和青岛海洋地质研究所采用了容量为3000in³（1in³=1.63871×10⁻⁵m³）的气枪阵列震源、长度大于4000m电缆和240道60次覆盖的采集系统，在该海域又作了补充地震调查，揭示了南黄海北部拗陷存在古、中、新生代地层，中部隆起区存在巨厚的古生界的迹象。

2006年开始，随着国家新一轮海洋地质调查专项的实施，由青岛海洋地质研究所组织实施，联合中海油、中石化、中科院、教育部等部门，开展了新一轮油气资源调查和战略选区工作。针对中—古生代海相油气勘探难题，进行了地震勘探技术方法攻关研究与海上试验工作，基本形成了针对性的地震采集与成像处理技术方案（吴志强，2003，2009；吴志强等，2006，2008a，2008b，2010，2011，2012，2013，2014a，2014b，2014c，2014d，2014e；吴志强和温珍河，2006；童思友，2010；施剑等，2011，2013；唐松华等，2013；张训华等，2014a，2014b；孟祥君等，2014；高顺莉等，2014；高顺莉和徐发，2014；施剑和蒋龙聪，2014）。在此基础上进行了新一轮的区域多道地震调查和同步重力、磁力调查。截止到2014年，共完成多道地震测线17000km，测网密度（8×8～8×16）km，跨越渤海、山东半岛、南黄海北部的海陆深部地震联测线 1 条，填补了南黄海深部海底地震仪（ocean bottom seismometer，OBS）探测的空白（孟祥君等，2014；祁江豪等，2015）。

在此期间，重力、磁力等非地震地球物理方法的研究也在同步进行，采用位场数据的异常分离、结合岩石物性的正演模拟与反演等新技术方法，对已有的海洋重力、磁力和卫星重力资料进行处理解释，获得了南黄海及周边地区高精度的区域重力和航磁异常分布，划定了南黄海及周边地区的区域构造单元，圈定残留盆地地层分布范围并推测了残留厚度（郝天珧等，2002，2003a，2003b；Zhang et al.，2007；黄松等，2010；侯方辉等，2012a；张训华等，2014c）。

2006 年，针对海相残余地层与上覆地层分界面速度、密度差异突出，地震波难以有效穿透，地震成像品质差的问题，根据碳酸盐岩与其他地层的电阻率特征差异小，对电磁信号没有强烈的屏蔽作用的特点，开展了利用大地电磁探测技术获得地震高速屏蔽层之下的地层岩石物性信息与分布特征的方法研究与海上试验。2006 年，青岛海洋地质研究所联合中国地质大学（北京），利用国家"863"项目自主研发的五分量海底大地电磁探测系统，在南黄海海域完成了 3 个站位海底大地电磁探测试验并取得了良好的效果，展示该方法能够有效弥补地震勘探不足的优势和良好的应用前景（魏文博等，2009）。

2009～2012 年，青岛海洋地质研究所在南黄海海域完成了 601 个油气地球化学探测工作，根据各指标异常特征圈定了综合地球化学异常区。

在这一时期，中国海洋石油有限公司也同步开展南黄海海相油气勘探研究工作。2000～2004 年进行了新一轮的南黄海区域地震补充勘探工作。2006 年，中国海洋石油有限公司与丹文能源公司就南黄海海域的 11/34 合同区块，签订产品分成合同。该区块位于南黄海盆地北部，面积约 10840km²。丹文公司进行二维地震勘探，并钻预探井。

2009 年，针对浅层强界面屏蔽、目的层内幕阻抗界面弱、地震成像品质差，中国海洋石油有限公司开展了大震源长缆深沉放地震采集技术攻关实践，其震源能量超过 6180in³，电缆长度 10050m，枪缆沉放深度分别为 10m 和 25m。实践证明，该新技术手段可以有效增大向深部中—古生界传播的低频地震分量，降低外源噪声干扰，增加目的层信噪比，使得地震剖面成像品质得到了明显提高，同时还开展了双检电缆勘探试验（高顺莉等，2014a）。

2012 年，中海石油（中国）有限公司上海分公司采用了两炮三线的拟宽线观测系统和中间放炮递减排列滚动接收的海底电缆（OBC，下同）作业方式进行了地震资料采集，试验线处理成果剖面的成像效果显示，针对性设计的海底电缆地震采集方法通过优化的震源设计满足了屏蔽层的下传能量需求；通过宽线采集处理增加了有效信号的覆盖次数，达到了较好的噪声压制效果；通过水陆检合并在一定程度上消除了该区发育的多次波，提高了信噪比，海相古生代地层内幕反射形态得到清晰的反映，主要地质构造界面更加清晰（高顺莉和徐发，2014）。

在南黄海新一轮勘探进展与成果的引导下，2011 年 11 月，国土资源部在南黄海划出两个区块——盐城东区块（3800km²）和海安东区块（3500km²）进行常规油气探矿权竞争性出让。中石油中标的盐城东区块，在三年勘查期内承诺勘查总投入 71800 万元，中石化中标的海安东区块，在三年勘查期内承诺勘查总投入 29912 万元。

2012 年，中石化、中石油采用 OBC 采集方式，分别完成了海安东区块 822km、盐城东区块 800km 的二维测线，初步评价了区块油气资源远景。

2013 年 3 月，国土资源部完成"南黄海苏北盆地东部北区块油气勘查"、"南黄海苏北盆地东部中区块油气勘查"、"南黄海苏北盆地东部南区块油气勘查"和"南黄海盆地南部石油天然气勘查区块"四个区块的常规油气探矿权竞争性出让，由中石油、中石化和中海油分别获得了这些区块的常规油气探矿权。

二、外国在南黄海的油气勘探历程

与南黄海毗邻的韩国在南黄海东部的石油勘探始于 1968 年，主要依赖外国公司（特别是美国的公司或部门）来进行。

1968 年美国海军海洋局地磁计划组织，在 124°E 以东海域进行 8km×8km 航磁调查。同年美国海军"亨特号"船在黄海进行地震、磁力调查，做了 4 条区域大剖面。1969 年韩国在南黄海近海划分石油招标区，分别由美国壳牌、德士古和海湾石油公司进行地震、重磁调查和钻探活动。同年 10 月，美国海军研究所又以 CCOP 的名义，在南黄海进行反射地震、磁力调查，完成地震测线 2500km，地磁剖面 4 条计 2500km。

1969 年，韩国单方面划定了"黄海近海石油租让区"（图 1.1），通过招标由西方有关石油公司进行重、磁和地震调查工作。

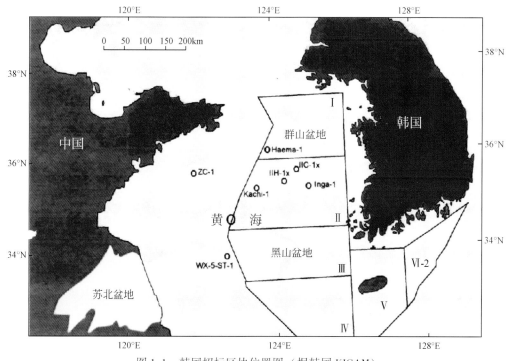

图 1.1　韩国招标区块位置图（据韩国 KIGAM）

1969～1971 年，美国海湾（GULF）石油公司在 II 区块完成海洋磁力调查 3068km，重力测线4645km，数字地震测线 4645km。

1972 年 11 月—1973 年 6 月，韩国与海湾石油公司租用美国环球海洋公司的"格拉玛斯号"钻探船，在 II 区块内施工了 3 口探井，井号为 IIH-1（826m）、IIH-1XA（3467m）、IIC-1（2017m），均为干井，未见油气显示。

1989～1991 年，韩国国家石油公司（PEDCO）与 Marathon 公司又在 II 区块内钻了 3 口探井：INGA-1（4104m）、KACHI-1（2726m）、HAEMA-1（2541m），前两口井在白垩系中见少量油气显示。

到 1999 年，韩国在南黄海东部的 I 区块完成地震剖面 4631km；II 区块完成地震 10380km，钻井 6口，总进尺为 15680km；III 区块完成地震 6141km。地震测网密度南、北两个盆地区达到 5km×5km，其他海区为（20×40～40×50）km。

2002 年，韩国资源研究院（KIGAM）经中国政府批准，在位于 122°30′E 以东中部隆起和北部拗陷的区域，开展了多道地震的补充调查工作。

第二节　南黄海油气勘探若干难点问题

南黄海中、古生代海相原型盆地在印支运动、燕山-喜马拉雅运动的强烈作用下被改造、破坏得面目全非，完全变成构造改造型叠合残留盆地，海相烃源岩大都已处于高成熟或过成熟演化阶段，油气运移、聚集、最终成藏和保存的地质条件显得十分复杂苛刻。因此，南黄海中、古生界海相油气勘探是个高复杂、高难度、高风险的勘探领域，海相油气勘探的关键问题是油气成藏与保存条件和地球物理勘探技术方法的针对性。海相油气勘探主要存在如下难点。

一、海相油气勘探程度较低，地质认识有限

自 20 世纪 60 年代至今南黄海的油气勘探历时 50 余年，前地质部、地质矿产部、石油工业部和中国海洋石油总公司对南黄海盆地的石油地质特征进行的研究，多侧重于古近系，并进行了多次油气资源评价和资源量计算。至 80 年代，因该区自营勘探在古近系失利，各部门在调查和研究新生界的同时，开始注意和研究盆地内凸起（或低凸起）区的中生界及古生界的油气地质问题，并于 1983 年 12 月，在南黄海盆地南部拗陷 24/11 合同区块进行了中生界和古生界钻探，钻井中虽然未见油气显示，但拓宽了南黄海油气勘探思路和领域。

南黄海盆地迄今揭示中—古生界的钻井十分有限，已钻的 26 口探井（含韩国钻探的 5 口），仅 7 口钻入前中生界，钻遇的最老地层为上古生界的石炭系高骊山组，所有钻井均未钻入下古生界，早古生代地层研究程度低。同时，因地震成像品质不佳，在绝大多数剖面上下古生界未显现有效反射，前人曾利用重磁资料进行反演推测地层分布，但也因存在多解性的技术难题，结果并不理想。因此，对南黄海地区下古生界分布的轮廓基本上是不清楚的。

有关海相古生界（尤其是下古生界）分布、层位对比、沉积特征、生烃源及储集岩特征及其生储盖层组合关系等的认识，大多基于陆区的区域对比得到，迫切需要更多钻探加以证实。

二、勘探技术方法适应性差

南黄海海相残留盆地构造复杂、地层横向非均质性强，地球物理场复杂多变，海相碳酸盐岩目标层地震资料成像品质差，重力、磁力资料反演多解性问题突出，影响了对地质构造与地层分布及油气成藏特征的正确认识，制约了油气勘探的进程，也是南黄海海相油气勘探长期未能突破的主要原因之一。

（一）勘探目标层段地震成像品质较差，制约了地质认识的深入

始于 20 世纪 60 年代末的南黄海盆地油气普查勘探，投入的总物探工作量达 10 余万千米测线（包括合作测线），受当时的勘探设备和技术条件的限制，仅在南部拗陷中获得二叠系龙潭组之上的地层界面有效反射。虽然目前的调查在陆相中—新生代盆地之下的海相中—古生界构造层内发现了一些构造轨迹，但因在深部地震反射能量弱，且受二维资料侧面反射等因素的影响，地震反射剖面总体品质较差，仅仅是在单方向、个别地震剖面段上见到比较清晰的反射，二叠系龙潭组以下界面地震反射不清，造成对其构造特征的认识不清，制约了对油气地质条件研究的深入。

（二）针对海相中—古生界的地震勘探技术有待进一步攻关

地震勘探方面存在的关键问题是，南黄海盆地中、古生界历经多个世代的构造演化与改造，多期构造变动叠合导致逆冲构造、地层反转，地下地质构造复杂，碳酸盐岩块状非均质介质（与碎屑岩层状介质不同）等复杂地质条件，地震波场复杂，严重偏离了建立在水平层状连续介质之上的地震勘探理论基础，使之难以做到对目标层段的清晰成像；另外，地震资料采集环境恶劣，各种干扰波发育，多个强反射界面对地震波的阻滞、目标层段反射能量微弱等多种因素叠合作用，也是造成地震资料品质差的重要原因。目前已有的地震资料，有的连新生界内部的反射都不太清楚，代表前新生代地层的地震反射波组所反映的地质构造似是而非，内部细节难以识别。由于资料品质差，假象多，目前所钻构造圈闭，其可靠性落实程度差，对其所作的各种认识与推测甚至与实际地质情况大相径庭。虽然近年从岩石物理性质、地震反射特征、资料采集与成像处理等方面开展了大量的攻关研究与海上试验，在中部隆起与北部拗陷获得了海相地层的有效反射，地震资料的成像品质在逐步提高，但仍不能满足海相油气目标层段勘探评

价的需要。针对复杂地震地质条件，通过进一步改进观测系统和采集参数，以获得更多的有效信号并有效地抑制各种干扰波，通过资料后处理更有效地压制干扰信号、突出有效信息，获得更优的成像剖面，为地质综合解释和资源评价直至钻探部署提供更好的资料信息，成为目前勘探中的难点，还存在一系列的地质、地球物理调查与处理、综合研究的技术瓶颈问题，有待今后进一步的攻关研究加以逐步解决。

可喜的是，近年来针对南黄海中—古生界复杂的地震–地质条件，攻关研究形成了大容量立体震源延迟激发+长排列等海上地震采集关键技术，大幅度提高了深部地震反射能量和原始资料品质，获得了较过去好得多的前中生界有效地震反射记录（此前在前中生界层段几乎未获得有效反射）；此外，"大容量立体震源延迟激发"的 OBS（海底地震）新技术试验，首次获得了深达莫霍面的反射–折射震相和区域沉积层速度纵向结构特征。同时，采用了多维多域噪声剔除、组合多次波压制、长排列广角反射信号提取和基于各向异性的叠前偏移等先进技术方法，有效压制了各种干扰波，提高了中–深部地层的地震成像质量，为南黄海盆地海相中、古生界油气的勘探和油气地质条件研究奠定了良好的基础；但仍有许多区域尚未取得反映古生界内幕的可靠地震信息，地震资料采集、处理技术还不能满足南黄海复杂地震–地质条件的海相油气勘探的需求，仍需对地震采集、处理技术方法进行攻关与完善。

（三）非震方法尚难有效应用

在复杂构造背景下，影响重力场、磁力场异常的因素较多，目前还缺乏针对海相残留盆地分布格局、空间结构与内幕构造的重力、磁力反演与解释的新方法与新技术，反演结果精度低，造成多种解释方案并存，难以反映局部构造特征。同时，在浅水区应用可控源大地电磁技术（CSEM）评价海底油气藏，也因存在分离空气波与经海底反射和折射电磁波的技术瓶颈，目前还未能有效应用（何展翔和余刚，2008）。

三、油气地质条件不明

南黄海海相地层存在多套烃源岩，但因钻探深度有限，揭示的地层不全，海相烃源岩的生烃潜力研究深度不够，大部分采用与苏北盆地类比的方式进行。同时，海相碳酸盐岩在生烃方面的重要特征是有机质含量低，热演化程度较高，其生烃问题长期以来都是我国碳酸盐岩油气勘探中的一个关键问题（夏新宇等，2000），南黄海也不例外。目前，对于高成熟和过成熟阶段的干酪根的生烃潜力，沥青 A、B 和 C 的定量评价尚无有效的方法。

（一）生烃潜力不清

南黄海海相地层经历了多期构造运动的改造，原型盆地遭到强烈破坏，原生油气散失严重。虽然，海相烃源岩晚期生烃已被朱家墩气田勘探实践所证实（叶舟等，2006），但也有研究结果显示认为在二次生烃时，可产生液态烃高峰（康玉柱，2008）。但是，对海相二次生烃有效烃源岩的认定标准目前众说纷纭（夏新宇等，2000）。

倪春华等（2009）认为，有机质丰度是烃源岩评价的重要指标之一，影响海相烃源岩有机质丰度的因素主要为有机质来源、生物生产率及沉积环境，其次是矿物岩石作用和沉积速率，其他因素还包括微量元素、物理化学作用、保存条件和演化程度等。因钻井资料缺乏和地震资料的成像品质较差，对这些因素的影响，目前尚难以做出有效而准确的判断和评价。

（二）多期构造运动改造致使油气生成、运聚、成藏过程与控制因素复杂，油气赋存规律不明

南黄海海相中—古生界叠合盆地，经过加里东、海西、印支、燕山、喜马拉雅运动的多期次叠加改造，油气藏发生多期次的改造调整，已非原貌。针对南黄海中—古生界海相地层进行的基础地质与勘探方法相结合的综合研究不够深入、系统；迄今尚未全面、整体地认识南黄海中—古生界海相叠合盆地的基本特征，尤其是控制盆地发育演化与成烃成藏的构造运动期次、性质和影响规模，重点区带的构造强

度、地层形变强度对成烃成藏的影响作用。

由于南黄海海区钻探尚未发现工业性油气藏，对油气赋存特征的研究程度较低，陆相中—新生界的油气成藏地质条件与赋存特征的研究多类比苏北盆地，而海相中—古生界油气成藏地质条件和可能的生、储、盖组合则主要与中、上扬子海相碳酸盐岩油气藏进行类比研究。

王连进等（2005）分析了南黄海前新生界油气地质特征后认为，南黄海盆地经历了多次构造变动和多个沉积旋回之后，区域上形成了寒武系下统—志留系下统、志留系下统—三叠系下统青龙组、二叠系上统龙潭组、大隆组—上白垩统泰州组等4套含油气生、储、盖组合。徐旭辉等（2014）通过对扬子地区中新生代历次构造变革对海相中—古生界的改造特征及其主要油气成藏类型，以及南黄海盆地的构造特点等分析，认为中部隆起-南部坳陷区可能发育有类似苏北黄桥地区的海相原生残留型油气藏，北部坳陷则有可能形成类似苏南句容地区的重建型油气藏，勿南沙隆起海相中—古生界则以发育原生破坏型古油藏为主。

王明健等（2014）通过对南部坳陷晚古生代以来的构造演化过程研究认为，二叠系烃源岩生成的油气主要通过断裂和不整合面向周围圈闭运移，油气分布规律主要存在"自生自储"、"古生中储"和"古生新储"三种类型。冯志强等（2008）认为南黄海中—古生界发育4套储盖组合，圈闭构造多，成藏配套条件好；姚永坚等（2008）认为北部坳陷发育古生古储、古生新储、新生古储等多种油气成藏组合类型；侯方辉等（2012a）在总结前人对古潜山研究的基础上，结合南黄海新近采集的二维地震资料，对该地区古潜山类型进行了系统划分，并对典型古潜山的构造特征及生储盖匹配关系进行了初步描述，认为南黄海古生界和中生界古潜山数量众多，规模较大，是南黄海地区实现油气突破的一种重要油气藏类型；王丰等（2010）通过对新地震资料进行解释和对比苏北地区的资料后认为，中部隆起可能存在寒武系下统、寒武系下统—志留系、志留系下统—二叠系下统栖霞组3套生、储、盖组合。

综上所述不难看出，对南黄海海区陆相中—新生界和海相中—古生界油气分布规律的研究多停留在区域类比和推测上，对油气成藏与分布规律的认识尚不明确。

（三）主力成烃成藏期众说纷纭

南黄海海相中—古生界叠合盆地，经过多期次构造运动，多构造层系叠合、多期次油气生成、运聚与调整改造作用，油气藏发生多期次的改造调整，使油气藏分布格局复杂化，具有多期生烃、多期成藏与多种成藏模式的特征。油气成藏的空间层次、期次和相态复杂性大大增加，对主力成烃、成藏期的认识难度加大（冯志强等，2002；蔡东升等，2004；戴春山等，2005；王连进等，2005；马立桥等，2007；史全党等，2008，2011；胡芬，2010；胡芬等，2012；徐旭辉等，2014）。首次生烃的主力成藏期已基本无法确定。二次生烃之后，主力成藏期应在构造活动相对减弱期，具体的成藏期，尚需大量的调查和研究成果加以佐证。

（四）缺乏成熟的针对中—古生界海相地层的油气勘探与评价思路

陆相生油理论在中、新生代地层找到了大量油气田。但中—古生界海相叠加构成的复合型盆地，在其演化过程中存在多期构造变动，引起盆地隆升与剥蚀，导致早期形成的油气藏遭破坏，后期的再沉降、埋藏，使早期被破坏的油气系统形成次生油气藏，与常规的海相油气藏相差甚远。在叠合型盆地中，不仅要寻找单一型的油气系统，更主要也更实际的是寻找多次叠加改造之后最终形成和保留下来的有效油气系统。CZ35-2-1井和WX4-2-1井的钻探，初步探索了古生界这一新的勘探领域。同时也发现，海相中—古生界油气勘探相对于新生界盆地勘探有其特殊性和复杂性。我们迄今对南黄海海相中—古生界空间展布、高演化程度海相地层的烃源条件、有效烃源岩及其评价标准、海相地层储层特征、成藏关键时刻、成藏配置关系、有效保存条件等诸多要素的研究还很不完善，缺乏一套较成熟的针对中—古生界海相碳酸盐岩的油气勘探思路和技术方法。

第三节　主　要　成　果

根据南黄海油气勘探存在主要难点问题，开展大量的调查技术攻关研究和海上试验工作，改善了地球物理调查效果，同时针对油气地质条件等问题进行了多学科的攻关研究工作，在区域地质、油气地质和勘探技术方法上取得了阶段性的成果。

一、区域地质研究成果

随着地震勘探技术方法的进步，深部有效反射的成像品质的改善和非震地球物理资料采集与综合解释成果呈现，区域地质的研究也在同步开展，取得了如下方面的新进展。

（一）南黄海盆地基底为下扬子块体的主体

南黄海海域的区域地质构造是地质学家研究的热点之一，从 20 世纪 60 年代开始，对此进行了大量的研究，主要集中在华北块体与扬子块体的分界和南黄海盆地的基底地质属性上。刘星利（1983）依据区域磁力和海相地层分布特征推测，嘉山-响水-千里岩断裂带为扬子准地台北界，这一观点得到了航空磁力异常特征资料的支持（吴启达等，1984）；许薇龄（1982）认为，南黄海盆地北部拗陷跨中朝块体和扬子块体，同时又指出基底是古生代至早中生代的海相地层；郭玉贵等（1997）根据磁力异常特征，推测千里岩断裂为华北块体与下扬子块体间的分界性大断裂；蔡乾忠（1995）在区域连接对比的基础上，提出了南黄海基底与紧邻西侧的胶东地块同属于统一的大地构造单元——下扬子地台的观点。郝天珧等（1997）在对中国东部及其邻域地球物理场特征与大地构造特征研究后认为，青岛-五莲断裂带是郯庐断裂向东延伸的一支，应是华北与扬子的分界。冯志强等（2002）进一步指出，南黄海是下扬子后加里东台地的主体，于中部隆起及其两侧，广泛分布着厚度大于 5000m 的较稳定的晚古生代—早中生代海相地层。在上述研究的基础上，根据最新的地震、重力、磁力和区域地质资料，我们认为南黄海盆地是下扬子块体在海区的延伸，并且处于下扬子块体的主体部位，主要依据是：

（1）大地构造研究认为，南黄海盆地在构造上北以千里岩断裂为界与胶辽隆起相连，南以江山-绍兴断裂为界与华南板块毗邻，是扬子块体在海域的延伸。

（2）华北、扬子块体的碰撞结合带应为苏鲁超高压变质带-千里岩隆起，结合带在陆地的北边界可能为五莲-青岛-牟平断裂；南边界为连云港-黄梅断裂；千里岩南缘断裂在印支期是一条千里岩超高压变质带折返的边界断裂，白垩纪以来反转为一条控制南黄海北部拗陷的大型边界断裂。

（3）区域地质分析认为，下扬子地块有古老的结晶基底，其主体部分在南黄海。下扬子块体的重力布格异常和磁力异常的面貌特征较为相似，总体上为块状形态的负异常区，负异常区的主体部分分布在南黄海海域。

（4）最新的地震勘探成果表明，南黄海海相中、古生界厚度大、分布广，海域比苏北陆上变形弱，证明了下扬子地块主体部分在南黄海。

（二）南黄海盆地为新生代、中生代、古生代叠合盆地

（1）地表露头、钻井和地球物理资料表明，在南黄海及周边地区至少存在晚太古代以来的各时代地层，且其各自的建造、变质变形特征等都有所差异，并经受不同程度的剥蚀有所缺失。这说明晚太古代该地区曾经历了多期构造运动，以致在纵向上，无论是结晶基底、陆相中、新生界基底，以及沉积盖层都具有不同结构特征；而在横向上，有"南北分块、东西分带"的基本构造格架，且各构造单元间主要构造事件发生的时限基本可以对比。

（2）南黄海盆地整体为新生代—中生代陆相盆地与中生代—古生代海相残留盆地叠加而形成的叠合盆地。自震旦纪以来，经历了震旦纪—中三叠世海盆、晚三叠世—中侏罗世陆相盆地、晚侏罗世—早白垩世陆相火山岩盆地和晚白垩世—古近纪陆相盆地共 4 个演化阶段，造就了叠合盆地复杂的构造格局。

（3）南黄海海相中、古生界整体上表现出"南北分块、东西分带"的构造特征，体现的是近 EW 向构造与 NE—NEE 向构造的复合构造。从两期盆地的基底特征看，其构造线方向的展布具有区域性，整体上是 NE—NEE 向构造主要分布于北部拗陷，东西构造主要分布于中部隆起一带，近南北构造主要分布于

南部拗陷，EN 及 EW 向构造控制盆地轮廓，印支运动不仅塑造了陆相中、新生代盆地，也对海相中、古生界改造起到了重要影响。

（4）磁力资料和地震资料均表明南黄海中部隆起的海相中、古生代地层分布比南、北两侧稳定，构造变形相对较小。但由于南黄海中部隆起是一个继承性隆起，在加里东期末期、印支期，以及古近纪、新近纪沉积时期均处于隆起状态。加里东期的隆起使晚早古生代地层具有明显的剥蚀现象。印支期中部地区强烈隆起，海相地层遭受了强烈剥蚀，但依然残留了几千米厚的中、古生界海相地层。

（三）进一步厘定了区域地层分布

2000 年以前，地质学家根据南黄海海域的地震、重力、磁力资料和钻探结果推测，南黄海盆地拗陷内新生界和中生界白垩系陆相沉积地层发育，但基础构造层存在明显的差异；北部拗陷基础构造层中多为较古老的下古生界，而上古生界和中生界并不发育甚至缺失，南部拗陷的基础构造层比较发育，有较新的侏罗—白垩纪地层，有标准的海相青龙灰岩、海陆交互相的龙潭煤系，以及较古老的下古生代地层；也有观点认为北部拗陷盆地基底为震旦系或前震旦系变质岩。

中部隆起是南黄海中、新生代盆地的一个二级构造单元，其地层发育一直是地质学家关注的焦点。在早期的地震剖面上，该区新近系的底界面是一个强反射界面，该界面以下主要为空白反射地震相，无层状反射特征，因而前人对中部隆起区的地层推测众说纷纭，或为变质岩（郝天珧等，2002），或为火山岩，或为中生代地层，或为下三叠统至上古生界（冯志强等，2002），或为古生代地层（陈建文等，2003；王连进等，2005）。

通过对近 10 年来的地震调查和钻探成果资料的对比分析，进一步厘定了南黄海海域地层分布特征，取得了如下新的进展和认识。

1. 中部隆起分布下三叠统及其以下海相地层

2006 年开始的新一轮调查中，由于采用了新的地震勘探技术，在中部隆起上获得了新近系之下地层成像清晰的中、古生代海相碳酸盐岩有效反射；2014 年在中部隆起上实施的大陆架科学钻探 CSDP-2 井证实，中部隆起上发育下三叠统及其以下的海相沉积地层，使争论多年地层发育与分布特征有了明确的定论。

2. 北部拗陷靠近千里岩断裂分布有侏罗纪类前陆盆地，发育侏罗系

位于南黄海盆地北部拗陷东北凹陷的主体部位的探井揭示了新近系、白垩系和侏罗系，其中上侏罗统以杂色建造沉积为主，为一套褐色泥岩夹褐灰色泥质粉砂岩、浅灰色砂岩；中侏罗统以暗色建造沉积为主，与上组合呈整合接触，为一套深灰、灰色泥岩夹浅灰色泥质粉砂岩、细砂岩（高顺莉等，2015）。通过对地震资料和区域地质特征对比分析认为，从早三叠世开始，由于挤压作用的影响，扬子板块向华北板块俯冲，中朝造山带形成，造山带两侧形成盆地。随着千里岩隆起出露于海面，标志着其南端下扬子地台下沉，至晚中生代开始盆地沉积。在这一构造背景下，发育于下扬子块体北侧和西侧的被动边缘，在千里岩断裂走滑拉分复杂改造控制之下，在中侏罗世开始了具有北厚南薄楔形展布的沉积格局。靠近千里岩断裂，盆地表现出强烈的沉降和巨大的沉积厚度，至晚侏罗世，沉降、沉积强度逐渐变弱，发育三角洲-滨浅湖杂色沉积。

3. 北部拗陷中—新生代陆相沉积基底之下发育中—古生代海相沉积地层

结合最新的地球物理和钻井资料成果，认为北部拗陷分布厚度较大的中—古生代海相沉积地层，主要依据如下。

（1）在采用了立体震源+长排列的采集和各项异性叠前时间偏移等先进的勘探技术后，地震剖面的成像品质得到了有效提升，在北部拗陷获得了陆相沉积基底之下的成像清晰的有效反射，结合区域地震层位追踪和 Kachi-1 井的钻探结果，推测为中—古生代海相沉积层的反射。

（2）黄松等（2010）以重、磁数据为主体，以钻井、地震等高精度数据为先验信息做约束，采用带约束界面反演方法求取重力基底，同时根据求取的磁性基底计算了中、古生界的残余厚度，给出了前新

生界残留盆地宏观分布特征。研究结果表明南黄海北部拗陷北部和东北部中—古生界残余厚度在 5~7km。

（3）在 2013 年获得 OBS 深部探测数据反演速度剖面上可以看出，北部拗陷的中—新生代陆相沉积层之下存在一套厚度 4~10km、层速度为 5000~6000m/s 的沉积地层，结合多道地震的反射特征，推测为下古生界残余地层，为北部拗陷古生界油气资源潜力评价提供了依据。

二、地球物理勘探成果

（一）地震勘探

1. 首次在南黄海中部隆起上获得 T$_2$ 界面以下清晰的层状反射

"全国油气资源战略选区调查与评价"专项启动了"南黄海前第三系油气前景研究"项目，中国地质调查局青岛海洋地质研究所经过精心组织、攻关研究与海上试验，2006 年地震补充调查首次在南黄海中部隆起（又称崂山隆起，下同）上获得了 T$_2$ 界面以下清晰的层状反射，说明区内 T$_2$ 界面以下发育层状沉积地层（张海启等，2009）。

2007 年进一步的补充调查发现 T$_2$ 界面以下发育多个可识别和追踪对比的地震反射波组：T$_2$ 波为新近系底界面，广泛分布于南黄海全区，在隆起上可连续追踪；Tc 波为隆起 T$_2$ 波以下第一空白反射带的底界，与下部反射波组呈整合接触关系，在崂山隆起上总体可追踪对比；Ts 波为 4~6 个互为平行的反射同相轴的底界，其上覆地层与下伏地层之间为整一接触，在崂山隆起上广泛分布；T$_{12}$ 波位于 Ts 波之下 1000~2200ms，通常为 3~4 个互为平行的反射同相轴的顶界，也是崂山隆起第二空白反射带的底界，其上覆地层与下伏地层之间为整合接触，分布面积和特征基本与 T$_{12}$ 波相似，该波与上覆反射层为整合接触关系，与下伏反射层为不协调接触关系，推测为海相古生界，是下扬子区古生界的海上延伸（张海启等，2009）。

上述新发现为 CSDP-2 井部署提供了可靠的依据，通过钻探验证了地质推测，使该区的地层分析及其地质属性推断取得了新的进展，对推动南黄海海域油气新领域、新层位的调查与勘探具有重要的指导意义。

2. 复杂地质构造地震勘探技术方案海上现场试验和攻关初见成效

针对南黄海盆地复杂地质情况开展了不同的地震测线方向、震源容量、排列长度、电缆沉放深度等大量的地震试验采集，获得了大量的地质资料和地震采集技术参数，现场试验和攻关取得了预期成果，为该区开展中—古生界海相油气地质调查奠定了基础。

1）海上试验和对比优选地震勘探测线方向

针对南黄海海相中—古生界的地震勘探测线部署方向存在不同意见，为使地震测线部署更科学合理，在 2007~2009 年，分别进行 0°、45°、68°、90°、135°、158°、180°、225°、248°、315° 和 338° 等方向的采集试验，经对不同测线方向的单炮记录频谱特征和粗叠加剖面的对比分析表明，同一位置不同测线方向的单炮频谱差异不大，粗叠加剖面则显示，NW—SE 方向部署的测线，在 158° 方向的测线得不到清晰的中深层反射，与其直交的 68° 方向的测线也得不到清晰的中深层反射；而 EW—SN 向部署的测线，虽然 SN 向（0° 方向）的测线得不到清晰的中深层反射，但与其直交的东西向（90°）测线上，则可得到较为清晰的中深层反射。经专家分析评议和论证，认为 EW 和 SN 方向部署的测线，与盆地内的构造走向基本平行或垂直，是比较适合南黄海盆地油气调查的地震测线方向。

2）成功设计出"立体震源延迟激发+长排列"海上地震资料采集新系统

针对南黄海中—古生界复杂的地质地震条件，通过海上试验和室内处理试验研究，成功设计出"立体震源延迟激发+长排列"海上地震资料采集新系统，达到拓展低频、拓宽频带宽度、提高震源子波穿透深度目的，获得了 T$_8$ 界面以下较好的反射波信息，有效提高了深部地震反射能量和原始资料品质。

3）成功试验海底地震仪器（OBS）探测新技术，首次获得了深达莫霍面的反射-折射震相

2013 年在南黄海北部拗陷进行了 40 个站位 OBS（海底地震仪）搭载试验调查，针对南黄海浅水区复

杂的地震地质条件和大容量枪阵难以有效展开的施工难题，创新性地采用"立体震源延迟激发"OBS 采集新技术，并以双分量数据合并、折射波信号增强为主的 OBS 资料处理技术，首次获得了深达莫霍面的反射-折射震相，初步形成了南黄海北部海-陆壳幔二维结构剖面，分析了区域沉积层速度和深部构造特征，为深部地质构造效应对浅部油气控制作用研究奠定了基础。首次系统分析了南黄海盆北部拗陷中—古生代的地层速度特征和分布规律，为评价北部拗陷中—古生界油气资源潜力奠定基础。也为浅水区 OBS 深部探测技术的研究起到了引领和借鉴作用。

3. 地震数据攻关处理成效显著，形成了针对性的处理技术系列，有效提高了中深层弱反射的成像品质

常规叠加处理构造归位不准、分辨率低。针对信噪分离、多次波衰减与压制、子波处理、速度提取、叠前时间偏移、振幅处理等关键技术进行重点攻关，集成了一套针对南黄海地震资料的处理并能获得反映中—古生界较真实清晰的成像处理技术系列。该技术系列主要包括：震源子波整形、低频能量与时间-速度对扩散补偿、组合配套压制多次波、多域噪声衰减、长排列速度各向异性分析与动校正、CRS（共反射面元叠加）和各向异性叠前时间偏移等关键技术组成。使中-深部构造准确成像，提高地质刻画精度和地层成像精度。处理后获得的叠加和叠前时间偏移成果剖面 T_8 反射面以上波组特征较好，有效反射信息丰富，同相轴连续性较好，获得了北部拗陷高质量的陆相和海相构造层叠前偏移和组合属性成果剖面。

4. 地震试验数据"三统一"对比分析为地震采集技术参数及方案设计提供依据

重点针对不同的年代地震采集试验所获取的地震原始资料，采用"三统一（统一方法、统一流程、统一参数）"的方法，围绕震源容量、组合方式、电缆长度、覆盖次数等采集参数与地震资料品质的关系，进行了叠前与叠后数据信噪比、频谱宽度、振幅强度等参数特征的量化分析对比，确定了低频信息对深部目标层成像具重要影响，为后续地震资料采集技术参数及方案设计提供依据。多年的海上试验和调查，使青岛海洋地质研究所针对南黄海中—古生界碳酸盐岩油气调查的地震资料采集、处理技术处于国内前列。

（二）非震地球物理勘探

（1）针对前新生代残留盆地埋深大、构造复杂的特点，以重磁数据为主体，以钻井、地震等高精度数据为先验信息作约束，采用位场转换、约束界面反演等方法，求取重力基底和磁性基底，在此基础上进一步计算了海相中—古生界残余厚度，为海相残留盆地的宏观分布研究提供了依据。

（2）开展了针对前新生代盆地宏观分布的大地电磁探测的应用试验，采用"863"计划项目研制的五分量海底大地电磁系统，进行海上单台站大地电磁探测试验，研究了适用于南黄海电磁探测环境和地质构造特征的资料处理技术方法，获得了地震强屏蔽层之下的地层垂向分布信息，有效补充了地震勘探的不足。

三、地球化学探查成果

（1）油气地球化学异常分布明显受隆起与拗陷及其内部的凹陷构造控制，酸解烃、热释烃等 14 种油气地球化学异常综合评价显示，北部拗陷分布西南部和东南部两个油气远景区，东南部远景区优于西南部。

（2）烃类气体及其碳同位素组成、饱和烃及生物标志物特征分析表明，油气远景区的地球化学异常均属于热成因类型，热演化达到成熟甚至过成熟。

四、油气地质条件与资源前景研究成果

1. 北部拗陷东北凹陷解释推测了侏罗系并得到钻井验证

通过对北部拗陷东北凹陷地震反射波组特征结合区域地质资料推断解释了中生界的分布特征，初步

确定了陆相侏罗系和三叠系的发育与分布特征，其中陆相侏罗系已得到钻探证实。

2. 中部隆起首次钻遇中—古生界海相地层并获得多层油气显示及良好烃源岩，解决了长期悬而未决的地层属性和油气地质条件问题

为探查南黄海中部隆起前新生代地层属性，解决制约南黄海中部隆起海相盆地长期悬而未决的地层属性和油气地质特征问题。2014 年的"大陆架科学钻探计划"项目在南黄海盆地中部隆起西部优选钻探目标并实施钻探，CSDP-2 井首次揭示了三叠系、二叠系、石炭系、泥盆系、志留系和奥陶系等海相地层，在多个层段获得油气显示，钻遇了多层中等—好的海相烃源岩，为南黄海区域地质研究和中—古生代海相油气勘探提供了依据和有效支撑。

3. 综合地质解释研究取得了重要阶段性成果

（1）首次系统分析了南黄海盆地中—古生代的地层速度特征和分布规律，为地震资料解释层位标定、区域追踪和时深转换提供了重要依据。

（2）地震勘探在中部隆起和北部拗陷获得了成像清晰的中、古生代海相碳酸盐岩有效反射，结合 OBS 反演速度资料分析推测了北部拗陷的古生界属性和分布特征，落实了中部隆起和南部拗陷的海相中—古生界。

（3）印支运动不仅塑造了陆相中、新生代盆地，对海相中、古生界改造起到了重要作用。以印支运动（构造面）为界，从陆相中—新生代盆地和海相中—古生代盆地两期盆地的基底特征看，其构造线方向的展布具有区域性，整体上是 NE—NEE 向构造主要分布于北部拗陷，EW 向构造主要分布于中部隆起一带，近 SN 向构造主要分布于南部拗陷，NE 及 EW 向构造控制盆地轮廓。南黄海海相中、古生界整体上表现出"南北分块、东西分带"的构造特征，呈现了近 EW 向构造与 NE 向构造的复合。

（4）初步圈定了一批中—古生代局部构造圈闭。其中陆相中生代断块、断背斜和断鼻等局部构造圈闭 12 个，海相古生界潜山内幕构造 9 个；通过有利区带油气地质条件分析，初步在北部拗陷重点区带优选出 3 个中生界 I 类局部构造，中部隆起南缘-南部拗陷北部斜坡带优选出 1 个古生界 I 类局部构造。

（5）对比分析苏北盆地中—古生界生储盖特征和油气成藏规律，提出印支运动不整合面相关油气藏和致密砂岩型油气藏是南黄海中—古生界的重要油气藏类型的认识。

4. 中—新生代陆相和中—古生代海相层系资源潜力和有利区带与成藏组合研究取得重要新进展

（1）采用盆地模拟法评价南黄海的中—新生代陆相层系的资源潜力，按生烃潜力由大到小将中—新生代陆相盆地划分出 I 类、II 类和 III 类 3 类凹陷，明确指出了有利的烃类聚集区带和成藏组合。

（2）南黄海中—古生界海相烃源岩有机质热演化普遍达到成熟—高成熟阶段，以生气为主，采用有机碳法评价其生烃和资源潜力，按生烃强度和资源潜力，探讨了海相中—古生界勘探潜力及有利区并明确指出，南黄海海域下古生界资源远景最好的层系和区域是下寒武统幕府山组盆地相烃源岩发育区，上奥陶统五峰组—下志留统高家边组发育区次之；上古生界资源远景最好的层系和区域是上二叠统龙潭-大隆组发育区，下二叠统栖霞组发育区次之；下三叠统青龙组浅海陆棚相烃源岩发育区是下中生界海相层系有利远景区，推测探讨了海相中—古生界可能的成藏组合和油气成藏模式。

第二章 区域地质与构造演化沿革

第一节 大地构造背景

南黄海所在的扬子块体与中朝块体，华南块体等组成了现今中国大陆的主体，依据块体构造理论，这些块体均经历了太古宙和元古宙的陆核阶段，新元古代至早二叠世的古全球构造阶段，印支期的中间阶段以及印支期以后的新全球构造阶段（表2.1）。扬子块体于古元古代末期形成陆核，新元古代早期实现了成台过渡（表2.2），陆核形成期地层主要由深融硬化结晶变质的太古宇及古元古界构成，是约1700Ma前中条运动固结的；新元古代末期的晋宁运动和澄江运动完成了块体的成台固结，主要由中、上元古界及其相当的浅变质地层构成。钻井和地球物理资料证实，南黄海地区属于扬子块体的海域延伸部分，在大地构造位置上位于下扬子地区，为下扬子的主体（蔡峰和熊斌辉，2007），地表露头资料显示，下扬子地区至少存在晚太古代以来各时代的地层，且其各自的建造、变质变形特征等都有所差异，并经受了不同程度的剥蚀而缺失。

南黄海所在下扬子地区在不同阶段分别受特提斯构造域和太平洋构造域的影响（图2.1），古全球构造阶段内，与扬子块体的发展、演化，以及扬子块体和华南块体、扬子块体与中朝块体的离散、聚合等相关。在中—新生代的新全球构造阶段，特提斯洋的闭合、太平洋板块的形成及俯冲等构造事件成为影响南黄海盆地演化的主导因素。

印支运动在中国的大地构造发展过程中具有里程碑意义。印支运动之前，受特提斯构造域的影响，组成中国大陆的各个块体自南向北不断运动，整体表现为自南而北的压应力，各块体的运动存在同序时差，具体表现为，自北向南各块体的古老陆核形成年代逐渐趋晚（表2.1），中国大陆是由不同的块体在印支期拼合而成的，拼合的过程自北而南从老到新。

印支运动以后，形成了以贺兰山–龙门山为界的东西两条不同的构造锋线。贺兰山–龙门山以西延续了加里东运动以来的运动姿态，各块体表现为自南而北的运动，整体表现为自南而北的压应力；以东则各块体的运动和所处应力场发生了根本性的转变。中国东部各块体所处的压力场由压性转变为张性，自南向北的运动和自北向南的拼贴过程结束，继而转变为自北而南的拉张裂离和块体的活化，中朝、扬子、华南等块体合并到欧亚板块内部，随之一起卷入中、新生代的印度洋–太平洋构造域至今，开启了经典的板块构造运动机制。在东西两条锋线之间，鄂尔多斯和四川两个稳定块体起着中间转换轴的作用，在后期中国地势发生由东高西低转换为西高东低的过程中也发挥了"跷跷板"轴的作用。

表2.1 中国及邻域地壳演化序列表（张训华和郭兴伟，2014）

地壳发展阶段		地质时代	备注
阶段	时期		
新全球构造阶段	俯冲、沉降	E_3^2-Q	
	拉张、聚敛	$K_2-E_3^1$	
	挤压、改造	T_3-K_1	
中间阶段		$P-T_2$	
古全球构造阶段	稳化	$D-C$	
	成台过渡	Pt_3-S	同序时差
陆核形成阶段		Pt_{1-2}	
		Ar	

表 2.2 中国大陆主要块体演化分类表

地质年代			构造演化阶段	块体类型		
宙	代	纪		华北型块体	扬子型块体	华南型块体
显生宙 Ph	新生代 Cz	第四纪 Q	新全球构造阶段			
		新近纪 N				
		古近纪 E				
	中生代 Mz	白垩纪 K				
		侏罗纪 J				
		三叠纪 T	中间阶段			
	古生代 Pz	二叠纪 P				
		石炭纪 C	古全球构造阶段			400Ma
		泥盆纪 D				
		志留纪 S				
		奥陶纪 O			800Ma	
		寒武纪 ∈				
元古宙 Pt	新元古代 Pt₃	震旦纪 Z				
		青白口纪 Qb				
	中元古代 Pt₂	蓟县纪 Jx		1800Ma		
		长城纪 Ch				
	古元古代 Pt₁	滹沱 HI	陆核形成阶段			
太古宙 Ar	新太古代 Ar₂	五台 Wt				
		阜平				
	中—始太古代 Ar₁	迁西及更老				

陆核形成阶段　　成台过渡阶段　　稳化阶段

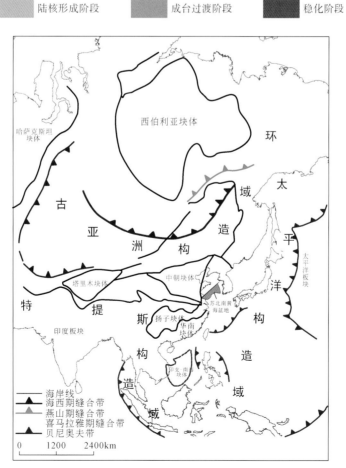

图 2.1 苏北–南黄海盆地及其邻区板块构造轮廓

一、苏鲁造山带

黄海海域跨越扬子和中朝两个块体，自北向南发育了北黄海和南黄海两个不同的构造单元，苏鲁造山带位于中朝和扬子两大块体之间，其形成与两大块体的汇聚碰撞有关，其在南黄海地区的延伸为千里岩隆起带（图2.2）。苏鲁造山带从威海、荣成、文登、乳山、青岛、胶南、诸城、日照、莒南一直延续到苏北，长达400km余，穿插在NE向剪切断裂带之间的超高压变质岩系中，分布有大量的榴辉岩和石榴石橄榄岩，通过对这些榴辉岩的测年（韩宗珠等，1992），反映出鲁苏榴辉岩的形成时代为220~230Ma，即华南大陆与中朝块体的碰撞俯冲事件发生在三叠纪早期，并持续自东向西碰撞闭合，形成苏鲁超高压变质带。因此，普遍认为苏鲁超高压变质带是华南大陆与中朝块体印支期碰撞的产物。其北部的五莲-荣城断裂带为印支期华南大陆与中朝块体碰撞的缝合线，嘉山-响水-千里岩断裂为其南部边界（图2.2），该断裂向南即为北部拗陷。

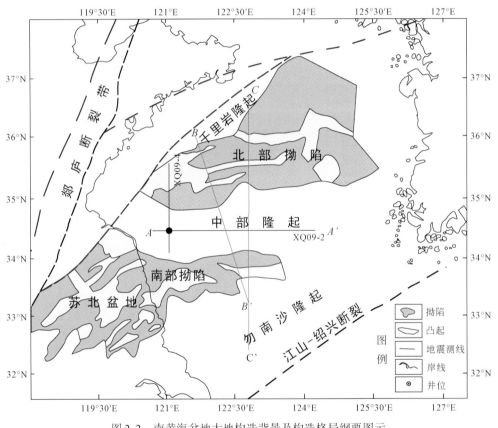

图 2.2　南黄海盆地大地构造背景及构造格局纲要图示

千里岩隆起带位于南黄海盆地北端，属于苏鲁超高压变质带的海区延伸，是一个以古元古代地层为主的长期隆起区，其上局部发育中生代陆相碎屑岩系（胶莱盆地向海区的延伸）、火山岩系以及NE向断裂。该隆起区主要的地层岩性包括黑云母质混合岩、黑云母质条纹状混合岩、混合岩化浅粒岩、黑云母片岩及黑云母花岗岩。后来，有学者在千里岩隆起区发现了榴辉岩。纪壮义等（1992）首先提出在千里岩隆起区发现了榴辉岩，韩宗珠等（2007）通过对千里岩榴辉岩进行矿物化学研究，认为千里岩榴辉岩是苏鲁超高压变质带的重要组成部分。这些关于千里岩地区榴辉岩的研究有力地证明了千里岩隆起带是扬子块体和中朝块体碰撞带缝合线的出露位置。

地球物理资料证实，苏鲁造山带陆区的磁场表现为由串珠状异常圈闭形成的一条规模巨大的呈NE走向的正异常带，串珠状正磁异常大都在0~200nT，局部最大正异常可达300nT以上。胶南地区的磁力正异常带位于周围的负磁异常背景下，这标志着块体结合带的存在（郝天珧等，1998），在构造区划上，此异常带对应于苏鲁造山带上的五莲–青岛断裂带，是深断裂的反映。位于南黄海的千里岩地区为 NE 向正负磁异常，磁力异常值在 $-100 \sim 0nT$，在海区的千里岩岛附近表现为串珠状的正异常带。山东半岛南部沿海广泛具磁性特征的为中生代岩浆岩，苏鲁造山带的磁异常主要为白垩系火山岩及新生代玄武岩。

二、江山–绍兴断裂带

江山–绍兴断裂带是扬子块体和华南块体的分界线（王鸿祯等，1986），断裂带自闽西北崇安向北东延入浙江，经江山南、龙游、金华北、马灶南、陈蔡北、绍兴富盛、上虞北、沿杭州湾南侧、王盘洋南、舟山群岛的大衢山和黄泽山岛北缘，沉没入东海（图 2.2），向东推测延向日本西南。深断裂带走向为 $0°E \sim 70°N$，倾向 NW 为主，有时倾向 SE，断面倾角大于 $65°$。它由一系列大致平行的断裂组成，宽度 $3 \sim 6km$，主干深断裂偏南。在江山–绍兴深断裂带上，明显看到很宽的挤压破碎带，岩层直立倒转、牵引褶皱、糜棱岩和透镜状岩块发育，还有大量花岗岩、闪长岩和二长岩、超基性岩充填（李锦轶，2001）。江绍断裂带西北侧的赣东北–浙西北一带分布着新元古代早期未变质–低变质的双溪坞群火山–沉积岩系，东南侧的湘赣粤过渡带则是元古宙绿片岩–角闪岩相的陈蔡群区域变质岩，两者的前寒武系岩石类型截然不同。

江山–绍兴断裂带在海区表现为磁异常分界线，西北侧磁异常变化剧烈，东南侧则较为平缓（郭玉贵等，1997），钻探及地球物理资料表明，断裂倾向往深处折向 SE，东南侧断裂带上盘的陈蔡群为轴面向南东倾的一系列紧闭同斜褶皱，西北侧断裂下盘的双溪坞群火山–沉积岩系为单斜倒转或大型背斜构造。因此，陈蔡群变质岩可能是沿江山–绍兴断裂带向 NW 逆冲推覆的主动翼（胡开明，2001）。赣东北–浙西北一带以 Cu、Au 矿化为特征，湘赣粤过渡带则以 W、U、Nb、Ta 矿化为特色，显然是两个不同的地球化学域。据洪大卫等（2002）的研究，在华南地区沿该带的花岗岩具有明显 ε_{Nd} 值升高和 TDM 值降低的特点，并指出沿该带可能为地幔物质上涌加入地壳的一条重要通道。基于上述证据，可以认定江山–绍兴断裂带是一条长期活动深切岩石圈的断裂带。

据岩相和古地理分析，早古生代时，江山–绍兴断裂带北侧尚未出现海盆边缘沉积相，海陆界线跨过江山–绍兴断裂南侧；志留纪末至泥盆纪早期，华南地区加里东期陆内造山作用，使浙江普遍缺失上志留统和中、下泥盆统。加里东运动后，与下扬子地区一致，区内普遍缺失中、下泥盆统的沉积，断裂南侧从晚泥盆世开始海侵，沉积了以石英碎屑为主的砂岩、砂砾岩，以及石炭纪—中三叠世滨浅海沉积，海盆边缘在江山–绍兴断裂带南侧附近。印支–燕山期，江山–绍兴断裂带活动强烈，表现为东南侧华夏块体向西北逆冲推覆，沿江山–绍兴断裂带附近发育一系列逆冲–推覆构造。

三、扬子块体东部边界

关于扬子块体东段的展布范围，不同学者和专家据自己掌握的资料和研究均有不同的观点，主要区别在于扬子块体通过南黄海向东延伸的问题。

一种观点认为，扬子块体通过南黄海后与朝鲜半岛对应，朝鲜半岛属扬子块体范畴。这种观点认为，两个巨大的 NE 向展布的结合带从中国大陆延伸到海域并一直登陆到朝鲜半岛，苏鲁–临津江结合带和江绍沃川结合带分隔开了中朝与扬子块体，扬子与华南块体。认为朝鲜半岛三分，将狼林地块归属于中朝块体，京畿地块归属于扬子块体，岭南地块归属于华南块体。许多学者持相似的观点，不同之处在于结合带的具体位置的厘定。任纪舜等（1999）等据在朝鲜半岛京畿带前寒武纪岩石获得有 230Ma 高压多硅白云母 Ar/Ai 年龄，将临津江带和京畿杂岩带大部作为苏胶造山带的东延部分，命名为苏胶–临津造山带。蔡乾忠（2002）提出印支运动（朝鲜称松林运动）期间，中朝块体与下扬子块体碰撞拼合，形成了横贯朝鲜中部和我国胶辽地区的临津江造山带–黄海千里岩造山带–胶北造山带，他将该带称为"东亚纬向造山带"，认为它是划分中朝块体与下扬子块体的分界线，北黄海盆地居北，南黄海盆地居南。

另一种观点认为，朝鲜半岛属中朝块体，扬子块体与朝鲜半岛之间以一条近南北向的断裂相隔。这种观点将扬子块体北界划为嘉山–响水断裂带，在海区为千里岩隆起带东侧断裂，认为整个朝鲜半岛归属于中朝块体，昆祁秦褶皱系为扬子和中朝块体在中国大陆的结合带，中朝与扬子在朝鲜半岛西侧海域内为断层接触（张文佑，1983，1986）。万天丰（2004）认为黄海东缘断裂与济州岛南缘断裂以及青岛-五莲-荣成断裂组成了中朝块体和扬子块体的"Z"字形边界（图2.1）。郝天珧等（2002，2003a，胥颐等，2008）据南黄海地区重力场和地震层析成像研究深部构造，认为朝鲜半岛西侧存在一条NNE向大型右行走滑断裂——黄海东缘断裂带，是深达岩石圈的断裂，该断裂带北部与山东半岛五莲-青岛断裂相连，南部与韩国济州岛南缘断裂相连，构成中朝与扬子块体的"Z"字形拼合边界，其西侧黄海地区属于扬子块体，东侧整个朝鲜半岛属于中朝块体，扬子块体推覆于中朝块体之上，这为该构造观点提供了地球物理上的证据。

综上所述，南黄海盆地为发育在下扬子区中、古生代海相地层之上的，经中、新生代构造运动强烈改造的叠合盆地。北部以苏鲁造山带为界与中朝块体相邻，南部以江绍断裂带为界与华南块体相邻，西接下扬子苏北盆地，整体上为在中、古生代海相地层之上，经中、新生代构造运动强烈改造的叠合盆地。现今的南黄海盆地主要据白垩纪—古近纪以来的地层分布范围圈定的，自北而南可划分出五个次一级构造单元，分别是苏鲁造山带在海区的延伸——千里岩隆起、北部拗陷、中部隆起、南部拗陷和勿南沙隆起（图2.2），盆地内部还发育一系列断陷、地堑等构造，断陷主要分布在123°E以西，以北断南超、北陡南缓为特征，构造线以NNE和NE向为主，控制着盆地的形成和发展。

第二节 区域地层

一、地层发育特征

南黄海盆地主要位于扬子地台之上，是下扬子地台沿北东方向向海域的自然延伸（蔡乾忠，2002；朱平，2007；蔡峰等，2007；冯志强等，2008），盆地的区域构造及地质特征等也与陆上的苏北盆地相似（姚永坚等，2004；蔡峰等，2007）。

南黄海迄今为止共钻探井27口（其中韩国钻探井5口，全部位于南黄海盆地北部拗陷），有7口探井钻遇下扬子地台型沉积地层。在南部拗陷和勿南沙隆起有6口探井揭示了石炭系、二叠系、三叠系，分别为CZ12-1-1（A）、CZ35-2-1、CZ24-1-1、WX5-ST1、WX13-3-1和WX4-2-1井；北部拗陷的南部的Kachi-1井最深揭示三叠系。南黄海南部拗陷的CZ12-1-1（A）井最深揭示石炭系，WX13-3-1井、WX5-ST1和勿南沙隆起区的CZ35-2-1井钻遇二叠系，WX5-ST1、CZ35-2-1和南部拗陷的WX4-2-1井、CZ24-1-1井钻遇三叠系。2015年在南黄海中部隆起西部钻探的大陆架科学探井CSDP-2井，在新近系之下分别钻遇中生界下三叠统、二叠系、石炭系、泥盆系、志留系和奥陶（？）。钻井证实南黄海广泛分布着地台型沉积，其岩性和地震地质层序与陆地一致，为一套以海相碳酸盐岩为主的地层（蔡乾忠，2002；朱平，2007；蔡峰等，2007；冯志强等，2008）。钻井地层分层和综合柱状图见表2.3、表2.4和图2.3。

综合分析表明，南黄海发育两大地层体系：一是海相地层体系；二是陆相地层体系。从震旦系至下三叠统为海相地层，从中—上三叠统、侏罗系至第四系下部为陆相地层。主要地层特征简述如下。

区域对比研究认为，晋宁运动之后，下扬子区接受了稳定的地台型海相沉积。从晚震旦世开始，上震旦统陡山沱组页岩和灯影组白云岩向全盆地披盖式超覆，代表了古生代盆地沉降作用的开始，沉降中心位于浙西一带，形成以碳酸盐岩为主的克拉通边缘海沉积建造。这一时期海相沉积主要以一个中央台地和其两侧的深水槽地为基本格局（蔡峰，2005，2007）。中央台地大致位于石台—南京一带，以开阔台地相碳酸盐岩沉积为主，台地北侧为滁县海槽，南侧为安吉海槽，两个深水海槽内以沉积黑色泥岩、硅质岩和暗色细粉晶灰岩为主，沉积物中富含有机质，是早古生代生油物质聚集的中心。南黄海位于下扬子地台中央台地向东延伸的部位，推测其下古生界属于开阔碳酸盐岩台地相（蔡峰等，2005，2007）。

表2.3 南黄海分地北部坳陷钻井地质层位简表（据钻井资料整理）

北部坳陷区（诸城7-2-1、诸城1-2-1、黄7、黄2、黄9、黄5）

地层	统	构造单元/层组	北部凹陷 诸城7-2-1 深度/m	北部凹陷 诸城1-2-1 深度/m	黄7 深度/m	中部凸起 黄2 深度/m	中部凹陷 黄9 深度/m	南部凹陷 黄5 深度/m
第四系			526	205	259.5	317	253.5	234
新近系	上新统	东台群（上盐城组）		465	504	492	410.5	416
新近系	中新统 上	下盐城组	785	882	888.5	1083	870.5	697.5
新近系	中新统 下	下盐城组	1153	1685	1328	1388	1284	999
古近系	渐新统 上	三垛组	1200(未穿)	2053	1655.5	1706	1688	1220
古近系	渐新统 下	三垛组		2297	1902		1986	1510
古近系	始新统 上	戴南组		2499	2393.96(未穿)		2250	1839
古近系	始新统 下	戴南组 四		2735			2320.12	2237
古近系	古新统 三	阜宁组		2961				2310.2
古近系	古新统 二	阜宁组		3275				
古近系	古新统 一	阜宁组		3424(未穿)				
白垩系	上统 上							
白垩系	上统 下							
白垩系	中统							
三叠系								

东部坳陷区（KACH1-1、IIH-1XA、HAEMA-1、IIC-1X、INGA-1）

地层	统	东部凹陷 KACH1-1 深度/m	东部凹陷 IIH-1XA 深度/m	东北凹陷 HAEMA-1 深度/m	东部凸起 群山凸起 IIC-1X 深度/m	群山凹陷 INGA-1 深度/m
第四系		475	227	470	229	506
新近系	上新统		450	560	375	
新近系	中新统 上	614	719	938	610	1380
新近系	中新统 中		815	980	625	
新近系	中新统 下					
古近系	渐新统		2406	2076	1526	2060
古近系	始新统			2480	2001	2728
古近系	古新统		2824	2541(花岗岩)	2017	4103
白垩系		2693	3467			
三叠系		2726				

表 2.4　南黄海盆地南部坳陷钻井地质层位简表（据钻井资料整理）

地层系	统	组		南七凹陷 黄1井 深度/m	黄1井 时间/ms	黄4井 深度/m	黄4井 时间/ms	无锡5-ST1井 深度/m	时间/ms	黄6井 深度/m	时间/ms	南五凹陷 无锡20-ST1井 深度/m	时间/ms	常州24-1-1井 深度/m	时间/ms	南四凹陷 常州8-1-1(A)井 深度/m	时间/ms	常州8-2-1井 深度/m	时间/ms	南三低凸起 无锡13-3-1井 深度/m	时间/ms	常州12-1-1(A)井 深度/m	时间/ms
第四系		东台群		266		287		268		205		266		301		326		344		316		389	
新近系	上新统	上盐城组	上	395.5	464	428	497	442	505	452.5	520	481	550	597	660	600	665	761	808	511.5	580	696	750
	上新统	上盐城组	下	678	735	841	876	748	795	886.5	915	933	955	1006	1020	1014	1025	864	895	980	995	977.5	992
	中新统	下盐城组	上	883	912	972	990	812	850	990.5	1005	1042	1050	1155.5	1142	1157	1145	1159.5	1145	1145	1135	1154	1142
	中新统	下盐城组	下	1301	1258	1374	1282	1119	1110	1465.5	1305	1582	1468	1738	1575	1930	1702	1826	1635	1721.5	1565	1746	1580
	渐新统	三垛组	上	1357	1300	1458.5	1314	1181	1165	1826	1635	1909.5	1690	2134	1842	2791	2250	2228.5	1902	1862	1658	2073	1800
	渐新统	三垛组	下	1434	1360	1534	1375			1957	1722	2274	1930			3009	2380	2325	1960				
古近系	始新统	戴南组		1544.35▽	1440	2164.5	1430			2413.27▽	2020	3375	2590	2269	1925	3301.5	2552	2586	2122				
	始新统	阜宁组	四			2276.28▽						3500▽	2662	2352	1978	3810	2830	2600▽	2132				
	始新统	阜宁组	三					1262	1230					2684.5	2185	3907▽	2880						
	古新统	阜宁组	二					1340	1285					3052	2350					2085	1810		
	古新统	阜宁组	一					1410	1340					3100	2440								
	古新统	泰州组	上											3341	2560								
	古新统	泰州组	下																				
白垩系	上统	赤山组												3546▽	2625								
	中统																						
三叠系	下统	上青龙组						2820	1784													2077(C₂h)	
	下统	下青龙组						2930	1818													2210(C₃c)	
二叠系	上统	大隆组																				2240(P₁g)	
	上统	龙潭组						3259.84▽	1969													2405(C₃c)	
	下统	栖霞组																		2228.61▽	1855	2660(C₂h)	
石炭系	上统	船山组																				2923(C₁h)	
	中统	黄龙组																				3086(C₁g)	
	下统	和州组																				3222(C₂h)	
	下统	高骊山组																				3511(C₁h)▽	

早古生代末期发生的加里东运动使"江南隆起"在浙、皖边界褶皱抬升，原"一台两槽"的沉积格局消失。南黄海地区与下扬子地台中央台地的差异变小，南黄海海域泥盆系应该与陆地下扬子地台中央台地相类似（蔡峰和孙萍，2005；蔡峰等，2007），其中下扬子地台中央台地地表露头和钻井资料最丰富的地区是南京–南通地区。

位于南黄海盆地中部隆起的 CSDP-2 井首次在中部隆起上揭示中—古生界，依据钻探现场取芯录井结合区域岩性组合对比分析，初步认为 629～860m 井段（厚231m）为中生界三叠系青龙组，860～915m 井段（厚55m）为上古生界二叠系大隆组，915～1636m 井段（厚721m）为二叠系龙潭组、1636～1648m 井段（厚12m）为二叠系孤峰组、1648～1744m 井段（厚96m）为二叠系栖霞组，1744～1818m 井段（厚74m）为石炭系船山组、1818～1960m 井段（厚142m）为石炭系黄龙组，1960～2023m 井段（厚63）为石炭系高骊山组，2023～2360m 井段（厚337m）为泥盆系五通群（擂鼓台组、观山组），2360～2843.4m 井段（厚483.4m）迄今尚无明确的古生物分层资料，推测为下古生界志留系（茅山组、坟头组、高家边组）和上奥陶统（?，未钻穿），井底见晚奥陶纪藻类化石，推测为上奥陶统。具体地层界线随后续的古生物鉴定和岩石测年成果可能会有一定的调整。

二、各时代地层描述

（一）震旦系（Z）

在南黄海盆地北部拗陷黄2井钻遇了63.44 m的浅变质岩。上部黄绿色千枚岩、浅灰色、黄灰色石英岩，棕紫色千枚状页岩，灰黑色变质基性岩夹棕红色、土黄色裂隙泥。下部浅灰色、灰色硅化灰岩，致密坚硬，夹薄层或透镜状白色白垩土。该井段未取心，通过岩性与陆地的对比，确定该段为震旦系张八岭群（蔡峰和孙萍，2005；蔡峰等，2007）。区域对比表明，震旦系是下扬子–南黄海地区第一套沉积盖层，在下扬子陆上露头和部分钻井中揭露。自下而上分为南沱组、陡山沱组和灯影组。南沱组下段和上段均为大陆冰积岩，中段为含辛锰岩系；陡山沱组下部以页岩、泥岩夹砂岩为主，上部为泥质或硅质条带状灰岩；灯影组分布较广，以微晶白云岩、隐晶白云岩及含石膏隐晶白云岩为主。

（二）寒武系（∈）

南黄海地区未曾钻遇。下扬子陆区野外露头研究表明，寒武系包括幕府山组、炮台山组和观音台组。以碳酸盐岩为主，与下伏灯影组呈假整合接触。幕府山组下部为灰黑色含磷泥岩、灰黑色碳质泥岩夹泥晶、粉晶白云岩，上部为泥质白云岩；炮台山组下部为深灰色、灰黑色泥晶白云岩夹硅质白云岩，上部为灰色泥晶、粉晶白云岩、核形石白云岩，夹白云质泥岩；观音台组为灰色粉、细晶白云岩，夹硅质、泥质、灰质白云岩，含硅质条带。

（三）奥陶系（O）

南黄海地区以往的钻井未曾钻遇。下扬子陆区野外露头显示，自下而上分为仑山组、红花园组、大湾组、汤山组、汤头组和五峰组。岩性以介壳相碳酸盐岩为主，笔石页岩次之。仑山组为灰色白云质灰岩、白云岩，含硅质条带或团块；红花园组为灰色石灰岩，底部为灰色粉晶白云质灰岩；大湾组为灰色石灰岩夹泥晶灰岩，顶部为泥晶生物灰岩；汤山组为灰色泥粉晶灰岩、生物屑灰岩、瘤状灰岩；汤头组下部为绿灰色生物屑灰岩、泥质灰岩，局部夹瘤状灰岩；五峰组为灰黑、黑色泥岩，富含硅质、有机质及黄铁矿。

CSDP-2 井在 2835.5～2840m 井段见晚奥陶世藻类化石。据岩心观察描述、区域对比及古生物鉴定，初步确定该层段为上奥陶统—下志留统，上奥陶统与下志留统之间具体界线有待进一步的古生物等资料和研究成果确定。

（四）志留系（S）

南黄海地区以往的钻井未曾钻遇。下扬子陆区野外露头显示，自下而上分为高家边组、坟头组和茅山组。高家边组为浅灰色泥岩、粉砂质泥岩，局部夹泥晶灰岩条带，底部灰黑色泥岩较发育；坟头组为绿灰色细砂岩与绿灰色粉砂质泥岩互层；茅山组下部为灰色泥质粉砂岩与黑灰色泥岩互层，上部为红棕色细砂岩、泥质粉砂岩，夹灰绿色泥岩。

CSDP-2 井在 2360~2843.4m 井段，厚 483.4m。岩性以泥岩为主，上部砂泥岩互层中夹一薄层灰岩，下部为下部砂岩、粉砂岩、泥岩。据目前资料结合区域对比，初步认为 2360~2835.5m 井段（厚 475.5m）属志留系高家边组（？）。

（五）泥盆系（D）

南黄海地区以往的钻井未曾钻遇。区域对比表明，在下扬子-南黄海地区由于加里东运动而缺失中、下泥盆统。南黄海盆地中部隆起西部的 CSDP-2 井于 2023~2360m 井段（厚 337m）钻遇泥盆系五通群（擂鼓台组、观山组），岩性以深灰色石英砂岩和粉-细砂岩为主。

（六）石炭系（C）

陆区区域地层对比表明，石炭系自下而上分为金陵组（C₁j）、高骊山组（C₁g）、和州组（C₁h）、黄龙组（C₂h）、船山组（C₃c）。海域在南黄海盆地南部拗陷内的 CZ12-1-1 井 2073~3511m 井段钻遇高骊山组、和州组、黄龙组、船山组（图2.4），未钻遇金陵组，钻遇视厚度1438m，实际厚度为814m；南黄海盆地中部隆起西部的 CSDP-2 井于 1718.0~1950.0m 井段（厚232m）钻遇船山组、黄龙组，岩性为生物碎屑灰岩、泥晶灰岩夹薄层砂泥岩。陆区的苏北地区亦有钻孔揭示。石炭系岩性比较稳定，下统以碎屑岩为主，中—上统以纯净灰岩、白云岩为为主，与苏北陆地所钻地层相比，海区南黄海南部拗陷内 CZ12-1-1 井揭示的地层白云岩更发育，属开阔陆表海台地相沉积。

1. 高骊山组（C₁g）

CZ12-1-1（A）井 2923~3086m 井段钻遇该地层，主要为深灰色方解石化泥质砂岩，含灰质石英岩屑粗粉砂岩，含泥质粉砂岩，夹少量粉晶灰岩，钻遇厚度为163m。这一段砂质岩中未发现任何化石，依据其与和州组呈整合接触关系，暂定为下石炭统高骊山组。

2. 和州组（C₁h）

CZ12-1-1 井于 2660~2923m 和 3222~3511m 井段先后两次钻遇和州组，钻遇厚度分别为263m 和289m。其中2660~2923m 井段主要为灰色含溶孔粉晶白云质灰岩、浅灰色白云质细粉晶灰岩，夹数层泥晶灰岩。3222~3511m 井段上部为浅灰色及深灰色粉晶灰岩，夹少量白云质灰岩；中部为深灰色粉晶灰岩，夹少量灰色中-细粒砂岩及灰色含白云质细粉晶灰岩，底部为深灰色细粉晶灰岩夹白云岩化泥岩和碳酸盐化泥岩。3501~3511m 井段取心10m，以灰色泥晶灰岩为主，夹深灰色泥质纹层，发育水平层理、微波状、透镜状层理、沙纹交错层理及弱变形层理，局部见泥晶颗粒灰岩，未发现化石，但其顶部与产中石炭世孢子的黄龙组呈整合接触，因此将其划归和州组，层位属下石炭统上部。

3. 黄龙组（C₂h）

在 CZ12-1-1 井见于 2073~2077m、2405~2600m 和 3086~3222m 三个井段。最大钻遇厚度为255m。主要为一套浅灰色、褐灰色细粉晶灰岩，含腕足类生物碎片，偶见介形虫。

2073~2077m 井段黄龙组由厚仅4m 的薄层生物泥晶灰岩、浅褐灰和棕褐色藻团细粉晶灰岩组成。在另外两个井段，该组为深灰、灰棕色粉晶泥晶灰岩夹灰白色灰岩，泥质灰岩或薄层灰质泥岩。2077~2080m 井段钻井取心见丰富的鑅科化石，包括 *Profusulinella* cf. *keramiliensis*（克拉美丽原小纺锤鑅比较种），*P. hoxkudukensis*（科什库都克原小纺锤鑅），*Schubertella* aff. *pseudoglobulosa*（假球形苏伯特鑅亲近种），*S.* aff. *gracilis*（柔苏伯特鑅亲近种），*Eostaffella* sp.（始史塔夫鑅未定种）。在另外两个井段石灰岩中产少量孢子，主要为 *Zonotriletes*（具环孢属）、*Retriculatisporites*（粗网孢属）、*Verrucosisporites*（圆形块瘤孢属）、*Punctatisporites*（粒面单缝孢属）、*Lycospora*（鳞木孢属）等。

地层单元					井深 /m	岩性剖面	岩性综述
界	系	统	组	段			
新生界	古近系	渐新统	三垛组	二段	2070	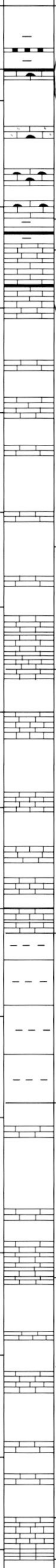	粉晶灰岩为藻成因的花边状构造，夹黑褐色泥岩，浅灰色藻灰岩。灰岩含2%生物碎片，介壳碎片，底部为黑色含泥质砾岩
古生界	石炭系	上统	船山组		2100		在2070.4m处为棕褐色油浸生物碎屑泥-细粉晶灰岩，岩石中富含生物碎片，为瓣鳃类，介形类，腹足类碎片。灰色泥晶生物灰岩及灰色细粉晶藻团灰岩，含30%生物碎屑。其中藻屑17%，蜓屑6%，有孔虫3%，腹足碎片3%
					2200		顶部浅灰色细粉晶生物藻团灰岩及灰色生物碎屑细粉晶或泥晶灰岩。中、下部褐灰色藻团细粉晶灰岩及深色含生物粉晶灰岩
	二叠系	上统	龙潭组				中上部主要是黑色泥岩夹薄层煤，底为棕灰、浅灰色粉晶-泥晶灰岩
		上统	船山组		2300		灰色浅灰色粉晶-泥晶灰岩，见硅质3%，溶斑晶5%，溶孔2%，期间夹薄层浅棕灰色含白云质粉晶灰岩，少量粉晶白云石、细粉砂，石英为主，少量长石、岩屑
					2400		
		中统	黄龙组		2500		主要是一套灰色、褐灰色细粉晶灰岩。含泥质1%，生物碎片3%，腹足类为主，偶见介形虫
					2600		褐灰色细粉晶灰岩，粉晶白云石约1%，含1%水云母、石英、长石、黄铁矿等
	石炭系	下统	和州组		2700		
					2800		岩石中溶孔发育，白云石发育，其中62%～73%为粉晶方解石，27%～28%为细粉晶白云石，10%为溶孔
					2900		
			高骊山组		3000		上部主要是深灰色方解石化泥粉砂岩。中下部为深灰色，含灰质石英岩屑粗粉砂岩及深灰色含泥含灰质细粉砂岩，间夹少量细粉晶灰岩。粉砂主要由石英和部分岩屑，少量长石组成
					3100		
		中统	黄龙组		3200		褐灰色深灰色细粉晶灰岩，底部夹两层钙质泥岩
					3300		浅灰-深灰色粉晶灰岩，夹少量白云质灰岩
		下统	和州组		3400		主要以灰、深灰色、黑色粉晶灰岩夹少量灰色长石岩屑中-细砂岩，及灰色含白云质细粉晶灰岩
					3500		深灰色细粉晶灰岩夹白云石化泥岩及碳酸盐化泥岩

图2.4　南黄海盆地南部拗陷CZ12-1-1井地层柱状图

4. 船山组 （C₃c）

CZ12-1-1 井的 2077~2210m 井段和 2240~2405m 井段先后两次钻遇船山组，厚度分别为 133m 和 165m。该井段由于地层倒转而层序不正常。经校正后，船山组中下部 2240~2405m 井段上部为灰色、浅灰色粉晶-泥晶灰岩，夹薄层棕灰色灰岩、含砂屑粉晶灰岩，底部见泥质灰岩。上部 2077~2210m 井段顶部为浅灰色细粉晶生物藻团（核形石）灰岩及灰色生屑细粉晶-泥晶灰岩，中下部为褐灰色藻团粉晶灰岩及深灰色含生物粉晶灰岩。其下与黄龙组呈整合接触，顶部与二叠系栖霞组为假整合接触。

该组中下部产 *Triticites ovoidus* （卵形麦粒䗴），*T. sp.* （麦粒䗴未定种），*Eoparafusulina sp.* （始拟纺锤䗴未定种）及有孔虫。麦粒䗴、始拟纺锤䗴均系上石炭统标准化石，故本组层位定为上石炭统。

南黄海盆地中部隆起西部的 CSDP-2 井于 1744~2023m 井段（厚 279m）钻遇石炭系。其中 1960~2023m 井段，厚 63m，岩性为杂色砂岩、青灰色砂岩、泥岩，据钻井现场岩性描述，对比苏北陆区推测该层段为石炭系高骊山组 （C₁g）；1818~1960m 井段，厚 142m，岩性为肉红色灰岩，岩性较均一，在 1823.08~1826.08m 井段见腕足类碎片，综合岩性组合与古生物特征和区域对比分析，初步确定为石炭系黄龙组 （C₂h）；1735~1818m 井段，厚 83m，上部为白色灰岩，下部为浅灰色、灰黑色灰岩，在 1785.48~1787.18m 井段和 1800.78~1802.78m 井段岩心见疑似䗴化石，综合岩性组合与古生物特征和区域对比分析，初步为石炭系船山组 （C₃c）。

（七）二叠系 （P）

二叠系在南黄海盆地分布较广。勿南沙隆起、南部拗陷、中部隆起、北部拗陷南部均有分布，自下而上分为栖霞组、孤峰组、龙潭组、大隆组。南黄海地区的 WX13-3-1 井、CZ35-2-1 井、WX5-ST1 井（图 2.5）、CZ12-1-1A 井，以及 CSDP-2 井这 5 口井均钻遇二叠系。钻遇厚度为 178.61~800m，揭示的地层为二叠系上统龙潭组和大隆组，岩性为砂质页岩、煤层、砂岩、硅泥岩、和泥灰岩；下统栖霞组岩性为生物灰岩、灰黑色生物屑泥晶灰岩、泥灰岩，产丰富的纺锤虫、藻类、孢粉化石，岩性和古生物特征可与江苏省南部地区对比。北部拗陷尚无钻井揭示该套地层，但据地震剖面推断解释，认为在南黄海盆地南部拗陷、中部隆起、北部拗陷东部凹陷韩国所钻的 Kachi-1 井附近周围残留有二叠系。

1. 栖霞组

见于勿南沙隆起的 CZ35-2-1 井、南部拗陷内的 WX13-3-1 井，钻井揭露的最大厚度 266m。栖霞组中上部见于 WX13-3-1 井 2085~2228.61m 井段（厚 143.61m），顶部为一层厚约 20m 的灰色角砾状灰岩，上部为深灰色-黑灰色微晶灰岩，偶见黑色燧石斑块，敲击之有臭味，部分层具微细水平层理，厚 97m；下部主要为深褐灰及深灰色微晶灰岩，少量生屑灰岩，厚 46.61m，局部含少量燧石，含较多化石，如䗴类及部分有孔虫。CZ35-2-1 井揭示栖霞组厚度为 266m，顶部为深灰色泥灰岩，灰黑色泥岩，黑色碳质泥岩段，局部夹浅灰色砾岩段；向下为深灰色泥晶灰岩与深灰色、灰色泥灰岩、粉-细晶灰岩与黑色泥晶-粉晶泥灰岩，局部见黑色碳质泥岩；下部为大套灰色、深灰色及灰黑色粉-细晶灰岩。

栖霞组岩性可与江苏省宜兴县湖庙桥，丁蜀团山剖面对比。庙桥剖面栖霞组上部为灰黑色石灰岩、含燧石灰岩及臭灰岩，下部为臭灰岩、石灰岩、砂岩、炭质页岩夹煤线。海陆两区栖霞组相似，均为浅海环境沉积，早期为滨海沼泽相。

WX13-3-1 井石灰岩产 *Schwagerina densa* （紧希瓦格䗴），*S. cf. pseudochihsiaensis* （假栖霞希瓦格䗴比较种），*Misellina claudiae* （喀劳得米斯䗴），*Nankinella sp.* （南京䗴未定种），以及介形类、有孔虫等化石。喀劳得米斯䗴等化石为下二叠统栖霞组标准化石，故将该段地层划为下二叠统下部。

2. 孤峰组

孤峰组在下扬子陆区苏南、皖南、皖中、浙西北地区揭示有一定厚度，主要为页岩、硅质页岩，产腕足类、菊石等化石。南黄海中部隆起西部的 CSDP-2 中于 1636~1648m 井段（厚 12m）钻遇地层，岩性为黑色硅质、碳质泥（页）岩，顶部和底部分别与龙潭组和栖霞组呈整合接触。

地层单元				剖面	井深/m	岩性综述	古生物
界	系	统	组	段				

界	系	统	组	段	剖面	井深/m	岩性综述	古生物
中生界	三叠系	下三叠统	泰州组			1410	砾石层	砂盘虫未定种 古来藻木定种，条纹德佛兰藻，细卷粗中华球旋虫，管虫相似种
			下青龙组	四段			1410~1621m灰-浅灰色灰岩，微密粉晶质，不纯，含泥质，岩屑多呈片状，少许块状	
							米褐灰色灰岩，质纯、性脆、岩屑多片状、隐晶结构、质密	
				三段			浅灰-浅褐色灰岩，见黄铁矿及海绿石	
							褐灰色灰岩，偶见海绿石	
							浅褐-灰白灰色灰岩夹泥岩	
				二段		1987	浅褐-灰白色灰岩，偶见海绿石	微体化石： 球旋虫未定种 回旋虫未定种 微小回旋虫 节房虫 拟环菊石未定种 孢粉： 块瘤瘤堆相似种 窄束粉属未定种 稀饰环孢未定种 三迭荷瘤孢属
						2292	灰白、浅灰、灰黄色白云岩	
				一段			灰色、深灰-褐灰色灰岩互层	新所德牙形刺未定种，小欣德牙形刺未定种，新片颚牙形刺未定种，小美牙形刺未定种，凯斯利牙形刺
							深灰-黑灰色灰岩	
							深灰-黑灰色灰岩，下部较浅，为褐灰-灰白色	
							上部以黑灰色为主，自上而下逐渐为灰-灰白色夹粉砂岩	
古生界	二叠系	上二叠统	大隆组			2812	灰-灰白色、米黄色砂泥岩	最美稀管藻 翼环藻 德佛兰藻未定种 刺球藻未定种
			龙潭组			2930	上部深灰-灰黑，下部灰色粉砂质泥岩。见黄铁矿	
							灰白-深灰色细砂岩，夹多层煤	克桑克厚环孢 三角细刺孢 普通光面单缝孢 套网平网孢 刺叉瘤孢
						3259.84	粉细砂岩夹灰岩、上部灰白-深灰色粉细砂岩，夹灰岩；下部褐色-深灰色粉砂岩夹灰岩	

图 2.5 南黄海盆地南部拗陷 WX5-ST1 井柱状图

3. 龙潭组

见于勿南沙隆起的 CZ35-2-1 井、南部拗陷的 WX5-ST1 井，以及中部隆起西部的 CSDP-2 井。WX5-ST1 井于 2930 ~ 3259.84m 井段（图 2.6），钻遇厚度 329.84m。其下部是褐色和深灰色粉砂岩薄夹煤层和石灰岩，中部为深灰、灰白色粉细砂岩夹灰白色微晶灰岩，上部由灰白、深灰色细粒含岩屑长石石英砂岩夹粉砂岩、粉砂质页岩及少量煤层组成。CZ35-2-1 井揭示龙潭组厚度为 270m，上部以灰色细砂岩、粉砂岩为主，夹薄层泥岩段及煤层；下部以灰黑色、黑色泥岩为主夹薄层细砂岩及煤层。

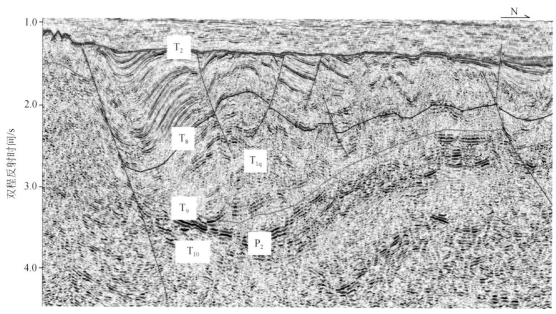

图 2.6　南北向穿过南黄海盆地南部拗陷的 H12-01 测线剖面显示龙潭组-大隆组（T_9-T_{10}）和青龙组（T_8-T_9）发育特征

该组产丰富的孢子化石，主要有 *Crassispora kosankei*（克桑克厚环孢）、*Dictyotriletes muricatus*（尖平网孢）、*D. densoreticulatus*（套网平网孢）、*Lycospora pusilla*（极弱鳞木孢）、*Laevigatasporites vulgaris*（普通光面单缝孢）、*Raistrickia saetosa*（叉瘤孢）、*Reinschospora speciosa*（成鳍环孢）等。在微古植物组合中还发现一颗牙形刺化石。据岩性组合和古孢子化石，将其定为龙潭组，层位为上二叠统下部。

4. 大隆组

见于勿南沙隆起的 CZ35-2-1 井、南部拗陷的 WX5-ST1 井以及中部隆起西部的 CSDP-2 井。WX5-ST1 井位于 2812 ~ 2930m 井段（图 2.6），钻遇厚度 118.0m，其下部由灰、灰黑色页岩、粉砂岩组成，厚度 74m；上部为 36m 厚的浅黄、深灰、灰黑色粉砂岩、砂岩，顶部粉砂岩含灰质；CZ35-2-1 井揭示大隆组厚度为 115m，为大套黑色泥岩夹薄层灰色粉砂岩。

南黄海盆地中部隆起西部的 CSDP-2 井于 860 ~ 1744m 井段（厚 884m）钻遇二叠系。据现场岩心岩性特征结合区域对比分析初步确定，860 ~ 915m 井段，厚 55m，岩性为灰色、深灰色粉-细砂岩与灰黑色泥岩、杂色泥岩夹薄煤层，为上二叠统大隆组；915 ~ 1636m 井段，厚 721m，岩性主要为灰黑色泥岩、粉砂岩、细砂岩互层夹薄煤层，见大量陆地高等植物碎屑，属上二叠统龙潭组；1636 ~ 1648m 井段，厚 12m，岩性为含泥硅质、碳质泥（页）岩，为二叠系孤峰组；1648 ~ 1744m 井段，厚 96m，岩性自上至下主要为灰黑色石灰岩（臭灰岩）灰白色石灰岩、夹薄层砂岩，在 1707.78 ~ 1709.78m 井段岩心中发现疑似珊瑚或者苔藓虫化石，综合岩性组合与古生物特征以及区域对比分析，初步确定为二叠系栖霞组。

二叠系上统龙潭组-大隆组（T_9-T_{10}）为一套砂泥岩沉积，中间夹煤系地层，地震剖面上表现为一套中强振幅中低频较连续-连续反射（图 2.7 ~ 图 2.10）。龙潭-大隆组主要分布于南黄海盆地勿南沙隆起、南部拗陷、中部隆起和北部拗陷南部。地层厚度一般为 0 ~ 500m，局部可达 600m 以上（图 2.11）。

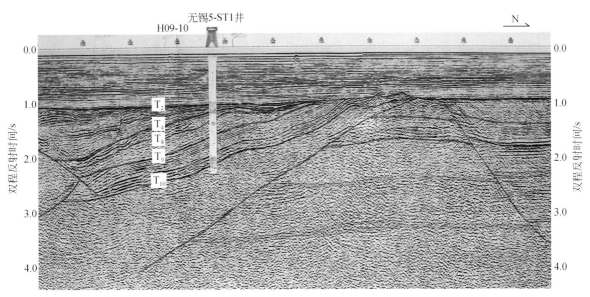

图 2.7　南北向穿过南黄海盆地南部拗陷 WX5–ST1 井的 X06–4 测线剖面显示龙潭组–大隆组
（T_9–T_{10}）和青龙组（T_8–T_9）发育特征

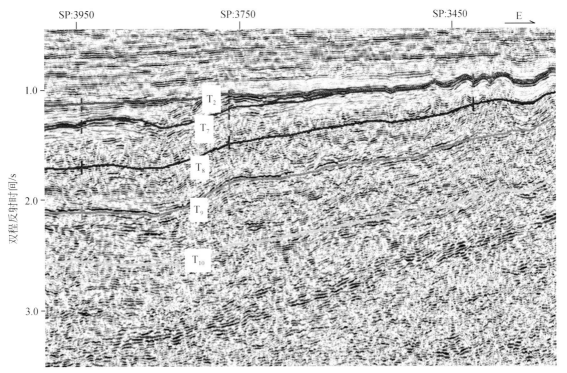

图 2.8　南北向穿过南黄海盆地南部拗陷 H09–10 测线剖面显示龙潭组–大隆组
（T_9–T_{10}）和青龙组（T_8–T_9）发育特征

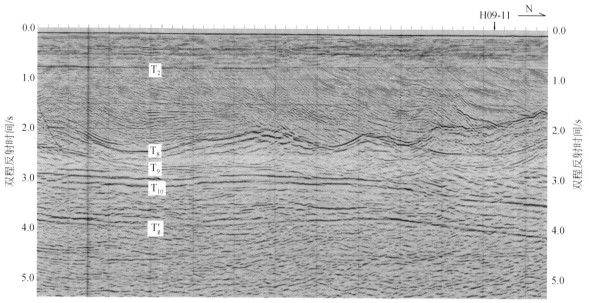

图2.9　南北向穿过南黄海盆地北部拗陷南部凹陷的 H12-N09 测线剖面显示龙潭组-大隆组（T_9-T_{10}）
和青龙组（T_8-T_9）发育特征

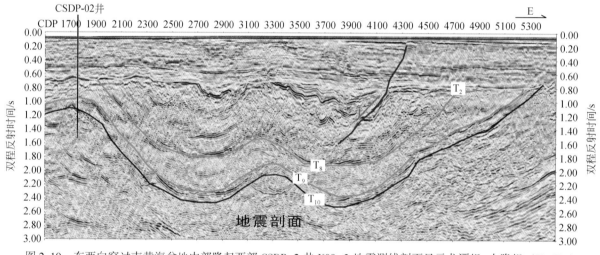

图2.10　东西向穿过南黄海盆地中部隆起西部 CSDP-2 井 X09-2 地震测线剖面显示龙潭组-大隆组（T_9-T_{10}）
和青龙组（T_8-T_9）发育特征

（八）三叠系（T）

在下扬子陆地区域三叠系自下而上分为青龙组、周冲村组、黄马青组。下统青龙群分上青龙组（T_1s）
和下青龙组（T_1x）。下青龙组（T_1x）厚度 176～391m，岩性为灰色石灰岩、夹薄层灰白色白云岩，产有
孔虫 *Glomospira* sp.，牙形刺 *Kitinella* sp. 及菊石和孢粉等化石。下部黄灰、灰色薄-中薄层含泥质灰岩、
灰岩、含白云质灰岩与钙质泥岩、页岩互层；上部灰色薄-中厚层灰岩、灰黄色泥灰岩，夹钙质泥岩，属
浅海相沉积。上青龙组（T_1s）厚度 313～405m，岩性主要为泥晶灰岩、黄褐色泥岩和页岩，产有孔虫
Mindrospira insolita、*Nodosaria* sp. 和 *Dentalina* sp. 等化石。下部灰紫、紫红色瘤状灰岩与浅灰色薄层灰岩
互层夹灰黄、灰绿色钙质页岩和砾屑灰岩；上部青灰、灰红色薄-块层状灰岩、鲕状灰岩、白云质灰岩、
蠕虫状灰岩、同生砾岩夹黄色钙质泥岩。

下统青龙群在南黄海盆地的勿南沙隆起 CZ35-2-1 井，南部拗陷 CZ24-1-1 井、WX5-ST1 井，中部
隆起的 CSDP-2 井及北部拗陷东部 KACHI-1 井均已钻遇该套地层。

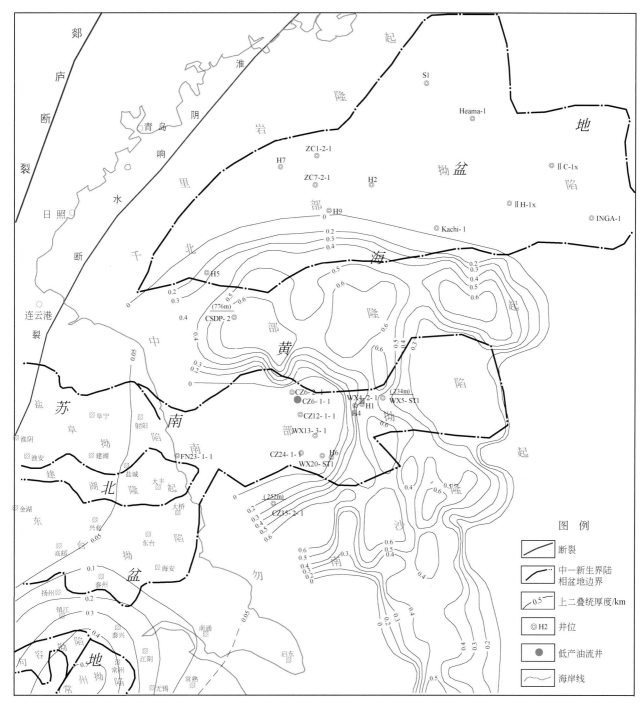

图 2.11　苏北–南黄海盆地龙潭组–大隆组（T_9–T_{10}）厚度分布平面示意图

南部拗陷内的 WX5–ST1 井揭露的最大厚度为 1402m（图 2.5），北部拗陷内见于 Kachi–1 井 2693m 以下，仅揭露了 33m（图 2.12），岩性为白云岩，据岩性特征，应与中下统青龙群对比。含有属三叠纪的大孢子化石 *Aratrisporires*（阿拉曲孢）、*Riccisporites*（厚瘤孢）和 *Chordasporos*（具肋孢），其中阿拉曲孢见于欧洲、大洋洲的三叠纪地层，厚瘤孢见于北欧、加拿大、英国、波兰，以及我国四川的上三叠统，而具肋孢见于我国陕北的二叠系延长统。

1. 青龙组

南部拗陷 WX5–ST1 井 1410～2812m 井段钻遇该地层，厚 1402m，自上而下可分为 4 段。

四段：1410～1734m 井段，钻厚 324m。岩性为土黄、灰色石灰岩与泥质灰岩互层，夹灰黄、黄绿和红褐色泥岩、泥质灰岩、黑灰色泥质粉砂岩，下部夹团粒灰岩、鲕状灰岩，部分灰岩具石膏假象。

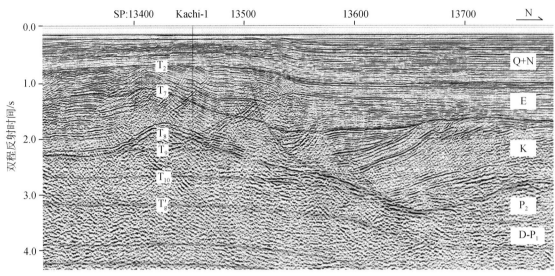

图 2.12 南北向穿过南黄海盆地北部拗陷东部凹陷的 NT05-6 测线剖面显示青龙组（T_8-T_9）发育特征

三段：1734 ~ 1987m 井段，钻厚 253m。浅灰、灰白色局部灰黄、红褐色石灰岩夹泥质灰岩，泥岩，上部夹白云岩、白云质灰岩、鲕状灰岩。

二段：1987 ~ 2292m 井段，钻厚 305m。岩性为浅灰色薄层灰岩与深灰、灰黄色薄层灰岩互层，夹泥质灰岩、白云岩、白云质灰岩，底部灰黑灰色瘤状灰岩，部分灰岩中有石膏假象。

一段：2292 ~ 2812m 井段，钻厚 520m。岩性为浅灰色石灰岩与暗灰色石灰岩互层，夹薄层粉砂岩和泥岩。

青龙组与下伏大隆组砂岩整合接触，与上覆的上白垩统泰州组不整合接触。与江苏省宁镇地区各剖面相比，不同之处是本区青龙组主要是石灰岩，夹白云岩，泥质岩很少，局部具石膏假象，顶部出现红褐色泥岩夹层。

WX5-ST1 井产化石较多，一段上部产牙形刺化石 *Ketinella* sp.、*Hindeodella* sp.、*Neohindeodella* sp.、*Cypridella* sp.、*Neospathodus* sp.。二段产 *Gyronites* sp.（环齿菊石未定种）和有孔虫类的 *Glomospira* sp.（球旋虫），*Meandrospira pusilla*（微小回旋虫），*Nodosarids* sp.（节房虫未定种）等。孢粉以 *Jugasporites delasaucei*、*J. schaubergeroides*、*Perisaccus* sp.（窄囊粉未定种），*Kraeuselisporites* sp.（稀饰环孢未定种），*Rubinella triassica*（三迭莓瘤孢）为主（图 2.5）。

南部拗陷 CZ24-1-1 井揭示青龙组厚度为 205m，以灰色灰岩为主，夹薄层泥质灰岩、泥岩。从 3467.5 ~ 3471.6m 取心段来看，以灰色泥粉晶灰岩为主，发育大量裂缝和缝合线，裂缝常被亮晶方解石胶结，取心段破碎带比较发育，把灰岩打碎成破碎角砾岩，断裂处充填了泥质和泥晶灰岩，裂缝和缝合线内多含有机质。WX4-2-1 井青龙组揭示厚度仅 24m，以褐灰色灰岩为主夹薄层泥岩，顶部风化严重。

勿南沙隆起的 CZ35-2-1 井揭示青龙组厚度为 891m，为下青龙组。可分为两段：下段上部主要为厚层灰色、灰黑色泥岩夹薄层灰色灰岩、浅灰灰质泥岩，下部主要为灰色灰岩、泥质灰岩与深灰色、灰黑色泥岩薄互层；上段上部主要为灰色、灰白色灰岩夹泥质灰岩、薄层灰色泥岩，中下部主要为厚层灰色、黄褐色灰岩。

中部隆起的 CSDP-2 井于 629 ~ 860m 井段，钻遇新近系之下地层，厚 231m。岩性基本以薄层-中厚层深灰色泥灰岩、蠕虫状灰岩、泥晶灰岩，间歇性出现黑色有机质纹层及局部发育黄铁矿。多处井段发现菊石、虫迹化石，疑似叠层石以及牙形刺化石，综合以岩性组合和古生物特征分析认为该套岩性组合与下扬子区下三叠统青龙组特征相似，初步确定为三叠系青龙组。

三叠系下统青龙组（T_8-T_9）主要为一套碳酸盐岩沉积，在南黄海中西部地区下部为一套泥页岩、薄层灰岩、泥质灰岩互层，上部为厚层碳酸盐岩。地震剖面上表现为一套弱反射，局部夹中强振幅较连续反射（图 2.6 ~ 图 2.10、图 2.12）。该套地层主要分布于勿南沙隆起、南部拗陷、中部隆起，北部拗陷分布比较局限，主要分布在东部凹陷（Kachi-1 井附近）呈残留状态分布。地震资料解释的地层厚度一般 500～2000m，推测最厚达 3000m，总体呈沿北西—南东方向相对较薄，东北和西南地区相对较厚（图 2.13）。东北凹陷和东部凹陷东部 T_8-T_9 反射波组局部还发育一套不同于三叠系下统青龙组的地层（图 2.14），从地震剖面上波组特征分析可能属碎屑岩地层，推测为三叠系中（上？）统的周冲村组或黄马青组，其区域分布特征见图 2.14。

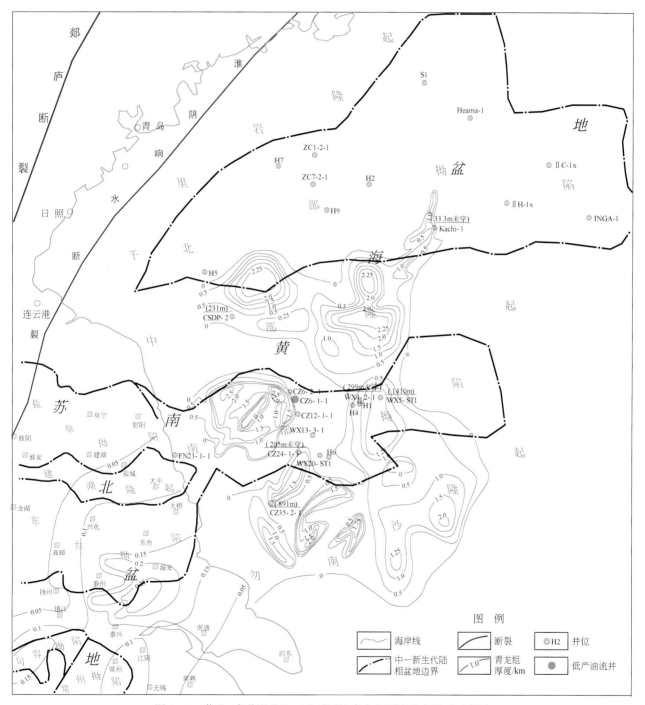

图 2.13　苏北–南黄海盆地三叠系下统青龙组厚度分布平面示意图

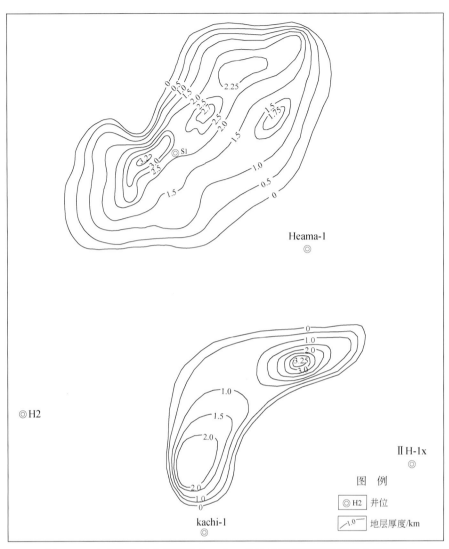

图 2.14　南黄海盆地北部拗陷中—上三叠统碎屑岩厚度平面分布示意图

2. 周边盆地的三叠系

陆区苏北盆地的中生界三叠系包括中—下统青龙群、中统周冲村组和上统黄马青组。自下而上为：

（1）中—下统青龙群：灰色、深灰色薄层灰岩、钙质页岩、砂质页岩、泥灰岩及深灰色泥岩，顶部为角砾状灰岩夹石膏层。厚度 579m，与前中生界为不整合接触。

（2）中统周冲村组（T_2z）：南黄海钻井未揭示该组地层，主要见于下扬子陆区苏南、皖南、皖中、苏北地区，浙西北仅见于长兴地区。区域岩性特征为浅灰色薄–中厚层含泥质灰岩、白云质灰岩、白云岩，具石膏假晶夹石膏–硬石膏层，属咸化海沉积。含双壳类、介形虫及腹足类化石。因地震反射特征与青龙组相似，因此在地震剖面上不易（无法）与青龙组区分。

（3）上统黄马青组（T_3h）：主要见于陆区苏南、皖南、皖中地区，浙西北。苏北盆地岩性特征为紫红、灰绿色页岩，紫色薄–厚层钙质、泥质粉砂岩（含钙质结核）夹细砂岩，属海陆交互相至陆相沉积。厚度 1059m，含双壳类、介形类、叶肢介、轮藻及植物化石。南黄海无钻井揭示该套地层，在地震剖面上局限分布在低洼区，地震反射特征为：高频、低幅、较连续，与下伏地层为不整合接触。

（九）侏罗系（J）

南黄海北部拗陷东北凹陷主体部位的 S1 井揭示了新近系、白垩系和侏罗系，在白垩系之下的 1078 ~ 3280m 井段钻遇厚达 2202m 的侏罗系（图 2.15），其中：

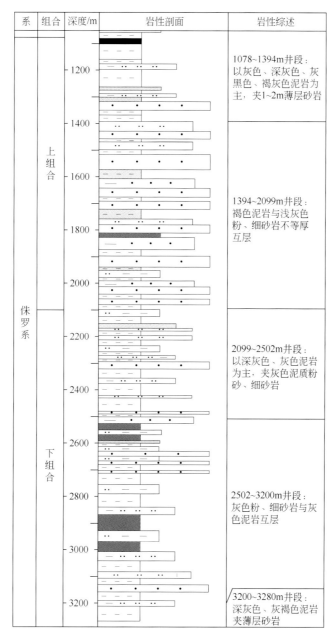

图 2.15 南黄海盆地 S1 井地层综合柱状图（据高顺莉等，2015 修改）

1078～1394m 井段（厚 316m）为灰色、深灰色、灰黑色、褐灰色泥岩，夹 1～2m 薄层砂岩。

1394～2099m 井段（厚 705m）为褐色泥岩与浅灰色粉、细砂岩不等厚互层。

2099～2502m 井段（厚 403m）为深灰色、灰色泥岩为主，夹灰色泥质粉砂、细砂岩。

2502～3200m 井段（厚 698m）为灰色粉、细砂岩与灰色泥岩互层，3200～3280m（厚 80m）为深灰色、灰褐色泥岩夹薄层砂岩。

S1 井钻遇的侏罗系岩性为深灰色、灰黑色泥岩夹灰褐色、褐色粉砂岩。分上、下两个组合，上组合以杂色岩系为主，以红褐色、褐灰色泥岩为主，夹褐灰色、灰色泥质粉砂岩和浅灰色细砂岩，沉积相类型主要为河流相；下组合以暗色岩系为主夹煤系地层，与上组合呈整合接触，以深灰色、灰色泥岩为主，夹薄层灰色、浅灰色泥质粉砂岩、粉砂岩，泥质含岩屑，沉积相类型为三角洲–湖泊相；上组合与我国上侏罗统特征相似，下组合与我国中下侏罗统特征相似（高顺莉等，2015）。

侏罗系主要分布于北部拗陷东北部，据 S1 井揭示，侏罗系上部以杂色岩系为主，为红褐色、褐灰色泥岩夹灰色泥质粉砂岩和浅灰色细砂岩，沉积相类型主要为河流相；下部以暗色岩系为主，夹薄层灰色、浅灰色泥质粉砂岩、粉砂岩夹煤系地层，沉积相类型主要为三角洲-湖泊相，地震剖面上表现为一套断续反射，局部夹较连续反射（图2.16～图2.19）。

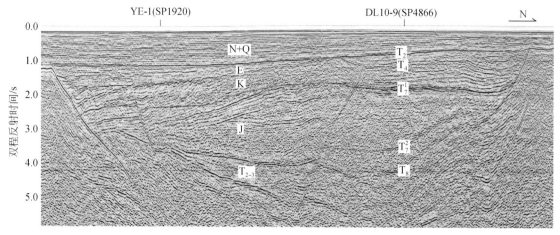

图2.16　南北向穿过北部拗陷东北凹陷的H08-1地震剖面显示侏罗系（T_7^1-T_7^2）发育特征

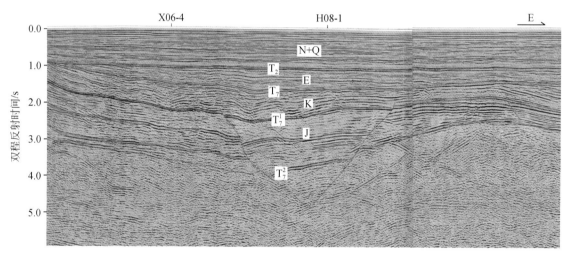

图2.17　东西向穿过北部拗陷东北凹陷的YE-1地震剖面显示侏罗系（T_7^1-T_7^2）发育特征

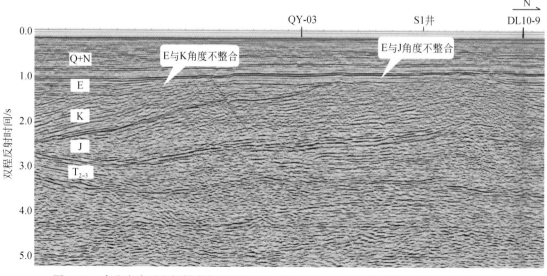

图2.18　南北向穿过北部拗陷东北凹陷过S1井的H09-4地震剖面显示侏罗系发育特征

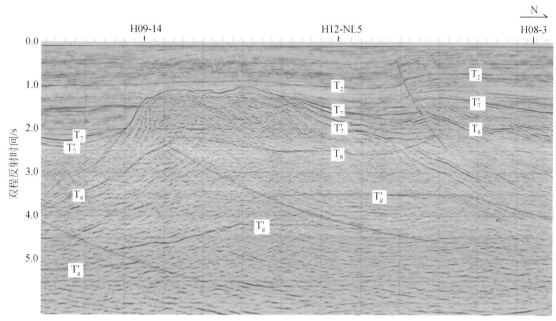

图 2.19 南北向穿过北部拗陷北部凹陷的 H12-N13 地震剖面显示侏罗系（T_7^1-T_8）发育特征

侏罗系在北部拗陷厚度一般为 600～5000m，主要分布于东北凹陷（S1 井已证实），据地震资料对比解释，北部凹陷亦有分布，总体上北部沿千里岩隆起南侧断裂带和南部沿中部隆起北侧断裂带下降盘地层较厚，厚度一般 800～5000m，最大厚度达 6000m，东西地层减薄，东北凹陷东部厚度 500～1000m，北部凹陷向东至中部凸起一带厚 1000～2000m（图 2.20）。

苏北盆地的中生界侏罗系包括中下统象山群、上统龙王山组、台山组和大王组。自下而上为：

（1）中下统象山群：紫红、黄绿色砂质泥岩与中-细粒砂岩互层夹灰质页岩。下部为石英砂岩和砾岩，厚度为 688m，与下伏地层为不整合接触。

（2）上统龙王山组：安山岩、凝灰岩、凝灰质角砾岩；厚 398m，与下伏地层呈不整合接触。

（3）上统云台山组：黄色粉砂质页岩、紫红色层状凝灰岩和安山质凝灰岩，厚 228m。

（4）上统大王组：安山岩、粗面岩、流纹岩夹凝灰质角砾岩；厚 1366m，与下伏云台山组为假整合接触。

朝鲜半岛安州盆地侏罗系上统峰燧组，为含火山岩和火山碎屑岩的河流-湖泊相沉积，发育薄煤层，见达尔文介、女星介、拟抄椤孢和克拉梭粉等古生物组合，火山岩测年为 141.7±17.6Ma。自下而上第一层，厚 180～210m，为灰绿色、浅灰绿色安山玢岩。上部夹凝灰岩；下部夹紫红色砂岩。第二层，厚 240～250m，上部为凝灰质砾岩、砾岩、砂岩互层，灰绿色粉砂岩、粉砂质板岩；中部为安山玢岩；下部紫红色粉砂岩、黑色粉砂岩、煤层。第三层，厚 220m，上部为黄绿色凝灰质粉砂岩泥岩互层；中部为砂岩粉砂岩互层；下部为灰绿色凝灰岩砂岩互层，夹火山岩。

此外，朝鲜半岛西海岸的群山湾一带的舒川、大昌里，以及古群山群岛个别岛上，发育有以暗色为主的粉砂岩、砂岩、砾岩层，称为下侏罗统大同群，厚 500～800m。

（十）白垩系（K）

1. 南黄海盆地白垩系

白垩纪地层在南黄海盆地北部拗陷分布广泛。北部拗陷的黄 7 井、ZC7-2-1 井、ZC1-2-1 井、Kachi-1 井、ⅡH-lx、Haema-1、ⅡC-1x 和 Inga-1 井均不同程度揭露了白垩系。包括相当于白垩系下统的葛村组和中统的浦口组、赤山组，以及上统泰州组，为湖泊-河流-湖泊相沉积旋回，地震剖面上主要表现为一套中-强振幅、中-低频率、较连续-连续反射，局部呈断续反射（图 2.21）。

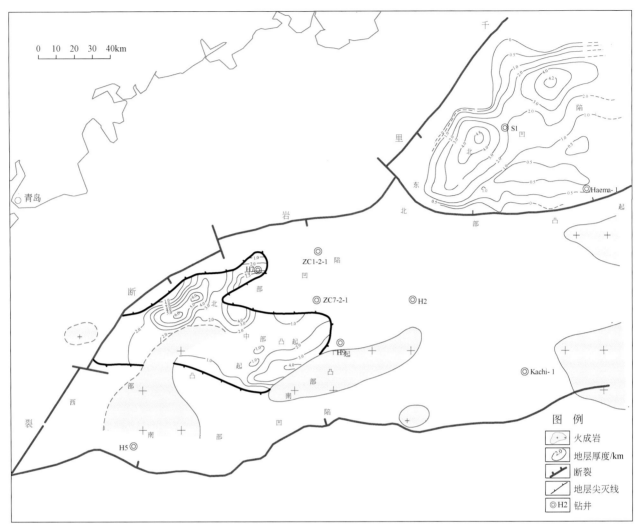

图 2.20　南黄海盆地侏罗系厚度平面分布示意图

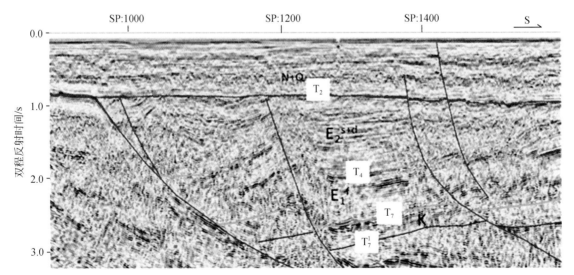

图 2.21　南北向穿过北部拗陷东部凹陷的 H12-13 地震剖面显示白垩系（$T_7-T_7^1$）和古近系（T_2-T_7）发育特征

　　白垩系主要分布与北部拗陷，沉积厚度一般为 500～2000m，最大沉积厚度达 4500m（图 2.22）；钻井揭示厚度为 1099m（ZC7-2-1 井）。

图 2.22　南黄海盆地白垩系（T_7-T_7^1）厚度分布平面示意图

　　南部拗陷的白垩系（王氏组）与北部拗陷白垩系（泰州组）存在较大的差异，主要以杂色角砾岩为主，顶部有 6m 厚的红色泥岩。南部拗陷白垩系呈充填式零星状小范围分布（地震解释认为南部拗陷的白垩系仅分布在 WX4-2-1、WX5-ST1、CZ6-1-1、CZ24-2-1、WX20-ST1 和地震测线 79P29-80P22、80P39-80P5 及 80P82-79P29、79P80-79P34 交点及其周围附近部位），且厚度较薄，厚度一般为 200~600m，最大沉积厚度达 1000m，岩性为含砾泥岩夹黑灰色灰质泥岩，钻井揭示厚度为 241m（CZ24-1-1井）。仅有 WX4-2-1 井、CZ24-2-1 井和 WX5-ST1 三口井钻到白垩系上统泰州组。其中 CZ24-1-1 井在 3100~3341m 井段（厚度 241m）钻遇，岩性为厚层状杂色角砾岩，夹薄层紫红色泥岩和杂色粉砂岩。整体反映为近距离快速搬运的冲-洪积相沉积。该段见白垩系的标准化石，包括 *Cypridea* sp.（女星介未定种），*Cypridea arciformis*（拱女星女星介），*C.*（*C*）*vetrea*（真女星介），*Codona*（*Caspiocypris*）*jianduensis*（江都里海金星玻璃介）等。盆地南部的勿南沙隆起上缺失白垩系。

　　1）葛村组

　　仅见于 Kachi-1 井井深 2280m 以下。岩性主要为红褐色泥岩、粉砂岩、偶夹砂岩，局部含黑色泥岩、火山岩，化石贫乏。

2) 浦口组

仅见于 ZC7-2-1 井（图 2.23）和 Kachi-1 井，岩性为大套的褐色砾岩、砂砾岩与褐色泥岩、粉砂质泥岩互层。厚度大于 472m。化石稀少，见有轮藻化石 *Latochara cutula*（稍短宽轮藻）等。该组见于 Kachi-1 井，岩性为红褐色泥岩、粉砂岩含白云质夹流纹质凝灰岩和隐晶质中-基性火山岩。

3) 赤山组

北部拗陷北部凹陷的 ZC7-2-1 井（图 2.23）、黄 7 井（钻厚 491.96m，未钻穿）、Kachi-1 井（钻厚 722m，未钻穿），以及东北凹陷的 Heama-1 井（钻厚 61m，未钻穿）。上部为褐色泥岩与粉细砂岩互层；下部为褐色砾岩、砂砾岩、粉砂岩与浅褐色泥岩互层，厚 368～492m。

该组化石较少，见有介形类：*Ziziphocypris simakovi*（西氏枣星介）和轮藻 *Sphaerocharz parvula*（小球状轮藻）、*S.* cf. *daitonensis*（大同球状轮藻相似种）、*Euaclistochara mundula*（整洁真开口轮藻）、*Pseudolatochara* sp.（假宽轮藻未定种）、*Maedlerisphaera* sp.（梅球轮藻未定种）和 *Charires* sp.（似轮藻未定种）等。

4) 泰州组

多口井钻遇泰州组。北部拗陷的北部凹陷、南部拗陷的南五凹陷和南七凹陷均有钻遇，最大钻遇厚度 574m（黄 7 井）。在北部凹陷其与下伏赤山组呈假整合接触，在南部拗陷与下伏古生界为不整合接触。

北部凹陷 ZC7-2-1 井钻遇 259m，岩性为灰色砂质泥岩与灰白色砂岩，紫红色粉砂质泥岩（图 2.23）；ZC1-2-1 井钻遇 149m（未钻穿），岩性为灰色、深灰色泥岩，粉砂质泥岩、砂质泥岩夹浅灰色、灰白色砂岩，泥质粉砂岩，顶部见棕红色泥岩，砂质泥岩，泥质粉砂岩（图 2.23）。

综合北部凹陷各井，泰州组可分为两段。

下段：钻厚 165～246m。为棕红色、咖啡色泥岩、粉砂质泥岩与棕红色、棕灰色、浅灰色细-中粒灰质砂岩呈频繁互层，底部为 21.5m 厚的灰棕色、浅棕色粉砂质泥岩，上部偶夹深灰色泥岩，下部有多层灰质粉砂岩。

上段：钻厚 149～327m。为灰色、灰黑色泥岩、粉砂质泥岩夹泥质粉砂岩和少量的泥灰岩，顶为 18.5m 厚的浅棕色粉砂质泥岩、泥岩。中部夹灰岩、鲕状灰岩和介屑灰岩；下部偶夹泥灰岩和石灰岩。

这种上、下两段的岩性组合与苏北盆地泰州组相似（蔡峰和孙萍，2005；蔡峰等，2007）。泰州组与上覆阜宁组和下伏赤山组均呈假整合接触，无明显的不整合。

该组（尤其上段）化石丰富，含孢粉、轮藻、介形类和介甲类化石。其中孢粉以 *Schizeosporires*（希指蕨孢）- *Classopollis*（克拉梭粉）组合为特征；介形类以含多种 *Cypridea*（女星介）、*Cypridea*（*Pseudocypridina*）（假伟女星介）、*Cristocypridea*（冠女星介）为主，并有较多的 *Cyprinotus huanghaiensis*（黄海美星介）等，轮藻化石有 *Charites biacuminata*（双尖似轮藻）、*C.* cf. *symmetrica*（对称似轮藻相似种）、*Obtusochara cylindrfca*（柱形钝头轮藻）、*Songliaochara zuoyunensis*（左云松辽轮藻）、*Porochara* sp.（孔轮藻）等，以及介甲类 *Perilimnadia taizhouensis*。

此外，北部拗陷东北凹陷的 Heama-1 井钻遇泰州组（厚 404m）以红色地层夹火山岩为特征，东部凹陷内较均匀分布的 Kachi-1、ⅡH-1xa、ⅡC-1x 和 Inga-1 四口探井都已钻穿泰州组，钻遇厚度 668～721m，均以红色地层为主。

2. 周边盆地的白垩系

苏北地区的白垩系为大套的河流、湖泊相碎屑沉积，厚度达 1600 余米，不整合在早中生代或古生代地层之上。自下而上为：

1) 葛村组

属下白垩统，为暗棕色和灰色泥岩互层夹浅灰色粉细砂岩，厚 400m，与下伏侏罗系火山岩不整合接触。

地层单元				岩性剖面	井深/m	岩性综述	古生物
界	统	组	段				
中生界	上白垩统	泰州组	上段		526	灰色砂质泥岩与灰白色砂岩、紫红色粉砂质泥岩	希指蕨孢 环形克拉索粉 皱体双壤粉 黄海美星介 达尔文介 拟玻璃介
			下段		619.5	紫红色砂质泥岩、与灰白色粉砂岩互层，夹灰色砾岩	
	中白垩统	赤山组	上段		785	棕红色粉砂质泥岩 浅灰色砾岩夹层	穴状女星介 豆形狼星介 楔形狼星介 恰导滨介 开通季米里亚介相似种 原真星介
						棕红色粉砂质砂质泥岩、浅灰色含砾砂岩、砾岩成不等厚互层	
			下段		1153	棕红色砂质泥岩夹一层棕泥质粉砂岩	960~1153m 小球状轮藻 代通球状轮藻相似种 假宽轮藻轮未定种 梅球轮藻未定种 整洁真开口轮藻 似轮藻未定种 西氏枣星介
						棕红色砂质泥岩与浅灰色砾岩呈不等厚互层	
						浅灰色砾岩、杂色砾岩夹棕红色砂质泥岩	
						厚层杂色砾岩	1234~1302m 稍短宽轮藻
		蒲口组			1625	杂色砾岩夹棕红色砂质泥岩	

图 2.23 南黄海盆地北部 ZC7-2-1 井柱状图（中生界）

本组含孢粉及少量介形类化石。其中孢粉以含大量 *Classopollis*（克拉梭粉）、*Psophosphaera*（皱球粉）、*Monosulcites*（单远极沟粉）以及较多的 *Schizaeoisporites*（希指蕨孢）和 *Cicatricosisporites*（无突裂纹孢）为特征，而介形类的主要分子有 *Djungarica stolida*（呆板准噶尔介）和 *Cypridea*（*Cypridea*）*postiangusta*（后狭女星女星介）。另外还有少量的轮藻化石。

2）浦口组

属中白垩统，为暗棕色泥岩、砂质泥岩夹薄层灰绿色泥质粉砂岩。下部砂岩增多，底部为砾岩并时有安山岩出现。厚800m，与下伏葛村组为假整合接触。

本组含有孢粉和少量介形类化石。其中孢粉以含大量 *Schizaeoisporites*（希指蕨孢）、*Ephedripites*（麻黄粉）和较多的 *Psophosphaera*（皱球粉）、*Monosulcites*（单远极沟粉）和 *Divisisporites*（叉缝孢）为特征。介形类则主要为 *Cypridea*（*Pseudocypridina*）（假伟女星介）和 *Ziziphocypris simakovi*（西氏枣星介）。

3）赤山组

属中白垩统，为砖红色粉细砂岩夹泥岩。厚200m，与下伏的浦口组为假整合接触。本组化石贫乏。

4）泰州组

属上白垩统，上部以灰黑色、暗棕色泥岩为主；下部为灰白色、浅棕色砂岩含砾砂岩夹泥岩。厚度300～478m，下伏地层为不整合接触。

本组含丰富的化石。其中孢粉以含较多的 *Schizaeoisporites*（希指蕨孢）、*Gabonisporis*（加蓬孢）、*Exesipollenites*（隐孔粉）、*Classopollis*（克拉梭粉）和 *Jianghanpollis*（江汉粉）为特征；介形类以含多种 *Cypridea*（女星介）为特征。

胶莱盆地的中生界，属白垩纪的陆相碎屑岩和火山岩及火山碎屑堆积，厚度约7000m，自下而上进一步划分为莱阳组、青山组和王氏组，与下伏元古界为不整合接触。

1）莱阳组

属下白垩统，为河-湖相碎屑沉积，厚约1600余米，含丰富的非海相化石。不整合在元古界变质岩之上。自下而上进一步划分成六个段。

（1）逍仙庄段：以灰黑色、灰绿色页岩、粉砂岩为主，底部有含砾砂岩和砾岩层，厚102m。含有大量介甲类和植物化石，计有 *Yanjiestheria sinensis*（中华延吉叶肢介），*Yanjiestheria kyongsangensis*（庆尚延吉叶肢介）、*Diestheria* sp.（叠饰叶肢介未定种）、*Otozamites* sp.（耳羽叶未定种）、*Elatocladus* sp.（枞型枝未定种）等。

（2）止凤庄段：主要岩性为灰紫、灰褐色砾岩，含砾砂岩，中部夹少量灰绿色粉砂岩。本段厚度为138m，偶见少量植物化石。

（3）马耳山段：以灰绿、灰黄色页岩与粉砂岩互层为主，夹少量泥岩灰及硅质岩，厚度为123m，化石稀少。

（4）水南段：以灰黑色页岩、灰绿色页岩、页状白云岩、粉砂岩为主夹粉砂质微晶灰岩及泥灰岩。本段含有大量陆相化石昆虫、鱼、叶肢介、植物等，厚度320m。

（5）龙王庄段：主要岩性为灰紫、灰绿色细砂岩、粉砂岩、粉砂质泥岩，偶夹泥灰岩，岩石中普遍含钙质。化石稀少。厚度为427m。

（6）曲格庄段：主要岩性为紫褐色，灰色砾岩、砂砾岩、砂岩、粉砂岩泥岩和泥岩组成的韵律层。厚度为552m。泥岩中产丰富的双壳类、腹足类和介形类化石以及恐龙化石。

2）青山组

一般划归下白垩统。从莱阳等地火山岩中所获的有限同位素测年资料（表2.5）显示，其应属于阿尔毕期至土仑期（Albian-Turonian），属下白垩统顶部到上白垩统底部。

本组为岩性复杂的火山岩和火山碎屑岩系。其中夹有极少量的碎屑沉积。厚度变化很大，由数百米到2000m不等，分布也很广泛。其与下伏莱阳组为平行不整合，与元古界为角度不整合接触。自下而上划分为以下三段。

表 2.5　火山岩年龄值一览表*

岩性	地层	方法	年龄值/Ma	地点
安山岩	青山组	K-Ar	90.3±2.6	莱阳
安山岩	青山组	K-Ar	101.5+2.5	万第
安山岩	青山组	K-Ar	91.5±3.1	行村
流纹质凝灰岩	莱阳组	K-Ar	107±1.59	莱阳

*摘自山东地矿局1987年《莱阳幅、潍坊幅、西由幅区测调查报告》。

（1）第一段：流纹质凝灰岩、英安质火山角砾岩，底部凝灰质砂质灰岩夹流纹质凝灰岩、角砾凝灰岩，厚371m。

（2）第二段：安山岩、安山质集块岩夹安山质岩屑凝灰岩，厚度276m。

（3）第三段：紫灰色安山岩、安山玄武岩、灰黑色橄榄玄武岩，底部为灰紫色粉砂岩及中粒岩屑砂岩。厚1005m。

3）王氏组

属中白垩统，为干旱气候下的河流相红色碎屑岩夹滨浅湖相杂色碎屑岩及少量泥灰岩。厚度为2000～4000m，分布受断层控制，范围远较青山组小。与下伏青山组为不整合接触。

本组含有腹足类、双壳类、介形类、孢粉及恐龙化石等多种化石。按岩性和沉积旋回可划分为上、下两个旋回共六段。

下旋回（1～3段）为紫褐色泥质粉砂岩、泥质砂岩、粉砂质泥岩及泥灰岩具底砾岩。厚度>220m；上旋回（4～6段）为细砾岩、泥质砂岩、泥质粉砂岩、泥岩的韵律夹泥灰岩。厚1323m。

韩国庆尚盆地的中生界，主要为白垩纪的陆相碎屑沉积和火山熔岩、火山碎屑堆积，厚度达10000m。一般称为庆尚超群，自下而上进一步可划分为新洞群、河阳群和榆川群。

1）新洞群

属下白垩统，厚2000～3000m。据岩性和岩石颜色，进一步自下而上划分为洛东组、霞山洞组和晋州组。其中霞山洞组为红层，而其上、下均为非红色层。

该群含有丰富的非海相化石，包括植物、软体、叶肢介、轮藻、孢粉和介形类。

（1）洛东组：暗灰色泥岩、页岩、灰色砂岩和微褐色砾岩夹炭质页岩、煤层和泥灰岩，厚度700～2100m。属于辫状河和冲积扇沉积。

该组含有丰富的植物化石和少量的软体动物化石，一般不整合在前白垩纪的花岗岩或花岗片麻岩之上。

（2）霞山洞组：红色粉砂岩、砂岩和砾岩与绿灰色泥岩，厚550～1400m，属曲流河沉积。

本组含植物化石 *Cladophlebis* sp.（枝脉蕨）、*Taeniopteris* sp.（带羊齿）和 *Cyparis sidium* cf. *japonicum*（似日本准柏）等。

（3）晋州组：暗灰色泥岩与淡灰色砂岩互层夹炭质页岩和泥灰岩，底部有砾岩，厚度750～1200m，属于河-湖相沉积。

本组含有介甲类化石 *Euestheria kyongshangensis*（庆尚真叶肢介）和 *Cladophlebis shindongensis*（植物化石新洞枝脉蕨）、*Equisetites naktongensis*（洛东拟木贼）等，以及 *Lycoptera* sp.（狼鳍鱼）和恐龙印迹等。

2）河阳群

河阳群属中白垩世，厚度1000～5000m，系由页岩、砂岩和少量的泥灰岩和砾岩，以及火山喷发岩组成，含非海相化石。据其岩性、标志层和颜色，进一步划分成了数个组，自下而上为漆谷组、新罗砾岩、咸安组和镇东组。

（1）漆谷组：红色、暗灰色泥岩，凝灰质砂岩夹泥灰岩，顶、底部均有砾岩，厚度650m。下部厚230m，其上、下均为红色粉砂岩和砂岩属河流相沉积，其中部为暗灰色页岩，属湖相沉积；中部厚210m，以砾岩、粉砂岩和泥岩为主。其底有铁质燧石的薄层和透镜体；上部厚210m，主要为砾岩、粗粉砂岩和泥岩为主，是底部以砾岩为主的另一个沉积旋回，属辫状河沉积。

本组含有介形类和介甲类化石。包括 *Cypridea*（*Cypridea*）（女星女星介）、*Cypridea*（*Pseadocypridina*）sp.（假伟女星介）、*Ilyocypris*（土星介）、*Candona*（玻璃介）、*Sinocypris*（中华金星介）、*Euetheria kyongsangensis*（庆尚真叶肢介）等。

（2）新罗砾岩：红色有时为灰色的砾岩、砂岩和泥岩，厚度约240m，是砾岩沉积最多的层段，属于冲积扇和辫状河沉积。其砾石的成分中火山岩约占1/3。包括有片麻岩、花岗岩、安山岩和其他酸性到基性火山岩、石英、脉石英、角岩、砂岩、长英岩、氏石颗粒和燧石。底界与下伏漆谷组为过渡关系。

（3）咸安组：红色、绿灰色泥岩和凝灰质砂岩，下部为红色粉砂岩、凝灰质砂岩夹玄武岩。本组厚度800~2000m，化石稀少，仅见有恐龙印迹。

（4）镇东组：暗灰色页岩、绿灰色泥岩和细砂岩夹泥灰岩，底部有厚度不大的火山凝灰岩层。本组厚度1500~2000m。

本组含有较多的轮藻化石和大量爬行类和鸟类的印迹，以及少量的腹足类、双壳类、介甲类及零星的植物化石。包括有 *Mesochara*（中生轮藻）、*Clypeator jiuquanensis*（酒泉盾轮藻）、*Porochara*（孔轮藻）和 *Euestheria kyongsangensis*（庆尚真叶肢介）、*Frenelopsis* cf. *parceromosa*（拟节柏）等。

3）榆川群

榆山群属晚白垩世，厚约2000m，主要为大套的火山岩，不整合在河阳群（偶尔在新洞群）之上。该群可进一步划分成上、下两部。

下部朱砂山安山岩：安山岩、英安岩、粗面岩夹绿灰色泥岩、凝灰质砂岩，底部为火山角砾岩；上部文梦寺流纹岩：酸性凝灰岩、熔凝灰岩和流纹岩、黑曜岩。

K-Ar法测定榆川群的同位素年龄为79~57Ma，应属晚白垩世到古近纪早期，即由坎潘期（Campanian）到坦尼特（Thanetian）期。

另外，在朝鲜半岛西南沿海及岛屿上，发育有与榆川群相当的火山岩和河湖相沉积。下部称花源组为火山熔岩和火山碎屑岩，厚在200m以上。上部称黄山组为黑色页岩夹粉砂岩、凝灰质砂岩厚约250m。

（十一）古近系

在盆地内广泛分布，分为古新统阜宁组、始新统戴南组和渐新统三垛组，在南部拗陷和北部拗陷均有钻遇。

1. 古新统阜宁组

古新统阜宁组（T_7-T_4）为一套砂泥岩沉积，地震剖面上表现为一套中-强振幅、中频较连续-连续反射（图2.21），局部为断续反射。地层厚度一般为600~2000m，最大厚度达3000m。

在北部拗陷受断裂的控制，沿千里岩断裂下降盘一侧、东北凹陷南部断裂下降盘一侧，以及拗陷南部边界断裂一侧厚度较大，自西北向东南厚度逐渐减薄地层总体呈南北厚、中部薄（图2.24）。

南部拗陷阜宁组沉积继承白垩系格局，也呈充填式零星分布，但分布范围比白垩系广，厚度一般为200~1200m，南五凹陷南部断裂下降盘一侧最厚达4600m（图2.24）。

阜宁组的岩性主要为暗色泥岩夹砂岩，自下而上表现为粗—细—粗和红—黑—红的一个大旋回。阜宁组分布较广，盆地内所有的凹陷均有分布，是盆地内的主要生油层系之一。自下而上阜宁组分为四段（图2.25），但在南部拗陷和北部拗陷存在一定差异。

南部拗陷主要由暗色泥岩夹砂岩组成，具有厚度大，暗色泥岩发育的特点，最大钻遇厚度831m。剖面上分为四段，除阜一段以杂色角砾岩为主外，其余三段均为暗色泥岩夹砂岩；北部拗陷最大钻遇厚度1090.2m，阜一段—阜三段下部为杂色、深灰色泥岩夹砂岩，含石膏；阜三段上部—阜四段为暗色泥岩夹砂岩。

　　阜一段：底部为红色泥岩与粗砂岩互层；中部为灰、深灰色泥岩夹灰质泥岩、含膏泥岩；上部为棕红色泥岩和粉砂岩，泥岩占地层厚度比为 63.7%。位于北部拗陷北部凹陷的黄 7 井，钻遇古近系岩性为褐灰、棕红色泥岩、粉砂质泥岩与砂砾岩、含砾砂岩互层（相当于下红色层），其所含孢粉化石以榆粉–三孔褶皱粉组合为特征，并含相当数量的希指藏孢和少量的克拉梭粉，与苏北陆区的阜宁组一段的孢粉组合相似。钻井揭示最大厚度北部拗陷 439.5m（黄 7 井），南部拗陷 434.0m（WX4–2–1 井）。

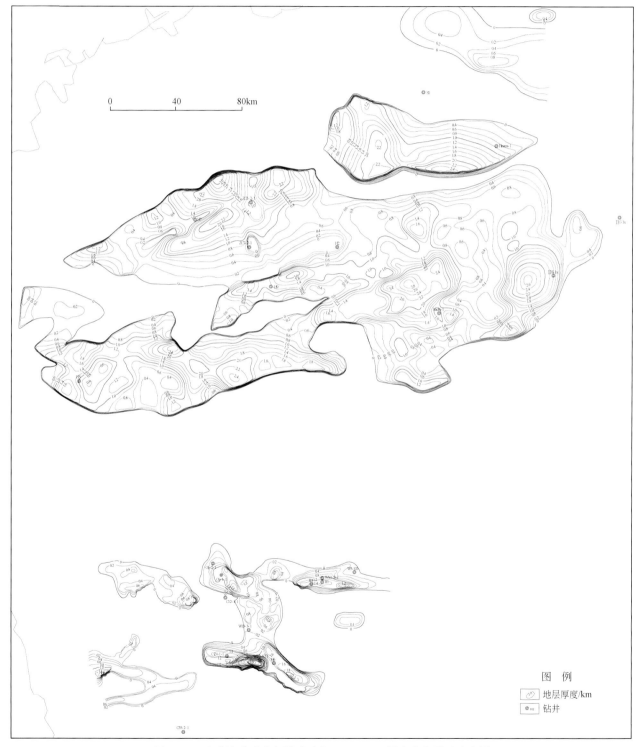

图 2.24　南黄海盆地古新统阜宁组（T_7–T_4）厚度分布平面示意图

地层单元					岩性剖面	井深/m	岩性综述	古生物
界	系	统	组	段				
新生界	古近系	渐新统	三垛组	上段		882	厚层灰白色细砂岩含砾砂岩夹灰绿色、棕红色、浅灰色粉砂质泥岩，泥岩	孢粉化石：小榆粉比较种、克氏脊榆粉、三肋脊榆粉、菱粉未定种、波形榆粉、粗肋胞未定种、山核桃粉未定种
							棕红色泥岩、粉砂质泥岩为主，夹灰色泥岩、粉砂质泥岩及薄层浅灰色、灰白色细砂岩、粉砂岩	孢粉化石：哈氏粗肋孢、光山核桃粉、小蓼粉、斯氏粒面球藻
							灰白色浅灰色细砂岩、粗砂岩、含砾砂岩与棕红色、绿灰色、灰色、浅灰色、灰绿色泥岩砂质泥岩互层	
							灰白色细砂岩，含砾砂岩与绿灰色、灰色泥岩砂质泥岩互层夹棕红色泥岩，与下伏地层呈假整合接触	孢粉化石：粗肋孢未定种、双束松粉未定种、竹柏粉未定种、壳斗粉未定种、无口器粉未定种、榆粉未定种、栎粉未定种、枫香粉未定种、中等菱粉、哈氏粗肋孢、克氏藻未定种、伏平粉未定种，上述化石均为少量，但连续可见
				下段		1685	上部为浅灰色泥岩夹一层红棕色泥岩，中、下部为浅灰色、灰色细砂岩、砂岩灰白色含砾砂岩与浅灰色、红棕色、棕褐色泥岩，砂质泥岩互层	
		始新统	戴南组			2053	浅灰色、灰色、深灰色泥岩，粉砂质泥岩夹灰白色砂岩、含砾砂岩，在上部泥岩中见分散状黄铁矿砂岩为细-中粒，偶见砾石，砂岩分选差，偶夹煤层	孢粉化石：假巨形海金砂孢、粗糙栎粉、胡核粉未定种、无口器粉未定种、双束松粉未定种、伏平粉未定种、榆粉未定种、枫香粉未定种
							浅灰色砂岩夹灰色泥岩，粉砂质泥岩，局部含沥青质煤及炭屑泥岩，具分散状黄铁矿，与下伏地层呈假整合接触	孢粉化石：小亨氏砾粉、杉粉未定种、双束松粉未定种、三角山核桃、小栎粉、波形榆粉、榆粉未定种、无口器粉未定种、雪松粉未定种、凤尾蕨孢未定种、桦粉未定种、枫香粉未定种
		古新统	阜宁组	阜四段		2297	深灰色，灰黑色泥岩，顶部及中部夹浅灰色砂岩泥岩其黄铁矿，砂岩成份为石英，长石及岩屑，细-中粒，次棱角-次圆状，分选差，疏松	孢粉化石：三角山核桃粉、光型山核桃粉、山核桃粉未定种、破隙杉粉、杉粉未定种、双束松粉未定种、麻黄粉未定种、枥粉未定种、波形榆粉、三孔沟粉未定种、克氏脊榆粉、脊榆粉未定种
						2500		孢粉化石：其唇孢未定种、海金沙孢未定种、三角孢未定种、双束松粉未定种、破隙杉、光三核桃、三角山核桃、小榆粉、榆粉未定种、克氏脊榆粉、无口器粉未定种
				阜三段			深灰色、灰黑色泥岩与浅灰色、灰白色粉细砂岩互层，局部砂岩层含砾	
							浅灰色深灰色泥岩，砂质泥岩与浅灰色，灰白色粉细砂岩，砂岩，含砾砂岩，不等厚互层夹薄层及棕红色泥岩	孢粉化石：小榆粉、榆粉未定种、波形榆粉、椴粉未定种、粒形褶皱粉、麻黄粉未定种、破隙杉
				阜二段		2796	灰色深灰色泥岩与灰绿色砂岩不等厚互层局部夹灰褐色泥灰岩薄层，中下部见碳屑，顶底部夹薄层碳质泥岩	
				阜一段		3017	灰色、红褐色泥岩与灰白色砂岩含砾砂岩不等厚互层	孢粉化石：三角孢未定种、海金砂孢未定种、紫树粉未定种、石松粉未定种、克氏脊榆粉、小榆粉、破隙杉、拟桦粉未定种，上述化石均为少量
							棕红色、褐色、浅灰色泥岩，砂质泥岩夹灰白色砂岩，含砾砂岩，棕红色泥质砂岩	孢粉化石：三角孢未定种、三肋脊榆粉、克氏脊榆粉、小榆粉、海金沙孢未定种、克拉棱粉未定种、小栎粉、破隙杉、粒形褶皱粉希指蕨孢
中生界	白垩系	上统	泰州组			3275	灰色、深灰色泥岩、粉砂质泥岩、砂质泥岩夹浅灰色、灰白色泥岩，泥质粉砂岩，顶部见棕红色泥岩，砂质泥岩，泥质粉砂岩	介形类：女星介未定种、黄海原真星介、椭圆原真星介、膨胀原真星介、原真星介未定种、中华金介未定种　　孢粉化石：小榆粉、波形榆粉、圆形麻黄粉、维率麻黄粉、小刺鹰粉、不规则三角孢、三角孢未定种、凤尾蕨孢未定种
						3424		

图 2.25　南黄海盆地北部 ZC1-2-1 井柱状图

位于北部拗陷中部凸起东缘的黄2井，1388~1550m井段的岩性为棕褐、深灰、灰黑色泥岩与浅灰、黄灰色砂岩、含砾砂岩、粉细砂岩互层，底部为灰黑色玄武岩，其地质时代属丹麦（Danian）期至卢泰特（Lutetian）期，相当于古新世末—始新世早期。

阜二段：为灰黑色、灰绿色泥岩、砂质泥岩夹灰白、浅棕、黄褐色粉砂岩、钙质细砂岩、含膏泥岩和少量油页岩、泥灰岩，泥岩占地层厚度比为69.3%，上部砂岩较多，呈砂泥岩互层。钻遇最大厚度北部拗陷398m（黄5井），南部拗陷368m（CZ24-1-1井）。

阜二段：下部为灰、棕红色，上部为灰、灰黑色泥岩。岩性为泥岩与灰、黄灰色粉砂岩、细砂岩互层。泥岩占地层厚度比为56.8%，上部见少量劣质油页岩。钻遇最大厚度北部拗陷329m（黄5井），南部拗陷331m（CZ24-1-1井）。

阜四段：黄5井揭示岩性为灰、灰黑色泥岩、粉砂质泥岩夹灰色粉砂岩、细砂岩，暗色泥岩占70%，厚290m。黄9井揭露厚度404m，岩性为深灰、灰黑色泥岩、粉砂质泥岩与粉砂岩、粉细砂岩互层。其含孢粉化石以榆粉-破隙杉粉-漆树粉的组合为特征，与苏北盆地的阜宁组中、上部的孢粉组合相似。钻井揭示阜四段最大厚度北部拗陷404.0m（黄9井），南部拗陷508.5m（CZ6-1-1井）。

结合其他钻井资料分析，阜宁组总的岩性特点是：①阜一段颜色杂、砂岩多；②阜二段以暗色泥岩为主夹砂岩；③阜三段为暗色砂泥岩段，砂岩明显增多；④阜四段为暗色泥岩段，且质纯，仅夹少量砂岩。

2. 始新统戴南组与渐新统三垛组

戴南组-三垛组（T$_4$-T$_2$）为一套砂泥岩沉积，砂岩较为发育，地震剖面上表现为一套中-强振幅、中-高频率、断续-较连续-连续反射波组（图2.21），地层厚度一般为200~1400m，最大厚度达2000m，在北部拗陷沿千里岩断裂下降盘一侧，以及东北凹陷南部断裂下降盘厚度较大，自西北向东南厚度逐渐减薄（图2.26）。

南部拗陷戴南组-三垛组仍呈充填式分布，分布范围与阜宁组相当，厚度一般为200~1000m，南五凹陷和南七凹陷最厚达1200m，南五凹陷南部断裂下降盘一侧最厚达1400m。此外，勿南沙隆起上2个渐新世小凹陷，发育0~600m的戴南组-三垛组沉积，最厚达800m（图2.26）。

戴南组为一套下黑上红的砂泥岩地层，也是南黄海盆地可能的生油层之一，地层最大钻遇厚度1101m，与下伏阜宁组为假整合或不整合接触；三垛组分布广泛，主要由红色和深灰、灰绿色泥岩和灰白色碎屑岩组成，最大钻遇厚度1079m，与下伏不同时代地层呈假整合或不整合接触。

该套地层在南部拗陷南五凹陷最发育，钻遇厚度135（CZ24-1-1井）~1101m（WX20-ST1井）、黄6井钻遇456.2m；其次为南七凹陷，钻遇厚度0（WX5-ST1井）~630.5m（黄4井）、黄1井和WX4-2-1井分别揭示戴南组110.5m和188m；南四凹陷两口探井CZ6-1-1（A）井和CZ6-2-1井分别钻遇292.5m和261m；南三凹陷的ZC12-1-1井、南二凸起的WX13-3-1井以及勿南沙隆起上的CZ35-2-1井均缺失戴南组。

北部拗陷仅在拗陷西部的北部凹陷和西部凹陷的钻井揭示了戴南组，北部凹陷最大钻遇厚度612m（ZC1-2-1井），黄7井和ZC7-2-1井因断块上翘，致使该地层缺失；西部凹陷的黄5井揭示戴南组221m；中部凹陷的黄9井和中部凸起的黄2井均揭示缺失该套地层。

三垛组基本上继承戴南组的沉积格局，但厚度变小，范围变广，盆地内各凹陷沉降逐渐转变为整体沉降。该套地层由红色和深灰色、灰绿色泥岩和灰白色砂岩组成，以红色地层发育、碎屑粗为特征。最大钻遇厚度南部拗陷1079m（南四凹陷），北部拗陷1171m（北部凹陷），其与下伏不同时代地层呈假整合或不整合接触。

（十二）新近系及第四系

新近系在全区均有分布，包括中新统和上新统，与下伏地层呈区域不整合接触，在地震反射剖面上比较容易识别并可在全区追踪，厚度为600~1000m。T$_2$反射波组通常为一套水平密集反射层的底界，具有平行反射、反射波密集、频率高、连续性好、振幅较强、波形变化小。一般具双相位、强、高频、高

图 2.26　南黄海盆地始新统戴南组-渐新统三垛组（T₄-T₂）厚度分布平面示意图

连续性特征，该波两个同相轴能量的强弱常发生转换，有时上强下弱，有时上弱下强，通常以后者为主。以 T_2 为界，上覆反射波组同相轴逐层上超，下伏反射波组同相轴逐一终止于 T_2 波，具明显的 "上超下削" 特征（图 2.6 ~ 图 2.10、图 2.16 ~ 图 2.19、图 2.21 等）。

中新统下盐城组，岩性为灰白色厚层砂砾岩，顶部为浅棕色泥岩，底部为泥质砂岩。该组分布范围较广，厚度变化较大。北部拗陷厚度变化 139（KACHI-1 井）~896m（黄 2 井），KACHI-1 井该段中产较丰富的孢粉化石等，其与下伏三垛组多呈不整合接触。南部拗陷厚度变化为 379（WX5-ST1 井）~962m（CZ6-2-1 井）。

上新统上盐城组岩性为土黄色与浅灰褐色泥岩互层。除 KACHI-1 井和 INGA-1 井缺失外，区内大多数钻井均有钻遇，但发育不全。H5、H7、H9 和 H2 等井均缺失上段，下段厚度分别为 182m、244.5m、153m 和 175m；在 HAEMA-1、ⅡH-1XA 和 ⅡC-1X 各井，厚度分别为 90m、233m 和 146m。该组与下伏的下盐城组呈整合接触。

第四系东台群，由灰色黏土、粉砂、细砂层组成，全海区分布稳定，厚度一般在 150~350m。

第三节　沉积与构造演化

一、中国东部主要块体构造演化

苏北-南黄海盆地作为下扬子块体之上的大型叠合盆地，发育于下扬子块体之上，构造上南北夹于华南块体和华北块体之间，东临太平洋板块和菲律宾板块，前人的研究成果表明，华北古陆核形成较早，扬子和华南古陆核形成相对较晚，各块体和板块形成之后，不同地质历史时期的聚敛、裂离、俯冲等作用共同控制南黄海盆地的形成演化过程。苏北-南黄海及邻区特有的沉积-岩浆岩-变质-变形构造组合是经过长期演化的结果，它包括了基本块体的聚合与离散，沉积盖层（盆地）的发育与变迁，以及岩浆活动反复改造。因此，探讨南黄海盆地的形成演化，须先了解扬子块体，尤其是下扬子块体及其周边各块体的地质构造与形成演化过程。

作为中国大陆雏形的陆核最早出现于太古代和元古代，整体而言，从北向南各地块形成之前的古老陆核形成年代逐渐趋晚，也就是说，中国大陆是由不同的块体在印支期拼合而成，拼合过程自北而南从老到新。位于华北块体的冀北迁西群的同位素年龄测定值在 3500Ma 以上，而冀北单塔子群和双山子群、鲁西泰山群、辽宁鞍山群、朝鲜北部狼林群的同位素年龄均大于 2500Ma。因此，冀鲁陆核首先于太古代时期出现于大洋中，经阜平、四堡运动逐渐向陆壳过渡，开始块体发育过程。

扬子块体有古元古代期间朝鲜南部涟川群（2700Ma）、皖中大别群（1500~2000Ma）及滇东、鄂西等陆核。中元古代开始，经吕梁、四堡、晋宁运动，完成了向陆壳过渡，开始块体发育过程。在华南块体有元古宙早中期的闽北建瓯群（1800Ma）、浙南陈蔡群（1500Ma）和温东群（1600~1800Ma）、东海灵峰群（1700~1800Ma）和朝鲜半岛岭南小白群（1400~1800Ma）等陆核，它们的同位素年龄均在 1400~1800Ma。这些陆核从元古宙晚期到晚奥陶世期间不断发育，直到加里东运动末才完成陆核的发育形成陆壳，开始块体发育过程。

南海块体有位于印支区的昆嵩陆核和南海地区的西沙（西永 1 井位于我国西沙群岛永兴岛上，井深 1384.6m，钻入前寒武变质基底百余米）、南沙、礼乐陆核（桑帕吉塔 1 井）。它们形成于元古宙，经加里东、海西，直到印支运动才完成向陆壳的过渡，开始块体发育过程。

元古宙末，地壳发展开始进入古全球构造阶段。从古生代（Pz）寒武纪到早中三叠世，华北块体、扬子块体和华南块体有过多次的聚敛与离散，最终于印支运动拼合成统一的中国大陆。

早古生代（Pz_1）加里东期（Z—S），华北（中朝）块体隆升，并与扬子块体自西而东开张。在西部秦岭、大巴山地区有古生代大洋沉积，其范围向东逐渐收缩；在大别山一带拗陷成槽；再向东至五莲—青岛—临津江一线，也具有拗拉槽（aulacogen）性质，但拉开的距离不大。加里东末期，扬子块体向北俯冲，拗拉槽关闭，中朝块体与扬子块体再度相互拼合，形成加里东造山带。晚古生代期间，此造山带前缘再次张开，出现拗拉槽；二叠—三叠纪时，西部可能与特提斯海连通。与此前后，扬子块体与华南-小白块体之间出现钦防、浙西、皖南等拗拉槽。当时，华南地区仍为大洋海水覆盖，仅有陈蔡与建鸥等陆核出露。扬子块体南部为浅海，有碳酸盐岩沉积，再向南为被动大陆边缘，与华南大洋（南海洋）相接。

早古生代晚期—晚古生代早中期（S—C）为相对稳定时期，主要在欧亚大陆东缘有海西期大陆边缘增生，而大陆内部没有重大变化。

晚古生代晚期（P）为古全球构造与新全球构造之过渡阶段。在全球范围内，联合古陆最终形成，并与冈瓦纳古陆分裂，从赤道附近开始向北移动。由于中亚-蒙古地槽在海西期（D—P）关闭，华北块体从 14.8°N，而扬子、华南块体从 2.4°S，向现在的地理位置漂移，全程达 2500～3000km。在此阶段中，于晚二叠世（P$_2$）时，秦岭褶皱成山，山南出现新的拗拉槽；扬子块体与华南-小白块体开始碰撞、挤压、推覆，华南基底拆离，钦防拗拉槽扩大；而特提斯-库拉巨型地槽在印支、中国南海和台湾、日本一带形成，即海西地槽。此时，扬子与华南两个块体之间的海水自东北向西南退出，苏北-南黄海地区成为陆地，而在越北-广西仍为浅海；东海地区从闽浙到日本为深海、半深海。该联合古陆（Pangea B）的中国部分就以海西地槽作为它的边缘海。

二、苏北-南黄海盆地沉积与构造演化

（一）陆核及原始古陆形成期（Ar—Pt$_3^1$）

对于扬子准地台内的新太古代（五台期，2800～2500Ma）变质岩系，近 10 余年的研究取得了显著的成果。四川西部康定杂岩群下部的斜长角闪质混合岩内获得最老为 2957Ma 的原岩形成年龄（全岩 Pb-Pb 一致线法），还有 2451Ma（锆石 U-Pb 法）、2404Ma（全岩 Rb-Sr 等时线）的年龄可能代表新太古代末期构造-热事件的发生。在鄂西，原来的崆岭群已经被解体，其下部的东冲河岩群黑云母斜长变粒岩和斜长角闪岩已获得 2891Ma 的锆石 U-Pb 年龄（李福喜和聂学武，1987）。大别山黄土岭岩群的麻粒岩、混合岩内获得 2820～2165Ma 锆石 U-Th-Pb 年龄，说明该岩群内既有太古宙也有古元古代的岩石。南秦岭的鱼子洞群近年来获得了 2657Ma 的锆石 U-Pb 年龄。山东南部的胶南岩群也有新太古代 2618Ma 的锆石年龄（尚未定论）。这些太古宙-古元古代褶皱变质岩系构成了扬子古陆核（万天丰，2004）。

扬子准地台古元古代（吕梁期，2500～1800Ma）的变质作用主要为从中高温区域变质作用过渡到低温区域动力变质作用（低绿片岩-低角闪岩相），变质作用的温度和影响范围逐渐降低和缩小。吕梁构造事件并未使扬子准地台形成统一的结晶基底，整个扬子准地台最终形成统一结晶基底的时期为新元古代晋宁期。

中元古代时期（早晋宁期，1800～1000Ma），扬子准地台的大部分为稳定区（江苏、浙西北、湘西、川东、贵州和滇东），沉积地层厚度较薄；扬子准地台西、北边缘的构造活动带沉积地层厚度较大。中元古代末期北扬子准地台和南扬子准地台发生俯冲、碰撞，从而拼合成为地学界所熟知的扬子准地台（图 2.27）。

新元古代早期（晚晋宁期，1000～800Ma），扬子准地台大部分地区都经受了绿片岩相变质，并形成强烈褶皱，常见同斜褶皱，褶皱轴均以 EW 向为主（以现代磁场为准），此类褶皱是青白口纪构造事件的主要表现之一。通过次期构造变形，扬子准地台形成统一的结晶基底。

关于扬子块体前震旦纪的拼合过程，目前存在以下认识：

（1）古元古代之前古块体的复杂拼合演化并未形成稳定的克拉通，或者未形成统一的克拉通，扬子块体直到新元古代晋宁期才完成克拉通化（陆松年等，2004）。目前认为上扬子的四川盆地与下扬子的南黄海盆地具有相似的双层前寒武基底（陈沪生等，1999），即早前寒武结晶基底和中—晚前寒武强变质基底，为一套强烈混合岩化的片麻岩、片麻花岗岩及混合岩（郑永飞等，2007；张国伟等，2013；李慧君，2014；杨长清等，2014）；

（2）扬子块体早期内部可能存在多个次级块体（张国伟等，2013），中上扬子区是一个统一块体，而下扬子区很可能处于另一个块体（陈焕疆等，1988）。至少沿华蓥山-重庆-贵阳深大断裂和雪峰隆升带两侧地球物理特征差异明显，表现为不同的古块体，而由于古中国大陆拼合之前的多块体形成时代不同，各块体演化过程具有"同序时差"的特征（刘光鼎，1990；张训华，2008；张训华等，2009，2010）。

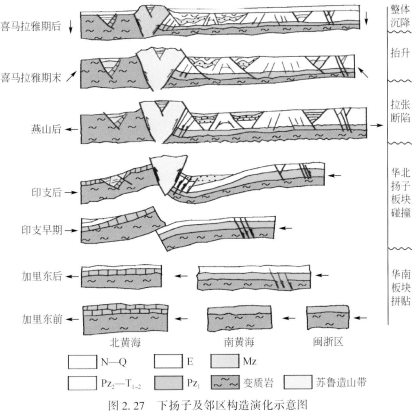

图 2.27 下扬子及邻区构造演化示意图

（二）中—古生代海相原型盆地沉积演化期（Pt_3^2—T_2）

扬子块体在新元古代晋宁期完成了基底固结统一，自震旦纪开始，在拉张背景下发生大范围海侵，进入相对稳定的碳酸盐岩台地发展阶段，马永生（2006）称之为海相盆地的演化阶段，发育了第一套克拉通-被动陆缘沉积层，标志着海相原型盆地沉积发育的开始（图 2.28）。震旦纪—早中三叠世，南黄海地区先后经历了稳定沉积、逐渐拼贴（加里东运动）、振荡迁移（海西运动）。中三叠世末的印支运动后开始进入海相盆地改造阶段，经历了碰撞造山、挤压褶断到压张转换和走滑沉降（燕山运动）转向拉张断块（喜马拉雅运动）的演化过程，古生代期间主要以海相碳酸盐岩台地沉积为主、中生代为前陆-拉分盆地阶段（图 2.29），新生代主要为断陷-拗陷盆地阶段（杨琦和陈红宇，2003）。南黄海盆地分划为4个原型盆地沉积期和4个盆地改造及其演化阶段。

1. 震旦纪—中奥陶世克拉通盆地阶段

震旦纪开始，扬子块体开始形成第一个沉积盖层，扬子块体广泛海侵，下扬子区成为碳酸盐岩、泥质岩、硅质岩沉积为主的克拉通盆地，整个扬子块体的震旦系以碳酸盐岩广布为特点，分布广泛，发育齐全，生物丰富。

早、中寒武世—中奥陶世，下扬子地区总体表现为"两盆夹一台"的格局，台地南界为江南隆起北缘断裂，北界为嘉山-响水断裂，即苏北-苏南和南黄海中部地区的中部隆起基本处于陆棚-碳酸盐台地沉积环境，主体为稳定的碳酸盐台地沉积；台地南、北两侧为被动大陆边缘盆地沉积（图 2.29）。

2. 晚奥陶世—志留纪俯冲碰撞前陆盆地阶段

早古生代时期（加里东期，543～410Ma），扬子块体经历了一个从海侵到海退的过程。寒武纪和奥陶纪时期，扬子块体大部分地区继承了震旦纪的构造环境，主体为稳定的浅海碳酸盐台地沉积，志留纪晚期的加里东运动以隆升作用为主，区域上形成大的隆起和拗陷，南黄海地区中部隆起形成。南黄海南部受华南块体汇聚，并受由东南向西北的挤压影响，出现走滑和挤压构造，形成一前陆盆地。该构造事件结束了南黄海"一台两盆"的沉积构造格局，导致下扬子块体南部普遍隆升，南黄海地区呈现出北西低而南东高的不对称发展格局（图 2.29）。

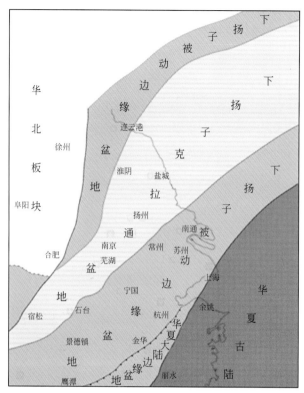

图 2.28　下扬子区震旦纪—中奥陶世盆地类型展布示意图

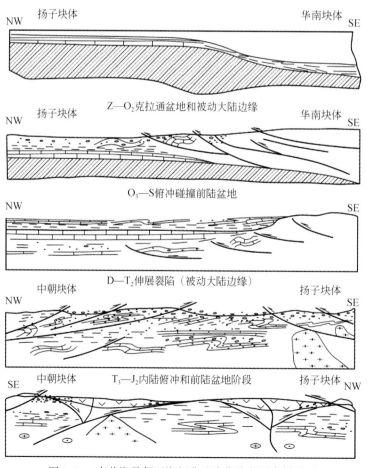

图 2.29　南黄海及邻区海相盆地演化阶段示意剖面图

3. 晚志留世—中泥盆世加里东隆升剥蚀阶段

志留纪末期，加里东运动使下扬子地区整体抬升并形成大型的隆起和拗陷，造成了志留系和中、上奥陶统的剥失，以及上志留统—下-中泥盆统的大面积缺失。这一时期，南黄海地区表现为整体隆升剥蚀，剥蚀程度表现为南强北弱，中部隆起较两侧更强。

4. 晚泥盆世—中三叠世稳定台地–陆内裂陷阶段

加里东运动以后，晚泥盆世—中三叠世时期，华北板块、扬子板块、华夏板块连成一块，统一的中国大陆，南方进入统一的克拉通盆地发展期；同时，在特提斯洋扩张作用控制下，华南块体和扬子地块上表现为强烈的陆内伸展裂陷，在这一伸展作用影响下，下扬子及南黄海地区亦卷入裂陷环境之中，形成陆内裂陷盆地。晚古生代的海西运动在下扬子地区主要表现为频繁的差异升降运动，仅仅引起沉积的迁移和局部地层的缺失。

晚泥盆世开始，扬子地区再次海侵，从苏北滨海地区推测，南黄海中部隆起处于陆表海浅海碳酸盐岩台地–滨海沼泽沉积环境，泥盆系为滨海碎屑岩，石炭系为陆表海浅海盆地，石炭系下统是含煤碎屑岩，中、上石炭统是碳酸盐岩。

二叠纪，在石炭纪陆表海的基础上产生断陷或裂陷，发育了深海硅质岩和火山碎屑岩建造为标志的裂陷盆地，南黄海地区多条地震剖面均揭示出上二叠统龙潭组之上可能有大隆组沉积，龙潭组、大隆组表现为强连续波组特征（图2.30），并且其中部被一个特强反射波所分开，其上部应代表了大隆组的反射。龙潭组和大隆组沉积厚度可达1000~1500m。大隆组为一套硅质岩、硅质页岩、页岩，代表深水裂陷沉积，它标志"桂湘赣浙裂陷槽"、"苏皖裂陷槽"已延伸向南黄海中部和南部地区。

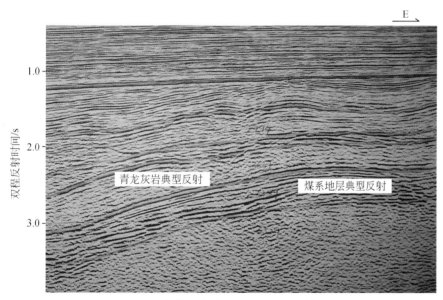

图2.30 南黄海多道地震 NT05-5 测线剖面

晚二叠世—早、中三叠世，南黄海处于浅海环境，大部分区域发育青龙组台地灰岩、灰质泥岩沉积建造（图2.12），仅在南部和西北部靠近物源区出现滨海和三角洲沉积。

中三叠世晚期，海水开始向北退却，海盆被海湾或潟湖所代替，局部有石膏沉积。至晚三叠世早期，海水进一步萎缩，发育黄马青组海陆交互相沉积。晚三叠世末，海水全面退出本区，最终结束了自南华纪以来海相盆地沉积史。

中三叠世末期，南黄海地区由于扬子地块和华北地块之间的碰撞挤压，下扬子南北两侧的活动性陆缘沉降区封闭隆升。伴随着古特提斯洋的局部关闭，扬子板块与华北板块的持续挤压，发生区域性的抬升及局部褶皱，最终结束了自南华纪以来长期海相沉积的历史，拉开了本区规模巨大、形式多样的改造活动的序幕。一方面造成了苏鲁造山带的形成及下扬子和南黄海地区幅度不大的隆起、拗陷；另一方面，秦岭–苏鲁造山带和华南造山带从南、北两侧向下扬子和南黄海地区推进，形成不同强度的冲断推覆构造和对冲构造格局。

（三）中—新生代陆相沉积盆地改造期（T₃以来）

印支构造期是中国大陆主体的重要形成期。印支运动前的整个古生代，下扬子地区构造运动处于轻微的震荡运动，形成了地台型稳定的海相沉积。印支运动以其强烈的隆升遭受剥蚀和燕山运动早期剧烈的岩浆活动和断裂活动，改造着古生界的构造面貌，形成在区域挤压应力背景上的逆冲断层和大量的褶皱构造。进入三叠纪晚期，扬子板块与华北板块的拼贴碰撞，加之西伯利亚板块向南挤压，导致了海水主体退出中国大陆，各板块汇聚成为统一的大陆板块，下扬子及邻区均进入了一个新的构造演化体制——大陆板内形变体制，开始了对海相中—古生界的改造历程。这一改造历程首个阶段，当属与造山作用相伴随的前陆盆地阶段。

1. 晚三叠世—中侏罗世类前陆盆地发展阶段

随着晚三叠世末印支晚期运动持续挤压作用的不断加强，扬子块体所承受的南北两侧挤压应力一直持续到中侏罗世，甚至晚侏罗世，同时产生强烈的褶皱和断裂，形成推覆构造，并逐渐递进扩展到下扬子克拉通内部，形成了钱塘、常州、沿江、滨海等多个与造山带平行的数个 NE 向 T₃—J₁₋₂ 坳陷，它们均为典型的含煤磨拉石沉积盆地，其性质属类前陆盆地。

晚三叠世，扬子板块与华北板块的拼贴碰撞与造山作用，在中国东部形成了规模巨大的郯庐断裂带，在压扭作用的影响下，郯庐断裂发生大规模的左行平移运动，扬子块体内的沉积盖层遭受广泛的褶皱、断裂，形成印支–早燕山期构造体系。该时期南黄海地区总体处于隆起状态，且北部隆起高、南部隆起低。由于隆升作用，造成了南黄海盆地克拉通期间沉积地层遭受不同程度的剥蚀，其剥蚀强度北部远大于南部，表现为上古生界在北部坳陷基本被剥蚀殆尽，几无残留；而南部的中部隆起、南部坳陷及勿南沙隆起上，下三叠统及二叠系保存相对较好且厚度较大。

中侏罗世末的燕山早期运动是波及整个中国中东部大陆的最强烈的水平挤压运动，下扬子地区也不例外。区内发生了不同程度的褶皱与逆冲推覆构造，形成了统一的 NE 向为主体的构造带，并形成了沿江一线为中心的以 NEE 向构造线为主的盆地内部复背斜–复向斜构造对冲构造格局。晚印支–早燕山期的冲断推覆作用在下扬子海相中—古生界的改造作用具有极为重要的影响，重塑了研究区海相地层的面貌，为后期进一步改造与演化奠定了格局。此次推覆作用无论是陆上，还是海上都有明显迹象。在南黄海地区，这期冲断推覆明显向东延伸至勿南沙隆起及南部坳陷中，其影响甚至可能波及朝鲜半岛。此时期，构造变形程度由北向南、向东逐渐减弱。

2. 晚侏罗—早白垩世火山盆地发育阶段

晚侏罗—早白垩世，在西伯利亚板块向南、印支南海陆块向北挤压力的持续作用下，区内 NNE 向郯庐左行走滑断裂体系处于构造调整阶段，在边界走滑背景下，板内产生局部的斜向构造伸展，形成了一系列 NE 向斜列的火山岩及磨拉石沉积盆地。早白垩世末中燕山期的黄桥事件，受控于纵贯南北的西太平洋造山作用（新太平洋扩张），下扬子区早期的 NE 向及 NNE 逆冲断裂及走滑断裂发生挤压推覆。晚侏罗世则是中生代第一个强烈岩浆活动期。

黄桥事件是另外一期重要的构造改造活动，它以逆冲断裂为特征，断层角度较高。其逆断层走向在陆上与早燕山运动形成的构造线基本一致，在海上则转为近 EW 向，与早燕山期构造线小角度斜交，且分布范围多在中央隆起及其以北。在朝鲜半岛，这次运动形迹也呈现得相当明显。

3. 晚白垩世—古近纪断陷盆地阶段

1）晚白垩世断陷形成三隆两坳格局

燕山中期，黄桥转换事件之后，受环太平洋构造域的影响，下扬子地区区域构造应力背景转化为 NW—SE 的拉张作用，在下扬子海相残留盆地和中生代类前陆盆地改造的基础上，发育一系列箕状断陷盆地，其形成与发展一般受先存逆冲断裂的控制。地层岩石在重力的作用下沿原逆冲断层的陡倾段回滑形成断陷，箕状断陷的长轴方向与逆掩褶皱轴向相同，陡坡断裂与深部的缓倾的逆冲断裂相衔接，呈现在原对冲向斜构造带轴线的北部拗陷箕状断陷表现为"北断南超"（图2.31），而南部拗陷箕状断陷表现为"南断北超"的构造格局。受EW和NE向两组断裂的联合控制，形成了晚白垩世盆地早期充填、晚期超覆、东西分区、北东分带的构造格局，在南黄海海域形成三隆两拗格局。

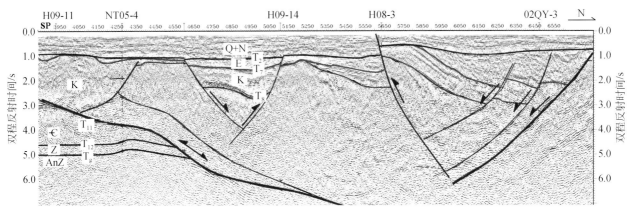

图2.31　南北向穿过北部拗陷的X06-5测线地震解释剖面（千里岩断裂）

晚白垩世，南黄海地壳处于伸展状态，这一时期以张性正断层为特征，包括继承性和新生的断层。断陷盆地阶段首先在北部拗陷形成，南黄海北部前陆盆地在断裂作用下发生断陷（图2.32）。盆地沉积既受古地形的控制，也受同生断层的控制，沉积范围较前拓宽，厚度变化大，充填河湖相碎屑岩。苏北-南黄海地区在晚白垩世期间"仪征运动"影响下，苏北陆区赤山组砖红色砂岩与泰州组底部浅棕红色砾岩呈波状起伏的不整合接触。而在苏北南黄海南部盆地泰州组与赤山组之间存在沉积间断，具"上超下剥"的特点，对应于仪征运动。

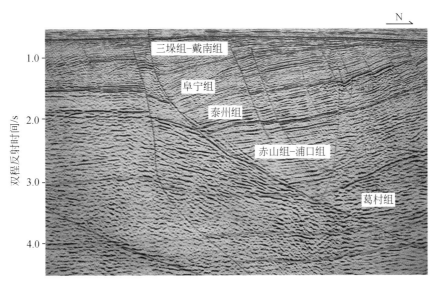

图2.32　南黄海多道地震NT05-3测线剖面

总体上，由北向南，断陷形成时间逐渐变晚，断陷强度逐渐减弱，并具有一定的间距。断陷之间的中部隆起和勿南沙隆起仍然处于剥蚀状态，古生界及三叠系也在遭受一定的剥蚀。

2）古近纪继承白垩纪形成多凹多凸格局

古新世是盆地的断陷发展期，构造活动频繁，有两个明显的沉积旋回，沉积层在断层一侧变厚，斜坡一侧减薄（图2.33）。古近纪早期，南黄海延续晚白垩世的伸展特点，但拉张作用明显增强，断裂活跃，大量张性断裂造就的箕状断陷和地垒普遍发育。南黄海盆地北部拗陷和苏北南-黄海南部盆地（拗陷）持续稳定下降，沉积范围不断扩大，后期除局部构造高部位外，已逐渐连成一体，形成广阔的湖盆，接受了一套湖相的沉积。古近纪晚期，南黄海经过一次变浅后水体再次扩大。南黄海盆地北部拗陷受郯庐断裂走滑平移和太平洋板块向欧亚板块俯冲的共同影响，盆地东西受力状态差异明显。西部、中部、北部和东北部发育 NE、NEE 走向拗陷，东部及东南部出现 NW 向伸展的张裂拗陷。同时千里岩隆起区源源不断向盆地提供大量碎屑物质，北部拗陷的北部凹陷和东北凹陷沉积中心逐渐向东南迁移，沉降幅度达 3500m。苏北南黄海南部（盆地）拗陷西部发育 NEE—EW 向拗陷，东部则发育近 EW—SEE 拗陷。南部拗陷沉降中心在南五凹陷，包括晚白垩世晚期沉积在内，沉降幅度达 4400m，其他凹陷在沉降较深地带形成半深湖环境，沉降幅度在 2000～2500m。古新世晚期，苏北南黄海南部（盆地）拗陷产介形类新单角介，可能受短暂的海侵影响。

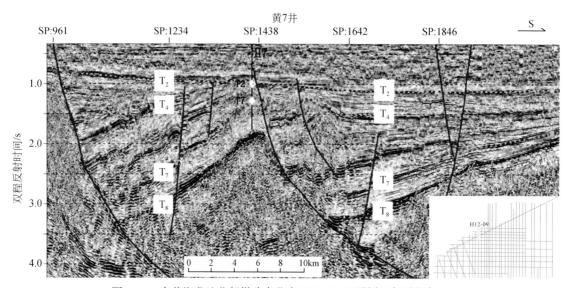

图 2.33　南黄海盆地北部拗陷南北向 H12-09 地震剖面断裂发育显示

古新世时，南黄海盆地南北两个拗陷的构造活动性、沉积环境和沉积发育状况有明显的差别。北部拗陷 NEE 向断层活动强烈，早期拗陷分割性强，各凹陷被凸起分割，水体因蒸发较强烈而咸化，沉积物中富含石膏，个别凹陷甚至发育了石膏层。南部拗陷的分隔性不明显，水体连通较好，东部向勿南沙隆起漫侵，形成了淡水浅湖-半深湖相沉积。

古新世早期北部拗陷发生过一次轻微的构造运动（即喜马拉雅 I 幕），这次运动在地震剖面上表现为阜三段与阜二段之间的微弱角度不整合，其影响范围仅限于中-东部凹陷的东部。古新世末期，南黄海发生了构造活动比较强烈的吴堡运动，波及全区。其主要特征表现为盆地拱升，部分地区长期受到剥蚀，阜宁组明显变形，与其下伏层呈明显的区域性角度不整合接触。北部拗陷东北部的断层强烈活动，使断层以南的赤山组、泰州组和阜宁组翘倾、抬升，断层以北地层剧烈下降，垂直断距达 1800m（图 2.33）；南部拗陷在 NWW、NEE 和 NW—NNW 向断层的分割和控制下，凹陷、凸起强烈分化。

进入始新世后，南黄海以断块运动为主，中部隆起区上升，南、北两个拗陷下降，发育了对称于中部隆起的箕状结构。北部拗陷继承了晚白垩世以来的构造格局，NEE 向断层继续控制凹陷和凸起，但沉积范围有所缩小，沉降中心移向东南移向二级断阶的南侧，沉降幅度为 1500m，凸起上沉积减薄甚至未接受沉积（图 2.34）；南部拗陷继承了古新世构造格局，仍在 NWW、NEE 和 NW—NNW 向断层的分割控制下，凹陷和凸起分化明显，大部分凸起未接受沉积，仅南七凹陷和南五凹陷接受沉积，主要沉降中心在南五凹陷南部和南七凹陷西部，沉降幅度达 1700m（图 2.35）。

始新世时地形高差较大，早期气候以温湿为主，晚期则干旱炎热。南部拗陷各凹陷早期沉积主要为浅湖-沼泽环境，晚期沉积层多呈红色。北部拗陷以河流相沉积为主，其中南部凹陷西部有残留浅湖及沼泽，晚期水体微咸化。

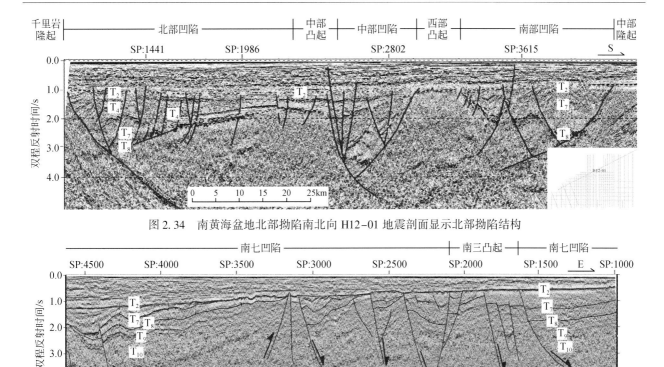

图 2.34　南黄海盆地北部坳陷南北向 H12-01 地震剖面显示北部坳陷结构

图 2.35　南黄海盆地南部坳陷东西向 H09-10 地震剖面显示南部坳陷结构

始新世末，随着太平洋板块俯冲方向从原有 NNW 向转为 NWW 向，南黄海发生了真武运动，真武运动不如吴堡运动强烈，以整体上升、剥蚀伴有局部挤压活动为特点，局部地区轻微变形而出现不整合。

渐新世时地形逐渐被夷平，沉积层向凸起和隆起超覆，沉积范围超过始新世，大部分地区为河流相沉积，早期振荡运动频繁，沉积旋回明显，沉积物较粗，晚期以紫红色泥岩为主。南部坳陷的南二凹陷和南五凹陷两个凹陷，以及北部坳陷的南部凹陷保留着浅湖-沼泽环境。南部坳陷的南四凹陷浅湖较封闭，湖水时而咸化，时而淡化，南七凹陷的浅湖只持续到渐新世早期，湖水有时半咸化。此外，北部坳陷的中部凹陷、东部凹陷和南部坳陷的南四凹陷发生过基性火山喷发。

渐新世末，因太平洋板块向 NWW 俯冲作用加强，南黄海地区发生了较强的三垛运动。在三垛运动强烈的挤压作用并伴随剪切走滑活动影响，南黄海盆地南、北两个坳陷从整体沉降阶段转为迅速抬升阶段，使古近系和上白垩统褶皱断裂，形成一系列 NW 向褶皱构造和逆断层，与此同时，盆地东部的挤压作用比较明显，往西逐步减弱。北部坳陷、南部坳陷渐新世三垛组因强烈削蚀而大多缺失（图 2.36、图 2.37），中部隆起区和勿南沙隆起区一直保持抬升状态，未接受三垛组沉积。

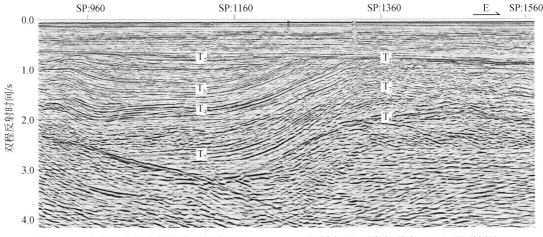

图 2.36　南黄海盆地北部坳陷西部东西向 H12-NL3 地震剖面显示渐新世末（T₂）强烈削蚀面

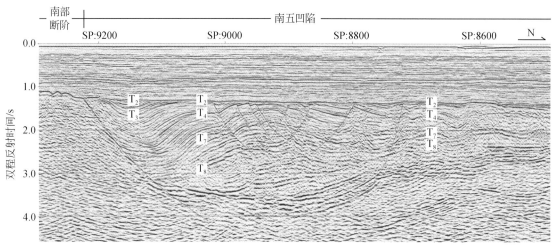

图 2.37　南黄海盆地南部拗陷南部南北向 H12-01 地震剖面显示渐新世末（T_2）强烈削蚀面

4. 新近纪以来区域热沉降阶段

渐新世末，经过三垛运动的挤压隆升后，太平洋构造域贝尼奥夫带向东后退俯冲，断裂活动减弱，代之以区域性的沉降。南黄海结束了断陷盆地的发展，进入区域沉降阶段，开始了拗陷发展时期。

中新世早期，南黄海南、北两个拗陷继续为沉降区，主要同生断层仍有一定控制作用（图 2.38），因而首先在原来盆地的拗陷（凹陷）中出现网状河流-蛇曲河流环境，接受粗碎屑沉积。晚期大部分同生断层相继消失，本区整体下沉，地形也逐渐夷平，沉积物向其他凹陷、凸起上超覆。中新世时期拗陷沉降相对较快，在北部盆地的沉降中心，沉降幅度最大可达 900m；南部盆地的沉降中心，沉降幅度最大可达 1000m。中新世末期南黄海发生凡川运动，但强度和影响范围较小，仅造成局部地层的不整合，并使个别挤压构造加强（图 2.36、图 2.37）。

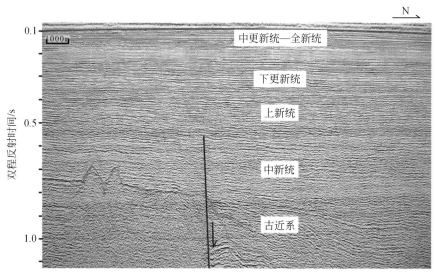

图 2.38　南黄海南通幅单道地震 SSE8 测线剖面

南黄海地区自进入新近纪以来整体处于拗陷阶段，上新世沉积继承了中新世发育趋势，成为蛇曲河流和泛滥平原，局部有沼泽发育；晚期转变成广阔的湖泊，盆地填平补齐。随着水域扩大，隆起区开始接受沉积。沉降幅度以南部拗陷较大，在 400～700m，北部拗陷在 200～250m，隆起区因基底持续隆升，新近系不超过 200m，局部甚至未接受沉积。

第四纪时期（东台期），广大海域稳定而缓慢的下降。盆地北部的沉降中心向西转移，接受了厚达 450 余米的沉积；南部的沉降中心向北转移，第四系厚度达 300 余米；东南部为持续沉降区，第四系超过

400m；东部隆起区持续隆升，个别地段仅按受晚更新世以来的沉积。第四纪时期海水逐渐从东、东南部侵入，广泛沉积一套水平、以灰色黏土为主的地层。

南黄海盆地断裂以 NE—NEE 和近 EW 向为主，这些控拗（凹）断裂大部分持续活动到新近纪，个别断裂到第四纪仍有活动。整个新近纪及第四纪构造活动较弱，仅在早中新世末局部有轻微挤压形成了一些逆断层，挤压应力方向为 NE—SW 向。经过第四纪沉积后，形成南黄海现今面貌。

（四）构造运动与构造变形特征

最新的重、磁数据显示，南黄海盆地具有古老而相对稳定的结晶基底，不仅是扬子块体在海域的延伸，更是下扬子的主体，其自古生代以来先后经历了加里东、海西运动、印支–燕山、喜马拉雅等多期构造运动的叠加，由于下扬子特别是南黄海地区发育于刚性基底之上，古生代构造运动以隆升作用为主，褶皱变形作用较弱（裴振洪和王果寿，2003），中生代印支运动不仅结束了海相地台沉积的发展过程，而且使古生代地层发生强烈冲断褶皱作用，并伴随一定程度的岩浆活动。随后的中—新生代多期构造运动，对盆地发育以及下伏中—古生界构造变形等方面起着决定性的作用。

1. 中—新生代构造运动

对南黄海构造、沉积有重要控制作用的中—新生代构造运动包括印支—燕山早期运动、燕山中期运动、喜马拉雅期运动，其他还包括一些对局部地区具有控制作用的构造运动，如仪征运动、盐城运动等（图 2.39）。

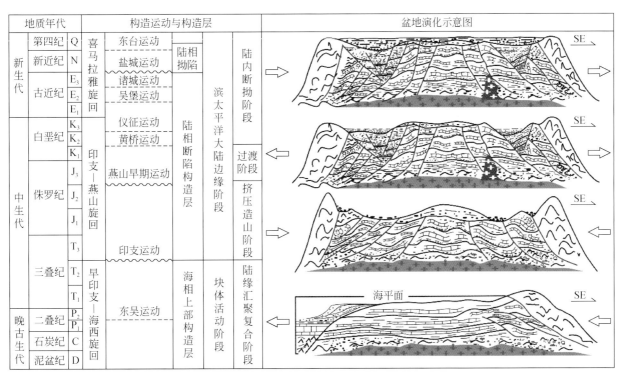

图 2.39　南黄海盆地中、新生代以来构造运动及盆地演化示意图

1）印支—燕山早期运动

印支运动导致扬子块体北缘由被动陆缘变为陆内造山带，上扬子四川盆地、下扬子苏北–南黄海盆地均进入前陆盆地演化阶段，由于下扬子块体基底抗挤压性弱，影响更为显著，隆升–褶皱造山运动最终形成大型的 NE、NEE 走向隆拗格局，中部隆起基本定型，上二叠统龙潭组–下三叠统青龙组，甚至上古生界遭受大面积剥蚀，尤其在中部隆起及其以北地区，印支面成为区域性角度不整合面，整体上下扬子两侧印支面出露地层老，而中间新。印支运动之后的燕山早期运动延续至中侏罗世，持续的褶皱造山作用在南黄海形成一系列褶皱和断裂，其显著特点是发育的沿 NW—SE 方向的大型逆冲和冲断构造（图

2.40)，研究区 EW、NEE 向断层也与本期构造运动华北、华南块体挤压碰撞有关，且构成盆地内主要的中、古生界断裂体系（图 2.41、图 2.42）。

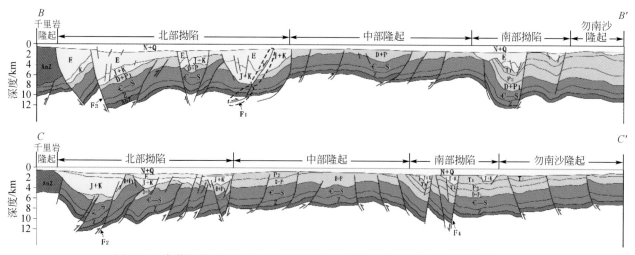

图 2.40 南黄海盆地 NW—SE、NS 向地质结构与构造变形剖面（位置见图 2.2）

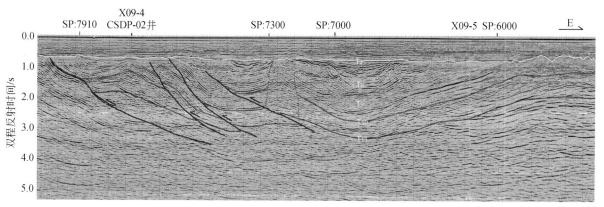

图 2.41 中部隆起东西向 X09-2 剖面大型逆冲构造图示

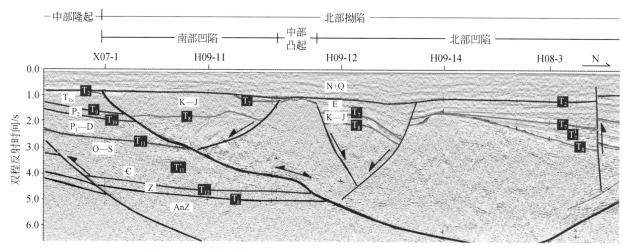

图 2.42 北部坳陷南北向 H09-1 剖面南部宽缓的北倾大断裂图示

2）燕山中期运动

燕山中期运动发生于早白垩世，在南黄海地区亦称黄桥运动，由于滨太平洋大陆边缘活动带影响，区域应力由汇聚转换为 NW—SE 向拉张（杨长清等，2014），盆地由陆内挤压前陆造山进入陆内伸展阶段，北部拗陷早于南部拗陷先后进入断陷发育阶段，中部隆起则继续隆升剥蚀，白垩系与下伏地层呈角度不整合接触。与此同时，早期发育的挤压逆冲断层因伸展作用而发生有限的反转，形成了"上正下逆"断层，并控制了断陷沉积。燕山末期的仪征运动之后，南黄海三隆夹两拗的构造格局基本形成。

3）喜马拉雅运动

喜马拉雅运动包括多个期次，在苏北陆区及南黄海的地震剖面上均有显示，如吴堡运动、盐城运动、东台运动。其中发生于新近纪早期的盐城运动是一次影响较大的造山运动，引起古近系及下伏地层发生显著的褶皱作用，中新统不整合或超覆于下伏各期地层之上（图 2.33~图 2.37）。盐城运动之后，南黄海结束了断陷发育而进入拗陷发展阶段。

2. 构造变形特征

依据剖面结构形态，南黄海盆地具有台地−断拗复合结构（侯方辉等，2008），地震解释显示，垂向上盆地先期挤压逆冲，后期伸展断陷进而构造反转叠加现象极为普遍，形成独特的复合地质结构，即具有层次性，在断裂和地层变形构造上均有反映（图 2.40）。

印支—燕山早期形成的 NNE、NE 走向逆冲断裂系，数量多、规模大、延伸长，对中、古生代地层改造作用强烈，基本以中部隆起带 EW 向为中轴沿 NS 区域应力方向呈南北对冲格局，并存在由北向南逆冲作用减弱、层位变浅的规律，尤其在北部拗陷北缘千里岩推覆带最为显著，至南黄海中部构造变形较弱，是一个相对稳定的地区，到南部拗陷构造变形又有所加强。燕山中期开始，拉张断陷作用形成一系列单断箕状盆地或双断地堑型盆地，这些控拗断裂多是在早期逆冲断层基础上演化而来（赖万忠，2002），如图 2.40 中 F_1、F_2 等断层呈现上陡下缓犁状和分段性，即上段为生长性正断层性质，下段因构造反转有限而仍表现为逆断层，其余部分断裂为新形成的正断层，如 F_3、F_4 断层，它们共同控制了盆地断陷结构。

受剖面结构控制的地层变形具有区域差异性和垂向分层性。首先在区域上，下扬子地块遭受挤压来自周边，加之中部地区位于刚性块体主体部位，南北两翼挤压强而中间弱，致使盆地中部构造变形相对简单，如毗邻千里岩隆起和勿南沙隆起部位发育大型逆掩推覆构造带，地层变形强烈，远离推覆带向盆内则逐步演变为逆冲为主，岩层产状变化大但变形相对弱，至南黄海中部过渡为平缓的箱状背斜构造，残余地层近水平展布。其次垂向层位上，研究区四大构造层变形呈现上下层弱、中间层强的"夹心结构"，即海相下部构造层、陆相拗陷构造层分布较为连续稳定，而海相上部构造层、陆相断陷构造层则呈现断续分布且变形较强。研究认为其控制因素包括：①前述的对南黄海地层发育和改造有重要控制作用的构造运动均集中在中生代—新生代早期，盆地中部构造层发育史与关键构造运动具有更密切的时空耦合关系；②对于叠合盆地而言，大面积发育的泥页岩、蒸发岩及煤系地层等往往成为构造运动时的滑脱面，这些区域性或局部次级滑脱层在纵向上的分布一定程度上控制了构造变形的层次性（杨鑫等，2011），南黄海下志留统高家边组和上二叠统龙潭组煤系均可成为区域性滑脱层。此外，还有印支构造面的缓冲作用，部分抵消了印支运动及燕山运动的作用力，滑脱层之下的海相下部构造层受改造程度明显减弱，从而造成海相上下两个构造层变形的层次差异性；③对比下扬子陆区海相构造层的强烈变形、大量褶皱倒转及地层重复现象，南黄海盆地海相下部构造层变形程度要弱得多，推测与南黄海盆地处在下扬子古陆核刚性基底有关。

1）断裂

南黄海盆地历经印支、燕山和喜马拉雅构造运动，在漫长的地质发育演化过程中，形成数量众多、规模不一、形态各异、性质不同的断裂，构成了复杂的断裂系统。断裂按性质主要包括逆掩推覆断层、逆冲断层、反转断层、正断层，部分逆断层具有压扭性质，整体走向以 NEE、EW 向为主（郝天珧等，2004；侯方辉等，2008），共同构成了海相中、古生界推覆体、逆冲断块及中、新生界地堑结构的主干断层。在形成时间上，逆掩推覆断层最早主要发育于盆地西北和东南两侧，大致以中部隆起为轴，呈对冲格局，北侧苏鲁造山带由北向南推覆强度最大，可见前震旦系逆掩推覆于古生界之上，向南因远离碰撞造山带活动性逐步减弱，发育古生界逆冲断层，部分呈现叠瓦状，且基本都切穿了整个古生界海相下部构造层，地层切割关系表明该类断层形成于中生代早期；随后，早白垩世开始的区域应力反转，导致了部分先期逆断层反转，并在这些反转断层之上又形成了一系列次级新生正断层，这两类断层主要发育在拗陷区，控拗断裂多为具有反转性质的大断裂，这类断裂具断距很大，下降盘一侧中生界沉积厚度大，但古生界遭受强烈剥蚀，厚度明显小于断层下盘的特点，证实了断层早期的逆冲性质，图 2.40 中的 F_1、F_2 断层及图 2.43 中的 F_5 断层早期为逆断层，上盘曾大幅抬升，经反转在白垩纪表现为正断层。

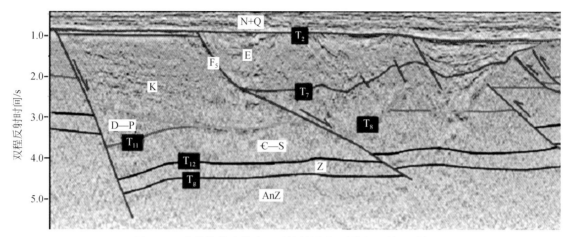

图 2.43　南黄海盆地拗陷区反转断层及正断层地震解释剖面

区域对比呈现，北部拗陷断裂活动期更早，规模更大，复杂程度也最高。据现有资料解释的 50 余条断裂统计，其时空演变具有一定的规律性，一是断层具期次性，以印支构造面为界，下部为早期断裂系统，上部为晚期断裂系统，其性质和产状各异，整体呈上正下逆、上陡下缓，发育时间依序呈逆断层-反转断层-正断层序列；二是平面分布的区域性，NE、NEE 向断裂主要分布于北部拗陷逆冲带但全盆皆有分布，中部断隆带主要是 E—W 向断裂，而近 NS 向断裂主要在南部拗陷，分析认为其主要受近南北向应力控制，并同时受到西侧郯庐断裂走滑影响所致。

A. 断裂分级

断裂是南黄海盆地重要的地质特征和最活跃的地质因素，也是控制盆地构造演化、层序、沉积发育及油气运聚成藏的重要因素。据断层规模大小、区域构造格架、二级构造带和沉积的控制作用的影响等因素，断裂主要分为三个级别。主要断层分布见图 2.44，断层要素特征见表 2.6。

a. Ⅰ级断裂：控制盆地边界或区域性断块体的分界，如北部拗陷与千里岩南部交界的千里岩断裂 F_{11}、北部拗陷与中部隆起交接处的中部隆起北缘断裂 F_{12}、南部拗陷与中部隆起交接处的中部隆起南缘断裂 F_{13}、南部拗陷与勿南沙隆起交界处的南部断裂 F_{14}、南部拗陷东部边界断层 F_{15}。这些断裂特点是规模大、断达层位深且延伸长，下切深度大、往往向下切割至前中生界基底，向上切割至新近系顶面（T_2 反射面），区域延伸长度可达数百千米。

b. Ⅱ级断裂：是盆地内次一级构造、一般是划分凸起和凹陷的边界断裂，控制次级构造凹陷与凸起的分布，其特点是断层在平面区域上延伸可达数十千米，垂向可向下切割至中生界各层系（白垩系、侏罗系、三叠系）甚至是前中生界基底（T_8 反射面），向上切割至新生界古近系各层组（阜宁组、戴南组和三垛组等），断层断距一般较大，对新生界古近系沉积起控制作用，如北部拗陷北部凸起与东北凹陷之间的 F_{11} 断裂及其他控制凹陷和凸起边界线的断裂均属Ⅱ级断裂。

c. Ⅲ级断裂：属于构造带和凹陷带内发育的次一级断层，主要控制局部构造的发育与展布，断层断距小、延伸短，往往仅使局部构造复杂化，对沉积不起控制作用（表 2.6）。

B. 断裂期次及其活动性

多幕裂陷作用是指裂谷盆地在发育过程中构造作用的幕式性和脉动性。裂谷盆地在断陷期的发育过程往往表现为多幕次、多级别的裂陷过程。多幕次裂陷作用使得断裂活动具有分期的特征。据研究区断裂活动特征，将断裂分为以下三个期次：

图 2.44　南黄海中—新生代盆地断裂分布图

表 2.6　南黄海盆地主要断层要素简表

断层编号	断层性质	位置	断开层位	走　向	倾　向	延伸长度/km	级别
F_{I1}	正断层	北部拗陷北边界	$T_8—T_4$	NE—NNE	SE—SEE	321	I 级
F_{I2}	下逆上正	北部拗陷南边界	$T_8—T_4$	NEE—EW	N	362	I 级
F_{I3}	正断层	南部拗陷北边界（部分）	$T_8—T_4$	NEE—SEE	S	252	I 级
F_{I4}	正断层	南部拗陷南边界	$T_8—T_4$	SE—EW	N	130	I 级
F_{I5}	正断层	南部拗陷东边界（部分）	$T_8—T_4$	NW	W	35	I 级
F_{II1}	正断层	东北凹陷南边界	$T_8—T_4$	NEE—EW	SE	133	II 级
F_{II2}	正断层	北部凹陷南边界	$T_8—T_4$	NE	NW	58.6	II 级
F_{II3}	正断层	北部凹陷南边界	$T_8—T_4$	NW	NW	30.4	II 级
F_{II4}	下正上逆	中部凸起与中东部凹陷边界	$T_7—T_4$	S—N	W	48.2	II 级
F_{II5}	正断层	中部凸起与中东部凹陷边界	$T_8—T_4$	NE—NEE	SE	97.6	II 级
F_{II6}	正断层	南部凸起与中东部凹陷边界	$T_8—T_4$	NE—NEE	NW	117.0	II 级
F_{II7}	正断层	南部凸起与中东部凹陷边界	$T_8—T_4$	NE—NEE	S	36.5	II 级
F_{II8}	正断层	南部凸起与中东部凹陷边界	$T_8—T_4$	NEE—NE	S	100.8	II 级

续表

断层编号	断层性质	位置	断开层位	走向	倾向	延伸长度/km	级别
F$_{II9}$	正断层	西部凸起与南部凹陷边界	T$_8$—T$_4$	NEE—NE	S—SE	74.3	II级
F$_{II10}$	正断层	西部凸起、南部凸起与南部凹陷边界	T$_8$—T$_4$	NEE—NE	SE	87.4	II级
F$_{II11}$	正断层	南部凹陷东部边界	T$_8$—T$_4$	NW	ES	49.5	II级
F$_{II12}$	正断层	南三凹陷南部边界	T$_8$—T$_4$	NEE	NNW	33.9	II级
F$_{II13}$	正断层	南三凹陷东南部边界	T$_8$—T$_4$	NEE	NW	42.6	II级
F$_{II14}$	正断层	南三凹陷和南七凹陷南部边界	T$_8$—T$_4$	NW—SE	SW	58.0	II级
F$_{II15}$	正断层	南七凹陷东部边界	T$_8$—T$_4$	NNW	SEE	65.9	II级
F$_{II16}$	正断层	南二低凸起东部边界	T$_8$—T$_4$	NE	NWW	71.8	II级
F$_{II17}$	正断层	南六凹陷西南部边界	T$_8$—T$_4$	NW	NE	34.2	II级
F$_{II18}$	正断层	南一凸起与南二低凸起边界	T$_8$—T$_4$	NW			II级
F$_{II19}$	正断层	南二凹陷、南五凹陷北部边界	T$_8$—T$_4$	NE—NW	SE—SW	147.0	II级
F$_{II19}$	正断层	南一凸起与南二凸起分界线	T$_8$—T$_4$	NW	SEE	16.6	II级
F$_{II20}$	正断层	南一凹陷东南部边界	T$_8$—T$_4$	NNE	NWW		II级
F$_{II21}$	正断层	南二凹陷西南部边界	T$_8$—T$_4$	SE	NE		II级
F$_{II22}$	正断层	南一凹陷南部边界	T$_8$—T$_4$	NEE	NNW		II级
F$_{III1}$	正断层	东北凹陷内部	T$_7$—T$_4$	NE	SE	103.50	III级
F$_{III2}$	正断层	北部凹陷内部	T$_7$—T$_4$	NE	SE	22.44	III级
F$_{III3}$	正断层	北部凹陷内部	T$_7$—T$_4$	NE	SE	108.10	III级
F$_{III4}$	正断层	北部凹陷内部	T$_7$—T$_2$	NW	SE	24.52	III级
F$_{III5}$	正断层	中部凹陷内部	T$_7$—T$_4$	NE	SE	50.92	III级
F$_{III6}$	正断层	中部凹陷内部	T$_7$—T$_4$	NW	NE	19.31	III级
F$_{III7}$	正断层	北部凸起西段					
F$_{III8}$	正断层	东部凹陷内部	T$_7$—T$_4$	NW	NE	36.90	III级
F$_{III9}$	正断层	东部凹陷内部	T$_7$—T$_4$	NW—EW	SE—S	71.34	III级
F$_{III10}$	正断层	东部凹陷内部	T$_7$—T$_4$	E—W	N	20.83	III级
F$_{III11}$	正断层	东部凹陷内部	T$_7$—T$_4$	E—W	N	32.66	III级
F$_{III12}$	正断层	东部凹陷内部	T$_7$—T$_4$	NE—NEE	SE—S	29.91	III级
F$_{III13}$	正断层	东部凹陷内部	T$_7$—T$_4$	NW	NE	14.15	III级
F$_{III14}$	正断层	东部凹陷内部	T$_7$—T$_4$	NNE—NEE	NWW—NNW	52.10	III级
F$_{III15}$	正断层	西部凸起内部	T$_7$—T$_4$	NNE	SEE	16.35	III级
F$_{III16}$	正断层	南部凹陷内部	T$_7$—T$_4$	NW	NN	27.90	III级
F$_{III17}$	正断层	南部凹陷内部	T$_7$—T$_4$	NE	NW	50.06	III级
F$_{III18}$	正断层	东部凹陷东部低凸起西北部边界	T$_7$—T$_4$	NNE	NW	35.5	III级
F$_{III19}$	正断层	东部凹陷东部低凸起西南部边界	T$_7$—T$_4$	NNE	SE	34.7	III级
F$_{III20}$	正断层	东部凹陷东部低凸起东北部边界	T$_7$—T$_4$	NW	NEE	49.8	III级
F$_{III21}$	正断层	东部凹陷东部低凸起东南部边界	T$_7$—T$_4$	NW	NEE	48.5	III级
F$_{III22}$	正断层	南四凸起内部	T$_4$	SEE	NE	38.5	III级
F$_{III23}$	正断层	南四凸起内部	T$_4$	E—W	S	48.2	III级
F$_{III24}$	正断层	南一凸起南部	T$_4$	NNE	SW	30.2	III级
F$_{III25}$	正断层	南一凹陷东北部边界	T$_4$	NNE	SW	30.2	III级

a. 长期活动断裂

主要发育在古近系—前中生界基底地层中。这类断裂一般控制了盆地及盆地内部凸起和凹陷的形成和发展，具有形成时间早、断距大和长期活动的特点。主要为 I 级–II 级主干断裂，如 F_{I1}、F_{II1} 等。

b. 早期活动断裂

主要发育在地震 T_7 反射面之前，控制早期地层沉积。这类断层多在早期构造幕形成后，很快被长期活动的主干断裂取代，如 F_{III7} 断裂等。

c. 晚期活动断裂

主要发育在地震 T_4 反射面之后，控制晚期地层沉积，同时影响构造圈闭的最终定型，如 F_{III4} 断裂。这类断裂多是主干断裂的派生断裂，或者是在地震 T_7 反射面上、下滑脱下、调节区域构造变形的断裂。

C. 断裂成因类型

据区域断裂形成机制，南黄海盆地中—古生界断裂可划分成拉张性正断层，挤压性逆断层以及反转断层三种类型。

a. 拉张性正断层

拉张性正断层为本区最主要的断层类型，它是在区域性引张应力作用下，岩层拉伸减薄，继而破裂形成的正断层。据断层形成与地层沉积作用的相对时间关系，又可分为同生长正断层和后生正断层，前者为长期活动或多期活动，具有与地层沉积同期发生或早于沉积期，延伸长、落差大的特点，如控拗断层 F_{I1} 和 F_{I2}、F_{I3}、F_{I4}，以及其他一些控凹断层 F_{II1}、F_{II1}、F_{II3} 等早期均属此类（仅 F_{I4} 断层表现为下正上逆特征），其主要形成期为侏罗纪–早白垩世和始新世，展布方向多为近 EW 和 NEE 向，后者形成时间相对较晚，活动期短，规模通常较小，延伸长度通常受前者限制，方向性不强，对沉积不起控制作用，如 III 级断裂 F_{III1}、F_{III2} 等。

b. 挤压逆断层

挤压逆断层是在挤压应力作用下使岩层发生形变，进而错断，逆冲形成逆断层，此类断层在古生代盆地构造层内比较发育，而在中新生代盆地不甚发育，仅在北部拗陷发育两条规模不大，延伸不长（20～25km）的小逆断层，如 F_{III4} 断裂，主要形成期为喜马拉雅期。

c. 反转断层

本区反转断层属正反转断层，是由于早期引张应力作用形成的正断裂在后期受区域性挤压应力作用时，由于挤压强度不足，呈现出下正上逆特征，如（F_{III4} 断层表现为下正上逆特征），北部拗陷的南部凹陷边缘断层也具有此类特征。反转断层是一种叠加、复合成因的断裂，发育过程中由于应力状态发生变化，断裂性质也随之改变，依据应力变化的不同，可将其分为正反转断层和负（逆）反转断层两种类型。

D. 典型断裂解析

a. F_{I1} 断裂

F_{I1} 断裂为位于南黄海盆地北部拗陷北缘，为北部拗陷与千里岩隆起区边界断层，是控制南黄海中、新生代盆地二级构造单元北部拗陷北部边缘的边界断裂（图 2.45～图 2.48），断层在区内延伸长度达 321km，属 I 级大断裂。断裂为一条上正下逆的断裂，该断裂在古生界内表现为逆断层，印支运动后重新活化为正断层，断裂活化开始于晚三叠世，结束于晚渐新世末，断开层位为 T_4—T_8 地震反射面，最大水平断距可达 20km，由西南向东北其规模逐渐减小，水平断距和垂直断距均呈递减趋势。

F_{I1} 断裂地震反射 T_8、T_7、T_4 界面的垂直断距最大值分别达 6896m、5834m 和 2158m，最小值分别是 1245m、837m 和 623m，T_2 反射面基本无垂直断距（图 2.33～图 2.34，表 2.7）。印支运动开始，该断裂表现为多期活动的正断层，控制了北部拗陷的东北凹陷、北部凹陷的中、新生代沉积，但主要裂陷作用发生在侏罗—白垩—古近纪渐新世，新近纪之前一直表现为正断层，未再发生反转，正是 F_{I1} 断裂长期而强烈活动造就了南黄海海盆地北部拗陷。

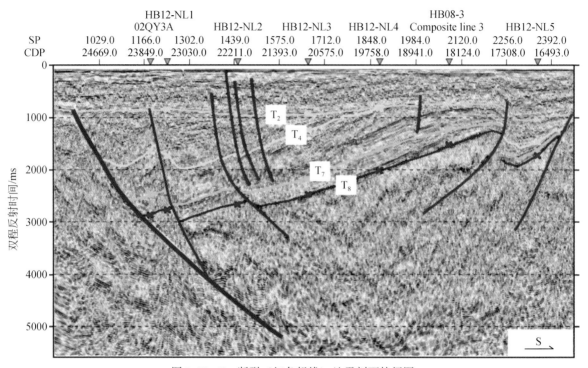

图 2.45　F_{11} 断裂（红色粗线）地震剖面特征图

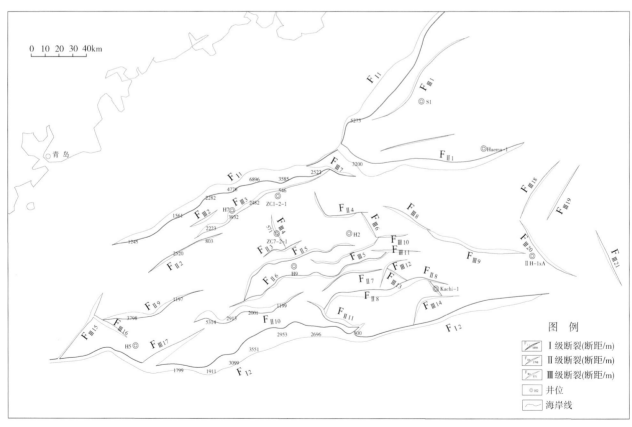

图 2.46　南黄海北部坳陷地震 T_8 反射面主要断裂垂直断距分布图

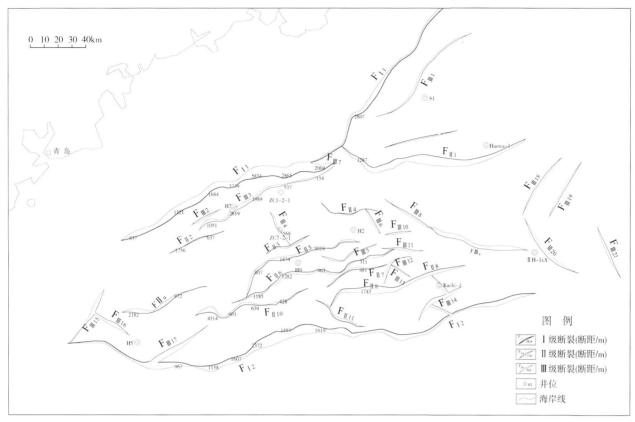

图 2.47　南黄海北部拗陷 T_7 反射面主要断裂垂直断距分布图

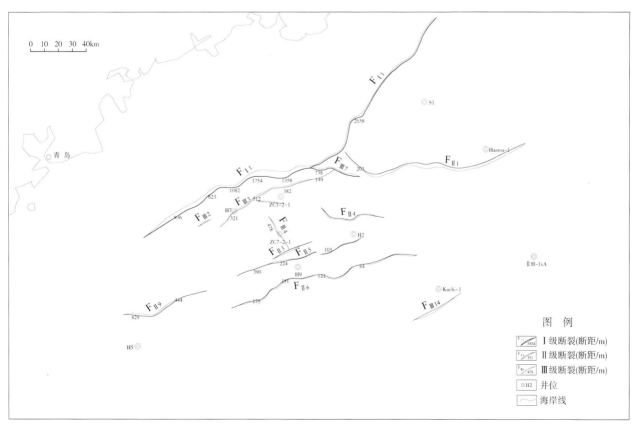

图 2.48　南黄海北部拗陷地震 T_4 反射面主要断裂垂直断距分布图

表 2.7　北部拗陷主要断裂断距表

测线	断层	层位（时深拟合公式：$D=0.0003 \times T^2 + 0.66629 \times T + 1.4$）									
		T_8			T_7			T_4			T_2
		上盘 /ms	下盘 /ms	垂直断距 /m	上盘 /ms	下盘 /ms	垂直断距 /m	上盘 /ms	下盘 /ms	垂直断距 /m	断距
H12−N03	F_{I1}	1543	590	1245	1273	590	837	0	0	0	0
H12−N05	F_{I1}	1745	607	1561	1539	607	1221	1353	607	936	0
	F_{II2}	2400	870	2520	2016	870	1756	1348	870	637	0
	F_{I2}	1919	673	1799	1420	673	967	0	0	0	0
H12−N07	F_{I1}	2225	765	2282	1911	765	1684	1255	765	623	0
	F_{II1}	2529	1305	2223	1607	860	1051	0	0	0	0
	F_{II2}	2700	2331	803	2172	1831	637	0	0	0	0
	F_{I2}	2022	745	1911	1592	745	1158	0	0	0	0
H12−N09	F_{I1}	3292	750	4776	2880	750	3739	1548	750	1082	0
	F_{II1}	3054	948	3932	2582	948	2819	1193	948	321	0
	F_{I2}	2561	664	3099	1806	664	1607	0	0	0	0
H12−N11	F_{I1}	4038	766	6896	3682	766	5834	1950	766	1754	0
	F_{II1}	3706	2753	2482	3294	2463	1989	1678	1353	512	0
	F_{II5}	0	0	0	2300	1880	807	2090	1880	390	
	F_{II6}	0	0	0	1809	1028	1185	1160	1028	175	0
	F_{I2}	2830	811	3551	2295	811	2372	0	0	0	0
H12−N13	F_{I1}	2880	883	3585	2567	883	2865	1805	883	1358	0
	F_{II1}	2976	2747	546	2654	2408	537	1708	1472	382	0
	F_{II5}	0	0	0	2037	1124	1474	1285	1124	224	0
	F_{II6}	0	0	0	2052	1283	1282	1516	1283	351	0
	F_{I2}	0	0	0	2584	840	2953	1830	840	1453	0
H12−01	F_{I1}	2705	1370	2522	2472	1370	2004	1824	1370	738	0
	F_{II1}	2876	2763	266	2590	2520	154	1614	1521	149	0
	F_{II5}	0	0	0	3280	1925	3019	1740	1679	103	0
	F_{II6}	0	0	0	1724	1086	963	1176	1086	121	0
	F_{I2}	0	0	0	2467	842	2696	1924	842	1619	0
H12−N17	F_{I1}	3500	808	5273	2500	808	2807	2187	808	2158	0
	F_{II6}	0	0	0	2020	1850	311	1548	1495	84	0
	F_{II7}	0	0	0	2148	1892	481	1470	1460	15	0
	F_{II8}	0	0	0	2140	1070	1743	1110	1070	53	0

b. F_{I2} 断裂

F_{I2} 断裂为北部拗陷与中部隆起的分界断裂（图 2.46、图 2.47），断裂走向 NEE—EW，倾向 NNW，倾角较缓，断面成铲式发育，水平延伸长度超过 300km（达 362km）。该断裂在地震剖面上反映清晰（图

2.49）、弯曲、有伴生断裂。与 F_{11} 断裂一样，该断裂在古生界内表现为逆断层，印支运动后重新活化为正断层，断裂活化期开始于晚三叠世印支运动之后的燕山早期运动，一直延续至中侏罗世，结束于晚渐新世末，晚三叠世至古近纪一直表现为拉张正断层性质（图2.47），断开层位为 T_4—T_8。地震反射 T_8、T_7、T_4 界面的垂直断距最大值分别是3551m、2953m 和1619m，最小值分别是1799m、967m 和0m，T_2 反射面无垂直断距（图2.46、图2.47、表2.7）。最大水平断距可达20km 以上，断裂规模由中段向东逐渐减小。正是 F_{12} 断裂长期而强烈的断陷活动，控制了北部拗陷南部凹陷的中、新代沉积。

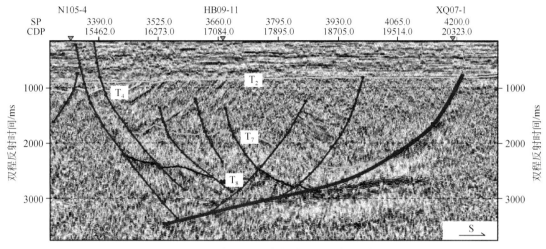

图2.49 F_{12} 断裂（红色粗线）地震剖面特征图

c. F_{II1} 断裂

F_{II1} 断裂为东北凹陷与北部凸起的分界断裂，是控制北部拗陷东北凹陷南界的控凹断裂（图2.46～图2.48、图2.50）。

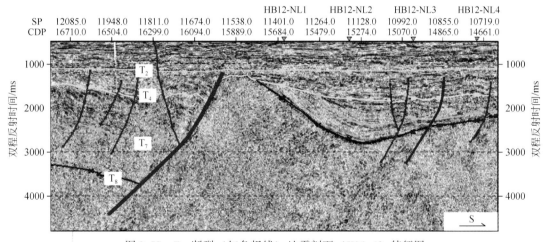

图2.50 F_{II1} 断裂（红色粗线）地震剖面（X06-4）特征图

断裂走向 NEE—EW，倾向近 N，水平延伸长度超过100km（达133km），倾角较陡，断面呈铲式发育，该断裂在地震剖面上反映清晰、弯曲、有伴生断裂，断裂活动始于晚三叠世，结束于晚渐新世末，断开层位为 T_4—T_8。地震反射 T_8、T_7、T_4 界面的垂直断距最大值分别是3932m、2819m 和512m，最小值分别是266m、154m 和0m，T_2 反射界面无垂直断距（图2.46～图2.48、表2.7）。最大水平断距达10km。

d. F_{II4} 断裂

F_{II4} 断裂位于中部凸起东北缘，是中部凸起东界断裂，平面上走向分东西两段，西段走向近 NW 向，东段走向近 W—E 向，在区域上延伸超过50km。该断裂早期为正断层（T_4—T_7），晚期（T_4 以后）断裂发生反转，尤其西段反转特征明显，变为上逆下正的断层，断层倾向西段为近 NE，东段为北倾，倾角较陡，断面成铲式发育，该断裂在地震剖面上反映清晰（图2.51）。

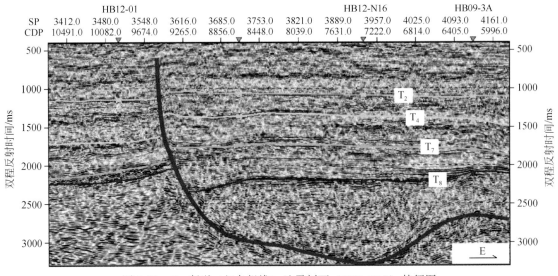

图 2.51　F_{II4} 断裂（红色粗线）地震剖面（H12-NL3）特征图

e. F_{II5} 断裂

F_{II5} 断裂为东部凹陷与中部凸起的分界断裂，一条正断层，走向 NEE 向，倾向 SSE，倾角较陡，断面较平直，断裂在地震剖面上反映清晰（图 2.52），在区域上延伸约 100km，持续活动期为古近纪，断开层位为 T_4—T_7。地震反射 T_7、T_4 界面的垂直断距最大值分别是 3019m 和 390m，最小值分别是 807m 和 103m。T_2 反射界面基本无垂直断距（图 2.46 ~ 图 2.48、表 2.7）。

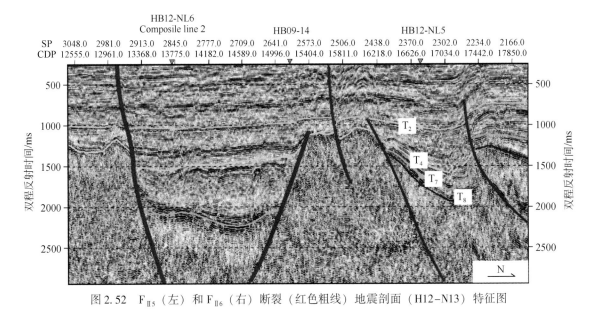

图 2.52　F_{II5}（左）和 F_{II6}（右）断裂（红色粗线）地震剖面（H12-N13）特征图

f. F_{II6} 断裂

F_{II6} 断裂为东部凹陷与南部凸起北缘的分界断裂，为一条正断层，断裂走向近 NEE，倾向 NNE，倾角较陡，断面较为平直，断裂在地震剖面上反映清晰（图 2.52）。断裂在工区内延伸约 150km。断裂持续活动期为古近纪，断开层位为 T_4—T_7。地震反射 T_7、T_4 界面的垂直断距最大值分别是 1548m 和 351m，最小值分别是 1160m 和 84m（图 2.46 ~ 图 2.48、表 2.7）。断层未断至 T_2 反射面。

g. F_{II8} 断裂

F_{II8} 断裂为一条贯穿东部凸起南支、向东延伸进入东部凹陷的断裂，为一条正断层，走向近 NEE，倾向近 N，倾角西陡东缓，断面较平直，断裂在地震剖面上反映清晰（图 2.53）、平面走向弯曲、伴生断裂发育。断裂在区域上延伸约100km。断裂持续活动期为古近纪，断开层位为T_4—T_7。地震反射T_7界面的垂直断距是1743m，而在T_4界面的垂直断距仅50m±，T_2反射面基本无垂直断距。

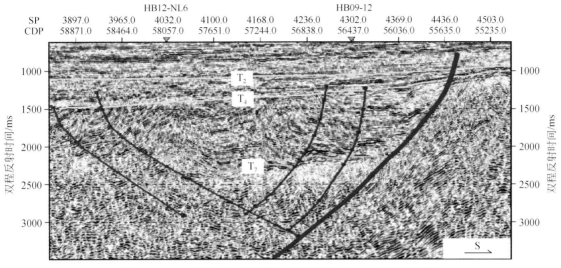

图2.53　F_{II8}断裂（红色粗线）地震剖面（H12-N17）特征图

h. F_{II10}断裂

F_{II10}断裂为南部凹陷与南部凸起的分界断裂，为一条正断裂，走向近NEE向，倾向近南，倾角较缓，断面成铲式发育，断裂在地震剖面上反映清晰（图2.54）。断裂在区域上延伸约90km。断裂持续活动期为古近纪，断开层位为T_4—T_8。地震反射T_8、T_7、T_4界面的垂直断距最大值分别是5314m、4314m和100m，最小值分别是1199m、428m和80m（图2.46～图2.48、表2.7）。T_2反射界面基本无垂直断距。

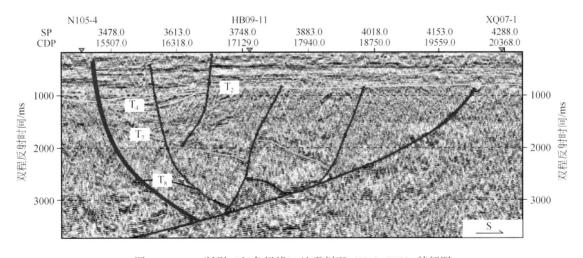

图2.54　F_{II10}断裂（红色粗线）地震剖面（H12-N12）特征图

i. F_{III3}断裂

F_{III3}断裂为北部凹陷与西部凸起的分界断裂。为一条正断层，走向近NE向，倾向近SE，倾角较陡，断面呈铲式发育，断裂在地震剖面上反映清晰（图2.55）、弯曲、常有伴生断裂，在区域上延伸超过100km。F_{III3}断层持续活动期为古近纪，断开层位为T_4—T_8地震反射面，T_4反射面以后断裂活动逐渐减弱，至T_2反射面沉积之前断裂已基本停止活动。

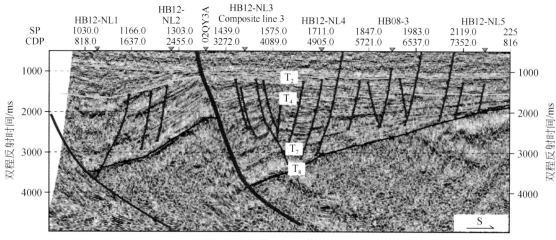

图 2.55　F_{Ⅲ3}断裂（红色粗线）地震剖面（H12-N10）特征图

j. F_{Ⅲ4}断裂

F_{Ⅲ4}断裂位于北部拗陷的北部凹陷内，是控制局部推覆构造的断裂。F_{Ⅲ4}断裂为一条逆断层，走向NNW 向，倾向 NE，倾角较陡，断面成铲式发育，断裂在地震剖面上反映清晰（图 2.56），在区域内延伸超过 25km。断裂活动开始于古近纪末期，一直持续到新近纪。

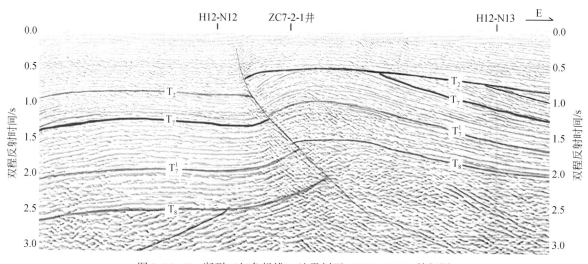

图 2.56　F_{Ⅲ4}断裂（红色粗线）地震剖面（H12-NL4）特征图

E. 断裂发育与地质构造关系

a. 北部拗陷内凸起和凹陷呈 NEE 向展布，而凸起和凹陷多为断裂所控制，断裂主要为 NEE 的张扭性质断裂，部分为 NW 向断裂。在张性和张扭性断裂的分割下，北部拗陷具有"南北分带、东西分段"的构造格局。断陷的构造样式为地堑、半地堑。自晚白垩世到第四纪，北部拗陷完成了拉张-断陷-拗陷的演化阶段。

b. 千里岩隆起南部断裂，在中—新生代持续拉张，是南黄海北部拗陷与千里岩隆起区的边界断裂，亦是控制南黄海北部拗陷形成与发展的主控断裂，它控制了北部拗陷北部半地堑的发育。从晚白垩世到渐新世，千里岩隆起南部边界断裂从开始拉张到持续强烈活动，靠近千里岩隆起南部边界断裂的地层一直保持较厚的沉积。新近纪—第四纪则为拗陷阶段，地层沉积中心不再受断裂控制。该半地堑形成于白垩纪，结束于古近纪末。

c. 北部拗陷内不同时代发育的断裂主要有同生正断层，后生逆断层和反转断层等类型，断层走向主要有 NEE、近 E—W 和 NW 向三组，不同级别不同类型的断层其主活动期各不相同。Ⅰ级-Ⅱ级断层走向主要为 NEE、近 E—W，主要活动时期以白垩纪—古近纪为主。NW 向断层主要为后生逆断层和反转断层，以Ⅲ级断裂为主，主要形成于渐新世末期的三垛运动。

d. 虽经后期（燕山期前后）拉张作用，但反转程度较低的挤压型断层，在海相中、古生界中仍保留一定的逆断距，中部隆起西北部，该性质断裂较发育，且往往保留了逆冲性质，多数未形成反转断层，其主要原因可能是由于北部拗陷与中部隆起间存在的大型边界断裂 F_{12}，该断裂的存在，使后期拉张性应力在此处被释放，以至在该断裂以南的中部隆起和南部拗陷地区，先存（古生界）断裂基本保留原来逆断层的面貌。

e. 中部隆起古生界断裂较发育，北侧以呈 EW 向展布控制北部拗陷南部的边界断裂 F_{11}，中部隆起中东部还发育了一系列近 SN 走向呈雁列式排列的断裂。中部隆起上断裂主要特点是正、逆断层均呈高角度出现，断距中到大；而且正逆断层均平直直达基底附近，相伴褶皱多为上下协调的宽缓褶皱，但靠近西北部变形较大。

f. 南部拗陷主要发育北倾张性断层，其走向均呈近 E—W 向。构造变形强度为高强度正断活动，中强度中角度逆冲活动，中低幅度内幕褶皱。

2）构造样式

南黄海盆地经历多期构造叠加，构造带类型多样，不仅发育箕状结构的陡坡带、拗陷带、缓坡带，也存在基底隆升性质的中央带，加上古生代基底的块断翘倾作用，构造样式多样。

A. 挤压构造

早中生代由于扬子与华北板块的碰撞，导致下扬子地区发生大规模冲断及褶皱变形，形成了中、古生界强烈冲断与褶皱，如逆冲断背斜、逆冲掀斜断块、逆冲叠瓦及挤压背斜等样式，受水平挤压应力场控制，广泛发育于海相下构造层，多为印支—燕山早期运动的结果。

前人研究认为，下扬子地区海相地层的主要构造样式是逆冲推覆构造，冲断、对冲推覆体系是苏北-南黄海盆地重要的构造组成部分。现有资料研究表明，苏北地区的对冲推覆构造体系在南黄海亦有分布，其强弱随距离造山带远近有所差异，离造山带越近，逆冲推覆作用越强，如南黄海北部拗陷古生界逆冲带，在印支面之下于古生界中发育有多条形态相似的铲式并由北向南逆冲的逆冲断层，这些逆冲断层在剖面上组成叠瓦冲断构造带（图 2.57）。

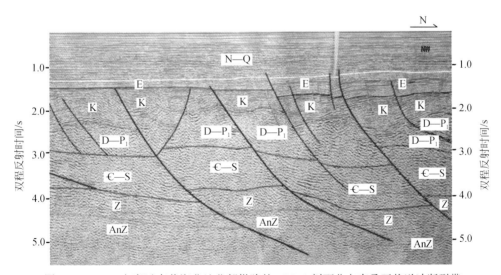

图 2.57　S—N 向穿过南黄海盆地北部拗陷的 X06-4 剖面北向南叠瓦状逆冲断裂带

图 2.58 和图 2.59 是两条南北向穿过北部拗陷的 X09-5 和 H09-3 地震剖面，发育多个由北向南逆冲推覆构造，图 2.60 和图 2.61 是两条南北向穿过南部拗陷的 H08-1 和 X06-4 地震剖面，反映一系列由南向北逆冲推覆构造。对比上述各图不难发现，图 2.58 和图 2.59 所示的逆冲构造强度大，逆冲幅度高，而图 2.60 和图 2.61 所示的逆冲构造强度和幅度较小，规模也相对较小。表明南黄海中部和东部较盆地西部远离造山带，变形相对较小，东部较西部更稳定，同样，南部拗陷及中部隆起区域比北部拗陷区域更稳

定，古生代海相地层变形和厚度变化明显较北部拗陷区域弱。中部隆起东部及勿南沙隆起区因远离造山带，变形强度相对较弱，为一稳定区块，具有克拉通盆地特征。

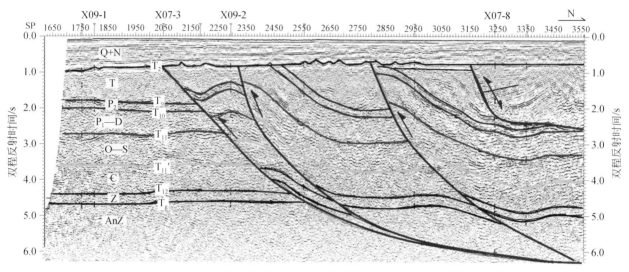

图 2.58　S—N 向穿过北部拗陷的 X09-5 地震剖面由北向南逆冲推覆构造示意图

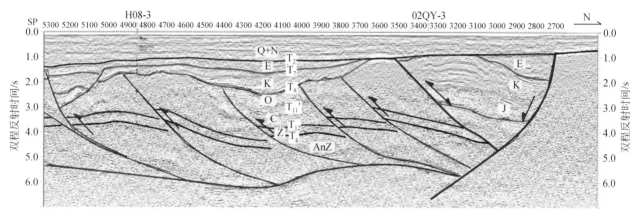

图 2.59　S—N 向穿过北部拗陷的 H09-3 地震剖面由北向南逆冲推覆构造示意图

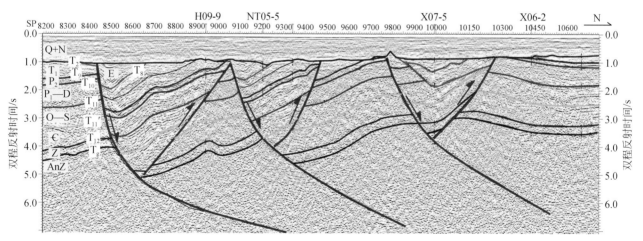

图 2.60　S—N 向穿过南部拗陷的 H08-1 地震剖面由南向北逆冲推覆构造示意图

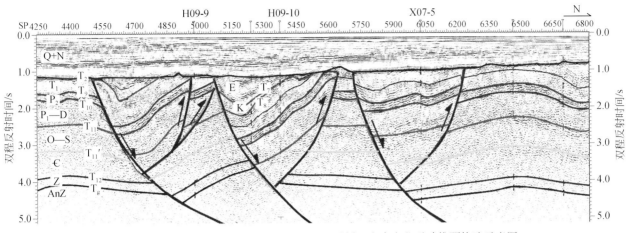

图 2.61　S—N 向穿过南部拗陷的 X06-4 地震剖面由南向北逆冲推覆构造示意图

B. 伸展构造

典型的伸展构造是地堑、半地堑构造样式，还包括正向断阶、"Y"字形断裂等样式，受水平伸展及基底翘倾共同控制，主要发育在陆相中-新生界构造层（图 2.61），为燕山后期—喜马拉雅期多期运动叠加的结果。北部拗陷多以前期逆冲断层反转拉张形成断陷，而南部拗陷的形成虽然也与断层反转有关，但前期逆冲断裂的规模小于北部拗陷，以至于后期再拉张时，断陷规模也相对较小，与之对应的伸展构造规模也相对较小。

C. 反转构造

多为负反转样式，受先期逆断层发育位置、后期伸展作用改造控制（图 2.62），主要发育在拗陷边界，贯穿整个沉积盖层，为南黄海重要的一类构造样式。与负反转样式为正反转构造样式为主，是区域应力场从伸展转变为挤压体制下所产生的构造。晚白垩世—始新世时期正反转构造在北部拗陷的东北凹陷比较发育，表现为凹陷受挤压整体反转隆升，部分断层发生逆冲活动，中生界白垩系和新生界古近系褶皱变形并遭受剥蚀，T7 和 T4 界面表现出明显的削截特征。在盆地发育演化过程中，部分规模较大、形成较早的一、二级断层，如下正上逆的断层，都经历了构造应力性质的交替转变，发生多次反转。

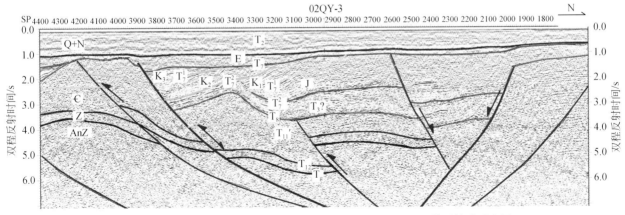

图 2.62　S—N 向穿过北部拗陷的 H09-4 地震剖面中—新生界伸展构造示意图

D. 走滑构造

主要是负花状样式，受压扭和伸展作用共同控制，相对于陆区苏北盆地发育程度较弱，分布局限。

E. 底辟构造

主要为热底辟构造样式，受中新生代岩浆侵入控制，尤其是晚侏罗世—早白垩世的燕山期大规模火山活动与岩浆岩侵入（图 2.63）。

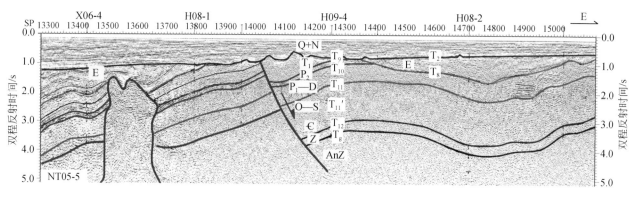

图 2.63　E—W 向穿过南部拗陷（东部）的 NT05-5 测线地震剖面火山底辟构造示意图

3. 岩浆岩特征与岩浆活动

东亚大陆边缘中生代岩浆岩广布，多数学者认为其发育与西太平洋板块俯冲消减在东亚大陆之下有关（霍玉华，1985）。约 6000 万年之前，西太平洋边缘的一系列边缘海盆均未形成，但紧邻亚洲东缘纵贯着一条安第斯型俯冲带，从中国华南块体东南沿海沿 NNE 向北经韩国继续北延，延绵数千千米，正是这条倾角平缓的俯冲带导致东亚广大地区在中生代出现强烈的岩浆活动（金性春，1982），形成一系列火山碎屑盆地，并成为燕山运动在中国东部的典型特征之一，下扬子地区晚侏罗世—早白垩世的火山岩盆地就在这一动力学背景之下形成。区域对比和前人研究成果表明，南黄海盆地周边邻区鲁、苏、皖、浙地区构造-岩浆活动频繁，岩浆作用持续时间较长。太古宙、元古宙岩浆岩主要分布于基底岩系。显生宙期间的岩浆活动以中生代最为强烈，古生代岩浆活动很弱。中生代构造岩浆作用事件，可分为中—晚三叠世印支期、侏罗纪早燕山期和早白垩世晚燕山期三期，而且岩浆岩分布广泛，岩体产状以岩株、岩枝为主。在岩石类型上，超基性、基性、中性、中酸性、酸性和碱性等各大岩类均有不同程度的发育，但以酸性和中酸性岩类为主。

岩浆活动时间延续较长，在地质时代上可划分为神功期、晋宁期、加里东期、印支期、燕山期和喜马拉雅期。

前人对于南黄海海域的岩浆岩分布研究，大多停留在利用重力、磁力资料划分岩浆岩分布。因重力、磁力数据的密度低、分辨率较差，只能定性地划分岩浆岩分布范围和埋藏深度，特别是 123°E 以东区域，重力、磁力资料的覆盖范围有限，对该区域岩浆岩分布研究程度十分有限。笔者从地震反射剖面的反射波组特征入手，结合重力和磁力资料，建立岩浆岩的反射特征识别模式，研究岩浆岩发育分布及其地质时代。

1）岩浆岩的重力与磁力特征

区域对比和重磁资料显示，南黄海盆地北部拗陷东部和东北部火成岩比较发育，北部拗陷的东部凹陷东部（韩国称群山拗陷）的 INGA-1 井钻遇了一套早白垩世火山碎屑岩。东北凹陷为千里岩断裂和北部拗陷的北部凸起、东北凸起所挟持近"三角形"区域，该区重力异常值与北部拗陷的其他凹陷略有差异，表现为总体异常值相对高于其他凹陷，走向为 EW 向和 SE 向，而北部拗陷的其他凹陷的重力异常走向均为 NE 向，呈中间高、两侧低的分布格局（图 2.64）；其中，靠近北部凸起 EW 向条带为重力低异常，强度为 $-10\times10^{-5}\,\mathrm{m/s^2}$ 以下，推测该区沉积层较厚。

前人研究成果表明，南黄海及周缘构造带沉积盖层基本为无磁性或较弱磁性，强磁性异常主要反映下伏前震旦系磁性相对较强的变质岩和火成岩体组成的结晶基底，因此在南黄海基底具备统一区域性宽缓背景磁异常，而之上的局部强正异常（>200nT）大多是岩浆活动在基底或沉积岩盖层中形成的各种侵入岩和火山岩所引起。

 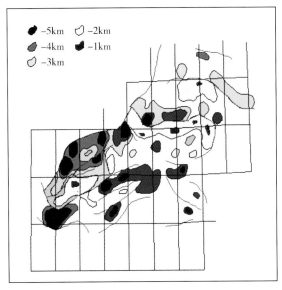

(a)卫星重力异常解释的构造线与盆地   (b)构造线与基底深度

图2.64 南黄海北部重力异常与盆地地质构造对应图（据张明华，2006）

北部凸起的对应区域并非磁力高异常，预示着该凸起并非变质岩地层，推测可能为前中生代沉积地层；沿千里岩断裂分布着一高磁力异常条带，表明千里岩断裂附近岩浆岩发育，在 $36°10' \sim 36°30'N$，$123° \sim 124°E$ 区域，为大于50nT的高磁力异常区域，最高达300nT（图2.65），北部拗陷之东北凹陷的岩浆岩主要分布在该区域。

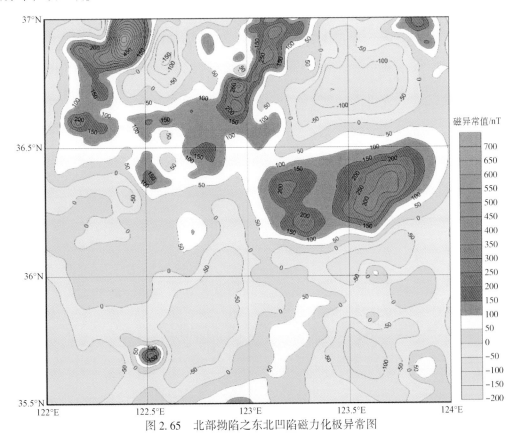

图2.65 北部拗陷之东北凹陷磁力化极异常图

2）岩浆岩的地震反射特征

岩浆岩是在高温地质条件下，地下的岩浆或熔岩流侵入地层及喷出地表的过程中冷凝、堆积、结晶而成的岩石，因其成因类型复杂多变，尤其是其穿插在沉积地层中，给岩浆岩的识别带来很大困难。

岩浆岩的地震反射特征是火成岩物理特征的直观体现，包括岩浆岩体的地震反射在剖面上的产状及其波组与围岩的接触关系等特征。因岩浆岩的成岩作用和形态及物性与其围岩均存在较大的差异，必然会在地震剖面上表现出自身的形态特征，可以通过岩浆岩体在地震割面上的反射特征去识别它们。

图 2.66 是一条 SN 向穿过东北凹陷的地震测线剖面，在 CDP：42300~45300 剖面段，地震反射波组呈似"丘状"的杂乱反射特征，白垩系之下反射杂乱，"丘状"反射上部及两侧均为反射良好的有效反射。"丘状"体内部存在两个强反射界面，与上下地层的产状基本一致，并表现为较高的地震层速度（>5000m/s），磁力异常为150nT左右，布格重力异常在（0~10）×10^{-5}m/s²，推测为火成岩。

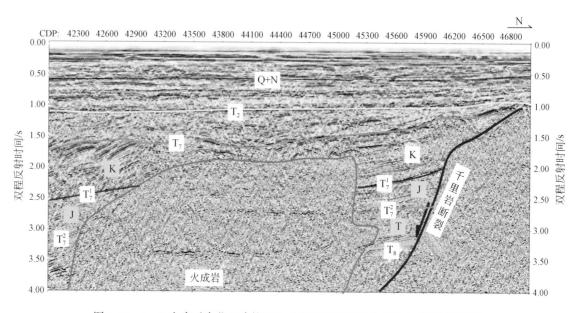

图 2.66　S—N 向穿过东北凹陷的 X06-4 地震测线剖面显示的火成岩反射特征

图 2.67 为一条 S—N 向穿过北部凸起的地震测线剖面，在 CDP：22000~23800 剖面段，地震 T_7^2 反射界面（侏罗系底界）之下，呈"斜丘形"杂乱反射特征，南侧为北部凸起，北侧与断层相连，断层北侧白垩系、侏罗系和三叠系反射齐全，地震反射波组连续性良好。对照重力、磁力资料，该处对应重力低异常向高异常过渡代，磁力异常在50~200nT变化，推测为火成岩侵入。

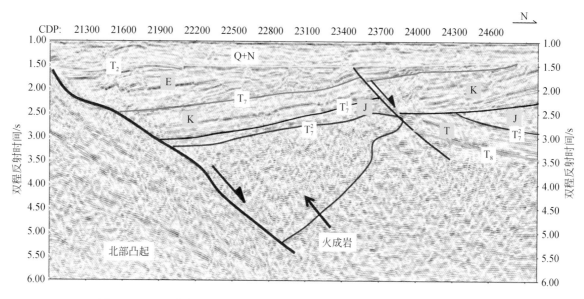

图 2.67　S—N 向穿过北部凸起的 H09-4 地震测线剖面显示的火成岩反射特征

　　与前述类似，S—N 向穿过北部凸起和东北凹陷的 HB08-2 地震测线剖面，在 CDP：3400～5100 剖面段，白垩系反射波内部和其之下地震反射较杂乱，可见断续反射，呈"蘑菇状"形态分布（图 2.68），两侧层状、连续的侏罗系的有效反射突出；在磁力化极异常为从正到负线性变化，从北到南异常值在 −100～150nT；在重力布格异常图上，为 −3～3mGal（1Gal＝1cm^2/s）的正负相间异常特征。综合以上特征分析，推测为花岗岩侵入体，其在 H08-2 地震测线上分布长度约 18km，埋藏深度在 1700m 以下；完全刺穿了三叠系和侏罗系，并侵入到白垩系中。

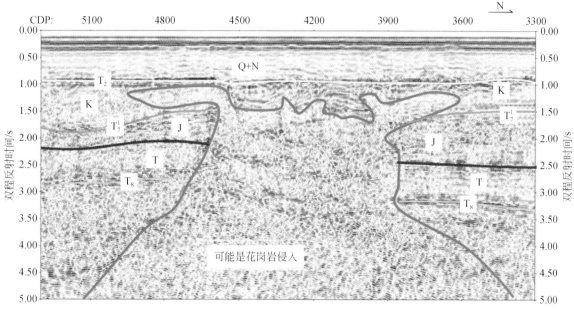

图 2.68　S—N 向穿过北部凸起和东北凹陷的 H08-2 测线线显示的火成岩反射特征

3）岩浆活动及其分布特征

重、磁和地震解释的岩浆岩分布（图 2.69）表明，岩浆活动的具有如下综合特征：

（1）每期岩浆活动的延续时间较长，一般早期均有大规模的喷发，而侵入相对微弱，晚期则喷发强度明显弱于侵入活动。在漫长的岩浆活动期间，喷发与侵入交替出现，总的趋势是各期喷发活动均较强烈，侵入则时强时弱。

（2）从各期火山岩、侵入岩组合岩类看，火山喷发活动均较强烈，由海底喷发的细碧-石英角斑岩转为陆相喷发的中-碱性、酸性火山杂岩-玄武岩；侵入岩则由超基性岩转为基性岩-中酸性岩-基性岩。自燕山期至喜马拉雅期，喷发与侵入活动基本具有同源母岩浆的相同分异特征，成分上的差异，与母岩浆本身的来源深度及侵位过程中外来物质的加入有关。

（3）燕山期的岩浆喷发、侵入活动规模大，是本区最强烈的一期岩浆活动，与强烈的燕山期构造运动有关。喜马拉雅期岩浆活动在中新生代拗陷盆地较发育，与燕山期岩浆活动具有继承性关系。

（4）次生火山岩是一种超浅成侵入体，一般局限于火山岩分布区，与火山岩具有同源、同期和同构造空间。

（5）Heama-1 井钻井揭示在南黄海盆地东部发育有白垩纪大套玄武岩，证实盆地东部具有一定规模岩浆岩分布。

（6）分析认为，南黄海盆地岩浆岩分布与断裂体系具有较好的耦合关系，岩浆常伴随大型断裂的发育而侵入沉积盖层，形成热底辟构造。另外，上部沉积盖层中成岩盖状产出的侵入岩也多有断层沟通下部岩浆源区。

因此，南黄海盆地中、新生代构造运动所导致的断陷盆地，其岩浆活动与区域大地构造背景，尤其是西太平洋的俯冲作用密切相关，通过综合分析断层发育、岩浆岩产出状态、构造变形对于研究盆地形成的动力学过程及其背景有重要意义。

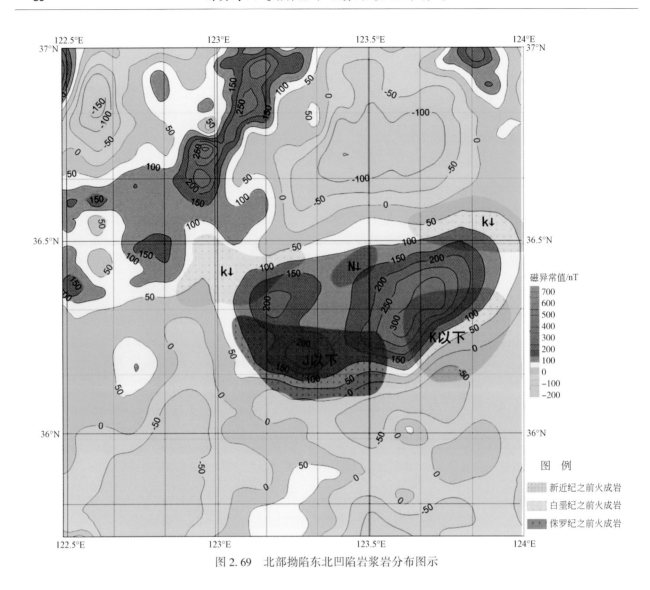

图 2.69　北部坳陷东北凹陷岩浆岩分布图示

第四节　构造层与构造区划

前已述及，南黄海盆地海相沉积主体位于扬子块体东部海域部分，北以苏鲁造山带为界与华北块体相接，南至江山-绍兴断裂并与华南块体相邻，东部边界尚存争议。现今盆地范围和构造区划主要是据中—新生代陆相断陷盆地沉积范围划定，自北而南可划分出五个二级构造单元，即千里岩隆起、北部坳陷、中部隆起、南部坳陷和勿南沙隆起，其中南部坳陷与陆上苏北盆地相接，坳陷内部还发育一系列凸起，盆内断裂极为发育，且许多断层断至中—古生界地层，并控制了中—新生界一系列断陷的形成，各单元构造线以 NNE、NE 向为主（图 2.2）。

一、地震构造层划分

南黄海中、古生界海相分布广泛，保存较好，最厚达万米，中新生界断陷沉积主要分布于盆地南部和北部两个坳陷，不同构造单元地层发育和保存程度各异，印支运动对海相中—古生界沉积层与构造线的改造尤其深刻，其界面（T_8 地震反射面成为印支面，下同）成为南黄海叠合盆地海相中—古生界和陆相中—新生界两个大构造层的分界面，印支面之下，据地震层序特征及接触关系、沉积发育与充填特征，并参考构造变形程度与变形特征，划分出海相下部构造层（T_g—T_{11}）和海相上部构造层（T_{11}—T_8）；印支面之上，依据地震层序特征及接触关系、沉积特征与充填样式、构造变形特征等，划分出陆相断陷构造层（T_8—T_2）和陆相拗陷构造层（T_2以上）。

（一）海相下部构造层（T_g—T_{11}）

海相下部构造层位于 T_g（基底构造面）与 T_{11}（近似为加里东构造面）之间，全区均有分布，底部地震反射不丰富，能量偏弱，地震层速度 5800～6400m/s，推断为震旦系，之上为杂乱-空白反射带，地震反射波组层次不丰富，以低频、断续、弱振幅为特征，层速度 6000～6500m/s，参考苏北井-震响应特征，推断为奥陶系—寒武系碳酸盐岩（图 2.70）。

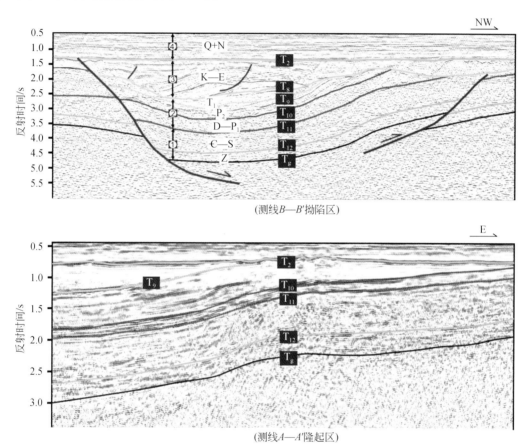

图 2.70　南黄海盆地拗陷区和隆起区典型地震构造层划分（位置见图 2.2）

（二）海相上部构造层（T_{11}—T_8）

海相上部构造层位于 T_{11} 与 T_8（印支构造面）之间。下部 T_{10}—T_{11} 反射波组以低中频、高连续性、中强振幅为特征，地震层速度 4200～5500m/s，T_9—T_{10} 反射波组主要分布于中部隆起、南部拗陷，北部拗陷南部局部分布，沿 NW—SE 测线方向整体变厚，内部反射能量强，连续性较好，由多个反射波组成一套似平行密集反射段，T_8—T_9 反射波组主要分布于中部隆起、南部拗陷，北部拗陷南部亦局部可见，以空白夹断续-杂乱反射为特征，中低频、弱振幅，地震层速度 5800～6500m/s，据 CSDP-2 井、WX5ST-1 井、CZ35-2-1 井标定的二叠系龙潭组煤系地层强振幅、高连续性标志反射特征及下三叠统青龙组灰岩标志性空白反射特征，推测该构造层相当于上古生界—下三叠统（图 2.70）。

（三）陆相断陷构造层（T_8—T_2）

陆相断陷构造层位于 T_8 与 T_2（新近系底）之间，主要分布于南部和北部两个拗陷区，且北部拗陷比南部拗陷更为发育，内部反射能量强，连续性好，内部结构为似平行状，外部形态多为楔形和前积状

（图 2.70）。

（四）陆相拗陷构造层（T_2 以上）

陆相拗陷构造层位于 T_2（新近系底）之上–海底之间，全区分布稳定，以高频、高连续性、强振幅为特征，地震反射波组内部为平行或亚平行结构，波组底界 T_2 为上超接触关系的大型不整合面，该地震层序为新近系—第四系陆相碎屑岩地层反射（图 2.70）。

二、中—新生代陆相盆地构造区划

按照传统的命名和国内大多数专家意见，北部的千里岩隆起和南部的勿南沙隆起不应包括在南黄海中—新生代盆地内，其主要依据是从断陷盆地形成机制角度考虑，南黄海盆地北部拗陷与千里岩隆起之间为规模较大的深大断裂，不仅在地震资料和重力资料有明显反映，而且千里岩隆起与北黄海盆地之间没有大的断裂；同样，勿南沙隆起往南亦无较大的断裂存在。实际上，南黄海盆地是由北部拗陷、中部隆起、南部拗陷组成"二拗夹一隆"的构造格局（图 2.71）。

盆地构造单元的划分主要以盆地构造特征和中、新生代地层发育为基础，按照中—新生代沉积发育情况（沉积或缺失）和沉积厚度变化来划分构造正向（隆起、凸起）和负向（拗陷、凹陷）单元，同时以各个构造单元的展布规模及其本身包含的构造序次来确定所划构造单元的级别。从油气勘探实际出发，参考中国含油气盆地及次级构造单元名称代码（中华人民共和国国家标准 GB/T16792—1997）命名规则，按"盆地-拗陷/隆起-凹陷/凸起"的体系进行命名，本章涉及的盆地及次级构造单元只划分至二级（即划分至隆起/拗陷、凸起/凹陷级）。以印支面（T_8 地震反射面）为界，隆起区中—新生代地层很薄，重力值和磁力值较高，一般仅发育新近系和第四系，通常缺失古近系和中生界，拗陷区则地层发育较全，发育较厚的中—新生代沉积，重力值较低（图 2.73、图 2.74）。拗陷区再据中—新生代沉积厚度，断裂构造发育与展布特征，进一步划分出凹陷和凸起，凸起区以印支面埋深浅、沉积薄、中生界不发育或完全缺失为特征，凹陷区则相反，印支面埋深大、中—新生界沉积厚，实际划分时以中—新生代沉积厚度 2000m 为界，中—新生代沉积厚度大于 2000m 的区域划为凹陷，小于 2000m 的区域划为凸起（图 2.72、表 2.8）。

1. 北部拗陷

北部拗陷位于 $34°50' \sim 37°00'N$，$120°30' \sim 124°45'E$ 之间，面积约 41233km^2，中、新生代地层厚度大，厚 1000~9000m，为南黄海盆地中新生代地层最厚区域，印支面埋深较深，重力为低值区，极小值为 −18mGal。

北部拗陷多以前期逆冲断层反转拉张形成断陷，整体结构为北断南超，北部和西北部以千里岩断裂为界，南部以中部隆起北部边界断层为界，沉积层向中部隆起区超覆。拗陷东部新生界古近系较薄，而中生界较厚，在其北部 $122°40' \sim 123°40'E$，白垩纪地层（T_7^1 波组）之下发育着二套厚度达 3500~4500m（最大厚度达 4800m）的中频中振幅、速度较高（4500~4800m/s）的碎屑岩地层，推测为侏罗系（部分可能为中—上三叠统）碎屑岩沉积地层（图 2.73、图 2.74），其走向与古近系、白垩系走向相反，表现为北低南高、东厚西薄的特点，说明北部拗陷有两期不同的盆地结构。

最新解释的中—新生代地层分布和构造特征显示，北部拗陷可划分出 10 个次级构造单元，分别是东北凹陷、北部凹陷、中-东部凹陷、南部凹陷 4 个凹陷，凸起区划分为东北凸起、北部凸起、中部凸起、南部凸起、西部凸起（推覆体）、东部低凸起 6 个凸起。凹陷区面积 25556km^2，凸起区面积 15267km^2。各次级构造单元基本特征如表 2.8 所示。

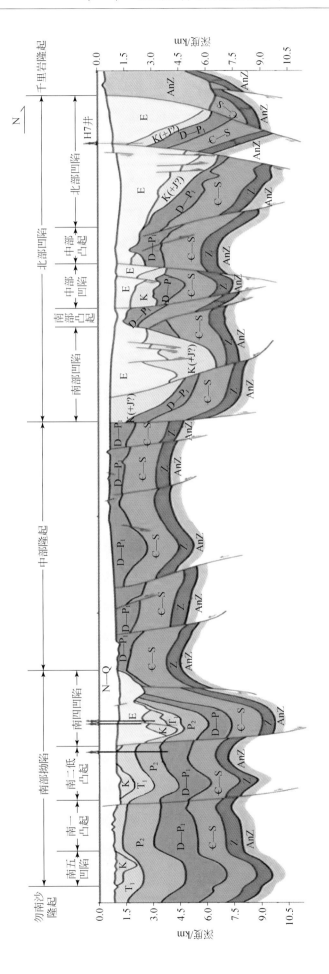

图2.71　南黄海盆地结构剖面图示(X07-9)

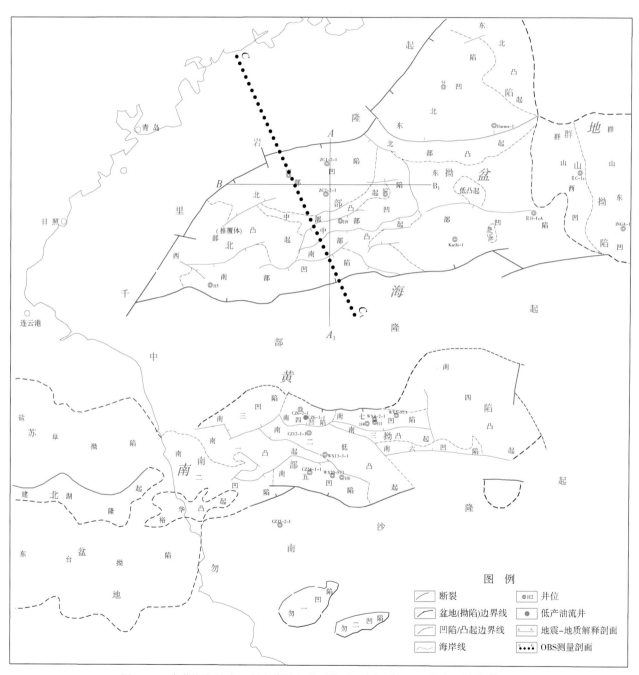

图 2.72 南黄海盆地中—新生代陆相盆地构造区划（据 2013 年新测资料修改）

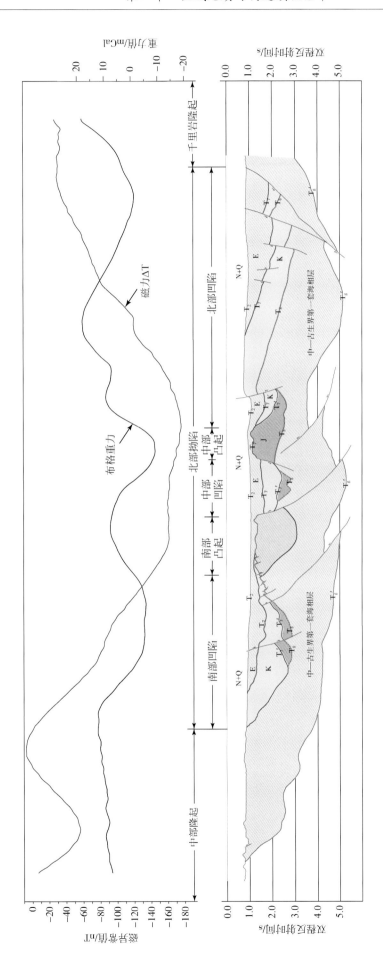

图2.73 南北向穿过南黄海盆地北部坳陷－中部隆起的A—A₁地质－地球物理综合解释剖面（剖面位置见图2.72）

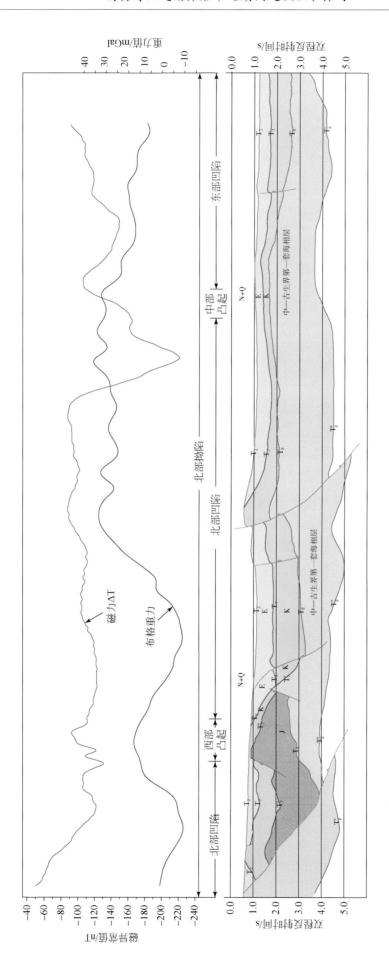

图2.74 东西向穿过南黄海盆地北部坳陷的$B—B_1$地质-地球物理综合解释剖面（剖面位置见图2.72）

表 2.8 南黄海中-新生代陆相盆地各次级构造单元基本要素表

构造单元		位置	形态	面积/km²	T_2 以下主要地层	最大沉积厚度/m	中生界最大厚度/m	前中生界基底预测
北部拗陷	东北凹陷	北部	双断	4682	E+K+J	8500	5500	Pt–Pz
	北部凹陷	北部	单断	5027	E+K+J（？）	7000	2000	Pt–Pz
	中-东部凹陷	中-东部	单断	12010	E+K+J（？）	6500	4500	Pt–Pz
	南部凹陷	中部偏西	双断	4247	E+K+J（？）	6200	2200	Pt–Pz
	东北凸起	东北端		3350		1000		Pt–Pz
	北部凸起	北部		2605	E（局部）	<2000		Pt–Pz
	中部凸起	中部		1035	E（局部）+J（？）	2000		Pt–Pz
	南部凸起	中南部		2134	E（局部）	1000		Pt–Pz
	西部凸起	西南部		5608	E（局部）+K+J（？）	1000		Pt–Pz
	东部低凸起	东部		535	E（局部）	2000		Pt–Pz
中部隆起				30780	E（局部）	1000		AnZ
南部拗陷	南一凹陷	西部	单断箕状	3973	E，局部 K	4000	<600	AnZ
	南二凹陷	西南部	双断	1022	E，局部 K	3000	600	AnZ
	南三凹陷	中部偏西	双断	1994	E，局部 K	4000	400～600	AnZ
	南四凹陷	西北部	单断箕状	1350	E，局部 K	6000	600	AnZ
	南五凹陷	南部	双断	1249	E，局部 K	5000	800～1000	AnZ
	南六凹陷	中部	单断箕状	725	E	2000		AnZ
	南七凹陷	东北部	单断箕状	1256	E，局部 K	4000	<600	AnZ
	南一凸起	西部		4567	E（局部）	1500		AnZ
	南二凸起	东南部		3415	E（局部）	2000		AnZ
	南三凸起	中部		908		1000		AnZ
	南四凸起	东北部		9013	E（局部）	1500		AnZ
面积合计				101485				

1）东北凹陷

位于北部拗陷东北部，西北和北部以千里岩断裂 F_{I1} 与千里岩隆起为界，南界为北部凸起北界断裂 F_{II}，具双断结构，凹陷面积 4682km²，凹陷大致呈 NE 走向，主体部分位于 122°40′～123°30′E 之间。由千里岩断裂东北段和北部凸起北部断裂控制着凹陷中—新生界沉积发育，主要断层包括两组：一组是 NE 向的千里岩断裂 F_{I1} 及其派生的次级断裂 F_{III}，另一组是近 E—W 向北部凸起北界断裂 F_{II}。据 S1 井揭示的地层结合地震资料解释，凹陷内发育巨厚的中—新生界，最大厚度达 8500m，新近系和第四系 600～1000m，古近系厚 100～3500m，最大厚度 4000m，中生界（白垩系和侏罗系）厚度 100～5000m，局部厚达 5500m，局部地区中生界厚度大于新生界厚度。

2）北部凹陷

位于北部拗陷北部，西北以千里岩断裂 F_{I1} 与千里岩隆起为界，南部为中部凸起，中段以断层 F_{II3} 和斜坡带古近系尖灭线为界，东部边界与东部凹陷呈鞍部过渡，西南部与西部凸起（推覆体）邻接，凹陷呈单断结构并大致呈 NEE 走向，面积 5027km²。凹陷内发育 NE 和 NW 两组断裂，NE 走向断裂为正断层，NW 走向断裂为逆断层。凹陷内部被一组 NE 走向的正断层切割形成 4 个深凹，凹陷内发育巨厚的中—新生界，最大厚度达 7000m，新近系 600～1000m，古近系厚 100～4000m，最大厚度 5000m，中生界（白垩系为主，局部可能发育一定厚度侏罗系）厚度 500～1500m，局部厚达 2000m。

3）中-东部凹陷

位于北部拗陷中-东部（主体位于拗陷东部），包括中东部凹陷、群山低凸起及群山东次凹。北部以中部凸起南部斜坡为界，南部以中部隆起北界断层 F_{I2}、南部凸起北界断层 F_{II6} 为界，西部以中部凸起和北部凹陷与东部凹陷鞍部断裂 F_{II4} 为界。凹陷整体呈单断结构，东部局部具有双断特征，面积约 12010km²，大致呈 NEE 走向；凹陷内发育 NEE 向正断层控制着凹陷的沉积发育，凹陷内中—新生界一般厚 3000 ~ 4500m，最大厚度达 6500m。其中新生界厚度一般为 1000 ~ 3500m，局部达 4000m，中生界厚度 100 ~ 4500m。

4）南部凹陷

位于北部拗陷南部，凹陷呈双断结构，北部和南部均受断裂控制。南部边界为中部隆起北部断裂 F_{12}，北部分别为西部凸起（推覆体）与南部凸起南界断层 F_{II9}、F_{II10} 相接，东侧以断层 F_{II11} 和南部凸起相接，凹陷面积 4247km²。凹陷内中生界呈零星分布，厚度一般 100 ~ 1500m，最厚达 2200m，局部可能缺失；新生界厚度一般 1000 ~ 3200m，最厚达 4000m。沿西部凸起（推覆体）南部边界断层 F_{II9} 和西部凸起与南部凸起南部边界断层 F_{II5} 发育的两条 NEE 向正断层控制着中新生界厚度分别为 5000m 和 5500m 两个深凹的沉积发育，凹陷南部边界断层控制着断层下降盘新生界的发育，最大厚度为 4500m。受渐新世末 SN 向挤压影响，断层下降盘一侧古近系褶皱上拱，渐新统顶部遭受强烈剥蚀甚至被削顶。

5）东北凸起

位于北部拗陷东北凹陷东北部，西南以古近系尖灭线或新生界 1000m 等厚线与东北凹陷邻接，新生界最大厚度 1000m，凸起面积 3350km²。

6）北部凸起

位于北部拗陷中北部，北以 F_{II1} 断层与东北凹陷相隔，南以凸起南部古近系尖灭线或中—新生界 2000m 等厚线为界与东部凹陷邻接，凹陷面积 2605km²，凸起整体呈近 E—W 向，主要地层为新近系，局部残留有古近系。中–东部凹陷古近系逐层超覆在北部凸起上，厚度减薄直至完全缺失。

7）中部凸起

位于北部拗陷中部，北以 F_{II3} 断层和北部凹陷古近系在该凸起上的尖灭线或中—新生界 2000m 等厚线为界与北部凹陷相接，南部以断层 F_{II5} 及中–东部凹陷古近系在该凸起上的尖灭线或中—新生界 2000m 等厚线为界与中–东部凹陷相接，凸起西南以中新生界 1500m 等厚线与西部凸起（推覆体）相接。凸起整体呈近 E—W 向转 NE 向，面积 1035km²，主要地层为新近系，局部残留古近系；北部凹陷南部新生界地层逐层超覆在中部凸起上，厚度减薄直至完全缺失。

8）南部凸起

位于北部拗陷中南部，北以断层 F_{II6} 断层与中–东部凹陷相接，南以 F_{II10} 和 F_{II11} 断层与南部凹陷相接，东部以东部凹陷古近系在凸起上的尖灭线或中—新生界 2000m 等厚线为界，凸起面积 2134km²，整体呈近 E—W 向转 NEE 向，呈双侧下掉的地垒状。凸起上主要地层为新近系，局部残留古近系；中–东部凹陷西南部新生界地层逐层超覆在凸起上，厚度减薄直至完全缺失。

9）西部凸起

位于北部拗陷西南部，北以千里岩隆起南部断层 F_{I1} 西南段和北部凹陷西南端的控凹断裂 F_{II2}，以及北部凹陷古近系向西南凸起上的尖灭线或中—新生界 1500m 等厚线为界，南部以南部凹陷的控凹断层 F_{II9} 和 F_{II10} 为界，东部以控凹断层 F_{II5} 为界与中–东部凹陷相接，北部以中—新生界 1500m 等厚线与中部凸起相接。凸起面积 5608km²，整体呈近 E—W 向，新生界厚度 1000m 左右。凸起的性质部分专家认为是西部块体挤入形成的推覆体。

10）东部低凸起

位于北部拗陷东部，属于中–东部凹陷内次一级的凸起，中–东部凹陷古近系在凸起上的尖灭线或中—新生界 2000m 等厚线为界，凸起面积 535km²。古近系地层逐层超覆在低凸起上，厚度减薄但始终还有一定厚度。

2. 南部拗陷

南部拗陷位于 33°10′ ~ 34°30′N，120°30′ ~ 123°40′E 之间，南以断层为界与勿南沙隆起区相接，北以断层或古近系尖灭线与中部隆起区相接。拗陷东部据少量的韩国资料解释推测向东超覆在高隆起区上。拗陷西部向西延伸与苏北（陆区）盆地连通，传统习惯上称为"苏北-南黄海盆地"。拗陷整体结构为南断北超，断层多向北倾，古近系南厚北薄构成典型的半地堑，拗陷内发育一定厚度的中、新生代地层，中—新生界声波基底（T_8 地震反射面）最大埋深达 6000m。与北部拗陷相比有三个突出特点。

一是中生界侏罗系不发育，白垩系残留厚度小（一般厚 0～600m，局部可达 800～1000m）并呈零星分布；

二是新生界古近系剥蚀严重，赋存厚度小。阜宁组（E_1f）一般厚 0～1000m，局部可达 1500～2000m；戴南组（E_2d）一般厚 0～600m，局部可达 800～1200m；上渐新统三垛组（E_3s）和中新统下盐城组（N_1xy）则几乎剥蚀殆尽，在地震剖面上，许多地方见 T_2 和 T_8 反射面合二为一。

三是 T_8 反射面以下普遍发育海相（碎屑岩煤系和灰岩等）层序。总体上，就中—新生代地层和构造特征而言，南部拗陷规模较小，大部分地区厚 1000～6000m，印支面最大埋深为 6000～6500m，为南黄海中—新生代地层次厚区域，重力为低值区，极小值为 −10mGal。

南部拗陷面积约 28845km²，区域走向近东西向。因该区 T_8 反射面以下普遍发育海相（碎屑岩煤系和灰岩等）层序，中生界侏罗系（陆相）不发育，白垩系（陆相）呈残留状态，厚度小（一般 0～600m，局部最厚可达 1000m）且呈零星分布，考虑在整个南黄海盆地以 T_8 反射面构造特征进行中新生界构造区划分，参照之前中—新生界声波基底面埋深，在南部拗陷划分出 7 个凹陷和 4 个凸起，分别为南一凹陷、南二凹陷、南三凹陷、南四凹陷、南五凹陷、南六凹陷、南七凹陷共 7 个凹陷，南一凸起、南二凸起、南三凸起、南四凸起共 4 个凸起，凹陷区面积 10942km²，凸起区面积 17903km²。

1）南一凹陷

位于南部拗陷西南部，西部已出工区被浅水所覆盖，面积 3973km²，凹陷内中—新生界厚度 2000～3500m，最大厚度达 4000m。以新生界沉积为主，仅在凹陷东部局部发育有中生界白垩系（最厚约600m），凹陷具南断北超的单断结构，南部由断层控制边界，北部与南一凸起之间大致以古近系尖灭线为界。

2）南二凹陷

位于南部拗陷中南部，面积 1022km²，凹陷内中—新生界厚度 2000～2500m，最大厚度达 3000m。以新生界沉积为主，仅在凹陷南部边界断层附近局部发育有中生界白垩系（厚度 200～400m，最厚 600m），凹陷南、北和西南均由断层控制边界，向东与南五凹陷之间以断层和鞍部相接。

3）南三凹陷

位于南部拗陷中部偏西，凹陷南、北两侧由断层控制其边界，南以 F_{II12} 断层为界与南一凸起相接，北以断层为界与南四凹陷相接，向西与南一凸起之间大致以古近系尖灭线为界，向东与南六凹陷、南三凸起之间以断层相接，凹陷面积 1994km²。凹陷内中—新生界厚 2500～3000m，最厚达 4000m，以新生界沉积为主，仅在北侧边界断层附近局部发育有中生界白垩系（最厚约 400m）。

4）南四凹陷

位于南部拗陷北部偏西，南断北超呈箕状结构。南以断层为界与南三凹陷相接，向西超覆到拗陷西部边缘的南一凸起上，与南一凸起之间大致以古近系尖灭线为界，向东与南七凹陷以鞍部相接，凹陷面积 1350km²。凹陷内中—新生界厚度 2000～5000m，最厚达 6000m，以新生界沉积为主，仅在常州 6-1 和常州 6-2 构造带附近局部发育有中生界白垩系（厚度 200～400m，最厚 600m），是南部拗陷内陆相碎屑岩沉积最厚的凹陷，该凹陷内的常州 6-1-1 井也是南黄海海域唯一获得低产工业油流的探井。

5）南五凹陷

位于南部拗陷南部，南部与勿南沙隆起区以断层相接，北部以断层与南一凸起和南二凸起相接，向西与南二凹陷以鞍部和断层相接，凹陷面积为 1249km²。凹陷内沉积了新生界和中生界碎屑岩，厚度一般2000～4000m，最厚达 5000m，以新生界沉积为主，在凹陷中部和东部附近局部分别发育有中生界白垩系（分别为厚度 400～600m，最厚 800m 和厚度 600～800m，最厚 1000m）沉积凹陷。凹陷由两条近 NW—SE向断层控制，沉降中心位于 WX20-ST1 井、H6 井及其以东附近区域。

6）南六凹陷

位于南部拗陷中东部，具南断北超的箕状结构。南以断层为界与南二凸起相接，北部向北超覆在南三凸起上，与南三凸起之间大致以古近系尖灭线为界，为一东西长约 90km、南北宽约 10km 的狭长沉降带，面积约为 725km²，凹陷内碎屑岩沉积较薄，新生界地层最大沉积厚度仅 2000m，目前资料尚未解释出中生界。

7）南七凹陷

位于南部坳陷北部偏东，具南断北超的箕状结构，面积 1256km²。新生界厚 4000m，古近系厚 2600m，仅在凹陷中部的 H1 井和 WX4-2-1 井以东部的局部区域发育有中生界白垩系，中生界厚度较薄，一般 200～400m，最厚不超过 600m。凹陷内发育着一个由东北斜坡伸向凹陷的构造带。

8）凸起区

据目前资料分析，南部坳陷内的南一凸起、南二凸起、南三凸起、南四凸起共 4 个凸起，其共同特点是不发育中生界，新生界很薄，一般 500～1500m，最厚不超过 2000m。

3. 中部隆起

中部隆起总体呈 E—W 向展布，面积 3.078 万 km²，其南北两侧分别是南部坳陷和北部坳陷。地震剖面显示，中部隆起上大部分地区缺失古近系和中生界上部地层，新近系强反射界面（T₂）之下主要为海相的下中生界和古生界，局部可能残留白垩系—古近系。中部隆起西部最新钻探的 CSDP-2 井资料显示，隆起西部发育有下三叠统青龙组、上二叠统大隆组-龙潭组、下二叠统栖霞组、石炭系、泥盆系、志留系和奥陶系。印支面埋深浅，一般为 500～1000m，最大深度预测可达 1200～1500m，重力值和磁力值较高。磁异常为平缓块状正异常区，最高值为 190nT，推算磁性基底深 8～10km；重力为一正异常区，最高值 32mGal，推算大密度界面深 1～2km，据此推算，新生界底界与变质基底之间存在 7～9km 厚的中—古生代地层。据重、磁、地震，以及 CSDP-2 井资料，下中生界三叠系青龙组顶面解释出 5 个近等轴背斜构造（图 2.75），古生界潜山 T₉、T₁₀ 和 T₁₁ 三个反射面解释出 5 个断裂（主要为逆断层）相关局部构造，4～6 个背斜构造（图 2.76～图 2.78）。

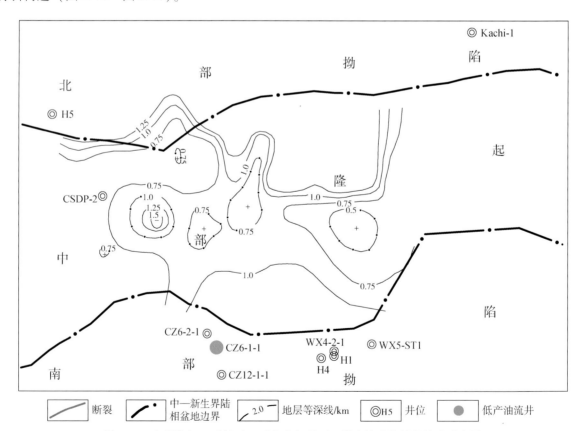

图 2.75　中部隆起 T₈ 反射面（下青龙组顶面）潜山性质的局部构造示意图

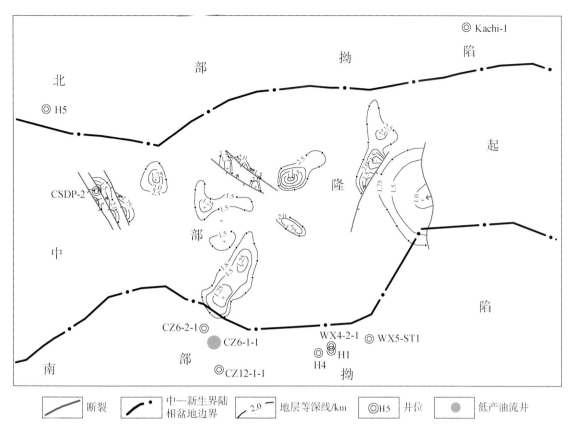

图 2.76　中部隆起 T_9 反射面（大隆–龙潭组顶面）潜山性质的局部构造示意图

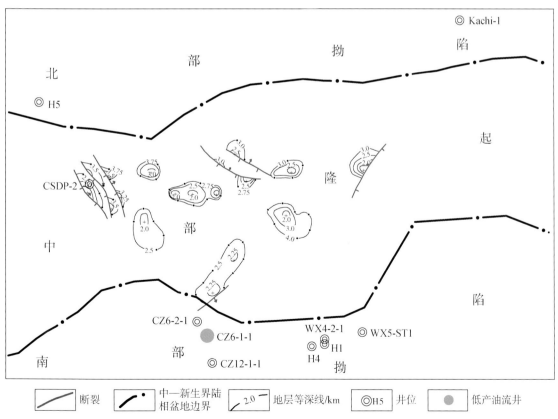

图 2.77　中部隆起 T_{10} 反射面潜山性质的局部构造示意图

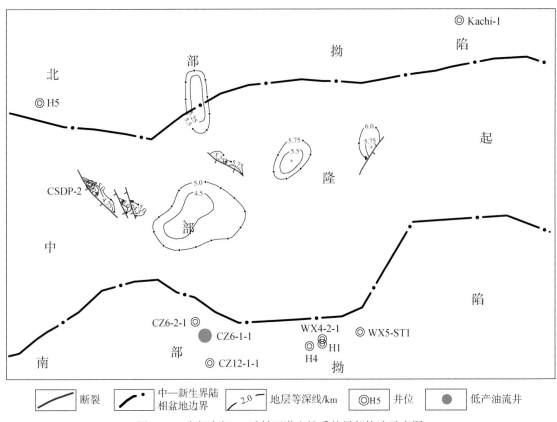

图 2.78　中部隆起 T_{11} 反射面潜山性质的局部构造示意图

第三章　地球物理勘探技术攻关与成果

第一节　地球物理勘探现状与主要问题

一、现状

南黄海油气勘探是以地球物理勘探为先导，多道地震勘探是地球物理勘探的重点。从 1968 年开始采用悬挂式 24 道电缆、炸药震源的连续观测方式，再到地震拖缆、气枪震源、多次覆盖观测，到目前的长排列数字电缆、大容量立体气枪震源延迟激发采集技术；从早期的单炮记录剖面的波组解释，到现在的叠前偏移成像处理、人机对话交互解释、多属性联合分析等；地震勘探技术方法的进步与我国海洋石油地震勘探的进步是同步进行的。

早期的地震勘探目标层为古近系，其采集、处理的参数和流程均围绕这一目标进行。受当时技术方法和装备条件的限制，地震资料采集的道数少、排列短、覆盖次数低，气枪阵列容量小（表 3.1）、激发的地震波能量低，传播距离短，勘探深度有限；同时受当时的处理技术的限制，压制多次波和噪声消除能力低，得到的地震剖面只能反映新生代、中生代地层特征，多次波和随机噪声干扰严重、信噪比低，特别是中—古生代碳酸盐岩地层的地震反射特征差、难以准确识别和解释。

表 3.1　早期多道地震采集参数表

年份	震源	地震电缆	地震仪	观测系统[①]
1968～1970	炸药；药量 9～12kg，沉放深度 1～2m	悬挂式 24 道电缆；检波器间距：30m 沉放深度：7m 左右	光点	单次连续观测，排列长度 800m，中间激发
1971～1973		悬挂式 24 道电缆，每道由 5 个检波器组合	模拟	1380-60-240-60-3
1974～1975	容量 4L、压力 150 kg/cm² 的单气枪	悬挂式 24 道电缆，每道由 5 个检波器组合	模拟	1380-60-240-60-3
1976～1977	容量 4L、压力 150 kg/cm² 的单气枪	漂浮式 24 道电缆，每道由 48 个检波器组合，12m 沉放深度	模拟	1150-250-100-50-6 或 1150-250-150-50-4
1978	六条气枪、容量 6.8L、压力：150 kg/cm²	漂浮式 24 道电缆，每道由 48 个检波器组合，沉放深度：12m	模拟	1150-500-100-50-6 或 1150-500-150-50-4
1979 年招标区块	总容量 1685in³ 的 2 个气枪子阵组合震源，压力 2000psi[②]	模拟电缆、72/48 道、道距 25/50m、沉放深度 12/6m	数字	1775-240-50-25-18（72 道电缆）2350-240-50-50-24（48 道电缆）
1999 年区块勘探	气枪阵组合震源、总容量 1380in³、压力 2000psi、气枪沉放深度 3m	240 道、12.5m 道间距的数字地震电缆，电缆沉放深度 4m	数字	3987.5-187-25-12.5-60

注：①观测系统的表达方式为：排列长度–最小偏移距–炮间距–道间距–覆盖次数，单位：m；

②1in³（立方英寸）= 0.016387L；1psi（磅力/平方英寸）= 6.89476×10³ Pa。

2000 年开始，随着勘探目标层转入中、古生代海相地层，针对目标层埋藏深、传播路径长、界面反射弱的特点，开始采用长电缆（4000m 以上）、大容量气枪阵列震源（3000in³ 以上）观测系统进行地震资料采集（表 3.2）；在处理中多采用振幅补偿以提高深层反射能量、精细速度分析提高成像质量、Radon 变换和 F-K 二维滤波消除多次波、信号增强处理提高信噪比和多种偏移成像等先进的处理技术，提高了深部弱反射信号能量和信噪比，改善了前新生代反射层的成像质量，揭示了南黄海盆地北部拗陷存在于古、中、新生代地层，中部隆起区和勿南沙隆起区有厚度较大的古生界迹象。

表 3.2   2000~2005 年多道地震采集参数表

参数	2000 年	2001 年	2002 年	2003 年	2004 年	2005 年
接收道数	240	240	432	368	368	240
覆盖次数	60	30	72	61	46	30
道间距/m	12.5					
排列长度/m	3000	3000	5400	4600	4600	3000
炮间距/m	25	50	37.5	37.5	50	50
最小偏移距/m	275	250	250	225	250	200
低截止滤波器	6Hz/18dB 6Hz/18dB 6Hz/18dB		N/A	6Hz/18dB	4Hz/18dB	3Hz/6dB
高截止滤波器	206Hz/265dB					218Hz/484dB
震源型号	SLEEVE	SLEEVE	SLEEVE	BOLT	BOLT	SLEEVE
震源容量/in³	3000	3000	3240	5080	5080	2940
工作压力/psi	2000					
震源沉放深度/m	8	8	6	6	8	6
电缆沉放深度/m	12	12	7	7	10	9
调查船	探宝号	探宝号	东方明珠号	探宝号	探宝号	奋斗七号

2006 年开始，随着"国家海洋地质保障工程"的实施，在南黄海开展了海相目标层的油气调查工作，同时开展了地震勘探技术方法攻关研究与海上试验工作，初步形成了针对海相目标层油气地震勘探技术系列。

南黄海的重力和磁力勘探始于 1968 年，在此后的十余年中，陆续完成了整个工区的 1:100 万比例尺的重力、磁力调查，南部拗陷和北部拗陷 1:20 万比例尺的重力调查，查明了陆相盆地的构造轮廓和分布范围。

2008 年开始，部署了部分重力、磁力补充调查和与地震同步的重力、磁力测量，重力测量采用德国 Bodensee 公司的 KSS31M 海洋重力测量系统，测量精度 1mGal；磁力测量使用加拿大 Marine Magnetics 公司的 SeaSPY 高精度海洋磁力测量系统，测量精度 0.2nT。

进入 21 世纪后，在前期工作的基础上（刘光鼎，1992，1996），重力、磁力处理及结合地震信息的联合反演技术广泛应用，对区域的卫星重力、海洋重力、磁力资料进行了大量的处理与解释工作，在南黄海及周边地区的区域构造特征、基底埋深、海相残留地层分布、火成岩发育等取得了大量的研究成果（郝天珧等，1998，2002，2003a，2003b；戴勤奋等，2002；张明华和张家强，2005；Zhang et al.，2007；涂广红等，2008；黄松等，2010；郝天珧等，2010；侯方辉等，2012；张训华等，2014c），为南黄海油气资源调查与评价提供了基础资料。

二、主要问题

历经 50 余年的地球物理勘探，对南黄海盆地的地球物理场特征和地震地质条件有了深入的认识，长期从事南黄海油气调查的地球物理专家们对面临的勘探难题进行了深入的总结和研究（吴志强，2003，2009；吴志强等，2006，2008a，2008b，2010，2011，2012，2013，2014a，2014b，2014c，2014d，2014e；吴志强和温珍河，2006b；童思友，2010；施剑等，2011，2013，2014；唐松华等，2013；张训华等，2014a，2014b；孟祥君等，2014；高顺莉等，2014a，2014b）。基于研究成果，难点问题概括如下。

（一）地震资料采集环境条件恶劣

南黄海勘探区水深在 15～70m，采集中为了保障水下设备的安全，限制了电缆和气枪阵沉放深度范围，由此造成的水体虚反射作用压制了地震低频信号（何汉漪，2004），而理论研究和勘探实践证明，低频信号具有更深的穿透能力和对复杂构造的成像能力。另外，受水深小和海底底质坚硬等因素的影响，在采集过程中形成了强振幅、短周期的水体鸣震，极大地降低了原始地震资料的品质。

南黄海海域为我国的海上商业运输航道，也是海洋渔业的重要海域，商船和渔船星罗棋布，严重干扰了地震资料的采集作业，致使地震原始记录中的外源干扰频繁。

（二）地震地质条件复杂

南黄海海相残留盆地在漫长的地质演化过程中受到了多期次构造运动改造，使得构造复杂，褶皱和断裂发育，造成地震波传播路径复杂多变，原始地震记录上断面波、绕射波和侧面波等干扰波发育，极大地降低了地震原始资料品质。地层横向非均质性严重，各向异性特征明显，偏离了建立在水平层状连续介质的地震成像处理理论基础，如地震勘探技术中的吸收衰减能量补偿、基于双曲线理论的速度分析、共中心点叠加、叠后时间域偏移成像等技术依赖的理论基础受到了挑战。基础资料特别是钻探资料的缺乏，使地震资料的解释众说纷纭，地震勘探的基础研究缺乏针对性并难以深入。

（三）深层地震反射信号微弱

中、新生代陆相沉积层与海相沉积层的物性差异较大，其交界面为强反射界面，对地震波向下传播起到了强烈的屏蔽作用；在新生代盆地构造框架下的拗陷区，海相残留地层的埋深在 4000m 以下，地震波的传播路径长，能量衰减严重；在隆起区，第四纪和新近纪地层直接覆盖在海相残留地层之上，分界面的地震波反射系数最高达 0.5 左右，下传能量不足 10%（吴志强等，2009，2011），严重削弱了目标层的地震反射能量；同时，海相目标层段的岩石界面物性差异小，反射能量微弱；上述因素综合作用，造成目标层反射信号能量弱，并掩盖在强能量干扰波中，表现为地震反射波组连续性差、信噪比低。

因此，南黄海海相残留盆地油气地震勘探，首先要进行采集技术的攻关，尽力提高原始地震资料的反射能量和信噪比；同时加大地震处理攻关力度，提高地震资料的信噪比和成像品质。

（四）非震地球物理探测精度低

在复杂构造背景下，影响重力场、磁力场异常的因素较多，目前还缺乏针对海相残留盆地分布格局、空间结构与内幕构造的重力、磁力反演与解释的新方法与新技术，反演结果精度低，造成多种解释方案并存难以反映局部构造特征。同时，在浅水区应用可控源大地电磁技术（CSEM）评价海底油气藏，因存在分离空气波与经海底油气层反射和折射电磁波的技术瓶颈，目前还不能有效应用（何展翔等，2008）。

第二节　地震反射特征理论模拟研究

地震反射特征模拟研究，是在地质地球物理模型的基础上，采用数值计算理论或物理模拟技术，模拟地下地层界面的地震反射特征，模拟成果是地震的采集参数设计、资料处理解释的依据。

为了准确把握海相地层界面的反射特征，以 Snell 定律计算界面的入射角、透射角，以 Zoeppritz 方程计算不同入射角的入射、透射系数，以地震波在传播过程中的吸收衰减及球面扩散规律计算振幅随传播距离的变化特征。综合以上计算，得到地震波随偏移距变化规律。该方法的优点是全面考虑了地震波的临界角效应、传播过程中的能量扩散及吸收衰减等因素的影响，较之单纯采用 Zoeppritz 方程计算单界面反射系数，更能准确地反映了地下界面的真实情况。

综合考虑地下介质的纵波、横波速度特征，采用全波波动方程的模拟方法，模拟得到的地震反射记录包含了层间多次波、折射波等各种干扰波，可以全面地分析地震原始记录的波场特征及产生机理。

在上述研究的基础上，进行基于超声波的地震物理模型实验，全面分析各反射界面的地震反射特征、成像品质及其影响因素。

一、数值模拟计算

（一）主要界面地震反射振幅数值模拟

地震波在传播过程中，在每个物性界面都产生反射与透射作用，即一部分能量被反射后向上传播，另外一部分能量继续向下传播。同时，它还受到了地层的吸收衰减及球面扩散的影响。在实际的地震资料采集过程中，接收到的是带有一定入射角度的地震反射信号，根据 Zoeppritz 方程，其在界面的反射、透射系数随入射角度（偏移距）的变化而发生改变。

因此，地震反射信号的能量，与地层的组合关系、岩石物性（速度、密度）差异、吸收衰减特征和入射角度、传播距离都有密切关系。研究地震波的反射特征，对采集参数的设计关系重大。考虑到实际接收的地震数据是不同入射角度的射线能量的反射结果，地震反射特征分析以研究射线能量为主。

当地震波从海平面入射到第 i 层再反射到海平面时，假设地层产状是水平的，其在各层的传播路径如图 3.1 所示。在不考虑界面上产生的横波（S）再转换成纵波（P），即 $\overline{\mathrm{PSSP}}$ 波的情况下（而这种波有可能产生于强界面之情况），地震反射特征分析的方法和步骤如下：

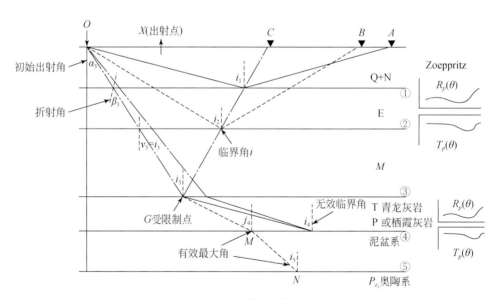

图 3.1　地震波传播路线示意图

（1）计算各界面上的理论临界角 i 及其所对应的透射角；

（2）每一层内，由于界面临街角度的限制，穿过界面向下传播的地震波入射角小于上覆地层的临界角；

（3）于是从 G 点开始往下，重新计算有效的最大角 i_4，i_5 并绘出其射线 M，N 点位，它们决定了向下透过能量的边界；

（4）计算反射与透射能量：每一界面上有 Zoeppritz 方程计算的 R_p 反射及 T_p 透过能量；

（5）从炮点 O 出发能量假定为 1.000，出射角由 $0°$ 逐渐增加，根据向下的射线的临界角折射角计算 $T_{p_1}(\theta)$，再由 Snell 定律求得在第二层中的临界角计算 $T_{p_2}(\theta)$ 并乘以上一层地震透射能量，以此类推，到某一反射面上求反射系数，乘 $R_{p_x}(\theta)$，此后，射线反射向上传播，再逐层乘以向上的透过系数 $T'_p(\theta)$。

（6）到达海平面的该出射角射线能量算完后，可以获得从地下各层返回地面，在某一接收点（x）的出射能量 E（x），对于每一个反射层①，②，③…都可以算出一系列的 E（x），从中还可以看出在哪个地段可以接收到反射的较强能量，哪个地段是反射盲区。

考虑地震波传播过程中介质吸收及球面扩散影响，按式：

$$A = A_0 e \sum - \alpha \cdot r \cdot \frac{1}{R}$$

式中，A_0 为初始振幅；R 为地震波传播距离；$\frac{1}{R}$ 为球面波振幅衰减；α 为某一地层中的吸收系数；r 为地震在某一地层中的传播距离；λ 为地震波长。

一般有 $\frac{1}{Q} = \frac{\alpha \cdot \lambda}{\pi}$，故 $\alpha = \frac{\pi}{Q \cdot \lambda}$，按李庆忠院士经验公式 $Q = 14 \times V_p^{2.2}$（李庆忠，1993），即介质吸收按主频 f_m 来计算，$\lambda = \frac{V_p}{f_m}$。每层根据 V_p 可推知 Q 值。

由 Zoeppritz 方程可知，只有在地层的纵波速度、横波速度（或泊松比）和密度等参数已知的条件下，才能计算地震反射振幅。到目前为止，还未进行南黄海盆地地层的横波速度（泊松比）的研究，故在计算中采用李庆忠（1992）总结的不同岩性的地震纵、横波变化规律。

综合物性分析成果和区域对比推测的地层平均厚度范围，根据南黄海海域地震地质条件，选取南部拗陷、中部隆起、北部拗陷等地区的地层参数，构建水平层速度模型（图3.2），利用20Hz的雷克子波与计算得到的各地层界面反射系数褶积，从而得到不同区域地层模型对应的 AVA 响应特征。

图3.2～图3.4分别为北部拗陷、中部隆起、南部拗陷层速度模型与各地层界面 AVA 响应模拟及振幅计算曲线，从中可以看出，入射角小于45°区域的地震反射振幅远低于45°以上90°以下区域，并且在临界角位置处会有反射波相位的变化；由于深部地层之间的岩性差异较小，当传播到界面的入射角较小时，反射波能量较弱，不利于在地震记录上的识别和追踪。尤其是在中部隆起区，强反射界面（N–T界面）不仅对地震波能量的传播起到了阻挡作用，还与海底或海平面之间形成了严重的层间多次波干扰，影响了该区地震记录的信噪比。当使用长排列采集，地下深部地层界面的入射角范围增大，原本很弱的目标地层反射波在远偏移距处会有能量加强的现象，利用远偏移距数据能够改善深部地层成像品质。另外，在实际海上地震勘探过程中，近偏移距道上勘探船、海浪等造成的噪声及能量的多次波等干扰验证，数据信噪比较差，严重影响了深部目的层的成像品质。因此，增大排列长度，采取广角地震勘探采集方式，可以利用能量较高的广角反射信息，改善深部地层反射波同相轴的能量强度。

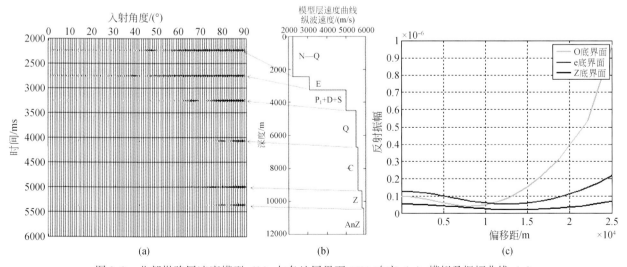

图3.2　北部拗陷层速度模型（b）与各地层界面 AVA 响应（a）模拟及振幅曲线（c）

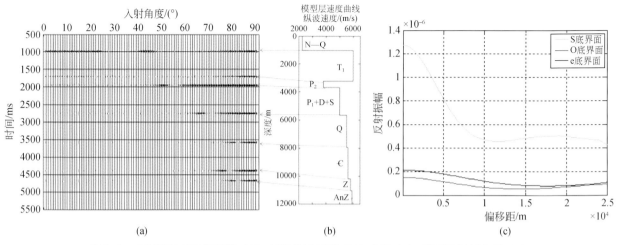

图 3.3　中部隆起层速度模型（b）与各地层界面 AVA 响应（a）模拟及振幅曲线（c）

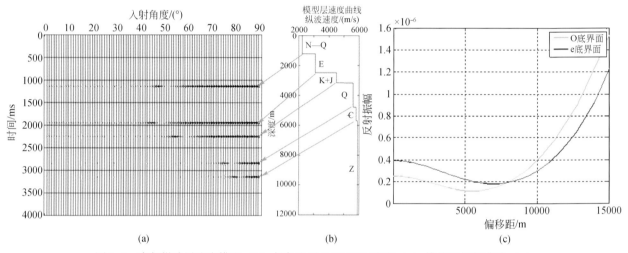

图 3.4　南部拗陷层速度模型（b）与各地层界面 AVA 响应（a）模拟及振幅曲线（c）

　　由上可见，影响地震波反射振幅强度的因素主要有：反射界面上下的物性差异、上覆反射界面的反射强度和沉积层的埋藏深度。在中部隆起上，速度小于 2000m/s 的第四纪和新近纪地层直接覆盖在速度 5000m/s 以上的海相残留地层之上，界面的反射系数最高达 0.5 左右，形成强反射界面，对地震波下传起到了强烈的屏蔽作用，使之向下传播的地震波能量只有震源子波能量的 10% 以下，界面的速度差异越大，下传的能量越小（图 3.5）。

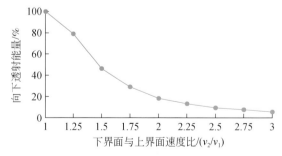

图 3.5　向下透射能量与下上界面速度比的关系

　　张雷等（2013）通过地震反射特征模拟发现，在中部隆起区域，在海面和海底之间、海面与 N（新近系）—T（三叠系）分界面之间、海底与 N—T 分界面之间形成了强烈的多次波，T 以下地层的反射波上行至 N—T 速度剧烈变化分界面后大部分能量被反射下行，并在几个强分界面之间形成多次波，海面记录到的来自 T 以下反射波信号非常微弱；对于拗陷区，在海面与海底之间、海面与 E—K 分界面之间、海底与 E—K 分界面之间、海面与 J—T 分界面之间、海底与 J—T 分界面之间形成了强烈的多次波，从 VSP 记录上还可以看出三叠系以下地层的反射波上行至 E—K、J—T 速度剧烈变化分界面后大部分能量被反射下行，并在几个强分界面之间形成多次波，海面记录到的来自三叠系以下反射波信号也非常微弱。

（二）高速层顶面屏蔽作用数值模拟分析

南黄海中部隆起和勿南沙隆起浅部赋存有高速的海相碳酸盐岩地层，对地震波向深部地层传播起到了屏蔽作用，从能量屏蔽和散射效应两个方面探讨了浅部高速层屏蔽作用。

1. 能量屏蔽

根据弹性波动力学理论，当地震波到达两种介质的分界面时，不仅改变地震波的传播方向，发生反射和透射现象，还要发生地震波的波型转换。为了描述不同岩性差异界面的反射、透射问题，构建不同类型的介质模型（表 3.3），模型 1 和模型 3 上、下地层介质物性差异较小，分别代表浅部低速层模型和深部高速层模型，而模型 2 的界面上、下地层物性差异大，所形成的物性界面为强反射界面，利用 Zeoppritz 方程求取当纵波入射时，反射纵波、透射纵波的位移系数和能量系数情况，进一步分析高速屏蔽层对地震波的能量屏蔽作用。

表 3.3　不同岩性差异界面模型参数

模型编号	地层介质	纵波速度/（m/s）	横波速度/（m/s）	密度/（g/cm³）
1	上覆地层	2500	1443	2192
	下伏地层	3000	1732	2294
2	上覆地层	2500	1443	2192
	下伏地层	5000	2887	2607
3	上覆地层	4500	2598	2539
	下伏地层	5000	2887	2607

模拟结果如图 3.6 所示，模型 1 和模型 3 中的界面两侧速度、密度差异较小，在纵波反射位移系数变化曲线中只能看到一个临界角的存在，在纵波反射位移系数随入射角变化曲线上可以看出，随着入射角度逐渐增大，纵波反射位移系数有所减小，当逐渐逼近到临界角时，纵波反射位移系数大幅度升高，并且在临界角处达到最大值，与之对应的纵波透射能量系数迅速降为最低值［图 3.6（d）］，说明入射波的能量主要分配给了反射纵波。模型 2 的上覆地层与下伏地层物性差异较大，分界面上的纵波速度比下层介质的横波速度还低，在这类波阻抗界面上可以看到两个临界角的存在，它们分别与纵波透射和横波透射相对应；通过图 3.6（a）中模型 2 的纵波反射系数变化曲线可以看出，由于波阻抗差变大，反射纵波位移系数初始值非常大，对应的纵波反射位移系数变化曲线特征较为复杂，在入射角逐渐增大，直至大于界面第一个临界角时，纵波反射位移系数大幅度降低，而后又逐渐升高，当入射角再次逼近界面第二个临界角时，从图中可以看到纵波反射位移系数出现了第二次极值。

由此可知，在浅部存在强反射界面的情况下，入射纵波的临界角度变小，容易发生全反射现象，地震波的能量也不能有效向下透射，很难得到中-深层地层信息（王建花等，2003；吴志强等，2011）。在南黄海盆地隆起区域，低速的新生界直接覆盖在高速的海相中—古生界之上，与模型 2 的情况相同，反射波能量的增加势必导致透射波能量的减少，穿过高速层向下传播的地震波能量越小，越不利于深部地层反射信息的采集，这是高速屏蔽层对地震波的能量屏蔽作用。而中—古生界海相碳酸盐岩层间波阻抗差异小，与模型 3 的情况相同，反射地震波反射能量弱，采用大偏移距广角地震勘探，得到的超临界角地震反射能量比近偏移距强，有助于提高弱反射地层界面地震波的反射能量，更有利于深部目标地层的地震勘探成像。

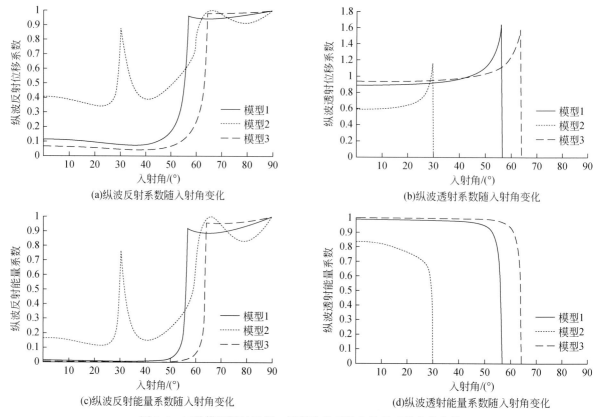

(a)纵波反射系数随入射角变化

(b)纵波透射系数随入射角变化

(c)纵波反射能量系数随入射角变化

(d)纵波透射能量系数随入射角变化

图3.6　三种模型纵波反射、透射位移系数和能量系数变化曲线

2. 散射效应

假设地质体是由点的形式组成，那么广义上定义的散射就是地下不均匀的地质体引发地震波传播变化的现象。根据惠更斯–菲涅尔原理，在地震波的传播过程中，地震波波前的任意一点都看做一个新的震源，由它的扰动可以产生的新波前面，而将所有新波前面的扰动点叠加之后得到的地震波就是散射波（图3.7）。

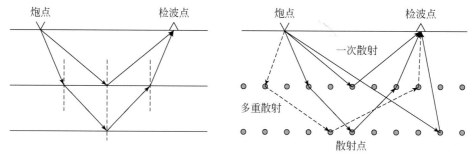

图3.7　反射波与散射波的区别

地下介质的不均匀性造成散射波在传播过程中产生的能量不规则散射。通过中部隆起区地震叠加剖面（图3.8）可以看出，在强波阻抗分界面上，由高速层导致的下传地震波能量较弱，难以得到深部地层清晰的成像结果（箭头所指处），并且在大部分区域，该界面是非常不规则的粗糙界面，由此引起的地震波散射效应不容忽视，下面就利用声波方程有限差分正演模拟对粗糙强反射界面的散射效应进行分析。

基于中部隆起地质、地球物理特征，构建粗糙的高速顶界面二维模型（图3.9），模型中包含了大尺度（大于地震波长）横向平缓展布的起伏界面，也包含了的尺度比地震波长小的崎岖界面，且该界面是一个纵波速度为6000m/s的高速层顶界面，以此来模拟中部隆起不规则起伏的高速层顶界面地震反射特

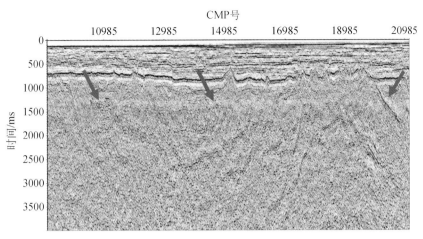

图 3.8　中部隆起水平叠加剖面

征。由于该界面速度远高于上覆和下伏地层的地震波速度，形成了强反射界面。不规则起伏的强反射界面给地震波带来较为严重的散射效应（图中蓝框所指处），地震波场变得更为复杂，该界面以下地层成像效果变差。10Hz 与 30Hz 主频地震波对散射效应的敏感度不同（图 3.9），在 10Hz 模拟地震记录中还能够识别出深部界面反射波，虽然信噪比较差，但是仍然具有一定的波组连续性。因此利用低频地震波能够有效地改善地层横向的非均质性带来的散射问题。

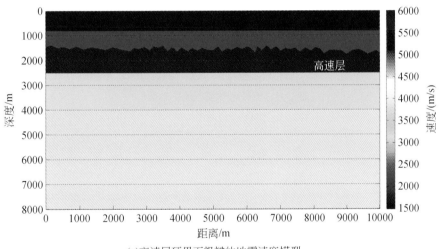

(a)高速层顶界面粗糙的地震速度模型

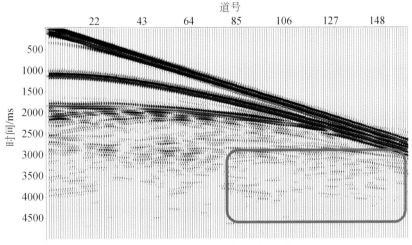

(b)10Hz主频地震波模拟单炮记录

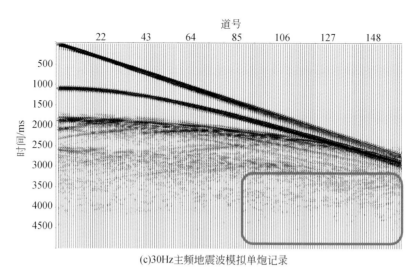

(c)30Hz主频地震波模拟单炮记录

图3.9　粗糙界面地震速度模型和正演模拟结果

二、地震地质模型正演模拟

借助于地震模型数值正演模拟技术，分析研究地震波传播的波场特征及变化规律，尤其是高速层构造区域的广角反射波特征，是指导复杂地震地质条件的采集参数设计和资料处理的有利工具。

以多道地震解释成果为基础，构建了二维地震地质模型，模型的主要物性参数如表3.4所示，并采用表3.5所示观测系统参数，采用不同主频的模拟子波、不同的正演模拟方法对该区域进行地震数值模拟，对模拟数据进行了分析和处理。

表3.4　地震地质模型地层参数表

地层	速度/(m/s)	密度/(kg/m³)
水层	1500	1000
N—Q	2240	2132
E	3100	2313
K	4900	2593
K+J	4500	2539
T_1	6000	2728
P_2	3800	2433
P_1+D+S	5000	2606
O	5500	2669
€	5600	2681
Z	5800	2705
AnZ	5900	2716

表3.5　地震地质模型正演模拟的观测系统参数表

道间距	12.5m（或25m）
炮间距	50m（或100m）
电缆工作段总长	6000m（或12000m）
道数	480道
覆盖次数	60次

续表

采样率	4ms
记录长度	8s
最小偏移距	200m
震源沉放深度	6m
电缆沉放深度	10m

图 3.10 为位于中部隆起地震地质模型，图 3.11 为主频 10Hz、不考虑海底多次波的模拟单炮记录。由于高速强反射界面对地震波的向下传播，以及深部地层反射波向上传播都起到了屏蔽作用，模拟记录中由高速层顶界面与海水面之间的全程多次波及与高速层有关的层间的强能量多次波干扰严重，在 10Hz 主频子波模拟得到的单炮记录中能够较清晰地识别出高速 T_1 地层的顶界面和底界面反射波同相轴，其余波组都被多次波掩盖，严重降低了地震资料的信噪比。

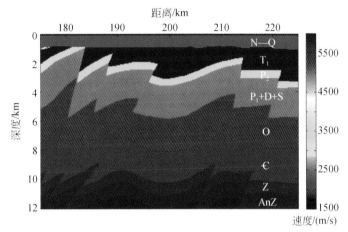

图 3.10 中部隆起地震模型示意图

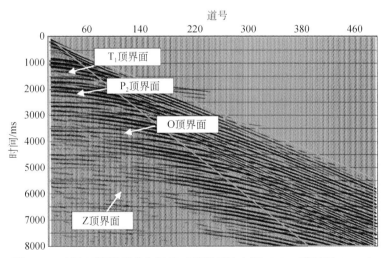

图 3.11 声波正演模拟单炮记录（模拟子波主频 10Hz，道间距 12.5m）

从图中还可以看出，较浅的海水层还诱发了严重的导波现象（图 3.11 中的蓝色线框区域），掩盖了部分反射波同相轴，降低了地震资料的信噪比，使得大量反射波信号得不到有效利用，影响地震资料的成像效果。

中部隆起区浅部强反射界面也对地震波的向下穿透起到了阻挡作用。波场快照（图 3.12）显示，传播至此地震波的大部分能量转换为反射波，向下传播的能量弱，深部地层界面的反射波上行传播也受到该界面的屏蔽，造成地震记录中深部反射信息难以识别。同时，强能量的反射波上行遇到海水面时，会产生自由表面多次波，地震波被圈闭在高速层顶界面与海平面之间往返震荡，再加上海底鸣震、层间多次波和全程多次波的严重干扰，相互混叠，掩盖了有效反射波信息，不利于对反射波同相轴的识别，造成地震资料分辨率、信噪比较差。

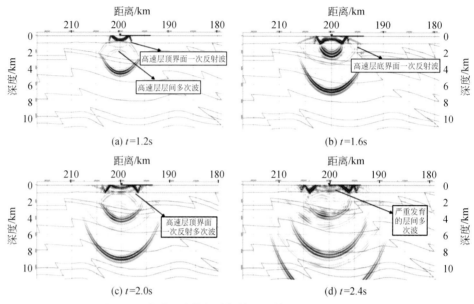

图 3.12　声波正演模拟波场快照（模拟子波主频 10Hz）

图 3.13 和图 3.14 为将排列长度加大到 12000m 后含多次波与不含多次波模拟数据的速度谱图，速度谱上可见呈串珠状的多次波能量团特征，远偏移距道集通过常规动校正无法拉平和深部地层界面反射能量微弱等现象；不含多次波模拟的速度谱上，串珠状能量团消失，原本被掩盖的深部地层速度谱能量团凸显出来，在 CMP 道集上也可以看到随着偏移距的增大，反射波同相轴能量增强，在红色方框标识的达到超临界角的大偏移距道集，含有大量的广角反射信号，在地震资料的处理中利用这部分信息可以有效地削弱高速层屏蔽作用。因此，应适当地增加最大偏移距，接收广角反射信息，是资料采集参数的优选方案。

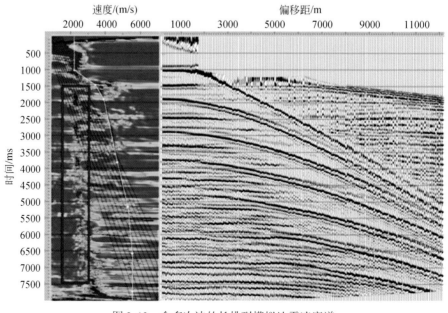

图 3.13　含多次波的长排列模拟地震速度谱

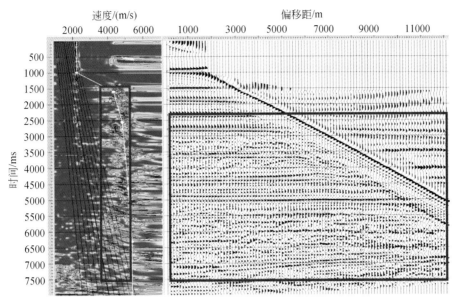

图 3.14　不含多次波的长排列模拟地震速度谱

图 3.15 为采用主频为 30Hz 子波模拟的单炮记录，由于浅部存在强反射界面，且地层的横向非均质性强烈，造成地震波场复杂，转换波发育且能量强、视速度低，各界面的转换波，以及转换多次波等使得地震波场复杂化，同时也干扰了对有效反射波信息的识别和利用。

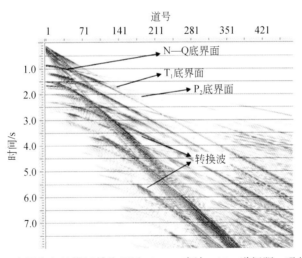

图 3.15　中部隆起处模拟单炮记录（30Hz 声波，25m 道间距，吸收表面）

为了更好地研究广角反射地震的勘探效果，将地震模型的顶界面设定为吸收表面，即假设地震波上传至模型顶界面时，地震波能量被吸收而不会再向下传播产生多次波。同时，为了研究实际地震采集效果，将正演模拟地震记录与对应的实际多道地震数据做对比。

图 3.16 为与图 3.10 所示模型水平距离 200km 处的地震地质特征相似的实际单炮记录（a）与模拟单炮记录（b）对比，图中蓝色方框区域为实际采集地震资料的偏移距范围，在高速屏蔽层的影响下，深部地层界面反射信号能量弱，多次波干扰严重，难以有效辨认。在超过实际采集的偏移距范围区域，深部弱反射地层界面对应的同相轴能量逐渐增强，能够辨别出深部的反射波同相轴信息。海上地震勘探近偏移距得到的数据往往信噪比低，受多次波干扰较大，而远偏移距由于远离勘探船，采集环境相对安静，接收到的资料信噪比高，因此，在地震资料的处理中利用这部分信息可以有效地削弱浅部海相碳酸盐岩地层的屏蔽作用，更好地对高速屏蔽层覆盖下的海相地层进行成像。将选择的实际单炮记录与位置相近的海底地震仪台站记录剖面经过带通滤波处理（3-5-15-20Hz）后叠合显示（图 3.17），可以看出在常

规地震勘探偏移距范围以外，海底地震仪记录到了来自深部地层的广角反射波，并且在远偏移距处也有较好的信噪比和较高的能量，波组特征明显，横向连续性较好。

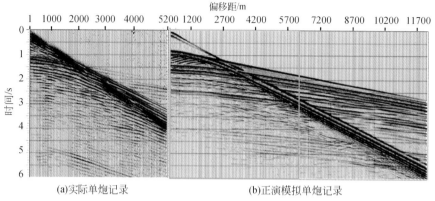

(a)实际单炮记录　　　　　　　　　(b)正演模拟单炮记录

图 3.16　中部隆起实际地震资料与正演模拟数据对比图

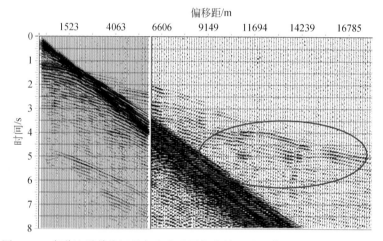

图 3.17　多道地震单炮记录与海底地震仪台站记录叠合显示图（中部隆起）

图 3.18 为模拟北部拗陷地震地质模型示意图，炮点位于模型横向距离 90km 处的海水中，海底以下地层纵波速度参数随着深度的增加而增大，采用道间距 25m，最大偏移距 12000m 的观测系统正演模拟单炮记录（图 3.19），与中部隆起模拟结果相同，单炮记录中发育有严重的导波现象；海水面设为吸收表面时，10Hz 主频声波模拟的单炮记录由于没有受到与自由表面有关多次波的干扰，信噪比较高，单炮记录上能够清晰地识别新近系—第四系（N—Q）、古近系（E）底界面，而奥陶系（O）、寒武系（€）、震旦系（Z）、前震旦系（AnZ）等地层底界面由于其波阻抗差异微弱，近道接收到的相应地层界面的反射波能量较弱，但是，随着偏移距的增大，在远道处可以看到反射波同相轴能量逐渐变强，同相轴变得清晰连续。

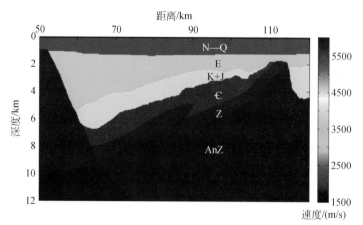

图 3.18　模拟位于北部拗陷地震地质模型的炮点位置示意图

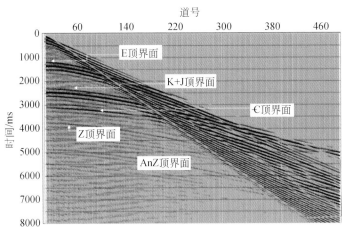

图 3.19　北部拗陷处模拟单炮记录（10Hz 声波，25m 道间距，吸收表面）

对模拟的单炮记录与实际记录对比可以看出（图 3.20），由于没有高速屏蔽层的影响，多次波干扰较小，实际单炮记录的信噪比较高，双程旅行时 3s 以内可以清晰地识别三个较强能量的反射波同相轴。通过与正演速度模型的比对，这三个同相轴分别对应着北部拗陷模型中的新近系顶界面、新生界与中生界分界面，以及中生界与古生界分界面。在与实际资料偏移距范围对应的蓝色方框区域之外，不仅中生界的顶底界面反射波能量逐渐增强，而且还出现代表深部弱反射界面的强能量波组，表明可以在更远偏移距处接收到深部地层界面的强能量广角反射信息。将多道记录叠合在相近位置的 OBS 台站记录上（图 3.21），大于 6000m 的远偏移距范围 OBS 数据和正演模拟记录中的广角地震波特征一致，直达波以上的中—古生界界面反射波同相轴能量较强。

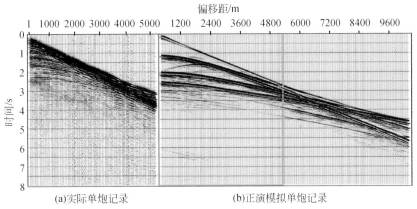

(a)实际单炮记录　　　　　　　　　　(b)正演模拟单炮记录

图 3.20　北部拗陷实际地震资料与正演模拟数据对比图

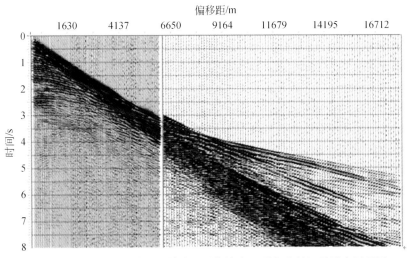

图 3.21　北部拗陷多道地震单炮记录与海底地震仪台站记录叠合显示图

图 3.22 为基于吸收表面条件下，采用 10Hz 主频声波模拟不同排列长度单炮记录，经高阶速度校正与叠加处理得到的成果剖面，在没有多次波干扰的情况下，采取长排列（12000m）采集参数模拟得到的地震资料，中-深部地层成像效果较好，浅部地层反射波同相轴能量强，波组清晰。

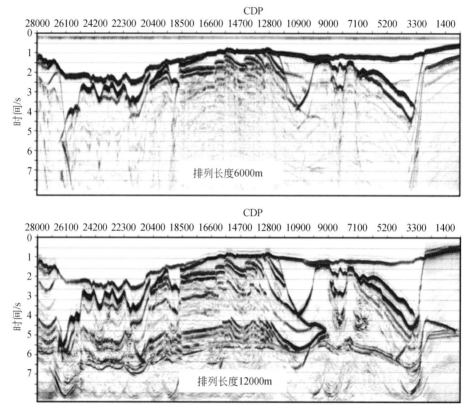

图 3.22　排列长度 6000m 与 12000m 模拟记录叠加处理剖面

三、地震物理模型实验研究

地震物理模型就是依照地质结构中原体，应用特定的相似准则缩制成模型，根据其速度、密度及结构，构建与原体相似的天然状况的物理模型，进行超声地震实验，通过观测获取数据，然后再按照相似准则将结果引申到原体中对比分析，用以指导实际工作（Chon and Turpening，1990）。

地震物理模型实验的基础是相似理论，以动力相似法无量纲波动方程的不变性为基础，以几何参数、物理参数的相似为准则的。地震物理模型要按一定的比例将野外的地质体缩小，故在物理模型设计时必须考虑模型与实际地质体之间的相似性。同时还需考虑边界效应，模型尺寸要远大于目标地质体缩小后的尺寸，使在数据采集时不至于将模型边界产生的绕射影响到目标地质体的反射信息（Ebrom et al.，1990；Brown and Lawton，1991；Assad and Tatham，1992；郝守玲和赵群，2002；赵群等，2004；张永刚等，2007）。

在考虑几何相似的同时，还要考虑时间、频率、速度、密度、弹性模量、黏滞系数、衰减系数、波形和波谱等方面的相似。但在地震物理模型实验中，要同时满足全部条件是非常困难的，目前以保证对问题起主要作用的单值量判据相等，对较次要的因素而且实现起来有困难的单值量判据，可以放松要求使其得到大致近似的满足，甚至可以忽略。

图 3.23 为根据中部隆起地震资料品质优良、反射波组齐全的地震剖面地质解释结果和地层岩石物性，根据温度、速度层体积、厚度和面积等因素确定出合适的比例配方，按照模型的几何尺寸和形状制作的实际物理模型。它包括三条断层和新近系—第四系（N+Q）碎屑岩、二叠系—石炭系灰岩（P_1—C）、泥盆系-志留系海相碎屑岩（D—S）、奥陶系—寒武系灰岩（O—$\in$）、震旦系砂岩（Z）和前震旦系浅变质

图 3.23　地震物理实物模型图

岩（AnZ）。

图 3.24 为采用表 3.6 所示的模拟观测系统，模拟不同激发点位置上的共炮点道集记录，它包含 4 个主要的反射波组，第一组同相轴（直线）为出现在近炮检距内低频、高振幅纵波直达波；第二组同相轴（双曲线）为一个没有倾角的模型顶界面单边放炮的反射波；以下各组反射同相轴有的出现复杂正常时差的同相轴，如第 410 炮同相轴 C 双曲线时移有歪斜，表明它们向左上倾，第 410 炮同相轴 A 在 B 处有不连续错断，表明断层的存在。第 201 炮记录看出有许多反射层，以及与之有关的层间交混回响，并可见信噪比随时间增加逐渐降低，在本次实验模拟的单炮记录中都存在这种现象。

表 3.6　物理模型地震采集参数表

采集参数	实验室	模拟实际
接收道数/炮	120	120
覆盖次数	60	60
道间距	1mm	50m
炮间距	1mm	50m
最小偏移距	8mm	400m
排列长度	127mm	6350m
采样率	$0.2\mu s$	1ms
记录长度	1.2ms	6s

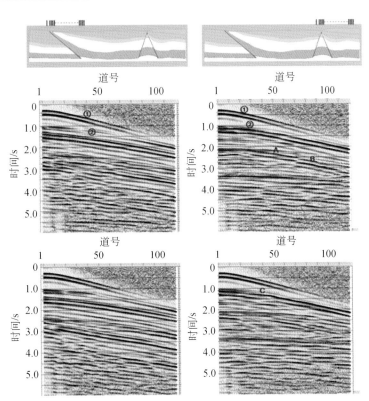

图 3.24　不同激发点位置的共炮点道集记录

　　图 3.25 为正常叠加速度的叠加剖面，剖面特征清晰，深部反射波组连续性好。图 3.26 为正常叠加速度降低 10% 后处理得到的叠加剖面。叠加速度的降低造成绕射波、断面波特征欠清楚，同时地震反射波组错断、连续性差，剖面整体品质明显变差。图 3.27、图 3.28 分别为正常叠加速度增加 10%、20% 后的成像剖面。提高叠加速度作用是绕射波能量明显加强、剖面信噪比有所提高。剖面上绕射波能帮助我们更准确地确定异常地质部位，但是采用超过正常叠加速度的数据处理，对水平层反射叠加成像是不利的。

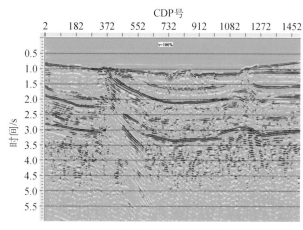

图 3.25　正常叠加速度叠加处理剖面

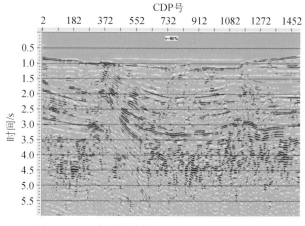

图 3.26　正常速度降低 10% 后的叠加处理剖面

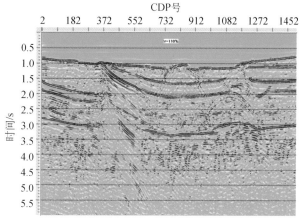

图 3.27　正常速度增加 10% 速度叠加剖面

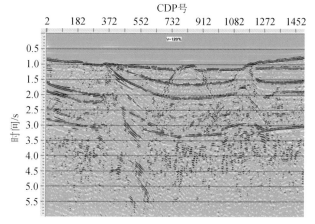

图 3.28　正常速度增加 20% 速度叠加剖面

　　图 3.29 分别给出了模型实验数据偏移处理前后的叠加剖面。在水平叠加剖面上，可以看到包含有两侧倾角地层、断层及地层尖灭点的断面波和绕射双曲线。一方面，偏移处理后，可以看到绕射波已收敛到尖灭点的顶部，而且倾斜同相轴也归位到靠近凹陷两侧的位置；从断面散开的一定倾角范围的反射同相轴群，在偏移处理后向上倾方向移动，且变短、变陡。相反，偏移处理后缓倾角地层的反射波组几乎没有变化，表明偏移能使倾斜同相轴上倾方向移动并使绕射波收敛，这样就能够在保持水平同相轴位置的同时辨别断层。另一方面，偏移距剖面上的残丘看起来要比实际的宽缓些。当然偏移速度是影响到偏移剖面上构造的规模，较高的速度意味着要求更多的偏移，以此它使背斜构造变得更窄。

　　物理模型数据偏移处理的目的是探讨偏移速度变化对成像效果的影响。图 3.30 为正常偏移速度降低 10% 的偏移处理效果，速度降低，绕射双曲线收敛差，这是一种偏移不足的表现。图 3.31 为正常偏移速度增加 10% 的偏移处理效果，偏移速度偏大，向下翘的绕射双曲线出现反转上翘现象，这是一种偏移过度的现象表现。

　　由此可见，过低和过高的偏移速度会造成倾斜同相轴偏移不足和偏移过度现象，导致了同相轴的位置错动。当偏移速度成像处理存在误差时，地层倾角越大，偏移不足和过度的现象就越严重。大速度误差造成的偏移不足或过度能够识别，但是小速度误差造成的轻微偏移不足和偏移过头，却很难判断它们

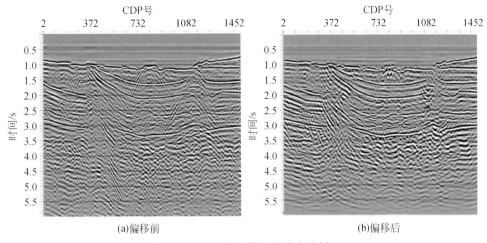

(a)偏移前   (b)偏移后

图 3.29　地震物理模拟实验成果剖面

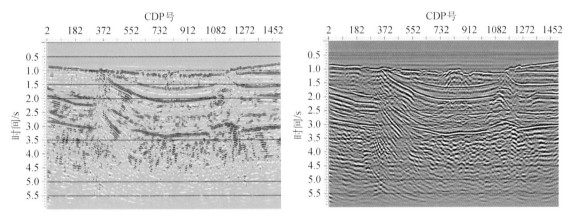

图 3.30　低于 10% 模型速度的偏移剖面

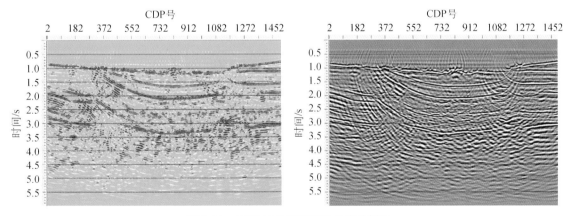

图 3.31　高于 10% 模型速度的偏移剖面

是否存在。因此，偏移速度不确定性不可避免地引起偏移剖面和数据资料的解释的不确定。

　　在叠加剖面的深层部分，环境噪声通常占优势，由于偏移速度大，由偏移带来了相干同相轴在深层部位更为严重。除了有规律地沿着波前划弧以外，这是由输入剖面中的稀疏分布的振幅脉冲引起的，在时间剖面上的单个脉冲信号，在偏移剖面上成为一个半圆形。偏移会使随机噪声更有规律性，这种有规律的噪声不仅破坏了偏移剖面的深层能量，而且对偏移剖面的浅部数据也有一定的影响。

　　鉴于排列长度在海相碳酸盐岩目标层勘探中的重要性，在地震物理模型实验中，选择了四种排列长度接收的数据进行成像处理后比较。观测方式均采用上倾放炮的形式，道间距 50m，最小偏移距为 0m，覆盖次数为 15 次，通过调整炮间距采用相同的处理流程和参数分别得到排列长度 1500m、3000m 和 6000m 的地震叠加剖面（图 3.32~图 3.34）。比较看出，对浅部地层而言，在覆盖次数相同的条件下排列长度短的，成像精度较好；但对深部地层的成像而言，排列长度大的成像精度比较好。对这些波场特征进行比较看到，短排列的浅层反射界面能量较强，连续性在逐渐变好，深层能量减弱，连续性在逐步变差。相反，随着排列的增大，浅层反射界面的能量变弱，连续性在逐渐变差，深层能量增强，连续性在逐步变好。因此，在覆盖次数一定的情况下，需综合考虑各方面的情况，在经济、有效的原则下，确定合理的排列长度。

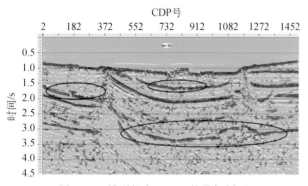

图 3.32　排列长度 1500m 的叠加剖面

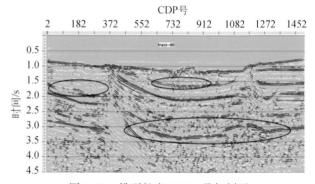

图 3.33　排列长度 3000m 叠加剖面

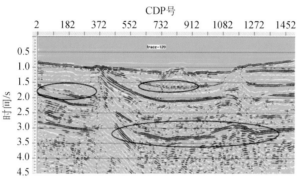

图 3.34　排列长度 6000m 叠加剖面

第三节　地震长排列与立体采集关键技术探索

　　地震采集技术方法研究是地震勘探的基础，只有根据勘探区的地震地质条件，采用先进而实用的地震采集技术方法，才能获得高质量的地震原始记录，为地震资料的处理成像打下良好的基础。尤其在南黄海这种地震地质条件下，地震资料采集技术方法研究显得尤为重要。

　　根据海上地震资料采集的特点和南黄海地震地质条件，针对海相碳酸盐岩地震资料采集的难题，并根据前期模拟分析得出的低频信号的优势等结论，针对性进行了气枪阵列组合和采集技术方案设计研究和海上试验工作。

一、地震立体激发技术研究与海上试验

（一）立体枪阵延迟激发技术研究

1. 基本原理

　　针对强反射界面引起的地震波透射能量弱，散射干扰强，目标层埋深大引起的地震波传播路径长、能量衰减严重的勘探难题，根据低频地震信号抗散射能力强、衰减慢、穿透能力大和传播距离

远的特点（佘德平等，2006，2007），以及地震反射特征模拟研究结果，确定了以拓展低频频带、提升低频能量和拓宽频带作为地震资料采集的主攻方向，着重开展了气枪阵列（枪阵）震源激发技术的攻关研究。

在常规的海洋地震资料采集中，气枪是经济、实用和符合环保要求的人工地震震源。为了最大程度发挥气枪震源的优势，避免单枪的气泡效应对地震记录品质的影响，通常将若干个不同容量的单气枪组成子阵列，再用 2~4 个子阵列组成一个完整的气枪震源阵列，每个子阵列都以相同深度沉放在海水中，称为平面枪阵或常规枪阵（李绪宣等，2009）。它具有操作方便、排列简单和能实现子阵列最大能量同时叠加等优点。

枪阵容量和组合方式对多道地震原始资料的品质起决定性作用。枪阵容量小，激发的地震波主频高、能量低、勘探深度有限，难以获得深部目标层的有效反射波；枪阵总容量越大，激发的地震波能量就越高，得到的勘探目标层地震反射波振幅也越大。在大容量气枪阵列震源中，容量大的气枪越多，激发的地震波低频能量越高。但是，大容量气枪震源也存在较大的缺点，由于大容量气枪的气泡半径大，需要将气枪沉放在大于气泡半径的深度，才能保证气枪最佳的输出能量。当气枪的沉放深度较大时，由海平面虚反射带来的鬼波效应，压制了气枪震源的高频输出能量，降低了地震数据的频带宽度；也造成了气枪震源激发的远场子波低频段振幅的跳跃式"振荡"，使频谱曲线呈"锯齿"状分布，降低了原始地震资料品质（Cambois et al.，2009）。

枪阵鬼波形成机理是，当气枪在海水中激发时，气枪中的高压空气瞬间释放到水中，迅速形成球形的气泡，由于气泡内压力大于周围水体压力，导致气泡迅速膨胀形成压力脉冲，即气枪的主脉冲，它向四周传播形成地震波。同时，部分向上传播的信号经海平面反射之后向下传播并到达检波点，形成了震源水体虚反射（简称鬼波）。由于海水与空气界面的反射系数为负，因此虚反射极性与近场信号极性相反、到达接收点的时间滞后于下行地震波。存在到达时间延迟的震源虚反射与近场子波叠加，形成远场子波（图 3.35）。

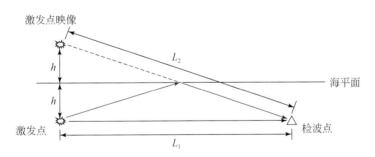

图 3.35　气枪远场子波形成示意图

远场子波信号可表示为

$$y(t) = x(t) + \alpha \cdot x(t + \Delta t) \tag{3.1}$$

式中，$x(t)$ 为近场子波信号；Δt 为虚反射延迟到达时间；$x(t+\Delta t)$ 为虚反射信号；α 为海水与空气界面的反射系数，约等于-1.0，则式（3.1）可改写为

$$y(t) = x(t) - x(t + \Delta t) \tag{3.2}$$

为了了解水体虚反射对枪阵子波频谱的影响，首先从理论上分析了水体虚反射的频谱特征。对式（3.2）进行傅氏变换得：

$$Y(f) = X(f)(1 - e^{-i2\pi \cdot f\Delta t}) \tag{3.3}$$

式中，f 为频率，$(1-e^{-i2\pi \cdot f\Delta t})$ 可视为一次反射的滤波因子，即虚反射滤波器，设为 $H(f)$。假设震源与检波器的连线与海面垂直，则

$$\Delta t = 2h_g/c \tag{3.4}$$

式中，h_g 为枪阵的沉放深度；c 为海水速度。滤波器的振幅谱为

$$|H(f)| = \left[1 - 4\sin^2\left(\pi f \frac{2h_g}{c} \right) \right]^{1/2} \qquad (3.5)$$

由式（3.5）可得，当频率 $f = nc/2h_g$（$n=1, 2, 3\cdots$）时，滤波器的振幅谱受到震源虚反射的压制最大，称 $f = nc/2h_g$ 为陷波频率，其大小由海水中声波传播速度 c 和枪阵沉放深度 h_g 决定。由此可以看出，由于海平面虚反射等因素引起的陷波作用，高频和低频信号均受到不同程度的压制。

陆地地震勘探井中炸药激发方式同样也存在虚反射问题，降低地震记录的分辨率和信噪比。为了降低虚反射效应，采用组合延迟激发技术来衰减虚反射效应，将炸药在井中分别放置不同深度上并从浅到深延迟激发，延迟的时间为上一个激发点形成的下行波到达下一个激发点的走时，这样就会在叠合下行波的同时消耗上行波，鬼波（与地表反射相关的上行波）的能量被削减（赵殿栋等，2001；李文彬等，2002；谭绍泉，2003；于世焕等，2004）。该技术在陆地地震资料采集存在的主要困难是，地表速度变化大，很难完全得到精确的地表速度结构，炸药爆炸时间的精度低，无法做到爆炸的视速度与地层速度完全匹配，影响该技术在陆地地震勘探的应用效果。

为了降低气枪震源激发产生的虚反射作用，受陆地垂直震源延迟激发压制鬼波的启发，Moldoveanu（2000）提出了垂直震源的方法，将两个枪阵按炮间距前后布置并分别沉放在同一垂直平面内的不同深度上，采集中两个枪阵交替激发形成同一激发位置上两个不同激发深度的单炮记录；处理中采用波场分离方法剔除两个连续炮点记录的上行震源波场，减弱了震源产生的虚反射，提高地震分辨率。在墨西哥湾海上试验资料的频谱分析表明，低频端能量得到了提高，频谱相对平滑，提高了资料的分辨率和信噪比。但是该方法不能做到在采集阶段降低虚反射的陷波作用，资料处理的难度和工作量大。

为此，Cambois 等（2009）将单枪、枪组合或子阵放置在不同的深度上并顺序地进行激发，组成了多层气枪阵列延迟激发震源，通过对震源远场子波理论数值模拟和实际应用发现，多层气枪阵列震源能够有效地提高子波品质，较好地抑制海面虚反射等因素造成的陷波作用，其子波频谱较平面震源子波频谱光滑，同时具有较好的低频能量优势，并且提供了更好的地震穿透能力，但是在中频带振幅能量受到一定的压制。李绪宣等（2009，2012）设计了不等深立体气枪阵列震源，较好地抑制由于海面虚反射等因素引起的陷波作用，其子波频谱较平面阵列子波频谱光滑，能够有效地提高子波质量。

多层气枪阵列延迟激发震源的主要工作原理是，将气枪子阵沉放在不同的深度上，从最上层子阵开始顺序地延迟激发各层子阵，延迟的时间是上层子阵激发的下行波波前到达下一层的走时，这样在保证下行波波前同时叠加能量不变的同时，到海平面的上行波能量不能同时叠加而受到削弱，降低了鬼波效应（图3.36）。与陆地炸药组合延迟激发相比，海水的声波速度是基本恒定的，而且子阵列沉放深度基本稳定，其变化可以忽略不计，毫秒级的气枪触发精度完全可以做到下行波前同相叠加。该技术实现起来相对简单，只需要对现有的气枪阵列的激发方式进行小的改进。

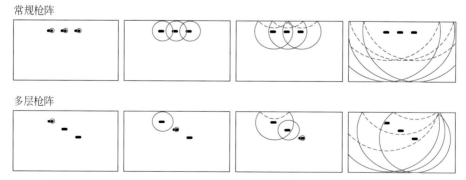

图 3.36　平面震源与多层枪阵激发效果示意图（Cambois et al., 2009）

实线为有效波前、虚线为虚反射

组合方式与容量相同的子阵组成的多层枪阵的远场子波信号可表示为

$$y(t) = nx(t) - x(t + \Delta t_1) - x(t + \Delta t_2) \cdots - x(t + \Delta t_n) \qquad (3.6)$$

式中，$x(t)$ 为单子阵的近场子波信号；$x(t + \Delta t_n)$ 为第 n 个子阵的虚反射信号 n 为子阵数；Δt_1、Δt_2、$\cdots$、

Δt_n 为各子阵虚反射延迟到达时间，对式（3.6）做傅里叶变换可以得到多层枪阵的远场子波频谱为

$$Y(f) = (n - \mathrm{e}^{i2\pi f/\Delta t_1} - \mathrm{e}^{i2\pi f/\Delta t_2} \cdots - \mathrm{e}^{i2\pi f/\Delta t_n}) F(f)$$
$$= H(f) * F(f) \tag{3.7}$$

式中，$F(f)$ 为子阵的近场子波频谱；$H(f)$ 为多层枪阵鬼波滤波器，它的振幅谱为

$$|H(f)| = [n - 4\sin^2(\pi f \Delta t_1) - 4\sin^2(\pi f \Delta t_2) \cdots - 4\sin^2(\pi f \Delta t_n)]^{1/2} \tag{3.8}$$

当各子阵的沉放深度相同时，即为常规的平面枪阵，则其鬼波滤波器的振幅为

$$|H(f)| = [n - 4n\sin^2(\pi f \Delta t)]^{1/2} \tag{3.9}$$

对比式（3.8）和式（3.9）可以看出，多层枪阵延迟激发方式，陷波频率点分散且陷波作用弱，低频和高频端能量都得到了释放，同时也降低了震源鬼波对远场子波低频和高频分量的压制作用；常规枪阵由于各子阵沉放深度相同，陷波点集中、陷波作用强。

2. 立体枪阵延时激发设计

与多层枪阵相比，立体枪阵中各子阵列或子阵列中单枪的深度组合更加灵活，目标一有效压制鬼波脉冲，抑制信号频率域的陷波效应以拓宽有效频带宽度，提高勘探分辨率。因此，最优化的立体枪阵所产生的信号，其特征应为鬼波脉冲最弱，频带宽度最大。如果为了获得具有较强穿透深度的信号，则应增强其低频端的能量。除此之外，对于三维地震勘探，枪阵信号的方向性也应当为考虑的因素之一。

1）延时与同时激发

常规枪阵要求同时激发，以使气枪主脉冲能够同相叠加，而多层枪阵延时激发也是要求对气枪激发时间进行精确控制，以达到各个气枪信号的波前面在阵列下方同相叠加。因此，多层枪阵对气枪激发时间的控制必须十分精确，否则其的信号主脉冲振幅等会受到影响。而实际的勘探过程中，由于不同因素的影响，这个条件比较难以满足。假设各子阵的深度差为 2m，水中声波的传播速度为 1500m/s，则两层子阵之间的时间延迟约为 1.3ms，而气枪之间的同步性误差可能会达到 1ms，会对枪阵的时延控制产生较大影响。另外就是由于海况的影响，加上气枪本身并非完全固定在枪架上，其深度会发生或多或少的改变。这些因素都有可能对地震波的同相叠加造成很大影响，使得理想的延时设置难以实现。因此，立体枪阵中子阵的延迟激发时间应灵活设计，以获得更好的远场子波性能为标准。

假设一种极端情况，沉放为 4m 和 8m 的气枪同时激发，其主脉冲与虚反射均未同相叠加（图3.37），远场水听器位于阵列正下方。激发信号到达水听器的时间延迟约为 2.67ms，虚反射之间的时间差为 −2.67ms。而同样枪阵延时激发其主脉冲同相叠加，两层子阵信号虚反射时间差为 5.33ms。因此，同时激发获得的信号主脉冲强度将会小于准确的延时激发震源和常规枪阵，但对虚反射部分的压制程度则介于常规枪阵与立体枪阵延时激发震源之间（图3.38），虽然相较于延时激发震源和常规枪阵（枪深4m），等时激发的立体枪阵在低频部分的振幅略高，且其陷波频率（125Hz）大于枪深为 8m 时的值（93.75Hz），等于枪深为 6m 时的陷波频率，但其能量在所有频率处均小于枪深为 6m 的平面阵列，有效频宽也较小。

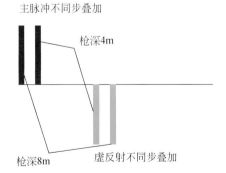

图3.37　立体枪阵等时激发信号简单示意图

由 4m+8m 的深度组合来看，等时激发的立体枪阵其主脉冲强度和虚反射压制程度均小于延时立体枪阵，只是在低频部分的能量略高。而相较于平面阵列（6m），虽然对虚反射部分有所压制，但其主脉冲振

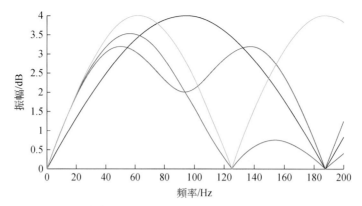

图 3.38　平面枪阵（枪深 4m：黑线，枪深 6m：绿线）与立体枪阵
（枪深组合 4m+8m，延时激发：蓝线，等时激发：红线）虚反射振幅谱

幅、频带宽度和能量都较低。

2）立体枪阵深度组合

研究表明，立体枪阵最佳的沉放深度是当其中一层震源信号的陷波频率正好对应着另一层震源信号最强能量处的频率时。依照这个标准，假设沉放深度为 4m 的枪阵，其陷波频率约为 187.5Hz（设水中声速为 1500m/s），从其虚反射频谱判断，其最大能量应位于 93Hz 左右，为陷波频率的一半。这主要是因为如果去除陷波效应，气枪阵列的振幅谱除了低频部分以外，基本为一条平缓的直线（图 3.39）。只要陷波频率不是很低（枪深很大），则这个判断是合理的。沉放深度为 8m 子阵的陷波频率在 93Hz 左右，因此 4m 和 8m 的深度组合是最优化的。这样设计的立体枪阵可以提高枪阵信号在低频和高频处的能量，并使得其频率曲线更加平坦，受下一层子阵的陷波作用的影响，中心频率处能量有所削弱。

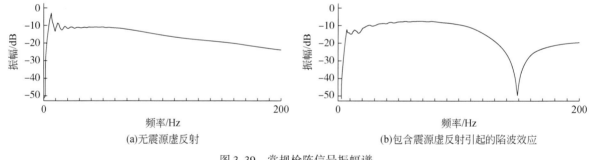

图 3.39　常规枪阵信号振幅谱

3）震源方向性

立体枪阵的另外一个问题就是枪阵信号的方向性，尽管常规枪阵也有方向性的问题，但这个问题在立体枪阵上表现得更加明显。

常规枪阵为了克服震源方向性的问题，一般将其对称布置，如图 3.40 所示，而对于立体枪阵来说，这种对称性还要体现在深度配置上（图 3.41）。图 3.42 为对称立体枪阵的水平和垂直方向的能量分布，其方向对称性基本不变。而不对称的立体枪阵（图 3.43）的能量分布则在水平以及横向方向上均呈现不对称性（图 3.44）。

4）虚反射压制

立体枪阵对虚反射在时间域的压制，主要体现在对鬼波脉冲的削弱上，这里以主脉冲零峰值与鬼波脉冲振幅的比值的绝对值（$|P/G|$）为衡量标准，比值越大，对鬼波压制越大。以图 3.40 所示枪阵为例，子阵一和四保持枪深 5m 不变，子阵二、三逐渐向下沉放，所得结果如图 3.45 所示。

对于未滤波的信号，随着深度间隔的增大，鬼波脉冲的压制效果逐渐变大，但增长速度逐渐趋于平缓。对于滤波后的信号，总体趋势是与未滤波效果一致。因此，单从时间域鬼波脉冲的压制来看，深度

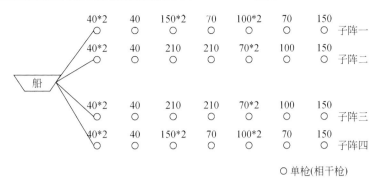

图 3.40　枪阵平面布置图

单独或乘号前的数字为容量，单位为立方英寸，乘号后数字代表相干枪数量

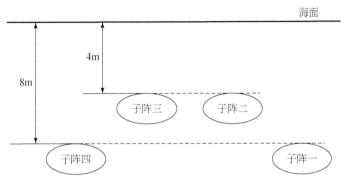

图 3.41　对称立体枪阵布置示意图

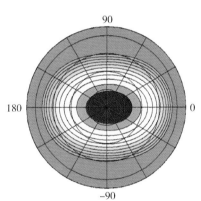

方位角单位为(°)，径向为垂直角(0~90°)

(a) 30Hz能量平面分布

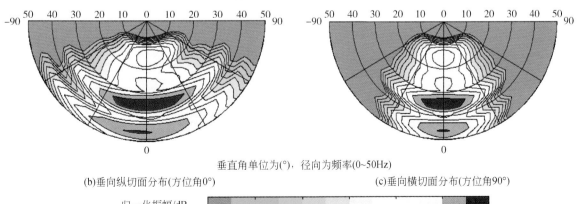

垂直角单位为(°)，径向为频率(0~50Hz)

(b)垂向纵切面分布(方位角0°)　　　　　　　　　(c)垂向横切面分布(方位角90°)

归一化振幅/dB

-12　　-10　　-8　　-6　　-4　　-2　　　0

图 3.42　对称立体枪阵能量分布图

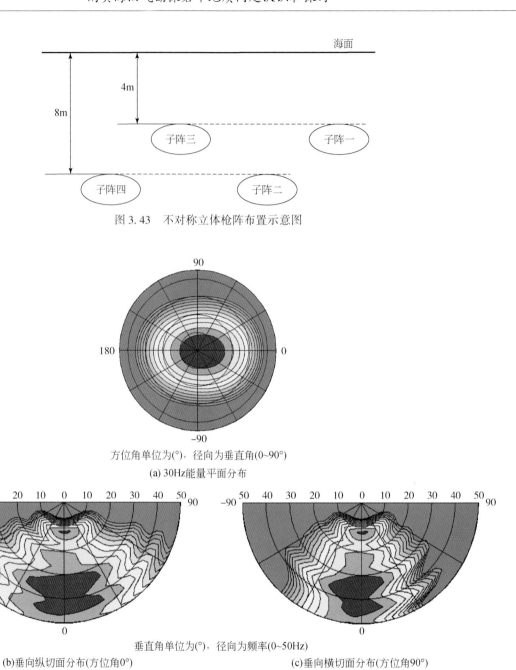

图 3.43　不对称立体枪阵布置示意图

方位角单位为(°)，径向为垂直角(0~90°)

(a) 30Hz能量平面分布

垂直角单位为(°)，径向为频率(0~50Hz)

(b)垂向纵切面分布(方位角0°)　　　　　　　　　(c)垂向横切面分布(方位角90°)

归一化振幅/dB

图 3.44　不对称立体枪阵能量分布图

差越大越好。

　　另外一种方案则是通过增加枪阵的层次，使鬼波脉冲更加分散，从而提高压制效果。以初始压力为 2000psi 的 100in³ Sleeve 枪为例，最浅枪深为 4m，以 2m 为间隔，依次向下布置气枪，延时激发。布置气枪数量与压制效果的关系如图 3.46 所示。通过模拟结果可以看出，随着气枪数量或枪阵层数的增多，鬼波压制效果越来越好，但 $|P/G|$ 增长速度逐渐变小。

　　如果只通过改变整个子阵的深度来增加立体阵列的层数，同时考虑到枪阵的方向性问题，那么最终可以增加的层数是有限的，特别是对于子阵数量较少的枪阵。因此可以采取另外一种方案，通过改变子阵内气枪的深度，使子阵呈倾斜状，由此增加枪阵的层数（图 3.47、图 3.48）。图中所示枪阵为由后向前逐渐变深，也可以为由前向后逐渐变深，这种阵列称之为倾斜立体枪阵。延时激发的倾斜阵列波场如图 3.48 所示，与之前的凸形或凹形立体枪阵的区别在于，其鬼波的波前面以一定角度沿着枪阵纵向传播。

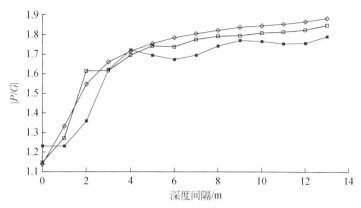

图 3.45　鬼波脉冲压制程度（|P/G|）与子阵深度间隔关系

未滤波：蓝线，out-256Hz：黑线，out-128Hz：红线

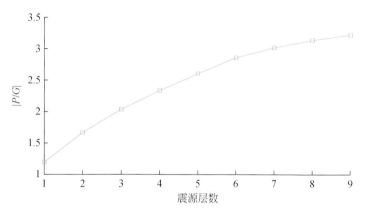

图 3.46　枪阵层数与鬼波脉冲压制（|P/G|）的关系

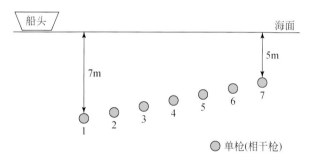

图 3.47　倾斜立体枪阵布置图

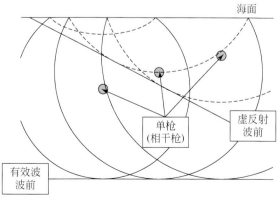

图 3.48　延时激发的倾斜立体枪阵波前示意图

5）立体枪阵的限制

立体枪阵使得震源虚反射受到了有效的压制，但是虚反射对气泡脉冲的压制和衰减作用也在降低。其次，枪阵沉放深度的改变，使得气泡受到的静水压力发生了变化，会改变单枪的气泡周期，最终影响对气泡振荡的压制效果。另外，子阵变深会导致有效频带宽度的减小，对于要求较大有效频宽的地震勘探，气枪沉放深度不宜过大，使得立体枪阵的设计受到限制。因此，在已有的枪阵基础上对子阵沉放深度进行修改的方法有一定的局限性。

（二）立体枪阵设计与海上试验

1. 立体枪阵设计思路与评价标准

基于以上分析，我们提出了适用于南黄海海相油气探测的立体气枪阵列延迟激发技术方案，以触发同步精度高的中、小容量气枪组成 4 个子阵，且沉放深度差异小于 3m 的立体气枪阵列，枪阵组合的形式更加灵活，取消了对称组合的限制，在顺序延迟激发时间设计上，不完全拘泥将上层子阵列激发地震波到达下一层子阵列的时间作为延迟激发时间，而是通过远场子波模拟计算和对其技术指标的总体性能评价与优选后，确定立体气枪阵列组合与延迟激发的设计方案。

通过对各种型号气枪的性能对比分析，选择可靠性强、触发精度高、输出能量大的 G 枪，作为南黄海地震勘探的气枪震源，设计的枪阵总容量 5040in³，由 4 个子阵组成，每个子阵容量 1260in³，分别由容量 40in³、90in³、100in³、150in³、250in³ 的 G 枪相干组成。在对不同的立体气枪阵列组合与延迟激发时间设计方案进行远场子波理论模拟分析的基础上，针对勘探目标需求，以拓展低频、拓宽频带，提高远场子波特性和增加激发地震波穿透能力为目标，进行远场子波模拟，分析不同立体气枪阵列延迟激发组合方案的远场子波特征。模拟环境参数为：气枪工作压力为 2000psi（1psi = 6.89476×10³Pa），海水密度为 1030kg/m³，海水温度 15℃，海水声波速度为 1500.0m/s，海平面反射系数为 −1.0，观测点距离气枪阵列震源中心 9000m。

在对气枪震源远场子波理论模拟分析的基础上，优选了 4 组立体气枪阵列震源组合方式 [图 3.49（a）] 和平面震源进行海上试验。从理论模拟的远场子波频谱图 [图 3.49（b）] 可以看出，无延迟激发的平面气枪阵列震源的频率主要集中在主频附近，低频段和高频段衰减严重，且虚反射的陷波效应明显；而采

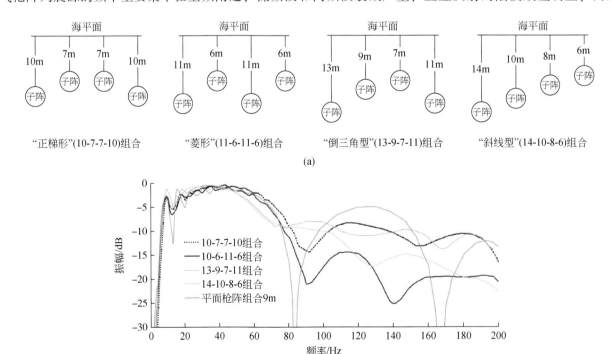

图 3.49　立体枪阵组合方式（a）与远场子波频谱（b）图

用立体枪阵延迟激发的震源频率能量分布较为均匀，低频和高频成分均得到了拓宽，振幅能量得到了提升，低频段的曲线趋于光滑，也弥补了常规海上地震数据采集中因陷波存在而导致的降频响应（唐松华等，2013；吴志强等，2015）。

对枪阵远场子波的描述主要有以下几个方面（Dragoset，1984；陈浩林等，2008）。

（1）气枪脉冲能量，它有两个重要指标：一个是主脉冲零-峰值（O-P，又称初峰值），是指高压气体释放后产生的第一个正压力脉冲振幅值；另一个是主脉冲峰-峰值（P-P），是第一个压力正脉冲和第一个压力负脉冲（负峰值）的差值。它们的值越大，说明气枪能量越大。

（2）初泡比（P/B），是指主脉冲零峰值和第一个气泡脉冲零峰值之比，主要用于反映气泡脉冲的影响，是衡量子波品质的重要参数。初泡比越大，子波品质越好。

（3）气泡周期（BP），是指第一个气泡脉冲正峰值与主脉冲正峰值之间的时间差。它是设计调谐阵列所需的重要参量。

（4）子波频谱，用于体现震源信号的频宽和能量分布，从中能够反映出海面反射和气泡脉冲对震源信号的影响。

（5）第一个压力负脉冲（负峰值），对于立体气枪阵列震源，负峰值大小代表了压制虚反射的优劣。

根据上述评价标准，对立体气枪阵列震源组合理论模拟的子波性能进行了对比（表 3.7），平面气枪阵列震源的峰-峰值、负峰值最高，说明虚反射效应最强；"菱形"和"斜线形"组合震源的负峰值最低，表明压制虚反射效应较好，但其初泡比也低，气泡周期短，降低了远场子波性能；"正梯形"和"倒三角形"组合震源的峰-峰值次之，负峰值相对较高，但其初泡比高，气泡周期相对较长，频带宽带大、低频成分相对较多，综合评价为较优越的立体气枪阵列组合。

表 3.7　震源组合远场子波参数表

方式	子阵列沉放 深度/m	延迟时间 /ms	主峰值 /(bar·m)	负峰值 /(bar·m)	峰-峰值 /(bar·m)	初泡比	气泡周期 /ms	频带宽带 /Hz
1	10-7-7-10	2	82.9	47.5	130.4	20	92.8	4.7~77
2	11-6-11-6	3.3	55.7	47.7	103.4	15.1	88.1	5.5~78
3	13-9-7-11	1.3	81.6	37.2	118.8	16.6	83.4	4.5~76
4	14-10-8-6	2	64.3	35.8	100.1	15.7	75.1	4.6~70
5	9-9-9-9	0	82.0	82.0	164.8	14.0	102.8	7.5~82

注：1bar=100kPa。

2. 海上试验成果分析

为使地震采集参数试验对比更有代表性，试验线段选择在地层齐全、厚度大，有钻井标定的区域进行，同时参考重力、磁力和前期的地震资料，尽量避开火成岩等特殊的地质构造体；考虑不同构造单元的采集参数针对性，选择位于北部拗陷的试验段 5 和南部拗陷试验段 4 进行（图 3.50）。

试验段 4 位于南部拗陷的北部，重力、磁力呈负异常，此处的 WX4-2-1 井钻遇了新生代、中生代陆相地层（T_8 以上），以及三叠系灰岩（T_8-T_9）和二叠系碎屑岩与煤系（T_9-T_{10}）地层，地震特征较为明显，并且能够横向可靠追踪（图 3.51）；区域对比认为，在 T_{10} 反射界面以下还存在古生代海相地层，但在前期的地震剖面上没有见到有效反射的迹象。试验的目标是提高 T_8-T_{10} 反射波品质，获取 T_{10} 界面以下海相碳酸盐岩目标层有效反射地震采集参数（吴志强等，2014d）。

试验段 5 位于北部拗陷 Z7 井处，为逆冲推覆构造体，Z7 井钻遇了新生代和中生代陆相碎屑岩地层，地震品质较高，横向追踪可靠性较高，在前期地震测线的叠前时间偏移成像处理剖面上，T_8 反射界面之下见到了前白垩系有效反射的迹象（图 3.52）。此处进行地震采集参数试验的目的是，检验通过地震采集技术方法的改进，能否获得 T_8 反射界面之下地层的有效反射（吴志强等，2014d）。

试验中采用接收参数为：排列长度 8100m，道间距 12.5m，炮间距 37.5m，覆盖次数 108 次，电缆沉放深度 12m。为了使不同试验参数的效果更具有对比性，同一试验段、按相同的施工方向进行参数试验资料采集。

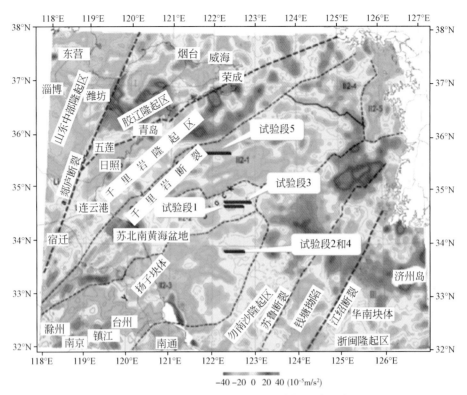

图 3.50 地震采集试验测线与重力布格异常对应图

重力布格异常图据张明华（2007）

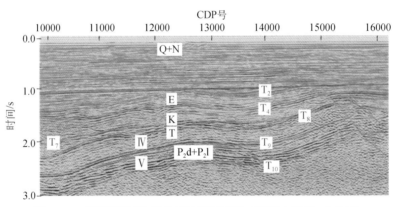

图 3.51 南部拗陷试验线段原地震剖面图（据吴志强等，2014d）

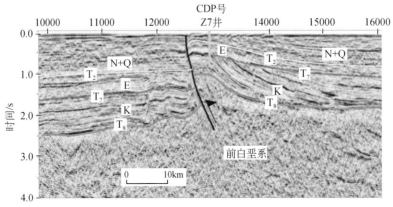

图 3.52 北部拗陷试验线段地震剖面图（据吴志强等，2014d）

对试验数据采用"四统一"分析方法，即统一分析流程、项目、时窗、处理流程与参数。以海上拖缆地震采集过程中最基本的质量控制技术-RMS分析技术（昌松等，2010），进行单炮和纯波剖面的能量对比分析；以气枪阵列远场子波理论模拟结合原始记录频谱分析，对比不同采集参数的远场子波特征；以基于相关理论的信噪比估算方法，计算分析试验资料的信噪比；以不同频带的带通和低通滤波扫描，对比分析试验资料的有效波频带宽度。

图3.53为南部拗陷五种采集参数试验数据能量衰减分析对比图，"正梯形"和"倒三角形"组合的能量衰减趋势基本一致，深部反射能量衰减较小，说明这两种激发方式的低频能量强，提高了深层有效反射能量与信噪比；"菱形"和"斜线形"组合震源和常规（平面）震源，深部能量衰减较快，分析这三种组合方式激发的低频能量相对较弱，致使深层不能较好地产生足够的反射能量。上述结论在北部拗陷试验中也得到了验证。

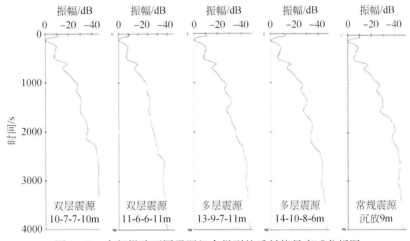

图 3.53　南部拗陷不同震源组合得到的反射能量衰减分析图

通过对不同组合试验数据进行原始单炮频谱、粗叠加剖面频谱、原始单炮频率扫描分析，"正梯形"和"倒三角形"低频信息丰富、能量强，"菱形"和"斜线形"组合震源次之，平面震源最差，高频信息未发现明显差异；粗叠加剖面频谱扫描表明，资料整体频带宽度为4~60Hz；但在低频端信号能量强度有较大差异，"倒三角形"和"正梯形"方案接收在低频4Hz信号能量较强（图3.54）。

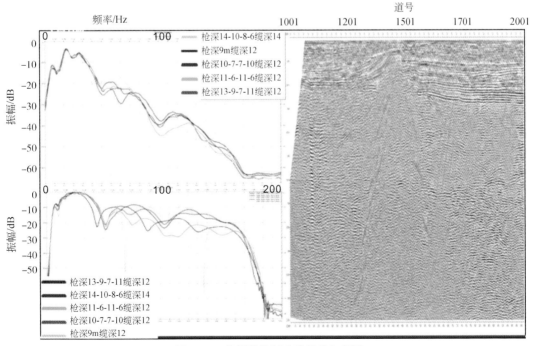

图 3.54　北部拗陷试验段粗叠加频谱

图3.55为南部拗陷过W4井试验段SP：1802点0～10Hz带通滤波图，由于立体枪阵有效地压制了虚反射效应，相对于常规枪阵的采集效果，直达波和折射多次波减少（图中蓝框处），突出了广角反射波的波组特征，同时也提高了中、深部目标层的反射品质。

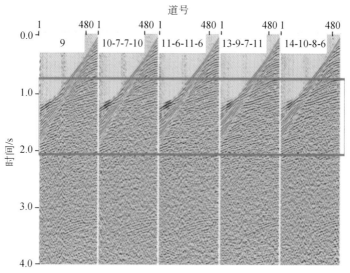

图3.55　南部拗陷过W4井试验段SP：1802点0～10Hz带通滤波图

图3.56为南部拗陷前期采集的过W4井地震剖面（采集参数为平面震源枪深8m、缆深12m，排列长度6000m），图3.57为"正梯形"组合得到的地震剖面。通过对比分析可以看出，本次采集由于采用立体枪阵，深部反射的成像品质得到了有效改善，为后续的资料处理提供了良好的原始地震资料。

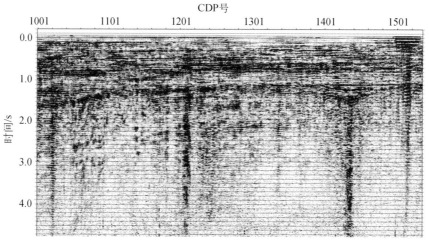

图3.56　南部拗陷过W4井的前期地震剖面

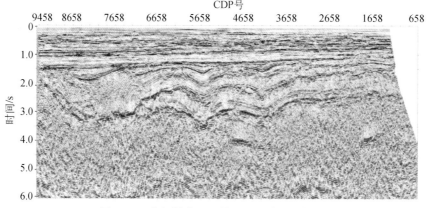

图3.57　南部拗陷"正梯形"组合试验剖面

图 3.58 是在北部拗陷"正梯形"组合试验经处理得到的地震剖面，与前期相比（图 3.59），其深层反射能量较高，特别是得到了较为清晰的 T_8 反射面以下反射波组。

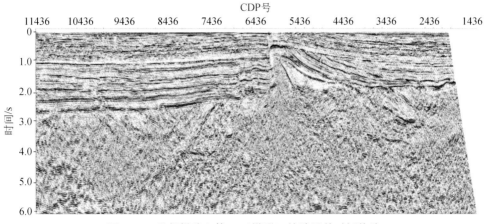

图 3.58 北部拗陷立体"正梯形"枪阵叠前时间偏移

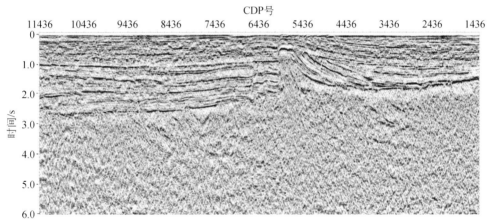

图 3.59 北部拗陷常规枪阵地震测线叠前时间偏移

综合上述分析结果，考虑施工海区的水深条件，选择了立体"正梯形"枪阵进行北部拗陷地震资料采集，对批量采集数据采用的基于模型的叠前时间偏移成像处理，首次获得了北部拗陷前中生代海相沉积层的清晰有效反射（T_8 界面之下反射波组，图 3.60），为重新评价北部拗陷油气资源前景奠定了良好的基础。

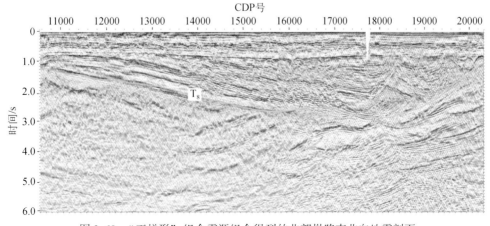

图 3.60 "正梯形"组合震源组勘得到的北部拗陷南北向地震剖面

二、地震长排列接收参数设计

(一) 最大炮检距

在地震资料采集中，最大炮检距的选择是观测系统设计至关重要的一个参数，直接影响地震资料采集的成像效果和质量。常规的最大炮检距设计，主要考虑动校正拉伸畸变、速度分析的精度误差、干扰波切除、反射系数稳定、多次波的压制等因素；最大炮检距设计的原则是，在保证速度分析的精度、多次波的压制和反射系数稳定的同时，避免产生大的动校正拉伸畸变（傅朝奎等，2005；吕公河和尹成，2006；郭树祥，2009；赵虎等，2011）。该方法的主要缺陷是：由于广角反射波出现在动校正拉伸畸变大的大炮检距道上，依据该原则不能接收低信噪比和高速屏蔽条件下成像处理所需的广角反射信号，同时也没有考虑叠前偏移对最大偏移距的要求。根据本区的地震地质条件和成像处理的需要，最大偏移距的设计应满足得到广角反射信号和叠前偏移成像的需要。

1. 广角反射对最大炮检距的要求

从前面的研究中可以看出，产生广角反射有三个基本条件：①入射角应该大于临界角；②炮检距的大小应大于折射盲区的宽度；③炮检距大到可以接收来自目的层的大入射角反射信号。因此考虑广角反射信号的获取，最大炮检距应为

$$\text{offset}_{\max} \geqslant 2 \times D \times \tan\alpha \tag{3.10}$$

式中，$\text{offset}_{\max}$ 为最炮检距；D 为勘探目标层埋深；α 为产生广角反射的入射角。

南黄海海相残留盆地的地质地震模型正演模拟分析发现，当接收电缆排列长度（最大炮检距）超过10000m后，不仅能够避开中、近偏移距的直达波、折射波等各种干扰波，提高地震资料的信噪比，还能够接收到来自深部中、古生代地层的较强能量的有效反射波，提高叠加剖面中深部地层的反射波能量，改善深部目标地层的成像品质，为长排列地震接收参数的方案设计提供了理论依据。

2. 叠前偏移成像对最大偏移距的要求

目前地震成像处理已从叠后偏移发展到叠前偏移成像。众所周知，偏移速度的精度是决定叠前地震数据成像质量的最关键参数。叠前偏移速度分析的精度受地震数据的信噪比和分辨率、地震观测系统（主要是观测孔径）及成像方法的影响。管路平等（2009）建立了常速介质条件下速度估计结果的相对误差与地震数据分辨率、观测孔径及地下反射界面倾角的关系式：

$$\left| \frac{\mathrm{d}v}{v} \right| = \left(\frac{vt_0}{x} \right)^2 \times \frac{t_{\mathrm{g}}}{t_0} \times \frac{1}{\cos^2\alpha} \tag{3.11}$$

式中，x 为炮检距；$\left| \dfrac{\mathrm{d}v}{v} \right|$ 为偏移速度相对误差；v 为偏移速度；$\dfrac{t_{\mathrm{g}}}{t_0}$ 为地震波的旅行时拾取误差；α 为地层倾角。

由此可见，当 t_0、t_{g} 拾取准确时，对速度精度的影响最大的因素是炮检距，炮检距越大，偏移速度的拾取精度越高。

叠前时间偏移地震成像方法在偏移归位计算时需要提供一个偏移孔径，用来约束地震反射偏移归位的计算范围。偏移孔径过小会使地下地质信息归位不足，损失陡倾角的同相轴；偏移孔径过大，会浪费计算时间，同时会产生假频影响地质构造的成像精度，降低资料的偏移质量。刘文霞等（2011）指出，虽然偏移孔径同野外采集孔径是完全不同的概念，但偏移孔径是受采集孔径约束的，采集孔径不够时，给再大的偏移孔径也不能使不同目的层的高角度数据很好地成像，因此合理设计野外采集孔径是决定最终成像质量的关键。

直观地讲，叠前时间偏移将共中心点（CMP）道集映射为共反射点（CRP）道集，共反射点在地面的坐标与参与该点聚焦成像的最远一个炮检对的中点坐标之间的距离是偏移孔径，是有效信号传播的最大路径孔径。如图3.61所示，假设 m_0 为固定散射点，它是共反射点 P (x, y) 在地面的坐标，m_1 为参

与该散射点聚焦成像的其中一炮点 S_1 和检波点 R_1 之间的中点，m_f 为参与该点聚焦成像的最远的炮点 S_f 和检波点 R_f 之间的中点，则 m_f 到 m_0 之间的距离 R 为偏移的半孔径，偏移孔径为 $2R$。

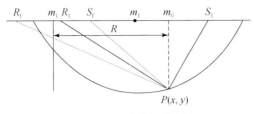

图 3.61　偏移孔径示意图

因此，在叠前偏移成像时，如果原始资料中没有采集到相关信息，偏移孔径内没有有效的反射信号，即使选取合理的偏移参数，也不会有很好的成像效果。在地震采集时，采集孔径参数中的最大炮检距是决定采集数据能否最大限度满足该区偏移孔径要求的直接因素，如果采集孔径中最大偏移距较小，则不能满足偏移孔径的要求，最终影响构造成像。

因此，必须根据叠前时间偏移地震成像方法，综合地层深度、地层构造倾角、地层层速度、反射时间、偏移距等信息计算偏移半径与偏移孔径。再根据偏移半径与偏移孔径的换算，计算出排列长度，其过程如下。

首先，根据地质成像理论采用地层深度、构造倾角、偏移距计算偏移孔径，计算公式为

$$R_z = H \times tg\theta + offset \tag{3.12}$$

式中，R_z 为偏移孔径；H 为地层深度；θ 为地层倾角；offset 为排列长度。

其次，依据层速度、反射时间、地层倾角计算偏移半径，计算公式为

$$R_b = \frac{\sqrt{v^2 \times t^2 \times tg\theta}}{4\sqrt{2}} \tag{3.13}$$

式中：R_b 为偏移半径；v 为地层层速度；t 为地层处的双程旅行时间；θ 为地层倾角。

再依据偏移半径和偏移孔径的关系推导出排列偏移距，计算公式为

$$offset = \frac{\sqrt{v^2 \times t^2 \times tg\theta}}{2\sqrt{2}} - H \times tg\theta \tag{3.14}$$

在南黄海实际地震资料处理中，对不同排列长度的偏移效果进行了试验，结果表明，长排列（最大炮检距 8000m）的多道地震数据可得到较好的叠前偏移成像效果，短排列（最大炮检距 4000m）的多道地震数据成像效果较差（图 3.62），可见大的排列长度（炮检距），有利于中、深部特别是大倾角的地层成像。

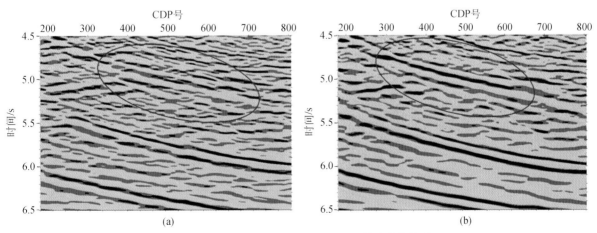

图 3.62　短排列（a）与长排列（b）偏移成像结果

南黄海的地震资料精细处理攻关试验还证明，长排列可以接收到目的层的折射波，通过折射波-反射波联合速度反演处理，获得准确的地层速度信息，为精确成像打下良好的基础。同时，长排列还有利于AVO处理分析、广角反射引起的高低频能量处理分析，以及其他属性处理分析等。

（二）电缆沉放深度

对于海洋地震资料接收系统而言，电缆及接收仪本身的仪器响应的频率通放带很宽，但是当电缆沉放于水中时，与气枪阵列震源一样，也会受到水层虚反射的影响。因为气枪震源、电缆、接收仪器本身的频率响应很宽，所以从两者的乘积结果看，震源与电缆虚反射的频率响应限制甚至是决定了整个采集系统的实际响应。因此研究电缆虚反射的频率响应意义非常重大（王桂华，2004；Hill et al.，2006；Tenghamn et al.，2007；Krigh et al.，2010；赵仁永等，2011；Moldoveanu et al.，2012）。

电缆的水层虚反射效应与震源一样，其滤波特性均为 $2\left|\sin\dfrac{\pi f h}{750}\right|$，其中：$f$ 为频率，h 为电缆沉放深度。其综合效应等于两者的乘积。因为通常所说的振幅-6dB 是指 $\left|\sin\dfrac{\pi f h}{750}\right|=0.5$，即 $20\log 0.5=-6$dB。所以，在图中数据的计算时，仅以公式 $\left|\sin\dfrac{\pi f h}{750}\right|$ 进行计算。

电缆的水层虚反射效应有以下几个特殊的点：

陷波点：当 $\dfrac{\pi h f}{750}=\pi$ 时，幅度最小（等于零），这时的 f 即为陷波点 $f_{陷}=\dfrac{750}{h}$。它决定了能采集到的有效频率的上限。

低截频和高截频：当 $\dfrac{\pi f h}{750}=\dfrac{\pi}{6}$ 和 $\dfrac{5\pi}{6}$ 时，滤波器 $\left|\sin\dfrac{\pi f h}{750}\right|=0.5$，幅度等于-6dB，这两个频率即为低截频 $f_{低}=\dfrac{125}{h}$ 和高截频 $f_{高}=\dfrac{625}{h}$。

主频点：当 $\dfrac{\pi f h}{750}=\dfrac{\pi}{2}$ 时，水层虚反射频率特性 $\left|\sin\dfrac{\pi f h}{750}\right|=1$，达到最大值，该点即为主频点：$f_{主}=\dfrac{375}{h}$。

通频带宽度：$f_{高}-f_{低}=\dfrac{625}{h}-\dfrac{125}{h}=\dfrac{500}{h}$，该值即为通频带。

电缆的单一水层虚反射对陷波点、高截频、低截频、主频点、通频带宽度的响应规律是，对于高频端的陷波点而言，沉放深度越浅，陷波点频率增加，通放频带变宽；反之，高频端的陷波点频率降低，通放频带变窄；但是考察低频段的响应，沉放深度深的比浅的在低频段的能量要强一些。而较强的低频段能量具有更强的穿透能力，有利于深层目标的勘探。

三、地震勘探测线方向试验

在地震勘探中，采集参数和测线方向对地震原始资料品质起到了重要的作用，特别在复杂构造引起地震波传播路径与能量的非均匀分布情况下，地震测线方向对地震原始资料品质的作用更加突出（Musser，2000；李万万，2008）。Jones 等（2000）指出，沿构造走向激发并接收地震反射信号，最适用于叠后处理包括最终用于叠前时间偏移成像处理，它能避免复杂射线弯曲对成像成果品质的影响，同时，沿构造走向激发对上覆地层的构造成像最为有利。凌云（2005）在对吐鲁番盆地不同方位角观测的窄方位角最终偏移成像剖面结果对比分析后认为，当观测方向垂直于小断层走向时，可以获得相对清晰的小断层成像结果；当观测方向与小断层非垂直时，无法获得清晰的小断层成像。

20 世纪 70~80 年代，在实施的针对中—新生代油气二维多道地震勘探中（沿海大陆架及毗邻海域油气区石油地质志编写组，1990），根据中—新生代陆相盆区域构造背景，在北部拗陷以 SN 向为主测线方向、EW 向为联络测线方向，实施了 4km×8km 测网的二维地震勘探；南部拗陷以 NW（158°）向为主测线方向、SE 向（68°）为联络测线方向，实施了 4km×8km 测网的二维地震勘探；获得了中—新生代陆相地层的有效反射，查清了中—新生代陆相盆地的地层分布和构造特征。同时，在南部拗陷获得了较为清晰的三叠系青龙组灰岩和二叠系大隆组、龙潭组海相碎屑岩地层有效反射。在中部隆起和北部拗陷的西部凸起上以 SN 向为主测线方向、EW 向为联络测线方向，部署了少量的区域测线，未获得新近系之下地层的有效反射。

2002 年，中国海洋石油总公司进行了南黄海海相残留盆地区域地震资料采集和处理工作，以 NW—SE 向（158°）的测线方向，在过中部隆起的 QY 线见到了深达 4.5s 的海相地层的反射。由此引发了针对海相残留盆地地震调查测线方向部署的思考。

因此，针对南黄海海相残留盆地的油气地震勘探测线部署，一种观点认为，依据区域上 NW—SE 向构造特征，NW—SE 向（158°方向）进行地震测线部署；另一种观点认为，南黄海区域上 NW—SE 向上分带，而盆地内部构造近 EW—NE 向上分块，以 SN 向作为主测线方向、EW 向作为联络测线方向，可能更有利于获得海相残留盆地地层的有效反射，更有利于发现近 SN 向展布的油气藏。

为使地震测线部署更科学合理，参考区域构造（王巍等，1999；张训华等，2013；马立桥等，2007；万天丰和郝天珧，2009；戴春山，2011）和地球物理场特征和已有的地震资料，基于避开特殊地质体的考虑，选择重力、磁力负异常区，同时地震剖面上显示海相地层反射齐全、品质好的线段，进行了测线方向海上试验。

图 3.63 为位于中部隆起的 07-3 线地震剖面，测线方向为 EW（90°）方向，主要采集参数为：沉放深度 8m、两个子阵、总容量 2940in³ 气枪震源，沉放 12m 电缆长度 5700m、456 道、覆盖次数 76 次。该线CDP：6700～9500 对应重力布格负异常，在 1.0～3.0s 存在三套有效反射波组，波组特征突出、信噪比高、连续性好。以该线的 CDP：7500 为中心，以该线的采集参数为基础，进行了 SN 向（0°）、EN 向（45°）、NEE 向（68°）、WN 向（135°）、NWW 向（158°）等五个方向测线长度各为 20km 的试验。

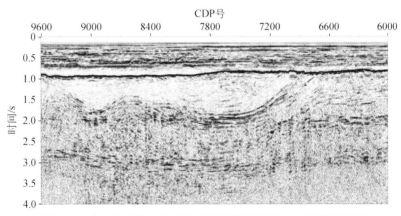

图 3.63　位于中部隆起的重力布格负异常区域 07-3 线地震剖面

对五个方向试验测线资料，选用统一参数开展所有试验测线的处理，以利于对比分析不同测线方向的成像品质。在常规地震资料处理流程的基础上，重点开展了多次波压制处理，以突出深部弱反射地震信号能量；同时进行精细速度分析、偏移和叠后去噪等处理试验，以提高深部弱反射信号的成像质量和信噪比。

图 3.64 为对五个方向试验测线叠加处理剖面与 07-3 线叠加剖面（90°方向）对比图，从叠加剖面可以清楚地看出 0°、315°方向测线成像品质欠佳，1s 之下有效反射微弱、信噪比低，连续性差，不能横向对比和追踪；68°、158°和 45°这三个方向测线资料品质相对较好，1s 之下有效反射波组有所显示，连续性一般，横向追踪有一定的难度；而 EW（90°）方向的 XQ07-3 线，在 1s 之下存在三套有效反射波组，特征突出、信噪比较高、连续性好，能够横向对比和追踪。从试验对比结果看，EW（90°）方向测线的成像品质最佳。

鉴于前期地震勘探中存在目标层反射能量弱的问题，2009 年改进了气枪阵列组合方式和容量，枪阵容量由 2940in³ 提高到 3580in³，相应的峰值由 60.5bar·m 提高到 99.5bar·m，波泡比由 10.2 提高到 12，

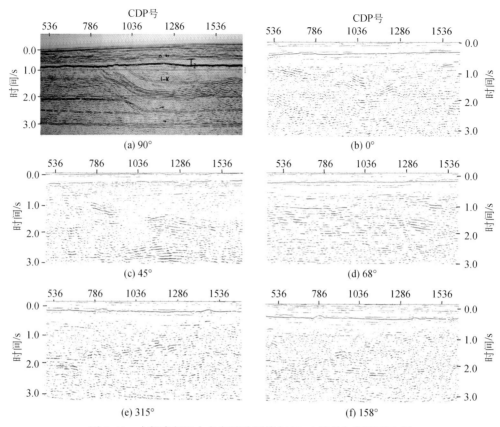

图 3.64　中部隆起五个方向试验测线与 07-3 线叠加剖面对比图

表明震源的能量和性能都得到了较大的提高；接收电缆长度由 5700m 增加到 6000m，以期获得能量更强的目标层有效反射。在此基础上，又进行了气枪阵列和电缆沉放深度组合试验，对试验资料的成像效果对比分析后，确定了气枪阵列沉放 8m、电缆沉放 12m 的采集参数。

　　在以上工作的基础上，为了进一步验证中部隆起上地震测线方向与地下地质构造走向对地震采集质量的影响，在原试验段上又针对性地进行了 0°、45°、68°、135°、158°、180°、225°、248°、315° 和 338° 共 10 个方向的采集试验，即上次 5 个方向测线正向、反向各试验一次。试验资料的偏移成像处理结果显示（图 3.65），没有一个方向测线的成像品质超过 EW（90°）方向测线，其中 0°、180°、135°、225° 方向成像品质最差，68°、158°、248° 方向成像品质略有改善，但低于 EW（90°）方向测线的成像品质，同一测线的正向、反向采集的成像效果没有区别，所有试验结果与前期一致。

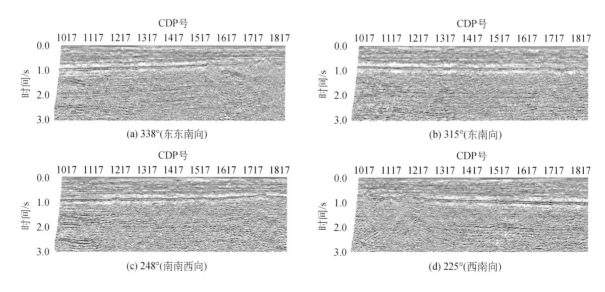

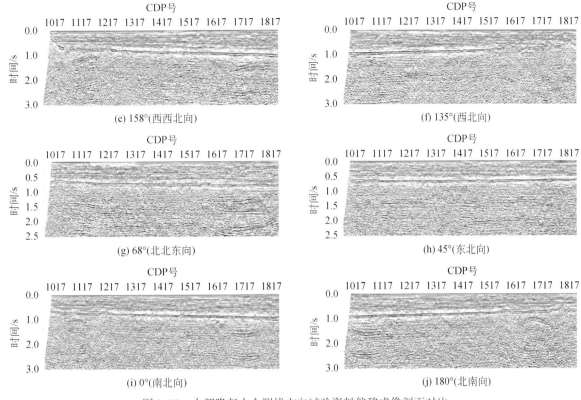

图 3.65　中部隆起十个测线方向试验资料偏移成像剖面对比

万天丰和郝天珧（2009）指出，中更新世以来的构造作用则使近 SN 向的断层闭合，造就了油气资源保存的良好条件，而 NE 向断裂构造在新生代多变的构造应力作用下，形成了一直相对紧闭的断层面，很难造成烃类的大量运移与聚集。因此，在油气勘探的地震部署中，不能只关注 NE 的构造，测线的布置应以发现近 SN 向展布的、可能存在的油气藏。由此可见，EW 向地震测线在油气勘探中具有更大的意义。

从以上试验和实际生产测线的成像结果及与构造特征分析中看出，若采用测线方向为 NW—SE 方向采集，则不仅在 158°方向的主测线上得不到清晰的中-深层地震反射信息，而且与其垂直相交的 68°方向的联络测线上同样得不到清晰的中-深层地震反射信息。而采用 EW—SN 方向测线采集，虽然在 0°方向的主测线上得不到清晰的中深层地震反射信息，但在与其直交的 EW 向联络测线上，则可得到较为清晰的中深层地震反射信息，可以满足本区海相残留盆地构造解释的需要。

鉴于上述分析，在南黄海海相残留盆地地震勘探中，在上述试验与分析的基础上，综合考虑区域构造特征和局部构造走向及提高目标层有效反射成像品质等因素，最终确定以 SN 向作为主测线方向、EW 向作为联络测线方向进行地震勘探工作部署，同时强化气枪阵列组合方式等采集技术方法的研究与海上试验，以获得高品质的海相目标层有效反射记录。

四、海洋地震立体宽线采集技术研究

理论和实践都证明，对于复杂构造地质体，二维采集无法对来自侧面反射信息定位，不利于最终的偏移归位成像。同时，在采集中大幅度提高覆盖次数，是提高深部弱反射目标层成像品质的有效途径。常规的海洋二维地震资料采集，提高覆盖次数意味着增加拖曳电缆长度，势必造成电缆姿态控制困难、羽角变化难以有效控制等问题。针对上述难题，吴志强等（2012）基于陆地宽线地震采集技术（阎世信等，2000；殷军等，2008；朱鹏宇等，2010），并借鉴海洋上下缆地震勘探新技术方法（Musser，2000；Hill et al.，2006；Krigh et al.，2010；赵仁永等，2011；Moldoveanu et al.，2012），提出了海洋立体宽线（Marine Tridimensional Wide Line，简称 MTWL）的地震资料采集技术。

（一）宽线地震勘探技术简介

宽线地震勘探技术起源于 20 世纪 70 年代初，在复杂构造油气田的勘探初期，二维地震难以获得高品质的地震资料，由于勘探前景的不明朗难以投入大量的资金进行三维勘探，为了解决这个难题而发明了宽线地震勘探技术，并取得了良好的效果（李庆忠，1986；胡杰等，2006；神风殿，1983）。

常规的二维地震勘探是激发点和接收点均在同一条直线的观测方式，也是一种单炮单线的采集方式。宽线地震勘探技术在平行测线方向上布置多条接收线，同时激发线可以是多条或单条，因此又被称为二维观测系统设计中的一种特殊的三维观测系统。宽线地震勘探技术的主要优点如下。

（1）由于宽线观测系统有多条接收线，因此它的总覆盖次数是单测线的覆盖次数乘以接收线的条数，勘探目的层的覆盖次数成倍提高，压制随机噪声的能力增强。

（2）宽线观测技术是一种特殊的三维观测技术，其炮点、检波点相对单线采集技术纵横向离散，面元道集内传播路径的差异削弱了干扰的相干性立体，可有效压制在二维地震中无法消除的侧面反射；同时，处理中通过有效道集垂直叠加和扩大横向面元叠加，能够大幅度提高 CMP 面元的覆盖次数，并且面元内的 CMP 为不同方位角的道集组成，噪声分布比二维勘探更接近于高斯分布，还可以采用三维的噪声压制技术，压制噪声的效果更好。同时，有利于覆盖次数的均匀，可以减少大坡度地段造成反射空白区的影响，可最大限度满足覆盖次数均匀的要求，对构造复杂地质条件的地震成像非常有利。

（3）叠加处理中可采取灵活多样的组合方式，组合 CMP 线数可多可少，组合可在动校正前进行，也可以在动校正后进行。

（4）能够采用三维资料处理方式，通过横向倾角扫描叠加，以突出某个倾角而压制其他倾角的地震波，起到横向滤波的作用。

（5）可以取得比二维地震更好的勘探效果，费用又远远低于三维地震勘探。

在陆地宽线地震施工中，由于地表速度变化较大而难以求准，要尽量地减小接收线的高差，使接收线处于同一水平面上，以减少由于静校正问题对地震资料品质的影响。将陆地宽线地震方法移植到海洋拖缆宽线地震勘探中，必须将电缆沉放海平面之下相同的深度上，严格地讲，它属于平面宽线地震勘探。

（二）海洋立体宽线技术

借鉴海洋上下缆和陆地宽线采集技术思路，设想采用立体宽线的观测系统，即将多条电缆沉放在不同的平面位置和深度下，在三维空间中形成立体的观测系统。根据电缆数量的不同，可以设计成正方形、长方形、梯形和斜面形、三角形等立体宽线观测系统（图 3.66）。如果将电缆以不同的深度沉放到一个垂直面上，就成为上下缆地震观测系统。

将立体宽线观测系统采集技术与针对上下缆数据求和技术和宽线处理成像技术有机地组合到一起，就形成了系统的海洋立体宽线地震勘探技术，它除具有陆地宽线观测系统的优势外，还具有以下优点。

（1）海洋立体宽线地震勘探系统综合了宽线和上下缆地震勘探的优点，由于海水介质均匀，不存在陆地上担心的高程静校正问题，将电缆沉放到不同的深度上，既有利于接收低频反射信号，也有利于高频反射信号接收，从而达到拓宽频带的效果。

（2）海上施工难度小，对设备性能要求低，能得到高性价比的成果。上下缆地震采集要求电缆始终处于同一垂直面上，对设备和海况的要求都是比较高的。而海洋立体宽线地震采集电缆不要求电缆处于相同的平面或垂直面上，只要准确地记录了接收点的空间位置，处理中就可以进行 CMP 面元优选和组合。因此它对设备性能的要求比上下缆地震采集还要低，炮检点布设更加灵活，不必担心电缆羽角对地震成像的影响。

（3）将立体宽线观测系统与上下源延迟激发技术有机结合，可以最大程度利用海水介质均匀、速度稳定的有利条件，达到获取深部复杂构造有效地震反射信号、拓宽频带，提高地震成像质量的目的。

（4）采集成本远低于三维采集，采用"两线一炮（拖两条单缆、单炮激发）"的宽线观测系统，测算其采集费用不到二维拖缆地震采集费用的 1.5 倍，是勘探初期解决复杂构造经济有效的勘探方法。

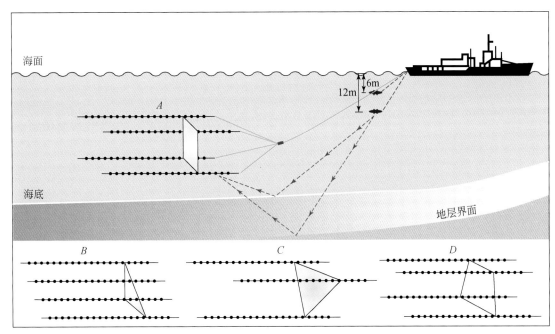

图 3.66 立体宽线观测系统示意图

因此，如前所述，海洋立体宽线勘探技术具有可以有效获取来自于深层的低频信号，具有地震频带宽、噪声压制能量强、成像精度高、信噪比高等优点，可以在南黄海海相油气地震勘探中发挥作用。

（三）海洋立体宽线地震采集参数设计

立体宽线地震采集技术系列由多层气枪阵列延迟激发技术和接收技术组成。接收技术主要包括电缆沉放深度、接收线距等。

1. 接收线距

宽线叠加实际上是一种面元叠加，垂直测线方向的面元边长是由接收线数、接收线距和观测方法决定。因此，应首先讨论面元边长的限制条件，计算出面元边长，依据垂向面元边长和压制干扰波的要求，计算出线距。

面元边长设计原则是：目的层反射时差要求，保证反射同相叠加，即排列横向宽度（最大接收线距）大于干扰波波长，同时横向宽度所接收的有效波时差小于 1/4 有效波周期，这样垂向组合处理既保证有效地压制侧面干扰，又不损害有效波叠加。

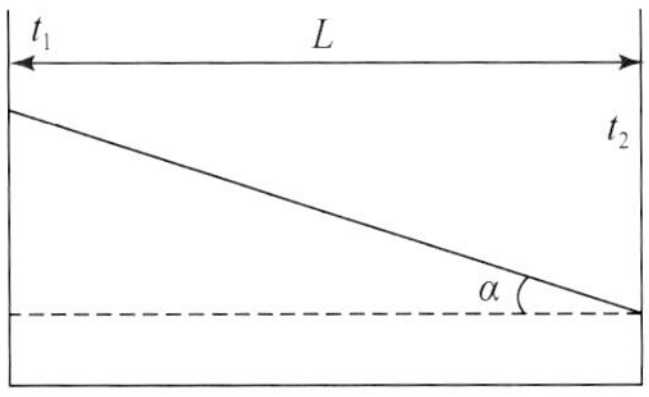

图 3.67 宽线面元计算示意图

如图 3.67 所示，设 CDP 面元的横向宽度为 L，目的层在横向上的视倾角为 α，同一 CDP 面元内最先到达的反射时间为 t_1，最后到达的反射时间为 t_2。则有

$$t_1 - t_2 = \frac{2L \times \tan\alpha}{v} \tag{3.15}$$

式中，v 为目的层层速度。要保证同相叠加，t_1-t_2 需要满足小于 $T/4$（T 为地震波的视周期），则

$$t_1 - t_2 = \frac{2L \times \tan\alpha}{v} \leqslant \frac{1}{4 \times F_d} \tag{3.16}$$

式中，F_d 为目的层的主频。

线距 W 应为 CDP 面元宽度的两倍，即

$$W = 2L \leqslant \frac{v}{4F_d \tan\alpha} \tag{3.17}$$

考虑压制干扰波的要求，依据下面公式计算接收线距 Δy：

$$\Delta y \geqslant \frac{\lambda^*}{n-1} \tag{3.18}$$

式中，λ^* 为干扰波沿垂直测线方向的视波长；n 为接收线数。

由此可见，接收线距和接收线数是相互关联的一对参数，当最大接收线距确定后，增加接收线数，则必须降低接收线距。

对于主测线而言，地层的横向视倾角一般较小，但考虑本区构造比较复杂，地层的横向视倾角设为30°，目的层的速度一般大于 5000m/s，地震波主频为 10～15Hz，考虑有效波同相叠加因素，则由式（3.17）求得最大接收线距（束线宽度）不能超过 170m。

从南黄海原始单炮资料上分析，侧面干扰波视速度在 3000m/s 以下，主频在 25～30Hz，换算其视波长为 100～140m，按式（3.18）得到最小线距为 100m。

2. 电缆沉放深度

鉴于低频信号具有更大的穿透能力的优势，电缆沉放深度设计以获得低频有效信号为目标，兼顾分辨率。因此，要求接收到能量强低频信号，并有一定的频带宽度，以保障成像处理后的剖面波组特征突出。

根据研究的成果和南黄海水深条件，设计电缆沉放深度分别为 10m、16m，这样在得到低频有效反射信号的同时，也保证原始数据具有较大的频带宽度。

3. 应用效果

中海石油（中国）有限公司采用上下源宽线地震采集技术方案在南黄海中部隆起进行了地震资料采集（熊忠等，2016）。根据中部隆起地震地质条件分析，采用了"2 线 1 炮中点激发"的宽线采集观测方式，电缆长度 6000m、480 道接收，线间距 100m、沉放深度 15m。

为对比上下源与常规枪阵采集的效果，针对同一条测线用两种震源开展重复观测，图 3.68（a）为 9m 平面震源激发的原始单炮，图（b）为 6m/9m 上下源激发的原始单炮，可见上下源单炮数据中古生界地层反射能量强，一次反射同相轴振幅值比平面震源高，信噪比明显提高。图（c）为两个单炮记录对应的频谱分析结果对比，可见蓝色的上下源单炮数据频谱曲线全频带能量明显更强，说明上下震源组合激发有效地提高了地震波的穿透能力，克服了鬼波带来的陷波效应，使原始资料的信噪比得到提高。

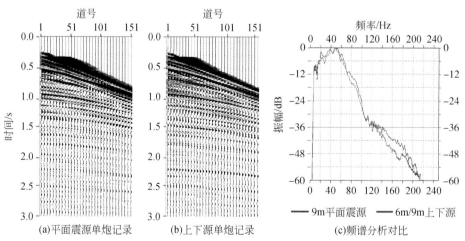

图 3.68　平面震源与上下源采集原始单炮记录及其频谱分析对比图（熊忠等，2016）

图 3.69 为南黄海中部隆起区同一条测线采用常规地震采集和上下源宽线采集技术所获得的最终成果剖面，对比可见上下源宽线采集资料品质明显更好，时间 1s 左右的强反射不整合界面即为新近系底面，以下为中古生代地层。由于强反射界面的屏蔽效应，以及中古生界顶部埋深浅、特别适合多次波发育的地质条件，常规地震采集无法将尽可能多的地震波能量传播到目的层，检波器也无法接收到大量的一次反射波，通过上下震源组合激发拓宽地震数据频带，压制震源鬼波干扰，并选取较深的震源和电缆沉放

深度，增强低频成分所占比例，着重利用抗衰减和抗吸收性更好、穿透力更强的低频能量，并对宽线采集数据组合处理压制噪声干扰，增强中、古生界老地层的有效反射能量，提高中、古生代地层信噪比，可见图中古生界大套地层的反射界面比较清晰，更有利于开展中、古生界构造落实、油气成藏综合研究与目标评价。

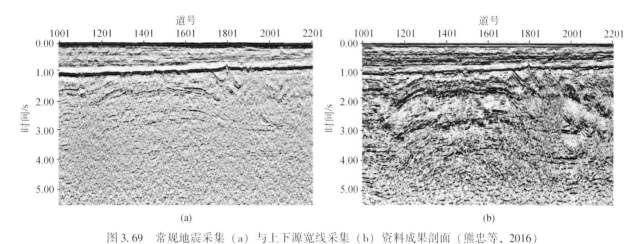

图 3.69　常规地震采集（a）与上下源宽线采集（b）资料成果剖面（熊忠等，2016）

第四节　低信噪比地震资料成像处理关键技术攻关探索

南黄海多道地震原始资料具有目标层有效反射能量弱，外部噪声类型多、干扰严重，发育多种类型的强振幅多次波干扰，气枪震源激发造成子波的续至相位多，地震剖面的波组特征差等特征（吴志强，2009；童思友，2010；张雷等，2013；张训华等，2014a；高顺莉等，2014a）。另外，近年来的地震资料采集的排列较长，在隆起区存在目标层的广角反射信号，长排列地震资料处理成为攻关的重点。针对南黄海地震地质条件和地震资料成像处理的难题，在地震原始资料品质分析的基础上，开展了成像处理技术方法攻关探索。

一、地震信号信噪比增强处理关键技术

（一）远场子波整形

远场子波包含气枪子波、激发点鬼波、接收点鬼波和气泡等分量，是混合相位的子波，气枪子波处理的主要目的是消除气泡震荡的影响，从而改善地震资料的波组特征。在处理过程中根据需要可通过远场子波求取相位因子并应用到原始地震数据上，从而使其由混合相位转换为处理所需要的最小相位或零相位数据；在相位转换的同时，还可以求取一个气泡压制因子，与相位转换因子一起应用到原始地震数据上，从而压制气泡的影响，改善资料的波组特征。通过子波处理，子波相位由混合相位转换为零相位，同时气泡的影响也得到了很好的压制，子波处理后原始单炮和粗叠加剖面的波组特征得到了改善，标志层更加清楚（图 3.70、图 3.71）。

（二）多维、多域强能量干扰波压制

根据地震数据中主要存在低频噪声、异常振幅、外源干扰和线性噪声等特点，运用叠前综合多域去噪技术，采用分频和多域处理的思想，对涌浪干扰、线性干扰、外源干扰等各种噪声进行压制，在不损害有效信号的前提下，最大限度地提高资料的信噪比（吴志强等，2014a）。

1. 低频噪声压制

原始地震记录中低频涌浪噪声干扰能量较高、主频在 6Hz 左右，与目标层低频有效信号的低频段重

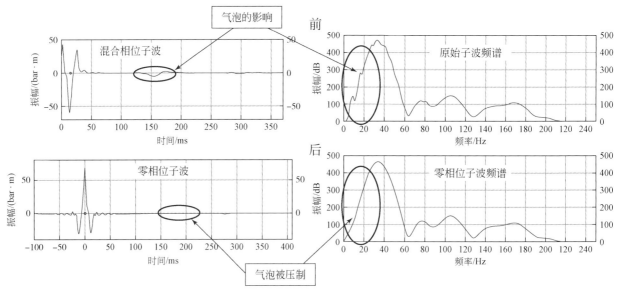

图 3.70　子波处理前后子波及频谱

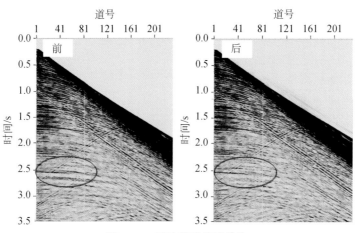

图 3.71　子波处理前后单炮

叠。而低频信号对目标层的成像非常重要，为了使低频有效信号不受损害，采用叠前多域信号预测技术剔除低频涌浪干扰并保护有效低频信号。

根据涌浪噪声和有效信号的振幅差异，首先在不同频带内的地震记录中自动识别出强能量干扰，确定噪声出现的空间位置，然后定义衰减系数和门槛值，分别在时间域、空间域内分频进行处理。在有效地压制了脉动、异常扰动、涌浪干扰等强能量噪声的同时，保护了低频有效信号，提高了去噪的保真程度（图 3.72）。

2. 外源干扰噪声压制

为了压制能量强、频率范围与有效反射信号叠合的外源噪声干扰，突出有效反射信号，根据外源（主要是商船）干扰与激发震源位置差异，视速度与有效波速度不同的特征，采用统计拟合方法求取外源干扰波的视速度，然后利用求取的视速度对其做动校正处理，再变换到频率–波数域，用 F–K 滤波的方法进行有效消除（图 3.73）。

3. 直达波、折射波噪声压制

长排列采集造成了远偏移距道的直达波和折射多次波等线性干扰发育，与有效反射波叠合并处于相同的频带范围内，在处理中为了保护远道的高能量有效反射信号（吴志强等，2013），根据线性干扰波与有效波在视速度、空间位置和能量上的差异，用抗假频功能强的高精度拉东变换处理技术方法，在 τ–P

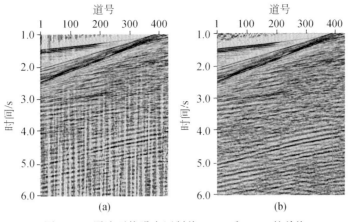

图 3.72　涌浪干扰噪声压制前（a）后（b）的单炮

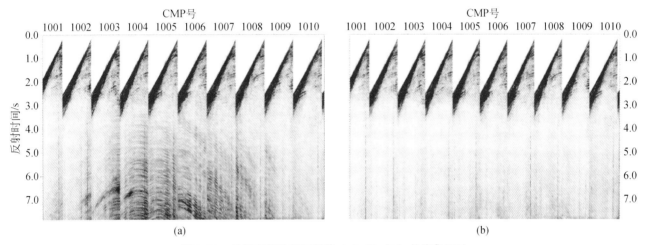

图 3.73　外源干扰噪声压制前（a）后（b）的炮集记录

域识别出线性干扰并从原始数据中滤除（图 3.74），同时也保护了有效信号不受切除和改造，突出了远偏移距道上低频、强能量的反射信息（图中红色线所圈处）。

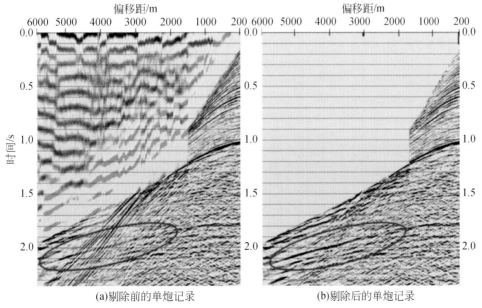

图 3.74　高精度拉东变换剔除折射波效果对比图

4. 采集脚印压制

采集脚印为与震源和检波器的几何分布密切相关的任何形式的噪声，由于震源和接收器分布总是离散而有间隔的，且震源的间距（炮间距）与接收点间距（道间距）通常是不相等的，它对地下水平层的照明强度也总是不均匀的，从而导致地下 CMP 面元或 CRP 面元叠加、偏移的振幅、相位的不均匀性（熊金良等，2006）。采集脚印不是随机噪声，而是一种规则噪声，一般表现在最终的叠加数据上。如图 3.75 所示，本工区地震资料采集的炮点距为 37.5m，道距为 12.5m，导致本区资料分选到 CMP 道集之后，炮检距分布以六种不同的模式呈周期性变化，从而导致在叠加剖面的浅部周期性出现倾斜同相轴（空间假频），深部表现为周期性波组错断和振幅强弱变化，在 F-K 谱上出现了规则性的竖线形干扰（即周期性波数）。由于隆起区的深部反射相对较弱，信噪比低，采集脚印干扰更加突出。

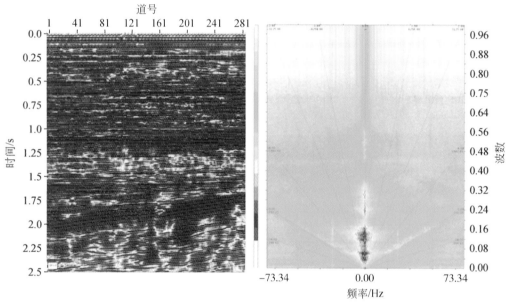

图 3.75　南部拗陷 2009 年粗叠加剖面和 F-K 域频谱

采集脚印在叠加剖面上表现为周期性出现倾斜同相轴（空间假频），出现周期即为波数 K，因此可根据这一周期在 F-K 域进行 K 陷波处理对采集脚印进行压制（图 3.76）。

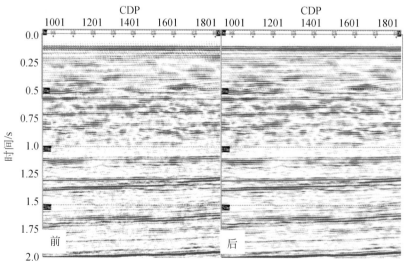

图 3.76　采集脚印压制前后剖面

（三）组合配套的多次波压制技术

海洋多次波压制技术一直在发展与进步中，针对不同的多次波类型，开发了不同的处理方法（宋家文等，2014），针对勘探区域跨度大，地下构造复杂，多次波的类型多、特征复杂的特点，采用单一的多次波处理技术难以压制所有类型多次波的效果，必须针对不同类型的多次波使用相应的压制技术方法。

原始资料分析和理论模拟表明，本区主要发育海底鸣震和由强反射界面引起的层间多次波。根据其类型和特征，经试验采用高精度 $\tau-P$ 域反褶积（Douglas，1992）压制短周期的多次波，突出了低频信号的能量；根据动校正后近偏移距道的多次波与有效波在时差上难以区分，$F-K$ 域滤波效果差的问题，鉴于强反射界面的埋藏深度变化较小，尝试采用 SRME（surface related multiple elimination）技术（Douglas，1992；Verschuur et al.，1992；Dragoset and Mackay，1993；Dragoset and Jericevic，1998；Kelamis and Verschuur，2000；Hugonnet，2002）压制由强反射界面引起的近偏移距道上的多次波，避免常规的内切除多次波处理造成近偏移距有效反射信息的损失；对于远偏移距道上残余多次波，根据它和一次波在速度上存在较大的差异的特点，利用高精度 Radon 变换技术（朱生旺等，2002；顾建平，2003；黄新武等，2003；张军华等，2004；刘喜武等，2004）予以有效去除。

1. SRME 压制由强反射界面引起的近偏移距道上的多次波

SRME 是采用建立在波动理论基础上反馈迭代法，利用自由表面、层界面及地震波在界面间的实际传播来预测多次波；与面向多次波传播过程的波场延拓法不同，反馈迭代法利用波场传播路径特点，即是否在自由表面或地下界面经历下行反射，分离多次波与一次波。SRME 预测自由表面多次波时，以地震数据本身作为预测算子，不需要任何地下介质的信息，而且所有类型的自由表面多次波可以同时预测出来，然后通过包含自由界面多次波的实际数据和没有自由表面多次波的期望数据，推导出衰减自由表面多次波的关系；地震波在地层中的传播被看成是一个滤波过程。

SRME 的优势在于不需要任何地下介质的先验信息，完全是数据驱动的（速度、层位和构造等），不依赖任何的前提条件（周期性、曲率差等），能够很好的解决近炮检距多次波的衰减问题。

南黄海海域水深较浅，难以满足 SRME 对近炮检距数据外推的要求，利用 SRME 方法压制海底多次波效果较差；但是，可以利用 SRME 处理流程压制由海相碳酸盐岩强反射界面引起的近似于自由表面相关的多次波（图3.77）。

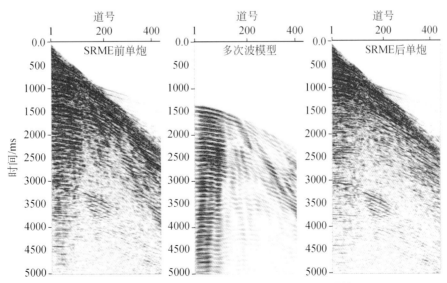

图3.77 SRME 压制多次波前后单炮记录和多次波模型

2. τ–P 域预测反褶积技术压制海底与层间多次波

τ–P 域预测反褶积是在 τ–P（线性 RADON）域对地震数据进行单道预测反褶积处理，是压制浅水区海底多次波和短周期层间多次波的有效方法。相对 T–X 域，这两种类型多次波在 τ–P 域具有更为明显的周期性特征，因此预测反褶积在 τ–P 域对多次波的压制效果更为有效（图 3.78）。

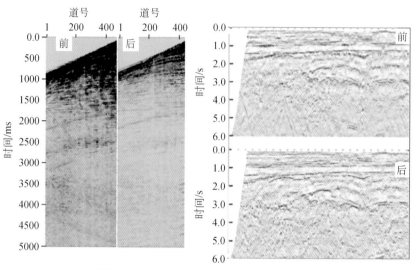

图 3.78　τ–P 变换前后的单炮及叠加剖面

3. 高精度拉东变换技术分离切除大炮检距道多次波

无论是波场延拓、SRME，还是 τ–P 域预测反褶积技术都不能够有效衰减大炮检距道多次波，而高精度 Radon 变换技术是对上述技术的有效补充。高精度 Radon 变换技术是利用多次波和一次波在动校时差上的差异，将共中心点道集的地震数据从时间空间域（t–x 域）变换到 τ–P 域，然后应用抛物线拉冬滤波的方法实现多次波的衰减，相对传统拉东变换，在拉冬域的能量更加聚焦，因此更加有效对多次波衰减，更有利于一次波信息的保护；另外，高分辨率拉东变换改善了地震数据稀疏的空间采样带来的影响。因此，它对中远炮检距多次波得到了明显的压制，成像效果得到了很大的提高（图 3.79）。

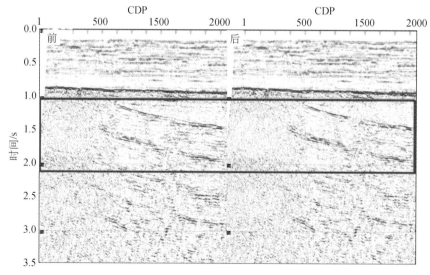

图 3.79　高分辨率拉东变换前后叠加剖面

4. 高精度 τ–R 变换多次波压制技术（童思友，2010）

针对南黄海海相目标层地震反射能量较弱，多次波与有效波混杂在一起，一次波能量远弱于多次波和目前所有的抛物线 Radon 变换方法都不能解决多次波模型"能量的归一化"（即在拉东域中切除出来的多次波经反变换后，其振幅与原来多次波的振幅值可以相差到一倍）问题和层间多次波难以压制等难题，李庆忠院士提出了采用以抛物线拉东变换为基础的高精度 τ–R 变换技术来压制复杂多次波，用于南黄海地震资料强多次波和层间多次波的压制处理中，取得显著效果，特别是对于层间多次波的压制有其独到之处，可以将多次波"连根拔出"。

该技术使用精确的剩余时差公式。假设一次波已经校平时间为 T_0，多次波的实际 T_0 记为 T_{0m}，则：

$$[T_{0m} + (X^2/V_p^2)]^{1/2} = [T_0^2 + (X^2/V_m^2)]^{1/2} \tag{3.19}$$

式中，V_p 为一次波速度；V_m 为多次波速度。于是剩余时差公式为

$$ddT = [T_0^2 + (X^2/V_m^2) - (X^2/V_p^2)]^{1/2} - T_0 \tag{3.20}$$

高精度 τ–R 变换技术压制多次波，要求输入数据为经一次波速度动校正后的 CDP 道集，则其对一次波的速度有较高要求，速度越准效果越好，因为正变换后 τ–R 域的分离度越高，多次波的分布区域容易识别，获得准确的多次波模型，减去多次波后获得的记录就与有效波记录接近。

该技术最大优势是克服那些小偏移距的多次波，对层间多次波的压制有独到之处。图 3.80 为反褶积后速度谱和高精度 τ–R 变换压制多次波后速度谱对比，图（a）中由于多次波干扰严重，中深层速度谱基本体现的是多次波特征，图（b）中由于将多次波有效压制，中深层速度谱体现一次波特征清晰。图 3.81 为高精度 τ–R 变换多次波压制前、后剔除拟合叠加效果剖面，图（a）为经 SRME、曲波变换、组合反褶积压制多次波后剔除拟合叠加剖面，存在不少层间多次波的干扰（绿色框所示），有效波未能真实成像，图（b）为在图（a）基础上进行高精度 τ–R 变换多次波压制后剔除拟合叠加剖面，标注区域的各种多次波得以有效压制，有效波特征清楚。

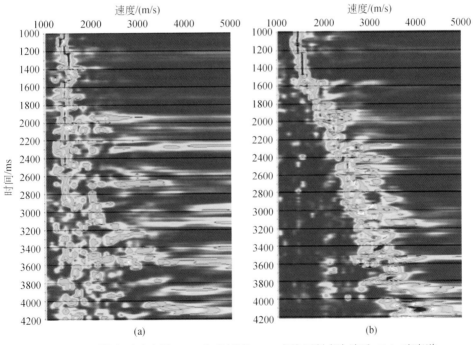

图 3.80　反褶积后速度谱（a）和高精度 τ–R 变换压制多次波后（b）速度谱

5. 应用效果

通过组合配套压制多次波流程应用，有效地滤除了相干性较好的多次波干扰，但由不规则反射界面产生的绕射多次波仍无法得到彻底压制，因此在最终 CMP 道集上根据残余绕射多次波高频、强能量的特征，采用分频压噪技术进行压制。通过以上措施，多次波得到了有效压制，深部反射层得到了突出，速度分析精度明显提高（图 3.82）。

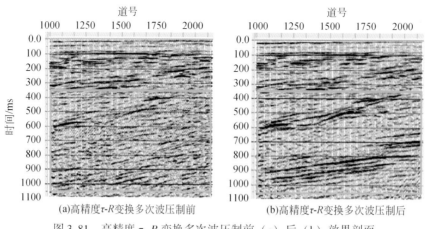

(a)高精度τ-R变换多次波压制前　　　　　(b)高精度τ-R变换多次波压制后

图3.81　高精度 τ-R 变换多次波压制前（a）后（b）效果剖面

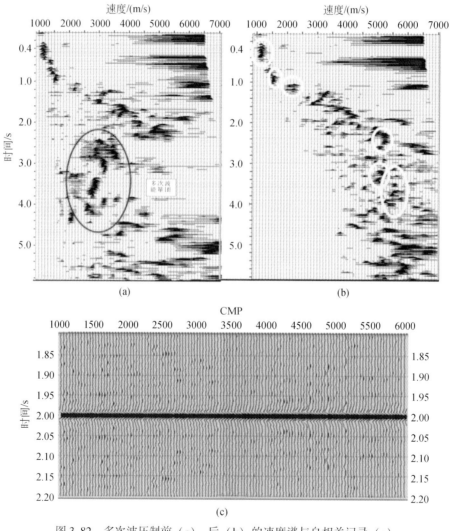

图3.82　多次波压制前（a）、后（b）的速度谱与自相关记录（c）

二、目标层弱反射信号振幅恢复技术

本区中、深部目标层为海相碳酸盐岩地层，受层间物性差异小的影响，内幕反射能量弱，透过上覆的强反射界面向下传播地震波损失严重，振幅衰减较快。同时，受强反射界面起伏和地层速度横向变化的影响，不同的构造部位上、同一旅行时间的地震波振幅衰减水平差异较大，常规的指数函数振幅补偿恢复技术方法，只能进行统一时间尺度的能量恢复，既没考虑地层岩性空间变化对振幅衰减的影响，也没有考虑强反射界面对振幅损耗的影响，很难合理地恢复其原始能量关系。

为了有效补偿由于岩性变化造成振幅衰减，经试验对时间–速度对的振幅补偿公式进行改进，引用了与岩性密切相关速度参数参与振幅补偿，改进后的时间–速度对振幅补偿公式为

$$A(t) = A_0(t) \times t \times V(t)^2$$

式中，$A(t)$ 为补偿后的振幅；$A_0(t)$ 为补偿前的振幅；t 为地震波传播时间；$v(t)$ 为地震速度。基于时间–速度对振幅补偿技术引入了速度参数，即考虑了地层岩性的变化对地震振幅衰减的作用，同时又考虑了偏移距变化对地震振幅的影响，具有更好的保幅性。

速度分析的精度决定了振幅补偿效果的好坏，也关系到成像品质的优劣，为此采用了基于组合迭代思想的速度分析技术。首先在常规振幅恢复、叠前去噪、多次波压制和子波整形处理基础上，进行精细速度分析，反复迭代求取准确的区域速度后，进行时间–速度对的振幅补偿。图3.83为指数补偿与时间–速度对的振幅补偿效果对比，可以看出通过速度函数补偿，中深层的弱振幅得到合理恢复。

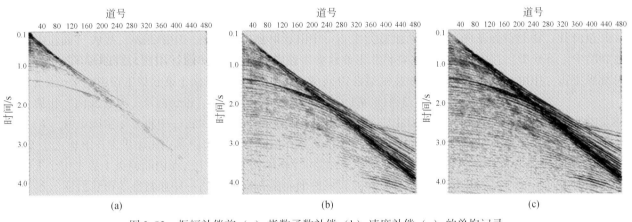

图 3.83　振幅补偿前（a）指数函数补偿（b）速度补偿（c）的单炮记录

三、精细速度分析技术

（一）频率倍增速度分析技术

速度是地震资料处理的关键参数，准确合理的叠加和偏移速度是多次波压制和成像处理的基础。南黄海海域地震测线长，跨越的构造单元多，速度纵横向变化大，目标层反射信号信噪比低，速度分析难度大、精度低。同时，速度分析的精度和最大炮检距处的正常时差与反射波视周期的比值有关，同时还受信噪比的影响，深层反射正常时差较小、频率较低，信噪比也较差，这些都严重影响了速度分析的精度。

根据速度分析面临的主要问题，采用了针对性速度分析流程和方法。首先进行了区域速度的研究分析工作，查清各构造单元的速度分布特征和趋势，作为速度分析参照，在空间和时间方向上约束速度分析过程；在此基础上，采用基于相位和振幅特征的频率倍增速度分析技术（俞寿朋和蔡希玲，1998），着力提高速度分析精度。

频率倍增速度分析技术的基本原理是，将复数道分析得到的瞬时相位乘以一个整数，然后与包络合成地震道，这样就等于利用数据信噪比高的高频成分，把它变换成形式上的高分辨率数据。具体做法是：

按照复数道分析的定义，地震道 $x(t)$ 可用其振幅包络 $A(t)$ 和瞬时相位 $\phi(t)$ 表示为

$$x(t) = A(t)\cos(t) \tag{3.21}$$

而顺时频率 $f(t)$ 与瞬时相位 $\phi(t)$ 关系为

$$f(t) = \frac{1}{2\pi} * \frac{\Delta(t)}{\Delta t} \qquad (3.22)$$

频率倍增通过相位倍增实现, 即对瞬时相位 $\phi(t)$ 乘以整数 M, 得到新的瞬时相位 $M\phi(t)$, 则其与振幅包络相乘得到新的地震信号系列:

$$X_m(t) = A(t)\cos M(t) \qquad (3.23)$$

则此信号的瞬时频率:

$$f_m(t) = \frac{M\Delta(t)}{2\pi\Delta t} = Mf(t) \qquad (3.24)$$

即实现了地震信号的瞬时频率增加 M 倍。在此基础上进行速度分析, 可以提高速度的横向分辨率, 而且在信号比较弱的地方, 也可以得到较可靠的速度。

多次波的存在也极大地降低了速度分析的精度, 压制多次波与精确速度分析相辅相成。为此, 以速度分析、多次波压制多次迭代循环进行, 达到了有效压制多次波和提高速度分析精度的目的。

(二) 各向异性速度分析技术

众所周知, 多道地震叠加成像处理方法假定地下介质是水平层状和均匀的, 在进行速度分析时要求 CMP 道集是短炮检距的。然而, 当在炮检距 X 较大 (一般为大于目标层埋藏深度 Z), 地震波在水平地层传播的时距关系与假定条件相比有较大的差异, 即地震波速度随传播方向发生了改变, 这种现象称之为地震速度的各向异性 (Helbig, 1983)。Thomsen (1986) 和 Crampin (1987) 认为, 地球内部物质弹性变化的规律与岩石演变过程所经受的地质作用有密切关系, 在深部复杂的热力作用下, 岩石中发生着不可逆的显微结构变化, 如造岩矿物颗粒的某种定向排列, 于是就产生了物理参数的各向异性。例如, 沉积作用使岩石具有明显的结构, 在这种情况下, 岩石物理性质的各向异性表现明显。目前, 越来越多的野外地震资料和实验室岩石样品测试结果都证实, 地壳上部的沉积岩对地震波速表现出各向异性。

不同领域对各向异性的定义不同。广义上讲, 如果介质在同一位置测量时物理量随方向而变化, 则称介质为各向异性, 如地震波速度随测量方向的变化称地震波速各向异性。在地球物理学中, 一般把各向异性用在波长范围上探测是均匀介质上, 也就是说是均匀介质的性质随方向变化 (Crampin, 1984), 地球物理学中介质的各向异性的尺度是可变的, 它与所用的波长有关, 对于油气地震勘探的地震波可以是几十米或上百米。

鉴于各向异性介质比各向同性更接近地下岩层的实际情况, 地震勘探工作者对各向异性介质的特征与地震波传播规律进行了大量的研究工作 (Thomsen, 1986; Tsvankin and Thomsen, 1994; Alkhalifah and Larner, 1994; Alkhalifah, 1995; Alkhalifah and Tsvankin, 1995; 万志超等, 1997), 并将其应用到地震资料成像处理中 (王德利等, 2007; 秦亚玲等, 2010; 万欢等, 2011)。结果表明, 在地震资料成像处理中, 忽视勘探目标体的各向异性, 仅使用各向同性速度场进行成像处理, 会导致目标体垂向深度与横向位置的偏差, 也会引起陡倾角地层信息的丢失, 得到品质较差的成像质量。

1. 各向异性特征分析

从 Thomsen (1986) 关于弱各向异性的讨论可以看出, 矿物各向异性颗粒和各向同性矿物形态 (物性因素), 矿物孔隙度、渗透率与孔隙流体 (物性因素), 相对地震波长的各向同性薄互层 (尺度因素) 引, 相对地震波长的裂缝带和微裂隙带 (尺度因素) 都会引起各向异性。

目前, 研究地震速度各项异性最常用的是垂直对称轴的横向各向同性介质 (VTI) 模型; 普遍认为, 大部分的沉积岩石展现为垂直对称轴的横向各向同性介质, 因此, 该模型适用于沉积盆地、山前推覆褶皱带、碳酸盐岩地层的各向异性特征研究 (Crampin, 1987)。

各向异性参数分析一般采用岩石样本测试或理论数值模拟方法 (张中杰, 2002), 岩石样本测试分析结果直接、可靠, 但南黄海地区缺乏测试样品, 该方法无用武之地, 理论数值模拟计算成为唯一的选择。Thomsen (1986) 导出 VTI 介质各向异性速度解析表达式, 用五个参数描述速度随传播方向变化的各向异性特征，即 Thomsen 参数——包括垂直各向同性平面的纵波速度 α、横波速度 β，以及三个描述各向异性特征的无量纲参数 ε、δ、γ，其中，ε 为纵波各向异性强度参数，它是垂直纵波速度和水平纵波速度差值与垂直纵波速度的比值，ε 值越大，表示介质的纵波各向异性越强，ε 等于 0 时表示介质不存在纵波各向异性；δ 为度量纵波在垂直方向的各向异性程度，又称纵波变异系数；γ 是表征横波各向异性强度的参数，由于南黄海地区缺乏横波勘探的数据，因此，本章节不讨论横波各向异性强度参数 γ。

Thomsen（1986）指出，在弱各向异性情况下，随传播方向（入射角 θ）变化而变化的纵波速度可以表示为

$$V_p(\theta) \approx \alpha(1 + \delta \sin^2\theta \cos^2\theta + \varepsilon \sin^4\theta) \tag{3.25}$$

式中，α 为垂直入射与反射纵波速度；θ 为入射角。当 $0<\theta<45°$ 时，地震波传播速度主要受到纵波变异系数 δ 的影响，当 $\theta>45°$ 后，纵波各向异性强度参数 ε 对速度的影响占主要成分。由于南黄海盆地的勘探目标层埋深在 3000m 以上，目前资料采集的最大炮检距在 6000m 左右，接收到勘探目标层的地震反射波的入射角一般小于 45°，因此，纵波变异系数 δ 的影响占主要成分。

各向异性参数不仅关系到时–深转换的精度，也决定了各向异性动校正、叠前偏移成像，以及 AVO 分析的效果。但是，在缺乏岩心样品测试的情况下，仅依靠多道地震信息难以求准各向异性参数，且运算过程比较复杂。为此，Alkhalifah 和 Tsvankin（1995）针对任意各向异性介质，推导出加入表征时距曲线的非双曲程度的等效各向异性参数 η 的时距非双曲线公式：

$$t^2 = t_{p0}^2 + \frac{x^2}{V_{NMO}^2(0)} - \frac{2\eta x^4}{V_{NMO}^2(0)[t_{p0}^2 V_{NMO}^2(0) + (1 + 2\eta)x^2]} \tag{3.26}$$

式中，V_{NMO} 为短排列地震动校正速度；x 为炮检距；等效各向异性参数 η 与 Thomsen 参数 ε、δ 之间的关系为

$$\eta = \frac{\varepsilon - \delta}{1 + 2\delta} \tag{3.27}$$

对以上公式分析可以看出，式（3.25）说明在炮检距较大，地震速度出现各向异性特征，利用式（3.27）对多道地震 CMP 道集进行速度分析，可以得到 V_{NMO} 和 η 两个参数，当地震资料的品质较好、信噪比较高时，可以利用式（3.26）得到较为准确的各项异性偏移成像处理所需的 V_{NMO} 和 η 参数。当地震资料的信噪比较低时，速度分析的精度受到了影响，在进行基于速度与各向异性的双谱高密度参数扫描分析（孙祥娥，2006）时，会得到误差较大的 V_{NMO} 和 η，从而影响偏移成像的精度。

因此，对于类似南黄海地区低信噪比的地震数据，对 V_{NMO} 和 η 进行一定的约束，以保证参数求取的精度，才能得到良好的成像效果。对于 V_{NMO} 参数，在测井数据中容易得到，而等效各向异性参数 η 求取必须先从参数 ε 和 δ 的计算开始。为此，根据已有的测井资料和多道地震（MCS）资料，研究了利多道地震（MCS）、垂直地震剖面（VSP）和测井（LOG）资料进行地层各向异性参数的求取方法。

首先，选择构造相对平缓、地层相对齐全区域的多道地震 CMP 道集数据，针对近偏移距道集（$x/z<0.5$）数据，采用精细速度分析方法，拾取水平层状地层的动校正速度 V_{NMO}，同时与测井声波速度进行对比与修正。

第二，利用已有的测井或垂直地震剖面数据拾取地层垂向速度 V_{p0}，利用地震动校正速度 V_{NMO} 求取层速度 $V_{NMO}(P)$，利用 Thomsen（1986）公式：

$$V_{NMO}(P) = V_{p0}\sqrt{1 + 2\delta} \tag{3.28}$$

计算出各向异性参数 δ：

$$\delta = \frac{\left(\dfrac{V_{NMO}(P)}{V_{p0}}\right)^2 - 1}{2} \tag{3.29}$$

第三，将 V_{p0}、$V_{NMO}(P)$ 和 δ 代入式（3.25）中，求取 ε。

第四，利用式（3.27），求取 η。

对已收集到的 20 口钻井和声波、VSP 测井资料与过井地震资料进行了各向异性参数分析，这些钻井位于北部拗陷和南部拗陷，其中，19 口钻井钻遇或钻穿了古近系（E），8 口钻井钻遇或钻穿了白垩系

（K），6 口钻井钻遇或钻穿了三叠系青龙组（T₁q），2 口钻井钻遇了二叠系上统（P₂），1 口钻井钻遇了石炭系（C）。根据测井和多道地震（MCS）资料，利用上述算法求取了各向异性参数 δ、ε 和 η。结果如表3.8 所示，求取了大套地层各向异性参数（表3.8）。

表3.8　基于钻井、测井与多道地震资料各向异性参数分析结果

地层	岩性	地震速度 /（m/s）	各向异性参数		
			η	δ	ε
E	砂泥岩互层	2800～3500	0.304～0.346	−0.115～−0.127	0.106～0.118
K	砂岩、泥岩	4000～4800	0.153～0.184	−0.062～−0.139	0.057～0.103
T₁q	灰岩	5200～6500	0.128～0.136	−0.079～−0.082	0.054～0.068
P₂	砂泥岩夹煤层	3800～4800	0.163～0.181	−0.074～−0.091	0.065～0.082
P₁	灰岩夹白云岩	5600～6500	0.133～0.148	−0.064～−0.078	0.058～0.072
C	灰岩	6250	0.169	−0.075	0.069

从对地质地震模型和实际资料的各向异性特征分析可以看出，当入射角大于30°时，从新生代到古生代沉积层均存在速度各向异性特征，它可以对地震资料解释造成5%～10%的深度转换误差，同时也影响地震波组成像精度、分辨率和信噪比。

2. 各向异性速度分析与动校正

前面的分析已证明了长排列采集的优势和存在的速度各向异性问题，为了利用长排列接收获得的临界角附近广角反射信号，提高目标层的成像品质，采用了 Alkhalifah 和 Tsvankin（1995）推导的加入表征非双曲程度的等效各向异性参数 η 的时距非双曲线式（3.26）进行了速度分析与动校正。

图3.84 为常规动校正与考虑各向异性参数的动校正道集对比图，图中显示经过常规动校正处理的道集，大炮检距道的有效反射波组无法拉平，波组上翘与波形畸变严重，在这种情况下进行同相叠加处理将严重降低成像品质，必须以图3.84（b）中蓝线为界将左侧的数据进行切除处理，损失了宝贵的强反射信息；而采用各向异性参数和短排列动校正速度处理的道集，大偏移距道的有效反射波组得到拉平［图3.84（c）］，但还有部分较远偏移距的信号波形畸变，再经过匹配滤波使各偏移距道集的反射波频率与相位特征一致［图3.84（d）］，就可以较好地进行同相叠加，提高目标层地震成像品质。

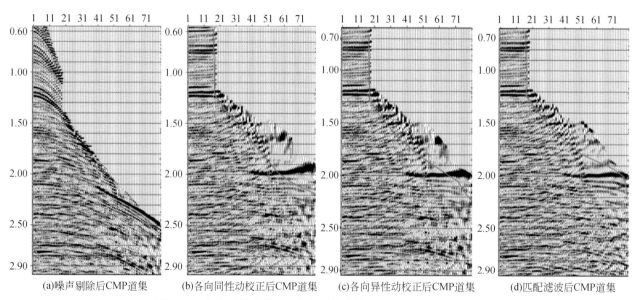

　(a)噪声剔除后CMP道集　　(b)各向同性动校正后CMP道集　　(c)各向异性动校正后CMP道集　　(d)匹配滤波后CMP道集

图3.84　各向同性动校正、各向异性动校正及匹配滤波道集对比

四、各向异性叠前时间偏移成像处理攻关试验

在各向异性参数分析的基础上，采用基于 VTI 介质的 Kirchhoff 非双曲时差方程叠前时间偏移方法，进行各向异性叠前时间偏移成像处理。

Kirchhoff 积分法波动方程偏移成像是建立在波动方程 Kirchhoff 积分解的基础上，把 Kirchhoff 积分中的格林函数用其高频近似解（即射线理论解）代替，利用波动方程的 Kirchhoff 积分解进行波场外推，并在 Kirchhoff 积分偏移的基础上结合射线理论进行偏移速度分析；在 Kirchhoff 积分法叠前偏移成像中，一般把地下的成像点视为可能的绕射点，在高频近似的条件下应用射线理论计算震源点到成像点再到接收点的旅行时和振幅因子，再根据计算出的旅行时和振幅因子对设定孔径内的地震道进行振幅加权叠加（绕射求和）（王建立等，2010；孙长赞等，2010）。与有限差分偏移、逆时偏移等其他偏移方法相比，Kirchhoff 偏移具有灵活、有效和较高的计算效率。基于双平方根（DSR）时差方程的反射走时计算是 Kirchhoff 叠前时间偏移成像处理的关键。在常规的成像处理中，时差方程是由 Dix（1995）针对水平层状介质在小偏移距近似（或直射线近似）下得到的，该双曲线时差方程仅适用于均匀各向同性或椭圆各向异性介质。如前所述，南黄海海相目标层的介质非均匀性和速度各向异性，以及反射界面的起伏弯曲均会造成远偏移距反射时距曲线偏离双曲形状。在长排列采集情况下，基于常规双曲时差方程的时间域成像方法忽视了介质速度垂向非均匀性和内在各向异性特征，导致远偏移距反射波不能准确归位，造成地震剖面上的构造成像严重失真。因此，必须采用新的成像理论，才能取得对复杂构造精确成像的效果。

各向异性叠前时间偏移是在 Kirchhoff 积分法波动方程偏移算法基础上，基于各向异性理论计算旅行时，对于 P 波各向异性介质，由 Alkhalifah（2006）导出 VTI 介质下的旅行时公式为

$$t(\tau, x, x_0, h, v, \eta) = \frac{p_g y_g}{2} + \frac{p_s y_s}{2} + \frac{\tau}{2}\left[\sqrt{1 - \frac{v^2 p_g^2}{1 - 2v^2 \eta p_g^2}} + \sqrt{1 - \frac{v^2 p_s^2}{1 - 2v^2 \eta p_s^2}}\right] \tag{3.30}$$

式中，t 为地震波的旅行时间；v 为反射点之上地层均方根速度；τ 为反射点双程垂直旅行时间；h 为 1/2 炮检距；x_0 为反射点的坐标；x 为炮点到检波点之间的中心点坐标；η 为各向异性参数；y_s 为反射点到炮点的横向距离；y_g 为检波点到炮点的横向距离；p_s 和 p_g 为震源和接收点的射线参数。Alkhalifah 和 Tsvankin（1995）推导的射线参数 p 与各向同性介质的射线参数 p_{iso} 的关系（略去下标 s 和 g，）为

$$p^2 = p_{iso}^2 \times \frac{y^6 + 6v^2 y^4 (1 - \eta)\tau^2 + 3v^4 y^2 (3 + 4\eta)\tau^4 + 4v^6 \tau^6}{y^6 (1 + 2\eta) + 2v^2 y^4 (3 + 5\eta)\tau^2 + v^4 y^2 (9 + 4\eta)\tau^4 + 4v^6 \tau^6} \tag{3.31}$$

式中，

$$p_{iso}^2 = \sqrt{\frac{y^2}{v^2 y^2 + v^4 \tau^4}} \tag{3.32}$$

改进后的适用于 VTI 介质 Kirchhoff 弯曲射线叠前时间偏移，采用层速度场代替常规偏移使用的均方根速度场计算旅行时，引进了地层的各向异性参数，然后应用叠前时间偏移方法进行偏移成像。由于 Kirchhoff 弯曲射线叠前时间偏移在计算中考虑了地震速度随入射角变化的情况，更符合复杂地质体的构造特征和速度横向变化的实际情况，因此，它有效地改善大偏移距地震道的成像质量，提高了偏移成像精度。

各项异性叠前时间偏移只有在高品质 CMP 道集数据和高精度偏移速度条件下才能取得良好的成像效果，而南黄海盆地的地震原始资料属低信噪比数据，为了取得良好的叠前时间偏移成像处理效果，在噪声剔除与多次波压制、振幅恢复、精细速度分析、各向异性参数求取和叠前时间偏移试验等处理环节，分别采用了针对性的处理技术与处理流程和参数。其中，数噪声剔除与多次波压制、振幅恢复、精细速度分析等环节已在前面做了详细的叙述，这里只对与各向异性叠前时间偏移有关的处理环节进行阐述。

（一）处理流程

与叠后偏移相比，叠前偏移对偏移速度更为敏感，速度分析精度直接决定了叠前时间偏移的效果。

根据南黄海地震资料特征，采用了高精度的精细速度分析技术。首先对前期数据净化处理得到的高品质 CMP 道集，进行初始速度分析，拾取并计算均方根速度，将均方根速度转换成层速度；然后进行 Kirchhoff 弯曲射线偏移，输出 CRP 道集，对 CRP 道集做入射角 30°以外区域的数据切除，进行均方根速度拾取，建立各向同性速度场；继而利用 DIX 公式，将均方根速度转换成层速度，再进行第二次常规叠前时间偏移扫描并输出 CRP 道集，对 CRP 道集做入射角 30°以外区域的数据切除，检查道集内地震波组是否拉平。如此反复迭代，修改速度模型，直到 CRP 道集的有效反射同相轴全部拉平。在此基础上进行各项异性参数 η 扫描，对 CDP 道集进行各向异性弯曲射线偏移速度扫描，输出 CRP 道集，并检查全部道集内地震波组是否拉平，最后进行各向异性弯曲射线偏移成像处理。这一阶段的处理流程如图 3.85 所示。

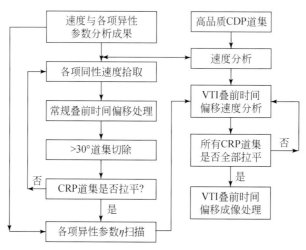

图 3.85　各向异性叠前时间偏移处理流程

（二）速度模型和介质各向异性参数 η 的优化

各向异性叠前时间偏移速度模型和介质各向异性参数的优化过程与各向同性叠前时间偏移速度场优化过程基本一样，其不同之处是在迭代优化过程中采用各向异性叠前时间偏移处理，在对输出的 CRP 道集进行各向异性反动校正（旅行时算法要与各向异性叠前时间偏移算法一致）后，取近、中炮检距 CRP 道集进行各向同性速度分析，进一步优化均方根速度场，再利用全炮检距 CRP 道集和优化的均方根速度场进行各向异性速度分析，优化各向异性参数 η 场，再进行各向异性叠前时间偏移处理，通过输出的 CRP 道集是否拉平来判断速度模型和各向异性参数 η 场的正确性（万欢等，2011）。

（三）偏移孔径和反假频因子的选取

Kirchhoff 弯曲射线叠前时间偏移理论基础是计算地下反射点的时距曲面，然后对时距曲面上的所有点进行加权叠加得到该绕射点的偏移结果。在处理中，要设定时距曲面上的范围——偏移孔径，在此范围内对这些数据进行求和运算，超出范围的部分则不参与运算。偏移孔径的大小与地质体的分布、埋藏深度和倾角有关。埋藏越深，倾角越陡，偏移孔径就相应放大；偏移孔径小，陡倾角的反射波不能正确归位，偏移孔径过大，则会产生偏移干扰噪声。在处理中根据测线所在的地质单元的构造特征，选取包括最陡倾角范围内的数据就会取得比较好的偏移成像效果（秦亚玲等，2010）。

Kirchhoff 弯曲射线叠前时间偏移利用绕射面叠加进行成像，但参与偏移的数据在空间和时间域都是离散采样的，数据是有限频带的。因此，在偏移计算的过程中会出现算子假频问题。目前，输入的数据在时间域上采样是充足的，但在空间域上是不足的，虽然在海洋地震勘探中采用小道距采集，但对于对大倾角反射同相轴归位成像，偏移算子在空间上的采样仍显得不够充足。

为了消除由于算子假频造成的偏移成像问题，常用的做法是根据反射界面倾角增大，信号的高频成分相应降低，沿着偏移轨迹求和的地震道采样序列满足奈奎斯特采样准则，通过对地震数据的多个档低通滤波，来实现反假频处理。另一个做法是，通过道集内插处理缩小道间距，达到加密空间采样，降低算子假频干扰。

(四) 处理效果对比

采用上述流程与参数对二维多道地震数据进行各向异性叠前时间偏移处理，图3.86为各向异性与各向同性叠前时间偏移成像剖面对比结果，从中可以看出如下特点。

(1) 各向异性叠加时间偏移剖面品质整体上明显优于各向同性处理，中-深部地层的地震成像质量提高，深部弱反射地层的地震反射能量和信噪比均得到了有效改善；

(2) 在各向异性叠前时间偏移剖面上，断点得到了有效归位，断裂显示清晰，突出了陡反射界面特征，更为清晰地显示代较老的沉积地层结构（图中所圈处）；

(3) 构造复杂区域，局部构造得到了清晰显示，基底、大断裂、陡倾角地层及其内部反射信噪比得到提高，同相轴连续性变好，易于追踪解释。

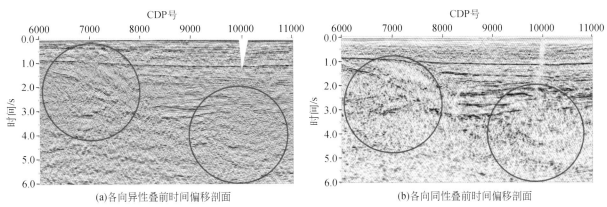

图3.86 各向异性与各向同性叠前时间偏移效果对比

第五节 海底地震仪探测技术应用

海底地震仪（OBS）及由其组成的海底流动地震观测台阵是近年来发展起来的高新技术，在油气探测、科学研究、防灾减灾等方面有广泛的用途，是地球物理仪器与探测技术发展中的一个新增长点。它放置在海底，既可以类似陆地人工地震测深一样用于主动源勘测，也可用于天然地震观测，可以有效地记录远至地壳深部的P波和S波信息（图3.87），也可用于近垂直反射波、广角反射波、折射波勘探；其使用方便，操作灵活，在海底深部构造、海洋油气和天然气水合物调查中得到了广泛应用（阮爱国等，2004，2007）。

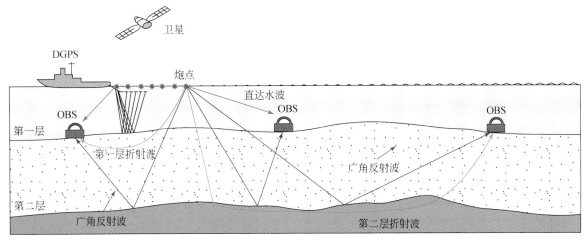

图3.87 OBS探测原理示意图

2013 年 8 月，在国家自然科学基金"黄海及邻区壳幔结构及深浅构造关系的综合地球物理研究"（41210005）、国土资源部地质调查专项（GZH200800503）和国家 863 计划"海陆联合深部地球物理探测关键技术研究"（2009AA093401）的支持下，青岛海洋地质研究所、中国科学院地质与地球物理研究所和国家海洋局第一海洋研究所联合开展了南黄海–山东半岛–渤海海陆联合深部地震探测，为查明该区域深部构造特征、莫霍面形态和含油气盆地内部结构提供最直接的科学数据，为进一步的油气勘探奠定坚实基础。

一、探测目标

在胶东和南黄海、渤海布设海陆联合深部地震探测剖面，通过陆地人工爆破地震观测和海区气枪震源探测，结合层析成像和重、磁等多种地球物理数据的反演与模拟，获得研究区壳幔结构特征，研究华北地台与扬子地台的接触关系，探讨板块作用的构造效应及前新生代油气资源前景。为此，部署了跨越渤海、山东半岛到南黄海的长达 600km 的海陆联测地震剖面，沿剖面所在位置布设陆地地震台站 50 台，海区 OBS 台站 52 台，采用陆地炸药震源和海区气枪震源激发的方式，获得深达莫霍面的地震反射和折射信息；其中，在南黄海海域首次进行 OBS 探测，这对探索南黄海盆地的深部地质特征，研究深部构造对中、古生界油气成藏的控制作用尤其重要。

二、测线部署与观测系统设计

OBS 观测系统设计的根本目的是为了更好地获取目标层的有效信号。总体而言，全球范围内的 OBS 深部构造探测的观测系统设计基本相似，主要分为炮点设计与 OBS 投放点的设计，两者的设计参数包括起始点、点间距和结束点的设计。一般规定炮线、OBS 投放点连线及探测目标层的方向一致，即三者的起始点与终止点位置相互对应。设定了探测目标层的位置后，起始炮点与 OBS 起始投放点的位置设计原则上应保证探测目标层有均匀和足够的反射与折射射线覆盖，也就是 OBS 起始投放点与终了投放点所包括的区域应大于探测目标层的区域，而起始点与终了炮点的位置设计应在 OBS 测线的端点向外扩展 60km 左右，以保证起始 OBS 和终了 OBS 均能接收到所有炮点的莫霍面反射与折射震相。

炮间距与 OBS 间距一般为等间隔设计，且 OBS 间隔与炮间距成倍数关系，这种设计优点是：观测系统设计较为简单，在资料处理时也较容易地 CMP 道集记录，并方便后续的叠加成像处理。在实际观测系统设计时由于 OBS 数量有限，因此根据研究的目的不同，在测线不同区域可以适当增加或减少 OBS 间距以达到增加或减少射线密度（或覆盖次数）的目的。炮间距理论上只会影响到探测目标层横向的分辨率，并不能提高覆盖次数；OBS 间距则决定了覆盖次数，理论上的最大覆盖次数等同于 OBS 的个数。在探测目标层横向范围确定的基础上，更多的 OBS 则意味着更多的覆盖次数，因此对于深部构造成像其效果会更好。

根据南黄海区域地质构造特征和 OBS 探测目标，OBS 测线方向垂直于区域构造走向，按 154.04°/334.04°方向布设，测线总长度约 326 km（图 2.72），跨越了千里岩隆起、北部拗陷和中部隆起等三个二级构造单元。沿测线共布设海底地震仪 39 台，其中，22 台德国 Geopro OBS，17 台中科院地质与地球物理研究所研制的 Micro OBS，布设间距为 6 km。

三、震源设计研究

海洋深部地震探测要求气枪震源激发的地震信号主频低、能量高，传播距离在 100km 以上、探测深度应在 30km 以上。为了保障气枪震源具有足够的输出能量，一般使用容量较大的单气枪造成大容量气枪阵列（赵明辉等，2004，2008；罗桂纯等，2006；丘学林等，2007，2012；林建民等，2008；支鹏遥，2012）。

为了选择合适的震源组合，对 2010 年渤海海域实施的 OBS 海上试验资料进行了分析，此次试验使用大容量单枪组成的平面枪阵作为震源，枪阵总容量 9300in^3，包括四条 1500in^3 的 BOLT1500LL 型长寿命枪、2 条 600in^3 的 BOLT 枪、2 条 450in^3 的 BOLT 枪，以及 4 条 300in^3 的 SLEEVE 枪，具体枪阵平面展布见

图 3.88；另外在工作过程中还分别使用了 3300in³ 和 6000in³ 枪阵组合作为震源，枪阵的沉放深度均为 10m。

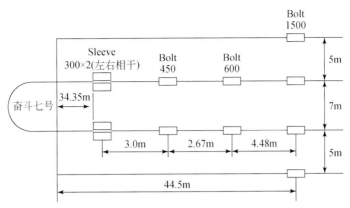

图 3.88　枪阵平面展布图

图 3.89 为大容量枪阵远场子波频谱图，由于大容量单枪的加入，子波特征品质降低，频谱曲线呈"锯齿"状，光滑度变差，枪阵的气泡（bubble）效应被放大，波泡比只有 8.2（图 3.90），而常规枪阵的波泡比在 13 以上；波泡比的变低，导致地震原始资料品质下降。

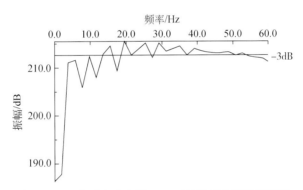

图 3.89　四个子阵总容量 9300in³ 枪阵远场子波频谱图

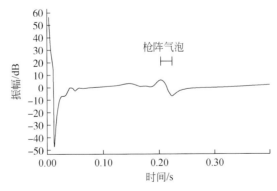

图 3.90　四个子阵总容量 9300in³ 枪阵远场子波波形图

图 3.91 为 OBS 海上试验 A30 站位 3300in³ 剖面，反映沉积层特征的临界角内道集反射清晰，临界角外道集广角反射波组易于识别，信噪比较高，但 PmP 震相振幅较弱，连续性差。

图 3.92 为 OBS 海上试验 A30 站位 9300in³ 剖面，虽然大容量枪阵提高了远偏移距（20~100km）道集上折射波振幅能量，反映莫霍面折射波震相能量强，但反映沉积层特征的临界角内道集反射波频率低、信噪比差、难以有效识别，广角反射波组虽然可以分辨，但是由于频率低、频带窄，续至波组多，资料品质差。

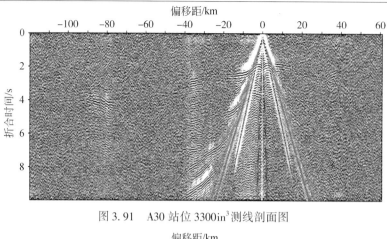

图 3.91　A30 站位 3300in³ 测线剖面图

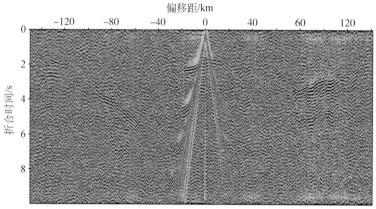

图 3.92　A30 站位 9300in³ 测线剖面图

　　通过以上实际资料分析，大容量枪阵激发，虽然可提高深层的反射能量，但干扰波能量同样也得到提高，甚至提高幅度更大，资料的信噪比反而下降，给地震资料的噪声压制处理带来更大困难；再加上大容量枪阵频带窄，造成成果剖面的品质下降，信噪比降低，地震波组特征差。因此，必须在得到深部有效反射、折射波与资料信噪比等方面进行通盘考虑。

　　为了验证不同组合的效果，设计了新的总容量为 9000in³ 的枪阵组合，它由 3 条 1500in³ 的 Bolt 枪与 3 条 380in³ 的 G 枪和 250in³、150in³、100in³、60in³ 的 G 枪各 6 条组成的 3 个子阵（图 3.93），采用上下源延迟激发的方式，3 个子阵的沉放深度分别为 12m、8m、10m，激发延迟为 2ms（简称 C3_g12_8_10-2）。

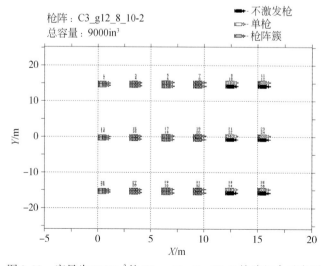

图 3.93　容量为 9000in³ 的 C3_ g12_ 8_ 10-2 枪阵组合示意图

图 3.94 和图 3.95 分别为图 3.93 所示枪阵远场子波波形图和频谱图，在平面枪阵（所有子阵都在同一深度的枪阵）的远场子波波形上，由海平面虚反射作用引起的负波峰与正波峰基本相当，采用上下源延迟激发后，远场子波的负波峰值比正波峰值低 30% 左右，表明虚反射作用得到了较大的抑制。从频谱图（图 3.95）上可以看到，频谱曲线相对光滑、低频能量得到了提升，陷波作用得到了较大程度的抑制。

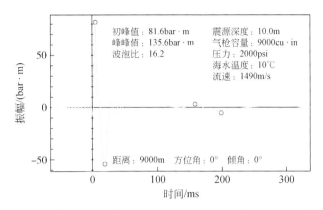

图 3.94 容量为 9000in³ 的 C3_ g12_ 8_ 10-2 枪阵远场子波波形图

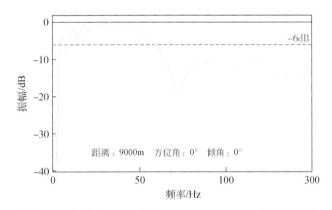

图 3.95 容量为 9000in³ 的 C3_ g12_ 8_ 10-2 枪阵频谱图

基于南黄海 OBS 深部探测目标和存在的施工难题，经过对气枪性能的分析研究，确定以使用与水深条件相适宜的中、小容量的气枪组成气枪阵列震源，达到提高施工效率和降低故障率的要求。同时，采用立体气枪阵列延迟激发的技术方法，着力提高气枪阵列震源低频输出能量。首先，根据调查船和设备选型情况，设计了由 48 条不同容量的 G 枪组成的 4 个子阵列、总容量为 6060in³ 的立体枪阵（3.96），其中最大单枪容量为 380in³，最小单枪容量 40in³，按气泡半径计算公式（何汉漪，2004）算得最大气泡半径为 5m 左右，满足了浅海区 OBS 探测的震源激发的需求。

在此基础上进行远场子波模拟，分析不同立体气枪阵列延迟激发组合方案的远场子波特征，确定 4 子阵总容量为 6060in³ 的立体枪阵组合 S4-13-9-7-11-D1.5，即子阵的沉放深度分别为 13m、9m、7m 和 11m，延迟激发时间 1.5ms。其远场子波波形模拟图和频谱如图 3.97、图 3.98 所示。

四、OBS 资料采集

本次 OBS 探测采用了 4 分量 OBS，即压力分量（P 分量）、垂直分量（Z 分量）和接收转换波横波的水平径向分量（X 分量）、水平切向分量（Y 分量）。海上作业过程主要是 OBS 的投放、人工震源的实施和 OBS 的回收。投放之前应最后确定 OBS 可以响应到声学释放单元的信号方可保证 OBS 下水工作，同时根据水动力、海流等条件，计算船只投放 OBS 位置，待到达指定站点位置 1km 时通知驾驶台减速，以确保船只在投放站点 100m 范围内停稳在 OBS 观测系统设计的站位位置，通过船上吊车或起落架把 OBS 吊

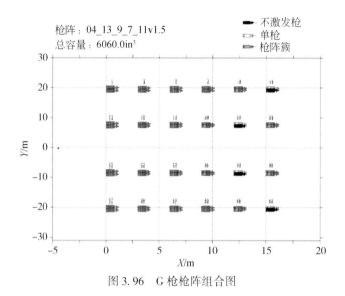

图 3.96　G 枪枪阵组合图

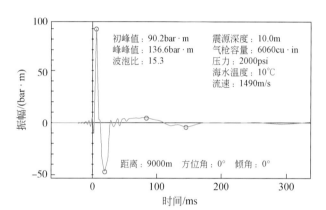

图 3.97　S4-13-9-7-11-D1.5 立体枪阵组合远场子波图

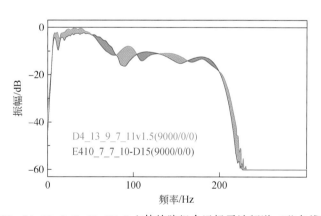

图 3.98　S4-13-9-7-11-D1.5 立体枪阵组合远场子波频谱（蓝色线）图

放到海面，人工控制脱钩器将挂钩松开后，OBS 将以 1m/s 速度并在海流的作用下沉降到设计的海底位置。

完成所有 OBS 投放后，由震源船按预先设计的炮线进行气枪震源放炮，在震源船施工过程中 OBS 始终在海底接收地震信号。放炮结束后，立即开始 OBS 回收工作，回收船开到 OBS 原先的投放位置，将计算机与甲板单元释放单元相连接，通过电缆和水中传感器发送释放信号，OBS 应答释放单元收到信号后发出释放命令，使燃烧线熔断，OBS 与镇重锚脱钩，依靠玻璃球及塑料套的浮力以 0.5~1m/s 的速度上浮到海面，借助漂浮在海面 OBS 发出的无线电信号、闪光灯指示器和荧光旗子来进行海上搜寻，然后再将其回收到船上。

最终的获取的数据体包括 OBS 的原始记录、导航数据，以及甲板地震仪记录、水深数据。

本次海上调查任务由"向阳红 08"调查船、"发现 2 号"地震勘探船共同执行，"向阳红 08"负责 OBS 的投放、回收，"发现 2 号"负责气枪震源的激发。本次搭载试验中 OBS 全部回收，创回收率 100% 的记录，共获得 100 个陆地记录台站，53 个 OBS 台站的数据（其中南黄海 39 个台站）。

五、OBS 数据处理关键技术

OBS 数据处理与常规地震数据处理基本一致，但是 OBS 数据处理的目的在于得到速度结构剖面（刘丽华等，2012）。OBS 数据处理过程主要包括预处理和常规处理两个步骤（图 3.99）。

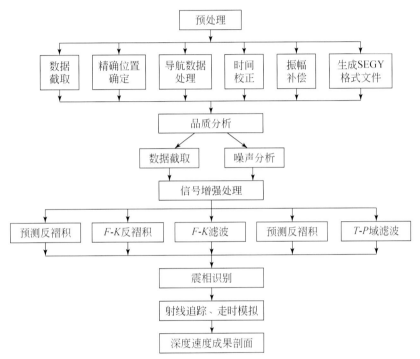

图 3.99　基于震相识别与走时模拟需要的 OBS 处理流程

（一）数据预处理

1. 数据解编

对 OBS 记录的地震数据进行格式解编，形成处理系统能识别的数据格式。同时对水平分量进行极化处理，求出极化角并将两个水平分量地震图按极化角旋转为 X 分量和 Y 分量。

2. 精确位置确定

由于 OBS 在投放时，受海流、风浪等环境因素的影响，沉放在海底的位置偏离设计位置，利用直达水波反演计算每台海底地震仪在海底的精确位置和方位，并置 OBS 入数据道头中。

3. 导航数据处理

处理导航数据确定炮点的准确位置，并将炮点位置读入处理程序中。在导航数据处理过程中，野外记录的 DGPS 数据用船上 GPS 天线和气枪之间的距离进行校正，并利用水深资料和直达水波对气枪延时进行了校正，从而得到震源炮点的精确位置和时间，并将炮点位置置入数据道头中。

4. 时间校正

OBS 时间校正主要包括三方面：OBS 偏离预定位置所造成的时间误差的校正、内部时钟漂移所造成的时间误差校正和整体性漂移所造成的时间误差校正。

OBS 偏离预定位置所造成的时间误差是指 OBS 在由海面自由沉落至海底的过程中受海流等因素影响造成 OBS 偏离预定位置所造成的误差。一般而言深水区都需要重新定位 OBS 的具体位置，进而给定校正量。但是本航次海水深度很浅，测线水深变化范围在 15～60m，因此 OBS 在海底的真实位置与投放点位置较为接近而不需要重新定位 OBS 的真实位置，因此也不再需要进行由于位置偏离造成的时间误差的校正。

内部时钟漂移所造成的时间误差由于 OBS 从投放到回收的时间范围内，其内部控制时钟会因为温度及压力变化而造成计时不准，因此在 OBS 回收后首先要对此进行校正。

整体性漂移所造成的时间误差可能与 GPS 授时抖动的影响相关，表现为 OBS 共接收点道集发生整体性的延迟或提前。这种现象在两种 OBS 道集中都可以观测到，可通过计算直达波到时重新校正其起跳时间并通过设置延迟时的方式使 OBS 共接收点道集"整体移动"从而达到校正的目的。

5. 振幅补偿

振幅补偿直接影响有效波的波组特征的整体面貌。为保证站位剖面有清晰的波组特征，采用能够保留波组之间相对强弱特征的指数型球面扩散补偿调整叠前资料能量。

6. 折合显示

把处理后的数据显示成标准的地震剖面，为提高地震剖面的可视性，记录时间换算为折合时间，即

$$T = T_0 - D/V$$

式中，T 为折合时间；T_0 为为实际地震波到达时间；D 为炮检距；V 为折合速度。

V 一般选某一典型层位的层速度作为统一折合速度，T_0 时间经折合后，代表典型层位界面到达波的同相轴往往被拉成与距离轴平行。如果某一层位的层速度大于改正值，代表该层位界面到达波的同相轴多表现为上翘，说明时间改正量过大；反之，如果某一层位的层速度小于改正值，代表该层位界面到达波的同相轴往往下拉，说明时间改正量不足。通过时间改正，有助于对各种到达波的识别。至于典型层位的选择，不是一成不变的，而是随测区地质条件及工作目标的变化而变化的。

（二）数据品质分析

1. 立体枪阵延迟激发效果评价

2013 年采用立体枪阵延迟激发，OBS 记录的数据质量相对 2010 年、2011 年在渤海地区实施的海陆联测中所采集的数据质量明显得到提高（图 3.100）；均能拾取 PmP 震相，且 Pg 震相能连续拾取，气枪信号有效传播距离达 150km。

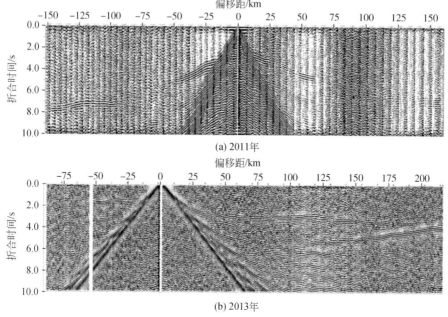

(a) 2011年

(b) 2013年

图 3.100　2013 年与 2011 年采集的 OBS 台站 P 分量记录对比图

2. OBS 耦合分析

由于南黄海水深小于 60m，且工作区域的海底多为泥砂质，OBS 下沉时间短、落底时速度较低，对 OBS 与海底的有效耦合带来了不利的影响。因此分析各 OBS 站位近偏移距道 Z 分量的频谱特征是对仪器海底耦合的直观反映，也是对数据进行初步评价。

Z 分量近偏移距（2km 以内）的振幅谱可以直观地展现 OBS 台站与海底的耦合状况，OBS 台站原始 Z 分量的主要能量对称集中在零偏移距附近，说明 OBS 与海底的耦合良好，也表明该 OBS 站位对传播到其附近的信号均能予以有效接收（图 3.101）。

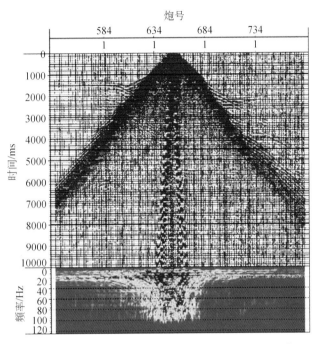

图 3.101　C37 台站 Z 分量原始资料近偏移距振幅谱
上方红色区域为垂直分量近偏移距剖面，下方为与之对应的振幅谱

3. 环境噪声分析

P 分量是利用压电效应将地震波或其他原因引起的水压变化转化为电信号；Z 分量是垂直速度检波器，是将地面质点机械振动的速度信号转化为检波器的模拟输出电信号，P 分量对海水的压力变化敏感，Z 分量对于海底的机械振动更为敏感。该站位所处水深 36m，易受海底海流的冲击产生自噪声，严重影响 Z 分量的有效记录，而且风浪与涌浪在海底的直接表征主要是海水静压力的变化，故以 P 分量为主分析风浪、涌浪信号特征。

4. 频谱分析

为了定量分析信号，按偏移距远近将数据依次划分为 0～1km，14～15km，31～32km，51～52km，81～82km 共 5 个区段。0～1km 偏移距段中主要包括近偏移距的反射波、折射波、直达波（1500ms 以上的部分）、Z 分量面波、多次波，以及随机干扰等；14～15km 主要是直达波、折射波、广角反射波和随机干扰等；31～32km、51～52km 和 81～82km 这三组中主要的信号是折射波和广角反射波及随机干扰，P 分量中的随机干扰以涌浪干扰为主，而 Z 分量中则以海底介质的波动为主。

从 P 分量频谱图（图 3.102）中可以看出，0～1km 偏移距段振幅能量最强，并存在较强的鸣震干扰，虚反射造成的频陷点依次出现在 $f_1 = 20.83$Hz、$f_2 = 41.67$Hz、$f_3 = 62.5$Hz，而红线（Z 分量）在相应的频率附近与蓝线（P 分量）能量互补，即波峰对波谷，波谷对波峰。这种现象说明在 0～1km 附近存在强能量虚反射。

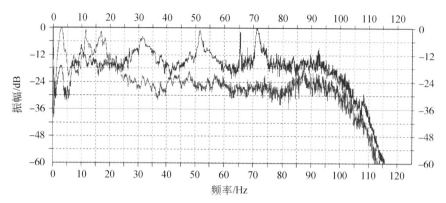

图 3.102   0～1km 偏移距段 OBS 纵波信号频谱对比

蓝色代表 P 分量；红色代表 Z 分量

14～15km 偏移距段超出了常规海洋拖缆地震采集的偏移距范围，P 分量（蓝色）、Z 分量（红色）的频谱能量在全频带上均有所衰减。由于此组偏移距主要部分不包含直达波区域内低频干扰波信息，Z 分量的频陷点波峰相较于 0～1km 偏移距段更接近 P 分量的第一频陷点 $f_1 = 20.83$Hz（图 3.103），峰值能量约 -2dB。

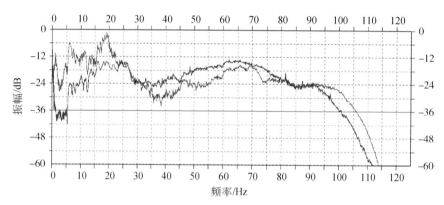

图 3.103   14～15km 偏移距段 OBS 纵波信号频谱对比

蓝色代表 P 分量；红色代表 Z 分量

在 31～32km 偏移距段，P 分量与 Z 分量的频谱出现了大幅度衰减，25Hz 以上的频谱能量均跌至 -36dB 以下，P 分量的频谱趋近于背景噪声水平，虽然含有部分深层折射波或广角反射波能量，但被涌浪信号的强能量所掩盖，Z 分量也基本处于背景噪声水平（图 3.104）。在第一频陷点 $f_1 = 20.83$Hz 处，Z 分量出现了非常明显的波峰，峰值为 -12dB，P 分量在此处则出现相应的波谷，说明虚反射的影响依然存在，只是能量有所减弱。

51～52km 偏移距段频谱衰减相对不明显，P 分量在 0～15Hz 频率范围有所下降，在 15～65Hz 的频率范围能量有所增强，平均峰值仍在 -36dB 附近，分析是风浪和涌浪的共同作用造成的现象。Z 分量在第一频陷点 $f_1 = 20.83$Hz 和第二频陷点 $f_2 = 41.67$Hz 处存在波峰，峰值分别为 -18dB 和 -42dB 左右（图 3.105）。

81～82km 段 P、Z 分量所记录的信号中占据优势地位的基本上都是背景噪声，在 $f_1 = 20.83$Hz 存在波峰（图 3.106），峰值衰减并不明显，约为 -19dB 左右。

通过对 P 分量和 Z 分量频谱分析对比，可以看出，随着偏移距的增加，原始数据的频谱能量逐步减小，直至背景噪声能量水平；OBS 仍会受到海流的影涌浪噪声，背景噪声频谱能量普遍低于 -36dB；由接收点端虚反射所造成的陷波现象突出，且 P 分量与 Z 分量的频谱能量大致互补，对双分量合并非常有利；相对于 P 分量，Z 分量中在频陷点 f_1 附近均存在强能量波峰；直达波区域以高频信息为主，高频信息约在 30km 偏移距左右衰减至背景噪声水平。中远偏移距区域以 20Hz 以下的低频信号为主，由于频率低，这些低频信号衰减缓慢且能远距离传播，有利于大偏移距、高速层下部区域及深部地壳结构成像。

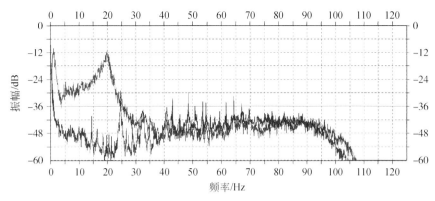

图 3.104　31 ~ 32km 偏移距段 OBS 纵波信号频谱对比
蓝色代表 P 分量；红色代表 Z 分量

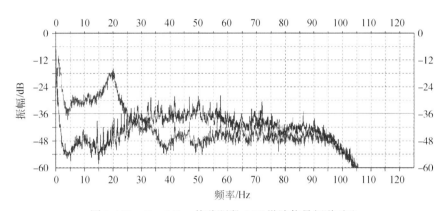

图 3.105　51 ~ 22km 偏移距段 OBS 纵波信号频谱对比
蓝色代表 P 分量；红色代表 Z 分量

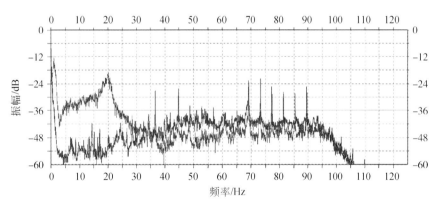

图 3.106　81 ~ 82km 偏移距段 OBS 纵波信号频谱对比
蓝色代表 P 分量；红色代表 Z 分量

（三）信号增强与噪声压制处理关键技术

1. 涌浪压制

根据强能量涌浪噪声主要分布在 0 ~ 3Hz 频带范围，以高通滤波的方式压制 P 分量与 Z 分量数据中的涌浪噪声，突出反射波、折射波、广角反射波，以及直达波等震相。

2. P 分量与 Z 分量的匹配与合并

鉴于 OBS 探测区域水深浅、海底底质坚硬，气枪震源能量大，海底鸣震振幅强、周期短，对有效信号改造作用强烈，降低了原始数据的信噪比，增加了震相识别难度，降低了标定精度。在对 Z 分量和 P 分量地震波特征分析的基础上，提出了综合利用 Z 分量和 P 分量数据联合压制虚反射的技术思路。

在 OBS 数据中，P 分量接收到的是地震波和海浪引起的海水压力的变化，是一个标量；而 Z 分量接收到的是 OBS 所在海底位置地震波的传播速度，是一个矢量，其上行波为正值，而下行波是一个负值。理论上，通过合并 P 分量和 Z 分量的地震数据，可以直接消除虚反射。因为 P 分量和 Z 分量接收的虚反射极性相反，P 分量记录的波峰对应于 Z 分量记录的波谷，其波谷又对应于 Z 分量记录的波峰，通过双分量记录数据合并，可以使一个分量记录的波峰去填补另一分量记录的波谷，从而得到一个压制了虚反射并提高一次波信噪比的地震道。

对水听器和垂直方向速度检波器进行了信号波形和频谱分析，从分析的结果看出，P 分量与 Z 分量信号的初至波极性相反，其他时窗的信号存在极性相同或相反的波形特征（图 3.107），同时窗内极性相反的信号为海底鸣震信号。两个分量的频谱有较大差异，与 Z 分量相比，P 分量的主频（图 3.108）约为 15Hz，Z 分量主频约为 10Hz。

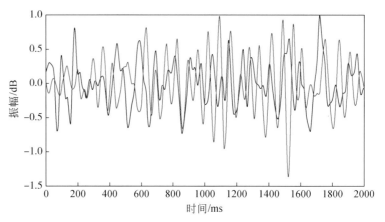

图 3.107　P 分量与 Z 分量信号波形对比图
红线代表 P 分量；黑线代表 Z 分量

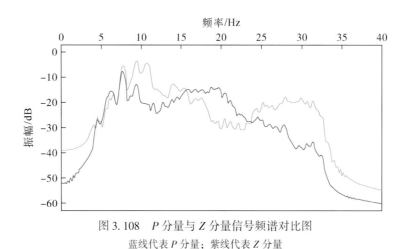

图 3.108　P 分量与 Z 分量信号频谱对比图
蓝线代表 P 分量；紫线代表 Z 分量

由以上两图可以看出，P 分量与 Z 分量在以下几个方面存在较大的区别：

（1）P 分量数据的信噪比明显高于垂直 Z 分量，经过噪声剔除，Z 分量数据的信噪比较低，P 分量数据的信噪比较高。

（2）从频率上看，Z 分量的频率比 P 分量稍低，频带比 P 分量略窄，但两者的主频和频宽仍比较的接近。

（3）从能量上看，两种分量的振幅能量虽然大体上处于同一级别，但仍存在一定的差异，由于虚反射的存在，频谱上第一陷波点 $f_1 = 20.83\text{Hz}$ 附近 P 分量出现波谷，Z 分量出现波峰的现象非常明显，而在直达波区域则由于浅层反射波、随机噪声和直达波能量的影响，使得 P、Z 分量陷波能量得到补偿。

（4）从噪声上看，两种分量记录的干扰噪声也有不同，P 分量主要是直达波区域内的水波干扰，而 Z 分量则主要是直达波区域内的面波。

理论上，OBS 所在的海底位置为其提供了一个理想的、相对安静的接收环境，与海洋拖缆数据相比，OBS 数据可以通过 P 分量与 Z 分量的数据合并来更好地压制接收点端虚反射。但实际上，两者数据的不匹配使得最终的合并效果并不尽如人意。在 P 分量中，强振幅的折射/反射多次波相当明显，而在 Z 分量中，低频噪声占据优势，将两者进行合并，最终的结果是合并数据中既含有 P 分量的强振幅多次波，也含有 Z 分量的低频噪声，更可能伤及有效波信号。由上述分析可见，在进行双分量合并之前要做好 P 分量与 Z 分量的匹配处理工作。

但是，从压力检波器和速度检波器对上下行波场响应机理可以看出，两种 Z 分量数据之间存在相位差异（张文波等，2005），合并前必须进行相位校正。另外，P 分量与 Z 分量的振幅存在差异的，必须将 P 分量数据和 Z 分量数据进行振幅匹配处理，才能达到消除海底鸣震目的。

经对比研究，采用基于维纳滤波的自适应时空变匹配滤波技术（an adapitively time-varying matched filtering technique based on the wiener filtering method）（童思友等，2012），进行 OBS 地震数据 P 分量与 Z 分量振幅匹配。

Z 分量和 P 分量经过相位匹配及振幅匹配后，起到了压制虚反射、提高资料信噪比的作用。图 3.109 为偏移距 14222～14473m（炮号 534～536）双分量合并前后对比，在图中 1350～1500ms 的部分，由于 P 分量、Z 分量虚反射极性相反，经过振幅匹配合并后，对虚反射起到了较好的压制作用。

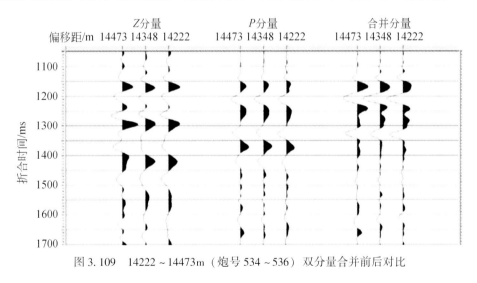

图 3.109　14222～14473m（炮号 534～536）双分量合并前后对比

图 3.110 为 C20 站位 P 分量剖面，在图中三个圆框区域内同相轴的密集，双分量数据合并之后，三个区域内同相轴减少，剖面显得更为清晰，有效波（折射波和反射波）能量明显提高，虚反射得到较好的压制，广角反射波与折射波均能予以有效区分，地震资料信噪比得到提高（图 3.111）。

3. 预测反褶积

预测反褶积可以起到压缩地震子波、提高时间分辨率，消除残余虚反射、交混回响和其他周期类型多次波，提高资料信噪比的作用。OBS 共接收点道集双分量合并数据不同偏移距段经预测反褶积处理后，资料分辨率得到了提高，同相轴数量明显减少，残余多次波得到很好的压制（蓝圈区域内），OBS 双分量合并资料品质大幅度提高（图 3.112）。

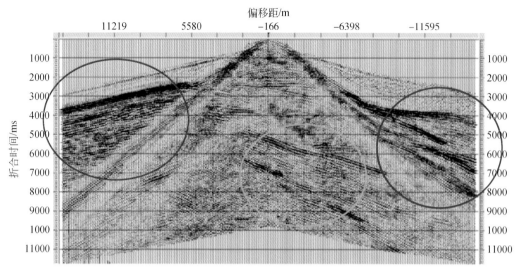

图 3.110　C20 站位 P 分量剖面

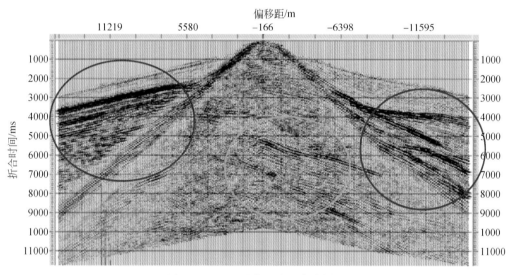

图 3.111　C20 站位双分量合并剖面

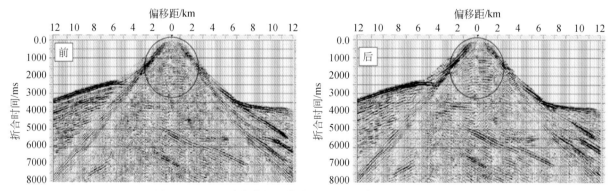

图 3.112　C27 站位中间近偏移距段预测反褶积前后剖面对比

4. 基于 SVI 方法的折射波信号增强

采用超虚拟折射干涉法（supervirtual refraction interferometry，SVI）进行折射波信号增强处理，它是一种在形成虚拟折射道的基础上，继续将虚拟折射道与原始记录进行褶积和叠加，从而进一步提高折射波记录信噪比的过程。在研究了该方法的抗噪性，对相关叠加道数、褶积叠加道数对信噪比影响的基础上，进行了模拟试验，最后对试验资料进行了处理，得到了预期的效果（邵宁蓝等，2014）。

图 3.113 显示的 OBS 数据信噪比相对较低，红色矩形框内折射波掩盖在噪声中。因此，在处理时选择了一个大时窗，粗略的估计一下范围，将需要处理的折射波包括在内，然后进行 SVI 处理。经过 SVI 处理后，折射波旁瓣的能量也得到很大的提升，加上选取了较大的时窗，所以处理后时窗内呈现出多个强能量同相轴，而真正的折射波主峰是红色矩形框内箭头所示的同相轴（图 3.114）。

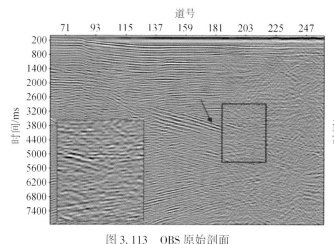

图 3.113　OBS 原始剖面

红色箭头指示所要处理和追踪的折射波，左下角是局部放大

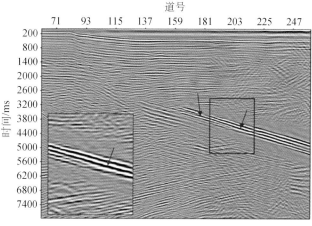

图 3.114　SVI 处理后 OBS 剖面

红色箭头指示经处理的折射波，左下角是局部放大

六、OBS 资料品质与地震地质条件关系

在对 OBS 数据品质分析中发现，位于北部拗陷构造区域的 OBS 站位资料品质低于凸起构造区域 OBS 站位，为此进行了 OBS 原始资料品质影响因素分析研究工作，得出了激发点处的地震地质条件是影响 OBS 原始资料品质主要因素的结论，对开展该区域的地震勘探工作具有较大的借鉴意义。

分析位于北部拗陷构造区域的 OBS 站位 PmP 震相品质差的原因，主要是这些站位产生的 PmP 震相炮点位置基本上都位于中部隆起和千里岩隆起上（表 3.9），沉积地层厚度小，在沉积地层的底界为地震速度由低到高的突变界面，对地震波的向下传播起到了强烈的屏蔽作用，下传的地震波能量低，虽然接收点的地震地质条件相对优越，但由于屏蔽作用造成的 PmP 震相能量低，受各种干扰因素的影响，难以看到 PmP 震相。由此可以得出，激发点的地震地质条件是影响 OBS 资料品质的主要因素。

表 3.9　OBS 资料品质与地震地质条件关系表

区域	台站编号	台站位置	PmP 炮点激发位置		数据质量	
			北支	南支	北支	南支
千里岩隆起	C7	隆起	—	凹陷-凸起	—	好
	C13	隆起	—	凹陷	—	好
	C14	隆起		凸起	差	差
北部拗陷	C19	凹陷	凹陷	凹陷-隆起	好	好
	C29	凸起	隆起	隆起	好	好
	C31	凹陷	凸起	隆起	差	好
	C37	凹陷	凹陷-凸起	隆起	较好	好
中部隆起	C38	隆起	凹陷	隆起	较好	较好

七、震相分析

　　震相是在地震剖面上显示的具有不同性质和不同传播路径的地震波组，震相的特征取决于震源、传播介质和接收仪器的特性。不同震相的波形相互叠加，使地震剖面呈现为一个复杂的图形，震相走时的拾取是射线追踪和走时拟合的关键，错误的拾取会导致正、反演地壳结构的失真。一般来讲，直达水波震相 Pw、沉积层的折射震相 Ps、地壳内的折射波震相 Pg、莫霍面的反射震相 PmP 和上地幔的折射震相 Pn（图3.115）等自零偏移距开始向两侧由浅至深依次出现。实际情况中，由于海底地形、地壳非均质性等因素的影响，OBS 台站综合地震剖面上表现出的震相特征较为复杂。因此，在进行震相识别之前，要了解各震相的走时规律，以及研究区的区域地质背景，初步拾取的震相还需要在后期的速度结构模拟中进一步得到确认。区分不同震相的特征主要有：震相的视速度（折合剖面上同相轴斜率大小）是否在同一范围内；震相在单台站剖面上出现的时间和偏移距是否在同一范围内；相同路径的震相走时是否相等，即根据互换时间识别不同剖面上的同种震相（刘丽华等，2012）。

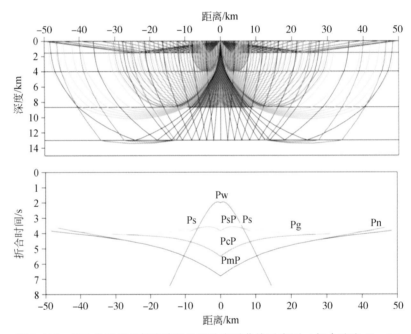

图3.115　OBS 常见震相射线路径及理论走时曲线示意图（折合速度6km/s）

　　在了解各震相的走时规律，以及南黄海区域地质背景的基础上，通过分析 P 分量及 Z 分量的综合地震记录剖面，共识别出了如下震相：直达水波震相 Pw，在炮点激发后通过海水传播直接被 OBS 台站接收，在偏移距较小的范围内 Pw 是走时最快的波组；陆相沉积层折射震相 Ps1，为南黄海盆地内沉积层的折射波震相；海相沉积层折射震相 Ps2；还识别出 PsP、Pg、PcP，以及本次试验中首次记录到的南黄海地区莫霍面反射波震相 PmP。

（一）千里岩隆起震相分析

　　C1～C15 站位于千里岩隆起带，千里岩隆起带可识别震相为 Pb、PsP、PcP 及 PmP，地层展布特征较为单一，震相特征较为相似。受下部变质岩高速体的影响，本区内所有 OBS 台站自直达水波震相开始后均可识别出一组连续可追踪的折射震相（图3.116），视速度高达6km/s，折合走时约0.4s，这是该构造区内南黄海陆相盆地下的高速折射波震相，将其定义为 Pb 震相，Pb 震相相当于地壳内的折射波震相 Pg，因其发育在海相地层之上的高速推覆体内，为了便于后期的走时拟合，故将其单独定义。Pb 震相在 C06 台站所处位置开始出现明显的走时增加的现象，折合走时从0.4s突变到0.8～1s，表明此处低速的沉积层明显变厚，结合前人所做的多道地震资料（侯方辉等，2012b），推测此处为山东半岛胶莱盆地在海区的延伸边界，走时突变处应为盆地的控盆断裂；此外，Pb 震相在千里岩隆起带南缘（测线 90km 处）同样出现走时增加的情况，多道地震剖面显示，走时突变处为千里岩断裂；在千里岩隆起带南缘附近，OBS 台站记录到清晰的沉积层内反射震相 PsP，PsP 震相出现在 C13 台站右支 40 ~ 70km 偏移距处，视速度大于 6km/s，折合走时 0.8 ~ 1.5s；地壳内反射波震相 PcP 在 C10、C12、C13、C15 台站均可识别，大约在台站右支 50km 偏移距时开始出现，可连续追踪 10 ~ 20km，折合走时在 1.2 ~ 2s，由于千里岩高速体的影响，相对其他地区走时较快；莫霍面反射震相 PmP 在 C02、C06、C07、C08、C10 及 C13 台站均可识别，一般出现在台站右支偏移距 110 ~ 150km 处，视速度一般大于 8km/s。

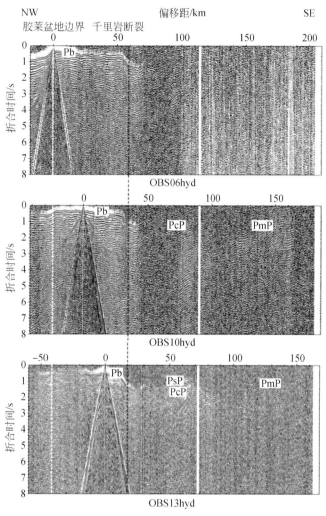

图 3.116　千里岩隆起上 C06、C10、C13 台站位置及 *P* 分量综合地震记录剖面

（二）北部拗陷震相分析

C19 台站位于北部拗陷北缘，由于千里岩推覆体发生重力垮塌作用，此处拗陷下方基底同千里岩隆起带，仍然为高速推覆体。因此，来自拗陷内海相中—古生界的折射波在上传过程中会在高速体界面上发生二次折射偏转，使得该地区台站未能接收到 Ps2 震相。站位剖面上可以看到，C19 台站坐支的 Pb 震相在 20km 偏移距处折合走时由 2s 缩短至 1.2s，此处为千里岩断裂（图 3.117），此后震相可以连续追踪至 90km 偏移距处，Pb 震相的走时曲线特征与隆起带上的震相相似；台站右支 10km 处开始记录到高速的海相沉积层内的反射震相 PsP，一直可以延伸至约 35km 处；PcP 震相在 40 ~ 60km 处成为初至波，折合走时在 3 ~ 4s，由于进入拗陷区，沉积层厚度加大，走时相对于千里岩隆起带上的 PcP 震相有所增加；PmP 震相在 130 ~ 150km 处为初至波，震相能量较弱。

C22 台站和 OBS24 台站位于北部拗陷中部的西部凸起上，从台站地震剖面（图 3.118）上可以看出，

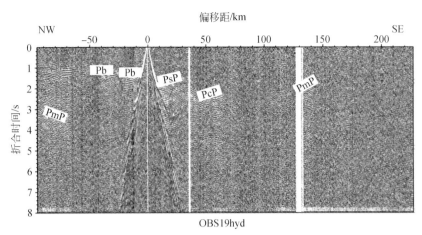

图 3.117　C19 台站 P 分量综合地震记录剖面

由于脱离了千里岩推覆体，剖面上近偏移距处分别可以识别出来自陆相沉积层 1 的折射震相 Ps1，海相沉积层 2 的折射震相 Ps2，沉积层内折射震相 PsP，地壳内反射震相 PcP，多层反射震相的识别反映了南黄海地区陆壳存在多个反射界面，与大洋地壳多发育折射震相的速度结构形成了鲜明的反差。C22 台站 Ps2 震相走时曲线自台站左支到台站右支出现了明显的同向斜率倾斜现象，左支的 Ps2 震相折合走时较大，这反映了盆地基底由凹陷进入凸起形成的明显的界面起伏，受此影响，右支的 PsP 等震相也存在不同程度的斜率变化。OBS24 台站位于 OBS22 台站以南，台站地震剖面上可以看出，左支的 Ps2 出现在 4 ~ 30km 偏移距处，震相视速度为 5.3km/s，折合走时 1.4 ~ 2.2s，右支的 Ps2 自 4km 开始，仅延续至约 15km 偏移距处，震相斜率明显增大，视速度降至约 4km/s，折合走时由 1.4s 增加为 2.5s，说明西部凸起速度较高，使得 OBS24 震相左支震相速度较快，右支由于进入凹陷，走时增加，视速度出现明显降低。

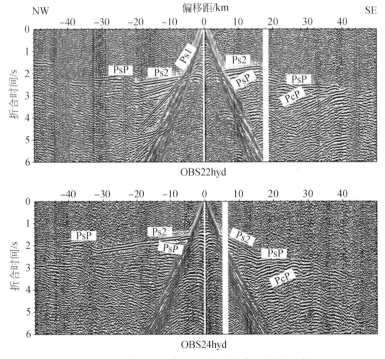

图 3.118　C22、C24 台站 P 分量综合地震记录剖面

C29 台站位于拗陷南端的西部凸起上，同北部拗陷内大部分台站一样，地震剖面上自零偏移距开始依次出现 Ps1、Ps2、PsP、PmP 等震相（图 3.119），高速海相沉积层的存在使得陆相沉积层折射震相 Ps1 在较短偏移距内即成为后至波，震相追踪距离过短；右支的 PsP 震相视速度约 6km/s，折合走时约 2s，表明

这是凸起内部高速的反射震相；左支的 PcP 震相折合走时约在 2.6s，折合走时的差异反映了两个反射界面的深浅关系。C34 台站位于靠近中部隆起北部拗陷南缘，Ps2 震相在台站两侧走时和视速度均出现较大差异（图 3.120），说明台站南侧海相沉积层内出现有高速异常带。Pg 震相在中部隆起北缘的 C37 台站（图 3.121）可见，右支可以清晰的识别出 Ps2、Pb、PsP、PcP、Pg 以及 PmP 震相，在大约 40km 偏移距处，Pg 震相超过 PcP 震相成为初至波震相，视速度约 6km/s，折合走时 1.5s，一直持续延伸到 90km 处。与之相比，临近的 C34 台站右支震相仅延伸至约 10km 偏移距处，推测是台站下方的高速体屏蔽了地壳深部的地震波信号导致的。

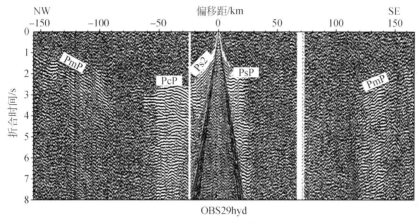

图 3.119　C29 台站 P 分量综合地震记录剖面

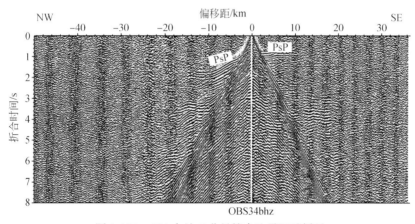

图 3.120　C34 台站 Z 分量综合地震记录剖面

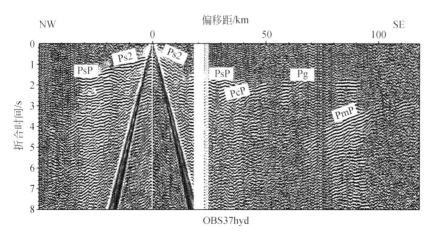

图 3.121　C37 台站 P 分量综合地震记录剖面

总体上，位于北部拗陷的 OBS 台站仍然可以接收到隆起带内的高速 Pb 震相外，能识别出 Ps1、Ps2、PsP、PcP、Pg、PmP 等震相，其中海相沉积层内的折射震相 Ps2 在北部拗陷的凸起区走时曲线发生明显变化，Ps2 震相的起伏变化与盆地基底的起伏有很高的一致性；PmP 震相一般在 130～150km 作为初至波出现，上地幔折射波震相 Pn 仅在 C22 台站右支 170～200km 偏移距处可以识别（图 3.122），其余台站能量较弱，未能识别。

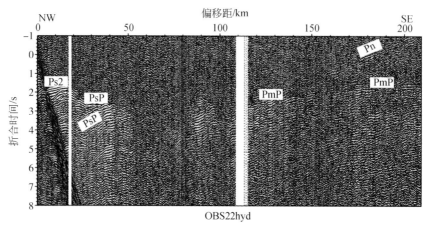

图 3.122　OBS22 台站 P 分量综合地震记录剖面

八、速度结构模拟

地震波走时信息携带了地下介质的速度结构信息，通过震相的走时正反演获取研究区的深部结构是深部地球物理探测的一种主要途径。正演包含了震相拾取和射线追踪等人为主观的影响，但由于有人工的控制，在对区域地质情况进行深入了解后能有意识的削弱误差并且控制正演结果。目前流行的走时反演方法，如 Tomo2D（Korenaga et al.，2000），FAST（Zelt and Barton，1998），JIVE3D（Hobro，1999；Hobro et al.，2003），PROFIT（Koulakov et al.，2010）等软件，可以很大程度上排除人工因素的影响，但具有很大的不确定性，在实际情况中，往往需要正反演方法结合互补。

（一）模拟方法

射线追踪理论（ray tracing theory）（也称渐近线理论，asymptotic theory）是为正演而建立的，是一种快速有效的波场近似计算方法，广泛应用于波场正演模拟、偏移成像、层析成像等地震信号处理领域（张永刚等，2004）。射线追踪的理论基础是，在高频近似条件下，地震波场的主能量沿射线轨迹传播。在地震学中，通过研究从震源到接收器的地震波的传播，来定位震源和研究地球内部结构，这与我们在几何光学中研究光波的传播类似，无论是地震波还是光波都遵循同样的物理规律（如斯奈尔定律、惠更斯原理和费马原理），因此，能够应用在几何光学中已经发展得很好的一系列方法来研究地震波。传统的射线追踪方法，通常意义上包括初值问题的打靶法（shooting method）和边值问题的弯曲法（bending method）。弯曲法是给定接收点和走时曲线，根据最小走时准则（费马原理）对路径进行扰动，从而求出接收点处的走时及射线路径［图 3.123（a）］；打靶法是指给定炮点和接收点，利用渐近射线理论，对射线出射角及其模型进行调整，最后由最靠近接收点的两条射线走时内插求出接收点处走时［图 3.123（b）］。这两种方法各有不足，打靶法能精细处理弯曲界面，对于海洋 OBS 探测试验而言，打靶法是非常有效的，因为其接收器数量少而海面震源数量多，但对于复杂地质模型，存在阴影区问题；弯曲法不存在阴影区问题，适合走时地震层析成像，但它每次只能追踪一条射线，效率较低，并且不能保证走时全局最小。与打靶法相比，各向异性介质的弯曲法研究得较少（赵爱华等，2006）。

基于以上理论方法，采用速度结构模拟软件 RAYINVR（Zelt and Simith，1992）。该软件可用于 2D

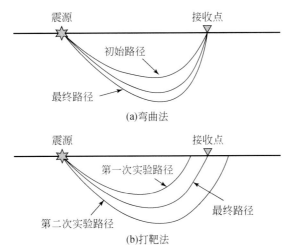

图 3.123　射线追踪方法（据 Thurber and Kissling，2000 修改）

纵、横波速度结构模拟，通过走时数据正、反演计算来获取地下的速度和界面深度结构，同时还可以对数据进行不确定性分析。Rayinvr 算法中网格是按梯形结构划分的，结构模型划分为几层，而每层又划分有若干个梯形块体，每个梯形块体的四个节点构成结构模型的深度和速度控制点。每层中梯形块体的数目和深度、速度节点可以随意变化，并且深度节点和速度节点位置可以不同，速度结构模型中任意一点的速度值由该点所在梯形块体的四个节点插值得到。

（二）初始反演

初至波是指由炮点激发，经过地下介质最先到达接收点的地震波，可以是直达波、绕射波、折射波或者多层折射波的组合，初至波震相在地震图上比较清晰，因此得到的初至波走时较为准确和可靠。FAST（first arrival seismic tomography）走时层析成像软件利用初至波走时模拟精细的二维和三维地壳、上地幔速度结构（Zelt and Barton，1998）。FAST 正则化反演（regularized inversion）使用最小二乘正交分解（LSQR）法（Paige et al.，1982；Zelt et al.，1998），该算法是以迭代方法求解大型线性方程组，其利用矩阵的稀疏性简化计算，并采用尺度较大的常速度块参数化法，使反演能够迅速收敛，大大地提高了运算效率，适合大数据量的计算。FAST 可在建立初始模型与选取自由反演参数时加入先验信息，能够固定表层界面的深度及该界面以上部分的速度不变，表层界面深度通过其他数据控制，从而获得精确的表层结构（王建等，2014）。

在利用 RAYINVR 软件进行速度结构模拟之前，利用 FAST 软件对测线进行初至波速度成像，了解地壳结构的初始速度模型。首先利用 Zplot 软件拾取到的所有 OBS 台站的初至波走时，并结合速度随深度递增的简单一维速度剖面，建立 FAST 反演所需的二维初始模型；最后，利用拾取的走时数据，对这个初始模型进行走时迭代反演计算，得到最终纵波速度结构模型（图 3.124）。从中可以明显地看到 OBS2013 测线横向上的纵波速度分布情况，C15 台站之前的千里岩隆起区，整体速度范围大于 6km/s，高速体可上延至小于 5km 的深度；北部拗陷区纵向上可以清晰的辨别出 2~5km/s、5~6km/s 及 >6km/s 三个速度区间，分别反映了陆相沉积层、海相沉积层及基底变质岩层大体的速度分布情况，符合多道地震剖面的解释结果，此外，测线横向上的 130~140km、200~220km 及 160~170km（表现较弱）三个区间可以看到速度约 6km/s 的高速体存在。总体上来说，利用 FAST 软件所做的初至波走时反演模型为下一步利用 RAYINVR 软件建立初始模型以及走时拟合、模型的调试等工作提供了依据。

（三）正演初始模型的建立

在射线追踪及走时拟合之前，需要结合研究区的区域地质地球物理资料，建立合理的初始地质模型。初始模型的准确与否对最终模型有很大的影响，因此保证初始模型的合理和准确性就显得尤为重要。由

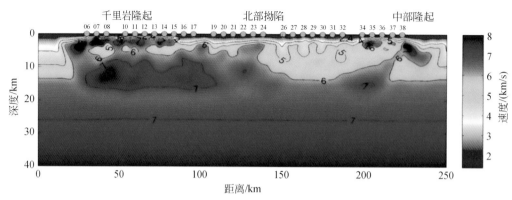

图 3.124　利用 FAST 求取的 OBS2013 测线纵波速度结构初始反演模型

于 OBS 在浅层的分辨率方面低于常规反射地震方法，因此，常根据多道或者单道地震剖面，以及其他地球物理资料来确定模型中的水深及沉积层的速度和深度等信息，达到模型浅层约束的作用，减少模型多解性。地震剖面信息可以随船实测获得，也可以参考已有剖面资料来建立初始模型。

南黄海 OBS2013 测线位置与多道地震测线大体重合，参考多道地震剖面的解释结果，将初始模型自上而下共分 7 层，分别是海水层、陆相沉积层、高速推覆体层、海相沉积层、上地壳、下地壳及上地幔（图 3.125）。RAYINVR 模型参数化需要在模型的每一层中设置梯形块体的深度、速度节点，模型初始层速度主要参考南黄海区域速度特征。

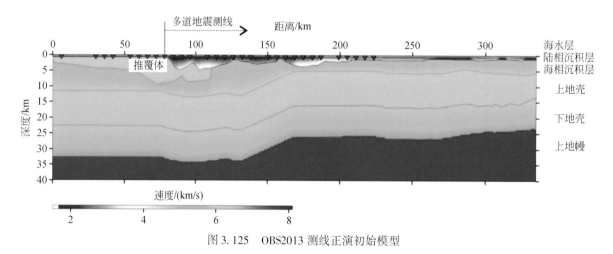

图 3.125　OBS2013 测线正演初始模型

（四）射线追踪及走时拟合

在利用各种地质地球物理资料建立初始模型，以及对所有 OBS 台站进行震相特征分析的基础上，通过 RAYINVR 软件进行 2D 射线追踪和理论走时计算。利用正演模拟方法拟合实测走时和理论走时，即采用试错法不断调整初始模型，使理论走时和实测走时逐步逼近。在 RayInvr 速度结构模拟中，需要用模型理论计算的走时和观测走时之间的 RMS（root mean square travel time）值和 normalized chi-square（χ^2）值来作为衡量参数不断修改模拟，直至找到最优化模型。

通过对所有台站进行射线追踪，结合区域地质背景及多道地震资料，利用试错法不断地修改模型来拟合理论走时与实际走时，最终获得 OBS2013 测线所有台站的最优 2D 速度模型［图 3.126（a）］和射线密度图［图 3.126（b）］以及据此生成的速度扰动模型［图 3.126（c）］。从射线密度分布图上可以看到模型大部分区域都有 50 次以上的射线覆盖（［图 3.126（b）］，对模型中界面起伏和各层的速度分布都有较好的约束和分辨率。

最终模型自上而下为陆相沉积层、海相沉积层、高速推覆体、上地壳、下地壳及上地幔。陆相沉积

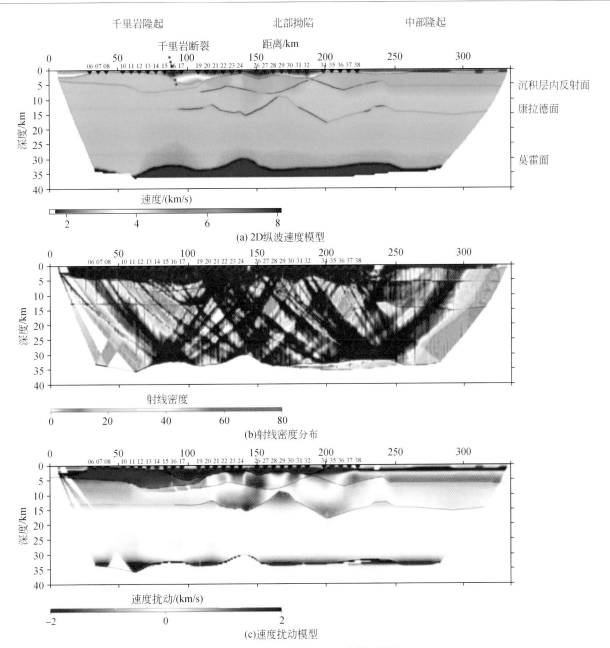

图 3.126　OBS2013 测线最终模型结果

红色线段表示反射界面；速度扰动＝速度结构模型－平均速度结构模型

层主要为印支面以上的沉积层，速度由表层的 1.7km/s 增加至盆地底层的 3.0～4.0km/s，由于南黄海盆地在印支期后遭受到一系列的剥蚀改造作用，因此盆地基底面以上地层的年代属性并不统一，有中生代的白垩系，也有新生代的古近系和新近系，速度在 2.8～4.5km/s 变化，在千里岩断裂带下方，由于盆地内沉积了隆起带上的剥蚀碎屑物质，部分地区可达 5km/s。海相沉积层在拟合折射震相的过程中发现，如果按照初始模型中海相沉积层顶底（三叠系—震旦系）界面的速度 5.5～6.0km/s 进行走时拟合的话，Ps2 和 Pg 震相难以进行射线追踪，说明该层的初始速度设置过高，需要进行调整。参考南黄海地区高速的海相地层中普遍存在一层速度在 4～5km/s 的志留低速泥岩地层，其上的海相上构造层（泥盆系—三叠系）速度较之下构造层（震旦系—奥陶系）相对偏低，我们按照 5.2～5.5km/s 的初始速度进行射线追踪，最终使得 Ps2 和 Pg 震相成功拟合。此外，在该层的 130～140km、160～170km 及 200～220km 处存在三个速度约 6km/s 的高速层，与 FAST 初始反演模型相对应（图 3.124）。由于模型中沉积层内反射界面（PsP 界面）的识别，说明其下的"上地壳"层位中不仅包含了南黄海地区的变质岩基底，还包含了海相下构造层的海相沉积层，由于海相下构造层的速度（大于 6km/s）与上地壳变质基底的速度相当，波阻抗差过小，因此速度模型中并未能识别出来自海相沉积基底的反射震相。

在 2D 速度结构模型图中可以看出，千里岩隆起带（50km 处）由于高速推覆体的存在，在很小的深度范围内（1~2km）模型速度迅速增加至约 6km/s，低速的沉积层厚度较小；在 4~5km 深度，模型速度存在小尺度的反转现象，之后速度继续增加，这是千里岩隆起推覆到海相地层之上所致，由于海相碳酸盐岩地层速度依然较高，反转现象并不明显；北部拗陷凹陷区（150km 处）由于沉积了厚层的低速沉积层，与千里岩隆起相比，速度增加缓慢，在约 2.5km/s 处速度有明显的增加，这是陆相中生界断陷构造层和新生界拗陷构造层的速度分界面，直到约 4km 深度才增加至约 5km/s，之后穿过盆地基底面，进入海相沉积层，在约 8km 处由于沉积层内反射界面（PsP）的存在，速度存在突变，之后于 14km 处的速度再次由 6.1km/s 突变至 6.5km/s，进入下地壳；北部拗陷凸起区（165km）在模型中显示其下方存在高速层，与凹陷区（150km）相比，在约 2.5km 处速度就发生突变进入了海相沉积层。此外，由于康拉德面在此处发生明显上隆，模型在 9km 深度就发生了速度突变，由 6.3km/s 增加至 6.5km/s；整体而言，OBS2013 测线莫霍面深度大体在 32~34km，与前人利用重力数据反演得到的莫霍面深度大体一致。

第六节　综合地球物理方法

南黄海盆地是一个叠合型盆地，海相中古生界埋藏深，受多期构造运动改造，盆地地层分布和构造都比较复杂。不同的地球物理勘探方法是建立在各自不同的物性差异基础上，利用不同的地球物理场，反映地质体物理–地质模型的某一侧面。多种地球物理信息进行综合解释和分析才有可能获得合理的地质认识。以往的实践表明综合地球物理方法在解决复杂地质问题，减少单一方法的多解性方面具有较好的应用效果。

一、技术路线

刘光鼎提出了"一、二、三、多"的综合地球物理方法工作指导思想（刘光鼎，1989）。"一种指导"指综合地球物理研究应以全球构造活动论为理论指导；"两个环节"指以岩石物性和物理地质模型为纽带；"三项结合"指以地质与地球物理相结合、正演与反演计算相结合、定性与定量分析相结合的三原则；"多次反馈"指上面的工作流程应多次反复，最终取得最合理的地质解释，逼近地质真相。针对残留盆地研究，刘光鼎（1999）提出了综合研究路线框图（图 3.127），充分利用现有的地震、重、磁等地球物理资料，加以重新处理、重新解释，结合钻井、地质资料开展综合解释，精确解释研究区盆地的结构及性质，从而在复杂地质条件下甄别前新生代残留盆地。研究前新生代盆地基底深度、前新生界厚度展布，获得前新生代盆地主要构造层分布格局与整体结构的认识。以剖面研究为重点，结合点、平面的研究。其中前新生代残留盆地的地球物理研究方法是研究关键，主要包括残留盆地的综合地球物理处理新方法、确定残留盆地空间分布与空间结构的方针对残留盆地的研究。

重、磁资料的定性解释是以推断场源体地质属性为目的的资料处理环节。处理手段通常包括区域场与局部场分离、上延拓、下延拓、化磁极、垂向导数等位场特有的转换处理和滤波、图像处理、信息增强等数字信号处理的通用技术。用以推断重、磁异常的物性场源类型及其地质属性。

定量处理是以反演方法从重磁异常数据中提取关于重磁场源量化信息（空间位置、几何形状和物性参数）的资料处理环节。主要用于确定物性界面的埋藏深度。在定性解释和定量解释的基础上，结合其他地质、地球物理资料，系统地回答该区一系列地质问题，如断裂体系、基底结构、构造单元划分等。定性解释与定量反演相结合，即从质和量两个方面把握地质推断结论的合理性，提高地质推断的可靠性和精确度。

平面解释与剖面解释相结合，即以局部和整体相结合方法认识勘探对象的几何属性、物理属性和地质属性。通过已知和周围地区的地震剖面获取的认识，结合重力异常特征，分析判断深部地质结构。

做到地质与地球物理相结合，各种物探方法的结合，要以岩石物性为桥梁建立地质、地球物理定性模型，通过重力、磁力、地震资料的综合认识，乃至约束反演，提高重力解释推断的可靠性和精确度。要以现有地质资料为出发点，通过新的物探资料的处理解释，获得未知区隐伏地质结构构造的新认识和新推断。

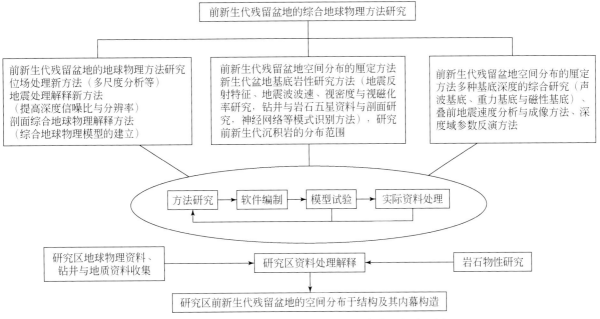

图 3.127 海区残留盆地综合地球物理研究方法的流程图

具体到南黄海盆地，我们制定了如图 3.128 所示的技术路线框图。

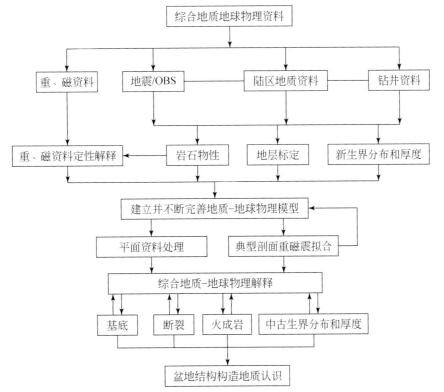

图 3.128 南黄海盆地综合地球物理研究方法的流程图

二、处理与解释

(一) 位场转换与单一界面反演

重、磁力异常是地下由地表到地球内部各个相应场源的综合效应，而且实际勘探中往往只观测地表或某一高度平面内一个分量，因而在重、磁力勘探中异常的转换和分离相比其他物探方法比较突出，是一项基础性工作。位场分离的目的是将浅部异常效应尽量去除，得到深部信号，来进行地质解释。

重、磁异常的基本转换包括空间转换和异常分离，一般在频率域中进行。包括向上延拓法，趋势分析法、匹配滤波、化磁极、磁源重力异常计算、小波分析方法等，以及线性构造特征提取、垂向一次、二次导数、任意方向求导及计算水平总体度模、褶积滤波等加强高重、磁异常识别断裂等线性异常能力的方法。

Parker 提出了重力异常正演计算的频率域快速计算公式后（Park，1973），Oldenburg（1974） 根据 Parker 公式，提出了一种密度界面的迭代反演方法。Park-Oldenburg 法被广泛应用于反演重力和磁性基底，成为重、磁异常定量解释中的有利工具。

(二) 2.5D 剖面重、磁、震拟合

在探查前新生代地质构造中，地球物理勘探方法，尤其是地震反射法，是不可或缺的手段。但由于南黄海地区地质结构复杂，反射地震剖面上有把握确定的是中、新生界反射界面，前中生界反射界面不清晰。而重力异常场和磁力异常场是地下所有起伏密度界面，以及磁化率差异的综合反映，只要地层具有物性差异，重、磁对前中生界就有响应，但由于重磁存在纵向分辨率不高的缺点，浅部密度（或磁性）变化往往又对重磁异常影响很大。尤其对于重力和地震这两种方法，由于速度和密度这两种物性间存在天然的密切联系，在地震资料解释约束下，进行重力剖面反演是有效的地球物理分析手段，可以充分发挥地震资料对浅部反映清晰、重力对深部则也有比较明显反映的特点，从而得到比较精细的解释结果。对于剖面重、磁异常，采用多边形 2.5D 棱柱体模型的组合重磁异常人机交互正反演技术作定量解释（王西文等，1991；关小平等，1995；于鹏等，2007）。这种方法也被研究人员应用于各海区深部地质地球物理模型的拟合（郝天珧等，2002，2008；高德章等，2004），以及油田的地质地球物理综合解释中（王家林和吴健生，1995；刘天佑等，2005）。在南黄海这样莫霍面埋深大，起伏小的地区，深部物质密度异常带来的异常响应小，重力异常主要由十几千米以内的密度界面起伏引起。因此，重磁震联合反演的主要作用是检验并修正地震解释模型，联合反演的过程为反复迭代、获得较真实的地质模型的过程。

联合反演首先基于综合地球物理测线数据，主要是重磁数据地震解释结果，结合南黄海地区及邻区的岩石物性参数进行综合物性反演建模，对每一条剖面首先是根据地震解释模型，以及密度参数建立初步地质模型，对计算所得模型重力异常与实测重力异常进行对比分析，重点关注两者之间的差异，分析可能的原因。然后利用地震解释浅部可靠性高的特点，将地震解释的浅部地层作为已知控制信息，而对主要是深部及地震信息不好的部位，利用重力异常差异和磁异常差异，进行密度和磁性的反演计算，得到剖面下地质构造对应的密度变化信息和磁性变化信息。此信息预示着地下地质体的物性分布状态，为建立深部构造形态提供了重要的信息。根据反演结果，修改初始模型，再进行正演计算，比较结果。以上步骤多次迭代进行，直到接受模型正演结果，作为最后的地质地球物理综合解释成果，来确定剖面地层结构。

(三) 三维视密度反演方法

该方法包括下面三个计算步骤。

首先采用切割法对平面上的位场进行不同深度层源的切割分离。地面观测的重力异常，包含了从地表到深部的所有密度不均匀体的叠加效应，从叠加异常分离出不同深度的密度异常十分困难，是目前重

力资料数据处理没有很好解决的难题。异常分离的方法，效果各异，任何位场分离方法都只能将位场近似地分离。切割法是其中一种比较好的分离技术（程方道等，1987；文百红和程方道，1996；徐世浙等，2006）。切割半径得到的局部场，可粗略地代表深度 以上的地层产生的重力场。在此基础上我们发展的层切割技术可用两个切割半径获得某一层在地面的重力异常。

其次，用大深度的位场向下延拓的迭代法，将各个切割层在地面的位场下延至相应的深度。在得到不同深度层在地面的重力场后，将地面的场向下延拓至层的顶面。这种方法的延拓深度可以达到 10 倍甚至 20 倍点距以上（徐世浙和余海龙，2007），为密度反演新方法的建立提供有力的技术支持。

最后，根据层面的重力场反演视密度（徐世浙等，2007）。经过前面两个步骤的处理，从地面上实测的重力异常获得了地下各深度层顶面的重力异常，可用于反演该层的密度分布。具体做法是将该层分割为多个有限延伸的大小相同的垂直小棱柱体，由于已将该深度层产生的重力异常向下延拓到该层顶面，可以近似认为层面每一点的重力异常仅由这个点所在的那个小棱柱体所产生，而周围其他小棱柱体在该点产生的场可以近似忽略。这样，在频率域中使用傅里叶反变换就可以反演出各个棱柱体的密度，从而得出该深度层的密度分布。

第七节　大地电磁探测技术

大地电磁探测技术（MT）是利用天然电磁场在地球内部激发的电磁感应现象，研究地下不同深度上地层的导电性结构，进而推断地层性质的一种勘探方法。它具有不受高阻层屏蔽，对低阻层分辨率高，纵向分层能力强，对低阻层反应灵敏的特点，在地震勘探的困难区域，特别是对地震波存在屏蔽的地区，是非常有效的补充勘探手段（吴健生等，2006）。

大地电磁测深是 20 世纪 50 年代初由 Тихонов（1950）和 Louis（1953）分别提出的天然电磁场方法。60 年代以前，由于技术难度大，该方法的研究进展缓慢；但它具有探测深度大、不受高阻层屏蔽的影响、对低阻层反应灵敏等的优势，因而对该方法的研究始终为人们所关注。70 年代以来，由于张量阻抗分析方法的提出，方法理论研究出现突破性进展，并随着电子、计算机、信号处理技术突飞猛进的发展，大地电磁测深无论在仪器研制，或是数据采集、处理技术与反演、解释方法等方面的研究，都融合了当代先进的科学理论和高新技术，这使大地电磁测深有了长足的进步，因此成为电法勘探众多方法技术中最成熟的方法。

一、基本原理

在勘探地球物理领域中，人们通常所指的"电磁测深"，即是指电磁感应类的电阻率测深，这是建立在法拉第电磁感应定律基础上的一类电法勘探方法。它利用人工或天然电磁场在地球内部激发的电磁感应现象，研究地下由浅到深，不同深度上地层的导电性结构。其中，利用天然电磁场的方法称为"大地电磁测深"，其工作频率为（$n\times10^{-3}\sim n\times10^{2}$）Hz；所谓"超宽频带大地电磁测深"则是指采集信号的频率范围在低频段扩展到 $n\times10^{-4}$ Hz 时的大地电磁测深技术。

从"能量"的观点看，电磁场在地下导电空间的传播过程，必然伴随有"能量"的损耗，使电磁场的振幅随传播距离衰减，相位也随之改变。当电磁场为谐变场时，其趋肤深度和波长都与岩石的电阻率呈正比，与电磁场的频率呈反比（傅良魁，1983）；这就意味着电磁场对地球的探测深度与频率及地球内部的电性结构有关，频率不同的电磁场，探测深度不同。在岩石导电性一定的条件下，电磁场的频率高，探测深度小；反之，探测深度大（图 3.129）。而对于频率一定的电磁场，当地下岩石的电阻率高，其探测深度大；反之，探测深度则小。这即是大地电磁测深的基本工作原理。

所以，当测量的大地电磁场信号低频达到 $n\times10^{-4}$ Hz 时，其探测深度即可达到下地壳及上地幔。

空间物理的研究结果表明，在电离层中由于磁流现象所产生的一系列电流体系因从太阳风中获得能量，使离子密度、速度和磁场强度变化而改变。因此，引起地球表面上的地磁变异（陈乐寿和王光锷，

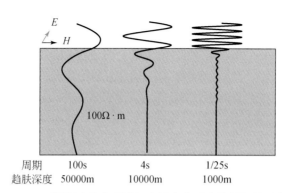

图 3.129　不同频率的电磁波场在导电介质中传播规律示意图

1990)。大地电磁测深正是在地面上通过观测这些地磁变异和由它引起的地球内部电磁感应信号，达到研究地壳及上地幔导电性结构的目的。所以，重要的问题是如何建立地面电磁测量值与地下岩层电阻率之间的关系。

在大地电磁测深的经典理论中，往往假定大地电磁场为垂直入射的平面波场（陈乐寿和王光锷，1990)。对于平面波场，在地下均匀各向同性介质的条件下，电场 E 和磁场 H 是正交的。平面波波阻抗的定义为

$$Z = (E/H)\Omega \tag{3.33}$$

可以证明，当地下半空间充满导电性均匀各向同性的介质时，波阻抗 Z 与测量轴方位无关，为标量阻抗。由此可得

$$\rho = \frac{1}{\omega\mu} \mid Z \mid^{2} \tag{3.34}$$

式中，ρ 为地下介质的电阻率；μ 为磁导率。

这表明，对于导电性均匀各向同性的大地，通过测量地面电磁场的分布，可以求得地下岩层的电阻率。但实际上，地下岩层的导电性一般不可能满足"均匀各向同性"的假设，更普遍的情况是"非均匀各向异性"的条件。在这样的条件下，地面上的波阻抗 Z 已不再是"标量阻抗"，而是"张量阻抗"；地面电磁场测量值与波阻抗的关系式为

$$\begin{bmatrix} E_x \\ E_y \end{bmatrix} = \begin{bmatrix} Z_{xx} & Z_{xy} \\ Z_{yx} & Z_{yy} \end{bmatrix} \begin{bmatrix} H_x \\ H_y \end{bmatrix} = [Z] \begin{bmatrix} H_x \\ H_y \end{bmatrix} \tag{3.35}$$

式中，$[Z] = \begin{bmatrix} Z_{xx} & Z_{xy} \\ Z_{yx} & Z_{yy} \end{bmatrix}$，称为阻抗张量；$Z_{xx}$、$Z_{xy}$、$Z_{yx}$、$Z_{yy}$ 为阻抗张量元素。

这说明，对于复杂电性条件，地面上电场和磁场的测量值与地下岩层电阻率的关系已不可能再用地下均匀各向同性介质中波阻抗与地下介质电阻率的关系式表达。为此，从实用的角度出发，引进了"视电阻率"的概念。

其定义式如下：

$$\rho_a = \frac{1}{\omega\mu} \left| \frac{E_s}{H_s} \right|^{2} \tag{3.36}$$

式中，E_s，H_s 分别为地面电场和磁场的实测值。

ρ_a 具有电阻率量纲，单位为 $\Omega \cdot m$，即称为"视电阻率"，其两组偏振极化模式 ρ_{xy} 和 ρ_{yx} 分别为

$$\rho_{xy} = \frac{1}{\omega\mu} \left| \frac{E_x}{H_y} \right|^{2} \qquad \rho_{yx} = \frac{1}{\omega\mu} \left| \frac{E_y}{H_x} \right|^{2} \tag{3.37}$$

因为是天然电磁场的方法，没有人工发射源的问题，只需在地面上测量大地电磁场 E_x、E_y、H_x、H_y 和 H_z 五个分量的时间序列。所以，大地电磁测深的数据采集流程比其他方法简单。但也因为所采集的天然电磁场信号极为微弱，这即要求大地电磁仪器有很好的稳定性和很高的灵敏度，同时也要求有严密的

数据采集技术措施，以保证数据采集质量。

进行野外数据采集时，为了压制各种干扰，提高信噪比，保证大地电磁数据质量，从选点、布测站、数据记录，到数据采集时间等各环节，制定了一系列技术措施。尤其重要的是实现了"远参考道测量"技术，以提高原始数据采集质量。

在获取地面大地电磁场五个电、磁分量的时间序列后，即对其进行频谱分析、计算功率谱、用最小二乘原理估算阻抗张量元素，最后求得大地电磁场的频率响应资料。

大地电磁测深的最终目标是获取尽可能接近真实的研究区地壳导电性结构模型。因此，必须利用实测资料，通过一系列正、反演计算，寻求反演模型理论响应与实测资料的最佳拟合。但是，由于地球物理场反演的多解性使我们认识到，达到"最佳拟合"的反演模型并不一定最接近地壳真实的导电性结构，这给大地电磁反演模型的解释造成了很大困难。所以，要获得接近真实的解释结果，必须结合研究区内地质构造特征对反演模型进行分析，以求缩小解的非唯一性。正因如此，实测资料的反演、解释被看成是大地电磁测深至关重要的环节，而反演技术则在某种程度上反映出大地电磁研究的水平。近些年来，多种先进的大地电磁二维反演方法如 MT 二维 Occam 反演、MT 二维共轭梯度反演、MT 二维非线性共轭梯度反演等应用，并取得更好的反演效果（何继善，1997；魏文博，2002）。

二、海底大地电磁探测技术

（一）海底大地电磁仪

海底大地电磁探测，是把仪器布置在海底，通过观测海底大地电磁场数据，研究海底以下不同深度的岩层导电性，达到探测地下地质构造特征的目的（图 3.130）。

图 3.130　海底大地电磁探测工作布置示意图

海底大地电磁仪是实现海底大地电磁探测技术最关键的装备。一方面，由于在海底测量大地电磁场信号比陆地上微弱得多，因而要求海底大地电磁仪器有比陆地仪器更高的灵敏度。另一方面，为了适应海洋环境，又要求信号采集器尽可能小型化，并实现智能化、大存储量和低功耗，还需要解决仪器、设备的承压与密封问题，海上"投放"与"回收"等问题。因此，仪器设计中，采用了先进的电子技术、材料技术和机械制造技术，使多套仪器系统在海底能同步采集到微伏级的大地电磁场信号，并确保仪器投放和回收的安全性。实际上，海底大地电磁仪器的研制相当于一项海洋系统工程的实现有相当大的难度。

中国地质大学（北京）完成国家 863 计划项目"五分量海底大地电磁系统"的研制，该系统同时测量三个磁场分量和两个电场分量，最大工作水深可达 1000m（图 3.131）。

"五分量海底大地电磁系统"，主要由浮球、结构框架、数据采集器、仪器承压、密封舱、声学释放

图 3.131　五分量海底大地电磁系统

器、磁传感器、磁传感器承压、密封舱、海底不极化电极、水密电缆、电极电缆导管、锚系等零部件集合而成。

　　其中，数据采集器是自行研制的"高精度海底大地电磁数据采集器"，它由电道前放板、磁道前放板、主放板、辅助通道板、时钟板、数字板、标定信号板和 PC-104 主机板，共同构成层叠式电路结构，可以测量频率 100Hz 到周期 10000s 之间的信号。

　　为了保证仪器在 500～1000m 水深的海底正常工作，所研制的海底不极化电极，承压、密封舱和水密电缆都能承受 50 个或 100 个大气压以上的压力，在这样的环境条件下密封性能优良。

　　该仪器的工作频率范围 100～0.0001Hz，电场观测灵敏度：0.02μV/m，磁场观测灵敏度：0.3v/nT，采用 24 位 A/D 转换的 6 道数据记录器，可以记录大地电磁场 5 分量的时间序列及辅助传感器的信号，实现智能化自动操作、记录和存储。

（二）海底大地电磁观测方法

　　考虑到海底施工存在较大风险，同时也考虑提高海上作业效率、降低成本，海底大地电磁观测通常采用阵列式观测方法，即采用一个 5 分量采集基站带若干个 2 分量电场采集站组成观测系统，多个观测系统沿测线依次排列的布置方式。工作时，可以按照设计好的测线和测站坐标，沿测线逐点"投放"仪器，在海底布设大地电磁探测剖面。

　　海底大地电磁观测有两个最关键的环节，即投放和回收仪器。因为仪器要在数百米水深的海底自动测量数据，这就需要确保仪器电子线路和智能系统工作绝对正常，需要保证仪器到达海底时能安全着陆。所以，仪器投放之前，必须在船上仪器室对仪器工作状态、GPS 同步系统做严格测试，并检查、核对所设计的数据采集参数表；临投放时，运用计算机通信方式对仪器植入采集参数后，应对仪器控制系统做最后的校验。起吊和下放仪器要尽可能平衡，使仪器在海里下沉过程能保持稳定状态，下沉速度既不能太快，也不能太慢。当仪器在海面"脱钩"后，应通过声学应答器随时监测仪器下沉的情况。

　　"回收仪器"时，通过在海面上向海底发射声波"命令"，让海底大地电磁仪上的声学释放器与仪器的重物锚脱钩；这时，仪器靠着玻璃浮球的浮力，向海面浮升，最终飘浮在海面上，便于工作人员打捞、回收。

（三）海底大地电磁数据处理和反演

　　一方面，如同常规大地电磁测深一样，海底大地电磁探测也是按预先设计的采样率观测大地电磁场 5 个分量的时间序列数据。因此，数据处理的基本流程与常规大地电磁测深数据处理一致。但由于海底大地电磁仪器是以自由沉放的方法放置在海底，在对采集数据进行常规处理之前，必须进行方位和水平状态的畸变校正。

另一方面，由于所观测的是海底的大地电磁场信号，必然受海洋电磁噪声的干扰。因此，在对采集数据进行方位和水平状态的畸变校正后，还需要进行海洋电磁噪声干扰的校正。

当我们对实测的海底大地电磁场数据进行一系列特殊处理之后，即可进行常规的处理，从而获得各个海底测点的视电阻率频率响应资料。在此基础上，就可以通过各种反演方法得到各个海底测点之下，不同深度的电阻率变化规律。这些反演方法和反演过程与常规的大地电磁测深资料反演完全相同。

三、南黄海海底大地电磁探测试验

2006 年 4～5 月，在南黄海海域开展了海底大地电磁探测试验。数据采集使用中国地质大学（北京）自行研制的两套五分量海底大地电磁系统和一套二分量海底大地电磁系统。

（一）试验目的与任务

由于碳酸盐岩的电阻率特征与其他地层差异不像速度、密度差异那么突出，对电磁信号没有强烈的屏蔽作用，利用大地电磁探测技术能够有效弥补地震勘探的不足，获得地震高速屏蔽层之下的地层岩石物性信息与分布特征，并与地震资料相结合提高地质调查精度。针对南黄海中—古生界深层地震波屏蔽、衰减引起的深层地层无连续地震波组反射，地质构造复杂等问题，开展适用于南黄海海域中古生界深部成像的大地电磁探测方法的试验研究。

确定的试验目的是，结合南黄海前新生代的地质-构造特征，总结、试验、研究适用于该地区大地电磁探测技术方法，形成一套资料采集与处理的技术体系，为在南黄海海域开展面上大地电磁探测做好前期技术准备，为南黄海前新生代油气成藏规律认识、油气资源潜力评估提供技术支撑。

根据试验目的，设计了 1 条海底大地电磁试验剖面（编号 NH-MMT01），沿测线共布置 3 个测点（由南向北点号依次为：MT100、MT110、MT120），点位坐标见表 3.10。

表 3.10　南黄海海底大地电磁探测位置表

点位	经度	纬度	X	Y	距离/km
MT120	122°39′59.3″E	34°16′19.6″N	11835650.38	3502860.3	0
MT110	122°43′43.7″E	34°06′08.5″N	11841680.77	3483097.36	20.662
MT100	122°47′25.6″E	33°56′32.5″N	11847595.65	3464526.42	19.49

（二）观测结果

图 3.132～图 3.134 为 MT100 号 1ms、16ms 和 256ms 采样率实测的海底大地电磁场各分量的时间序列曲线。各相关分量的时间序列曲线具有较好的相关性，这表明所采集的海底大地电磁场信息是可信的，表明南黄海海底大地电磁场的磁场水平分量较强，似乎叠加在一个较强的背景磁场上。

图 3.135 为这 3 个试验点的海底 MT 视电阻率频率响应曲线。它由 3 个试验点实测 MT 场时间序列数据经过方位和倾角校正后，再通过复杂的 MT 数据处理得到的结果显示，3 个试验点的视电阻率值较低，海洋电磁噪声对 MT 探测响应的影响严重，应对实测的时间序列做必要的校正，才能得到比较准确的 MT 响应资料，用于反演和解释（魏文博等，2009）。

（三）大地电磁测深数据处理（魏文博等，2009）

根据试验数据视电阻率值较低，海洋电磁噪声对 MT 探测响应的影响严重的特点，首先进行了海洋电磁噪声压制处理。

在海洋环境条件下，由于引力、地球自转、空气流动等作用，海水始终处于复杂的运动状态中；而海水的运动形式是多样的，包括潮波、海流、波浪、涌浪等。无论海水做何种运动，因为海水具有良好的导电性，根据 Maxwell 电磁理论，它都能因切割地磁场而产生感应电磁场。

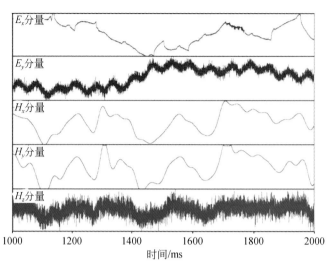

图 3.132　MT100 号点海底 MT 场实测时间序列曲线（采样率：1ms）

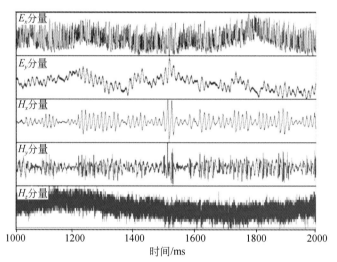

图 3.133　MT100 号点海底 MT 场实测时间序列曲线（采样率：16ms）

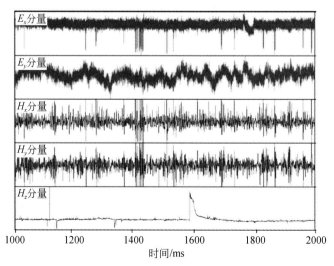

图 3.134　MT100 号点海底 MT 场实测时间序列曲线（采样率：256ms）

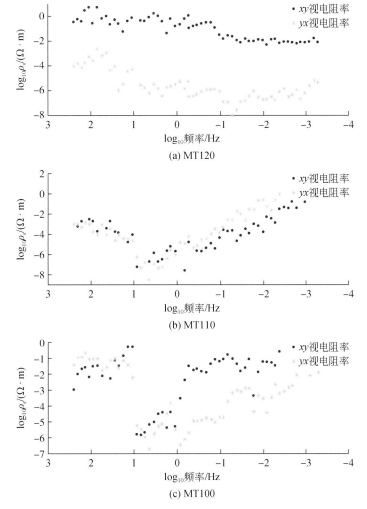

图 3.135　经初步处理得到的 3 个试验点的海底 MT 视电阻率频率响应曲线

图 3.136 为海浪运动在地磁场中产生电磁场的数学模型。如图所示，建立一个直角坐标系，海平面为：$z=0$，z 轴指向海底（正方向），x 轴指向波浪传播的方向，x 与 y、z 组成右手螺旋关系。假定地磁场的大小 F 处处不变，得到：

$$\boldsymbol{F} = F(\cos I \cos\theta \boldsymbol{i} - \cos I \sin\theta \boldsymbol{j} + \sin I \boldsymbol{k}) \tag{3.38}$$

式中，$\boldsymbol{i}$，$\boldsymbol{j}$，$\boldsymbol{k}$ 为三个坐标轴的单位矢量；I 为磁倾角；θ 为海流方向与地磁北极的夹角。

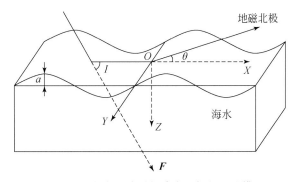

图 3.136　海浪运动引起感应磁场的理论模型

假设海水是不可压缩的无旋流体，充满 $z>0$ 的半无限空间，海水电导率为 σ。海水运动产生的感应电场为：$\boldsymbol{E}' = \boldsymbol{V} \times (\boldsymbol{F} + \boldsymbol{B})$，$\boldsymbol{B}$ 为磁感应强度（海水产生的）。因为 $\boldsymbol{B}$ 远远小于地磁场，所以可近似为

$$\boldsymbol{E}' = \boldsymbol{V} \times \boldsymbol{F}$$

场矢量 $\boldsymbol{E}$、$\boldsymbol{B}$ 满足 Maxwell 方程：

$$\nabla \times \boldsymbol{E} = - \partial \boldsymbol{B}/\partial t$$
$$\nabla \times \boldsymbol{B} = \mu \boldsymbol{J} + \mu \varepsilon (\partial \boldsymbol{E}/\partial t) \tag{3.39}$$

式中，$\boldsymbol{J} = \sigma (\boldsymbol{E} + \boldsymbol{V} \times \boldsymbol{F})$ 为传导电流密度。

在一定的边界和极值条件下，解 Maxwell 方程，即得到理论模型的精确解。

对于 z>0：

$$b_z = iA \left\{ \frac{2}{1 + (1 + i\beta)^{1/2}} \cdot \mathrm{e}^{[-mz(1+i\beta)^{1/2}]} - \mathrm{e}^{-mz} \right\} \tag{3.40}$$

$$b_x = -A \left\{ \frac{2(1 + i\beta)^{1/2}}{1 + (1 + i\beta)^{1/2}} \cdot \mathrm{e}^{[-mz(1+i\beta)^{1/2}]} - \mathrm{e}^{-mz} \right\} \tag{3.41}$$

对于 z<0：

$$b_z = \frac{-A}{\beta} \left[1 - (1 + i\beta)^{1/2} \right] \mathrm{e}^{mz} \quad b_x = \frac{iA}{\beta} \left[1 - (1 + i\beta)^{1/2} \right] \mathrm{e}^{mz} \tag{3.42}$$

式中，$\beta = \dfrac{\gamma}{m^2} = \dfrac{\mu \sigma g^2}{\omega^3}$；$m = \dfrac{\omega^2}{g}$；$\gamma = \mu \sigma \omega$。

求解上式的解析结果非常困难。因而，对于短周期的波浪（周期小于 60s），β 很小，可忽略 β 的高次项。这时利用 $(1 + i\beta)^{1/2}$ 及 $\mathrm{e}^{\left(-\frac{1}{2}i\beta mz \right)}$ 的 Taylor 展开式可得到近似解。

对于 z>0：

$$b_z = \frac{1}{4} \beta A (2mz + 1) \mathrm{e}^{-mz} \quad b_x = \frac{1}{4} i\beta A (2mz - 1) \mathrm{e}^{-mz} \tag{3.43}$$

对于 z<0：

$$b_z = \frac{1}{4} \beta A \mathrm{e}^{mz} \quad b_x = -\frac{1}{4} i\beta A \mathrm{e}^{mz} \tag{3.44}$$

利用这些近似式，即可计算海浪引起的感应磁场。

设：地磁场 $F = 4.5 \times 10^4$（nT），$I = 60°$，$\theta = 30°$。

海水的 $\sigma = 4$（s/m），$\varepsilon = 7.08 \times 10^{-10}$。

计算 $X = 0$，$Y = 0$ 位置上，$t = 0$ 时刻，若干周期和波幅的海浪引起的感应磁场随海水深度的变化。计算结果见图 3.137 所示。

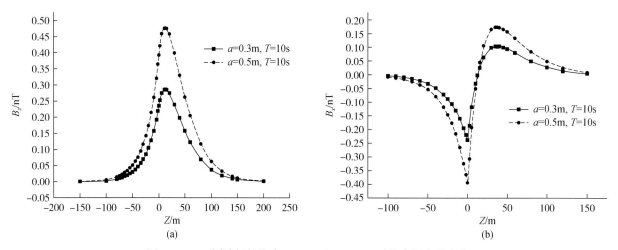

图 3.137　不同波幅的海浪 b_z（a）和 b_x（b）随海水深度的变化

从计算结果看，海浪确实会产生明显的感应磁场信号，这信号的强弱与海浪的频率、浪高、流速有关。随着频率降低，海浪磁场的幅值增大，但当周期超过百秒，其垂直分量的幅度减小，最后趋近零；而随着浪高增大、流速增大，海浪磁场的幅值也增大，它的幅度可以达到几个 nT。所以，对海底大地电磁数据的处理必须考虑海洋电磁噪声干扰的压制。

由于海水始终处于复杂的运动状态，其运动形式包括波浪、涌浪、潮波、海流等，所以海洋电磁噪声也是一种频带较宽的电磁场信号。当我们建立起海水运动的理论模型时，即可以通过求解 Maxwell 方程组获得海洋电磁噪声的理论表达式，也可以通过观测获得电磁噪声的数据，利用统计学的方法获得其的近似表达式，然后采用互相关滤波的方法从实测海底大地电磁信号中提取海洋电磁噪声，并滤除这部分噪声信号。

在完成电磁干扰压制的基础上，大地电磁数据处理主要流程为，输入大地电磁场五个电、磁分量的时间序列后，对其进行频谱分析、计算功率谱、用最小二乘原理估算阻抗张量元素，最后求得大地电磁场的频率响应资料（图 3.138）。

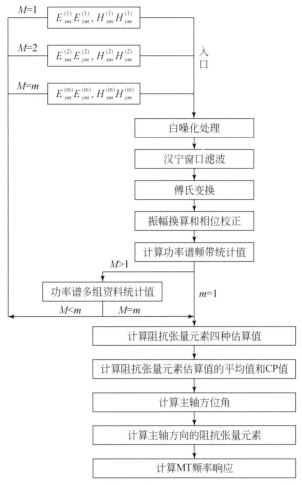

图 3.138　常规大地电磁测深数据处理流程

但对于海底大地电磁探测数据来说，在进行常规处理之前必需根据仪器内部"辅助通道"所记录的海底 MT 数据采集坐标系的方位信息，对采集数据进行校正，把沿探测剖面上各个测点的数据都换算到统一方向的坐标系里；同时，如果落在海底的仪器是倾斜的，还必须根据"辅助通道"所记录的倾斜方向和倾角进行水平校正。

从"辅助通道"所记录的信息看出，3 个试验点位的海底都是平坦的，放置在海底的大地电磁观测系统的倾角都小于 0.5°，因此对实测数据不必做"水平校正"，只做"方位校正"；通过方位校正，把它们的观测坐标系都旋转到南北方向上。

经校正后再进行常规的大地电磁数据处理，得到其频率响应资料。最后，采用移动平均法进行滤波，即得到如图 3.139 所示的视电阻率频率响应曲线。

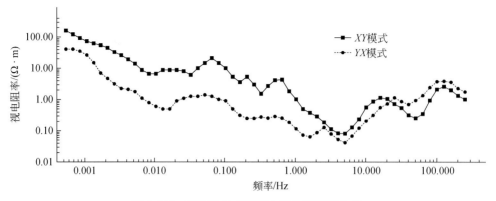

图 3.139　MT100 号点海底大地电磁测深曲线

（四）反演与解释

大地电磁测深是建立在法拉第电磁感应定律基础上电磁感应类的电阻率测深，因此地层岩石的电阻率特征差异是决定探测效果的主要因素之一。鉴于南黄海钻井资料稀少，且钻探深度有限，只有一口钻井揭示了部分下古生界地层，缺乏相应的测井资料的情况，在对南黄海现有钻井测井资料统计分析的基础上，结合与南黄海地层结构相同的苏北盆地地层岩石电阻率测试数据（杨子建，1996；吴健生等，2006），揭示了南黄海盆地存在六个电性层（表 3.11）。

表 3.11　苏北盆地与南黄海地层电性特征统计表

地层		岩性	电阻率/（Ω·m）		备注
			苏北盆地	南黄海	
陆相沉积层	第四系	未固结砂泥岩	3～30	无资料	
	新近系	碎屑岩	7～40	1～10	
	古近系	碎屑岩	7～40	1～8	
	白垩系	碎屑岩	10～50	10～80	火山岩为 50～200Ω·m
	侏罗系	碎屑岩	10～50	无资料	火山岩为 50～400Ω·m
海相沉积层	三叠系	灰岩	200～500	200～800	
	二叠系上统	砂泥岩夹煤层	10～25	10～40	
	二叠系下统	灰岩、白云岩	8～15	10～50	
	石炭系	灰岩	200～500	无测井资料	破碎地层 50～150Ω·m
	泥盆系—上奥陶统	砂岩、泥岩	10～300		
	中奥陶统—上震旦统	海相碳酸盐岩	200～1000		
	下震旦统	碎屑岩	<100		
	前震旦系	变质岩	200～500		

第一电性层以中、新生代陆相碎屑岩以低阻特征为主，苏北盆地测井平均电阻率为 8～40Ω·m。其中，第四系疏松沉积层电阻率变化相对较小，在 3～30Ω·m，南黄海盆地测井揭示在 1～10Ω·m 变化，为低阻层；苏北盆地新近系和古近系平均电阻率 7～50Ω·m，夹有侵入玄武岩时，可增大到 70～120Ω·m，南黄海盆地测井揭示在 1～10Ω·m 变化，为低阻层；苏北盆地中生界白垩系至侏罗系电阻率为 10～50Ω·m，其中白垩系浦口组的电阻率相对较低，当侏罗系中含火山岩时，电阻率可高达 90Ω·m 以上；南黄海盆地测井揭示在 10～80Ω·m 变化，与苏北盆地基本一致。

第二电性层为中生界、上古生界碳酸盐岩，为高电阻率特征，苏北盆地电阻率值在 200～500Ω·m。其中，上二叠统大隆组碎屑岩电阻率为 10～25Ω·m，龙潭组煤系地层为低阻层，电阻率为 5～15Ω·m；下二叠统栖霞组电阻率 600Ω·m 左右；南黄海盆地测井资料揭示中生界三叠系灰岩电阻率平均值在 200～

700Ω·m 变化，但当灰岩含泥质成分较多时，电阻率降低了10Ω·m 以下（WX5-ST1 井），呈现了低阻层特征；在其以下地层由于缺乏钻井测井资料，无法进行统计。

　　第三电性层为泥盆系、志留系海相碎屑岩相对低阻层，其电阻率一般为10~30Ω·m，地层中砂质成分较多，电阻率可达100~300Ω·m。相对海相碳酸盐岩高阻层而言，总体表现为相对低阻特征。

　　第四电性层为下古生界（奥陶系、寒武系）海相碳酸盐岩及元古界上震旦统高阻层，电阻率一般为200~1000Ω·m，苏北盆地测井揭示的奥陶系下统—寒武系上统的电阻率在1000Ω·m 以上，最高可达30000Ω·m。

　　第五电性层为具有低阻特征的下震旦统碎屑岩，电阻率为数十欧姆米。

　　第六电性层为震旦系以下的变质岩高阻层，苏北盆地测井得到的电阻率值一般为200~500Ω·m。

　　综上所述，与多道地震相反，虽然大地电磁探测对电性相近的陆相中、新生界碎屑岩层难以有效分辨，但对海相碳酸盐岩却有较好的分辨能力，二者可以取长补短，综合利用多道地震、大地电磁探测的技术优势，能够获得残留盆地的分布特征。

　　从3个试验点的视电阻率测深曲线类型分析可以看出，这些测点海底以下的的岩石大体上可划分出7~8个不同的电性层。运用马奎特反演方法分别选择3个试验点 XY 极化模式的 MT 测深曲线进行一维反演。反演拟合曲线如图3.140所示，MT100号点达到的反演拟合均方差为5.538；MT110号点达到的反演拟合均方差为2.459；而 MT120号点实达的反演拟合均方差为1.514。

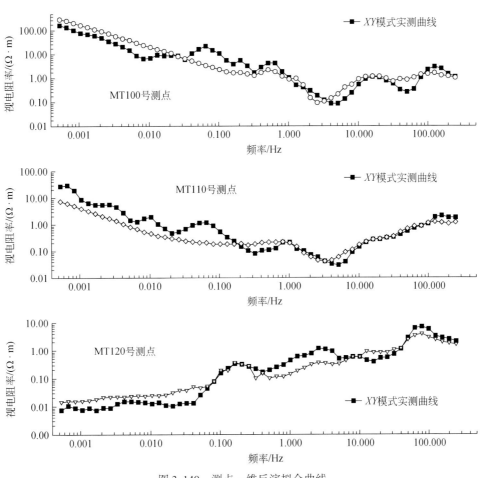

图 3.140　测点一维反演拟合曲线

　　MT100号测点位于南黄海南部拗陷 WX5-ST1 井旁，该井终孔深度为3179.84m，钻遇的地层为第四系、新近系、古近系、白垩系、三叠系、二叠系，从试验数据处理成果与钻探结果对比可以看出（表3.12），测井揭示该井处白垩系与三叠系青龙组电阻率在10Ω·m 左右，且电性差异较小，与预测结果相符；预测的三叠系底界面与钻井揭示的深度仅差36m，误差小于2%；由于第四系、新近系、古近系电性差异较小，这些地层之间的界面深部难以分开，预测的深度误差为 28%。这些正是多道地震可以有效分辨的地层，但多道地震对上二叠统碎屑岩以下的地层成像模糊，利用多道地震和大地电磁探测揭示的深部古生界地层纵向分布特征，为研究南黄海残留盆地的构造特征油气资源前景打下了良好的基础。

表 3.12　WX5-ST1 井旁大地电磁探测试验点分层解释结果（魏文博等，2009）与钻探结果对比

序号	电阻率/(Ω·m)	厚度/m	底面深度/m	解释结果	钻井深度/m
1	0.209	794	794	第四系—古近系	1101
2	5.516	1920	2714	白垩系+三叠系	2740
3	0.630	820	3534	上二叠统碎屑岩	3179.84（未穿）
4	1006.77	909	4443	下二叠统+石炭系	
5	100.781	1110	5553	泥盆系+志留系	
6	3020.229	2223	7776	奥陶系+寒武系	
7	5068.25	—	—	震旦系	

第四章 地质、地球物理综合研究

第一节 资料基础

一、地震资料

（一）成像品质评价标准

地震反射层位成像品质评价以"中华人民共和国石油天然气行业标准"《地震勘探资料解释技术规程》（SY/T 5481—2009）为标准，据地震资料解释作图需要，分层、分段进行评价，分为三级（图 4.1）。

（1）一级：信噪比高，地质现象清晰，能够进行可靠对比追踪。

（2）二级：信噪比较高，主要地质现象可识别对比。

（3）三级：信噪比低，主要地质现象不清，难以对比追踪。

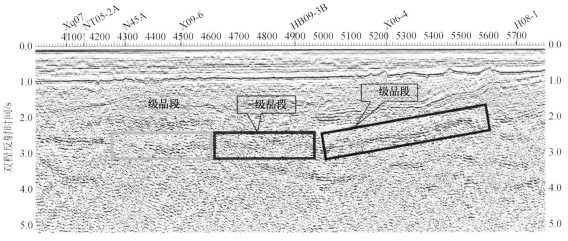

图 4.1　地震测线剖面品质评价示意图

依据以上评价标准，对研究区内的地震剖面分别进行地震层序（地震剖面段）和地震反射层品质评价。前者重点评价地震剖面段总体成像品质，后者则重点评价单个地震反射层成像品质，为地震–地质解释所编制构造图，以及后续研究成果的可靠性评价提供依据。

（二）地震资料成像品质评价

南黄海油气调查重点针对中—古生界海相地层，首先在剖面上寻找印支面（T_8地震反射波），以印支面为底界面，向上至新近系底界面（T_2地震反射波），即 T_2—T_8地震反射波之间的地层为陆相中—新生界构造层，T_8地震反射波以下至盆地结晶基底（T_g地震反射波）之间的地层为中—古生界海相构造层。地震资料品质评估只对有上述层段的剖面进行品质评估，对近10年来地震反射剖面成像品质评估结果表明，陆相构造层和海相构造层的成像品级差异很大。中—新生界陆相构造层的 T_2、T_7 和 T_8 三个地震反射层的品质总体较高，其地震反射波组特征较清晰，地震反射剖面一级品率约为 22.27%，二级品率约为 62.24%，三级品率约为 15.48%。总体而言，无论是新剖面还是老剖面，反映陆相地层的地震反射剖面段品级较高，可较好进行地震解释，这些剖面段主要分布于北部拗陷，其他区域如南部拗陷、中部隆起和勿南沙隆起等仅零星分布有残留的陆相地层。

印支面（T_8）以下中—古生界海相构造层的 T_9、T_{10}、T_{11}、T_{12} 及 T_g 地震剖面成像品质一般较差，达到一级品剖面层段仅占约 0.77%，达到二级品剖面层段也仅占约 33.60%，三级品剖面层段约占 65.64%。除中生界下部—古生界上部部分层段（占总层段数的不足 30%），如下三叠统青龙灰岩顶面（T_8）和底面（T_9）、上二叠统龙潭组底面（T_{10}）等反射波组相对较为清楚，代表志留系顶界（加里东面）的 T_{11} 地震反射面局部层段具有较好反射波组特征外，其余总体无良好反射，地震反射波组十分模糊，成像品级较低，几乎没有成像良好的地震反射标志层可追踪识别，只能依靠推测进行层位对比与追踪（表 4.1）。

表 4.1　南黄海地震反射层品质评级汇总表

地层	地震反射层	相当的地层界面	一级品占比/%	二级品占比/%	三级品占比/%
陆相中—新生界	T_2	新近系底界	100	0	0
	T_7	古近系底界	94	4	2
	T_8	三叠系青龙组顶界（印支面）	98	2	0
海相中—古生界	T_9	上二叠统龙潭组和大隆组顶界	28	43	29
	T_{10}	下二叠统顶界	24	38	38
	T_{11}	志留系顶界（加里东面）	14	45	41
	T_{12}	寒武系底（或震旦系顶）界	2	16	82
	T_g	前震旦系变质岩顶界	14	11	75

注：T_2 地震反射层一级品率 100%，无二级品和三级品。T_7 地震反射层一级品率约为 94%，二级品率约为 4%，三级品率约为 2%。T_8 地震反射层一级品率约为 98%，二级品率约为 2%，无三级品。T_9 地震反射层一级品率约为 28%，二级品率约为 43%，三级品率约为 29%。T_{10} 地震反射层一级品率约为 24%，二级品率约为 38%，三级品率约为 38%。T_{11} 地震反射层一级品率约为 14%，二级品率约为 45%，三级品率约为 41%。T_{12} 地震反射层一级品率约为 2%，二级品率约为 16%，三级品率约为 82%。T_g 地震反射层一级品率约为 14%，二级品率约为 11%，三级品率约为 75%。

总体上，埋藏较深层段地震反射成像较差。分析表明，拗陷区个别较深层段也能获得较好的地震反射，可能与 T_2 与 T_8 地震反射层间存在过渡层——古近系和陆相中生界碎屑岩层有关，即 T_2 反射面上下均为陆相地层，T_2 地震反射层的波阻抗差相对较小（与中部隆起区等比较），地震波能量能较好向下传导，致使较深层仍有较好的海相地层地震反射波组。

二、重力、磁力资料

重力资料主要由海洋重力和卫星测高重力组成。海洋重力主要采用德国 Bodensee 公司的 KSS31M 高精度海洋重力测量系统，所有测量均按照相关规范要求，在出发前和到港后进行了重力基点比对，误差均符合规范要求。卫星重力数据为 2010 年获得的 TRIDENT 系列的卫星测高数据及自由空间重力异常数据。

对重力数据精度按照用主测线与联络测线交点上的重力值之差来计算均方误差（即标准差）结果评价，不同年份由不同单位采集的海洋重力数据，其标准差就区块而言都是在 3～4mGal，卫星测高数据也在这个范围之内，数据全部合格。

海洋磁力数据为使用加拿大 Marine Magnetics 公司的 SeaSPY 高精度海洋磁力测量系统获得的。对此进行了磁日变改正和化极处理后，测线交点误差均小于 5nT，符合相关规范要求，所用的海洋磁力数据全部为合格数据。

第二节　地震波场与层序

一、地震层位标定

南黄海盆地是下扬子地块向海域延伸的主体，与陆区对比，南黄海海相地层的地震反射特征与下扬子陆地区域具有很大的相似性。利用区内钻井资料制作合成记录对地震层位进行标定（图4.2～图4.5），再与邻区（盆地东部韩国探区及盆地西部陆上的苏北盆地）的区域地震剖面类比，建立起全区统一的地震层序，据地震剖面上的波组特征，以 T_2、T_7、T_8、T_9、T_{10}、T_{11}、T_{12} 和 T_g 主要特征波为界，全区划分出九个地震层序。

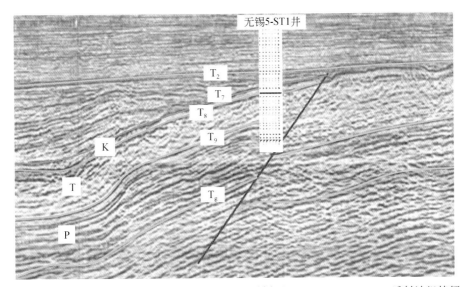

图 4.2　过南部拗陷无锡 5-ST1 井的 79P-19 地震剖面 T_2、T_7、T_8、T_9、T_g 反射波组特征

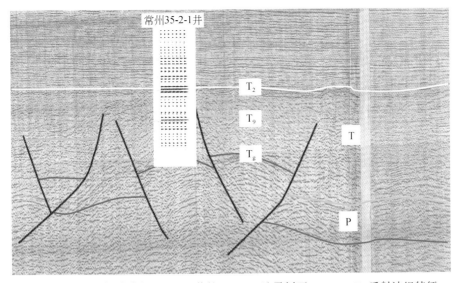

图 4.3　过南部拗陷常州 35-2-1 井的 79P-35 地震剖面 T_2、T_9、T_g 反射波组特征

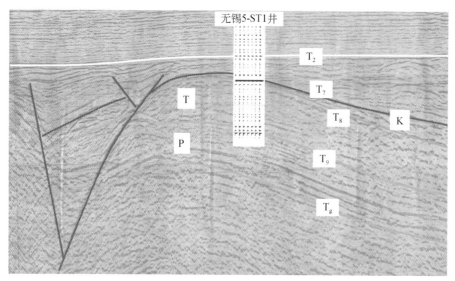

图 4.4　过南部拗陷无锡 5-ST1 井的 79P-85 地震剖面 T_2、T_7、T_8、T_9、T_g 反射波组特征

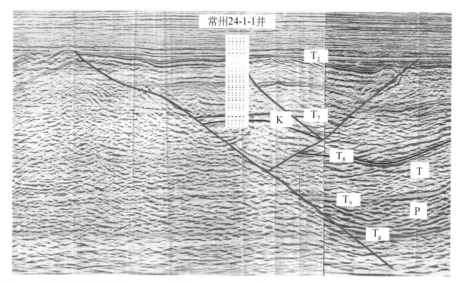

图 4.5　过南部拗陷常州 24-1-1 井的 79P-27 地震剖面 T_2、T_7、T_8、T_9、T_g 反射波组特征

二、地震反射波组特征

依据地震剖面反射结构及其特征，南黄海盆地共对比解释了 T_2、T_7、T_8、T_9、T_{10}、T_{11}、T_{12} 和 T_g 共 8 个特征波组，其中 T_2、T_8、T_{10} 和 T_g 波为四个区域性不整合面的反映，也是本区的地震反射重要标志波。

（一）T_2 波组

T_2 波组为新近系底界反射波组，是一个区域性不整合面反射波组，也是区内第一标志波（图 4.6），通常为一套水平密集反射层的底界，能量较强，连续性好，波形稳定，与上覆反射层呈上超接触，与下伏反射波组呈削截接触，广泛分布于全区，在全盆地可连续追踪。

（二）T_7 波组

T_7 波组为古近系底界（或中生界顶界）反射波组，主要分布于北部拗陷。常以两个相位出现，一般为中-强振幅、高频、连续或较连续反射，局部可见上超和削截现象（图4.7）。

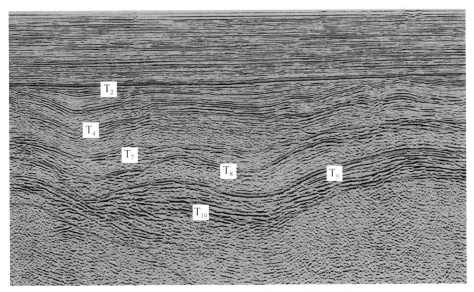

图4.6　南黄海 NT05-5 多道地震测线剖面图

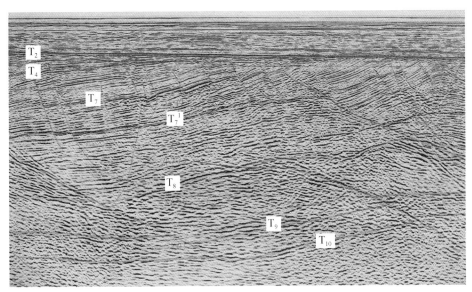

图4.7　南黄海 NT05-3 多道地震测线剖面图

（三）T_8 波组

T_8 波组为三叠系下统青龙组（灰岩）顶界或陆相中、新生界底界反射（印支面）波组，是一个区域性不整合面的反射波组（图4.7），亦是区内第二个重要标志性波组。通常为 2~3 个强相位，中-高连续性，中-强振幅和中等频率，顶部为上超，下部为削截接触关系，在区域内基本可连续追踪对比。

（四）T_9 波组

T_9 波组相当于二叠系上统龙潭组和大隆组顶界反射波组，常以双相位出现，表现为中振幅、连续、低频，总体上可以连续可靠地对比追踪。该波组与上覆和下伏地层在地震反射上呈似整一接触关系，识别该波组的另一个特征是该波组之上至 T_8 波组之间，有 300~400ms 的反射空白带或弱振幅的杂乱反射带（为青龙组灰岩），下部与 T_{10} 波组之间为连续的平行密集反射带（图4.7）。

（五）T₁₀波组

T₁₀波相当于下二叠统顶界反射，该波组表现为一套平行、密集、能量强、连续性较好、中低频率、似等时间间隔（约250ms）反射层的底界。该波组在同一条剖面上时强时弱，通常呈中等振幅，中低频率，连续性一般的双轨平行反射特征（图4.7）。该波组总体上可在区内比较连续地追踪对比。

（六）T₁₁波组

T₁₁波组相当于志留系顶界（加里东构造面）反射，是一个区域性不整合面反射，亦是区内第三个重要标志波性组（图4.8）。通常为1~2个高连续、强振幅，下侧常伴有3~5个中、高连续性，中等频率、中等振幅的反射波组。该波组在中部断隆带表现为较连续的强振幅反射，拗陷内一般为无反射或不连续弱反射，基本可在全区追踪对比。

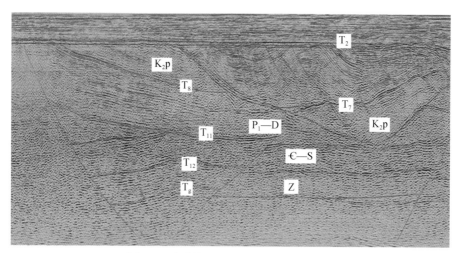

图4.8　南黄海 NT05-2 地震测线剖面图

（七）T₁₂波组

从区域地质和沉积特征分析认为，T₁₂波相当于寒武系底部（或震旦系顶界）反射，该波一般呈两个互为平行的反射，中等频率，振幅中等-弱，连续性较差，与上下反射层似呈整一接触关系（图4.8），全区不能可靠地对比追踪，仅能依据地层厚度及地震层序特征加以推断解释。

（八）Tg波组

Tg波组相当于前震旦系变质岩顶界反射，是区内第四个标志性波组。表现为中-弱振幅、中等频率，连续性差或不连续，时隐时现（图4.8），与下伏反射层为不协调接触关系。全区范围内，T₁₂和Tg波组之间为300~500ms的反射密集带，这是辨认T₁₂波和Tg波两波组的重要特征。

三、地震层序分布特征

据地震T₂、T₈、T₁₁和Tg四个区域性不整合面和次一级不整合面T₇、T₉、T₁₀和T₁₂的地震反射波组特征，结合区域地层发育及构造运动特征，将南黄海盆地地震反射时间剖面从上至下划分为Ⅰ、Ⅱ、Ⅲ、Ⅳ、Ⅴ、Ⅵ、Ⅶ、Ⅷ、Ⅸ等9个地震层序（表4.2）。

南黄海地区陆相中生界和古近系为断陷沉积，主要分布于北部拗陷和南部拗陷；而海相中、古生界分布较广泛，发育较完整，保存相对完好，最大（残留）厚度达近万米。因地质历史演化程度不尽相同，造成不同地区地层发育和保存程度各异。

表 4.2　南黄海盆地地震层序与地质属性表

地震层序		特征波	接触关系		地层属性	地层代号
层序			底界	顶界		
Ⅰ		T₂		上超	第四系+新近系	Q+N
Ⅱ		T₇	削截	局部上超	古近系三垛组+戴南组+阜宁组	Es+Ed+Ef
Ⅲ		T₈	整一–削截	整一–上超	中–上白垩统泰州组+赤山组+蒲口组	Kt₁+Kc+Kp
Ⅳ		T₉	整一–削截	整一	下三叠统青龙组灰岩	T₁q
Ⅴ		T₁₀	整一	上超	上二叠统龙潭组煤系地层+大隆组碎屑岩	P₂l+P₂d
Ⅵ		T₁₁	削截	上超	下二叠统+泥盆系	P₁—D
Ⅶ		T₁₂	整一	整一	志留系+奥陶系+寒武系	S—Є
Ⅷ		Tg	削截	整一	震旦系	Z
Ⅸ					前震旦系	

（一）第Ⅰ地震层序

海底至 T_2 波之间的反射波组为第Ⅰ地震层序（图 4.6）。该层序内部各波组之间呈平行或亚平行结构，厚度稳定，物性差异小，并均以高频、强振幅、高连续为反射特征，外行似席状；该层序分布广，全区均有分布。据多口钻井揭示及井–震对比，该层序标定为新近系（N）+第四系（Q）。该地震层序位于 T_2 波组之上，在区内普遍分布。其中第四系在全区分布稳定，厚度变化不大，一般为 $150 \sim 350 m$，为海陆交互相沉积。

北部拗陷新近系沉积厚度变化较大，厚度在 $650 m \pm$；受北侧千里岩断裂新近纪继承性活动影响，沿其下降盘新近系沉积厚度加大，最厚超过 $900 m$，而远离千里岩断裂新近系厚度逐渐减薄，至东部凸起北侧附近厚度最小，小于 $300 m$。

南部拗陷东部新近系沉积厚度较大，厚度在 $700 m \pm$，个别凹陷的中心部位，因受控凹断裂新近纪继承性活动影响，致下降盘新近系厚度较大，最厚可逾 $1000 m$，往东新近系厚度逐渐减薄，个别地段甚至缺失部分沉积。

中部隆起区发育大面积新近纪地层，但厚度较小，厚度一般在 $300 m \pm$，西厚东薄。向东新近系逐渐减薄，至 $124°E$ 以东新近系缺失。

勿南沙隆起区普遍发育新近系，厚度在 $550 m \pm$，在 $33°N$，$123°E$ 的沉降中心附近，最厚可逾 $1000 m$。因该隆起普遍发育海相中、古生界碳酸盐岩沉积，在个别碳酸盐岩侵蚀残丘顶部发育很薄的新近系，甚至缺失该套沉积地层。

（二）第Ⅱ地震层序

T_2-T_7 波之间的反射波组为第Ⅱ地震层序（图 4.6）。该层序主要由多个较强振幅，连续性较好的反射波组成一套近于平行的密集状反射段；层序内部反射能量强，连续性好，层次清楚，内部结构为似平行状，外部形态为楔形和前积状；该层序主要分布于北部拗陷和南部拗陷，内部存在多个次一级的不整合界面。据多口钻井揭示及井–震对比，标定为古近系阜宁组—三垛组。该套地层在盆地内分布广泛，但多受断层控制呈近 EW—NE 向展布。厚度一般在 $500 \sim 2500 m$ 变化，厚度中心分布在北部拗陷北部及东北部，南部拗陷北部，西部和南部，最大厚度可超过 $3000 m$。

（三）第Ⅲ地震层序

T_7—T_8 波之间的反射波组为第Ⅲ地震层序（图 4.7）。该层序内部反射波多以高连续、强振幅和中、低频率为特征，内部结构为似平行-亚平行；层序顶部在深凹陷部位为整一接触，高部位为削截，下部为上超接触；该层序分布面积较小，厚度变化较大，主要分布于北部拗陷和南部拗陷。据多口钻井揭示和井-震对比，标定为中生界侏罗系—白垩系。该套地层主要分布于北部拗陷，呈近 EW—NE 向展布，主要为断陷沉积。与古近系相比，这一时期沉积中心向东和向北迁移，以东北凹陷和东部凹陷为两个沉积中心，一般厚度为 500~4000m，东北凹陷最大厚度达 8000m，东部凹陷东部其最大沉积厚度为 5500m。在南部拗陷、中部隆起、勿南沙隆起上分布局限，侏罗系不发育，白垩系仅呈分割性的零星分布，厚度 0~500m 范围较广，仅局部厚达 800~1000m。

（四）第Ⅳ地震层序

T_8—T_9 波之间的反射波组为第Ⅳ地震层序（图 4.6、图 4.7）。该层序内部反射稀疏，能量弱，成层性差，主要为空白反射，内部结构为平行-亚平行，外形为似席状；层序顶部为削截，底部为整一-上超接触。该地震层序代表的地层据南部拗陷的 WX5-ST1 井、北部拗陷 KACHI-1 井、中部隆起的 CSDP-02 井等 6 口钻井揭示地层、井-震对比，标定为下三叠统青龙组灰岩。该套地层主要残留分布于南部拗陷、中部隆起、勿南沙隆起，在北部逆冲带（相当于中新生界构造区划的北部拗陷，下同，笔者注）东部 Kachi-1 井一带仅有小范围分布。据地震资料推测解释，青龙组总体上呈残留状态分布，走向为 NE—NNE 向。南部拗陷和勿南沙隆起青龙组一般厚 500~1500m，最厚达 2500m；中部隆起青龙组一般厚 250~3000m，最厚达 3500m；北部逆冲带 Kachi-1 井一带厚 250~1000m。

（五）第Ⅴ地震层序

T_9—T_{10} 波之间的反射波组为第Ⅴ地震层序。该层序内部反射能量强，连续性较好，层次较为丰富，有多个反射波组成一套似平行密集反射（约 250ms），内部结构似平行；层序顶部常见局部削截，底部为整一-上超接触。该地震层序代表的地层据勿南沙隆起的 CZ35-2-1 井、南部拗陷 WX5-ST1 井钻井揭示地层、井-震对比并参考邻区研究成果，标定为上二叠统大隆组碎屑岩-龙潭组煤系地层（图 4.6、图 4.7）。该套地层主要残留分布于南部断拗带、勿南沙隆起和中部隆起（CSDP-02 井已证实）。据地震资料推测解释，南部断拗带和勿南沙隆起一般厚 1000~1500m，最厚达 2000m；中部隆起一般厚 600~1500m，最厚达 1900m；在北部逆冲带东南部的 Kachi-1 井附近亦可能有小范围分布，厚度为 500~1000m，局部可达 1500m。

（六）第Ⅵ地震层序

T_{10}—T_{11} 波之间的反射波组为第Ⅵ地震层序。该层序内部反射能量不均，连续性一般-差，地震反射层次欠丰富，内部结构为平行-似平行状-杂乱空白反射，上、下边界接触关系为削截-上超。据 CZ35-2-1 井、WX13-3-1 井和 CZ12-1-1 井等钻井揭示及井-震对比，结合邻区研究成果推测，标定为泥盆系—下二叠统（图 4.8）。据地质、地球物理资料分析显示，南黄海海域这一地质时期的古地形可能是北高南低，在此基础上，地层广布全区。南部拗陷和勿南沙隆起区残留厚度一般 1000~4000m，最厚达 6000m；中部隆起残留厚度一般 1100~2200m，最厚达 2850m；北部逆冲带分布局限，残留厚度一般 0~1500m。

（七）第Ⅶ地震层序

T_{11}—T_{12} 波之间的反射波组为第Ⅶ地震层序。该层序内部反射能量弱，连续性较差，反射层次不丰富，内部结构为亚平行-空白-杂乱反射，上部为削截，下部边界为整一接触关系。据其各波组反射特征，并参考邻区研究成果，推断该层序为寒武系—志留系（图 4.8），目前仅 CSDP-02 井钻遇该套层序上部的志留系和奥陶系。

（八）第Ⅷ地震层序

T_{12}—T_g 波之间的反射波组为第Ⅷ地震层序。该层序内部反射不丰富，能量较弱。上、下边界接触关系为整一-上超接触。目前亦尚无钻井揭示该层序，据其各波组反射特征并参考邻区研究成果，推断该层序为震旦系（图 4.8）。

（九） 第 IX 地震层序

T_g 波以下的反射层为第 IX 地震层序。该层序内幕反射品质差，弱振幅，低连续，成层性差，其顶部为削截接触关系。目前亦尚无钻井揭示该层序，据其各波组反射特征并参考邻区研究成果，推断该层序为前震旦系变质岩（图 4.8）。

第三节　速度场特征

地震波的速度场是地震资料处理和解释过程中的一个重要参数，它关系着层位标定正确与否和时间-深度转换的精度，在南黄海构造复杂、资料信噪比低的情况下，速度分析尤为重要。

勘探程度高的地区速度场的建立，主要依据声波和 VSP 测井资料进行的，精度较高。在勘探程度低的地区，速度场建立主要依据邻区速度资料、少量的钻井测井资料和叠加速度资料进行的，速度场的精度受到了一定影响。

鉴于南黄海钻井少，资料信噪比低、叠加速度精度差的现状，采用了从区域地质、地震速度研究出发，以苏北盆地的地层速度研究为基础，以南黄海海域钻井测井速度和地震速度谱研究为重点，形成了南黄海陆相盆地时间-转换关系。

一、区域地震速度场研究

苏北盆地具有与南黄海盆地相同的地层分布和岩性特征，又是勘探程度较高区，对苏北盆地的测井速度资料分析，为南黄海速度分析提供依据。

苏北盆地 N4、N11 井地震和测井综合数据（表 4.3、表 4.4）显示，当新生界埋藏较浅时，速度一般小于 3000m/s，中生代陆相地层的速度变化较大，在 2600～5000m/s；石炭系和二叠系碳酸盐岩速度为 5200～5500m/s，志留系和泥盆系海相碎屑岩的速度变化在 3500～4800m/s，奥陶系和石炭系碳酸盐岩速度在 5000～6250m/s，个别层段的速度可达 7000m/s 以上，寒武系碳酸盐岩速度整体在 6300m/s 左右，震旦系平均速度在 6150m/s 左右。

表 4.3　苏北盆地 N4 井地震和测井综合数据表

地层层位	深度/m	厚度/m	层速度/（m/s）	加权平均值/（m/s）
$E+K_2c$	1001.5～1311	309.5	2900	
K_2c+K_2P	1311～1620	309	3300	3480
K_2P	1620～1995.5	375.5	4100	
$P_1q+C_3c+C_2h$	1995.5～2198.5	203	5200	
C_1	2198.5～2237	38.5	5800	
D_3w	2237～2440.5	203.5	4880	
S_3m+S_2f	2440.5～2702	261.5	4450	
S_1g	2702～2960	258	4500	
S_1g	2960～3150	190	3500	4550
S_1g	3150～3280	130	4200	
S_1g	3280～3450	170	5480	
S_1g	3450～3780	330	4160	
S_1g	3780～3920	140	3700	
S_1g	3920～4421.5	501.5	4780	
$O_3w+O_3t+O_2t$	4421.5～4503	81.5	4900	
O_1d+O_1h	4503～4698	195	5880	5640
On	4698～4800	102	6500	
$On+\epsilon_3g$	4800～5246	464	5480	

表 4.4　苏北盆地 N11 井地震测井综合数据表

深度/m	$T_0/2$/ms	平均速度/(m/s)	层速度/(m/s)	地层层位
1825	565	3210	5000	
1775	555	3180	6833	
1725	549	3120	4545	Z_2d
1675	538	3090	6743	
1625	531	3040	5000	
1615	529	3030	5444	
1575	520	3010	6125	ϵ_2m
1528	512	2960	6375	
1475	504	2900	6250	
1425	496	2850	5333	ϵ_2p
1386	490	2800	5545	
1325	479	2740	5000	
1275	469	2690	5555	
1225	460	2640	6143	
1175	453	2570	6143	ϵ_2g
1125	444	2510	6250	
1075	436	2440	6600	
1065	435	2420	5000	
1045	431	2400	3333	
1025	425	2380	3000	O_1l
1005	424	2340	2143	
975	410	2350	3333	
925	395	2310	2500	
900	385	2300	1562	
875	369	2340	5000	
850	364	2300	2778	
825	355	2290	3125	
800	347	2270	2500	K_2p
775	337	2260	5000	
725	327	2180	4167	
675	315	2100	2174	
625	292	2100	5000	
610	289	2070	2500	
575	275	2050	2632	
525	256	2000	2632	
475	237	1950	2500	K_2c
460	231	1940	2917	
425	219	1890	2500	
375	199	1820	2500	
325	174	1800	2083	
275	150	1750	1923	N
225	124	1720	2059	
190	107	1660	2500	
175	97	1680	1730	
130	71	1660	2000	Q
100	56	1570	1570	

我国迄今在南黄海盆地钻探井 22 口，揭示的地层包括下古生界的奥陶系、志留系、上古生界泥盆系、石炭系和二叠系灰岩、碎屑岩和中生界侏罗系、白垩系和新生界碎屑岩；韩国钻探井 5 口，揭露了少量中生界下三叠统灰岩、白垩系碎屑岩和新生界碎屑岩。

研究地层物性主要使用声波测井数据，同时参考其他的如自然电位、自然伽马等测井数据。在进行测井资料的综合分析研究时，测井资料的标准化处理显得十分重要。测井曲线经过环境校正和曲线编辑后，测井读数仍然存在一定的误差，这种误差主要是由仪器刻度不一、不同测井公司的仪器，以及环境校正不完善等因素引起的。这些误差的存在，导致不同井在标准层上的测井读数差别较大，由此形成的声波测井曲线数据幅度误差，直接导致地层速度分析误差，将对地震资料采集、处理和解释产生误导。因此，须首先进行不同测井数据的标准化处理，以补偿系统差异带来的数据误差。

在测井数据标准化处理基础上，按地层时代和岩性进行岩石速度特征分析。新生代碎屑岩地层速度分析主要选择岩性纯、孔隙度小的层段进行；因碳酸盐岩的压实作用对速度影响较小，中—古生界碳酸盐岩的速度特征分析，主要考虑岩性成分的变化对速度的影响。

图 4.9 为据测井资料分析形成的南黄海新生代碎屑岩地层速度特征图，从图中可以看出，纯泥岩速度为 1550～3850m/s，纯砂岩的速度为 2100～5000m/s。新生代地层年代新、埋藏浅，压实作用对速度影响较大，无论砂岩、泥岩还是砂泥岩，随埋藏深度增加，纵波速度呈近线性增加的趋势，埋藏深度增加 100m，速度增加 90m/s 左右。当浅层岩石处于欠压实状态，砂岩骨架颗粒间存在大量孔隙时，其砂岩速度低，与泥岩的速度差异小；当埋藏深度大于 1500m 后，压实作用逐渐增强，砂岩骨架颗粒间的孔隙变小，速度较高，与泥岩的速度差异加大，岩石中泥质含量增加 10%，速度降低 110m/s 左右。

图 4.10 为据测井资料分析形成的南黄海中生代碎屑岩地层速度特征图，虽然在 2700～3000m 深度段缺乏原始数据，但并不影响速度趋势的评价。可以看出，纯泥岩的速度为 3200～4200m/s，纯砂岩的速度为 4100～5340m/s。中生代地层沉积年代较早、压实作用时间长，埋藏深度的变化对速度的影响比新生代低。中生代碎屑岩随埋藏深度的增加，纵波速度呈近线性增加的趋势，埋藏深度增加 100m，速度增加 40m/s 左右，岩石中泥质含量增加 10%，速度降低 100m/s 左右。

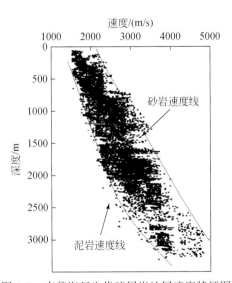
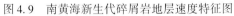

图 4.9　南黄海新生代碎屑岩地层速度特征图

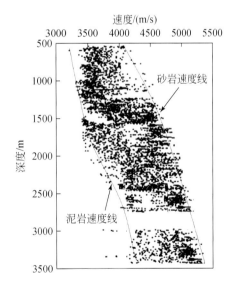

图 4.10　南黄海中生代碎屑岩地层速度特征图

据地震资料解释和钻井揭示，南部拗陷分布范围较大的二叠系大隆组砂泥岩地层和龙潭组暗色泥岩夹煤层，是本区主要烃源岩系。据测井资料分析，地层中暗色泥岩速度为 3800～4400m/s，砂岩速度为 4800～5200m/s，煤层速度较低，为 2800～3160m/s。因地层以暗色泥岩为主，其平均层速度在 4000m/s±（表 4.5、表 4.6）。

表 4.5　WX5–ST1 井地质分层与层速度、反射时间对应表

地层				层速度/(m/s)	厚度/m	时间/s	岩性
第四系		东台组		1500	58	0.0773	砂砾、黏土层
				1600	74	0.0973	
				2000	174	0.1973	
				1740	261	0.2973	
新近系	上新统	上盐城组	上	2100	366	0.3973	砂泥岩、玄武岩
				2298	392	0.4200	
				2197	449	0.4719	
			下	2200	559	0.5719	
				2040	661	0.6719	
				2128	701	0.7094	
				2189	789	0.7898	
	中新统	下盐城组	上	2515	889	0.8694	
			下	2563	1007	0.9614	
				2467	1089	1.0279	
古近系	渐新统	三垛组	上				砂泥岩、玄武岩
			下	2721	1245	1.1426	
	始新统	戴南组					
	古新统	阜宁组	四				
			三				
			二				
			一	4656	1305	1.1684	
白垩系	上统	泰州组	上	4762	1405	1.2104	
			下				
	中统	赤山组					
三叠系	下统	上青龙组					灰岩
		下青龙组		5268	1564	1.2707	
				6047	1705	1.3174	
				6452	1805	1.3484	
				6250	1905	1.3804	
				5714	2105	1.4504	
				6333	2305	1.5135	
				6603	2571	1.5941	
				5015	2705	1.6475	
				4167	2805	1.6955	
二叠系	上统	大隆组		3636	2905	1.7505	砂泥岩、玄武岩
				3255	2925	1.7628	
		龙潭组		4504	3165	1.8694	煤系地层
				4000	3265	1.9194	

表 4.6　南黄海盆地南部坳陷钻井地层层速度特征

地层				CZ35-2-1 井		CZ24-1-1 井		WX5-ST1 井		WX4-2-1 井		CZ12-1-1 井	
系	统	组	段	深度/m	层速度/(m/s)(范围值/均值)	深度/m	层速度/(m/s)(范围值/均值)	深度/m	层速度/(m/s)(范围值/均值)	深度/m	层速度/(m/s)(范围值/均值)	深度/m	层速度/(m/s)(范围值/均值)
第四系		东台群		355	1528~1744/1742	301	1869	268	1545~2000/1743	334	1637	389	
新近系	上新统	上盐城组		867	1816~2436/2120	597	1851~2058/1954	748	1740~2200/1948	811	2170	977.5	
新近系	中新统	下盐城组		1185.5	2134~3354/2620	1738	2273~2866/2525	1119	2128~3963/2236	1354	1667~2262/2054	1746	2218~3697/2829
古近系	渐新统	三垛组				2134	2732~3090/2919	1181	2467	1421	2083~2173/2128	2073	2168~4174/3032
古近系	始新统	戴南组				2269	3103	1262		1609	1923~2778/2103		
古近系	古新统	阜宁组	四段			2352	2967	1340	2520	1754.5	2273~2500/2358		
		阜宁组	三段			2684.5	3024~3283/3125	1410	4656	1923	2500~2778/2727		
		阜宁组	二段			3052	3039~3321/3183			1999	2778~3571/3000		
		阜宁组	一段			3100	4615			2433	3000~4098/3475		
白垩系	上统	泰州组				3341	5125~5611/5409			2708	3571~5000/3906		
白垩系	中统	赤山组				3546	6038~6143/6060			2732			
三叠系	下统	上青龙组		2077	4302~5756/5264			2820	4762~6603/6034			2240	2500~5611/3624
三叠系	下统	下青龙组											
二叠系	上统	大隆组		2192	3462~4074/3746			2930	4167				
二叠系	上统	龙潭组		2462	3092~5002/3933			3259	2955~4504/4112				
二叠系	下统	栖霞组		2728	4886~6516/5989								
石炭系	上统	船山组										2405	5610~6235/5772
石炭系	中统	黄龙组										2660	5432~6289/5736
石炭系	下统	和州组										2923	5378~6496/5935
石炭系	下统	高骊山组										3086	4328~5684/5118

目前钻井已揭示了碳酸盐岩地层有下三叠统青龙组灰岩、下二叠统栖霞组和孤峰组灰岩、下石炭统高骊山组、和州组、中、上石炭统的黄龙组和船山组泥质灰岩。据地震及苏北地区的钻井资料推测，该区还发育着岩性以灰岩为主的下古生界寒武系和奥陶系。该区灰岩速度较为稳定，地层时代和埋藏深度对速度影响较小，岩性成分是影响速度的重要因素。

CZ12-1-1 井揭示石炭系和州组为白云质灰岩夹数层泥质灰岩，测井速度为 5600~6350m/s，以 5900~6200m/s 为主；石炭系黄龙组泥晶灰岩粉晶灰岩，测井速度为 5000~6000m/s，以 5700~5800m/s 为主；船山组以粉晶灰岩为主，测井速度为 6000~6500m/s，以 6250~6350m/s 为主。声波测井分析表明，石炭系的层速度在横向上（不同钻井）和纵向上（不同深度）变化不大，基本上稳定在 6300~6400m/s。

三叠系灰岩地层因岩性变化，地层速度变化较大。WX5-ST1 井以台地相碳酸盐为主，石灰岩占地层的 94.2%，速度为 6000~6560m/s，平均层速度为 6350m/s；CZ35-2-1 井石灰岩仅占地层的 69.3%，平均速度在 6100m/s±，特别是下三叠统青龙组灰岩，仅占地层的 39.2%，暗色泥岩占地层的 53.8%，平均层速度仅为 5230m/s。

迄今海域的钻井尚未钻遇寒武系和大套的奥陶系，陆区苏北盆地下古生界碳酸盐岩主要为奥陶系上统汤头组至上震旦系灯影组，岩性以海相灰岩、白云岩、硅质岩为主，据测井资料分析，其地层速度为 4800~6500m/s。

据陆区苏北盆地的地质、测井资料，志留系岩性为泥岩、粉砂质泥岩，地层速度为 4200~5000m/s，平均值 4500m/s；泥盆系岩性为石英砂岩为主夹细砂岩、泥岩，速度为 4550~5260m/s，平均值为 4870m/s。总体上，是一套相对于碳酸盐岩的低速、低密度地层，其中砂岩的速度大于泥岩速度。

苏北盆地震旦系下统南沱组主要为大陆堆积型冰碛岩，上统陡山沱组和灯影组主要为灰岩、白云岩，据陈沪生等（1999）统计分析，速度为 5700~6000m/s。

对胶东和莱阳拗陷岩石标本的密度值按 Garden 公式，计算其地层速度值结果如表 4.7~表 4.10。

表 4.7　莱阳拗陷中生界白垩系岩石密度与速度数据

层组	岩性	标本数	密度/(g/cm³)			速度/(m/s)		
			极小	极大	平均值	极小	极大	平均值
王氏组	凝灰质砂砾岩（k_2w_3）	24	2.44	2.62	2.55	4376	5817	5220
	凝灰质砂砾岩（k_2w_1）	71	2.25	2.57	2.44	3164	5385	4376
	紫红色粉砂岩	42	2.28	2.48	2.40	3336	4670	4096
	火山凝灰岩	36	2.52	2.66	2.55	4879	6180	5220
	厚层状砾岩	114	2.33	2.60	2.57	3638	5642	5385
	灰紫色砾岩	61	2.53	2.65	2.59	5058	6088	5555
青田组	凝灰质砾岩	80	2.36	2.68	2.55	3830	6369	4376
	安山斑岩	117	2.34	2.63	2.52	3701	5907	4879
	火山凝灰岩	81	2.36	2.56	2.46	3830	5303	4521
	玄武岩	56	2.73	2.92	2.86	6857	8975	8260
	安山岩	157	2.33	2.65	2.52	3638	6088	4879

表 4.8　莱阳拗陷中生界侏罗系莱阳组岩石密度与速度数据

岩性	标本数	密度/(g/cm³)			速度/(m/s)		
		极小	极大	平均值	极小	极大	平均值
灰黄砂砾岩	94	2.19	2.59	2.47	2840	5555	4096
灰紫色细砂岩	63	2.61	2.76	2.66	5730	7164	6180
灰黑色细砂岩	63	2.58	2.76	2.69	5470	7164	6464
砂岩	100	2.51	2.74	2.66	4900	6958	6180

岩性	标本数	密度/(g/cm³)			速度/(m/s)		
		极小	极大	平均值	极小	极大	平均值
玄武岩	143	2.52	2.73	2.60	4979	6857	5642
石英砂岩	40	2.48	2.67	2.57	4670	6274	5386
石英砂页岩	39	2.61	2.78	2.71	5730	7374	6659

表 4.9　莱阳拗陷元古界蓬莱群岩石密度与速度数据

地层	岩性	标本数	密度/(g/cm³)			速度/(m/s)		
			极小	极大	平均值	极小	极大	平均值
香夼组	石灰岩	41	2.65	2.80	2.73	6088	7588	6857
南庄组	云母片岩	188	2.29	2.84	2.61	3395	8031	5729
	千枚岩	34	2.73	2.98	2.86	6088	9736	8260
辅子夼组	石英岩	53	2.58	2.70	2.62	5470	6561	5817
	板岩	54	2.60	2.77	2.71	5642	7268	6658
豹山口组	滑石矿	47	2.64	2.86	2.73	5997	8260	6857
	石英岩	43	2.60	2.66	2.63	5642	6181	5907
	千枚岩	33	2.47	2.66	2.59	4595	6181	5555

表 4.10　胶东地区岩石密度与速度数据

地层	岩性	密度/(g/cm³)	速度/(m/s)
白垩系	砂岩夹泥岩	2.30 ~ 2.50	3455 ~ 4822
侏罗系	砂页岩	2.58	5470
前震旦系	片岩	2.67 ~ 2.75	6274 ~ 7061
	片麻岩	2.73 ~ 2.74	6857 ~ 6958

　　南黄海盆地沉积层自上而下分为上、中、下三个构造层。上构造层为以陆相沉积为主的新生代沉积层，在隆起区厚度一般为 400 ~ 1000m，在拗陷区厚度最大可达 7000m。中构造层为陆相火山碎屑岩与河流相沉积层组成的中生代地层，在盆地的拗陷区分布面积较大，隆起区仅零星分布；在北部拗陷分布广、埋藏深，厚度为 1000 ~ 2000m，最厚达 4500m；在南部拗陷分布局限于边界断层下降盘，明显受边界断层控制，厚度一般为 200 ~ 600m，最厚达 1200m。新一轮油气勘探的目标层段是中—古生代海相碳酸盐岩和碎屑岩地层组成的下构造层，其中下古生界（震旦—志留系）分布广泛，震旦系—奥陶系厚度相对稳定，一般在 1900 ~ 3500m，志留–石炭系受后期构造运动强烈改造，厚度变化大，变化在 1500 ~ 6000m，二叠系—三叠系受印支运动的影响，厚度变化大，最厚可达 6000m。

　　三个构造层对应了三个特征差异明显的速度、密度层，上构造层为第一速度层，速度为 1700 ~ 2940m/s，密度 2.04 ~ 2.30g/cm³；中构造层为第二速度层，速度为 3640 ~ 5400m/s，密度 2.49 ~ 2.52g/cm³；下构造层总体为高速、高密度层，中间夹两个低速、低密度层。因此，又可将其进一步细分为五个速度层，即第三速度层由三叠系下统青龙组灰岩组成，速度 4800 ~ 6950m/s，密度 2.61 ~ 2.70g/cm³；第四速度层由二叠系龙潭组和大隆组碎屑岩夹煤层组成，速度 2500 ~ 4550m/s，密度 2.43 ~ 2.47g/cm³；第五速度层由二叠系下统至石炭系下统黄龙组的碳酸盐岩组成，速度为 6200m/s 左右，密度高 2.68 ~ 2.70g/cm³；第六速度层，由石炭系底部至奥陶系上统组成（以泥盆系和志留系碎屑岩为主），速度 3500 ~ 5400m/s，密度 2.41 ~ 2.65g/cm³；第七速度层由奥陶系上统至上震旦系碳酸盐岩和致密砂岩组成，速度 5800 ~ 6900m/s，密度 2.61 ~ 2.76g/cm³。

二、地震速度分析

地震速度具有分布广，能够反映横向变化的特点，是地震资料解释与时间–深度转换的重要参数，其主要表现形式是速度谱。

整体看，陆相盆地地层反射波组的速度谱品质较好，能量团较为集中，速度解释结果相对可靠；其下的海相残留盆地地层反射波（T_8波组之下）速度谱品质变差，主要表现在速度点多而分散，能量不集中，并且速度的变化对反射能量变化影响较小；同时来自海底与地层强反射面的各种多次波的速度点夹杂其中，给速度的分析解释造成了很大的困难，也影响了中、深层的速度分析解释精度。

因此，在速度谱解释和计算中，参考南黄海地层和周边盆地地层的地质地球物理特征，速度解释和地震层位解释，以地震有效反射时间大、层位全的剖面段为主进行速度精细分析与解释。在实际速度分析解释过程中，以区域地质构造特征指导宏观速度变化趋势，识别干扰波速度，提高速度分析的合理性，同时结合 T_2 界面折射波速度（反映 T_2 界面之下地层层速度）特征，评判叠加速度的精度，特别在隆起区域，这一点尤其重要。图 4.11 为 X07–3 地震测线叠加剖面，分析 CDP5442 处的速度谱（图 4.12），层速度与地层的地球物理特征（表 4.6）是一致的。

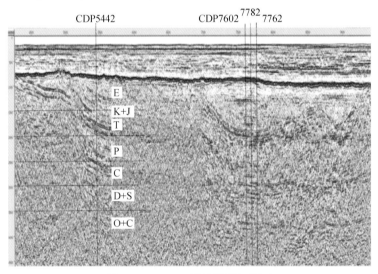

图 4.11　X07–3 线地震叠加剖面

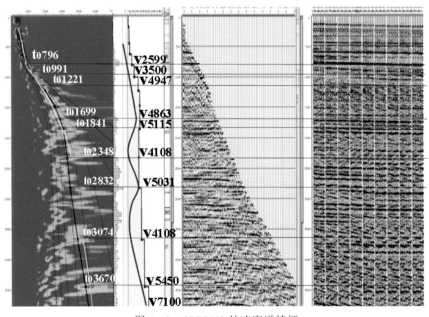

图 4.12　CDP5442 处速度谱特征

根据地震速度谱品质特点，确定速度分析解释原则是：特别注意剔除多次波对速度的影响，在拾取速度时采用地震层位和能量团联合解释的原则；首先选取品质较好的强反射地震波组对应速度谱的能量团，再对其他能量团进行解释。平均速度是速度研究的一个重要内容，其求取精度直接影响时–深转换精度。在求取平均速度时采用的方法是，选取凹陷内沉积厚度大，波组齐全线段的速度谱综合回归成一条迭加速度曲线，在此速度曲线上求取平均速度；同时考虑了东北凹陷中生代地层埋藏深、沉积厚的特点，为保障该区域时间深度转换的精度，对该区进行单独的速度分析。

速度资料解释流程框图见图4.13，速度计算公式见表4.11，通过拟合计算获得了质量较高的陆相沉积层时间–深度转换关系，较好地反映了地层速度特征。由此拟合的时间深度转换关系式见表4.12。

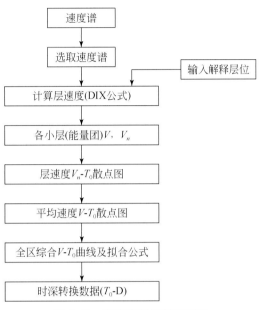

图 4.13　速度资料解释流程图

表 4.11　速度资料计算公式表

名称	计算公式	参数
层速度 （用 DIX 公式计算）	$$V_n = \left(\frac{V_{R,n}^2 \times t_{0,n} - V_{R,n-1}^2 \times t_{0,n-1}}{t_{0,n} - t_{0,n-1}} \right)^{\frac{1}{2}}$$	$V_{R,n}$ 为底界均方根速度 $V_{R,n-1}$ 为顶界均方根速度 $t_{0,n}$ 为底界反射时间 $t_{0,n-1}$ 为顶界反射时间
平均速度	$$\bar{V} = \frac{\sum\limits_{k=1}^{n} V_k \times t_k}{\sum\limits_{k=1}^{n} t_k}$$	V_k 为第 K 层的平均速度 t_k 为第 K 层的反射时间
层速度 （用平均速度计算）	$$\bar{V} = \frac{\bar{V}_n \times t_{0,n} - \bar{V}_{n-1} \times t_{0,n-1}}{t_{0,n} - t_{0,n-1}}$$	V_n 为底界平均速度 V_{n-1} 为顶界平均速度 $t_{0,n}$ 为底界反射时间 $t_{0,n-1}$ 为顶界反射时间
时深转换	$$Z = \frac{1}{2} \times \bar{V} \times t_0$$	Z 为深度 V 为综合平均速度 t_0 为双程反射时间

表 4. 12　南黄海陆相沉积层时间—深度转换关系

区域	拟合公式 [D 为深度 （m）， T 为时间 （ms）]	相关度
南黄海区域	$D=0.0003*T^2+0.66629*T+1.37688$	$R^2=1.00$
局部 （东北凹陷）	$D=-0.00000002*T^3+0.00030666*T^2+0.79893*T-32.197$	$R^2=0.9999$

三、地震 T_2 界面折射波速度场特征

南黄海盆地地震 T_2 反射面是一个强反射界面，它是新近系的底界面，也是区域不整合面。在拗陷区，T_2 反射面之下发育古近系或中生界陆相碎屑岩地层；在隆起区，T_2 反射面之下发育中—古生界海相碳酸盐岩地层。界面上下速度差异较大，形成了强反射界面，在多道地震采集中，远偏移距道可以接收到该界面的折射波信息。

地震 T_2 界面埋深一般在 500~1200m，多道反射地震采集的排列长度在 5000~8000m，界面上下速度差异较大。因此，原始单炮记录可以接收到来自该界面的折射波信号。因折射波信号作为初至波到达，未受到多次波干扰，记录清晰，可以准确地获得折射相速度。同时，该界面近水平分布、起伏相对较小，第四系、新近系速度横向变化小，电缆沉放精度高，可以准确地拾取和求得该界面的折射波速度。

从折射地震波所求得的最直接的参数就是折射相速度，在平层情况下等价于界面顶部的层速度，其计算不像反射波速度受上覆层的影响，因而更为简单直接，也更为准确。

拾取该界面的折射波震相，求取折射波速度，从折射波的视速度推算介质速度，通过介质速度推算下伏地层的层速度，有助于处理人员判断真假速度谱，提高速度谱拾取的精度，也有助于地质解释研究人员分析下伏地层的时代和岩性。因此，地震 T_2 界面折射波速度场特征研究具有重要的意义。

图 4.14 为 X06-1 地震测线一原始单炮记录（加 AGC），从图中清晰可见，由于地震波超过临界角形成的折射波，从时距曲线和视速度可看出，下伏多套地层速度差异大，其中最先出现的为来自 T_2 界面的折射波。

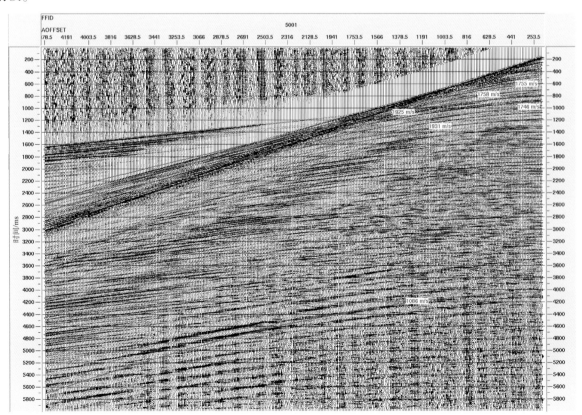

图 4.14　X06-1 地震测线一原始单炮记录（加 AGC）

图 4.15 为拾取的 T$_2$ 界面折射波计算的界面速度平面图，折射波速度为 3000～6000m/s，高速区域主

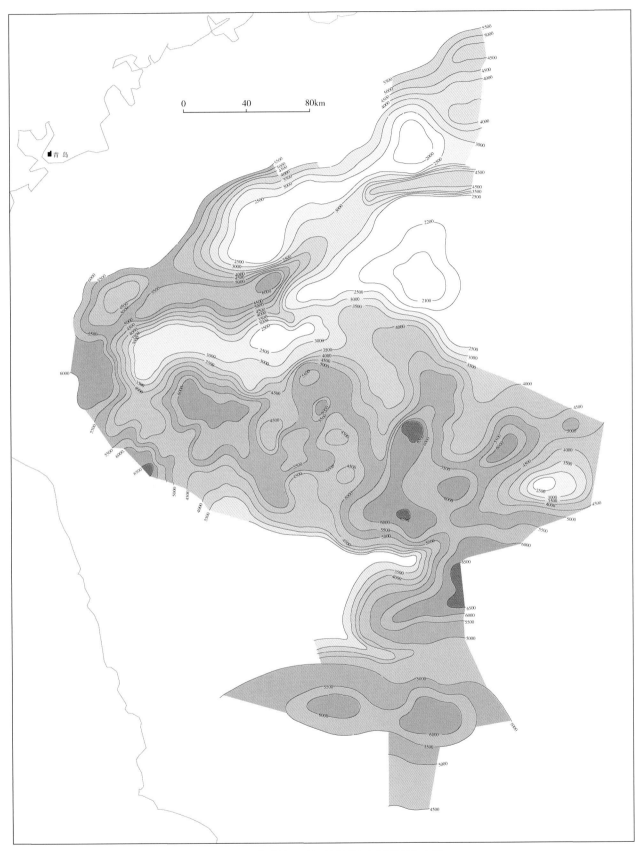

图 4.15　南黄海 T$_2$ 界面折射波速度平面分布图

等值线单位为 m/s

要分布于中部隆起和拗陷内凸起区，速度在 5000m/s 以上，表明这些区域 T_2 界面之下为高速地层；拗陷区速度为 3000~4000m/s，表明 T_2 界面以下地层横向分布不均，该成果为地震资料处理的速度分析和地震地层分布推测解释提供了地震速度依据。

第四节　区域重、磁场特征

一、区域重力异常及其分区

纵观南黄海研究区布格重力异常图（图4.16），海区多为正异常，陆区总体表现为负异常，重力异常总体由西向东抬高，表明本区区域场有着自西向东抬升的特点，这种趋势在经过向上延拓处理后的重力异常图中表现更为明显。在 125°E、35°N 东北部的朝鲜半岛西部海域是有本区布格重力异常的极高值区，最高达 $55×10^{-5}m/s^2$，郯庐断裂以西布格重力异常普遍小于 $-10×10^{-5}m/s^2$，全区最低重力异常发育在淄博以南，最小值可低于 $-35×10^{-5}m/s^2$。全区异常优势走向为 NE 向、NEE 向和 NW 向，也有近 SN 和 EW 向异常。

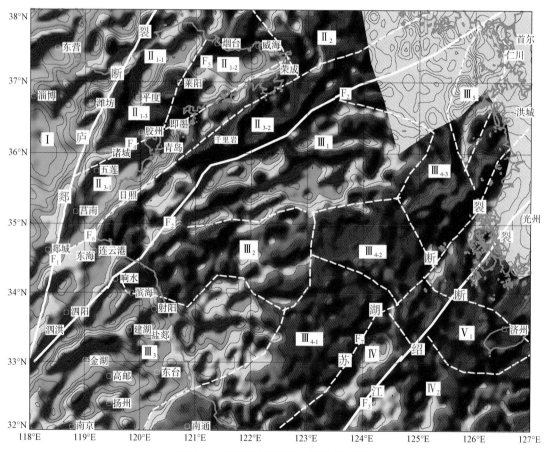

图4.16　研究区布格重力异常分区图

在前人对南黄海地区重力场的研究的基础上（刘光鼎，1992，1996；郝天珧等，1997，1998，2002，2003a；梁瑞才等，2001；戴勤奋等，2002；方剑，2002；张训华，2008；戴春山，2011），我们对本区的布格重力异常进行了区划，划分出五个一级重力异常区（图4.16），分别是鲁西异常区（图中 I 区）、鲁东异常区（图中 II 区）、苏北-南黄海异常区（图中的 III 区）和浙闽隆起异常区（图中的 IV 区）和华南异常区（V 区），这些异常区还可以细致地分出各自的异常亚区。重力异常区之间多为断裂相隔，它们在重力异常图中表现为异常梯级带，断裂两侧重力异常的走向或异常幅值都变化明显，如 I 区和 II 区之间的 F_1 断裂对应郯庐断裂，II 区和 III 区的分界线 F_2 在陆上为嘉山-响水断裂，海上是该断裂的延伸。III 区与

Ⅳ区为 F₃ 断裂相隔，它可能江绍断裂在海域的延伸。

（一）鲁西异常区（图中Ⅰ区）

鲁西异常区指郯庐断裂以西的区域范围，包括江苏西部和山东西部的部分地区，属于华北块体。本区重力异常以区域低值为主，呈现为负值背景。淄博以南有一个规模较大的，NW 走向的椭圆状重力低负圈闭，它可能对应元古代花岗岩。向北，NW 向异常规模减小，发育在规模较大的 NE 向异常背景上。这可能说明 NE 向构造发育较早，而 NW 向构造形成时代较晚。

（二）苏鲁-千里岩异常区（图中Ⅱ区）

本区为郯庐断裂（F₁）到 F₂（嘉山-响水断裂）之间的区域，是华北块体与扬子块体的接合带。这里应该是一个隆起造山的地区。陆区的布格重力异常多为降低的负异常圈闭所占据，异常最低可低于$-20 \times 10^{-5} \mathrm{m/s^2}$，在负异常圈闭包围中间的莱阳地区也发育一个面积较大的正异常团块；海区则表现为正的高值重力异常，最高值在海域的千里岩附近，可达$40 \times 10^{-5} \mathrm{m/s^2}$。本区异常走向明显呈 NE 向。

1. 本区西北部Ⅱ₁亚区

位于五莲-青岛断裂带（F₄）以西的胶北地区，异常走向 NNE 向、NE 向。该亚区为正负异常相伴，范围都比较大。山东半岛上有两个团块状降低负异常区，它们之间被 NNE 向一个正异常条带隔开。西侧编号为Ⅱ₁₋₁的负异常团块为 NNE 向，极值小于$-20 \times 10^{-5} \mathrm{m/s^2}$，明显受到郯庐断裂的控制，对应胶北隆起；东侧的负异常团块 NE 向（编号Ⅱ₁₋₂），异常圈闭中心值$-15 \times 10^{-5} \mathrm{m/s^2}$，对应胶东隆起。陶国宝（1996）认为它们之间由牟平-即墨断裂（F₅）相隔。也有文献将它们统一划成胶北造山带（蔡乾忠，2002）。这两个地区的基底是由晚太古代胶东群，早元古代荆山群或粉子山群组成，盖层为震旦纪蓬莱群。山东半岛大面积出露的多为以燕山期花岗岩和元古代混合花岗岩，推测负异常就是由大规模的花岗岩岩基引起。南部编号为Ⅱ₁₋₃的高幅正值重力异常团块对应莱阳盆地，莱阳盆地是白垩纪时期形成的断陷盆地，盆地内堆积了碎屑-火山岩建造，它们直接覆盖在元古界的变质岩之上，这就是引起莱阳盆地高值正异常的地质因素。

2. Ⅱ₂亚区

Ⅱ₁ 亚区与西部的Ⅱ₂ 亚区之间为海岸线附近 NW 向一个重力高隆起相隔，Ⅱ₂ 亚区均为正异常覆盖，异常走向为 NW 向，但可以看到有迁就 NE 走向而发生等值线扭曲的现象，说明 NW 向构造发育时间应晚于 NE 向构造。尹延鸿和温珍河（2010）认为这里是威海-平壤隆起的一部分。隆起上一些降低异常的小圈闭可能是构造低部位沉积的中生代或古近系和新近系的反映。

3. Ⅱ₃亚区

挟持于两个 NE 向重力异常梯级带之间，西面的一条对应 F₄ 五莲-青岛断裂，东侧的一条对应 F₂，嘉山响水-千里岩南侧断裂。Ⅱ₃₋₁区的陆区的日照一带发育一扁豆状的低值区域，长轴 NE 向，范围较大，这里广泛分布者燕山期岩浆岩和前寒武系，是典型的三叠纪、白垩纪花岗岩引起的。Ⅱ₃₋₁区对应胶南隆起或称胶南碰撞带（陶国宝，1996），在这里发现了苏鲁超高压变质带，被认为是扬子和华北两个块体之间碰撞的证据。Ⅱ₃₋₂区为千里岩异常亚区，其特点是发育显著的 NE 向正异常条带，是整个南黄海地区最为醒目的正异常带。在千里岩重力隆起区上，还发育几个重力正低值小圈闭。该亚区所在区域是一个被燕山期花岗岩复杂化的太古界变质岩古隆起。千里岩岛出露混合岩化的变粒岩，为胶东群，变质基底埋藏不深。地震解释其上仅有 0~500m 的 Q+N 地层直接覆盖在前震旦纪变质岩系之上。太古界的变质岩密度为 2.68~2.70g/cm³，它是重力高值背景的异常源，而后期大规模侵入的燕山期的花岗岩岩体密度较小，为 2.54~2.60g/cm³，因此会形成高值背景上的重力低异常。向南海州湾地区为高值正异常，根据平岛出露前震旦云台组来推测正异常主要是云台组的反映，而其北部的负异常可能是沿断裂侵入的火成岩体的反映，也可能是古老变质基底上较低部位充填中生代地层的反映。最南部陆区连云港到泗阳之间也存在一个长轴 NE 向的条形低值异常区，对应出露大面积侵入岩和花岗岩类。

（三）苏北-南黄海异常区（图中Ⅲ区）

本区位于 F_2 嘉山-响水-千里岩南缘断裂和 F_3 江绍断裂两条 NE 向断裂挟持的区域。包括了苏北陆区和南黄海海域。海区重力异常之比苏北陆区的重力异常值背景偏高。陆地则以负异常为主，陆区负异常中心之一般在 $-15\times10^{-5}\,\mathrm{m/s^2}$，海区负异常中心一般为 $-5\times10^{-5}\,\mathrm{m/s^2}$，最小到 $-10\times10^{-5}\,\mathrm{m/s^2}$。海区大部分分布正异常，且越向东部海域，正异常幅值越大，朝鲜湾西部海域附近异常极值可达 $55\times10^{-5}\,\mathrm{m/s^2}$，也是整个研究区异常最大值。该区布格重力异常显著的特色是以 NE 走向为背景的异常之上，叠加着 NEE 向、EW 向、SN，以及 NW 向等多种方向的异常，使得本区异常面貌丰富复杂。结合地震勘探资料，可以认为：该区局部异常的成因与新生界底面和印支侵蚀面的局部起伏密切相关，重力低对应中新生代凹陷，重力高对应古生代地层隆起或潜山，具有中等强度、局部起伏不大的重力异常区则对应着中生代地层。因此，可以推断本区异常复杂的面貌是受印支燕山等中新生代构造运动产生的局部构造控制的。

1. Ⅲ₁ 亚区

占据南黄海北部区域，位于千里岩南部断裂带东南侧。该亚区大致以 $10\times10^{-5}\,\mathrm{m/s^2}$ 等值线圈出的区域，西部收敛，向东北部散开，呈喇叭状。相对于周边，这里是一个异常降低区，大部分异常在 $5\times10^{-5}\,\mathrm{m/s^2}$ 以下，为南黄海海区的一个主要的负异常分布区。重力场表现为条带状正负异常相间排列，重力异常走向为 NEE—EW 向。

根据地震资料，该区发育巨厚中、新生界陆相断陷沉积，钻井资料证实该区在 1000m 左右的第四系与新近系下发育一套厚度较大的古近系。前地矿部第一海洋地质调查大队根据重力资料估算在负异常部位中、新生代沉积厚度在 6000m 以上。因此该区被称为南黄海北部拗陷（刘星利，1983）。中、新生代陆相沉积是充填在南黄海北部拗陷内的砂泥质沉积物，由于时代新，成岩作用弱，未经受变质作用，因此其岩石密度相对较小，与前中、新生代地层之间形成的密度界面是区内引起重力负异常的主要因素。亚区内局部重力正负异常可分别对应拗陷中的凸起和凹陷。

2. Ⅲ₂ 亚区

位于 Ⅲ₁ 亚区的南部偏西，是一个正异常区。异常值在 $(5\sim20)\times10^{-5}\,\mathrm{m/s^2}$。异常较为平缓，很少有梯级带出现。122°E 附近一个团状降低异常圈闭以西的异常走向以 NE 为主，有 NW 异常的叠加，而以东异常走向转为 NEE 和 EW 趋势。从多道地震资料揭示，$400\sim800\mathrm{m}$ 的第四系+新近系直接覆盖在中、古生代海相地层之上，或白垩或侏罗系之上。海区地震反射资料也证实该区缺少古近系。因此推断，该亚区正异常为古生代地层组成的隆起，在降低异常圈闭部位，可能分布一些中生代地层及新近系。总之，整区缺失新生代早期沉积，为中—新生代隆起区，称为中部隆起。

3. Ⅲ₃ 亚区

是 Ⅲ₂ 亚区南部的一个以 $10\times10^{-5}\,\mathrm{m/s^2}$ 等值线围成的区域。其中陆地面积大，向海中呈喇叭状缩小。本区重力场高低相间排列，重力异常以负异常为主。大部分面积重力异常值小于 $0\times10^{-5}\,\mathrm{m/s^2}$，最低值为 $-15\times10^{-5}\,\mathrm{m/s^2}$。

在苏北地区陆域呈现十分明显的 NE 走向，重力线性信息连续清楚，泰州、盐城直到海岸线附近的陆域重力异常为宽缓 NE 向高低相间特征，本区陆地中部偏北一条非常显著的 NE 向重力正异常条带对应建湖隆起，它隔开了北部盐阜拗陷和南部的东台拗陷。陆区主要出露古近系三垛组（E_1s）地层和以 NE 方向展布的古生界地层，也有中生代白垩纪地层，古近系地层密度小，重力异常低；中、古生代地层密度大，对应形成重力高异常。

陆区向东在海岸线附近，发育正负伴生的长轴为 NW 向的异常圈闭，这个 NW 异常与海岸线方向一致，隔开了海陆异常区，可能暗示沿海岸线有一条断裂，进入海区场值升高，NE 向特征不明显，异常走向转变为 EW 向。海区的负异常为陆地盐阜拗陷和东台拗陷向海区的延伸。根据海区地震反射资料和钻井资料证实，海区特别是在负异常部位有较厚的古近系地层存在。所以本区被称为南黄海南部拗陷。

4. III₄亚区

基本上都为高幅正异常覆盖，且异常幅度有自西向东，自南往北增大的趋势。III₄₋₁小区在III₄亚区的最南部，对应勿南沙隆起，异常走向比较杂乱，NW、EW、SN向都有发育，也可依稀辨认出 NE 向异常。这种情况也说明 NE 向异常形成较早，在重力场上反映得更加清晰的 NW、EW、SN 向异常应是晚期形成的。根据陆地上南通附近有中古生界分布的情况推测，海区勿南沙隆起上也应有中古生界分布。地震资料显示这里陆相中生界大部分缺失，古近系零星分布，基本是隆起背景上的断陷沉积，对应降低异常圈闭。

III₄₋₂小区在III₄₋₁小区的北面，其异常显著特点是呈 NW 延伸的高值重力异常条带，与周围地区都不相同。异常最高值可以大于 $35×10^{-5} m/s^2$。III₄₋₃小区异常最高值可达 $45×10^{-5} m/s^2$，NE 向延伸的条带状异常非常醒目，无论规模和走向都与千里岩隆起的重力异常特点相似。根据该小区西部韩国 Inga-1 井钻遇玄武岩，且 2000 多米还没有打穿的事实推测，该处发育基性火山岩，相应在磁力场上也可观察到短波的磁力高。

5. III₅亚区

位于朝鲜半岛西缘，是重力降低异常带，异常呈 NNE 或近 SN 走向。根据朝鲜半岛地质图显示，该处近海陆地及海域岛屿出露的多为中元古代地层，侏罗纪花岗岩，也见太古宇和下白垩统沉积岩。韩国首尔东部发育一条 SN 向的断裂，其西侧至海边可见到多个规模较小的近 SN 向断陷，断陷内发育下侏罗统、上白垩统的沉积岩。推断III₅亚区的负异常成因可能与胶北地区相似，是侏罗纪花岗岩的反映。

（四）江绍-沃川异常带（图中IV区）

IV区是由苏湖断裂（F₇）和江绍断裂（F₃）之间的 NE 向带状区域，这里可能是扬子与华南块体的结合带。几个 NE 向排列的降低负异常圈闭组成的，这条带的中段，为两个非常显著的长轴 NE 向的正异常圈闭。尹延鸿和温珍河（2010）将这里划入苏南隆起，张明华（2005）将这条异常带所在区域称为钱塘拗陷区，将其与该带西南陆上延伸，即浙江江南地层中震旦—早古生代存在过的钱塘裂陷槽相对应，槽内沉积了震旦系和古生界碎屑和碳酸盐岩，另外上海附近出露古生界和中生界。而这条异常带向北东可与朝鲜半岛陆区的沃川带相接。根据朝鲜地质图可知，沃川带内有早古生界出露，也大面积发育中生代花岗岩，而岛屿上，主要出露了上白垩统地层。根据这些信息，推测海域有中、古生界分布，重力异常很低的部位，估计有古近系的存在，在 125°E，33.5~34°N 处的高重力异常可能是后期玄武岩浆的反映。

（五）华南异常区（图中V区）

V区位于江绍断裂以东南的区域，属于华南块体。异常整体 NE 向，角度比IV区 NE 异常角度大。大部分异常幅值在 $(10~25)×10^{-5} m/s^2$ 范围内变化。中部的 V₁ 亚区是全区重力最高部位，异常值可高达 35mGal，走向 NW，估计可能受到一条 NW 向断裂的影响。

二、区域磁力异常及其分区

总观研究区磁场特征（图 4.17），可以十分明显地看到四周为强烈变化的磁场，中部为宽缓的升高块状正异常区，并有一定方向延展的降低负磁场环绕。在前人对南黄海地区磁力场的研究的基础上（刘光鼎，1992；戴勤奋等，1997；梁瑞才等，2001；张训华，2008；戴春山，2011；孟祥君，2014a），我们对本区的 ΔT 磁力异常场进行了分区（图 4.17），具体如下：

（一）鲁西异常区（I区）

郯城-庐江断裂带（F₁）在化极磁力图上表现为 NE 走向线性异常带，其以西地区为鲁西异常区，表现为正负异常剧烈变化的复杂磁性异常区。淄博、潍坊一线以北无论正、负异常区的面积都较南侧大，其中东营到淄博之间为一面积较大的磁力低负区，布格重力也表现为降低负异常区，东营凹陷内应该无磁性沉积岩的表现，其他升高正异常带或区对应凸起，正异常值一般都在 200nT 以上，最高值可达1400nT，为整个图幅内最高，正异常为磁性基底引起，也可能是叠加了巨大磁性矿体引起的异常。淄博以南磁异常正负相交错，推测是这里出露加里东期花岗闪长岩及古生代地层的反映。

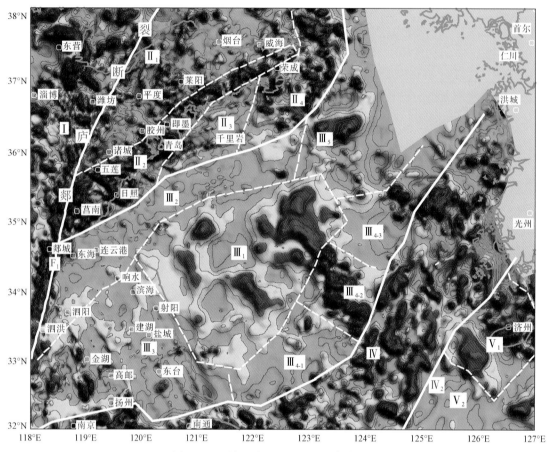

图 4.17　研究区航磁 ΔT 化极异常分区图

（二）苏鲁异常区（Ⅱ区）

该区西北界为郯庐断裂，东南界为东海—日照—青岛—荣成一线。该区以负磁异常为背景，而该背景值为整个研究区内最低。沿胶东半岛东南侧为一规模巨大呈 NE 走向的线性升高异常带，是日照–青岛深断裂的反映。串珠状升高异常带的两侧为统一的负异常区，断裂南北两侧磁场特征都是相似的，表明组成半岛两侧的基底岩相是一致的，也是由下元古界结晶基底及侵入其中的中生代岩浆组成。这些变质岩在千里岩岛、朝连岛等地出露。千里岩隆起应为陆地胶东隆起向海区延伸的部分。

1. Ⅱ₁ 亚区

位于郯庐断裂及五莲—诸城—威海一线之间的鲁东地区，包括莱阳盆地和北部的胶北隆起西部。磁异常场表现为负异常背景上发育规模不大的正异常圈闭，长轴主要为 NE 方向，也有 EW 方向。胶东半岛是一个长期上升隆起区，缺失古生界及中生界，广泛出露于胶东半岛的胶东群和粉子山群，为一套弱磁性的或无磁性的前寒武系太古宇—下元古界的浅变质岩组成，这套浅变质岩系是引起是负异常背景的原因。莱阳盆地是一个中生代盆地，其内发育有上侏罗统莱阳组砂页岩，白垩系青山组的火山碎屑岩，也许是它们引起了小规模正异常。

2. Ⅱ₂ 亚区

包括胶南地区及由南到北沿山东半岛海岸线附近的一个带状区域。磁场表现为由串珠状异常圈闭组成的一条规模巨大的呈 NE 走向线性升高异常带，这条带对应着苏鲁超高压变质带，是深断裂的反映。胶南隆起区出露的最老地层为太古—古元古代变质表壳岩，该隆起的长期隆升造成胶东群变质岩基底以上中晚元古代—古生代绝大部分地层已不复存在。中生代时期从三叠纪到早、中侏罗世均缺失沉积。其上有晚侏罗世莱阳组和早白垩世青山组陆相碎屑沉积及火山碎屑沉积。缺失古近纪和新近纪的相当建造。这条带似乎在威海、荣成以东海岸线部分截止，被一个 NW—SN—NNE 走向的弧状异常带阻挡而没有向朝鲜半岛延伸。这条带上的磁异常主要反映晚太古代-古元古代胶东群变质岩系基底，推测次级磁异常是中生代以来燕山、喜马拉雅期岩浆活动所致，最终受多期活动构筑而成复杂地质体。

3. II₃ 亚区

位于海区的千里岩地区，与烟台地区磁场特征相似，为 NE 向正负磁异常变化区；II₄ 亚区为一个由弧状高磁异常围成的区域，正异常幅值可与 II₂ 亚区相当，并阻挡了 II₂ 亚区向 NE 方向的继续延伸。根据胶东及周边岛屿岩石磁性统计，山东半岛广泛出露的前震旦纪胶东群变质岩系普遍具有弱-中等磁性，元古代花岗岩磁性也比较弱，磁异常图中显示的主要区域磁性界面应该就是胶东群和粉子山群的片麻岩及部分结晶片岩所组成的基底岩相构造带。胶东南部沿海广泛具磁性特征的还是以中生代岩浆岩较为突出，其中以艾山阶段岩浆岩及崂山花岗岩为主，因此，苏鲁超高压变质带的磁异常主要应为白垩系火山岩及新生代玄武岩的反映。

（三）苏北–南黄海异常区（III区）

本区为四周剧烈变化磁异常场包围的平缓变化异常区，磁异常背景值仍为负值，但高于 II 区。

1. III₁ 亚区

本区中部为块状正磁场亚区，位于南黄海海区的中部。该亚区可见 4 个块状升高异常圈闭及它们之间所围的负异常降低圈闭，异常梯度都小，变化平缓，正异常范围大于负异常。以 122°E 为界，东西两侧异常走向存在明显差异。推断它为具磁性的结晶基岩的反映，具有刚性，在构造变动情况下使其破碎成块体（刘星利，1983）。块状正异常四周镶嵌着-50～-100nT 的负异常（III₂-III₅ 亚区），这些亚区内异常走向或与海岸线方向一致，或与 III₁ 亚区边界走向一致。南黄海中部块状磁异常之间的负异常可能也是由它们向海区延伸引起。

2. III₂ 亚区

为泗阳-连云港-海州湾陆区平缓变化得降低异常及其向海区的延伸部分，磁异常走向 NE 向。连云港及周边海岛都出露震旦系云台组，磁性微弱，应该是区域磁场的表现。

3. III₃ 亚区

位于嘉山响水断裂以南的苏北陆区。与 III₂ 亚区的最大不同在于其磁异常走向为 NW 向，大部分区域为负异常覆盖，建湖、滨海隆起上磁力异常稍高，为 0～50nT 的正磁异常，盐阜及东台拗陷内为负磁异常，表明隆起区磁性基底比凹陷区有所抬升。根据资料，苏北古、中新生界沉积岩系，为非磁性岩层。淮阴-滨海钻井资料显示，第四系沉积之下即为前震旦纪锦屏山组及云台组巨厚的结晶片岩及片麻岩系。该负异常带主要为前震旦纪胸山组、云台组及锦屏山组等弱磁性变质岩系的反映。估计这里磁性基底与 III₂ 亚区相同，但磁异常走向的不同说明它们之间的基底可能被嘉山-响水断裂断开。该区西部金湖-扬州以西短波磁异常增加，负异常上叠加了几个 NW 向正异常圈闭。推测侏罗系火山岩以及新生界沉积岩系中不规则的玄武岩是造成磁场背景上显著次级变化的异常源。

4. III₄ 亚区

位于苏南勿南沙隆起区的北部，以 NE 走向的磁异常特征区别于 III₃ 亚区。表现为宽缓的正负变化异常，中部发育剧烈变化的正磁异常圈闭 2～3 个，为 WE 或者 SN 走向，叠加在 NE 向平缓正异常背景上。将这个剧烈升高磁异常区单独圈出，就可将 III₄ 亚区分为三个小区。其中 III₄₋₁ 小区和 III₄₋₃ 小区均为 NE 向平缓负异常。依据勿南沙隆起的磁场面貌可以推测，其基底岩石磁性微弱，岩性应以浅变质碎屑岩系为主，属弱磁性基底。异常较平滑说明磁场反映的基岩埋藏较深，构造缓和，在其发育、发展过程当中并未受到大的改造和干扰，但局部地区岩浆活动强烈。

5. III₅亚区

总体为 NNE 向负异常，叠加了 NE 向正异常圈闭。

（四）苏湖-江绍变化异常带（IV区）

该亚区大致在苏湖断裂和江绍断裂之间及附近区域及南京—南通一线。区内磁场表现为正负变化剧烈的杂乱异常，异常特征与苏鲁异常区的 II₄ 亚区类似，但异常走向多为 NE 向。反映本区磁性基底埋藏很浅，中生代的强烈中酸性-中基性火山岩喷发，以及新生代的玄武岩活动造就了本段磁异常特征。

（五）华南异常区（V区）

位于研究区东南角，以-100～-50nT 的负异常为背景值，区域异常走向 NE 向。该区北部由于叠加了正异常使得磁场看上去更加复杂，幅值变化大，磁异常形态类型也较多。反映了中新生界及其下伏埋藏较新的结晶基底，以及后期发育的高磁性玄武岩，韩国济州岛发育有新生代玄武岩，表现为较强的正磁力异常条带。

第五节　沉　积　特　征

一、沉积相类型及其特征

本节据下扬子区陆上及研究区域的钻井、测井及岩心资料，结合区域沉积背景，重点针对南黄海盆地二叠系龙潭组-大隆组、三叠系青龙组、侏罗系、白垩系和古近系的沉积特征开展研究。结果表明，研究区从二叠系龙潭组-大隆组—古近系，发育陆相沉积和海相沉积两大沉积环境，陆相沉积环境主要发育河流相、三角洲相及湖相沉积（张银国等，2014a）；海相沉积环境主要发育三角洲相、潮坪相、台地相和陆棚相沉积（张银国等，2014b）。

（一）陆相沉积相类型及其特征

1. 河流相

河流相在白垩系和古近系、新近系广泛分布，主要发育的亚相类型为河道和河漫亚相，河道亚相的岩性主要为砾岩、砂砾岩、含砾砂岩、粗砂岩、中砂岩、细砂岩、粉砂岩和泥质粉砂岩；河漫亚相主要发育薄层细砂岩、粉砂岩、泥质粉砂岩、粉砂质泥岩及泥岩，河漫亚相的泥岩和粉砂质泥岩颜色较浅，主要为紫色、棕色和褐色。研究区内河流相多具辫状河流相特征，砂泥比较大，河道较为发育。该类沉积相在北部拗陷的 ZC7-2-1 井赤山组和浦口组及黄 7 井泰州组赤山组较为典型（图 4.18）。

2. 湖相

湖相地层在研究区主要发育于中生界及以上地层，主要沉积亚相类型为滨浅湖亚相和半深湖亚相。滨浅湖亚相砂岩相对较为发育，发育砂滩、砂坝及席状砂，主要岩性为细砂岩、粉砂岩、泥质粉砂岩及泥岩；半深湖亚相以泥岩沉积为主，主要岩性为灰色、深灰色泥岩夹薄层粉砂质泥岩。典型特征见于 ZC1-2-1 井和 ZC7-2-1 井，电测曲线呈锯齿状（图 4.19、图 4.20）。

3. 扇三角洲相

研究区古近系和白垩系钻井中揭示了该相类型，主要发育扇三角洲平原亚相、扇三角洲前缘亚相和前扇三角洲亚相。扇三角洲平原亚相的岩电组合多具加积特征，泥岩颜色相对较浅，多为紫红色、紫褐色、灰绿色；扇三角洲前缘亚相的岩电组合多具进积或退积特征，水下分流河道较发育，河道测井组合呈钟形；前扇三角洲亚相多以泥质沉积为主，夹薄层砂岩，电测曲线较为齿化，局部平直（图 4.20）。

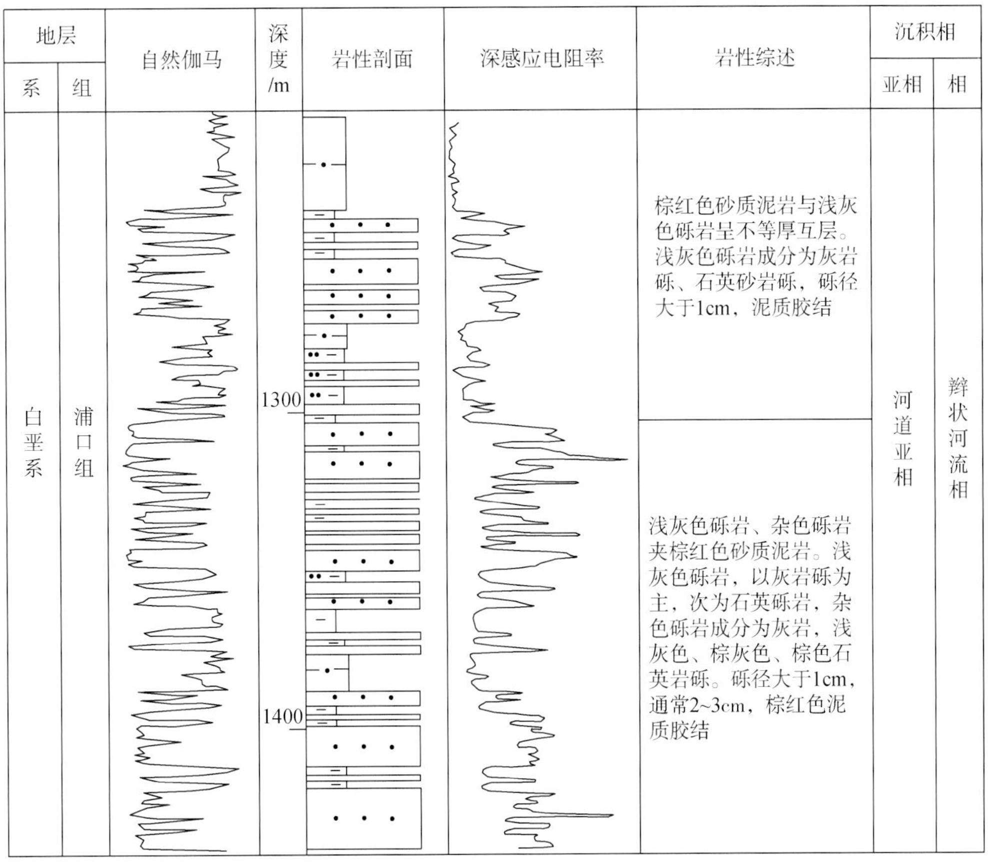

地层		自然伽马	深度/m	岩性剖面	深感应电阻率	岩性综述	沉积相	
系	组						亚相	相
白垩系	浦口组		1300 1400			棕红色砂质泥岩与浅灰色砾岩呈不等厚互层。浅灰色砾岩成分为灰岩砾、石英砂岩砾，砾径大于1cm，泥质胶结 浅灰色砾岩、杂色砾岩夹棕红色砂质泥岩。浅灰色砾岩，以灰岩砾为主，次为石英砾岩，杂色砾岩成分为灰岩，浅灰色、棕灰色、棕色石英岩砾。砾径大于1cm，通常2~3cm，棕红色泥质胶结	河道亚相	辫状河流相

图4.18　北部拗陷ZC7-2-1井浦口组辫状河流沉积岩-电特征图

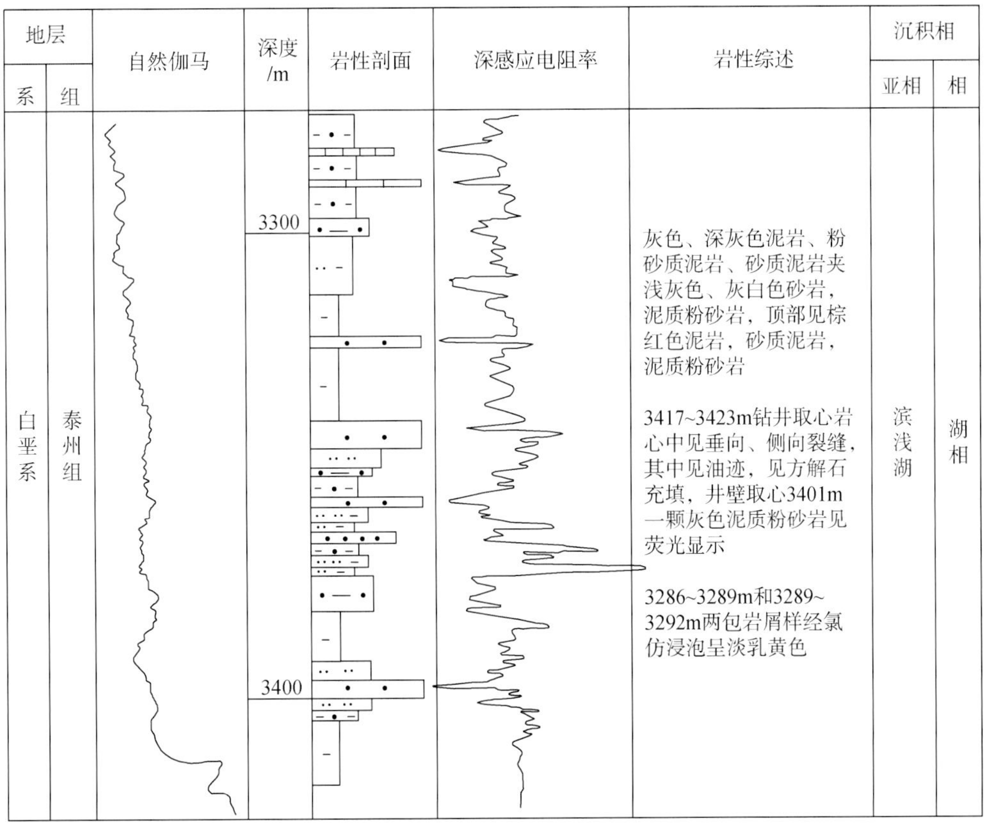

地层		自然伽马	深度/m	岩性剖面	深感应电阻率	岩性综述	沉积相	
系	组						亚相	相
白垩系	泰州组		3300 3400			灰色、深灰色泥岩、粉砂质泥岩、砂质泥岩夹浅灰色、灰白色砂岩，泥质粉砂岩，顶部见棕红色泥岩，砂质泥岩，泥质粉砂岩 3417~3423m钻井取心岩心中见垂向、侧向裂缝，其中见油迹，见方解石充填，井壁取心3401m一颗灰色泥质粉砂岩见荧光显示 3286~3289m和3289~3292m两包岩屑样经氯仿浸泡呈淡乳黄色	滨浅湖	湖相

图4.19　北部拗陷ZC1-2-1井泰州组湖相沉积岩-电特征图

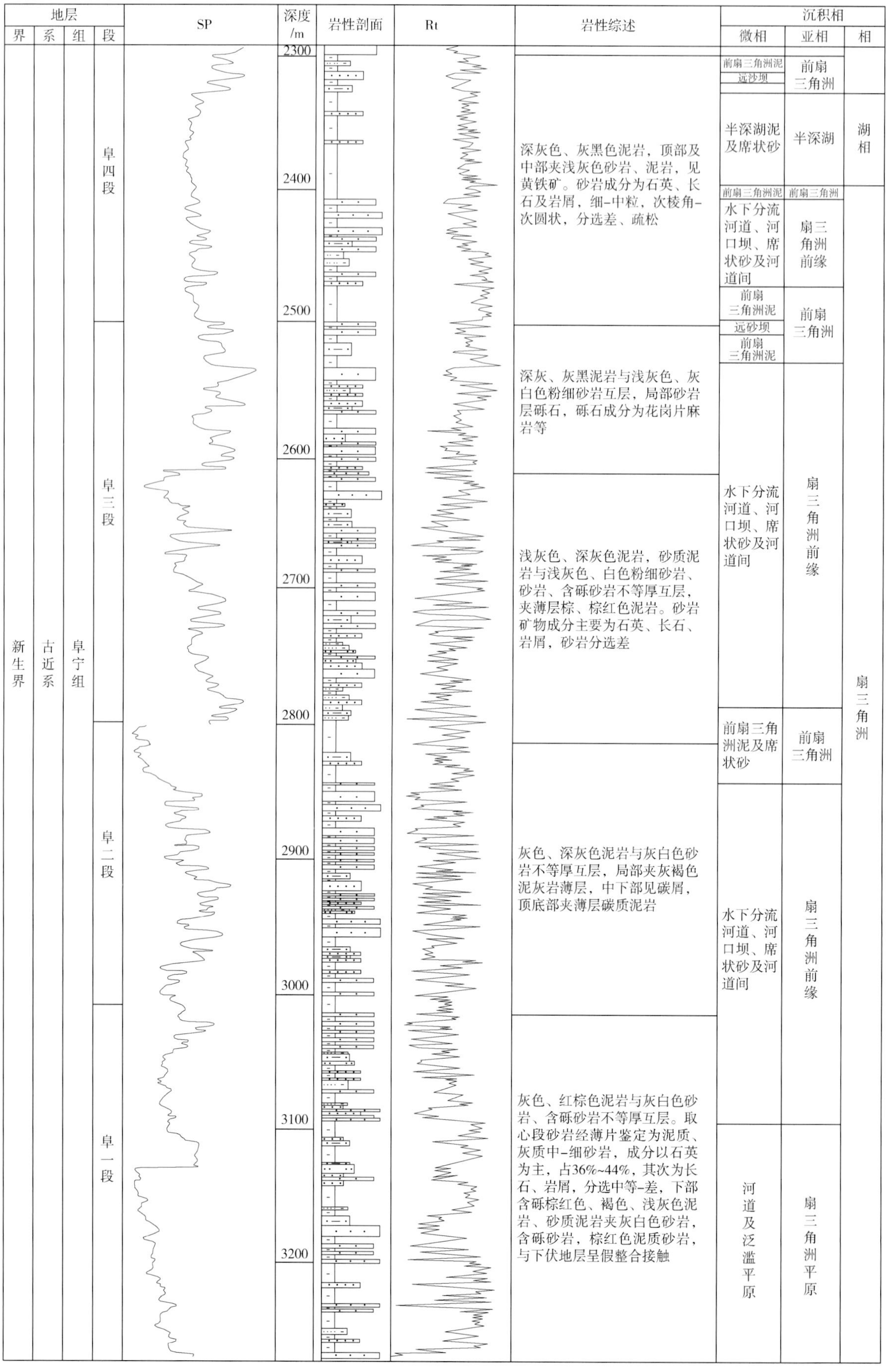

地层				SP	深度/m	岩性剖面	Rt	岩性综述	沉积相		
界	系	组	段						微相	亚相	相
新生界	古近系	阜宁组	阜四段		2300				前扇三角洲泥／远沙坝	前扇三角洲	湖相
					2400			深灰色、灰黑色泥岩，顶部及中部夹浅灰色砂岩、泥岩，见黄铁矿。砂岩成分为石英、长石及岩屑，细-中粒，次棱角-次圆状，分选差、疏松	半深湖泥及席状砂	半深湖	
									前扇三角洲泥	前扇三角洲	
									水下分流河道、河口坝、席状砂及河道间	扇三角洲前缘	
			阜三段		2500			深灰、灰黑色泥岩与浅灰色、灰白色粉细砂岩互层，局部砂岩层砾石，砾石成分为花岗片麻岩等	前扇三角洲泥／远沙坝	前扇三角洲	
									前扇三角洲泥		
					2600			浅灰色、深灰色泥岩，砂质泥岩与浅灰色、白色粉细砂岩、砂岩，含砾砂岩不等厚互层，夹薄层棕、棕红色泥岩。砂岩矿物成分主要为石英、长石、岩屑，砂岩分选差	水下分流河道、河口坝、席状砂及河道间	扇三角洲前缘	扇三角洲
					2700						
			阜二段		2800			灰色、深灰色泥岩与灰白色砂岩不等厚互层，局部夹褐色泥灰岩薄层，中下部见碳屑，顶底部夹薄层碳质泥岩	前扇三角洲泥及席状砂	前扇三角洲	
					2900				水下分流河道、河口坝、席状砂及河道间	扇三角洲前缘	
					3000						
			阜一段		3100			灰色、红棕色泥岩与灰白色砂岩、含砾砂岩不等厚互层。取心段砂岩经薄片鉴定为泥质、灰质中-细砂岩，成分以石英为主，占36%~44%，其次为长石、岩屑，分选中等-差，下部含砾棕红色、褐色、浅灰色泥岩、砂质泥岩夹灰白色砂岩，含砾砂岩，棕红色泥质砂岩，与下伏地层呈假整合接触	河道及泛滥平原	扇三角洲平原	
					3200						

图 4.20　北部拗陷 ZC1-2-1 井湖相和扇三角洲沉积岩-电特征图

（二）海相沉积相类型及其特征

南黄海中—古生界海相沉积环境贯穿于晚震旦世—早中生代的漫长地质历史时期。

在晚震旦世—中奥陶世克拉通盆地沉积期，沉积特征受到沉积盆地的古构造格局的控制，下扬子区上震旦统灯影组在"一台两盆"或"一隆两拗"的沉积格局控制下，发育了台地、局限台地、边缘礁滩、藻滩及沙滩相沉积。苏北-南黄海地区主要为下扬子陆区中央台地向海区的延伸，主要发育台地相沉积。

下寒武统幕府山组，下扬子区主要发育陆棚盆地相、开阔台地-台地边缘斜坡相沉积，苏北-南黄海地区主要发育陆棚-盆地相沉积。

早奥陶世开始，沉积格局由早期的"一隆两拗"演变为"隆拗相间"，但沉积相带的走向仍继承寒武系格局。奥陶系—志留系，下扬子区主要发育陆棚、陆棚-欠补偿盆地、潮坪和浊流沉积，苏北-南黄海地区主要发育陆棚、陆棚-欠补偿盆地相沉积。

晚泥盆世—中三叠世被动大陆边缘盆地发育期，前陆盆地消亡，全区经历夷平作用，普遍缺失了早、中泥盆世沉积，从晚泥盆世开始下扬子区重新接受沉积，在垂向震荡构造运动控制下，上泥盆统—石炭系，下扬子区主要发育滨岸、碳酸盐岩台地及潮坪环境沉积，沉积厚度各区变化较大，苏北-南黄海地区主要发育滨岸相，其次为碳酸盐岩台地及潮坪相沉积。

早二叠世栖霞期为晚古生代以来最大的一次海侵期，在欠补偿的饥饿盆地沉积环境下，下扬子区主要发育深海盆地、局限台地及浅滩、开阔台地和生物礁相沉积，普遍沉积了富宫蟆类、珊瑚、有孔虫、钙藻等为主的生物屑灰岩，形成了岩相、厚度稳定的南方巨型碳酸盐岩；苏北-南黄海地区主要发育局限台地和深水陆棚盆地相沉积。

早二叠世晚期，下扬子区海退并大部分转变为"海陆交替"为主的三角洲和潟湖海湾沉积环境。晚二叠世全区普遍上升，龙潭组-大隆组在下扬子区主要发育三角洲前缘至三角洲平原和浅海相沉积；苏北-南黄海地区主要发育三角洲和浅海相沉积。

早三叠世，下扬子地区主要发育浅水-深水陆棚盆地相沉积，下中生界三叠系青龙组主要发育浅海陆棚-深水陆棚、台地和台地边缘相沉积；苏北-南黄海地区主要发育浅海陆棚-深水陆棚、台地和台地边缘相沉积。

因调查程度和实际资料所限，这里重点讨论上古生界—下中生界发育的三角洲相、潮坪相、台地相和陆棚相的沉积类型及其特征。

1. 三角洲相

海相三角洲发育于龙潭组-大隆组，主要发育细砂岩、粉砂岩、泥质粉砂岩、粉砂质泥岩和泥岩，发育的亚相为三角洲平原、三角洲前缘和前三角洲亚相，其三角洲平原发育含煤沼泽与河道砂岩互层，以南部拗陷的WX5-ST1井（图4.21）和勿南沙隆起的CZ35-2-1井的龙潭组较为典型。

2. 潮坪相

潮坪相在南黄海多以泥质沉积为主，夹薄层细砂岩、粉砂岩、泥质粉砂岩、粉砂质泥岩及煤层。潮坪相依据平均高潮面、平均低潮面和波基面可分为潮上带、潮间带、潮下带三个亚相。该类沉积相在南部拗陷较为发育，典型剖面主要见于南部拗陷WX5-ST1井（图4.21）和勿南沙隆起CZ35-2-1井龙潭组及大隆组，岩性主要为细砂岩、粉砂岩、泥质粉砂岩、粉砂质泥岩、泥岩及煤层。

3. 台地相

该相位于陆棚至陆地边缘之间，沉积界面一般在正常浪底面附近至平均低潮面附近，局部在平均高潮面附近。水动力能量差异较大，大部分为潮下、潮间低能环境，局部为潮下潮间的高能环境。具有多种岩石组合类型、沉积构造，构造复杂，生物丰富。台地相主要发育台地边缘、台盆、开阔台地、局限台地和蒸发台地亚相。

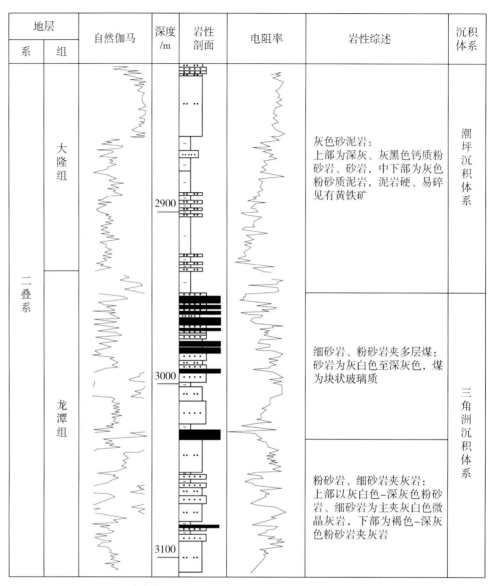

图 4.21　南部拗陷 WX5-ST1 井龙潭组三角洲相沉积岩-电特征图

1）开阔台地亚相

开阔台地亚相位于台地中部，沉积界面在正常浪底面附近，为潮下低能环境。南黄海多口钻井揭示开阔台地相，灰岩呈厚层状发育，电测曲线组合呈箱形，自然伽马曲线较为平直，微齿化（图 4.22）。主要岩石类型为泥晶灰岩、生物微晶灰岩，其次为粒屑灰岩，以厚层块状构造为特征，生物丰富，在局部水下低隆地区因水动力较强可发育台地浅滩。

2）局限台地亚相

局限台地位于开阔台地与蒸发台地之间，水体总体较浅，间歇性的露出水面，发育局限台地浅滩和潟湖沉积，局限台地浅滩受间歇性波浪作用较强，为潮间高能环境，主要岩石类型为藻云岩、亮晶粒屑云岩、粒屑云岩，具有鸟眼构造，生物以蓝绿藻为主。局限台地受碎屑岩影响较大，往往薄层灰岩与泥岩、泥质粉砂岩及粉砂岩薄层不等厚互层，电测曲线呈锯齿状、指状漏斗状（图 4.22）。

4. 陆棚相

陆棚相位于台地区与盆地区之间，沉积界面通常在氧化界面之上，正常浪底面之下，为潮下低能环境，沉积物基本以碳酸盐岩为主，生物发育。南黄海陆棚相沉积见于勿南沙隆起西部钻井下三叠统青龙组下段，主要为深灰色、灰黑色泥岩和薄层深灰色灰质泥岩、灰色泥质灰岩，电测曲线较为齿化（图

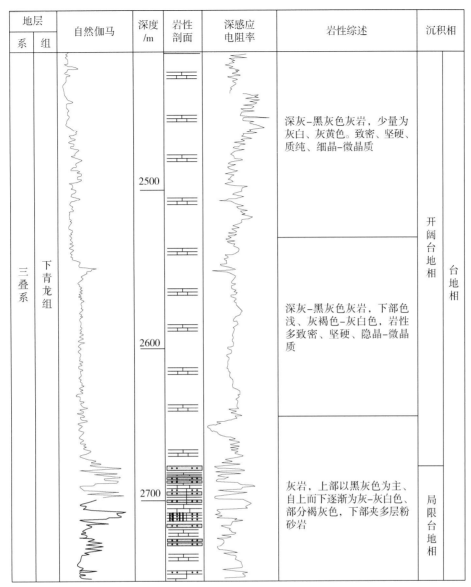

图 4.22 WX5–ST1 井开阔台地和局限台地沉积岩–电特征图

4.23）。南部拗陷钻井钻遇的下三叠统青龙组下段为台地相厚层灰岩，未揭示陆棚相沉积。总体看，南黄海下三叠统青龙组以台地相沉积为主。

二、沉积相分布特征

本节在钻井揭示主要沉积相类型特征研究、地震–地质解释和解剖地震反射特征基础上，重点分析二叠系龙潭组–大隆组、白垩系及古近系阜宁组和三垛组–戴南组沉积相展布特征。

（一）海相中–古生界沉积展布

1. 海相中–古生界沉积地震剖面反射特征

河流相沉积在该地震反射剖面上呈断续–较连续反射（图 4.24）；三角洲相沉积在地震上为前积反射特征（图 4.25）；潮坪相沉积在地震反射剖面上表现为强振幅、较连续–连续反射（图 4.26）；下三叠统青龙组开阔台地相沉积的地震反射特征为一套弱反射，局部夹中强振幅较连续反射（图 4.27）；局限台地地震特征为一套中振幅断续–较连续–连续反射渐反射，局部弱反射，反映了受陆源碎屑影响的互层沉积

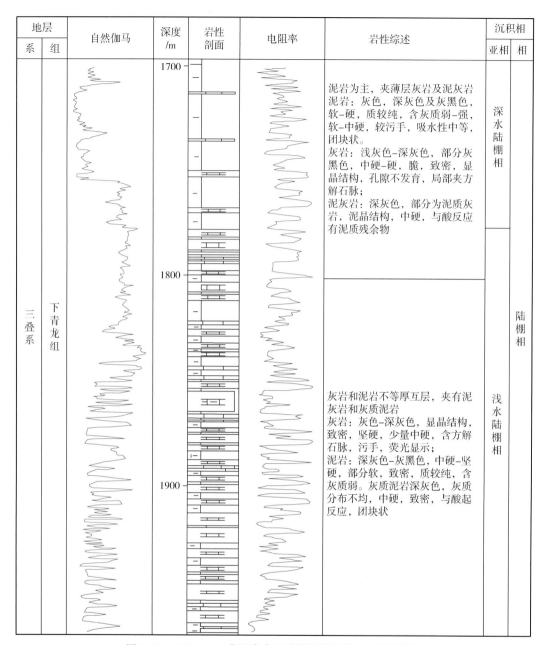

图 4.23　CZ35-2-1 井下青龙组陆棚相沉积岩-电性特征图

（图 4.24）。

2. 海相中—古生界沉积平面展布特征

据钻井揭示的主要沉积相类型特征及地震反射特征解析，依据各沉积类型的地震相反射特征的横向变化，按照沉积优势相的原则，推测各沉积相带的平面展布特征。

1）二叠系龙潭组-大隆组沉积展布

单井相分析表明，龙潭组沉积时期早期发生海侵，晚期发生海退，主要为陆源碎屑沉积。据海、陆对比及陆上区域沉积相带展布特征分析，下扬子地区陆区主要以河流相、潮坪相、陆棚沉积为主，而海域主要发育河流相、三角洲和潮坪相沉积。

大隆组沉积时期，发生了较大规模的海侵，南黄海西部陆区滨海隆起的地层综合柱状图显示，陆上滨海隆起区岩性主要为深灰色硅质灰岩，下部具水平层理，具有陆棚沉积的特点。在南黄海海域钻井揭示的岩性主要为大套深灰色-黑色泥岩段，局部夹粉砂岩、灰黑色钙质粉砂岩、砂岩。CZ35-2-1 井与WX5-ST1 井对比分析表明，自西往东砂岩逐渐增多，西部以泥岩沉积为主，反映该时期水体西深东浅，

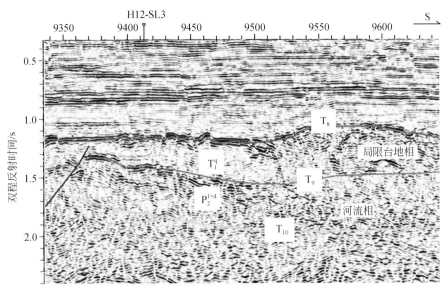

图 4.24 H12–N17 地震测线上二叠统龙潭组–大隆组河流相和下三叠统青龙组局限台地相地震反射特征

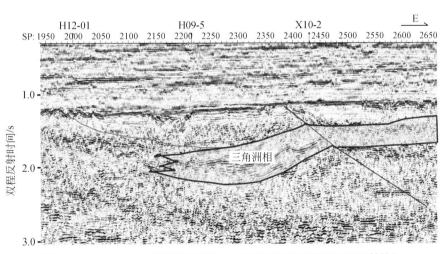

图 4.25 H12–SL6 地震测线龙潭组–大隆组三角洲相前积地震反射特征

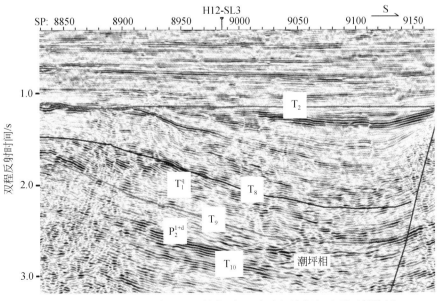

图 4.26 H12–N17 测线上二叠统龙潭组–大隆组潮坪相地震反射特征

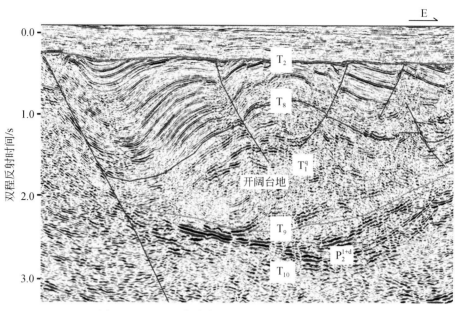

图 4.27　下三叠统青龙组开阔台地相地震反射特征

西部的 CZ35-2-1 井下段为潮坪沉积、上段为陆棚沉积，而东部的 WX5-ST1 井区，则主要为三角洲相和潮坪相沉积。

　　以龙潭组-大隆组沉积优势相为主要依据，据钻井和地震反射特征，南部拗陷龙潭组-大隆组沉积相的相带展布特征明显呈一定规律展布，总体上呈 NE—SW 向展布，南部拗陷的东南部为河流相沉积区，向北西依次发育潮坪相沉积，WX5-ST1 井区为三角洲相沉积（图 4.28）。

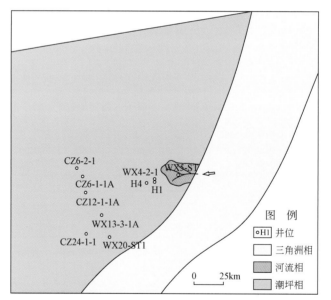

图 4.28　南黄海中部隆起和南部拗陷龙潭组-大隆组沉积相分布预测图

　　2）下三叠统青龙组沉积展布

　　据下扬子陆上 N5 井和南黄海西南部的 CZ35-2-1 井及东南部 WX5-ST1 井对比分析表明，下三叠统青龙组沉积时，呈西深东浅的沉积环境。研究区西部的 N5 井和 CZ35-2-1 井青龙组下部发育陆棚相沉积，主要为灰色-深灰色灰岩和泥岩不等厚互层沉积，夹有泥灰岩和灰质泥岩，而研究区东部的 WX5-ST1 井发育粉砂岩，反映局限台地受陆源碎屑岩的影响；青龙组中部及上部地层主要为开阔台地相沉积，灰岩呈厚层状，夹薄层深灰色泥岩，对比 CZ35-2-1 井中部及 WX5-ST1 井沉积特征，上部局部发育局限台地相，为泥灰岩、泥岩互层，或薄层灰岩。据过 WX5-ST1 井附近东西向地震剖面显示，青龙组地震相反射特征由东至西发生了一定的横向变化，在 WX5-ST1 井为弱反射，向西渐变为中振幅断续–较连续反射，反映由厚层灰岩沉积渐变为灰质与泥质互层的沉积特征。据沉积优势相原则分析，中部隆起-南部拗陷沉积相带的平面分布具有从西北向东南依次为开阔台地、局限台地的分布规律（图 4.29），水体呈西北深、东南浅的沉积格局。

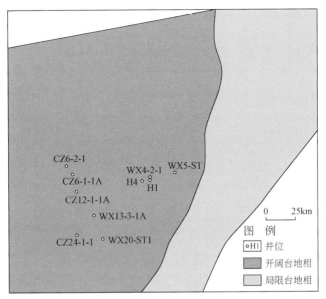

图 4.29 南黄海中部隆起–南部拗陷下三叠统青龙组沉积相分布预测

（二）陆相中—新生界沉积展布

1. 陆相中—新生界沉积地震剖面反射特征

据钻井资料分析，南黄海盆地陆相中—新生界主要发育河流相、扇三角洲相、滨浅湖相和半深湖相沉积。钻井沉积相和地震反射特征分析表明，河流相沉积在地震反射剖面上主要表现为中振幅、中频、断续反射，局部较连续反射特征（图 4.30）；滨浅湖相沉积在地震反射剖面上表现为中强振幅、中低频、较连续–连续反射（图 4.31）；半深湖相沉积在地震反射上剖面上表现为中强振幅、中低频、连续反射（图 4.32）；扇三角洲沉积体主要分布于北部千里岩断裂带南侧，在地震反射剖面上表现为楔状前积反射特征（图 4.33）。

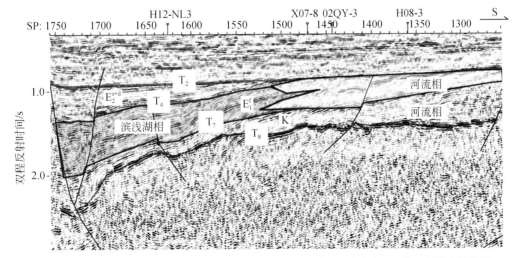

图 4.30 北部拗陷 H12-N05 地震测线上河流相（K，E_1^f）和滨浅湖（E_1^f）地震反射特征

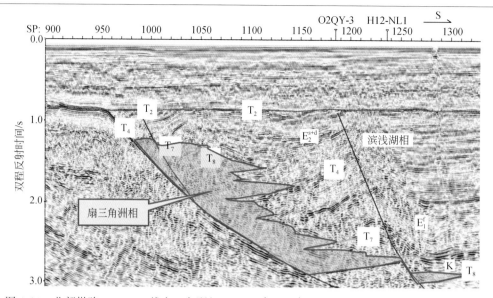

图 4.31　北部拗陷 H12-N13 线扇三角洲相（K、E_1^f、E_2^{s+d}）及滨浅湖相（E_2^{s+d}）地震反射特征

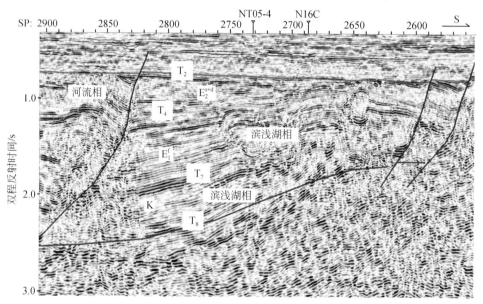

图 4.32　北部拗陷 H12-N05 线滨浅湖（K、E_1^f）及河流相（E_2^{s+d}）地震反射特征

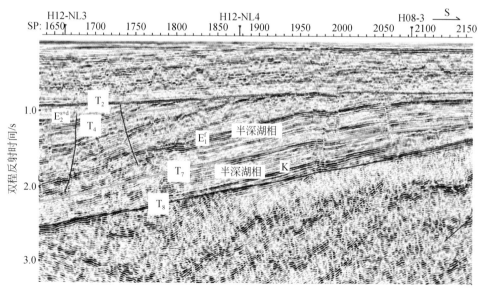

图 4.33　北部拗陷 H12-N12 线半深湖相（K、E_1^f）地震反射特征

2. 陆相中—新生界沉积平面展布特征

据钻井揭示的主要沉积相类型特征，以及地震反射特征解析，依据各沉积类型的地震相反射特征的横向变化，按照沉积优势相的原则，推测各沉积相带的平面展布特征。

1）中生界侏罗系—白垩系沉积展布

南黄海盆地北部拗陷大部分地区以白垩系分布为主，S1井证实在东北凹陷分布有侏罗系，且东北凹陷和东部凹陷地震测线均较稀，因此将侏罗系—白垩系作为一套地层进行沉积相分析。据单井沉积相和地震反射特征分析表明，侏罗系—白垩系主要发育河流相、扇三角洲相、滨浅湖相和半深湖相。总体上沉积相带分布具有一定的规律性，北部拗陷西部以河流相沉积为主，中部及东北部以滨浅湖相沉积为主，半深湖镶嵌其中，呈东西向长条分布，局部（千里岩断裂带南侧）发育扇三角洲相（图4.34）。

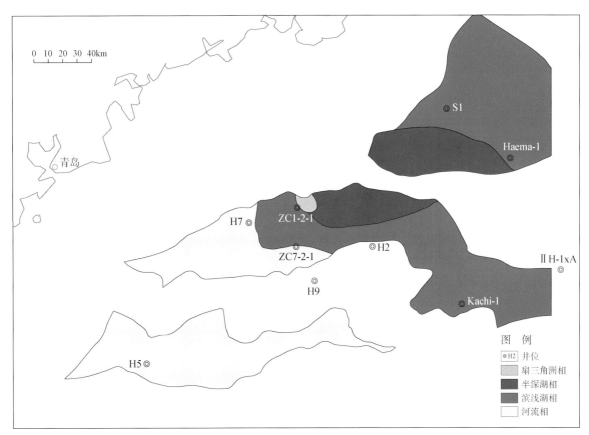

图4.34　南黄海盆地北部拗陷白垩系沉积相分布预测

2）古近系阜宁组沉积展布

古新世是断陷盆地发展期，构造活动频繁，阜宁组沉积初期为一套河流相粗碎屑充填，随着盆地加速下沉，湖泊面积逐渐增大，水体加深，演化成浅湖-半深湖沉积环境。拗陷北凹的阜宁组具有北断南超，北厚南薄的特征；阜宁组沉积范围较大，广泛发育了河流相和滨浅湖相沉积，拗陷中央发育半深湖相沉积，呈近东西向展布；扇三角洲则分布于北部的千里岩断裂带南侧；河流相主要分布于拗陷的中西部、南部地区（图4.35）。

3）古近系三垛戴南组沉积展布

阜宁组沉积末期，基底上升湖盆收缩，初期大部分地区充填了河流相沉积，其后沉降加快，水体有所扩大，但沉积范围比阜宁期明显缩小，沉积厚度明显变薄，岩石的颜色也由暗色转变为褐色或红色，主要相带为河流相、扇三角洲相、滨浅湖相。河流相主要分布于北部拗陷中部地区，滨浅湖主要分布于拗陷中部，扇三角洲相主要分布于千里岩断裂带南侧（图4.36）。

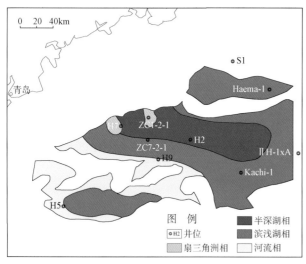

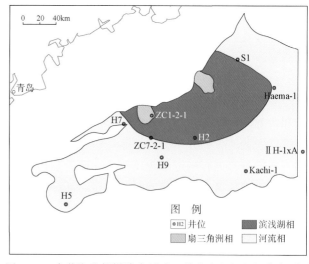

图 4.35　南黄海北部拗陷古近系阜宁组沉积相分布预测　　　图 4.36　南黄海北部拗陷古近系三垛戴南组沉积相分布预测

第六节　地质、地球物理联合解释

一、南黄海叠合盆地基底地球物理特征

南黄海位于扬子准地台东段,是下扬子块体向海域的延伸部分,南黄海盆地是下扬子的主体。经过几十年的地质-地球物理勘查,以及与邻近陆区的对比研究,地质学家对南黄海盆地的构造及沉积演化取得了较为统一的认识。南黄海地区在新元古代晋宁运动固结回返后,历经稳定地台沉积、块体拼贴、振荡挤压、碰撞造山、压张转换到断陷沉降等构造过程,在中元古代褶皱变质结晶基岩及新元古代浅变质岩双层基底之上,发育了南黄海多旋回复合盆地(陈沪生等,1999;万天丰,2004)。在震旦纪—早中三叠世期间,南黄海地区构造运动较为稳定,接受了一套海相碳酸盐为主的地台型沉积建造,形成了海相中—古生界盆地。印支期扬子块体向华北块体的拼贴碰撞使得南黄海盆地整体抬升,海相中—古生界褶皱隆起遭受剥蚀改造,并形成了后来的陆相中—新生代盆地的沉积基底。

晚白垩世以来,南黄海表现为拉张断陷活动,形成陆相断陷盆地;新近纪以后,构造运动趋于平静,盆地进入拗陷期。目前广泛应用的南黄海盆地构造单元是据白垩系—古近系分布范围划分的(尹延鸿和温珍河,2010;侯方辉等,2012)。海相中—古生界盆地因遭受了印支—燕山期构造运动的抬升改造,残留在晚期盆地之下,故被称为残留盆地(刘光鼎,1997,1999,2001)。

前人对南黄海盆地中生代陆相沉积厚度及分布的讨论,主要集中在南黄海盆地北部拗陷(李刚等,2004),对整个南黄海海区陆相盆地的基底起伏及海相地层分布情况并不十分明确,这限制了南黄海油气评价的开展。

近几年,针对南黄海油气勘探新领域的中—古生代海相残留盆地,获取了一批高精度的多道地震和重力、磁力测量数据,经过特殊处理,在某些测线段首次获得了海相中—古生代沉积层内幕反射(张海启等,2009;欧阳凯等,2009;王丰等,2010;吴志强等,2011;林年添等,2012),依据这些新资料并结合以往研究成果,我们建立了南黄海地区的沉积地层层序。以晋宁运动和印支运动所形成的区域性角度不整合面为界,将本区未变质的沉积岩系划分为两大构造层,上构造层由陆相中—新生界组成,下构造层则由震旦系至中、下三叠统(青龙灰岩)的海相碳酸盐岩沉积盖层构成。本节利用新获得的地球物理资料,采用地质、地球物理综合研究的方法,讨论南黄海中—新生界盆地基底构成、结晶基底的深度,以及海相中—古生界盆地的残留情况,为南黄海盆地油气评价提供基础资料。

（一）陆相中—新生界盆地基底

陆区研究成果表明，与南黄海盆地为一体位于陆区的苏北盆地的基底岩石组成复杂，主要有三种类型：中元古界变质岩，（下）扬子地台海相中—古生界沉积岩或者是中、上三叠统、下白垩统海陆过渡相及陆相碎屑岩类与中酸性火山岩（杨琦等，2003）。通过海陆对比发现，苏北-南黄海盆地海域与陆地盆地部分相似，陆相中、新生界盆地基底结构也具有埋藏变化较大、岩性组成复杂的特点。以往在地震资料较少的情况下，地球物理学者主要依据南黄海盆地布格重力异常的局部异常与中—新生界盆地的隆起和拗陷有着良好对应关系的特点，在地震和钻井约束下反演基底深度（黄松等，2010；戴春山，2011）。重力异常是地下物质密度不均匀分布引起的综合效应，由于异常提取、密度差等参数的选择等方面的原因，反演结果存在误差。利用重力反演的基底为重力基底，还不能称之为盆地基底，重力基底虽可大致描绘出陆相中—新生界基底起伏，但却无法获知基底的构成和属性，也不能为海相中—古生界盆地顶面剥蚀情况提供信息。

目前，南黄海海域钻井尚未揭示过下古生界，钻遇上古生界的钻井也仅有7口，钻遇的地层分别是下三叠统青龙灰岩-石炭系高骊山组（戴春山，2011）。近年来开展的南黄海海相中、古生界油气资源评价工作，在南黄海海域新采集的多条地震测线资料，在地震剖面解释过程中，这些钻井是确定中生界及上古生界以上的地震地质层位的主要依据，再参照南黄海以往地震、地质研究成果，以及陆区苏北盆地的地质资料标定出各地震反射标准层对应的地质界面，同时结合重力、磁力异常特征，对典型剖面进行2.5D重、磁、震联合反演和拟合（杨金玉等，2008；侯方辉等，2012），分析认识地层属性和构造特征，最终综合地质、地球物理资料提供的信息来确定地震-地质层位（表4.13、图4.37、图4.38）。

表4.13 南黄海盆地构造阶段划分及地层层序简表

地质时代		地震层位		地层属性	构造旋回	构造层
新生代	第四纪	Q		第四系+新近系 (Q+N)	喜马拉雅旋回	陆相构造层
	新近纪	N	T_2			
	古近纪	E		古近系三垛组+戴南组+阜宁组(Es+Ed+Ef)		
中生代	白垩纪	K	T_7	中—上三叠统+侏罗系+中—上白垩统泰州组 +赤山组+蒲口组(T_{2-3}+J+Kt+Kc+Kp)	印支-燕山旋回	
	侏罗纪	J				
	三叠纪	T	T_8	下三叠统青龙组灰岩(T_1q)		海相构造层
晚古生代	二叠纪	P	T_9	上二叠统龙潭组煤系地层+ 大隆组碎屑岩(P_2l+P_2d)	印支-海西旋回	
			T_{10}			
	石炭纪	C		下二叠统栖霞组—泥盆系(P_1q—D)		
	泥盆纪	D	T_{11}			
早古生代	志留纪	S		下志留统高家边组—寒武系 (S—Є)	加里东旋回	
	奥陶纪	O				
	寒武纪	Є	T_{12}			
元古宙	震旦纪	Z	T_g	震旦系(Z)	晋宁旋回	基底构造层
	南华纪	Nh		前震旦系(AnZ)		
	青白口纪	Qn				

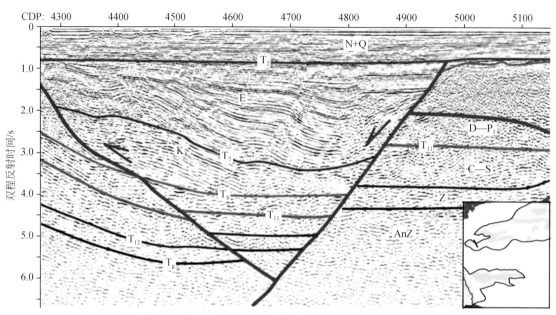

图 4.37　南黄海 X07-7 测线部分测线段地震解释剖面图

印支面（T_8）是由于印支运动对海相中、古生界沉积层改造形成的上下两期盆地之间的不整合面，它是下三叠统青龙组灰岩的顶界反射，也是陆相中—新生界盆地的声波基底面，它不仅是波阻抗界面，同时还是一个重要的密度界面。T_8 波为区域特征波组，T_8 波在地震剖面上通常表现为 1 ~ 2 个强相位，中-高连续性、强振幅，频率较低，低部位呈假整-接触，高部位呈上超接触关系，在区域内可连续追踪对比（图 4.37）。而在盆地隆起部位，

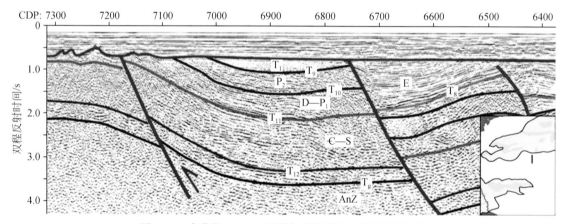

图 4.38　南黄海 X07-10 测线部分测线段地震解释剖面图

基底反射波组可能是上古生界或者下古生界某个层系波阻抗界面的反射（图 4.38），也可能是前震旦系变质岩。本节基于大量的地震和重磁资料综合解释，获得了中—新生界盆地沉积基底埋深和地层分布图（图 4.39、图 4.40）。

结合南黄海陆相中、新生代盆地基底埋深和地层分布推断，基底构造表现为"三低二高"或"三凹二凸"近 EW 向展布的格局。北部基底埋藏较深，南部基底埋藏相对北部浅。北部千里岩隆起部位为前震旦系变质岩基底，北部拗陷声波基底埋深为 1 ~ 6km，三个基底深凹对应陆相中—新生代盆地的三个凹陷，基底时代大多为上古生代（D—P_1）地层，因上古生界保存并不完全，有几处推测为下古生代志留—寒武纪地层。下三叠统青龙灰岩（T_1q）以及上二叠统龙潭组（P_2l）在北部拗陷保存有限，仅在拗陷东部小范围残留。震旦系—下二叠统残留面积可能较广。

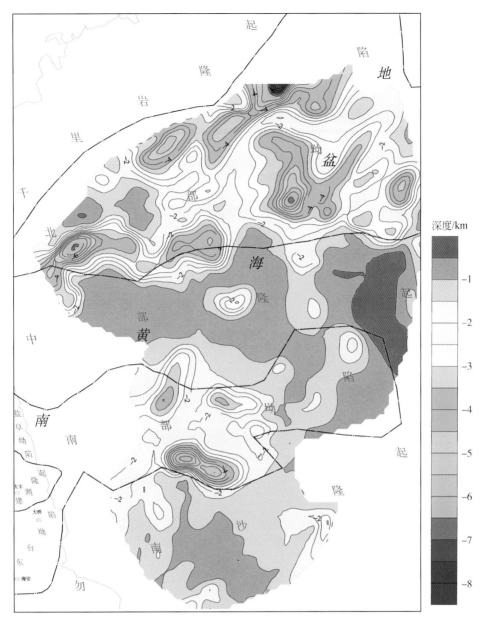

图 4.39　南黄海海相中—古生界顶面埋深图

综合前人研究成果，普遍认为上古生界龙潭煤系（P_2l）＋大隆组（P_2d）和中生界青龙灰岩（T_1q）在中部隆起几乎没有残留，而在盆地南部拗陷，除在较大的凸起部位缺失外，广大地区均有分布，区内多个钻井揭露的厚度在 24～1840m（W5-ST1 井、W4-2-1 井、CZ35-2-1 井和 CZ4-1-1 井）。据陆相中、新生界声波基底特征，我们推测震旦系—下二叠统在南黄海盆地应有广泛分布。

（二）海相二叠系、三叠系残留分布

虽然新采集的地震资料在某些测线段揭示了海相下古生界内幕反射，但其数量有限，据目前已有可靠的地震和钻井资料，南黄海盆海相中—古生界各地层中能够进行工业化编图的地震反射标志层仅有下三叠统青龙组底界和上二叠统龙潭组底界（戴春山，2011）。这主要是由于南黄海地震地质条件比较复杂，海相中—古生界特别是下古生界在南北两个拗陷埋藏较深，地震波反射能量较弱难以向下穿透进入前中生界；而在中部隆起，新近系直接覆盖在二叠系（或石炭系）碳酸盐岩之上，形成一个反射系数达0.3～0.5 的强反射界面，对地震波的向下传播起强烈屏蔽作用，也使得达到下部地层的地震波能量较小（吴志强等，2011）。近年来在南黄海盆地特别是中部隆起进行了多次海上试验和地震采集技术攻关，下

图 4.40　南黄海陆相中—新生界盆地基底地层分布图

部海相中古生界地震反射标志层依然不能进行全区连续追踪。从目前成果看，对南黄海海相下古生界分布的讨论也主要集中在中部隆起（欧阳凯等，2009；王丰等，2010），且依然具有很大的推测性。也有研究人员依靠重、磁等手段讨论海相中、古生界厚度及分布特征（Zhang et al.，2007；黄松，2010），但因缺少能够约束反演的实际钻井和地震资料，从而使得反演结果具有很大推断性。本节依据目前最新资料得到的南黄海盆地南部拗陷上二叠统龙潭组和大隆组（P_2l+P_2d）残留厚度，以及中下三叠统青龙灰岩残留厚度图（图4.41、图4.42）显示。按照上古生界（龙潭煤系+大隆组）和中生界中下三叠统青龙组地层分布与展布方向，可以进一步划分为南北两个区块，即南黄海南部拗陷和勿南沙隆起。

　　上二叠统龙潭煤系和大隆组及中下三叠统青龙灰岩残留地层分布和构造走向比较接近，残留厚度差别较大。残留的上二叠统海相地层在南黄海南部拗陷主要发育于两个沉积中心，残留厚度变化不大，为500～1000m，最厚1000m±，构造走向为 NW 向；向南到勿南沙隆起，构造走向转为 NE 向，厚度变化为500～900m，最大残留厚度邻近 CZ35-2-1 井，达1000m。残留的中下三叠统青龙灰岩在南部拗陷总体上为两凹一凸的构造格局，构造走向为 NW 向和近 EW 向，最大残留厚度可达4000m，一般均在1000m 以上；由于受印支运动和燕山运动的影响，该套地层在多处局部剥蚀殆尽（图4.42）。

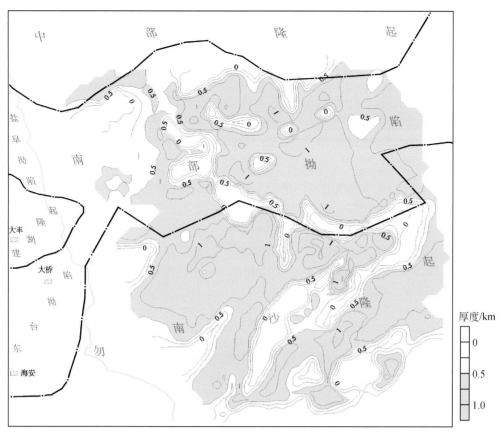

图 4.41　南黄海盆地南部上二叠统残留厚度图

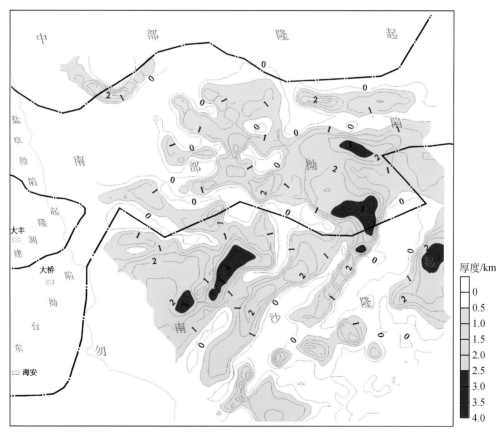

图 4.42　南黄海盆地南部中下三叠统残留厚度图

（三）海相中—古生界基底

对比研究表明，位于上扬子的四川盆地与下扬子的南黄海盆地的中—古生代海相沉积期内的地层岩性及沉积演化特征十分相似（祁江豪等，2013）。盆地基底也具相似性，它们发育于古陆核之上（孙焕章，1985；陈焕疆等，1988；戴春山等，2003），具有双层结构。扬子陆核于新太古代（>2500Ma）形成，并于古元古代（2500~1800Ma）增生形成初始陆块，川中，苏北–南黄海等地区发育古陆核，在中元古代（1800~1000Ma）曾经历过裂解。中元古代末（1000Ma左右）的晋宁运动，扬子与华南拼合形成了统一的古大陆（周小进等，2007）。扬子块体新元古代、古生代盆地的基底在晋宁运动主幕造成的不整合面之下，由区域变质显著、经过强烈褶皱、岩浆侵入繁杂的岩石组成（单翔麟，1993）。前人据陆地地质资料推测川中、南黄海等地区的区域正磁场是由下元古界及上太古界的磁性较强的中–基性、基性–超基性及中性杂岩体和各种深变质岩组成，构成扬子断块原始基底的古老核心，呈菱形状结晶杂岩体被磁性较弱的浅变质的沉积岩基底所围环绕。据陆地地质资料推测，磁异常为扬坡群、崆岭群、大别群和胸山群潜伏基底引起的（刘贵，1987）。前人认为古老刚硬地块属于古老板块核心部位，构成中央稳定带，是历次构造运动的相对稳定区（张淮等，2006）。该类中、古生界海相盆地基底藏深度大，地震手段难以探查，南黄海地区，仅南黄海北部拗陷黄2井钻达震旦系浅变质岩（刘星利，1983；蔡乾忠，2002），因此磁力资料和方法常被用来推断这类发育于古陆块之上盆地的结晶基底深度（曹树恒，1988；江为为等，2001；郭彤楼，2005；Zhang et al.，2007；黄松等，2010）。在南黄海周边，火成岩非常发育，仅靠滤波等方法将其影响从总磁异常中完全去除是很困难的，而南黄海盆地的磁场特征明显不同于四周，磁异常形态宽缓，此处中、新生代火成岩并不十分发育。在平缓的负异常上，主要以中长波长的异常为主。南黄海海区中心区为块状正磁场。该区可见四个块状升高异常圈闭及它们之间所围的负异常降低圈闭，异常梯度都小，变化平缓，正异常范围大于负异常（图4.43）。以122°E为界，东西两侧异常走向存在明显差异。

图 4.43　南黄海盆地及周边磁力化极异常图（黑色方框内为研究区）

据南黄海盆地及周边磁异常特征以及陆地苏北盆地地质资料，我们推测南黄海盆地中部块状异常是南黄海古陆核的体现，可能是胸山群磁性基底的反映，是混合岩化作用较强的磁性结晶基底，时代为太古宙—早元古代，它构成了南黄海基底的主体。南黄海中心块状正异常四周镶嵌着-100 ~ -50nT 的负异常，推测负磁异常主要反映相对变质较浅的基底。我们据化极磁异常计算了结晶基底埋深，结果显示结晶基底起伏和构造走向显示出与化极磁异常场相关，盆地中部的几个团块状磁异常部位磁性基底埋藏较浅，并具有向四周加深的特点，从基底埋深的等深线走向看，可以看到 NE 向、EW 向和 NW 向三组方向，NW 方向展布的为基底隆起，EW 和 NE 向则展布为基底凹陷。结晶基底深度在 4 ~ 12km 变化，平均埋深约 8km（图 4.44）。

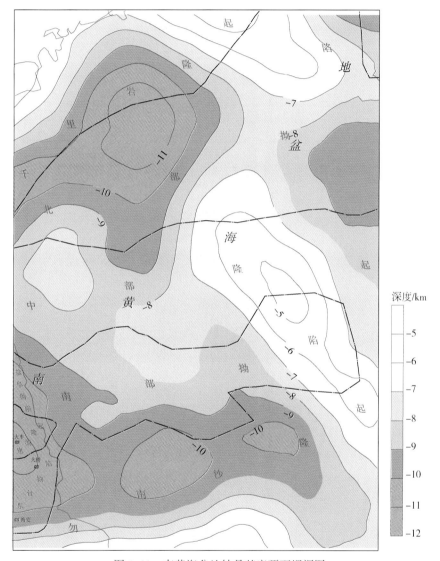

图 4.44　南黄海盆地结晶基底顶面埋深图

海相中—古生界基底起伏与陆相中、新生界盆地基底特征既有相似之处也存在差异，二者大部分的基底隆起都分布在盆地中部，即新生代盆地的中部隆起上。盆地北部拗陷陆相盆地的声波基底的拗陷区约占 1/3 的面积为结晶基底的隆起区。盆地南部拗陷陆相盆地隆起区则表现为结晶基底斜坡区，结晶基底由南向北逐渐加深。两期盆地基底构造线方向也有着明显的不同。盆地中部结晶基底 NW 向隆起的最高部位对应陆相盆地基底隆起上两个 NW 向低洼，二者呈镜像关系。在盆地内结晶基底埋深大的地区并不与喜马拉雅期的北部拗陷和南部拗陷的沉积中心相对应，两个拗陷区结晶基底平均埋深均大于 9km，北部拗陷区内结晶基底埋深更大，最深可达 12km，勿南沙隆起也为结晶基底深埋区，基底向南变浅（图 4.45）。

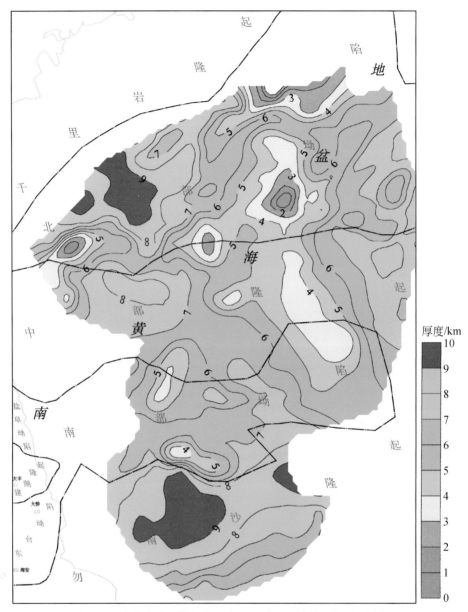

图 4.45　南黄海盆地海相中—古生界顶面至结晶基底顶面厚度图

由于不能得到海相中、古生界沉积基底埋深，我们尚不能准确得到海相中古生界的残留厚度，但可以通过计算结晶基底与海相中、古生界顶面（T_8）面之间的厚度来大致了解海相中古生界保留情况（图 4.45）。

可以看出，海相中—古生界及上元古界的分布和构造走向受结晶基底起伏控制。结合前述地震等资料推测，海相中—古生界在南黄海盆地分布广泛，保存较好。但不同地区地层保存程度各异，表明其地质历史演化程度不尽相同。中—新生代的中部隆起相比南北两个中、新生代拗陷区，海相层残留厚度相对稳定。在结晶基底拗陷区，残留厚度较大，勿南沙隆起与南部拗陷相接的地区是海相中—古生界一个残留中心，推测其海相地层厚度可达 10km，盆地西北部另一个海相层残留中心的厚度可能大于 9km（图 4.45）。结晶基底隆起区的海相中—古生界厚度相对较小，变化也较平缓，表明古陆核地区相对周边更稳定。南黄海海相中—古生界整体上表现出南北分块、东西分带的构造特征，NE-NNE 向构造呈 NE30°左右展布，凹、凸相间。海相中—古生界在 NEE 向-近 EW 向构造的背景上，被 NE-NNE 向构造所横跨复合。中国东部 NE-NNE 向构造发育于印支晚期至燕山早期，是太平洋板块向亚洲板块俯冲作用对中国东部地区地壳产生南北向逆时针挤压扭动的结果。在南黄海盆地，NE-NNE 向构造明显地控制了二叠系上统龙潭组-三叠系下统青龙组的残留展布面貌（图 4.41、图 4.42）。

二、地质、地球物理综合解释剖面

南黄海地区地质结构复杂，迄今利用反射地震资料解释剖面最有把握确定的是中—新生界反射界面，仅利用地震反射手段难以研究深部地质结构。本节利用 2013 年 OBS 调查资料（站位见图 2.72 中 C–C_1 剖面）解释成果，构建初始地球物理模型，再用重力进行正反演拟合，结合磁力异常特点分析南黄海深部地质结构。

OBS 调查剖面为 NW—SE 向，北部位于苏鲁造山带南缘，穿过千里岩隆起带，南黄海盆地北部拗陷，向南到南黄海中部隆起。

构建初始模型是正演计算的开端，是整个模拟工作的基础。首先结合研究区的地质、地球物理资料，建立合理的初始模型。OBS 在浅层的分辨率低于常规反射地震方法，据多道或者单道地震剖面，以及其他地球物理资料来确定模型中的水深及浅层沉积层的速度和深度等信息，起到约束模型浅层的作用。剖面初始模型自上而下共分 7 层，分别是海水层、陆相沉积层、推覆体、海相沉积层、上地壳、下地壳及上地幔（图 4.46）。速度参数见表 4.14。

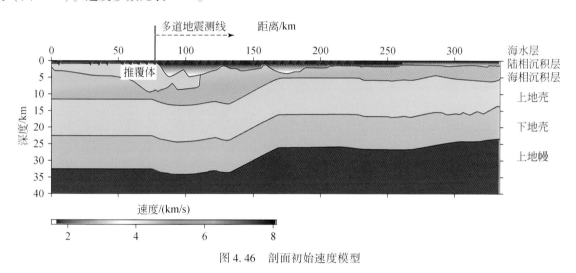

图 4.46 剖面初始速度模型

表 4.14 南黄海地区地层速度表（据吴志强等，2008）

特征波	速度/(m/s)	岩性	地层属性	地层代号
T_2	1700～2500	粉砂岩、泥岩	第四系+新近系	Q+N
T_7	2800～3500	砂岩、泥岩	古近系三垛组+戴南组+阜宁组	E_s+E_d+E_f
T_8	4000～4800	砂岩、泥岩	中–上白垩统泰州组+赤山组+蒲口组	Kt_1+Kc+Kp
T_9	5200～6500	灰岩	下三叠统青龙组	T_1q
T_{10}	3800～5200	碎屑岩+煤系地层	上二叠统龙潭组+大隆组	P_2l+P_2d
T_{11}	5600～6500	灰岩	下二叠统+石炭系	P_1g+C
T_{12}	4200～5260	泥岩、石英砂岩	泥盆系+志留系	D+S
T_{13}	5800～6500	灰岩、白云岩、硅质岩	奥陶系+寒武系	O+∈
	5700～6000	冰碛岩、灰岩、白云岩	震旦系	Z
T_g	6300 以上	变质岩	前震旦系	AnZ

初始模型中水层速度为 1.5km/s，陆相沉积层速度为 1.7～3.5km/s，海相沉积层速度为 5.5～6.0km/s，千里岩推覆体的速度为 6.3km/s，上地壳速度为 6.1～6.4km/s，下地壳速度为 6.5～6.8km/s，上地幔速度为 8.0～8.1km/s。模型中海水层的深度从 30″的全球水深网格数据中提取，陆相沉积层的底界面提取自多道地震解释成果的 T_8 界面，海相沉积层的底界面提取自南黄海地区沉积基底界面 T_g。测线北端的千里

岩隆起区的多道地震剖面显示，高速的变质岩推覆体自北向南推覆在海相地层之上（图 4.47），模型中添加了推覆尖灭体，据南黄海多道地震的资料品质，代表盆地中—新生界基底的 T_8 界面清晰度较好，可连续追踪，可信度较高，在后期的模型调整中起到主要的浅部约束作用。沉积基底界面 T_g 在剖面上大多难以连续追踪，可信度较低，后期调整的可变性较高。参考前人利用布格重力异常数据计算的南黄海黄海地区莫霍面深度在 30km±（郝天珧等，2003），模型内莫霍面初始值设定为 30km，在大约 23km 等分界面处，初始设置为上下地壳分界面的康拉德面，模型整体深度为 40km。

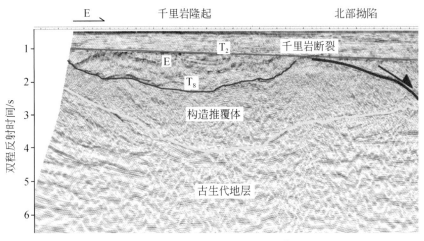

图 4.47　南黄海北部构造推覆体

通过对所有台站进行射线追踪，结合区域地质背景及多道地震资料，利用试错法不断地修改模型来拟合理论走时与实际走时，最终获得剖面所有台站的最优 2D 速度模型（图 4.48）。

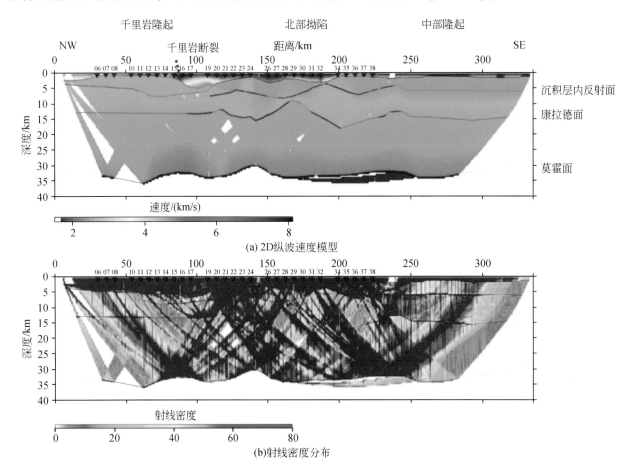

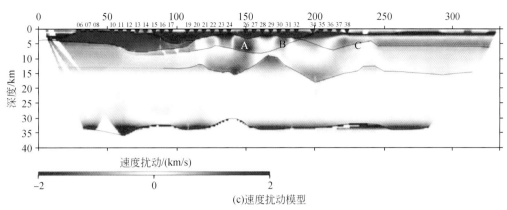

(c)速度扰动模型

图4.48 剖面速度反演最终模型结果

红色线段表示反射界面；速度扰动＝速度结构模型−平均速度结构模型

上面的速度模型是据 OBS 正、反演拟合得到的，用密度界面起伏−重力异常的关系可检验模型的合理性，不合理之处加以修正（图4.49～图4.51）。

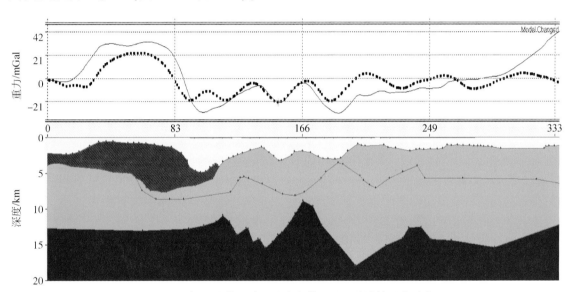

图4.49 据速度模型建立的密度模型及正演计算重力异常

据盆地地震资料解释成果得到的各沉积层深度图截取了这条剖面上 T_8 以上各沉积层的深度数据，作为浅部的约束。并依据速度−密度转换公式，给模型中各块赋密度值，进行重力正演计算（图4.50）。

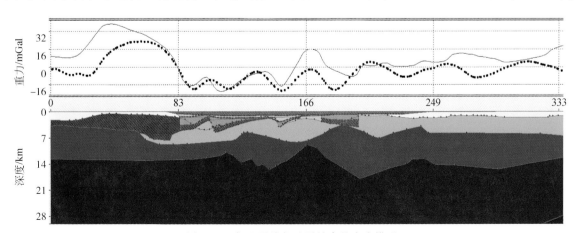

图4.50 加入了浅部地震约束的密度模型

比较计算重力异常与实测重力异常的差距，并参照磁力异常剖面特征，对模型进行修正，使计算值和实测值得到最佳拟合（图4.51）。

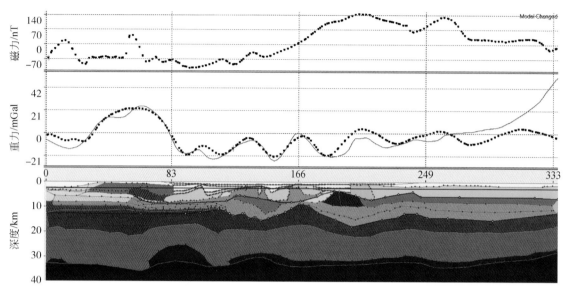

图4.51　修正后的地质模型

从拟合后的模型中可以看到，在沉积层内反射面之上的海相地层中存在三个速度约6km/s，明显高于周围地层的高速体。高速体在速度扰动模型中可以清晰地识别出来，分别位于模型的130～140km、160～170km及200～220km处［图4.48（c）］，其中前两处（高速体A和B）位于北部拗陷内的凸起带上，第三处（高速体C）从北部拗陷南缘向南一直延伸至中部隆起北缘。

从磁力异常剖面图上可以看到，高速体的北段位于北部拗陷内的负磁异常区，磁异常值幅度在-100～-30nT，南段则进入南黄海中部隆起的正磁异常区，磁异常值显著升高至50～200nT，据此可以初步判断北部拗陷南部的高速体磁异常特征明显有别于北部的高速体。此处高速体中岩石磁性很弱，以沉积岩为主；中部高速体处磁力异常值有所上升，幅度在-20～20nT，可能是因为基底面的太高的影响。除此之外，通过在多道地震剖面上高速体发育位置进行观察发现，北部拗陷内高速体区域均可以看到较为明显的海相沉积层内的反射波信号，据此，我们认为北部拗陷区内的高速体主要成分为陆相盆地下方的海相沉积层，高速体的构造形态推测为沉积层内的挤压褶皱型古潜山。

高速区范围内由北部拗陷至中部隆起，磁性基底的深度是逐渐变浅的。剖面南侧高速体所在地区磁力异常值相比北面两个高，急剧升高至100～140nT，多道地震剖面在此处显示为杂乱反射。据2D速度模型中的结果，海相地层内的由众多反射震相控制的速度间断面，以及反映沉积基底起伏的康拉德面在北部拗陷内与磁性基底走势一致，均是逐渐变浅的，但是在邻近南部高速体的范围内，两个反射界面均出现下降的走势，说明沉积基底的界面在此处不是上升了，而是下降了。高磁异常带反映出的走势趋于变浅的磁性基底与2D速度模型中表现出的走势明显变深的沉积基底存在明显反差，说明此处存在浅部的磁异常体，扰乱了磁场的强度，使得磁异常值极度升高，推测为中—新生代岩浆岩侵入体，这一点，在多道地震剖面上也可以得到证实，如图4.52所示，可以清晰地观察到中部隆起区海相地层内有火成岩侵入体的存在。

三、重力异常三维视密度反演推断重要地质界线

南黄海位于下扬子区东段，北部与华北（中朝）块体相接，南部与华南块体相邻，是一个由块体和结合带组成的区域。特殊的构造位置使得南黄海及周边的区域地质问题，特别是这3个块体的界线及接触关系成为学术界讨论研究的热点。华北块体和扬子块体分界线的郯庐断裂及扬子块体和华南块体之间结合带上的江绍断裂在陆区的布格重力场上有着较好的反映，郯庐断裂在海区也容易识别，但江绍断裂以

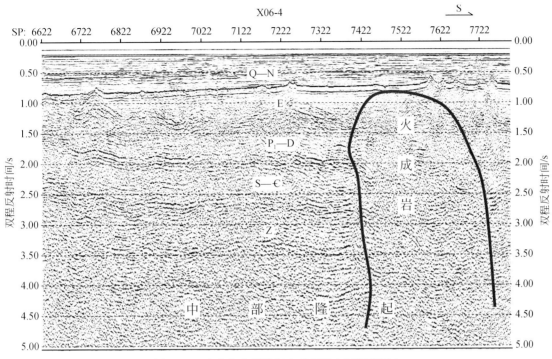

图 4.52　南黄海中部隆起火成岩侵入至沉积层中

东的东海陆架地区，除了局部小负异常外，布格重力以平缓正异常为主，优势走向为 NE 向，异常值在$(0 \sim 60) \times 10^{-5} \mathrm{m/s^2}$变化（图 4.53），无法在海域追踪到沿江绍断裂的延伸，故也无法依据布格重力异常肯定地回答江绍断裂是否延伸入海，如果延伸入海，那么它在海域的走向如何等问题。为此，需利用重力异常三维视密度反演法推断这条重要地质界线的位置。

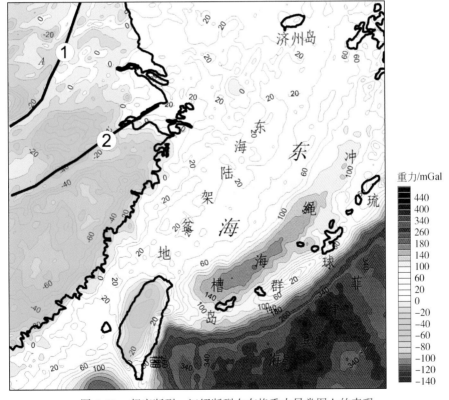

图 4.53　郯庐断裂、江绍断裂在布格重力异常图上的表现

　　基于原始数据的精度和分辨能力，以及向下延拓方法对延拓深度的要求，采用以下分层方案，0～20km，每2km切割一次；20～50km，每5km切割一次，得到了不同深度平面上的视密度值。参照前人对该区莫霍面深度、地壳厚度及深部结构的研究成果，特选取了几个典型深度上的视密度切片图（图4.54）。

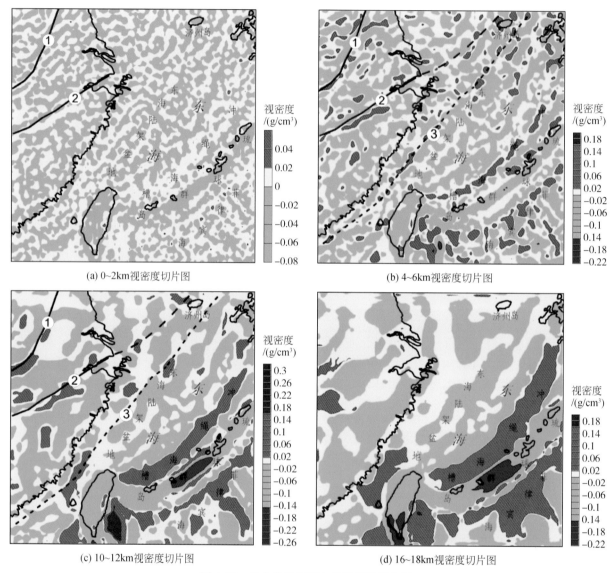

图4.54　几个典型深度上的视密度切片图

　　0～2km深度上的视密度切片图［图4.54（a）］上，视密度最大差值是0.12g/cm³，在0值视密度的背景上，图中大面积范围为数值很小的负值视密度覆盖，浅部的密度界面起伏不明显或密度差异不大。视密度等值线走向可以分辨出NE和NW向两组，其中NE向是优势走向。郯庐断裂、江绍断裂依稀可以从走向加以分辨。图中可以看到NW走向的视密度异常，似乎割断了NE向优势异常走向。

　　4～6km深度上的视密度切片图［图4.54（b）］中可以看到在0值视密度的背景上，出现了许多视密度异常圈闭。它们可组成呈串珠状异常条带，明显延NE分布。刻画出研究区东西分带的特征。在这个深度上，视密度最大差值是0.4g/cm³，明显大于0～2km深度上的视密度差。该深度上的视密度异常应该反映的是上地壳层内的异常地质质量。我们不仅可以清楚地在陆区划出郯庐断裂和江绍断裂的位置，而且江绍断裂入海部分也以正异常条带方式清晰地展现出来。因此有理由相信江绍断裂的确沿NE方向延伸入海，结束于韩国济州岛西侧，且有可能继续延NE方向延伸到朝鲜半岛，而不是通过济州岛南缘断裂延入日本九州（吴健生等，2005）。已经被多种地质地球物理现象证实存在的郯庐断裂在这里表现为一簇正视密度异常，推测在较浅的部位郯庐断裂可能由多个小断裂组成。在浙闽陆区海岸线东侧的海域里也能够看到多个 NE 向沿海岸线方向分布的串珠状正异常组成的一条正视密度异常条带，这应该就是靠磁力推测的东引–海礁隐伏断裂的反映，这条断裂在布格重力异常图和浅部视密度切片图中并没有得到显著体现，而在该深度切片图中反映得很清楚。

10~12km 的视密度图 ［图 4.54 (c)］ 相对于浅部的切片图，一些小型的视密度异常圈闭都消失了，而有些视密度异常圈闭范围扩大，不连续分布在郯庐断裂带，江绍断裂带和东引–海礁断裂上。如此看来，这三条断裂的发育深度都应该是比较深的。

16~18km 的视密度图 ［图 4.54 (d)］ 的最大视密度差为 0.39g/cm³。在这个深度上，已不能连续追踪到断裂带，但仍然可以看到局部有团状视密度异常分布。利用视密度反演的方法提高了重力异常对大的构造单元界线及深大断裂的分辨率。如本例中代表 3 个块体界线的三条深大断裂在多个不同的深度视密度切片图中都有清晰的反映，比之在布格重力异常图中的反映要明显的多，尤其对分辨出隐伏断裂很有帮助。

第五章 油气地球化学勘查

第一节 油气地球化学勘查综述

我国海洋油气地球化学探测始于 20 世纪 80 年代初期。1980 年，由上海海洋地质调查局和西德联邦地学与矿产资源研究所合作，在台北拗陷、瓯江拗陷进行了海底沉积物吸附烃及甲烷稳定同位素的调查；1988~1990 年，又在西湖凹陷开展了油气地球化学勘查工作；1989 年，中科院南海海洋研究所对南海珠江口盆地开展了油气地球化学剖面测量试验，剖面通过两个已知油气构造。试验结果在已知油气构造上方发现了清晰的多指标综合异常（周蒂等，1990）。1990 年，前地矿部物化探研究中心承担了南黄海海域油气地球化学测量试验，完成测点 352 个，控制海域面积 1000km^2，圈出综合异常 8 个，以及可指示含油气远景的有利区块，提供了钻探的井位。"八五"期间，东海平湖地区油气化探试验研究项目正式列入"八五"国家科技攻关项目，完成测点 300 个，控制范围 1800km^2，试验指标 38 项，圈出了 3 个异常，有 2 个异常与已知构造有较好对应关系并已列为勘探远景区。

2000 年以来，青岛海洋地质研究所开展了南黄海选定海域 1:50 万油气地球化学勘查（李双林等，2003），南黄海海域 11/34 区块油气目标地球化学探测（李双林等，2009），以及南黄海油气资源普查区域油气地球化学勘查等工作。

经历 50 多年的发展，迄今已经在南海、东海、黄海、渤海和台湾海峡等海域开展了油气地球化学探测工作，使海洋油气地球化学探测在样品采集、地球化学指标及分析测试、数据处理和解释评价等方面不断完善，特别是综合研究水平的提高，使海洋油气地球化学探测已经成为海洋油气资源勘探的重要技术方法。随着我国海洋油气资源勘探步伐的加快，海洋油气地球化学探测工作已经进入新的发展阶段。

第二节 油气地球化学勘查技术方法

一、海底沉积物酸解烃类气体地球化学

（一）理论基础

海洋油气地球化学探测的理论基础是海底烃类渗漏。从深部油气藏或源区沿着运移路径渗漏到海底表面的热成因烃类，特别是烃类气体，会在海底形成烃类地球化学异常和一系列的次生变化，提供丰富的深部油气特征和属性信息（Horvitz，1985；Abrams，1992，1996a，1996b，2001a，2001b，2001c；Abrams et al.，2004，2005）。

在近海沉积物中已经识别出热成因的低分子量烃类如甲烷、乙烷、丙烷、正丁烷、异丁烷、正戊烷和异戊烷等的存在。由于现代沉积物的温度和成熟度太低不能解释如此量的热成因气体的存在（Stahl et al.，1981；Faber and Stahl，1984），因此确信这些热成因的烃类气体产自更深的源区并且从深部运移到海底表面的沉积物中（Devleena et al.，2011）。

对烃类气体及其同位素组成特征的研究已识别出在化学组成和同位素特征具有明显区别的成因类型端元，包括热成因和生物成因烃类气体。热成因烃类气体形成于深部条件下，与深部油气藏和烃源岩关系密切，而生物成因烃类气体形成于近地表海底未成熟的沉积物，以甲烷气为主，主要由 CO_2 还原和乙酸发酵形成（Whiticar，1999）。

热成因烃类气体在向上渗漏过程中，由于各烃类气体指标在分子大小和性质上的差异，各组分之间

具有一定的分异，组成上可能存在巨大变化，但在总体气体组成上与生物成因气具有明显差别。另外，与烃类气体组成的巨大变化相比，在运移过程中，烃类气体的碳同位素组成的分异比较小，即使经过了长距离的运移，同位素比值仍能代表气体的成因特征（Abrams，1996a；Stahl，1974；Bernard et al.，1976；Schoell，1983a；James，1983）。因此，根据海底沉积物中烃类气体及其碳同位素组成特征能够了解深部源区的源岩特征，估计运移烃类的热成熟度，并与可能的油气藏和源岩进行对比（Stahl et al.，1981；Schoell，1984；Schumacher，1996）。

（二）技术方法

1. 样品采集

地质调查船导航采用中海达公司导航软件 Haida 海洋测量系统，取样点定位采用美国 Trimble 公司产 DSM132 型 DGPS 系统，定位误差小于 1m，每个站位取样偏差不超过 100m。海底沉积物柱状取样采用 DDC-Z-2 型振动取样器。在南黄海北部凹陷总共采集了 100 个站位的海底沉积物柱状样品，每个柱状样品长度均大于 2m。在实验室对柱状样进行分样，为防止有机质散失，样品用铝箔纸封装后，放置聚乙烯袋中，选择 100~150cm 段的样品进行酸解烃类气体和碳同位素组成分析。

2. 分析测试

1）酸解烃类

采集的样品在阴凉通风的室内晾干，手工碎样，全部通过孔径为 0.419mm 筛，混匀。缩分后取不小于 160g 装于带磨口塞的广口瓶内。称取粒径为 0.419mm 试样 50g 置于磨口烧瓶中，接到脱气系统上。磨口烧瓶置于 40℃的水浴锅中，缓慢滴加盐酸溶液，同时摇动烧瓶，至不再产生气泡时，停止加盐酸，平衡 20min。用玻璃注射器抽取脱出气体，记录脱出气体的体积，以排水集气法将气体注入盛满过饱和氯化钠溶液的密封容器内，供测定用。

正式测定样品前，先对标准气测定 3~5 次，标准气测定相对误差≤3% 时，方可测定样品。在测定过程中要定时用标准气检查仪器受控状态。用微量注射器准确抽取适量气体，迅速注入气相色谱仪，启动程序，采集数据，自动进行定性和定量计算。

方法测定指标主要包括 C_1~C_5 轻烃类组分，测定范围（以甲烷计）≥0.05μL/kg。

2）烃类气体碳同位素

酸解烃类气体甲烷、乙烷和丙烷碳同位素测定采用 Thermo Finnigan MAT253 气体同位素质谱计。样品经过酸解处理，获得酸解气，直接抽取酸解气样品进入 MAT253 碳同位素分析仪器，根据烃类气体浓度调整进样量。烃类浓度高，进样量少点可以少到几个微升，浓度低的，就进样量多点最多可以进 500μL。酸解气样品经过色谱分离，酸解气中的甲烷、乙烷、丙烷通过辅助设备转化成无机气体，进入稳定同位素质谱计后被电子流轰击转化成离子，离子流在磁场的作用下分离成不同质量的离子束，通过不同质量的离子束在接收器上产生的响应信号间的不同，计算机自动算出稳定同位素的比值。

（三）主要成果

南黄海北部拗陷 100 个站位海底沉积物酸解烃类气体，包括甲烷、乙烷、丙烷、正丁烷、异丁烷、正戊烷、异戊烷的含量，同时测试了甲烷、乙烷和丙烷碳同位素组成。所有站位均有检出甲烷碳同位素组成，97 站位检出乙烷碳同位素组成，90 个站位检出丙烷碳同位素组成。

海底沉积物酸解烃类气体含量变化分别为：甲烷（C_1）= 10~589μL/kg、乙烷（C_2）= 0.20~37μL/kg、丙烷（C_3）= 0.10~14.30μL/kg、正丁烷（iC_4）= 0.03~4.23μL/kg、异丁烷（nC_4）= 0.02~5.03μL/kg、正戊烷（iC_5）= 0.02~3.61μL/kg、异戊烷（nC_5）= 0.00~1.80μL/kg。酸解烃类气体碳同位素变化范围为分别为：$\delta^{13}C_1$ = -50.57‰~-36.44‰、$\delta^{13}C_2$ = -32.09‰~-28.31‰、$\delta^{13}C_3$ = -30.53‰~-25.46‰。

1. 烃类气体含量的频率分布特征

在酸解烃甲烷、乙烷和丙烷含量频率分布上，甲烷含量的主峰范围在 300~350μL/kg，乙烷含量的主峰在 17.5～22.5μL/kg，丙烷含量的主峰范围在 7～8μL/kg（图 5.1）。海底沉积物中甲烷与乙烷、丙烷等重烃类相比，含量明显偏高，C_1/C_2+C_3 值在 9.73～29.52。这种含量差异，一方面可能是甲烷与其他重烃类气体渗漏上升过程中的分馏引起；另一方面也可能是重烃类组分在深部运移过程中受到生物降解的结果。研究表明，在 2000～3000m，乙烷、丙烷等重烃组分均被严重生物降解，产生大量 CO_2，导致其含量降低，而甲烷不受降解影响，含量没有变化（Sven et al.，1996）。

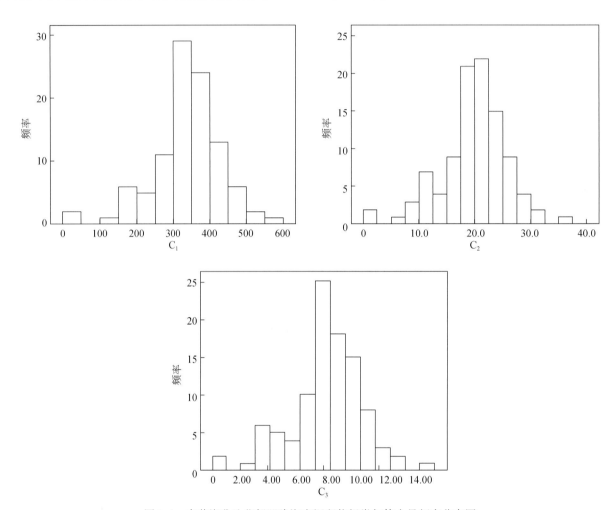

图 5.1　南黄海盆地北部凹陷海底沉积物烃类气体含量频率分布图

对南黄海北部凹陷酸解甲烷和重烃类气体（C_{2+}）的含量的空间变化研究表明，甲烷和重烃类气体（C_{2+}）具有相似的地球化学异常分布，地球化学异常区主要围绕诸城（ZC）7-1、诸城（ZC）13-1、诸城（ZC）1-2 和诸城（ZC）1-4 局部构造分布（李双林等，2009）。

2. 烃类气体碳同位素组成的频率分布特征

酸解烃甲烷、乙烷和丙烷碳同位素组成分布特征（图 5.2）显示，甲烷 $\delta^{13}C_1$ 主峰值区间在 -39‰～-41‰，乙烷 $\delta^{13}C_2$ 主峰值区间在 -29.5‰～-29.75‰，主峰范围窄，丙烷 $\delta^{13}C_3$ 主峰值区间在 -27‰～-27.67‰。烃类气体的同位素特征频率分布图中还具有碳同位素最大值随着碳数增加而富集 ^{13}C 的特征，如甲烷 $\delta^{13}C_1$ 为 -36.441‰，乙烷 $\delta^{13}C_2$ 为 -28.331‰，丙烷 $\delta^{13}C_3$ 为 -25.463‰。研究表明，来自同一源区和热成熟度的甲烷及其同系物的 $\delta^{13}C$ 值随着碳数的增加而增加，表现为 $\delta^{13}C_1 < \delta^{13}C_2 < \delta^{13}C_3$ 特征（Schoell，1983b；Stahl，1974）。从研究区 $\delta^{13}C$ 值随着碳数的增加而增加特征来看，南黄海北部凹陷海底沉积物中的酸解烃类气体具有同源特征。

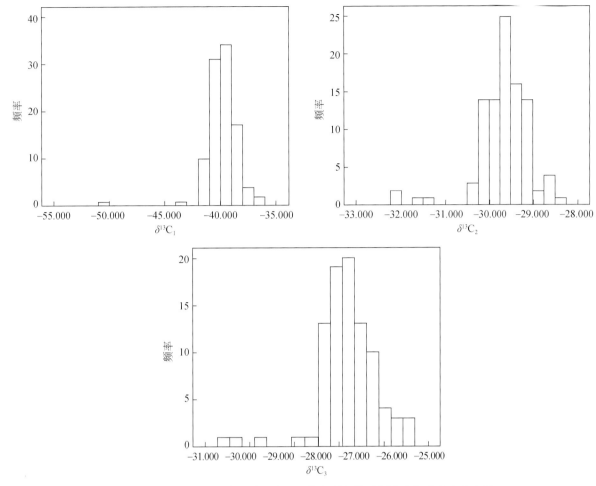

图 5.2　南黄海盆地北部凹陷海底沉积物烃类气体碳同位素组成频率分布图

　　通常，热成因烃类气体频率分布范围随着饱和烃类气体碳数的增加而变窄。南黄海北部凹陷海底沉积物烃类气体 $\delta^{13}C_1$ 频率范围变化为 14.13‰，$\delta^{13}C_2$ 频率范围变化为 3.76‰，$\delta^{13}C_3$ 频率范围变化为 5.06‰。$\delta^{13}C_2$ 和 $\delta^{13}C_3$ 的频率范围变化明显小于 $\delta^{13}C_1$ 的频率范围变化，总体显示热成因烃类气体的特征。但 $\delta^{13}C_2$ 和 $\delta^{13}C_3$ 的频率范围变化没有随饱和烃类气体碳数的变化而变窄，$\delta^{13}C_3$ 的频率范围变化较 $\delta^{13}C_2$ 频率范围变化范围大。这种频率分布图的样式扭曲可能是由于不同成熟阶段的气体混合，或者细菌蚀变影响的结果（Stahl，1974；Fuex，1977；Schoell，1983b；James，1990；Clayton，1991）。

　　通过油气天然和实验室裂解产生的烃类气体，显示从异丁烷—丙烷—乙烷—甲烷碳同位素逐渐亏损，即 $\delta^{13}C_4 > \delta^{13}C_3 > \delta^{13}C_2 > \delta^{13}C_1$（Stahl，1974；Clayton，1991）。南黄海沉积物中没有检测到异丁烷的碳同位素组成，丙烷—乙烷—甲烷的碳同位素组成变化显示逐渐亏损的特征，即 $\delta^{13}C_3 > \delta^{13}C_2 > \delta^{13}C_1$。热成因气体显示随着湿度变大含量逐渐降低，即含量变化顺序为 $C_1 > C_2 > C_3 > C_4 > C_5$，并且可以通过 $C_1/\Sigma C_n \leqslant 0.99$ 来识别（Sanez，1984）。南黄海北部凹陷海底沉积物 $C_1/\Sigma C_n$ 的变化范围为 0.88～0.96，低于 0.99，并且烃类气体的含量从甲烷到丙烷显示逐渐减少的趋势，显示热成因烃类的性质，$C_1/\Sigma C_n$ 的偏高可能与乙烷等重烃类气体组分的深部降解有关。

3. 烃类气体的成因类型

　　海底沉积物中的烃类气体主要有生物成因和热成因两种。利用经典的 Bernard 图解能够区分生物活动产生的气体与热成因气体（Bernard et al.，1976）。微生物降解产生的烃类气体的 $C_1/(C_2 + C_3)$ 大于1000，并且主要为甲烷，只含有少量的重烃组分（C_{2+}）。通常，甲烷在同位素组成上亏损 ^{13}C，$\delta^{13}C_1$ 值小于 −60‰。热成因过程产生一个更宽的低分子量烃图谱，$C_1/(C_2 + C_3)$ 值范围从 0～50，乙烷等重烃分子的贡献明显加大。南黄海海底沉积物的 $C_1/(C_2+C_3)$ 从 9.7 ~ 29.5,处于热成因范围。在 Bernard 图解上,所有样品点落入热成因烃类范围,没有明显生物成因烃类的特征(图 5.3)。

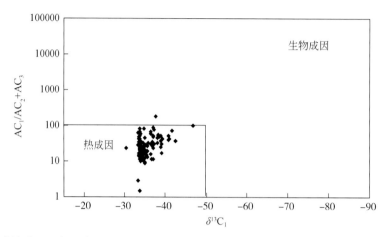

图 5.3 南黄海盆地北部凹陷海底沉积物酸解烃类气体 Bernard 图解(原图据 Bernard et al.,1976)

Abrams(1996b,2007)利用甲烷与甲烷碳同位素组成数据将烃类气体分为两类。

第一类中类型 I 是低甲烷含量的样品 [一般甲烷含量低于 200ppb(1ppb = 2.85301kg/m³)],甲烷富集^{13}C($\delta^{13}C_1 > -45‰$),类型 II 是具有高甲烷含量的样品(一般甲烷含量大于 1000ppb),甲烷亏损^{13}C($\delta^{13}C_1 < -55‰$),代表生物成因气或生物混源气。

第二类(类型 A)具有高的甲烷含量,甲烷碳同位素组成在热成因烃类范围(-35‰ ~ -55‰),指示热成因烃渗漏的存在。

南黄海北部凹陷海底沉积物中,低甲烷含量(9.74 ~ 310ppb)的样品有 2 个站位(含量分别为 289ppb 和 290ppb)落入类型 A 区,其余全部落入类型 I 区,高甲烷含量(大于 310ppb)的样品全部落入类型 A 区(图 5.4)。这些落入类型 A 区的样品中的酸解烃类气体可以认为是深部热成因烃类气体向上运移到地表环境后赋存在海底沉积物中的烃类气体。小于 310ppb 的样品多数在类型 I 区内,但有些样品明显靠近类型 A 区,这些样品有可能是深部热成因甲烷气体在运移过程中遭受了微生物氧化导致其含量降低,但同位素组成仍保留热成因的特征(Abrams,1996b)。

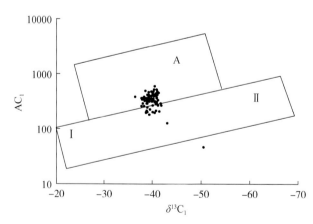

图 5.4 南黄海盆地北部凹陷海底沉积物吸附气甲烷碳同位素组成分类图(原图据 Abrams,1996b)

4. 烃类气体的源区特征及成熟度

Schoell(1983b)利用特定成因物质(陆源和海洋源)混合的方法进行了烃类气体的源区特征研究,进一步了解了烃类气体的成因和产出状况。根据 Schoell 图解,对来自南黄海北部凹陷甲烷含量大于 310μL/kg 的样品进行了 $\delta^{13}C_1$-$\delta^{13}C_2$ 源区特征的识别(图 5.5)。根据样品的 $\delta^{13}C_1$-$\delta^{13}C_2$ 特征可分为两种类型：一类是 $\delta^{13}C_1 > -40‰$，$\delta^{13}C_2 > -30‰$，代表 Schoell 分类中来自腐泥质壳质体有机质的非伴生气，即 TT（m）；另一类是 $\delta^{13}C_1 < -40‰$，$\delta^{13}C_2 < -30‰$，代表 Schoell 分类中的伴生气（T）。从样品数量看，研究区以 TT（m）型为主，只有 7 个站位显示后一类特征（T）。表明烃类气体以来源于腐泥质壳质体有机质的非伴生气为主。

与 C_1 相比，$C_2 \sim C_5$ 的浓度变化更有助于描述天然气的变化和还原及其成因，以及与成因有关的过程（Schoell，1983b；Abrams，1996b）。重烃类气体的含量受运移过程影响并且取决于深度。Schoell 观察到两种作用（图 5.6）：深部运移，用 Md 表示，代表深部甲烷气。在成油带下部的过成熟带中，这些气体已经形成或正在形成，并且导致重烃类含量的增加。浅部运移，用 Ms 表示，当烃类气体经浅部运移通过低渗透、未固结沉积物时会导致重烃组分的亏损（Coleman et al.，1977）。

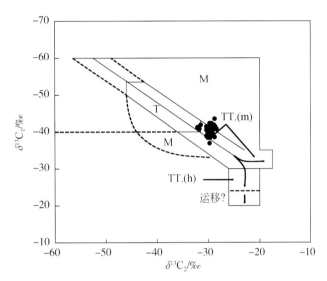

图 5.5　南黄海盆地北部凹陷海底沉积物吸附气甲烷与乙烷碳同位素变化相关图（原图据 Schoell，1983b）
TT.（m）. 腐泥型有机质来源的非伴生气；M. 混合来源气；TT.（h）. 腐殖型有机质来源的非伴生气；T. 伴生气
［详细说明一下，TT 是热成因气体形成的次级阶段，这个阶段紧跟成油的主要阶段，导致干气和深干气的生成，
而（m）是海洋或腐泥质有机质，（h）是特征的腐植有机质］

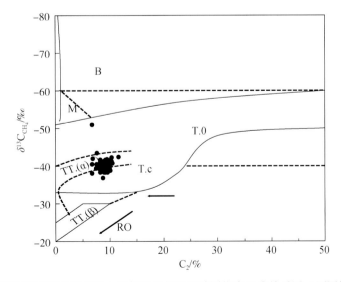

图 5.6　北部凹陷海底沉积物吸附气最大气体湿度与甲烷碳同位素组成关系图（原图据 Schoell，1983b）
TT.（α）. 腐泥型有机质来源的非伴生气；TT.（β）. 腐殖型有机质来源的非伴生气；T. o. 原油伴生气；
T. c. 凝析油伴生气；B. 生物成因气；M. 混合来源气

南黄海盆地北部凹陷海底沉积物中重烃组分相对于甲烷含量比例的偏低可能与烃类在向海底表面运移渗漏过程中出现亏损有关。

源岩类型和成熟度影响着生成的轻烃气体的同位素组成。根据成熟度和甲烷^{13}C含量的关系，可将$\delta^{13}C$作为一个定性的成熟度参数。尽管受到微生物氧化和混合等作用的限制，但通过比较甲烷与乙烷和丙烷的稳定碳同位素组成，能够确定热成因气体的源岩类型，并估算源岩成熟度（Whiticar and Faber，1986；Berner and Faber，1993）。

研究区酸解烃甲烷和乙烷的$\delta^{13}C$值主要位于$\delta^{13}C_1$与$\delta^{13}C_2$关系图版中海洋源岩一侧（Whiticar，1994），显示气体主要为来自海洋源岩的热成因气体（图5.7）。估算这些海洋源岩成熟度的镜质组反射率为1.2%~1.7%，显示处于成熟到过成熟阶段。$\delta^{13}C$值显示从$\delta^{13}C_3$—$\delta^{13}C_2$—$\delta^{13}C_1$的逐渐亏损，说明母质类型为腐泥质干酪根。Berner等（1996）发表的模式取决于干酪根的原始碳同位素组成和成熟度。由于富含酸解饱和烃类气体的近代海底沉积物是不成熟的，因此，这些酸解饱和烃类气体更可能来自深部成熟的源岩，并且其$\delta^{13}C$值提供了源岩成熟度的总体特征。

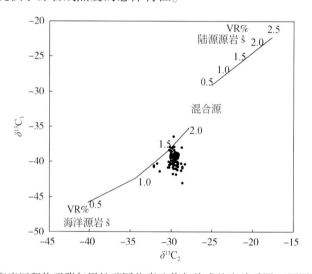

图5.7 北部凹陷海底沉积物吸附气甲烷碳同位素比值与热成熟度关系图（原图据 Whiticar，1994）

利用稳定同位素地球化学评价海底沉积物中烃类气体，进而指示深部烃类特征的研究方法，建立在大多数情况下烃类气体的运移没有明显改变烃类的同位素组成的理论基础之上（Fuex，1979；Chung et al.，1988）。然而，影响天然气体同位素特征的物理-化学过程对判定气体成因类型具有重要的限制作用（Faber and Stahl，1983；Lorant et al.，1998）。利用甲烷和乙烷体系的（$\delta^{13}C_1$-$\delta^{13}C_2$）与 ln（C_1/C_2）相关图（Prinzhofer and Huc，1995）对南黄海海底沉积物饱和烃类气体是否存在热成因和生物成因气的混合，热成因气的成熟度和烃类渗漏等进行了识别（图5.8）。

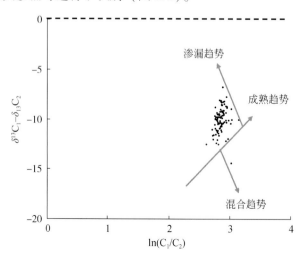

图5.8 北部凹陷海底沉积物吸附气 $\delta^{13}C_1$-$\delta^{13}C_2$（‰）与 ln（C_1/C_2）图（原图据 Prinzhofer and Huc，1995）

数据点显示随着成熟度增加，甲烷与乙烷同位素差值总体具有增加趋势，但幅度不大，ln（C_1/C_2）值集中在2.61~3.15，$\delta^{13}C_1$与$\delta^{13}C_2$差值范围在−14.43‰~−6.78‰。如果存在热成因气体与生物成因气体的混合，数据点应该偏离热成熟趋势，向同位素比值差更大的趋势变化（Prinzhofer and Huc，1995）。在南黄海北部凹陷海底沉积物除一个点显示可能具有混合特征外，其余点均未见混合特征。甲烷–乙烷体系另一种可能变化趋势是由于扩散渗漏使投点随成熟度增加显示减少趋势，甚至穿过$\delta_{13}C_1 - \delta_{13}C_2 = 0$线（Prinzhofer and Huc，1995）。在南黄海海底沉积物中没有见到投点穿过$\delta_{13}C_1 - \delta_{13}C_2 = 0$线，但有些投点显示随成熟度增加而减少的趋势。总体来看，南黄海海底沉积物以热成因烃类为主，并且有深部热成因烃向海底表面渗漏的存在。

二、海底沉积物三维荧光特征

（一）理论基础

三维荧光也称为全扫描荧光光谱（TSF），是以发射波长、激发波长和荧光强度三维空间谱图或以荧光强度等值线图或数字列表形式描述被测样品的技术。由Brooks等在同步扫描光谱的基础上发展起来的，这项技术有不少优点，能较快地得到多重荧光光谱，大大增加样品的荧光信息，所得荧光数据能永久储存在磁盘上，并可借助三维转换器以图谱、表格形式显示并打印出来，个别激发波长的荧光光谱能从总荧光光谱中抽取出来，并可进行最高荧光强度分析。

石油含有一系列在不同的发射/激发波长下不同荧光强度的最大值的芳香族化合物。每种芳烃化合物和原油都有其特定的荧光光谱峰形态特征（Brooks et al.，1983；Kennicutt，1988a，1988b；Barwise and Hay，1996）。因为渗漏物质包含与石油有关的一个或多个芳香环及其同源烷基化合物，所以它们也具有独特的荧光指纹特征，表现为在不同发射/激发波长下不同的最大荧光强度（MFI，即荧光光谱中主峰的最大荧光强度F_1）。

三维荧光光谱法是针对不饱和烃中具有一个或多个芳香环的芳香烃类有机组分的检测技术。测试时用250~500nm光线以10nm间隔照射沉积物的提取物，记录每个激发波长下的发射荧光光谱，形成三维图谱和等值线图。三维荧光光谱能半定量地估算所有高分子量芳香族化合物的含量（荧光强度），并显示为荧光芳香化合物的环数分布。石油多以三环或更多环的芳香化合物为主，而天然气、凝析气或无油气区的现代沉积物多为具低波长荧光特征的低环化合物。

此外，高分子芳香烃化合物的荧光光谱不易因生物降解作用和水洗作用而变形。通常，芳香族化合物最大荧光强度值（MFI）在降解作用过程中是比较稳定的，并且随着芳环的增多，这种稳定性还会进一步增强。石油以游离相的形式向地表扩散的过程中，选择性溶解作用和吸附作用会改变石油的化学组成，而石油的荧光光谱仅位移很小一段波长（<10mμm）。荧光光谱的变形程度取决于芳香环裂解程度，而芳香环的裂解只有在强烈的生物降解作用下才能发生。

三维荧光技术在表层油气地球化学调查中的应用，过去主要集中于确定化探异常、判别异常属性、抑制干扰及油源对比等方面（张学洪，1995；李武和雍克岗，1996；李焱和吕新华，2005；宋继海等，2002，2006；陈银节等，2007；燕子杰等，2008；邹伟，2008；李武等，2009）。李双林等（2003，2007）总结国外研究成果对高分子量烃在海洋油气化探中的应用进行了探讨，对各种检测方法的意义及问题进行了分析，随后分析了南黄海海底沉积物正构烷烃、萜烷、甾烷地化特征结果，并对有机质输入、成熟度和沉积环境进行了探讨，指出有石油源有机质混入的迹象（李双林等，2009）。

本章节研究主要是分析南黄海盆地北部拗陷海底近表层沉积物中三维荧光特征，结合其他地球化学测试指标，对其所指示的油气信息进行探讨。

（二）技术方法

样品选自南黄海盆地北部拗陷海底表层沉积物，主体是位于海底以下1.0~1.5m层段沉积物柱状样。

样品的三维荧光光谱分析由中国石化石油勘探开发研究院无锡石油地质研究所实验研究中心完成，检测依据为 SY/T6009.8—2003，检测仪器为 LS55 荧光光谱仪。样品的饱和烃气相色谱、芳烃质谱分析由长江大学完成，检测依据为 GB/T18340.2—2001，检测仪器为 Quattro Micro GC 双四级杆质谱仪。

为了最大限度地降低挥发性组分的损耗，在进行全扫描荧光分析时，在萃取之前，必须把干岩样保存在−40℃的环境下。分析时，先粉碎沉积物，用乙烷溶剂萃取 12h，然后把萃取物回蒸到近于干燥，用连续荧光扫描法在 200～500nm 波段内扫描。

在三维荧光光谱中有一些参数（表 5.1）对于油气异常预测、油源对比确定生油岩及原油成熟度，以及确定生油岩的生油门限和含油气评价等方面具有重要的指示意义（Abrams，2004，2005）。

表 5.1　三维荧光（TFS）参数解释（据 Abrams，2004）

参数	提供信息
最大荧光强度（单位）：最大发射波长和最大激发波长	（1）渗漏规模和水平（宏渗漏或微渗漏） （2）渗漏类型（油、凝析物、新近有机物）
R_1：激发波长 270mn 时，发射波长在 360nm 与 320nm 处荧光强度比值	（1）渗漏类型（油、凝析物、新近有机物） （2）API 重力值
设备类型	设备不同引起差异
稀释因子	用于修正 MFI 稀释因子

最大荧光强度（MFI）：最大荧光强度是记录在给定发射波长（max_ em）和激发波长（max_ ex）的最高荧光强度值。

最大发射波长 em 和最大激发波长 ex：对应于最大荧光强度的发射波长和激发波长。

R_1 值：代表激发波长 ex 在 270nm，发射波长 em 在 360nm 处荧光强度与 ex 在 270nm，发射波长 em 在 320nm 处荧光强度的比值。

浓度相对较大的样品可能需要稀释，修正后的最大荧光强度为：修正 MFI=实测 MFI×稀释因子。

根据三维荧光图谱和主要参数特征不仅可以分析海底烃类渗漏的存在，而且可以指示烃类异常属性特征。

（1）海底沉积物中最大荧光强度可以指示烃类渗漏的存在。Abrams 的研究表明，MFI 值小于 20000 单位时属于背景；MFI 值为 20000～50000 单位范围时属于背景和异常的过渡；MFI 值大于 50000 单位时属于异常（Abrams，2004）。

（2）三维荧光图谱中 MFI 的位置能够指示渗漏烃的类型（图 5.9）。原油及其有关样品的 max_ ex 为 280～330nm，并且 max_ em 为 380～400nm ［图 5.9（a）］。相比之下，含新近有机质的样品全荧光扫描光谱图显示激发波长 max_ ex 大于 330nm，发射波长 max_ em 大于 400nm ［图 5.9（b）］（Abrams，2004）。

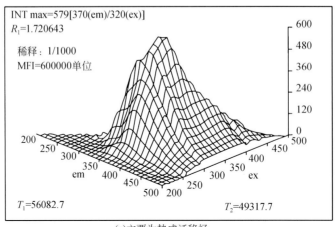

INT max=579[370(em)/320(ex)]
R_1=1.720643
稀释：1/1000
MFI=600000单位
T_1=56082.7　　　T_2=49317.7

(a)主要为热成迁移烃

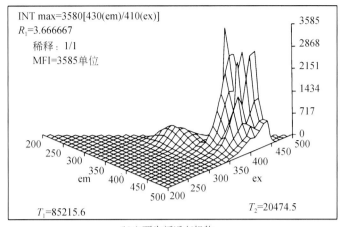

INT max=3580[430(em)/410(ex)]
R_1=3.666667
　　稀释：1/1
　　MFI=3585单位

T_1=85215.6　　　　T_2=20474.5

(b)主要为新近有机物

图5.9　墨西哥湾海底沉积物全荧光扫描图（据 Abrams，2001a，b）

（3）原油及有关样品的三维荧光光谱除具有相同的主峰位置外，指纹图的其他特征各不相同，可分为 O（凝析油）、B（轻质油）、Q（较重质油）3 种类型，每种类型具有相应的 a、K 和 R_1 参数范围（Brooks，1983；Kennicutt，1988），可根据主峰 T_1、次峰 T_2、三峰 T_3 和四峰 T_4 出现情况和 a、K 和 R_1 参数范围确定样品荧光指纹图的类型和油气性质（表5.2）。

表5.2　原油及有关样品荧光指纹图类型和油性质特征表

油性质	指纹图形状	峰值出现情况	K	R_1
凝析油	O	有 T_1、T_3（或 T_4）	0.65～0.80	>6
轻质油	B	有 T_1、T_2、T_3（或 T_4）	0.55～0.70	2.5～6
较重质油	Q	只有 T_1、T_2	0.40～0.60	<2.5

（4）油质预测。通过表面化探预测石油属性有多种方法。Horvitz（1985）认为不同的油型会呈现出不同荧光扫描图。比值 R_1 是芳烃环数的函数，R_1 的大小可估量三、四环芳烃对双环芳烃的相对优势，一般三、四环烃主要存在于正常沸点的原油中，而双环芳烃主要存在于凝析油中。Barwise 等（1996）经过计算 130 个油样推出了 R_1 值和 API 之间的经验公式，以此估算石油重力值。然而，热成熟度、生物降解和新近有机物输入同样会影响预测。

（三）主要成果

1. 荧光光谱特征

北部拗陷采集 100 个站位的 383 个表层沉积物样品进行了三维荧光分析。按照主峰强度由弱到强的规律对激发波长和发射波长进行统计（表5.3）可见，主峰激发波长 λ_{ex} 为 227～233nm，发射波长 λ_{em} 为 324～337nm。次峰激发波长 λ_{ex} 为 257～260nm，发射波长 λ_{em} 为 357～361nm。与中部隆起沉积物特征相比（董贺平等，2012），主峰激发波长和发射波长均略低，而次峰波长则略大。

表5.3　研究区三维荧光光谱特征参数统计

主峰强度 F_1	$F_1<700$	$F_1=700～800$	$F_1>800$
主峰激发波长 λ_{ex}	227～233/229	227～233/229	227～231/229
主峰发射波长 λ_{em}	324～337/328	325～344/328	326～342/331
次峰激发波长 λ_{ex}	257～260/259	257～263/259	258～260/259
次峰发射波长 λ_{em}	357～360/358	357～365/359	357～360/358

北部拗陷三维荧光主要参数指标与中部隆起基本相当或略高（董贺平等，2012）（表5.4）。最大荧光强度 F_1 标准差为248，变异系数为0.45，偏度为0.144。主峰陡度 K 平均值为0.59，略小于中部隆起。反映油气潜力的 R_1 值略高于中部隆起。

表 5.4　研究区三维荧光分析主要参数统计表

	F_1	F_2	K	R_1
极小值	52.4	24	0.3	2.18
极大值	1000.9	207.5	0.97	8.07
平均值	528.8	90.8	0.59	5.72

衡量油气渗漏量值和水平（微渗漏、宏渗漏）的三维荧光参数为最大荧光强度。如前所述 TDI-Bernard 等（2008）与 Abrams（2007）对 MFI 的下限划分是不同的。宏渗漏经常是指大量的运移烃，一般为可见的，与达西流体有关。微渗漏是不可见，但可检测。据此，并考虑到研究区 MFI 值普遍小于1000单位，比 Cole 等（2001）所确定的墨西哥湾低置信度样品 MFI 值还要低，所以确定研究区渗漏水平属于微渗漏。

2. 烃类渗漏异常的确定与空间分布特征

确定近地表烃类检测的背景和异常是非常复杂的。异常群体定义为一些样品的总烃含量远远高于建立的背景值。利用三维荧光划分表面油气地球化学异常区的重要指标为荧光强度，分为主峰荧光强度 F_1 和次峰荧光强度 F_2。TDI-Brooks（2008）根据印度尼西亚海上11个盆地地化数据分析并绘制图版，认为 TSF 最大荧光强度 MFI 大于10000单位才具有热成因烃渗漏的可能，而 Abrams（2005）的研究表明，MFI 值小于20000单位时属于背景、大于50000单位时属于异常、二者之间属于背景和异常的过渡。可见由于采用的仪器和测试的沉积物量的不同，MFI 值没有可比性，因此，要确定是否存在烃类渗漏异常，应根据实际情况分析，上述指标含量只是参考。结合北部拗陷三维荧光测试数据的特点，采用最适合于地表地球化学数据处理的图解数据分析方法确定。

图解数据分析方法对评价样品分布、帮助确定多组群体等方面提供了简便、直观的方法，使用最普遍的图解方法是频率直方图。异常群体定义为荧光强度明显高于研究区内给定的背景值的样品。

北部拗陷 F_1 基本呈正态分布，仅在某个数据区间频率比较高（图5.10）。如果对 F_1 进行标准化，则直方图更接近于正态分布。数据的主体位于 200~750 单位，750~800 缺少样品，大于800的样品共计15个。根据直方图形态将 800~900 作为荧光强度 F_1 低置信度异常，将大于900作为 F_1 高置信度异常（图5.11）。F_2 与 F_1 之间具有良好的相关性（相关系数达0.93），因此在异常区划分和讨论时以 F_1 为代表即可。

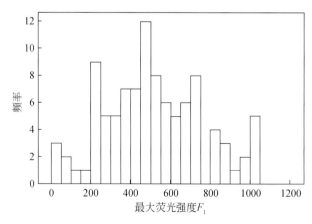

图 5.10　三维荧光最大荧光强度频率直方图

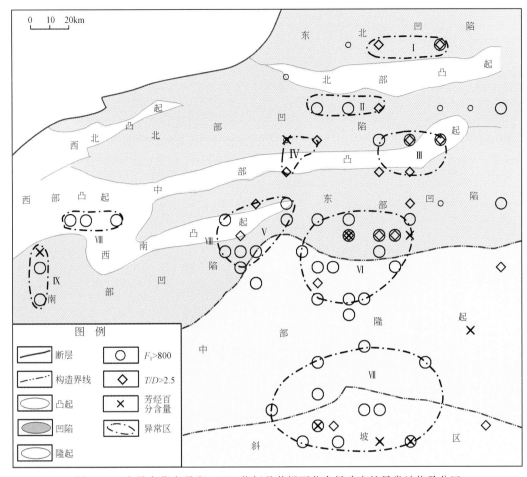

图 5.11 由最大荧光强度、T/D 指标及芳烃百分含量确定的异常站位及分区

Bernard（2008）使用 T/D 指标 [热成因烃/成岩作用来源的烃，$T/D = (\Sigma nC_n - (C_{27} + C_{29} + C_{31} + C_{33})) / (C_{27} + C_{29} + C_{31} + C_{33})$] 评价样品中存在的新渗漏油气。其依据为在以植物蜡为主要成分的沉积物中奇碳数正构烷烃 $n\text{-}C_{27}$、$n\text{-}C_{29}$、$n\text{-}C_{31}$、$n\text{-}C_{33}$ 占优势，这可以认为是成岩来源烷烃的指标，高 T/D 值可能指示了热成因渗漏烃的存在。

根据北部拗陷 50 个样品和中部隆起 146 个样品的气相色谱分析结果，将 T/D 指标 [$T/D = (\Sigma nC_n - (C_{27} + C_{29} + C_{31} + C_{33})) / (C_{27} + C_{29} + C_{31} + C_{33})$] 大于 2.5 作为热成因烃渗漏形成的异常下限（董贺平，2012），即虽然这些样品的最大荧光强度<1.5，但相信其仍然具有热成因渗漏烃的信息。据此形成饱和烃确定的渗漏异常分布图（图 5.11），由图可知 T/D 异常与 F_1 异常在空间上具有一定的联系，F_1 的 8 个异常样品中有 6 个样品在同时或在附近出现 T/D 异常，因此可以说明这些异常样品的选取是具有可信度的。

另外，根据北部拗陷 31 个样品和中部隆起 87 个样品的芳烃色谱-质谱分析结果，对其中 2 环（萘）、3 环（惹烯、芴、菲和蒽）、4 环（荧蒽、芘、苯并 [a] 蒽和䓛）、5 环（苯并荧蒽、苯并 [a] 芘、苯并 [e] 芘和苝）化合物进行百分含量统计（图 5.12），将 5 环芳烃百分含量低于 30% 的 8 个样品作为芳烃确定的渗漏异常分布站位（图 5.11）。由图可知，北部凹陷有 1 个异常，南部凹陷西部出现 1 个异常，东部凹陷靠近中部隆起有 2 个异常，中部隆起南部斜坡具有 3 个异常。该指标异常分布与其他指标异常基本重合或在附近，吻合情况良好。

根据上述 F_1、T/D 及芳烃百分含量指标异常分布形态，结合中部隆起三维荧光异常分布特征进行综合分析，可以将异常样品分为 9 个区（图 5.11）。I区和II区分别位于北部凸起的南北两侧，呈条带状分布，为 F_1 和 T/D 指标异常；III区位于中部凸起的最东端，呈弧形分布，为 F_1 和 T/D 指标异常且符合性强；IV区位于中部凸起中部，呈弧形分布，由 3 指标异常组成；V区西南凸起和南部凹陷的东端，为 2 指标异常；VI区位于中部隆起与东部凹陷相邻部位，呈椭圆状分布，区内 3 指标出现异常；VII区位于中部隆

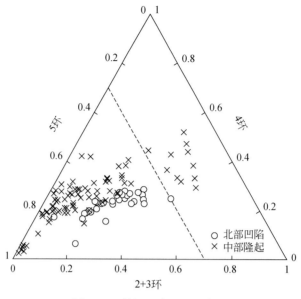

图 5.12　芳烃百分含量三角图

起及南部斜坡位置，异常范围大，南部出现 3 指标异常；Ⅷ区位于西部凸起中部，呈线性分布，为 F_1 异常；Ⅸ区位于南部拗陷西部，为 2 指标异常。

3. 油气地球化学异常属性判断

　　含热成因烃的样品三维荧光光谱最大荧光强度 MFI 出现在激发波长为 280～330nm、发射波长为 380～400nm 的范围内，而含新近有机质的样品最大荧光强度出现在激发波长为 330+nm、发射波长为 400+nm 的范围内（Abrams，2005）。根据三维荧光图谱主峰发射波长和激发波长出现的位置，可初步判断异常属性。

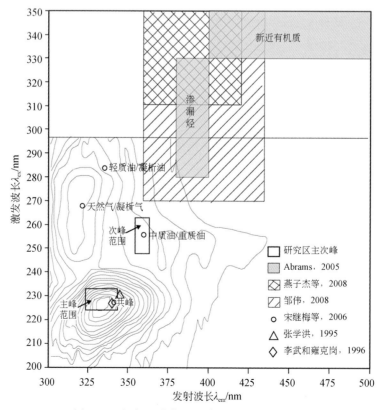

图 5.13　根据三维荧光光谱特征确定油气属性

图5.13为根据多个文献编制的利用三维荧光波长判识油气属性的应用结果，其中图谱形态为研究区北部凹陷内某一样品。可见不同作者对油气的三维荧光图谱主峰位置的认识不同，多数研究认为激发波长大于250~270nm，甚至达到400nm。而南黄海沉积物中芳烃三维荧光主峰波长多位于（227~233）／（324~344）范围内，似与宋继海等（2002）提出的共峰（228/342）位置匹配。次峰波长多位于（248~263）／（357~365）范围内。因此，研究区样品三维荧光光谱指纹未见明显的油气信息特征，反映的为共性峰特征。另外样品测试过程中激发波长小于300nm，无法表现出多环的芳烃信息，值得在今后测试中考虑数据的完整性。

利用 K-R 图版分析由 F_1、T/D 和芳烃百分含量确定的北部凹陷26个异常样品的油气属性，其中具有油气属性的样品占5个（图5.14），均为凝析油性质样品，分布情况为：Ⅱ区1个样品、Ⅲ区2个样品、Ⅳ区1个样品、Ⅴ区边部1个样品。该结果与中部隆起10个具有油气属性的样品中7个为凝析油3个为轻质油的认识（董贺平等，2012）基本一致，倾向于该区油质以凝析油为主。值得注意的是通过 K-R 图版判断油气属性的标准制定，主要是通过总结原油样品三维荧光光谱特征后设定的，对松散沉积物样品中热成因烃三维荧光光谱特征判断油气属性的分析还是空白，这有待于在油气渗漏已知区进行深入对比研究。

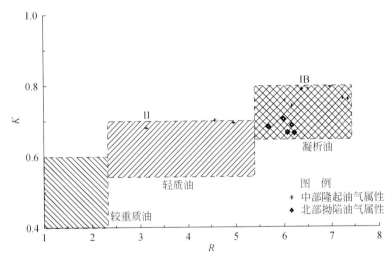

图5.14　根据 K-R 图版判断北部拗陷异常区的油气性质

三、饱和烃类及生物标志物地球化学特征

（一）理论基础

目前，全球已在许多地方观测到油气渗漏至海底的浅地表特征。油气通过断层、泥火山、裂缝、盐构造等运移通道渗漏至地表，根据流量多少、强度大小可以分为宏渗漏和微渗漏（Abrams，1992）。宏渗漏是高浓度的烃类渗漏，用肉眼可以观测到并且与连续流动有关，其浅层表现特征如墨西哥湾表面油膜、海底的冷泉构造、麻坑构造、气烟囱等物理特征。微渗漏的海底表面特征很难被观测到，通常是用地球化学手段检测与油气相关的烃类异常（Abrams，2005）。目前应用最为普遍的表面地球化学方法是通过研究轻烃类气体异常来评价海底油气渗漏系统，通过分析低分子量烃类气体（C_1~C_5）海底表面异常，即用轻烃类气体分子参数——C_1~C_5烃类和非烃类气体组成碳、氢同位素特征（Schoell，1983）来判识海底油气渗漏是否存在及烃类异常的来源：热成因、生物成因，或者是混合成因。

随着先进科技手段及技术方法应用的不断深入，高分子热成因烃（HMW）成为评价油气渗透的辅助指标，其可对低分子的轻烃类气体异常做一些有益的补充。常用的方法有高分子烃类（C_{12+}）全萃取气相色谱法（GC）、色谱/质谱法（GC/MS）和全扫描荧光法（TSF）。

全萃取气相色谱法是用不同的有机溶剂抽提的有机质进行气相色谱仪分析，主要是通过饱和烃色谱图的峰型、难容复杂化合物（UCM）、新近有机质（ROM）、奇偶碳优势等信息定性地判断有机质的来源、成熟度等信息（Abrams，2005）。例如，渗漏油的一个强的气相色谱响应值包含大量 UCM "鼓包" 和完整的正构烷烃分布，其分布模式与热成熟原油的分布特征相似，即碳数范围大，奇偶优势弱；其中 UCM（μg/g）<C_{23} 代表着运移上来的热成因部分烃，UCM（μg/g）>C_{23} 代表着新近有机质部分。弱的气相色谱响应值显示出 UCM 小，碳数范围少，与未成熟的近代有机物的分布特征相似，具有明显奇偶优势。如果说全萃取气相色谱中显示了渗漏烃特点，那么 GC/MS 给出的生物标志物数据可以更为精细地提供渗漏特点及其本质（Harry，2010），成为识别低含量油气渗漏的有效手段之一（Logan，2009）。

生物标志物是地质样品中的有机组分，它与其前驱物（生物体）具有一定联系，GC/MS 数据可以识别出低含量的热成因的渗漏烃，从而提供重要的信息，如化石有机质的物质来源，有机质的沉积环境，由上覆地层的埋藏产生的地热引起的有机质热成熟，以及生物降解的程度。GC-MS 提高了渗漏烃的检测能力，可较为容易地排除极性更高的新近有机质的干扰。

南黄海是一个典型的半封闭型陆架海，在区域上分为三隆两拗（蔡东升，2002；张家强，2002），发育有多套烃源岩，主要有二叠系的三套优质烃源岩和古近系和新近系两套烃源岩，烃源岩成熟度范围为 0.2%～3.6%（杨树春等，2003；戴春山等，2003；姚伯初，2006），从浅层的低熟–成熟阶段，至深层的高熟–过熟阶段。本书通过对南黄海北部海底表层沉积物饱和烃分子地球化学特征进行研究，分析该区高分子烃类地球化学场特征，研究有机质的物源问题及其沉积环境，为深部油气渗漏寻找证据。

（二）技术方法

研究区位于南黄海盆地北部拗陷内，共 48 个站位（图 5.15）。

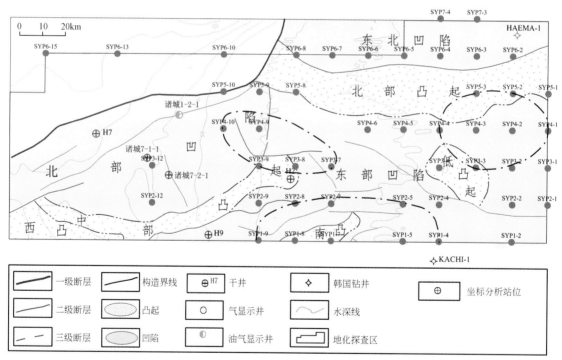

图 5.15　研究区位置及取样站位图

取样采用震动取样器采集海底沉积物柱状样品，每根柱状样品长度不小于 2m。研究测试的沉积物有机质饱和烃生物标志物参数的样品来自于海底表面以下 1.0～1.5m 深度范围，被分析的样品用铝箔纸包装，平铺，以方便储存和运输。包装的沉积物样品封装在塑料袋内放置于 -20℃ 的冰柜中冷冻保存，从而尽可能减少微生物的活动，然后送入实验室进行分析测试。对采集深度段的海底柱状沉积物样品进行有机质的索氏抽提，族组分分离、饱和烃色谱、饱和烃色谱–质谱（GC-MS）分析。所采用的实验仪器为

Agilent 6890N 气相色谱仪和 Agilent 6890N-5975IMSD 色谱/质谱仪，检测依据 GB/T18340.5—2001 和 GB/T18340.2—2001。

(三) 主要成果

1. 饱和烃气相色谱特征

使用 Agilent 6890N 气相色谱仪定量检测了饱和烃链长 $C_{12} \sim C_{40}$ 范围内正构烷烃的含量，从实验得到的色谱图中可以看到，低碳数的正构烷烃先流出色谱柱，高碳数的正构烷烃后流出色谱柱；随着保留时间的增加，碳数相邻的正构烷烃组分之间的出峰时间间隔逐渐加大；色谱图前后两端的组分峰较小，其余的正构烷烃系列呈现一定的分布规律；其中，用于定量计算含量的内标 24-氘烷的色谱峰位于 C_{23} 和 C_{24} 烷烃组分之间，且偏近于 C_{24} 组分，如图 5.16 所示。

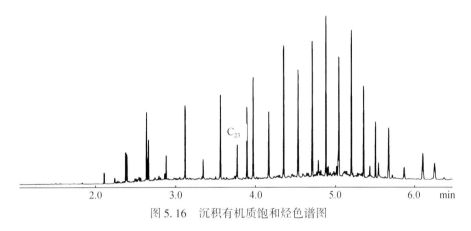

图 5.16 沉积有机质饱和烃色谱图

研究区海底沉积物样品饱和烃气相色谱图主要表现为三类特征，描述如下：

1) 双峰型，以后峰为主

研究区海底沉积物的抽提有机质中正构烷烃的碳数分布范围较宽，从 $C_{15} \sim C_{38}$ 分布，大部分样品的 C 数分布图（图 5.17）表现为双峰型，并以后峰为主。前峰以 C_{18} 为主，具有偶数碳优势；后峰以 C_{29} 或 C_{31} 为主，奇偶优势较明显。

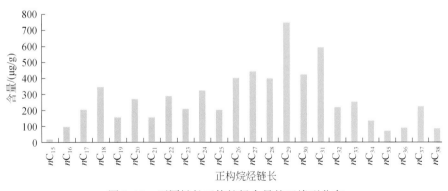

图 5.17 不同链长正构烷烃含量的双峰型分布

一般来说，碳链较短的低碳数正构烷烃主要来源于海洋浮游藻类和细菌，来自海洋浮游藻类的正构烷烃碳数主要集中在 C_{21} 以前，以 C_{15}、C_{17} 和 C_{19} 为主，具有奇碳数优势，细菌的作用或者石油污染产生的正构烷烃不具有明显的奇偶碳数优势（Hostettler et al.，1999；朱纯等，2005）。碳链较长的高碳数正构烷烃主要来源于陆地高等植物表层蜡质，碳数主要集中在 $C_{25} \sim C_{35}$，具有奇碳数优势特征，以 C_{27}、C_{29} 和 C_{31} 最为丰富（Eglinton，1967；Goni，1997）。由此表明研究区海底沉积物大部分是由前峰群的海源有机质和后峰群的陆源有机质共同输入的结果，并以陆源高等植物输入为主，与前人研究结果相吻合（李双林等，2009；赵美训等，2011）。

2）前峰型

海底沉积物有机质中正构烷烃分布在 $C_{12} \sim C_{33}$ 之间，分布范围宽，主峰碳为 C_{17}，以前峰型为主，奇偶优势不明显，或者是以偶数碳优势（图 5.18）。研究区内各站位沉积有机质的饱和烃色谱图基本都含有不溶复杂化合物（UCM）的小"鼓包"，表明主要是受微生物作用或石油烃混入共同作用产生的结果。表现为前峰型色谱图特征的样品在研究区内零星分布。

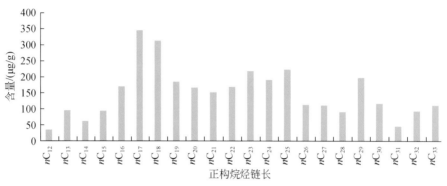

图 5.18　不同链长正构烷烃含量的前峰型分布

3）后峰型

研究区海底沉积物有机质中正构烷烃分布范围宽为 $C_{17} \sim C_{38}$，峰形表现为正态分布（图 5.19），以后峰型为主，主峰碳为 C_{29} 或 C_{31}，多数以 C_{29} 为主，奇数碳优势明显，碳优势指数（CPI）最高达 5.09，表明有机质来源于陆源高等植物，显示此类特征的沉积物样品在研究区内分布不多。

综上所述，研究区内沉积物有机质中饱和烃正构烷烃的分布范围宽，以双峰型为主，是低等水生生物和陆源高等植物蜡共同输入的结果，而以单一的物源控制有机质分布特征的海底沉积物样品在研究区内比较少见。各站位的有机质饱和烃色谱图中均出现 UCM 鼓包，表明海底表层沉积物受到微生物降解作用或石油烃的混入。

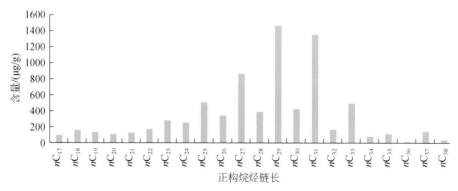

图 5.19　不同链长正构烷烃含量的后峰型分布

2. 正构烷烃分布特征

1）正构烷烃总量（$\sum C_{12} - C_{38}$）

南黄海北部表层沉积物正构烷烃总含量变化范围 在 105.09 ~ 17405.33 μg/g，平均值为 5573.13 μg/g，最高值与最低值之间相差上百倍，正构烷烃的总含量（ΣC_{10-38}）分布（图 5.20）中可以看出，范围较大较明显的高值区有两个，在北部凸起的中东部为高值域，总烃含量最高；在北部凹陷、中部凸起和东部凹陷的交汇处有一呈环状分布的高值区域，总烃含量次之。由此可见研究区内有机质中正构烷烃总量由东向西呈现出高—低—高的特点，离海岸线由近及远表现出其含量逐渐减少的趋势（西北至东南向），由此可见正构烷烃总含量与陆源有机质的输入有关。

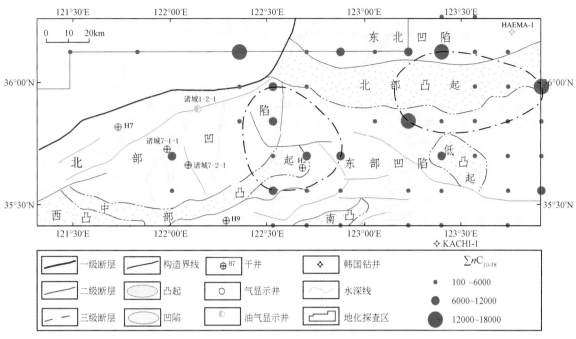

图 5.20　南黄海北部表层沉积物正构烷烃的总含量 ΣC_{10-38} 的空间分布

2）轻/重烃比值（L/H）

该比值为小于 C_{21} 的短链正构烷烃的总量与大于 C_{22} 的长链正构烷烃的比值。Gearing 等（1976）研究表明：通常情况下藻类、浮游生物和原油中该比值接近于 1，而在沉积性细菌、海洋动物和高等植物中该比值很小。在南黄海北部海底表层沉积物的有机质中轻/重正构烷烃的比值范围在 0.09~0.96，大部分样品的轻/重烃比值在 0.3 以下，并且在各站位有机质的饱和烃色谱图中发现基本都含有不溶复杂化合物（UCM），表明有机质中存在着微生物的降解作用，使得低碳数的海源生物难以保存，从而使陆源高等植物高碳数的正构烷烃占优势。由图 5.21 中可以看出，L/H 值具有明显的由北向南轻烃组分含量逐渐增加的特点。在东部凹陷的南端有一个高值区，即前峰群低碳数的正构烷烃含量明显上升（$L/H>0.5$）；在北

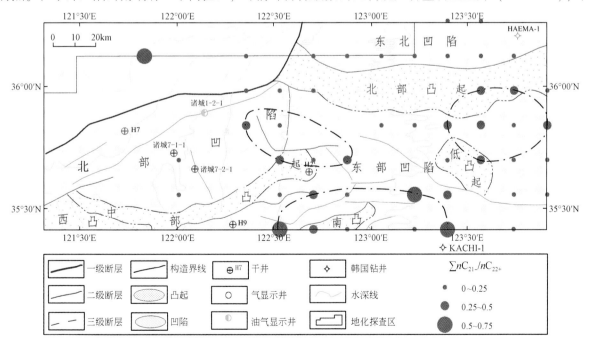

图 5.21　南黄海北部表层沉积物正构烷烃的 L/H 的空间分布

部凹陷和东部凹陷交汇处及北部凸起和东部凹陷的东部有一环状的中值区，即 *L/H* 烃比值分布范围在 0.25~0.5；而在东北凹陷内 *L/H* 烃值很低（<0.25），表明陆源高等植物的输入占优势。该比值与距离海岸线的远近有关，近海岸线区该比值表现出低值特征，远海岸线区该比值显示出高值特点，由此表明轻/重烃的值在南黄海北部海域明显受陆源高等植物输入的控制。

　　3）Pr/Ph

　　类异戊二烯烃在支链烷烃中最常见的是姥鲛烷（Pr）和植烷（Ph），研究发现，它们在部分浮游植物、底栖硅藻、浮游动物、细菌中均以低浓度出现，而在石油中高度富集，可作为石油污染的较好指标（Volkinan et al.，1980）。姥鲛烷和植烷在南黄海北部沉积物有机质中含量都比较高，二者的均值分别为 231.1μg/g 和 317.87μg/g。此外，Pr/nC_{17} 和 Ph/nC_{18} 值表示油类的存在，高值表示被降解的油的存在，低值表示低降解。调查区内 Pr/nC_{17} 值范围为 1.1~1.79，均值为 1.3；Ph/nC_{18} 值分布范围在 0.52~1.79，均值为 1.23，姥鲛烷和植烷的含量比相邻的正构烷烃含量高，表明研究区内可能存在被降解的石油烃。

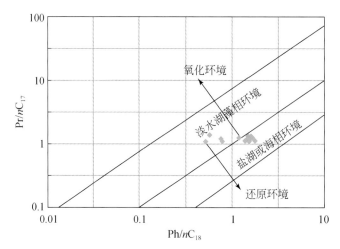

图 5.22　南黄海北部沉积物 Pr/nC_{17} 与 Ph/nC_{18} 比值交汇图

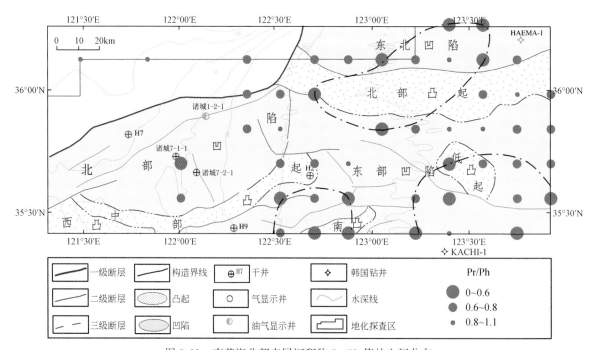

图 5.23　南黄海北部表层沉积物 Pr/Ph 值的空间分布

另外，姥鲛烷和植烷能够很好地反映有机质的原始沉积氧化还原条件，也可以作为水体介质盐度的标志。一般认为，姥鲛烷和植烷主要来源于植醇，植醇在弱氧化还原介质条件下形成姥鲛烷；在还原偏碱性介质条件下形成植烷。一般认为 Pr/Ph<1，表示缺氧的沉积环境，Pr/Ph>1 表示是在氧化条件下（王铁冠，1990）。南黄海北部沉积物中有机质 Pr/Ph 值分布在 0.35～1.03，主频在 0.6 左右，显示了有机质是在强还原环境下沉积的，有利于有机质的保存（图 5.22）。从南黄海北部沉积物 Pr/Ph 值的平面分布图（图 5.23）可以看出，整个区域沉积物中有机质的保存条件较好，为缺氧的还原环境下的沉积，尤其是在东部凹陷的东南角、西南角和东北凹陷内的有机质 Pr/Ph 值小于 0.6，为更加缺氧的沉积环境，而在研究区的中东部 Pr/Ph 值较高，有机质沉积于弱氧化-弱还原环境，有机质的沉积环境较差。

3. 饱和烃 GC-MS 生物标志物参数

生物标志物（biomarker）是一类重要的地球化学指标，它是由特定生物产生的、化学性质稳定的一系列有机分子化合物，生物体死亡后这类有机化合物在沉降和埋藏过程中较为稳定，依然保存了原始生化组分的碳骨架，由不稳定的生物构型转化为稳定的地质构型，记载了特定的母源信息。由于生物标志物与其母源有一定的结构联系和相关性，从而可以用于指示环境和物质来源。

1）萜烷生标特征

A. 藿烷/莫烷

藿烷/莫烷的值是一项确定有机质成熟度的良好指标，随着有机质成熟度的增加，该比值不断增大。在未成熟阶段其比值一般小于 1.0，进入成熟阶段为 4.0～7.0，一旦进入高成熟阶段其比值大于 7.0。从南黄海北部沉积物藿烷/莫烷值空间分布（图 5.24）可以看出，在东部凹陷的东北和西南端有机质的成熟度较高，进入了成熟阶段。

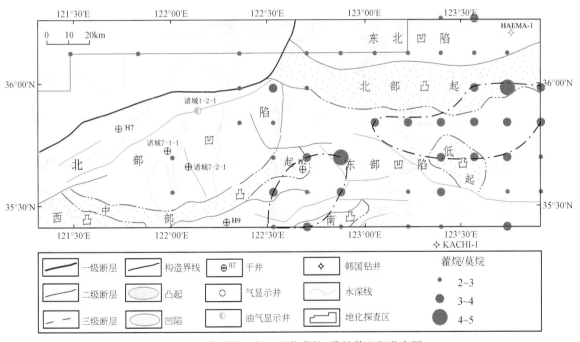

图 5.24　南黄海北部沉积物藿烷/莫烷值空间分布图

B. C_{31} 藿烷-22S/（22S+22R）

C_{31} 藿烷-22S/（22S+22R）值是有机质成熟度很好的地化参数，一般而言，在热演化过程中该比值可以从 0 升至 0.6（0.57～0.62 为平衡值）。22S/（22S+22R）值在 0.5～0.54 范围内的样品刚刚进入生油阶段，而当比值在 0.57～0.62 时则表明样品已达到或超过生油的主要时期。从南黄海北部沉积物 C_{31} 藿烷-22S/（22S+22R）值分布（图 5.25）可以看出，有机质的成熟度普遍不高，大部分研究样品的 22S/（22S+22R）值小于 0.5，仅在调查区东部凹陷的东北和西南端处该比值分布范围在 0.5～0.6，有机质进入了成熟阶段，它的分布特征与藿烷/莫烷值参数特征相似。

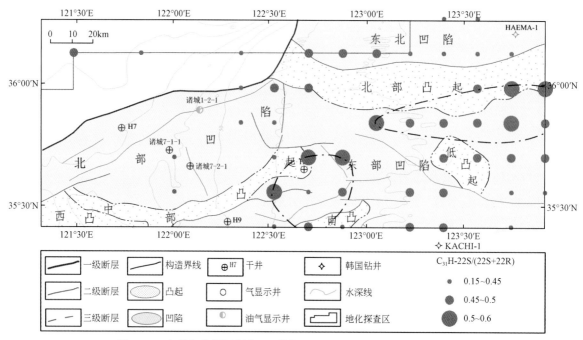

图 5.25　南黄海北部沉积物 C_{31} 藿烷—22S/(22S+22R) 值空间分布图

2）甾烷生标特征

A. $C_{27-29}\alpha\alpha\alpha R$ 规则甾烷

甾烷化合物是最常见的一种生物标志物，C_{27}-C_{28}-C_{29} 规则甾烷对物源指示具有高度专属性，一般认为 C_{27} 甾烷主要反映浮游生物的贡献，C_{28} 甾烷主要反映藻类的贡献，C_{29} 甾烷主要反映陆生植物的贡献。研究区海底沉积物 C_{27}、C_{28}、$C_{29}\alpha\alpha\alpha R$ 规则甾烷主体呈 V 字形分布，有的样品以 C_{27} 规则甾烷占优势，有的则以 C_{29} 规则甾烷占优势。由图 5.26 可以看出，研究区海底沉积物有机质是由双源控制的，即有陆源高等植物贡献，又有海洋的浮游动植物贡献，与饱和烃色谱特征相吻合，多以双峰型为主要特征。其平面分布特征如图 5.27 所示，陆源高等植物主要落于研究区的中间位置，由北向南呈一带状的分布，此特征是否与古河道有关有待进一步证实。

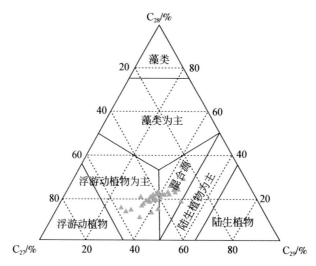

图 5.26　南黄海北部海域沉积物中甾烷组成三角图

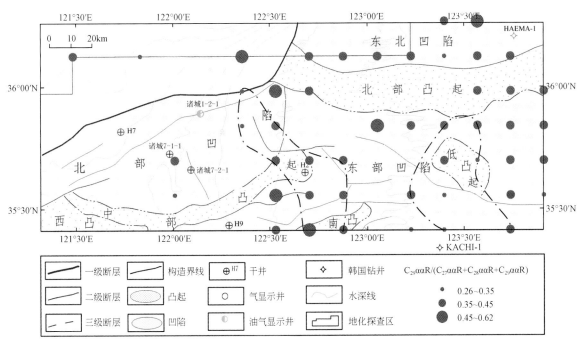

图 5.27　南黄海北部沉积物 $C_{29}\alpha\alpha R/(C_{27}\alpha\alpha R+C_{28}\alpha\alpha R+C_{29}\alpha\alpha R)$ 比值空间分布图

B. $C_{29}-20S/(20S+20R)$

$C_{29}-20S/(20S+20R)$ 比值是评价有机质成熟度的常用地球化学参数，随着成熟度的增加，甾烷的同分异构体的 S 构型逐渐凸显，由生物构型转化成稳定的地质构型，最终达到一个热平衡值 0.52 ~ 0.55，当该比值大于 0.4 时表明有机质进入了成熟阶段（张水昌，2011）。从南黄海北部调查区 $C_{29}-20S/(20S+20R)$ 比值空间分布（图 5.28）可看出，调查区内有机质的成熟度普遍较高，大部分的研究样品都已进入了成熟阶段，在调查区的中部有一个呈条带状分布的高值区，与以上几个成熟度指标和 nC_{21-}/nC_{22+}、Pr/Ph 值分布图中高值区相吻合。

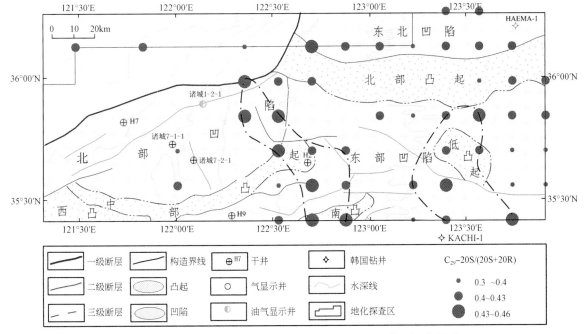

图 5.28　南黄海北部沉积物 $C_{29}-20S/(20S+20R)$ 值空间分布图

第三节　油气地球化学勘查在南黄海的应用

一、南黄海选定海域 1 : 50 万油气地球化学勘查

2000 年，国土资源大调查项目"南黄海选定海域 1 : 50 万油气地球化学勘查"在南黄海选定海域部署了地球化学测线 5 条，其中南北向 4 条，东西向 1 条，完成地球化学勘查取样 70 个站位。综合各剖面上烃类气体地球化学指标的异常特征，编制了烃类地球化学异常图（图 5.29）。在这些烃类气体指标的地球化学异常图上可见，异常区主要位于调查区的北部，在北部可进一步分为东部和西部两个异常区，分别与已知圈闭构造对应，西部异常区与已知油气显示井位置符合。烃类气体异常属性判别结果显示，异常区 $C_1/\Sigma C_n \times 100$、$C_1/C_2$、$C_3/C_1 \times 100$ 值，以及甲烷碳同位素组成变化均在热成因烃范围内，而且乙烷、丙烷等非生物成因烃的异常稳定。热释碳酸盐异常与烃类气体异常在空间上一致，表明烃类气体渗漏时间较长，且现在仍有深部烃源渗漏（李双林等，2002）。

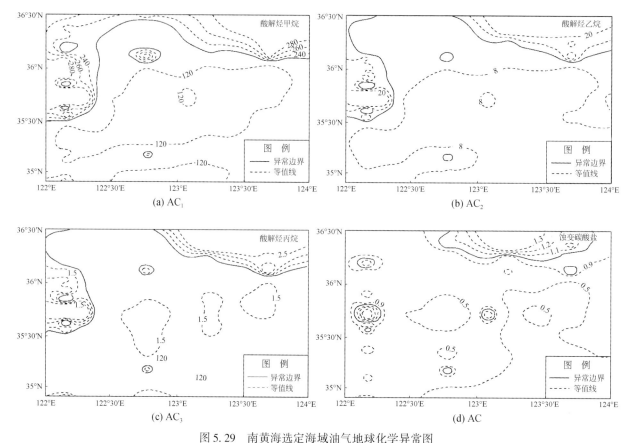

图 5.29　南黄海选定海域油气地球化学异常图

二、南黄海 11/34 区块油气地球化学勘查

2007 年，青岛海洋地质研究所受美国 DEVON 能源公司委托，在南黄海海域 11/34 区块内进行了以钻探井位优选为目的的油气目标地球化学勘查，探测的局部构造主要有 ZC7-1 构造、ZC13-1 构造和 ZC13-3 构造等（图 5.30）。围绕几个局部圈闭和主要断裂构造布设了 73 个地球化学取样站位（图 5.30），并按照取样站位与构造的关系，将取样站位分为 6 组。

第一组 8 个取样站位，位于区块内 ZC13-1 局部构造区。目的是通过地球化学样品采集和指标分析，确定 ZC13-1 局部构造区海底油气渗漏情况和含油气性。8 个取样站位在二维地震剖面、浅地层剖面和侧扫声呐镶嵌图上不同程度地显示了可能与油气渗漏有关特征。

第二组 5 个取样站位，位于区块的南部凹陷区。目的是了解南部凹陷区的油气渗漏特征和含油气性。

第三组 15 个取样站位，位于 ZC7-1 局部构造区。目的是了解 ZC7-1 局部构造区是否存在海底油气渗漏，评价 ZC7-1 局部构造的含油气性。

第四组 28 个取样站位，位于区块内东部凸起区的西缘断裂带上。这是一条位于东部凸起区西缘规模较大的区域断裂带。取样站位除与断裂构造关系密切外，还与 ZC13-3 局部构造位置靠近，目的是了解这条断裂带在海底油气渗漏中的作用，以及 ZC13-3 构造的含油气性。

第五组 12 个取样站位，位于区块内东部凸起区。目的是了解东部凸起区海底油气渗漏特征。

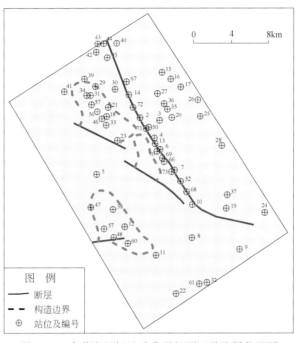

图 5.30　南黄海目标地球化学探测区及取样位置图

第六组 5 个取样站位，位于凹陷或构造之间的中部凸起区。目的是了解凸起区是否存在油气渗漏及区域地球化学背景。

表 5.5 给出了 11/34 区块油气目标地球化学探测采用的主要地球化学指标及其数值特征。据表 5.5 给出的异常下限，确定了目标区各指标的异常分布特征。顶空气甲烷有异常点 20 个，其中在 ZC7-1 构造、ZC13-1 构造和两个凹陷区各具有一个高异常点分布，异常分布以围绕 ZC7-1 构造最为集中。酸解烃类有异常点 23 个，异常点主要分布在 ZC7-1 构造和凹陷边界断裂带上，在凹陷内部也有异常点出现。全扫描荧光有异常点 25 个，点主要分布在 ZC7-1 构造、ZC13-1 构造，以及区块东北部凹陷及其边界断裂带上。总烃有异常点 24 个，异常点主要围绕凹陷边界断裂分布，在 ZC7-1 构造和 ZC13-1 构造上也有低异常分布。

为了进一步综合分析地球化学异常及其分区特征，选取酸解烃甲烷、酸解烃乙烷、顶空气甲烷、全扫描荧光的 F_1、F_2 和 F_3，以及 K-V 指纹分析给出的总链烃和总烃共 8 个指标，进行叠合异常分析。

表 5.5　主要地球化学指标数据特征

指标	最小值	最大值	均值	标准偏差	异常下限
AC_1/（μL/kg）	76	625	319	93.79	380
AC_2/（μL/kg）	4.2	37.6	18.57	6.49	23
HC_1/（μL/kg）	1.1	315.9	27.86	28.37	30

续表

指标	最小值	最大值	均值	标准偏差	异常下限
F_1	78.3	1558.5	355.1	164.8	450
F_2	40.6	611.5	129.18	60.35	120
F_3	80.5	240.2	137.58	31.72	110
NA	0.3	4690.3	590.9	831.7	500
TA	53.91	6811.4	1375.3	1060.7	1500

注：AC. 酸解烃类；HC. 顶空气烃类；F. 荧光强度；NA. 总链烃；TA. 总烃。

叠合异常分析确定了具有叠合异常的站位共计 20 个站位，其中 2 组指标叠合异常的站位有 13 个，3 组指标叠合异常站位 5 个，4 组指标叠合异常站位 2 个（图 5.31）。叠合异常主要分布在 ZC7-1 构造、ZC13-1 构造和 ZC13-3 构造，以及凹陷边界断裂带上。

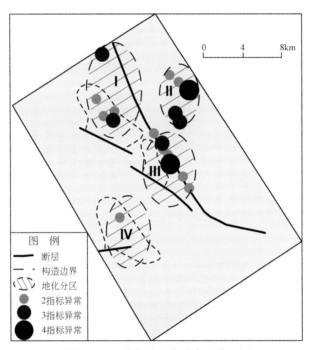

图 5.31　地球化学叠合异常及分区图

综合分析地球化学异常特征，将目标区划分为 4 个地球化学区。

（1）地球化学 Ⅰ 区位于区块西北部，与 ZC7-1 构造位置符合，主要地球化学指标异常齐全，异常强度与叠合程度高。

（2）地球化学 Ⅱ 区位于区块东北部，处于东部生烃凹陷内，主要地球化学指标齐全，异常强度与叠合程度高，未见好的局部构造。

（3）地球化学 Ⅲ 区位于区块中部，与东部凸起西缘断裂和诸城（ZC）13-3 局部构造位置靠近，主要地球化学指标齐全，异常强度与叠合程度高。

（4）地球化学 Ⅳ 区位于 Ⅰ 区块西南部，与诸城（ZC）13-1 构造位置符合，地球化学指标较齐全，异常强度中等。

根据地球化学异常分布特征并结合相关地质资料综合分析对 4 个地球化学区含油气性进行了排序，结果是 Ⅰ 区 ＞ Ⅲ 区 ＞ Ⅱ 区 ＞ Ⅳ 区。据此建议钻探井位布设在 Ⅰ 区（ZC7-1 构造）或 Ⅲ 区［诸城（ZC）13-3 构造］上。

三、南黄海区域地球化学勘查

南黄海区域性的油气地球化学勘查工作始于 2009 年，2009 年和 2012 年分别在中部隆起和北部拗陷完成 501 个站位和 100 个站位的地球化学勘查取样。通过样品室内处理与实验室分析测试，获取有机地球化学分析测试数据 2273 组。其中粒度分析 2273 组，顶空气、固相微萃取和吸附丝分析测试各 601 组，底层海水和低空大气烃类分析测试各 260 组，海底沉积物微生物鉴定数据 260 组，海底表层沉积物常量元素、微量元素和有机碳分析测试数据 601 组。

（一）酸解烃类气体及其地球化学异常特征

由于酸解烃类气体指标具有良好的正相关关系，选择了酸解烃甲烷作为代表性指标进行异常特征分析。酸解烃甲烷剩余异常主要有 4 处规模较大的异常，分别位于调查区西北部、中南部、东北部和西南部（图 5.32）。

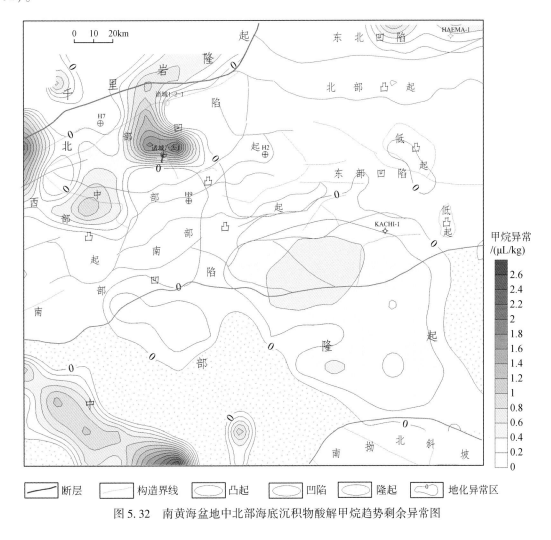

图 5.32　南黄海盆地中北部海底沉积物酸解甲烷趋势剩余异常图

（1）西北部异常规模较大，呈面状分布，异常强度高，主要分布在北部拗陷的北部凹陷范围内，向北穿过千里岩断裂带，向南达到中部凸起西部且强度降低。异常区范围内或附近有多个钻孔，主要有 H7 井、诸城 1-2-1 井、诸城 7-2-1 井和诸城 7-1-1 井等，其中诸城 1-2-1 井见有油气显示。

（2）中南部异常呈面状分布，为规模最大的异常，但强度不高，在构造上位于北部拗陷与中部隆起的过渡区，异常区范围内分布有 KACHI-1 井。异常中心位于北部拗陷与中部隆起的中间线附近，异常向东南延伸较远。

（3）东北部异常范围较小，异常强度中等，在构造上位于北部拗陷的东北凹陷内。异常范围内有HAEMA井。

（4）西南部异常强度中偏高，在构造上位于中部隆起范围内。异常范围内没有钻井。

（二）热释烃类气体的异常分布特征

热释烃类气体异常以热释烃甲烷为代表。在调查区范围内有6处规模较大的剩余异常（图5.33）。

（1）西北部异常位于千里岩隆起和北部拗陷过渡带上，异常规模不大，强度不高。

（2）中西部异常位于北部拗陷范围内，向西南延伸至中部隆起，靠近西部边缘，呈近北西向延伸，规模小，强度不高。

（3）西南部异常主体位于中部隆起范围内，规模中等，强度不高。

（4）中部异常是区内规模较大的异常，呈面状分布，强度较高。异常主体位于北部拗陷范围内，向南延伸至中部隆起，向北穿过千里岩断裂带进入千里岩隆起。异常在北部拗陷内部涉及的次级构造单元有北部凹陷、东部凹陷、南部凹陷、中部凸起、南部凸起和北部凸起等，异常区内有H2和KACHI-1井等。

（5）东北部异常规模不大，中等强度，位于北部拗陷内，涉及的次级构造单元有东北凹陷、北部凸起和东部凹陷，异常区范围内有HAEMA-1井。

（6）东南部异常，规模小且分散，强度不高，位于中部隆起及其与南部拗陷的过渡区。

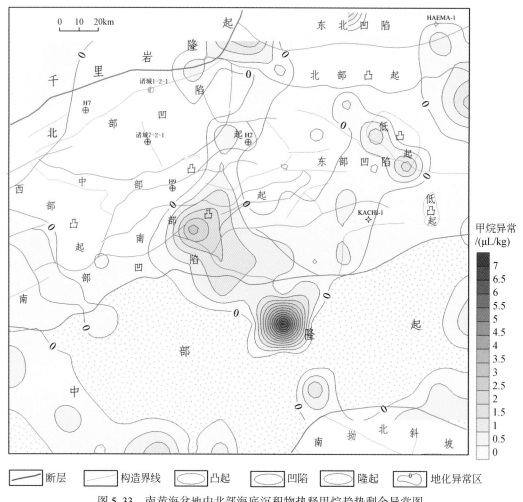

图5.33　南黄海盆地中北部海底沉积物热释甲烷趋势剩余异常图

（三）顶空烃类气体的异常特征

海底沉积物顶空烃类气体的异常分布特征主要以顶空甲烷为代表。调查区顶空甲烷有 8 个大小不等的剩余异常。其中有 4 个异常位于北部拗陷，2 个异常位于中部隆起，1 个异常位于千里岩隆起千里岩断裂北侧（图 5.34）。

（1）北部拗陷西部的 1 个异常面积较大，强度较高，穿过了北部凹陷、西部凸起、中部凸起和南部凹陷等几个次级构造单元，向南延伸至中部隆起。

（2）北部拗陷中东部有 4 个规模较大异常，其中 3 个异常大致呈环形分布，1 个异常位于北部凹陷和东部凹陷过渡区，内有 H2 井；1 个异常位于北部凸起和东部凹陷过渡区，向北延至东北凹陷；1 个异常主体位于南部凸起和东部凹陷，内有 H9 和 KACHI-1 井。另 1 个异常位于东北凹陷东北角，异常强度低，规模小。

（3）中部隆起的 2 个异常，西部异常强度较高，但规模小，为单点异常，东部异常强度不高，但异常面积较大。

（4）千里岩隆起千里岩断裂北侧 1 个异常，异常强度中等，规模小，为单点异常。

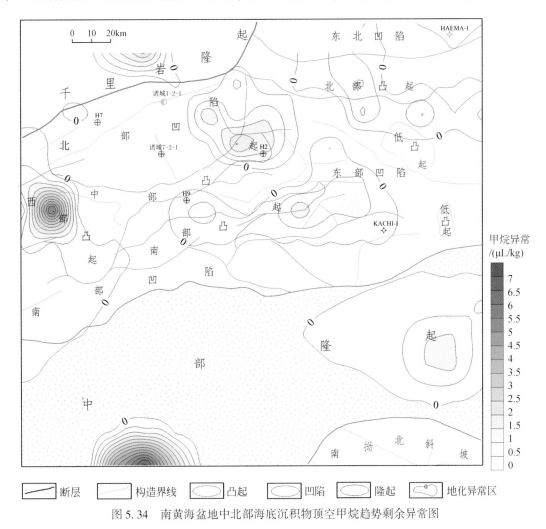

图 5.34　南黄海盆地中北部海底沉积物顶空甲烷趋势剩余异常图

（四）芳烃及其衍生物地球化学异常特征

芳烃及其衍生物总量 260nm 异常在调查区内见多个异常分布（图 5.35），其中规模最大的异常位于调查区东部，但异常强度不高，另外一些异常虽然强度较高，但规模有限。在构造上位于北部拗陷与千里岩隆起之间的异常有 2 个，北部拗陷内部的异常有 4 个，其中最东部异常向南延伸至中部隆起，1 个异常位于北部拗陷与中部隆起之间,中部隆起上见4个异常,其中东部的2个异常向南延至南部拗陷。总体来看,芳烃及其衍生物总量260nm异常分布较为零散,多以单点和两点异常为主,异常主要分布在不同级别的断裂构造上,受断裂构造控制明显。

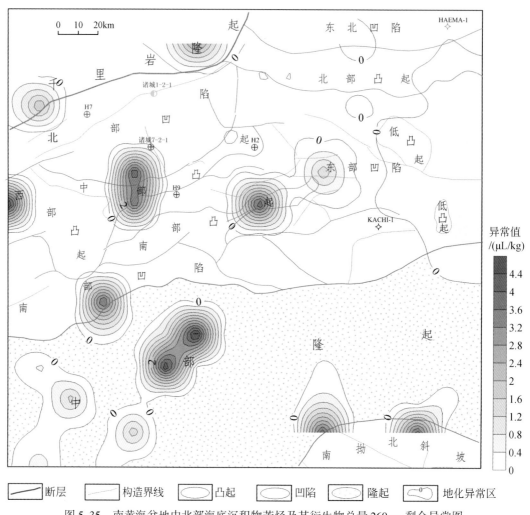

图5.35　南黄海盆地中北部海底沉积物芳烃及其衍生物总量260nm剩余异常图

(五) 稠环芳烃地球化学异常特征

稠环芳烃总量325nm在调查区由西向东分布有多个剩余异常(图5.36)。规模较大的异常有两个:一个位于北部拗陷中部,异常强度较高,大致呈环形分布,涉及多个次级构造单元,异常范围内有诸城7-2-1、诸城7-1-1和H2等多个钻井;另一个异常位于北部拗陷与中部隆起的过渡带上,呈近东西向延伸,强度高。此外,在调查区的东北角有一个异常,位于北部拗陷的东北凹陷、北部凸起和东部凹陷的东端,异常范围内有HAEMA-1井。

(六) 蚀变碳酸盐 (△C) 地球化学异常特征

蚀变碳酸盐 (△C) 异常主要集中在调查区内中部,构成一个穿过北部拗陷和中部隆起的环状异常。异常总体呈北东向展布,有三个明显的高值异常点。其中两个位于北部拗陷,一个位于中部隆起。异常区内分布有H2和KACHI-1井。另外,在东北凹陷的HAEMA-1井附近也有一个低幅度异常(图5.37)。

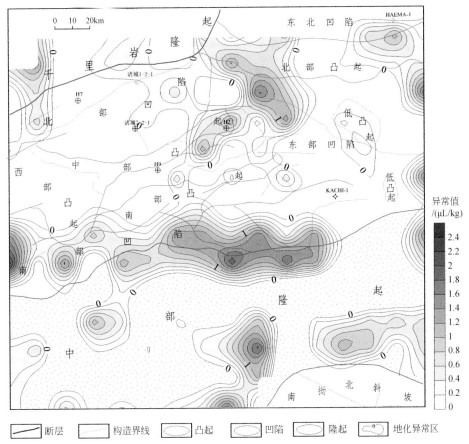

图 5.36　南黄海盆地中北部海底沉积物稠环芳烃 325nm 异常图

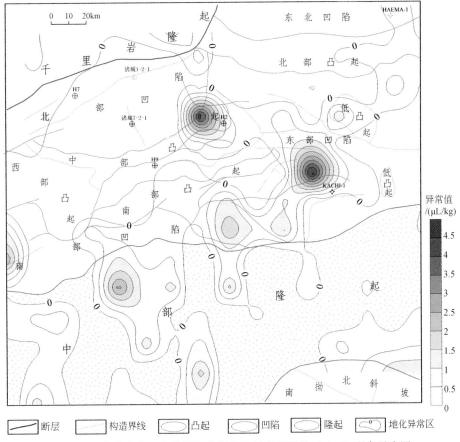

图 5.37　南黄海盆地中北部海底沉积物蚀变碳酸盐（△C）剩余异常图

四、地球化学异常及其地质意义

依据钻井资料和地震–地质推测解释，南黄海盆地北部拗陷发育上古生界、中生界侏罗系和上白垩统泰州组 3 套主要烃源岩。据泰州组烃源岩热演化分析结果预测北部盆地石油总资源量达 20 亿 t（冯志强等，2008）。上古生界烃源岩虽然没有钻遇，但构造解释认为具有二叠系大隆组和龙潭组含煤碎屑岩、栖霞组碳酸盐岩、下三叠统碳酸盐岩（姚永坚等，2008），该套烃源岩整体成熟晚，至白垩纪才普遍成熟，为下扬子地区重要的生烃层（金之钧等，2013）。据此认为北部拗陷具有良好的油气资源前景。只要在有效的生烃凹陷中心附近（朱平，2007），在油气运移的主要指向上具有有利构造，则可以形成古生古储、古生新储、新生新储或新生古储的油气藏。无论这些油气藏的充满度如何，只要存在有效的渗漏通道，就会在浅层形成油气地球化学异常。

（一）海底沉积物酸解烃类气体及其碳同位素组成的地质指示意义

海底沉积物酸解烃类气体及其碳同位素组成特征揭示了烃类气体的成因类型、源区特征，对南黄海盆地北部凹陷的油气勘探具有重要的指示意义。

（1）海底沉积物酸解烃类气体的 C_1/C_2+C_3 与 $\delta^{13}C_1$ 相关图和 C_1 与 $\delta^{13}C_1$ 相关图显示烃类气体主要来自热成因源区。

（2）海底沉积物酸解烃类气体组合与碳同位素组成同标准模式相比较表明，这些酸解烃类气体来自深部埋藏有机质，可能主要是海洋腐泥质源岩受热形成气体及来源于海洋腐泥质壳质体有机质的非伴生气，这些海洋腐泥质源岩的成熟度镜质组反射率在 1.2% ~ 1.7%，表现为成熟到过成熟特征。

（3）海底沉积物中重烃组分相对于甲烷含量的比例偏低，可能与烃类向海底表面的运移渗漏有关。甲烷和乙烷体系的 $\delta_{13}C_1$—$\delta_{13}C_2$ 与 $\ln(C_1/C_2)$ 总体具有随成熟度增加而增大的趋势（也有个别点显示随成熟度增加而减小），表明有深部热成因烃类气体向海底表面渗漏。

（二）海底沉积物三维荧光异常区的地质意义

北部凹陷沉积物三维荧光主峰激发波长/发射波长为 227 ~ 233nm/324 ~ 337nm，次峰出现在 257 ~ 260nm/357 ~ 361nm 之间，最大荧光强度为 52.4 ~ 1000.9。

根据频率直方图法确定最大荧光强度低置信度异常下限值为 800，T/D 指标异常下限为 2.5，根据芳烃百分含量组成确定五环芳烃含量小于 30% 的样品为渗漏异常样品，据此划分了 9 个异常区。并对异常区内 26 个样品进行了油气属性判断，5 个具有油气属性的站位均指示为凝析油性质。

Ⅰ区位于东北凹陷靠近北部凸起的断裂处，2 指标叠加，异常点略少。东北凹陷发育厚层的上古生界至古近系（YN-2 剖面）（姚永坚等，2008），具备形成油气藏的良好烃源条件，排出的烃沿南部控凹断裂近距离运移后，如遇有利构造则可形成油气藏，继而在凹陷边界出现油气地化异常区。该区指示的油气远景良好，可靠性取决于构造是否发育。

Ⅱ区位于北部凸起南斜坡、Ⅲ、Ⅳ区位于北部凹陷与东部凹陷的北部凸起附近，推测局部构造应较为发育。北部凹陷中生代烃源岩厚度小于东部凹陷，但北部凹陷东西两翼进行比较则厚度相差不大（SH-1、YN-2 剖面）（姚永坚等，2008），据 ZC1-2-1 井的油气显示情况，推测北部凹陷东侧具有生烃潜力。东部凹陷中生代烃源岩厚度与北部凹陷相当，但推测上古生代地层更厚，推测其生烃潜力与北部拗陷相当。3 个地球化学异常区内异常点较多，指标类型较丰富，具有油气属性的站位较多，是良好的异常区。其中在Ⅳ区范围内、中部凸起上钻探了 H2 井，该井缺失白垩系（戴春山，2011），未见油气显示，但也说明Ⅳ区为勘探的关注区带。上述Ⅱ区、Ⅲ区、Ⅳ区的可靠性取决于烃源岩的发育情况。

Ⅴ区位于南部凹陷东端与西部凸起之间，异常点较多，但较为零散。该区位于凹陷边部，烃源岩厚度及有机质含量可能欠缺，尽管构造较为发育，但其指示的油气可靠性较低。

Ⅵ区异常点同样零散分布，但在该区北部多个站位出现多指标异常。该区北部位于东部凹陷与中部凸起的断阶带，前已述及东部凹陷烃源岩发育，因此异常的可靠性取决于有利构造的落实，总体上具有较好的可靠性。

Ⅷ区位于南部凹陷中心部位，异常点较少，由两个指标组成。南部凹陷发育古近系阜宁组和上白垩统，其中暗色泥岩厚达712m（戴春山，2011），烃源条件较好，若在断阶带存在有利局部构造，应是较好的油气远景区。

其他区位于中部隆起和西部凸起上方，因缺少必要的烃源条件，可靠性较差。

根据异常指标的符合性、与构造的匹配程度、烃源岩的发育情况综合判断，Ⅰ区可靠性强、油气前景良好，Ⅱ区、Ⅲ区、Ⅵ区北部和Ⅸ区可靠性较好，Ⅳ区和Ⅴ区可靠性一般，其余则较差。

值得注意的是，以上讨论一是基于油气地球化学异常为主，二是对缺乏资料的古生代烃源岩认识不足，三是构造区划的认识仍以中—新生代为主，对异常区只是初步划分，有待于随勘探程度的提高而逐步深化。

（三）饱和烃类及生物标志物地球化学特征及其地质意义

（1）南黄海北部海底沉积有机质的饱和烃色谱图的峰形和主峰碳的特点显示，有机质是陆源高等植物和海源低等水生生物双源贡献的结果，而由单一物源控制的沉积物较少，仅零星分布。饱和烃正构烷烃的总含量和轻/重烃比值明显受陆源有机质输入的控制，随着离海岸线越远，陆源高等植物含量逐渐减少，轻烃组分含量逐渐增多。

（2）Pr/Ph值表现出南黄海北部海底沉积有机质在缺氧的还原条件下沉积，尤其是在东部凹陷的南部区域有机质的沉积环境最佳。石油源指纹参数 Pr/nC_{17} 和 Ph/nC_{18} 值均较高，分别为 1.10～1.79 和 0.52～1.79，推测可能存在外源有机质的污染，但在大多数的饱和烃色谱图中均出现了 UCM "鼓包"，不排除微生物降解作用使正构烷烃含量减少的可能性。

（3）轻/重正构烷烃比值在东部凹陷的南部区域的有一环状的高值区，（nC_{21-}/nC_{22+}>0.5），可能与外源石油烃的输入有关。

（4）成熟度参数藿烷/莫烷比值和 C_{29}-20S/（20S+20R）比值的空间分布图吻合性比较好，在东部凹陷的西部和中部区有一高值的环状异常，有机质都已进入成熟阶段，并且演化程度较高，与近代沉积物有机质特征不相匹配。

五、综合地球化学异常区及其含油气性评价

通过各类地球化学指标异常特征的综合分析，南黄海盆地中北部划分出4个综合地球化学异常区，并选取包括异常强度、构造符合程度、烃源岩性质、烃类气体、芳烃类、微生物和蚀变碳酸盐共7个要素分级和得分进行综合评价。按异常与构造的符合程度分为3级，得分分别是符合2分，部分符合1分，不符合0；按烃源岩性质分为3级，好2分、中等1分、差0分；按异常强度分为2级，高强度为2分，低强度为1分，按各类地球化学指标异常是否存在分为3级，齐全为2分，部分齐全为1分，无异常为0分；得分累积在12～14分为一级，9～11分为一级，6～8分为三级（表5.6），并据此划分出南黄海中北部4个（A、B、C、D）油气远景区（图5.38）。

表5.6　南黄海中北部综合地球化学异常区累积得分及评价结果

油气远景区	异常强度	构造符合程度	烃源岩	异常指标				累积得分	评价结果
				烃类气体	芳烃类	微生物	蚀变碳酸盐		
A	2	2	2	1	1	0	1	9	二级油气远景区
B	2	2	1	1	2	2	2	12	一级油气远景区
C	2	1	1	2	1	0	2	9	二级油气远景区
D	2	2	1	1	1	0	1	8	三级油气远景区

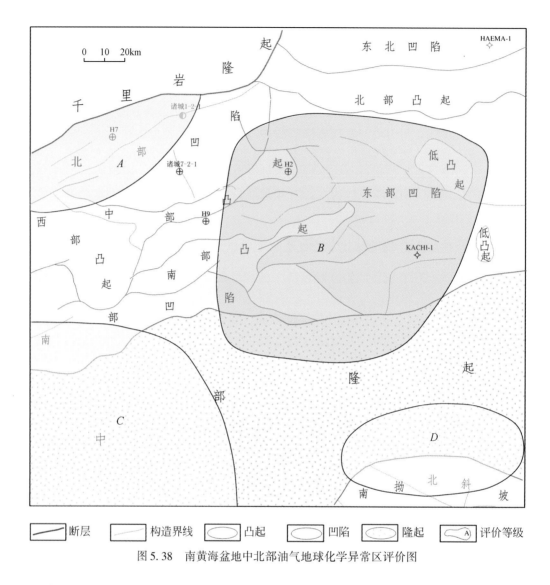

图 5.38 南黄海盆地中北部油气地球化学异常区评价图

A 区：主体位于北部拗陷的北部凹陷范围内，向南延至中部凸起和西部凸起，向北穿过千里岩断裂带进入千里岩隆起区，区内有 H7、诸城 1-2-1 和诸城 7-1-1 井等分布。该区处于有利的构造部位，烃源岩性质好，诸城 1-2-1 井揭示了油气显示，异常指标以酸解烃类异常为主且异常强度高，有零星顶空乙烷异常，芳烃类有局部地球化学异常存在，累积得分 9 分，属于二级油气远景区。据油气属性分析属凝析油气区。

B 区：位于北部拗陷东部，涉及的构造单元主要有东部凹陷、南部凸起和南部凹陷东部，向南延至中部隆起，区内有 H2、H9 和 KACHI-1 井分布。该区处于有利的构造部位，烃源岩性质中等，钻孔少且未见有油气显示，但地球化学异常强度高且异常指标较齐全，主要为热释烃类和顶空烃类气体、芳烃类和微生物等，累积得分 12 分，属于一级油气远景区。据油气属性分析属干气区。

C 区：主体位于中部隆起西部，向北延至北部拗陷，异常指标主要由酸解烃类、热释烃类和顶空烃类气体及芳烃类组成，以烃类气体地球化学异常强度高，其中酸解烃和顶空烃类均具有全区最高值，芳烃类有局部地球化学异常存在。该区局部构造和烃源岩性质一般，没有钻井，累积得分 9 分，属于二级油气远景区。据油气属性分析属凝析油气区。

D 区：位于中部隆起和南部拗陷的过渡区，异常指标主要由热释烃类气体、顶空烃类气体和芳烃类组成。该区处于有利的构造部位，烃源岩性质不明，地球化学指标异常较齐全，累积得分 8 分，属于三级油气远景区。据油气属性分析属凝析油气区。

　　值得注意的是，南黄海存在中—新生界陆相和中—古生界海相两套含油气系统，海底沉积物烃类气体及其碳同位素地球化学特征给出的成因类型、源区属性和热成熟度指示这些烃类气体可能与中—古生界海相含油气系统有关。油气远景区评价结果受调查区勘探和地质认识程度的限制，评价分类只是初步的，特别是对中部隆起区，随着调查区勘探程度的提高和认识的深化，对上述结果将会发生变化。

第六章　油气地质条件

第一节　烃源岩评价标准

烃源岩评价主要包括有机质丰度、类型、成熟度等多种参数。有机质干酪根类型是决定烃源岩生烃能力的根本因素，有机质丰度、产烃潜量和成熟度是决定烃源岩有效性的关键因素。

南黄海盆地目前钻井结合邻区油气地球化学分析资料表明，侏罗系、白垩系泰州组、古近系阜宁组、戴南组为中新生代陆相盆地主要烃源岩，古近系三垛组为陆相盆地潜在生烃岩；中生界下三叠统、上古生界二叠系、石炭系、泥盆系，以及下古生界志留系、奥陶系和寒武系海相地层也具有较强的生烃潜力，属海相烃源岩。

一、陆相烃源岩评价标准

（一）有机质丰度

机质丰度的高低，是鉴别和评价烃源岩的主要指标，包括有机碳含量（%）、氯仿沥青"A"含量（%）、总烃（HC）含量（10^{-6}）和产烃潜量 S_1+S_2（mg/g）及总烃/有机碳（%）等。我国陆相烃源岩质量评价标准比较统一，通常采用黄第藩等（1990）对我国不同地区陆相烃源岩进行大量统计和研究所建立的评价标准（表6.1）。

表6.1　陆相泥质烃源岩有机质丰度评价标准（据黄第藩，1990）

生油岩级别	好	较好	较差	非
岩相	深湖−半深湖相	半深湖−浅湖相	浅湖−滨湖相	河流相
岩性	深灰−灰黑色泥岩	灰色泥岩为主	灰绿色泥岩为主	红色泥岩为主
有机碳含量/%	>1.0	1.0~0.6	0.6~0.4	<0.4
氯仿沥青"A"含量/%	>0.1	0.1~0.05	0.05~0.01	<0.01
总烃含量/10^{-6}	>500	500~200	200~100	<100
生烃潜量 S_1+S_2/（mg/g）	>6.0	6.0~2.0	1.0~0.5	<0.5
总烃/有机碳/%	20~8	8~3	3~1	<1

（二）有机质类型

干酪根元素的 H/C、O/C、热解生烃潜量 S_2/S_3，以及饱和烃/芳烃值等是判断干酪根类型的重要指标。按照我国中、新生界生油岩有机质类型的划分标准（表6.2），利用南黄海盆地目前钻井揭示的各井泥岩样品的干酪根元素特征，干酪根镜下鉴定，热解氢、氧指数特征，热解 S_2/S_3 比值、饱和烃/芳烃特征，氯仿沥青"A"的族组分特征等指标，确定各地层暗色泥岩的有机质类型。

干酪根镜下鉴定表明，南部拗陷南四凹陷常州6−1−1（A）井、南五凹陷的无锡20-ST1 井和南二低凸起无锡13−3−1 井，阜宁组的母质类型均为腐泥−腐殖型（II_2型），其母质类型指数（T）分别为24.05、33.1 和66.7，其余各井的阜宁组及戴南组为腐殖型（III 型）。

干酪根热解氢指数（I_H）、氧指数（I_o）与干酪根元素的 H/C、O/C 比值亦存在密切的对比关系。从表6.3 看出，南黄海盆地钻井揭示的戴南组、阜宁组的干酪根全部属 II（混合型）−III（腐殖型）。

表6.2　我国中、新生界生油岩有机质类型的划分标准

类型 指标	腐泥型 （Ⅰ型）	腐殖-腐泥型 （Ⅱ₁型）	腐泥-腐殖型 （Ⅱ₂型）	腐殖型 （Ⅲ型）
H/C	1.4~1.6	1.0~1.4	0.8~1.0	0.5~0.8
生烃潜量 S_2/S_3/(mg/g)	>5	3~5	3~5	<3
饱和烃/芳烃	>3			0.5~0.8

表6.3　南黄海盆地有机质类型数据简表

位置	井号	层位	干酪根元素分析 H/C	O/C	类型指数（T）	范氏图上类型	生烃潜量 S_2/S_3/(mg/g)	饱和烃+芳香烃/%	非烃+沥青质/%	饱和烃/芳香烃
北部坳陷 南（西）凹陷	黄5井	E_2d	0.809	0.0256	-37.5	Ⅱ-Ⅲ	0.31			
		E_1f^b			-15.8	Ⅱ-Ⅲ	0.72	14.33	85.72	0.98
中部凹陷	黄9井	E_1f^{c+d}	0.95	0.21		Ⅱ-Ⅲ	3.8			
南部坳陷 南四凹陷	常州6-1-1（A）	E_2d			-21.35	Ⅱ-Ⅲ	11.62 0.15			
		E_1f^d			24.05	Ⅱ-Ⅲ	6.8	61.97	23.62	3.90
南二低凸起	无锡13-1-1	E_1f^b			66.7	Ⅱ-Ⅲ	0.21			
南五凹陷	黄6井	E_2d	0.727	0.194		Ⅱ-Ⅲ				
	无锡20-ST₁	E_2d			-6.5	Ⅱ-Ⅲ	1.28	49.96	50.8	1.7
		E_1f^d			33.1		9.0	64.56	41.3	2.1
南七凹陷	黄4井	E_2d				Ⅱ-Ⅲ				
		E_1f^d	1.24	0.113		Ⅱ				
	无锡5-ST₁	E_1f^a			-13.75	Ⅱ-Ⅲ	0.59			

按热解生烃潜量 S_2/S_3 特征的划分标准（表6.2），南部坳陷南四凹陷常州6-1-1（A）井的阜四段、南五凹陷无锡20-ST1井的阜宁组干酪根热解 S_2/S_3 值分别为6.8和9.0，属Ⅰ型干酪根。常州6-1-1（A）戴南组样品干酪根热解 S_2/S_3 值一个为11.62，显示为Ⅰ型干酪根；另一个为0.15，显示为Ⅲ型，具非均质特征。此外，常州6-1-1（A）井的阜宁组泥岩样品的饱和烃/芳香烃值3.9，为腐泥型，其他各井的阜宁组、戴南组干酪根均为混合型。

综上所述，南黄海盆地南部坳陷南四凹陷阜宁组四段有机质类型最好，属Ⅰ型干酪根，戴南组次之，部分为Ⅰ型干酪根，或为Ⅲ型干酪根；南五凹陷阜宁组有机质类型亦属最好的Ⅰ型干酪根，但戴南组有机质均以Ⅲ型干酪根为主。从有利于生油的特征比较，南四凹陷有机质生烃潜力整体优于南五凹陷，这或许是南四凹陷的常州6-1-1（A）获得了低产油流，而南五凹陷在相同层位未能获得油流的原因之一。

（三）热演化与成熟度

有机质的成熟度指标是指有机质热成熟作用程度的衡量标准，是以有机质各组分在热降解作用过程中其化学组成、结果和物理性质变化为基础建立的。镜质组反射率 R^o（%）是应用最广泛、最可靠的有机质热成熟度指标。其他以各种有机组分光学性质及化学组成为基础的成熟度指标还有孢粉颜色指数（PCI）、热变指数（TAI）、牙形刺色变指数（CAI）、最高热解峰温（T_{max}）和生物标志化合物等。其中 T_{max}、TAI 和生物标志化合物是生油岩评价中常用的辅助性热成熟度指标。

以有机质中镜质组的反射率 R^o（%）衡量有机质热演化程度，其值通常随地层埋深增大而增加，但

因地温梯度和有机质类型及地层年代的差别，同一 R^o 值的对应深度也有较大的差异，实际研究中，也使用时间温度指数（TTI）表示有机质热演化程度，其优点是同一地区可依据推测的古地温来计算各个沉积界面以前各个层位的 TTI 值，并在平面上勾出等值图，并由此得出有机质在各个埋藏时代（或埋藏深度）的热演化情况，TTI 和 R^o 之间具有如下对应关系（表6.4）。

表6.4　海域 TTI 指数和 R^o 的对应表

R^o/%	TTI	地质解释及产油气阶段
<0.5	0.1	未成熟，一般不生油
0.5	8	初成熟或低成熟，进入初生油期，在好生油层中生油
0.7		充分成熟（主成熟）生油高峰期，生油母质大量转化成烃类，在所有合适的生油层中生油并开始排烃
1.3	64	过于成熟（高成熟），烃类裂化增加，产生轻质油、湿气、凝析油
2.0	256	过成熟，烃类都裂化，成为甲烷及干气

二、海相碳酸盐岩烃源岩评价标准

碳酸盐岩烃源岩评价标准是一个长期争论的难题，关键是如何评价其有机质丰度。国内外学者提出了许多相去甚远的观点（表6.5），差异主要表现在有机质丰度下限值的确定。

表6.5　不同单位及学者提出的碳酸盐岩有机质丰度下限值统计简表

学者或单位	有机碳丰度下限/%	学者或单位	有机碳丰度下限/%
Placas（1983）	0.3，0.5	法国石油研究所	0.24
Tissot（1984）	0.3	罗诺夫等	0.2
刘宝泉（1985）	0.05	挪威大陆架研究所	0.2
傅家谟等（1986）	0.1~0.2	庞加实验室	0.25
陈丕济（1986）	0.1	亨特	0.29，0.33
郝石生（1989）	0.2	田口一雄	0.2
黄第藩（1995）	0.1	埃勃	0.3
梁迪刚和夏新宇（1998）	0.4~0.5	美国地化公司	0.12
秦建中等（2004）	0.2~0.4（未熟-成熟） 0.1~0.25（高成熟-过成熟）	大港油田研究院	0.07，0.12

国外学者提出的有机质丰度下限值为有机碳含量 0.12%~0.50%，20 世纪 80 年代开始，国内许多学者针对我国古生代陆表海碳酸盐岩有机质丰度较低、成熟度较高的特点，提出了碳酸盐岩烃源岩有机质丰度相对较低的标准，为石油勘探部门普遍接受并沿用至今。国内大多数学者比较认可的有机质丰度下限值是有机碳含量为 0.05%~0.2%，与国外学者提出的有机质丰度下限值相差 1 倍以上，究其原因，是因研究对象、地区、源岩时代、源岩成熟度及对有机质丰度下限值的认识不同所致。国外海相碳酸盐岩大多为中、新生代沉积产物，有机质成熟度处于生油阶段，有机质（残余）丰度较高；而我国的海相碳酸盐岩主要为古生代、中新元古代沉积，基本处于有机质的高成熟-过成熟演化阶段，有机质（残余）丰度较低。

在多年的勘探实践中，我国地球化学工作者开始反思作为有效碳酸盐烃源岩的有机质丰度评价标准问题，并提出了各自的评价标准（程克明，1996；郝石生等，1996；梁狄刚等，2000；夏新宇等，2000；秦建中等，2004；薛海涛等，2004，2010；陈建平等，2012）。多年的研究与讨论，有效碳酸盐烃源岩的有机质丰度评价下限值的标准仍难以统一。梁狄刚、夏新宇等主张碳酸盐岩烃源岩有机碳丰度下限应为0.4%~0.5%，即与泥质烃源岩的评价标准基本一致。另一些学者则认为碳酸盐岩烃源岩与泥质烃源岩相比，碳酸盐岩的有机质类型多属于偏腐泥型，干酪根的催化生烃效率比泥岩高，沉积体系趋向于形成"生-储-盖"三位一体的综合系统，更利于生烃和排烃，油气运移距离短，且常常伴有石膏等良好盖层，同时我国的碳酸盐多处于高成熟-过成熟阶段，应采用较泥质烃源岩更低的评价标准（表6.6）。

表 6.6 碳酸盐岩及泥岩烃源岩分类标准 C%（陈建平等，2012）

生油岩级别	泥质岩/%	碳酸盐岩/%
差	<0.5	<0.12
中等	0.5~1.0	0.12~0.25
好	1.0~2.0	0.25~0.50
非常好	2.0~4.0	0.50~1.0
极好	4.0~<4.8	1.0~2.0

钟宁宁（1999）对渤海湾盆地碳酸盐岩烃源岩进行系统研究后，归纳总结出渤海湾盆地碳酸盐岩油源岩和气源岩的分级评价标准。认为渤海湾盆地碳酸盐岩沉积区（Ⅱ型有机质），碳酸盐岩作为成熟油源岩的有机质丰度下限值为有机碳含量0.18%，相同有机质类型时，作为成熟气源岩所对应的有机质丰度理论下限值约为有机碳含量0.13%。

秦建中等（2004）通过实际模拟实验，测得碳酸盐岩排烃下限值为有机碳含量为0.06%~0.12%，以此为依据，参考国内外已有的评价标准，综合有机质类型、成熟度等因素，提出了碳酸盐岩烃源岩的有机质丰度评价标准，将未熟-成熟碳酸盐岩烃源岩有机碳丰度下限值确定为0.2%~0.4%，高成熟-过成熟碳酸盐岩烃源岩有机碳丰度下限值确定为0.1%~0.25%。并提出应按生烃潜力相等或相近统一划分碳酸盐岩和泥岩烃源岩的评价标准。

尽管国内外学者进行了大量的研究工作，碳酸盐岩烃源岩评价有机质下限值一直未能达成统一的标准。但普遍认同烃源岩评价标准作为衡量烃源岩优劣的标尺，应当从评价目的出发，依据评价目的的差异采用不同的标准，包括用于（能否）生烃评价的最低烃源岩有机质丰度下限值（接近于生烃量满足吸附烃、残留烃及包裹烃达到饱和时的最小有机质丰度）的生烃评价标准；有效烃源岩有机质丰度下限值（最重要的因素是烃源岩能否有效排烃满足油气独立成藏提供有效烃源的最小有机质丰度）成藏评价标准，以及形成中型和大规模油气田的烃源岩有机碳丰度下限值的选区评价标准。

满足成藏评价标准的有效烃源岩的有机碳含量下限值，对寻找工业性油气藏更具有现实意义，其有机碳含量下限值，应从勘探实践出发，并通过理论计算、模拟实验加以佐证。张善文等（2009）等通过对渤海湾盆地不同有机质丰度的碳酸盐岩样品进行高温高压热模拟实验表明，当碳酸盐岩烃源岩有机碳丰度为0.37%时，已经发生大量排烃，依据试验结果、勘探实践和参考前人研究成果，确定渤海湾盆地碳酸盐岩有效油源岩有机碳丰度下限值为TOC>0.35%，有效气源岩有机碳丰度下限值为TOC>0.25%，形成中型油气田有效烃源岩有机质碳丰度下限值为TOC>0.35%，形成大型油气田有效烃源岩有机质碳丰度下限值为TOC>1.0%（表6.7）。

表 6.7 碳酸盐岩烃源岩各级下限值划分标准

标准类型		TOC/%	用途	主要评价依据
最低烃源岩下限	最低油源岩	>0.18	生烃评价	岩石吸附烃量及干酪根生烃能力
	最低气源岩	>0.13		
有效烃源岩下限	有效油源岩	>0.35	成藏评价	微裂缝排烃显微镜观察及资料研究
	有效气源岩	>0.25		干酪根生烃量、残留烃量及生气强度
形成中型油气田下限		>0.35	选区评价	综合现有碳酸盐岩油气田烃源岩资料
形成大规模油气田下限		>1.0		

法国石油研究院曾于 1987 年统计了 18 个盆地碳酸盐岩烃源岩的有机碳含量，平均值为 0.67%，大大高于一般碳酸盐岩有机碳含量。美国、澳大利亚、加拿大、沙特阿拉伯等 4 个重要碳酸盐岩大油气田的碳酸盐岩有机碳含量为 1.4% ~ 4.0%，全球 19 个重要碳酸盐岩大油气田的碳酸盐岩烃源岩有机碳含量平均为 3.1%（张水昌等，2002），碳酸盐岩烃源岩形成不同规模气田所需的有机碳含量见表 6.8。

表 6.8　碳酸盐岩烃源岩形成不同规模气田所需的有机碳含量统计表

含油气性	最大有机碳含量/%	平均有机碳含量/%	形成的油气田
I	>1.71	>0.44	大中型气田
II	0.91 ~ 1.71	0.29 ~ 0.44	中型气田
III	0.52 ~ 0.91	0.22 ~ 0.29	小型气田
IV	<0.52	<0.22	非工业性油气田

三、煤系地层泥质烃源岩评价标准

煤系地层作为良好的气源岩已为国内外天然气勘探实践所证明，煤成油早在 20 世纪 50 ~ 60 年代就有所发现，80 ~ 90 年代煤成油研究广受国内外学者重视。陈建平等（1997）从煤成油的角度建立了煤作为油源岩的评价标准（表 6.9）和煤系泥岩评价标准（表 6.10）。

表 6.9　煤作为油源岩评价标准表（据陈建平等，1997，删改）

评价标准	生烃级别			
	好	中 等	差	非
HI/(mg/gTOC)	>400	275 ~ 400	150 ~ 275	<150
生烃潜量 $S_1 + S_2$/(mg/g)	>300	200 ~ 300	100 ~ 200	<100
氯仿沥青 "A" 含量/%	>55	20 ~ 55	7.5 ~ 20	<7.5
总烃含量/%	>25	6 ~ 25	1.5 ~ 6	<1.5
有机质类型	I_2	II	III_1	III_2

表 6.10　煤系泥岩评价标准（据陈建平等，1997，删改）

评价标准	生烃级别				
	很好	好	中等	差	非
有机碳/%	>6.0	3.0 ~ 6.0	1.5 ~ 3.0	0.75 ~ 1.50	<0.75
生烃潜量 $S_1 + S_2$/(mg/g)	>20.0	6.0 ~ 20.0	2.0 ~ 6.0	0.5 ~ 2.0	<0.50
氯仿沥青 "A" 含量/%	>1.2	0.60 ~ 1.20	0.30 ~ 0.60	0.15 ~ 0.30	<0.15
总烃含量/%	>0.70	0.30 ~ 0.70	0.12 ~ 0.30	0.05 ~ 0.12	<0.05

第二节　烃源岩特征

一、中—新生界陆相烃源岩特征

（一）中—新生界陆相层系烃源岩特征

南黄海盆地各井钻遇各层系有机质丰度含量、类型和成熟度特征，以及有效性评价如表 6.11 所示。

表6.11 南黄海主要探井烃源岩有机质丰度、类型及有效性评价简表

拗陷	凹陷	井号	层位	岩性	有机碳含量/C%	氯仿沥青"A"含量/%	总烃含量/10⁻⁶	产烃潜量/(mg/g)	母质类型	成熟度 R°/%	烃源岩有效性评价
北部拗陷	东北凹陷	S1	J	深灰色泥岩	0.5~1.2	0.01~0.06		0.3~0.7	II_1~II_2	T_{max}<435℃	未熟—低成熟中等—差生烃岩
	北部凹陷	黄海7	K_2t	深灰色泥岩	0.59	0.096	237	3.37	II_2	0.46~0.55	部分初成熟的中等偏好生烃岩
		ZC1-2-1	K_2t	深灰色泥岩	0.92	0.128	837		I~II_1	0.79~1.02	成熟的中偏好生烃岩
		ZC1-2-1	E_1f	深灰色泥岩	0.568	0.059	292		II_1	(TTI>1)	初成熟的中等生烃岩
	中-东部凹陷	黄海9	E_1f^{r+d}	深灰色泥岩	0.337	0.019	130	2.2	II_2	0.43~0.725	部分初成熟的中等偏差生烃岩
	南部凹陷	黄海5	E_1f^{r+d}	深灰色含膏泥岩	0.68	0.128	173	3.6	II_2	0.45~0.52	部分初成熟的中等生烃岩
		黄海5	E_2d	深灰色泥岩	0.82				III	<0.5	未成熟的中等生烃岩
南部拗陷	南四凹陷	CZ6-1-1A	E_1f^d	深灰色泥岩	1.91	0.144(3)	1038(3)	4.18	I~II_1	<0.5~0.71	初成熟—部分成熟的中等好偏生烃岩
		CZ6-1-1A	E_2d	深灰色泥岩	1.03			2.75	I	0.57~0.58	初成熟的中等偏好生烃岩
		CZ6-1-1A	E_2s^{2-3}	深灰色泥岩		0.072(2)	452(2)				部分初成熟的中等偏好生烃岩
		CZ6-1-1A	E_2s^1	深灰色泥岩		0.126(2)	656(20)				部分初成熟的好生烃岩
		CZ6-2-1	E_1f^d	深灰色泥岩		0.117	422			(TTI>1)	初成熟的好生烃岩
		CZ6-2-1	E_2d	深灰色泥岩		0.076(4)	231(4)			(TTI≤1)	初成熟的中等生烃岩
		CZ6-2-1	E_2s^2	深灰色泥岩		0.109(2)	286(2)				未成熟的中等好生烃岩
		CZ6-2-1	E_2s^1	深灰色泥岩		0.05(2)	124(2)				未成熟的中等—差生烃岩
	南二低凸起	WX13-3-1	E_1f^b	深灰色泥岩	0.335				II~III	0.58	初成熟的差生烃岩
	南五凹陷	WX20-ST1	E_1f^d	深灰色泥岩	1.621	0.088(7)	532(7)	5.46	II_1		初成熟—成熟的中等偏好生烃岩
		WX20-ST1	E_2d	深灰色泥岩	1.768	0.035(23)	171(23)	1.66	II~III	0.47~0.58	部分初成熟的中等生烃岩
		WX20-ST1	E_2s^2	深灰色泥岩		0.031(3)	164(3)				初成熟的差生烃岩
		黄海6	E_2d	深灰色泥岩	0.707	0.022(10)	47(10)		II~III	(TTI>1)	部分初成熟的差—中等生烃岩
		黄海6	E_2s^2	深灰色泥岩		0.054(4)	137(4)				部分初成熟的中等—差生烃岩
		CZ24-1-1	E_1f^d	泥岩		0.014	71				非生烃岩

续表

拗陷	凹陷	井号	层位	岩性	有机碳含量/C%	氯仿沥青"A"含量/%	总烃含量/10^{-6}	产烃潜量/(mg/g)	母质类型	成熟度 R^o/%	烃源岩有效性评价
南部拗陷	南五凹陷	CZ24-1-1	E_1f^c	泥岩		0.026	103				较差生烃岩
		CZ24-1-1	E_1f^b	泥岩		0.037	157				较差生烃岩
		黄海1	E_2d	深灰色泥岩	1.187	0.0933(9)	127(9)		$II_2 \sim III$	(TTI>1)	初成熟的中等生烃岩
			E_2s^1	深灰色泥岩		0.05(11)	107(11)				部分初成熟的较差生烃岩
		黄海4	E_1f^d	深灰色泥岩	1.67	0.069	242		II_2	(TTI>1)	初成熟的中等生烃岩
			E_2d	深灰、褐灰色泥岩	2.0	0.089(29)	337(29)	9.24	$II_2 \sim III$	(TTI>1)	初成熟的中等生烃岩
			E_2s^2	深灰色泥岩		0.082(1)	602(1)				未熟的中等-好生烃岩
			E_2s^1	深灰色泥岩		0.116(1)	290(1)				未熟的中等生烃岩
	南七凹陷	WX5-ST1	E_1f^b	深灰色泥岩	0.63	0.081(2)	321(2)	9.24	$II \sim III$	(TTI<1)	未成熟的中等-好生烃岩
			E_1f^d	深灰及黑色泥岩	1.3			1.74	$II_2 \sim III$	0.32~0.44	未成熟的较好生烃岩
			E_1f^c	深灰、褐灰、灰红色泥岩	1.57			2.76	$II_2 \sim III$	0.45~0.51	部分初成熟的中等偏好生烃岩
		WX4-2-1	E_1f^b	深灰、褐灰、灰红色泥岩	1.22			2.7	$I \sim II_1$	0.45~0.51	部分初成熟的中等偏好生烃岩
			K_2t	棕红色与灰色泥岩	1.57			3.235	III	0.87~0.99	成熟的中等偏好生烃岩
勿南沙隆起		CZ35-2-1	P_1q	深灰色灰岩	1.1(14) 0.45~1.52	0.09(16) 0.02~0.9		0.846(14) 0.34~1.3	III	2.45(14)	过成熟的好-很好气源岩
			P_2l	黑色泥岩	1.704(15) 0.75~5.43	0.3(15) 0.09~0.76		3.093(15) 0.89~7.79	III	2.2(16) 1.8~2.3	过成熟的好气源岩
			P_2d	黑色泥岩	2.077(6) 0.92~3.48	0.22(6) 0.12~0.33		2.71(6) 1.29~3.42	III	1.6(2) 1.5~1.7	高成熟的好气源岩
			T_1q	灰色灰岩	0.308(25) 0.1~0.52	0.03(25) 0.003~0.77		0.428(25) 0.08~1.18	III	1.05(9) 0.7~1.2	成熟的差源岩

1. 侏罗系烃源岩

北部拗陷东北凹陷的 S1 井揭示了厚层的侏罗系，岩性为深灰色、灰黑色泥岩夹灰褐色、褐色粉砂岩（图2.15）。

据 S1 井钻井分层综合地震解释分析认为，在北部拗陷西部千里岩断裂下降盘一侧附近发育5个（东北凹陷2个，北部凹陷3个）侏罗系深凹，呈北东向展布，深凹埋深一般 3000~6000m，最深达 8000m；侏罗系厚度一般 1000~5000m，最厚达 6000m。

据 S1 井侏罗系泥岩分析测试资料统计，12个泥岩样品中，2个样品有机碳含量为 1.0%~1.2%，平均值为 1.1%，9个样品为 0.7%~1.0%，1个样品为 0.5%；12个泥岩样品的氯仿沥青"A"含量为 0.01%~0.06%，2个样品生烃潜量 S_1+S_2 为 1.0~1.2mg/g，平均值为 1.1mg/g，9个样品为 0.7~1.0mg/g，1个样品为 0.5mg/g；12个泥岩样品的氯仿沥青"A"含量为 0.01%~0.06%，生烃潜量 S_1+S_2 值为 0.3~0.7mg/g，成熟度指标 T_{max}<435℃，有机质类型为 II_1-II_2 型，按陆相泥质烃源岩有机质丰度标准（表6.1）综合评价，S1 井侏罗系泥岩属未成熟—低成熟中等—差烃源岩（表6.11）。

2. 白垩系泰州组烃源岩

北部凹陷的黄海7井钻遇泰州组下段暗色泥岩，厚 295m，有机质含量平均值为有机碳 0.59%，氯仿沥青"A" 0.096%，总烃 $237×10^{-6}$，生烃潜量 S_1+S_2 为 3.37mg/g，干酪根类型为 II_2 型，因阜宁组二段以上地层及戴南组-三垛组全部被剥蚀，初成熟门限深度仅 1500m，该井泰州组上段顶面埋深 1363m，泰州组下段顶面埋深 1937m，镜质组反射率 R^o=0.46%~0.55%，处于初成熟门限深度以下，按陆相泥质烃源岩有机质丰度评价标准（表6.1），黄海7井揭示的泰州组下段暗色泥岩为部分初成熟的中等质量生烃岩（表6.11）。

ZC1-2-1 井揭露的泰州组暗色泥岩段的顶部，其有机质含量平均值为有机碳 0.92%，氯仿沥青"A"含量 0.128%，总烃含量 $837×10^{-6}$，干酪根类型为 $I-II_1$ 型，镜质组反射率 R^o=0.79%~1.02%，为成熟的中等偏好生烃岩（表6.11）。位于该井井底（3424m）附近 3420m 之下泰州组上段暗色泥岩有机碳含量为 1.0%~2.0%，平均值为 1.53%；生烃潜量 S_1+S_2 为 2~10mg/g，平均值为 5mg/g；氯仿沥青"A"含量为 0.1%~0.4%，平均值为 0.253%；热解氢指数范围 100~500，平均为 425；镜质组反射率 R^o 约 0.8%，T_{max} 约 430℃；干酪根类型以 I 型和 II_1 型为主（占80%），属好生烃岩。诸城（ZC）1-2-1 井古近系地层齐全，泰州组顶面埋藏深达 3203m（海拔深度），处于成熟门限深度以下，综合评价该井泰州组上段为成熟的中等—好生烃岩。

3. 阜宁组烃源岩

阜宁组在南黄海盆地的北部拗陷和南部拗陷中均广泛发育，为一套半深湖相沉积，暗色泥岩占比高（表6.12）。未钻遇该层的凹陷据地震剖面分析亦发育有阜宁组，暗色泥岩的存在也是肯定的。在南、北两个拗陷中，南部拗陷的南四凹陷暗色泥岩连续厚度大且质地较纯，暗色泥岩厚度占地层厚度比例高达 83.4%，其他凹陷的砂质泥岩厚度在暗色泥岩中占比较高，如南部拗陷南五凹陷的无 20-ST1 井，阜四段暗色泥岩中的砂质泥岩占比达 28.6%；北部拗陷南部凹陷内的黄海5井，暗色泥岩厚度占地层厚度的比例阜四段为 70.0%，阜三段为 56.8%，阜二段为 69.3%，阜一段为 63.7%（表6.12）。

表 6.12　南黄海盆地古近系暗色泥岩厚度统计表

地层层位			（暗色泥岩厚度/m）/（占地层厚度比例/%）					
			三垛组	戴南组	阜宁组			
构造单元位置		井号			阜四段	阜三段	阜二段	阜一段	合计
北部拗陷	北部凹陷	黄海7井						168/38.3	168/38.3
		黄海2井						16/9.5	16/9.5
	中-东部凹陷	黄海9井			279/68.8	257/86.2	216/81.8		752/77.76
	南部凹陷	黄海5井	68/30.8	203/70	187/56.8	276/69.3	46.5/63.7	712.5/65.9

续表

地层层位			（暗色泥岩厚度/m）／（占地层厚度比例/%）						
构造单元位置		井号	三垛组	戴南组	阜宁组				
					阜四段	阜三段	阜二段	阜一段	合计
南部 拗陷	南四 凹陷	常州6-1-1A	475/43.3	203/69.5					505.5/83.4
	南七 凹陷	黄海4井	41/25	347/55.0					83/75
		无锡5-ST1							71.5/46
	南五 凹陷	常州24-1-1	33.0/0.8	29.0/21.5	75/90.4	229/68.9	291/79.2		595/48.2
		无锡20-ST1	77/26	868.5/78.5					568/84
		黄海1井	94.5/19	288/63.0					

上述资料表明，其他凹陷中阜宁组暗色泥岩的连续厚度不如南四凹陷发育，泥岩和砂岩发育程度差异较大。地球化学分析表明，阜宁组（E_1f）暗色泥岩已达到生油岩标准。

北部拗陷的北部凹陷诸城（ZC）1-2-1井阜宁组钻遇一套砂泥岩互层，单层暗色泥岩最厚达60余米，有机质含量平均值为有机碳0.568%，氯仿沥青"A"0.059%，总烃292×10^{-6}，有机质类型以腐殖-腐泥型为主，有机质热成熟指数TTI>1，属初成熟的中等生烃岩；南部凹陷的黄海5井阜宁组三段和四段（E_1f^{c+d}）为浅湖相-半深湖相暗色含膏泥岩沉积，深灰色泥岩有机质含量平均值为有机碳0.68%，氯仿沥青"A"0.128%，总烃173×10^{-6}，生烃潜量S_1+S_2为3.6mg/g，干酪根类型为Ⅱ$_2$型，镜质组反射率R^o=0.45%~0.52%，成熟生烃门限深度2000m，为部分初成熟的中等烃源岩；以黄海9为代表的中-东部凹陷阜宁组三段和四段（E_1f^{c+d}）深灰色泥岩，其有机质含量为有机碳0.337%，氯仿沥青"A"0.019%，总烃130×10^{-6}，生烃潜量S_1+S_2为2.2mg/g，干酪根类型为Ⅱ$_2$型，镜质组反射率R^o=0.43%~0.725%，属部分初成熟的中等偏差生烃岩（表6.11）。

南部拗陷的南四凹陷以CZ6-1-1（A）井和CZ6-2-1井为代表的阜宁组四段（E_1f^d）深灰色泥岩，有机质含量为有机碳1.91%，氯仿沥青"A"0.117%~0.144%，总烃（422~1038）×10^{-6}，生烃潜量S_1+S_2为4.18mg/g，有机质类型以Ⅰ~Ⅱ$_1$为主，镜质组反射率R^o=0.5%~0.71%，为初成熟—部分成熟的中等—中等偏好生烃岩；南五凹陷内WX20-ST1井区及附近的阜宁组四段（E_1f^d）深灰色泥岩，有机质含量为有机碳1.621%，氯仿沥青"A"0.088%，总烃532×10^{-6}，生烃潜量S_1+S_2为5.46mg/g，有机质类型以Ⅱ$_1$为主，为初成熟—成熟的中等偏好生烃岩；同一凹陷的CZ24-1-1井区及附近的阜宁组二段、三段和四段（E_1f^b、E_1f^c、E_1f^d）泥岩，氯仿沥青"A"含量0.014%~0.037%，总烃含量（71~157）×10^{-6}，属较差生烃岩或非生烃岩；南七凹陷内WX4-2-1井区及附近的阜宁组二段的深灰、褐灰、灰红色泥岩和阜宁组三段的深灰及黑色泥岩，有机碳含量为1.22%~1.57%，生烃潜量S_1+S_2为2.7~2.76mg/g，有机质类型分别为Ⅰ-Ⅱ$_1$型和Ⅱ$_2$-Ⅲ型，镜质组反射率R^o=0.45%~0.51%，为部分初成熟的中等偏好生烃岩，而该井阜宁组四段的深灰色泥岩，有机碳含量为1.3%，生烃潜量S_1+S_2为1.74mg/g，有机质类型为Ⅱ$_2$-Ⅲ型，但因埋藏浅，镜质组反射率R^o=0.32%~0.44%，属未成熟的烃源岩；WX5-ST1井区及附近的阜宁组二段（E_1f^b）深灰色泥岩，有机碳含量为0.63%，氯仿沥青"A"为0.081%，总烃为321×10^{-6}，生烃潜量S_1+S_2为9.24mg/g，有机质类型为Ⅱ-Ⅲ型，TTI<1，属未成熟的中等—好生烃岩；南部拗陷南二低凸起的WX13-3-1井区及附近阜宁组二段（E_1f^b）深灰色泥岩，有机碳含量为0.335%，有机质类型为Ⅱ-Ⅲ型，镜质组反射率R^o=0.58%，属初成熟的差生烃岩（表6.11）。

4. 戴南组烃源岩

戴南组已在南部拗陷的南四凹陷、南五凹陷和南七凹陷3个凹陷和北部拗陷的北部凹陷、南部凹陷中钻遇，据地震资料对比表明，北部拗陷的中-东部凹陷也存在该组地层。

戴南组主要是河流相和沼泽相沉积。南部拗陷的南四凹陷、南五凹陷和南七凹陷两个凹陷的南部，以及北部拗陷的南（西）凹陷中部存在湖相暗色泥岩。南部拗陷各凹陷的暗色泥岩厚度占该组泥岩厚度的比例在南四凹陷为 69.5%，南五凹陷为 21.5%~78.5%，南七凹陷为 55.0%（表6.12）。经地球化学分析，部分戴南组（E_2d）暗色泥岩已达到生油岩标准，南四凹陷属初成熟的中等–中等偏好生烃岩。

南四凹陷以 CZ6-1-1（A）井为代表的戴南组（E_2d）深灰色泥岩，有机碳含量为 1.03%，生烃潜量 S_1+S_2 为 2.75mg/g，有机质类型为 Ⅰ 型，镜质组反射率 R^o=0.57%~0.58%，属初成熟的中等偏好生烃岩，同一凹陷的 CZ6-2-1 井戴南组（E_2d）深灰色泥岩，氯仿沥青"A"含量 0.076%，总烃含量 $231×10^{-6}$，TTI≤1，属部分初成熟的中等生烃岩（表6.10）。

南五凹陷以 WX20-ST1 井和黄6井为代表的戴南组（E_2d）深灰色泥岩，有机碳含量为 0.707%~1.768%，氯仿沥青"A"含量 0.022%~0.035%，总烃含量 $(47~171)×10^{-6}$，生烃潜量 S_1+S_2 为 1.66mg/g，有机质类型为 Ⅱ–Ⅲ 型，热演化指标镜质组反射率 R^o=0.47%~0.58%，属部分成熟的差—中等生烃岩（表6.11）。

南七凹陷以黄1井和黄4井为代表的戴南组（E_2d）深灰色泥岩，有机碳含量为 1.187%~2.0%，氯仿沥青"A"含量 0.089%~0.0933%，总烃含量 $(127~337)×10^{-6}$，有机质类型为 $Ⅱ_2$–Ⅲ 型，TTI>1，属初成熟的中等生烃岩（表6.11）。

北部拗陷的南部凹陷戴南组（E_2d）深灰色泥岩，有机碳含量为 0.82%，有机质类型为 Ⅲ 型，虽达到中等生烃岩标准，但镜质组反射率 R^o<0.5%，属未成熟的中等生烃岩。

5. 三垛组烃源岩

三垛组部分泥岩呈灰色、深灰色，为浅湖相沉积，主要分布于在南部拗陷的南四凹陷、南五凹陷和南七凹陷3个凹陷中，其暗色泥岩厚度占三垛组地层厚度比例一般为 0.8%~43.3%，以南四凹陷泥岩最发育，泥/地比高达 43.3%（表6.12）。南四凹陷的三垛组垛二段和垛三段部分灰色、深灰色泥岩有机质丰度达到中等—好生烃岩标准，三垛组一段为中等—差生烃岩；南七凹陷三垛组有机质丰度较南四凹陷差，仅部分三垛组一段和二段部分灰色、深灰色泥岩达到中等—好生烃岩标准；南五凹陷三垛组为中等—差生烃岩（表6.13）。同时，因三垛组埋藏较浅，仅部分进入生烃门限达到初成熟阶段。

表6.13　南黄海盆地南部拗陷各凹陷三垛组氯仿沥青"A"和总烃含量统计

拗陷	凹陷	井号	层位	岩性	氯仿沥青"A"/%	总烃含量/10^{-6}	烃源岩评价
南部拗陷	南四凹陷	CZ6-1-1A	$E_2s^{2^{2-3}}$	垛二段和垛三段部分为灰色、深灰色泥岩	0.072	452	中等偏好
			$E_2s^{2^1}$		0.126	656	好
		CZ6-2-1	$E_2s^{2^1}$		0.109	286	中等—好
			E_2s^1		0.05	124	中等—差
	南五凹陷	WX20-ST1	$E_2s^{2^1}$		0.031	164	较差
		黄海6	$E_2s^{2^1}$		0.054	137	中等—差
	南七凹陷	黄海4	$E_2s^{2^1}$	垛一段和垛二段部分为灰色、深灰色泥岩	0.082	602	中等—好
			E_2s^1		0.115	290	中等—好
		黄海1	E_2s^1		0.05	107	较差

（二）中—新生界陆相烃源岩海-陆对比

苏北盆地陆相中生界（J—K）是以陆源碎屑为主的含煤含膏盐建造，发育一定厚度的暗色泥岩。侏罗系包括象山组、西横山组，白垩系包括葛村组、浦口组、赤山组和泰州组。

象山组暗色泥岩主要分布于扬州—泰州一带；西横山组分布于泰州地区；葛村组分布于扬州—东台以南地区；浦口组主要分布于宝应—盐城以北和兴化—东台以南地区；赤山组主要分布于淮安、射阳和东台等地。泰州组的分布范围比较广泛，泰州组二段烃源岩主要分布在盆地东部，厚 80~150m。古近系主要烃源岩为阜宁组四段和阜宁组二段，厚度分别为 150~200m 和 50~90m，沉积厚度比较稳定，在全区均有分布。

南黄海中—新生代陆相盆地与陆区苏北盆地有着相似的发育演化史，但各凹陷、各地层中有机质丰度差异较大，按照有机碳、氯仿沥青"A"、总烃含量和生烃潜量等指标比较分析如下。

1. 陆相中生界烃源岩海–陆对比

南黄海周边发育有苏北盆地、胶莱盆地、北黄海盆地、庆尚盆地、海南盆地等中生代盆地。野外或钻井揭示的中生代地层中，都不同程度地发育可作为烃源岩的暗色泥岩层。苏北盆地在大地构造上与南黄海盆地具有最大的相似性。目前获得的苏北陆区盆地烃源岩样品的分析结果表明，近半数探井的暗色泥岩有机碳平均含量大于 0.5%，主要集中分布于侏罗系象山组和白垩系浦口组和泰州组。海域有 3 口井钻遇白垩系泰州组暗色泥岩和 1 口钻遇侏罗系暗色泥岩，其有机碳平均含量均大于 0.5%。从暗色泥岩有机碳含量这个指标看，苏北盆地和南黄海盆地陆相中生界的侏罗系和白垩系暗色泥岩均达到或超过泥岩作为烃源岩有机碳含量下限值，均可作为烃源岩。

苏北盆地侏罗系象山组暗色泥岩有机碳含量为 0.64%~1.29%，平均值为 0.865%；氯仿沥青"A"含量为 0.107%~0.158%，平均值为 0.1325%；总烃含量为（598~747）×10⁻⁶，平均值为 672×10⁻⁶。R^o 值变化在 0.57%~1.71%，处于低熟—成熟阶段，个别地区和层段已进入高成熟阶段，综合评价为低熟—成熟的中等—好生烃岩。

南黄海盆地北部拗陷东北凹陷，S1 井钻遇厚层侏罗系暗色泥岩，其有机碳含量为 0.50%~1.2%，生烃潜量 S_1+S_2 为 0.3~0.7mg/g，T_{max}<435℃，因 S_1+S_2 和 T_{max} 偏低，综合评价属未熟—低熟的中等—差生烃岩。

苏北盆地浦口组暗色泥岩有机碳含量为 0.43%~1.25%，平均值为 0.84%；氯仿沥青"A"含量为 0.014%~0.155%，平均值为 0.089%；总烃含量为（40~288）×10⁻⁶，平均值为 157×10⁻⁶，综合评价为中等—差生烃岩。苏北盆地盐参井 1 井泰州组中段烃源岩具有较高的有机质丰度，多数样品的有机碳含量大于 1%，但生烃潜量 S_1+S_2 较低，普遍小于 2mg/g，这可能与烃源岩质量较差和热演化程度较高有关；绝大部分样品的氢指数（HI）小于 150mg/g，有机质类型主要属于 III–II₂ 型。所有测试样品的 R^o 变化于 1% 左右，主要处于成熟阶段，综合评价为成熟的中等—差生烃岩。

从有机质类型看，苏北盆地侏罗系和白垩系烃源岩普遍含有较高的木质和煤质，表明有机质主要来源于陆源高等植物。干酪根 H/C 值一般为 0.48~1.45，氢指数（HI）值为 0~112mg/g。因此，侏罗系和白垩系烃源岩有机质类型主要为 III 型，少数为 II₂ 型。南黄海盆地陆相中生界烃源岩，北部拗陷发育侏罗系和白垩系烃源岩，有机质类型以 II 型（II₁ 和 II₂）为主，白垩系泰州组二段暗色泥岩局部见 I 型有机质（ZC1-2-1 井）；南部拗陷中生界仅发育白垩系王氏组烃源岩，有机质类型为 III 型（WX4-2-1 井）。

综合上述资料总体评价认为，苏北盆地侏罗系象山组以中等烃源岩为主，部分为好烃源岩，有机质处于低熟—成熟演化阶段，局部地区和层段已进入高成熟大量生烃阶段，为成熟有效烃源岩；白垩系浦口组主要为中等—差烃源岩，泰州组主要为中等烃源岩，部分为好烃源岩，有机质处于低熟—成熟演化。综合评价认为，侏罗系象山组和白垩系泰州组是苏北盆地中—晚中生代主力烃源岩层。

苏北盆地与南黄海盆地各凹陷有机质丰度、类型、成熟度（表 6.14）等指标对比评价表明，侏罗系烃源岩苏北盆地优于南黄海盆地，白垩系烃源岩则南黄海盆地优于苏北盆地，南黄海盆地内则北部拗陷优于南部拗陷。

表 6.14　南黄海陆相中生界盆地各凹陷生烃源岩定性比较评价

地层层位	评价指标＼评价单元	北部拗陷				南部拗陷		
		东北凹陷	北部凹陷	南部凹陷	中-东部凹陷	南四凹陷	南五凹陷	南七凹陷
侏罗系	有机碳/%	中等	—	—	—	—	—	—
	沥青"A"/%	差	—	—	—	—	—	—
	总烃/10^{-6}	—	—	—	—	—	—	—
	S_1+S_2/(mg/g)	差	—	—	—	—	—	—
	成熟度	未熟—初熟	—	—	—	—	—	—
白垩系	有机碳/%	—	中等—好	—	—	—	—	中等,差—非(不均一)
	沥青"A"/%	—	中等—好	—	—	—	—	—
	总烃/10^{-6}	—	中等—好	—	—	—	—	—
	S_1+S_2/(mg/g)	—	中等—好	—	—	—	—	中等,差非(不均一)
	成熟度	—	初熟—成熟	初成熟	初成熟	未熟—部分初熟	未熟—部分初熟	未熟—部分初熟
古近系阜宁组	有机碳/%	—	中等—好	中等—好	中等偏差	中等	中等,差—非(不均)	中等
	沥青"A"/%	—	中等	好	中等偏差	好	中等	较好或中等偏好
	总烃/10^{-6}	—	中等	中等—好	中等偏差	好	好,差(不均)	中等—好
	S_1+S_2/(mg/g)	—						中等—好
	成熟度	—	未熟—初熟	未熟—初熟	未熟—初熟	初熟—成熟	未熟—初熟	未熟—初熟
古近系戴南组	有机碳/%	—	—	中等	—	中等偏好	中等—差(不均)	中等
	沥青"A"/%	—	—	中等	—	中等偏好	中等偏差	中等
	总烃/10^{-6}	—	—	—	—	中等偏好	差—非(不均)	中等—差
	S_1+S_2/(mg/g)	—	—	—	中等	中等—差(不均)	中等—好	—
	成熟度	—	—	未熟	—	初熟	未熟—初熟	初熟

2. 陆相新生界烃源岩海-陆对比

苏北盆地在大地构造上与南黄海北部盆地具有最大的相似性。苏北盆地钻井揭示的晚白垩世泰州组,其有机质丰度有机碳为 0.84%~1.04%,氯仿沥青"A"为 0.05094%~0.05761%,总烃含量(163.6~168.3)×10^{-6},按表 6.1 评价标准,达到了中等-好生油岩标准(表 6.15、表 6.16),暗色泥岩厚逾 200m,是苏北盆地仅次于阜宁组的生油层。与南黄海盆地南部拗陷相邻的苏北盆地海安凹陷和盐城凹陷,阜宁组二段暗色泥岩有机质丰度高。南黄海南部拗陷阜宁组二段和阜宁组四段暗色泥岩有机质丰度高,沥青"A"和总烃指标指示南四凹陷和南七凹陷为较好或中等偏好烃源岩,南五凹陷为中等烃源岩、部分属差烃源岩,还有少量达到好烃源岩(非均质性强)(表 6.14)。

表 6.15　苏北盆地生油层有机质丰度

有机质丰度＼平均值/样品数＼层位	E_2^1d	E_1f^d	E_1f^c	E_1f^b	E_1f^a	K_3t
有机碳/%	1.04/70	1.17/160	0.9/162	1.46/269	0.92/96.	0.84/557
沥青"A"/%	0.05761/64	0.06708/159	0.0341/136	0.08191/337	0.099376/43	0.05094/37
总烃含量/10^{-6}	168.3/26	215.1/150	101.8/114	345.7/231	299.2/48	163.6/35
总烃/有机碳/%	17.7/61	17.3/143	9/115	20.9/232	19.6/50	7.9/37

表6.16 苏北地区各凹陷生油层有机质丰度表

有机质丰度	平均值/样品数　　层位	E_2^1d	E_1f^d	E_1f^c	E_1f^b	E_1f^a	K_3t
有机碳含量/%	金湖	0.5/5	36/34	0.93/24	1.51/32	1.15/2	
	高邮	1.05/50	1.16/74	0.93/76	1.42/153	1.35/24	1.05/11
	溱潼	1.27/9	1.12/42	0.83/22	1.21/23	1.02/16	1.27/2
	海安	—	—	0.73/5	1.32/13	0.91/4	0.93/11
	盐城	1.09/6	0.95/10	0.91/35	1.74/48	0.68/50	0.70/31
	阜宁	—	—	0.92/5	0.47/1	0.81/4	0.89/6
	涟水	—	0.72/35	0.58/33	1.04/18	0.53/18	0.71/20
	洪泽	0.56/20	1.6/37	0.58/14	0.61/4	0.08/1	0.53/3
沥青"A"含量/%	金湖	0.0361/6	0.0708/37	0.0447/24	0.1125/35	0.0705/2	—
	高邮	0.0626/47	0.0701/79	0.0331/72	0.1117/149	0.1318/21	0.0731/11
	溱潼	0.0450/9	0.0582/38	0.0220/22	0.0690/22	0.0698/16	0.0780/2
	海安	—	—	0.0150/3	0.0530/5	—	0.0344/8
	盐城	0.0615/2	0.0592/5	0.0437/15	0.2015.5/26	0.0619/11	0.0406/16
	涟水	—	0.0329/11	0.0125/15	0.0437/7	0.0072/2	0.0233/10
	洪泽	0.0120/12	0.1750/13	0.0410/3	0.0780/3	—	0.0020/1
总烃含量/10^{-6}	金湖	67/6	139/36	136/21	299/24	183/2	
	高邮	269/43	237/75	99/63	356/148	405/21	174/11
	溱潼	158/9	256/35	78/21	250/22	250/16	354/2
	海安	—	—	73/3	169/4	7	44/8
	盐城	65.5/2	129.7/4	109.4/6	471.1/23	165.6/9	106.2/14
	涟水		45.6/11	35.2/13	96/6	7	65.3/9
	洪泽	26.6/7	637.4/13	121/2	138/3	7	—
总烃/有机碳/%	金湖	23.5/5	9.9/33	10.6/17	18.8/31	9.011	
	高邮	20.6/41	20.5/68	10/62	24.5/140	27.9/21	16.4/11
	溱潼	12.6/9	21.1/35	8.4/21	23.9/22	22.6/16	26.9/2
	海安	—	—	8.3/3	14.2/4	—	4.2/8
	盐城	1.1/6	12/7	2.93/12	2.63/27	1.95/12	1.46/16
	涟水	—	0.66/11	0.65/11	2.25/7	—	1.56/10
	洪泽	0.36/7	2.77/132	2.44/2	1.77/3	—	—

注：据"江苏地区新生代沉积盆地油气资源预测报告"。

　　从有机质类型看，苏北盆地泰州组的母质类型是以陆生和水生生物相混合为主，有机质类型为II_2型干酪根，即腐泥–腐殖型。阜宁组四段烃源岩有机质类型以I–II型的过渡型为主，部分为I型、II型，且I型干酪根由西向东减少，阜宁组二段烃源岩以II型为主，泰州组二段烃源岩为II型和III型（表6.17）。南黄海南部拗陷钻井揭示阜宁组二段和阜宁组四段烃源岩有机质类型以II_2–III为主，局部见I型干酪根（WX4-2-1井），与苏北盆地海安凹陷和盐城凹陷有机质类型基本一致，具有较好的生油潜力。

表 6.17　苏北盆地主要烃源岩有机质类型比例统计表　　　　　　　（单位:%）

层位	项目	洪泽凹陷 I	II₁	II₂	III	金湖凹陷 I	II₁	II₂	III	高邮凹陷 I	II₁	II₂	III	海安凹陷 I	II₁	II₂	III	盐城凹陷 I	II₁	II₂	III
E_1f^d	干	65.4	21.2	5.75	7.65	32.1	46.5	14.3	7.1	54.9	24.4	17.0	3.7	—	55.0	40.0	5.0	33.3	33.3	8.4	25
	热	12.5	38.6	6.4	42.5	3.4	60.4	19	17.2	4.2	46.3	28.4	21.1	—	43.3	31.7	25	—	54.6	22.7	22.7
E_1f^b	干	39.1	26.2	30.4	4.3	40.9	26.4	23.6	9.1	48.6	32.4	13.5	5.4	22.2	53.3	24.5	—	78.4	7.2	7.2	7.2
	热	—	60	28	12	12.5	50	14.1	23.4	14.6	51.2	16.5	17.7	19.1	61.7	12.8	6.4	6.7	80.0	6.7	6.6
K_2t_2	干	—	—	—	—	—	—	—	—	21.9	28.1	28.1	21.9	9.8	29.3	43.9	17.0	—	6.9	55.2	37.9
	热	—	—	—	—	—	—	—	—		6.7	23.3	70	12.4	19.0	9.0	59.6	—		10.3	89.7

南黄海盆地钻井证实，迄今共有 10 口探井钻遇的阜宁组和戴南组的暗色泥岩有机碳含量超过 0.5%（表 6.11），均达到或超过泥岩作为烃源岩有机碳含量下限值。综合有机碳（%）、沥青"A"（%）、总烃（10^{-6}）、生烃潜量 S_1+S_2（mg/g）及成熟度指标评价表明，南部拗陷的南四凹陷、南南七凹陷 2 个凹陷，以及北部拗陷的北部凹陷、阜宁组达到我国陆相古近系中等-好的生油岩范畴；北部拗陷的南部凹陷及南部拗陷的南五凹陷，阜宁组达到我国陆相古近系中等烃源岩标准，部分属中等-好的生油岩（表 6.14）。阜宁组暗色泥岩为南黄海盆地主要生烃凹陷主力生烃岩之一。

苏北盆地戴南组分上、下两段，分别称为戴二段（E_2d^2）和戴一段（E_2d^1）。主要岩性为中细砂岩和棕红色泥岩，部分地区有薄层湖相暗色泥岩。但由于受吴堡事件东强西弱的构造运动不均衡性影响，戴南组残留厚度差别明显，东部海安凹陷最大厚度只有 400m，盆地边缘的洪泽凹陷则有 1500m，有机质丰度普遍较低，烃源岩有机质丰度统计与评价如表 6.18 所示。

表 6.18　苏北盆地戴南组烃源岩有机质丰度统计与评价

凹陷	有机碳/%	氯仿沥青"A"/%	总烃/10^{-6}	烃源岩品质评价
金湖凹陷	0.51	0.035	98	差—非生烃岩
高邮凹陷	0.85	0.031	198	差生烃岩
海安凹陷	0.61	0.02	53	差—非生烃岩
盐城凹陷	1.21	0.061	75	中等—差，以差为主

南黄海盆地戴南组厚度较薄，且在同一凹陷内不同的构造部位因箕状充填式沉积，残留厚度变化在 0～1500m。北部拗陷南部凹陷黄 5 井，揭示的戴南组为深灰色泥岩，有机碳含量 0.82%，镜质组反射率 R^o<0.5%，属未成熟的中等生烃岩；南部拗陷戴南组虽然埋深较北部拗陷大，但也仅达到初成熟阶段，南四凹陷 CZ6-1-1 井揭示戴南组为深灰色泥岩，有机碳含量 1.3%，生烃潜量 S_1+S_2 为 2.75mg/g，镜质组反射率 R^o 为 0.57%～0.58%，属初成熟中等-中等偏好烃源岩；该凹陷另一口探井 CZ6-2-1 井钻遇的戴南组为深灰色泥岩，氯仿沥青"A"含量 0.076%，总烃含量 231×10^{-6}，TTI≤1，属未成熟—初成熟的中等生烃岩。南七凹陷的黄 1 井和黄 4 井均钻遇戴南组深灰色泥岩，有机碳平均含量 1.187%～2.0%，氯仿沥青"A"平均含量 0.089%～0.0933%，总烃含量平均为（127～337）×10^{-6}，TTI>1，属初成熟的中等生烃岩。可见，其弱点是成熟度偏低，推测在深凹部位随着埋深增加，成熟度提高，生烃能力会大大提高，将是南黄海盆地南部拗陷另一套较有潜力的生烃岩。

二、中—古生界海相烃源岩特征

（一）中—古生界海相层系烃源岩特征

据收集到的下扬子区探井、参数井，以及野外露头剖面实测及南黄海地区多口探井的烃源岩厚度、有机质丰度、类型、成熟度数据及前人研究成果，结合区域沉积研究和残留地层分布特征对比分析，认为下扬子苏北-南黄海地区海相中—古生界主要发育下寒武统幕府山组，上奥陶统五峰组-下志留统高家边组，二叠系（栖霞组、大隆组和龙潭组）和中生界三叠系下统青龙组四套海相烃源岩（表6.19）。泥岩有机碳含量最大值为13.8%，最小值为0.11%，平均值为1.835%；碳酸盐岩有机碳含量最大值为0.94%，最小值为0.02%，平均值为0.325%，泥岩和碳酸盐岩有机碳含量较高值集中在二叠系，按陈建平等（2012）烃源岩分类标准（表6.6），苏北地区泥岩和碳酸盐岩均为好烃源岩。

表6.19　苏北盆地中、古生代烃源岩有机碳丰度数据表

地层		井名	有机质类型	R°/%		有机碳/%		总烃/10⁻⁶		沥青A/%		S₁+S₂/(mg/g)	
				泥岩	碳酸盐岩	泥岩	碳酸盐岩	泥岩	碳酸盐岩	泥岩	碳酸盐岩	泥岩	碳酸盐岩
三叠系青龙群	T₁	海参1			1.18	0.57	0.16	380	154		0.0235		
	T₁		I	0.5		0.57	0.14			0.0540		3.8	1.54
	T₂					0.44	0.12			0.0301	0.0187	5.25	1.13
	T₂q		II₂			0.12	0.04	45		0.0044			2
	T₂q		II₁			1.4	0.03	46		0.0004			2
	T₂q		II₂	1.6		0.32	0.05	31		0.0038			3
	T₂q		II₂	1.5		0.49	0.02	4.69	57		0.0025	4.69	2
	T₂q		II₂	1.27			0.02	49		0.0008			2
	T₂q		II₂	1.32			0.05	26		0.0023			2
二叠系	P₂	N参4、S174	II₁-II₂	1.07	1.07	1.86	0.49	145		0.0527	0.0485	10.5	
	P₁	荻3	I	1.25	1.25	2.43	0.36	122	125	0.0240	0.0215	3.62	3.1
	P₁		I			1.37	0.36		125	0.0060	0.0215	8.65	
	P₂c		II₂	2.43		2.7	0.22	1.46	36		0.0029	2.47	2
	P₂c		II₁	2.56		7.27	0.94	6.06	40		0.0017	3.92	3
	P₂c		II₁	2.53		2.03	0.3	3.62	31		0.0022	0.2	3
	P₂					13.38		8.65				1.46	
	P₂					2.73		2.47					
	P₂					7.83		3.97					
	P₂		II₂	1.43		1.02		145		0.0486			
	P₂					1.19		0.2					
志留系高家边组	S₁g	沈1		1.49	7.83	0.11		115		0.0085			
	S₁g					0.0200		55		0.0200		0.25	2
	S₁g					0.03		47		0.0200		0.08	2
	S₁g					0.04		66		0.02		0.23	2
	S₁g		I			0.25				0.0066			
	S₁g					1.3		115		0.0109			
寒武系幕府山组	€₁m		II₂	1.75		3.1	0.49	18		0.0021			200
	€₁m		II₁	1.87		0.05		21		0.0013			200

注：黑斜体数据样品取自苏南隆起附近，由中国石油天然气集团公司石油勘探开发研究院测得，其余数据引自陈安定等（2001a，2001b，2001c）、戴春山等（2005）、中国石油化工集团公司华东石油勘探局报告。

南黄海盆地内仅8口探井不同程度揭示了中、古生界海相地层。无锡（WX）5-ST1井、无锡（WX）4-2-1井、常州（CZ）24-1-1井、Kachi-1井、常州（CZ）35-2-1井和CSDP-2井共6口探井钻遇中

生界下三叠统青龙组灰岩地层；无锡（WX）5-ST1 井、常州（CZ）12-1-1 井、无锡（WX）13-1-1 井和常州（CZ）35-2-1 井和 CSDP-2 井共 5 口探井钻遇上古生界海相地层；仅 CSDP-2 井揭示了下古生界的奥陶系和志留系海相地层。因迄今南黄海海域下古生界地层揭示较少，故将南黄海中—古生界海相烃源岩分析评价分成两部分。下古生界主要依据陆地资料进行类比分析，上古生界—中生界下三叠统则以海域实际钻井和分析测试资料为主，参照陆地区钻井相关资料进行分析评价。

1. 下古生界海相烃源岩

晋宁运动以后，在下扬子区基底活动的控制下，晚震旦纪—早古生代为分异性较强的陆缘海盆地，发育了浅海台地相、半闭塞台地相、陆棚相-深盆相沉积等一套厚度较大，以碳酸盐岩为主的富含暗色岩类的地台型沉积建造。总体看，各地质时期地层的有机质丰度与沉积相密切相关，盆地相沉积的有机质丰度高于台地相沉积（表 6.20）。

表 6.20　苏、皖地区下古生界不同相带烃源岩有机质丰度对比

地层代号	岩性	残余有机碳含量/%	
		台地相沉积	盆地相沉积
S_1^2g/S_1^2x	深灰色泥岩	0.12	0.12
S_1^1g/S_1^1x	深灰色泥岩	1.21	0.95
O_3w/O_3x	深灰色硅质泥岩	0.24	1.27
O_3t/O_3h	深灰色灰岩/泥岩	0.04	0.61
O_2b/O_2y	深灰色灰岩	0.03	0.11
O_1gt/O_1n	深灰色灰岩/泥岩	0.03	0.33
ϵ_3g/ϵ_3h	深灰色白云质灰岩/泥岩	0.05	1.32
ϵ_2p/ϵ_2y	深灰色白云质灰岩	0.05	1.58
$\epsilon_1^2m/\epsilon_1^2d$	深灰色白云质灰岩	0.04	3.27
$\epsilon_1^1m/\epsilon_1^1h$	深灰色、黑色页岩	2.52	4.74
Z_1d/Z_2l	深灰色白云质灰岩/泥岩	0.05	1.91

海盆的深水或潮下低能沉积环境主要发育泥质岩类烃源岩，这类烃源岩有机碳含量较高，在一些地区常见碳化沥青或沥青充填于裂隙与层间裂隙中。下扬子区南部分别见于上震旦统、下寒武统、下奥陶统，北部则见于中—上奥陶统、下—中志留统。

陆棚相、开阔台地相、局部台地相等平均低潮面以下的低能或低—中能沉积环境，主要发育泥晶灰岩、粉晶灰岩类烃源岩，其有机质丰度较高，残余有机碳含量可达 0.24%～0.46%，沥青"A"含量为 0.002%～0.0066%，母质类型也属 I 型，为好—较好烃源岩。这类烃源岩见于下扬子区北部，分别为灯影组，寒武系及下—中奥陶统。局部地区见裂隙、微裂隙含沥青或碳化沥青。

下古生界不同层段烃源岩的有机质丰度（表 6.20）显示，下扬子地区主要烃源岩分布于寒武系，其有机质丰度普遍较高，最高层段为下寒武统幕府山组，富有机质的黑色泥页岩主要发育于幕府山组下部，泥岩和泥灰岩中残余有机碳平均含量分别大于 3% 和 1%，为好—很好烃源岩；下、中寒武统碳酸盐岩具有较高的有机质丰度，按表 6.7 碳酸盐岩烃源岩分级评价标准，其有机碳平均含量达到形成中型油气田的下限值。上寒武统地层也具有较高的有机质丰度，泥岩普遍达到了差—中等烃源岩标准，但碳酸盐岩的有机碳平均含量仅达到最低油源岩下限值。部分震旦系泥岩有机质丰度达到中等烃源岩标准，而碳酸盐岩有机质丰度较低，有机碳平均含量仅略高于最低油源岩下限值。

表 6.21　下扬子地区不同层段烃源岩有机质丰度统计表

层位	有机碳含量/%				沥青 "A" 含量/%			
	碳酸盐岩		泥质岩		碳酸盐岩		泥质岩	
	范围值	平均值/样品数	范围值	平均值/样品数	范围值	平均值/样品数	范围值	平均值/样品数
S_{2-3}	*	*	0.01 ~ 0.46	0.11/239	*	*	0.001 ~ 0.002	0.0018/4
S_1	*	*	0.01 ~ 0.49	0.34/214	*	*	0.00034 ~ 0.00177	0.00085/25
O_{2-3}	0.01 ~ 0.02	0.067/20	0.02 ~ 3.5	0.26/127	0.001	0.001/1	0.003	0.003/4
O_1	*	0.12/202	0.01 ~ 2.52	0.48/8	0.001 ~ 0.0025	0.0016.0/5	*	*
$\in_3$		0.18/171	*	1.53/28	0.0025 ~ 0.0051	0.0031/36		
$\in_2$	0.42 ~ 1.04	0.65/66	0.15 ~ 3.53	3.1/54	0.0012 ~ 0.0061	0.0048/46	0.0012	0.0012/5
$\in_1$	0.06 ~ 1.02	0.49/74	*	1.1/15	0.001 ~ 0.035	0.0066/16	0.0004 ~ 0.015	0.0047/15
Z_2dn	0.02 ~ 0.60	0.22/148	0.06 ~ 1.35	*	0.001 ~ 0.004	0.002/7	*	*

＊为有机碳含量达到有效烃源岩下限值。

1) 寒武系烃源岩

下扬子苏北–南黄海地区下寒武统幕府山组主要发育盆地相、开阔台地–台地边缘斜坡相。苏北盆地的盐阜拗陷、建湖隆起、东台拗陷，以及南黄海盆地的南部拗陷、中部隆起、北部拗陷东南部，幕府山组主要为盆地相沉积，其烃源岩主要为盆地相的暗色泥岩。下寒武统幕府山组暗色页泥岩有机碳含量均大于1%，主要发育于扬州—高邮—兴化一带，中心最大厚度达175m，具有从中心向两侧逐渐减薄的趋势。其中扬州、镇江以东北东方向展布的暗色泥岩厚度50~100m，最厚150m，有机碳含量为2.0%~3.0%，属好—很好烃源岩；南京幕府山–泰兴黄桥一带有机碳含量较高，有机碳含量为2.0%~2.5%，至东北方向的大丰一带，有机碳含量又略有增加，平均含量达到3.0%左右。下寒武统幕府山组烃源岩有机质以Ⅰ型为主（图6.1），热演化程度较高的烃源岩主要分布于扬州—泰州—海安一带，$R^o=2.5\%$ 左右的高成熟区呈 NEE 向展布（图6.2）。

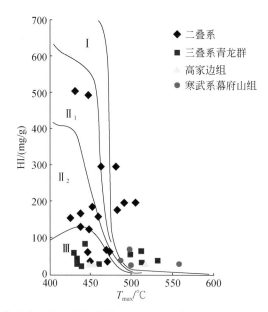

图 6.1　苏北盆地烃源岩氢指数（HI）与最高裂解峰温（T_{max}）关系图

部分数据引自鄢菲，2008；中国石油化工集团公司华东石油勘探局，2012

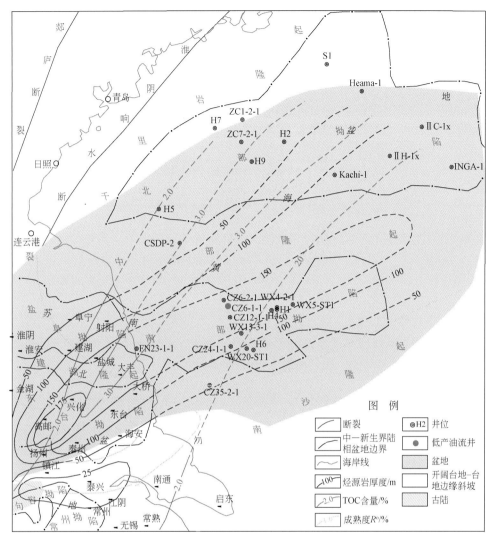

图 6.2 苏北–南黄海地区下寒武统幕府山组沉积相、烃源岩有机质丰度及成熟度分布预测图

据中国海洋石油总公司、中国石油化工集团公司华东石油勘探局、原地质矿产部资料并结合最新油气调查和

大陆架科学探井 CSDP–2 井等最新资料修编

因海相地层分布的稳定性，推测苏北–南黄海地区下寒武统幕府山组烃源岩有机质类型与下扬子苏北陆区相似，以 I 型为主，具有较高的生烃潜力。据陆区下扬子苏北盆地区幕府山组沉积相发育和烃源岩的分布特征，推断在苏北–南黄海地区可能存在一个厚 50～150m 北东向展布的幕府山组暗色泥岩发育区带，带内发育多个烃源岩厚度中心，且有机质丰度也较高；南黄海南部拗陷、中部隆起、北部拗陷中南部可能存在一个呈 NE 向展布，厚 100～150m 的幕府山组源岩区，其有机碳含量为 1.0%～3.0%（图 6.2），镜质组反射率 R^o>1.6%（图 6.3），已进入过成熟热演化阶段，属中等—很好（局部差）过成熟烃源岩。

2）奥陶系五峰组—下志留统高家边组烃源岩

下扬子苏北地区上奥陶统五峰组主要为陆棚–欠补偿盆地沉积，其次为陆棚、浊流和潮坪沉积。下志留统高家边组与上奥陶统五峰组为连续沉积，该时期对应于全球性缺氧事件。奥陶系泥岩大多数样品有机质丰度低，属差或非烃源岩，仅部分奥陶系泥岩有机质丰度达到好烃源岩标准，而碳酸盐岩有机质丰度普遍较低，未达到最低烃源岩下限值，为非烃源岩。

下奥陶统碳酸盐岩有机碳含量大于 0.1% 的地区为常州以东地区和苏北高邮、兴化地区。常州以东地区有机碳含量为 0.15%～0.33%，刚达到最低烃源岩和有效烃源岩下限值，并有向海上地区丰度增高的趋势；苏北高邮、兴化地区有机碳含量为 0.11%～0.18%，属非烃源岩。常州以东地区和苏北高邮、兴

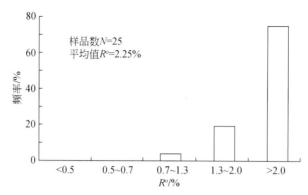

图 6.3　苏北-南黄海地区幕府山组烃源岩成熟度统计直方图

化地区两区之间和苏北的有机质丰度很低，有机碳含量仅 0.02% ~ 0.07%，属非烃源岩。

中—上奥陶统暗色泥岩厚度 100 ~ 200m，有机质丰度较高的地区位于无锡以东和苏北地区，其有机碳含量为 0.71% ~ 0.9%，均大于 0.5%，达到中等—好烃源岩标准。上述两区之间，有机碳含量小于 0.5%，属非烃源岩。

下扬子苏北地区上奥陶统五峰组-下志留统高家边组干酪根样品镜检显示，其有机质以腐泥组和腐殖组成分为主，属 I 型和 III 型有机质（图 6.1），镜质组反射率 R^o > 1.3%，已进入高成熟—过成熟热演化阶段（图 6.4），属中等—好（局部差）的高成熟—过成熟烃源岩。

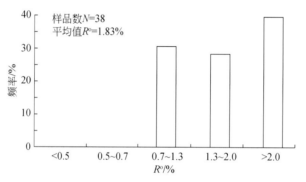

图 6.4　苏北-南黄海地区五峰组—高家边组烃源岩成熟度统计直方图

下扬子苏北地区志留系高家边组以陆棚-欠补偿盆地沉积（泥岩）为主，该套暗色泥岩烃源岩主要分布于句容—海安—东台地区，厚度 40 ~ 80m，其他地区基本无分布（图 6.5）。从区域分布看，下志留统暗色泥岩的有机碳含量为 0.5% ~ 1%，达到有效烃源岩下限值的地区仅限于句容、泰州、大丰一线宽为 30 ~ 40km 的地带，有机碳含量最高可达 1.1% ~ 1.27%，其他地区多低于 0.5%。相对于寒武系幕府山组高成熟分布区，下志留统高家边组烃源岩热演化程度较高的地区已向西南方向转移，其 R^o = 1.6% 左右的高成熟区呈近东西向分布于镇江—扬州—泰兴一线（图 6.5）。

依据地层厚度分布和沉积相展布特征，推测沿南黄海盆地南部坳陷和中部隆起中-东部，以及北部坳陷中部可能存在厚 50 ~ 60m 的上奥陶统—下志留统暗色泥岩发育区，有机碳含量 0.5% ~ 1.0%，南部坳陷东北部 WX4-2-1、WX5ST-1 等井区附近及中部隆起中-东部有机碳含量可能更高，达 1.0% ~ 1.5%（图 6.5），有机质类型以 I 型为主，镜质组反射率 R^o 为 1.0% ~ 1.3%（图 6.4、图 6.5），为成熟—过成熟热演化阶段的中等—好（局部差）烃源岩。

2. 上古生界—中生界下三叠统海陆交互（过渡）相烃源岩

晚泥盆世—早二叠世及晚二叠世—早三叠世时，在下扬子区频繁而微弱的地壳振荡运动控制下，短暂而频繁的海侵和海退形成了一套滨海-浅海相碎屑岩、碳酸盐岩和硅质岩。上古生界和三叠系厚约 1500m，从时代分布看，二叠系下部的栖霞组以灰岩为主，上部的龙潭组和大隆组主要为碎屑岩，在龙潭

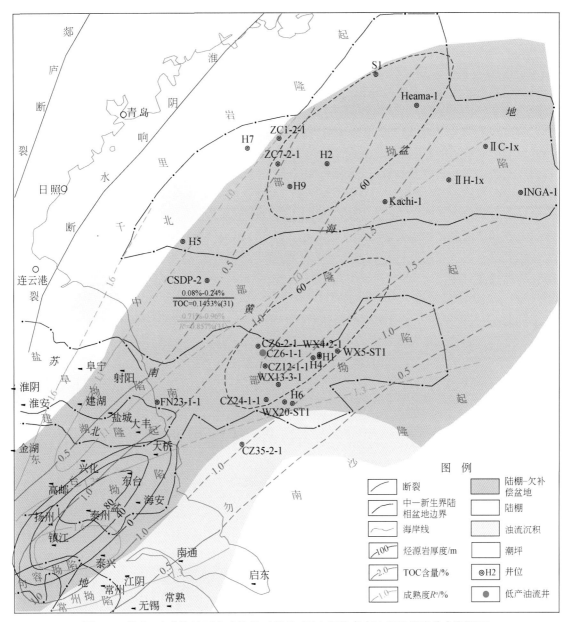

图 6.5　苏北-南黄海地区上奥陶统五峰组-下志留统高家边组烃源岩分布预测图

据中国海洋石油总公司、中国石油化工集团公司华东石油勘探局、原地质矿产部资料并结合最新油气调查和

大陆架科学探井 CSDP-2 井等最新资料修编

组地层中夹有厚度不等的煤层。

　　南黄海海域盆地钻遇上古生界石炭系及以上海相地层的探井有 5 口，比较集中分布于南部拗陷、勿南沙隆起和中部隆起上，除 WX5-ST1 井未钻遇下二叠统栖霞组（P_1q）灰岩地层外，其余 4 口井均不同程度钻遇栖霞组（P_1q）灰岩，CZ12-1-1 井钻遇最老地层为上古生界石炭系。

　　南部拗陷南二低凸起上的 CZ12-1-1 井和 WX13-3-1 井均缺失中生界和上古生界上二叠统大隆组（P_2d）和龙潭组（P_2l）。CZ12-1-1 井新生界之下直接钻遇下二叠统栖霞组（P_1q）灰岩 30m，上古生界石炭系（自下而上分别为高骊山组、和州组、黄龙组、船山组）地层 1271m（其中因地层倒转重复厚度 562m）；WX13-3-1 井亦是在新生界之下直接钻遇上古生界下二叠统栖霞组（P_1q）灰岩 178.61m（未钻穿）；WX5-ST1 井和 CZ35-2-1 井均在钻穿巨厚的中生界下三叠统青龙灰岩之后钻遇上二叠统大隆组（P_2d）和龙潭组（P_2l），两口探井钻遇大隆组厚度分别为 110m 和 115m，主要为灰色-灰黑色页岩和浅黄色、深灰色、灰黑色粉砂岩；龙潭组厚度分别为 329.84m（未钻穿）和 270m，主要为褐色和深灰色粉砂岩夹煤层。此外，CZ35-2-1 井比 WX5-ST1 井多钻遇一套下二叠统栖霞组（P_1q）灰岩 266.0m（未钻穿）。

1）泥盆系—石炭系烃源岩

下扬子苏北地区泥盆系暗色泥岩的有机碳含量较高，南京以东通常大于 1%，镇江以东可高达 2% ~ 3%，暗色泥岩以南京地区最厚，可达 40m。

下石炭统暗色泥岩主要发育于高骊山组，区域分布上，常州与句容之间的苏南地区有机质丰度较高，有机碳含量为 0.4% ~ 1.33%，达到中等-好烃源岩标准，但厚度仅 10m 左右；无锡以东地区有机碳含量小于 0.1% ~ 0.3%，属非烃源岩；苏北地区的有机碳含量为 0.5%，刚达到泥岩烃源岩有机碳含量下限值，暗色泥岩和碳酸盐岩的厚度仅为 20m 左右。

上石炭统暗色碳酸盐岩厚度由西向东增厚，变化于 40 ~ 80m。马鞍山、句容、丹阳、海安及长兴、无锡、南通两线之间有机碳含量变化于 0.1% ~ 0.3%，部分达到有效烃源岩有机碳含量下限值，而该带东西两侧有机碳含量均小于 0.1%，未达到碳酸盐岩烃源岩最低有机碳含量下限值，属非烃源岩。

位于南黄海盆地南部拗陷南二低凸起上的 CZ12-1-1 井揭示，石炭系主要为方解石化泥质砂岩，含灰质石英岩屑粉砂岩、灰色粉晶白云质灰岩、浅褐灰-棕褐色藻团细粉晶灰岩和灰质泥岩、泥晶灰岩和含燧石灰岩等，为非烃源岩。

2）下二叠统栖霞组烃源岩

下扬子苏北-南黄海地区下二叠统栖霞组主要为局限台地、开阔台地和盆地相沉积，栖霞组烃源岩为深灰色、灰色灰岩夹泥岩，有机质丰度很高，其有机碳含量最高达 2.82%（表 6.22），很多样品有机碳含量大于 0.5%，达到中等-好烃源岩标准。海安—宜兴一带宽达 50 ~ 100km 的地带，暗色碳酸盐岩的厚度为 50 ~ 100m，有机碳含量为 0.4% ~ 0.5%，达到好烃源岩标准和形成中型油气田的有机碳含量下限值（表 6.6、表 6.7）。

表 6.22　苏南、皖南上古生界不同相带烃源岩有机碳特征表

地层	岩性	有机碳含量/%	
		台地相区	盆地相区
P_2d/P_2c	深灰色硅质泥岩/灰岩	3.45	2.31
P_2l	深灰色泥岩	2.61	4.25
P_1g	深灰色硅质泥岩	6.04	1.79
P_1q	深灰色灰岩	0.29	2.82
C_2c	灰色灰岩	0.16	
C_2h	深灰色灰岩	0.2	
C_1g	深灰色灰岩	0.34	
C_1j	深灰色灰岩	0.27	
D_3w	深灰色泥岩	0.72	

下二叠统孤峰组为盆地相深灰色泥岩，其有机碳含量达 1.79%（表 6.22）。区域分布上表现为三分的特点，镇江以西有机碳含量较高，通常大于 2%，少数样品高达 5.62% ~ 6.87%；无锡与镇江之间有机碳含量为 1% ~ 2%；无锡以东为另一个高值区，有机碳含量为 1% ~ 3%。暗色泥岩的厚度在常州以东 20 ~ 40m，常州以西 40 ~ 50m，苏北地区 20 ~ 40m。

苏北陆区钻遇的二叠系下统以栖霞组（P_1q）碳酸盐岩为主，厚度 100 ~ 200m，有机碳含量为 0.14% ~ 0.91%，平均值为 0.492%。苏 174 井揭示的栖霞组灰岩有机碳含量为 0.34% ~ 0.68%，平均值为 0.6%，氯仿沥青"A"含量为 0.013% ~ 0.057%。其生油指标不亚于泥岩，亦是一套好的生烃岩。按照碳酸盐岩烃源岩各级下限值划分标准（表 6.7），其有机碳含量已达形成中型油气田烃源岩下限值。

　　海域南黄海盆地南部拗陷南二低凸起上的 WX13-3-1 井、CZ12-1-1 井和勿南沙隆起的 CZ35-2-1 井钻遇的下二叠统栖霞组厚度分别为 178.61m、30m 和 266m（均未钻穿）。岩性为深灰色、灰黑色（部分褐灰色）石灰岩，底部夹少量黑色泥灰岩，岩性可与江苏省宜兴县湖庙桥、丁蜀团山剖面（上部为灰黑色石灰岩、含燧石灰岩及臭灰岩，下部为臭灰岩、石灰岩、砂岩、炭质页岩夹煤线）对比。

　　CZ35-2-1 井钻遇的栖霞组 16 个深灰色灰岩样品的氯仿沥青"A"含量为 0.02% ~0.9%，平均值为 0.09%，14 个样品的有机碳含量为 0.45% ~1.52%，平均值为 1.1%，生烃潜量 S_1+S_2 为 0.34 ~1.3mg/g，平均值为 0.846mg/g，热解氢指数（H_1）范围为 37.5 ~152.38，平均值为 69.16，镜质组反射率 R^o 为 2.45%，有机质类型Ⅲ型为主，属过成熟的好—很好气源岩（表 6.11）。按照碳酸盐岩烃源岩各级下限值划分标准（表 6.11），其有机碳含量已达形成中-大规模油气田烃源岩下限值。综合 CZ35-2-1 井 TOC、H_1、S_1+S_2、"A"等指标综合评价，勿南沙隆起上二叠统生烃条件良好，尤其是上二叠统地层属于好—很好的高成熟—过成熟烃源岩，有利于生气。

　　此外，CZ35-2-1 井揭示的下二叠统栖霞组泥岩的有机碳含量为 0.56% ~2.24%，平均为 1.21%；氯仿沥青"A"含量为 0.0233% ~0.2071%，平均值为 0.0768%；生烃潜量 S_1+S_2 为 0.34 ~1.52mg/g，平均值为 0.78mg/g。由于热演化程度较高，氯仿沥青"A"和生烃潜量 S_1+S_2 偏低，但从有机碳含量看，主要为中等—很好烃源岩。

　　CSDP-2 井钻遇的栖霞组 2 个灰白色灰岩样品有机碳含量为 0.22% ~0.49%，平均为 0.355%，镜质组反射率 R^o 为 0.82% ~1.13%，平均值为 0.98%；属成熟的中等—差（部分为差）烃源岩。

　　依据海陆地层厚度和沉积相分布特征，推测沿南黄海盆地南部拗陷和中部隆起部以及北部拗陷中南部，存在厚约 50 ~100m 栖霞组烃源岩，尤其是位于南部拗陷 WX5-ST1 井和 WX4-2-1 井北侧的中部隆起中部，推测可能存在一个厚达 100m 的栖霞组烃源岩发育区（图 6.6），其有机碳含量类比 CZ35-2-1 井和 CSDP-2 井灰岩、泥岩的有机碳含量平均值为 0.355% 和 1.21% ~8.065%，总体属中等—好烃源岩；有机质类型以Ⅱ型为主，部分Ⅲ型；镜质组反射率 R^o>2.0%（图 6.7），有机质已达到高成熟—过成熟热演化阶段，灰色灰岩地层属中等（局部差—非）烃源岩，富含碳质的灰黑色臭灰岩为好烃源岩，泥岩地层属中等—好烃源岩。

　　3）上二叠统龙潭组烃源岩

　　下扬子区大部分地区于早二叠世晚期开始转变为海陆交替为主的三角洲和潟湖海湾沉积环境；晚二叠世龙潭期整个下扬子区主要处于三角洲平原、三角洲前缘和滨浅海沉积区（图 6.8）。其下部为潮坪相、沼泽相、三角洲平原相沉积，发育泥岩夹碳质页岩和薄煤层；上部为海湾相灰、深灰、黑色泥岩，其泥岩有机质丰度高，有机碳含量可达 4.25%。区域上表现为安徽芜湖-江苏句容-海安地区是龙潭组泥岩有机质丰度较高的区带，平均有机碳含量在 2.0% 以上，尤其是句容地区甚至高达 3% ~5%，其他地区龙潭组的有机碳含量相对低一些，常州以东丰度较低，有机碳含量为 1% ~2%。

　　苏北陆区钻遇的二叠系上统包括龙潭组（P_2l）和大隆组（P_2d），厚度 100 ~150m，有机质丰度较高，有机碳含量平均为 2.61%，最高达 7.73%，氯仿沥青"A"含量为 0.012% ~0.193%，是一套中等—很好（局部差）的生烃岩。

　　南黄海南部拗陷 WX5-ST1 井揭示龙潭组上部为灰黑色粉砂岩及细砂岩，中部为灰色灰黑色泥质粉砂岩和粉砂质泥岩，下部为灰黑色碳质泥岩，属滨海潮坪亚相的潮间带和滨岸沼泽沉积。南黄海盆地西部主要发育三角洲（平原相和前缘相）沉积，依据地层厚度分布和沉积相展布特征，以及 CZ35-2-1 井和 WX5-ST1 井钻井资料分析表明，南黄海南部地区龙潭组有机质丰度分布基本在 1.0% 以上。

　　CZ35-2-1 井龙潭组 15 个黑灰色泥岩样品的有机碳含量为 0.75% ~5.43%，平均值为 1.704%，氯仿沥青"A"含量为 0.09% ~0.76%，平均值为 0.3%，生烃潜量 S_1+S_2 为 0.89 ~7.79mg/g，平均值为 3.093mg/g，热解氢指数（H_1）范围介于 70.53 ~411.18 之间，平均值为 148.25。15 个黑灰色泥岩样品的镜质组反射率 R^o 为 1.8% ~2.3%，平均值为 2.2%，处于过成熟热演化阶段，有机质类型以Ⅲ型为主，属过成熟的好气源岩。WX5-ST1 井样品 TOC 值高达 2.0% ~2.5%，亦是好气源岩。

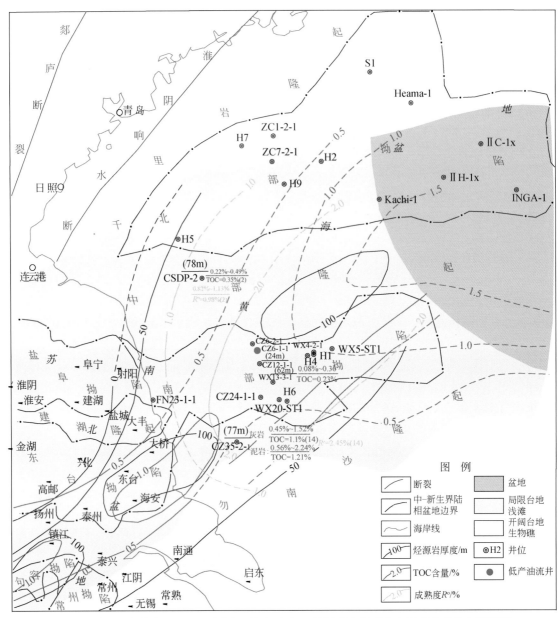

图 6.6　苏北-南黄海地区下二叠统栖霞组沉积相、烃源岩有机质丰度及成熟度分布预测图
据中国海洋石油总公司、中国石油化工集团公司华东石油勘探局、原地质矿产部资料并结合最新油气调查和大陆架科学探井
CSDP-2 井等最新资料修编

　　CSDP-2 井龙潭组中—上部 22 个灰黑色泥岩样品的有机碳含量介于 0.18~4.18% 之间, 平均值为 1.145%, 镜质组反射率 R^o 为 0.62~1.52%, 平均值为 0.975%, 处于总体成熟—局部高成熟热演化阶段。有机质类型以 Ⅲ 型为主、部分为 Ⅱ2 型, 属好气源岩; 龙潭组底部的碳质泥岩, 有机质丰度为有机碳 12.41%, 氯仿沥青 "A" 0.0255%, 生烃潜量 S1+S2 = 2.79mg/g, 总烃 190.48×10⁻⁶, 有机质类型为 Ⅱ1 型, 属成熟的好烃源岩。

　　结合沉积相展布特征分析认为, 勿南沙隆起-南部拗陷-中部隆起-北部拗陷西南部, 存在 0~500m (局部可达 600m 以上) 海陆过渡相的上二叠统龙潭组—大隆组 (图 2.11), 其有机碳含量为 1.0%~ 3.0%, 有机质类型以 Ⅲ 型为主 (图 6.2), 镜质组反射率 R^o 变化在 1.0%~2.0% 的烃源岩 (图 6.9) 发育区, 有机质进入高成熟 (局部过成熟) 热演化阶段, 属中等—很好 (局部差) 的成熟—高成熟气源岩。

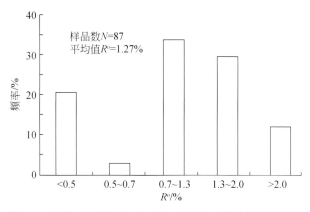

图 6.7 苏北-南黄海地区栖霞组烃源岩成熟度统计直方图

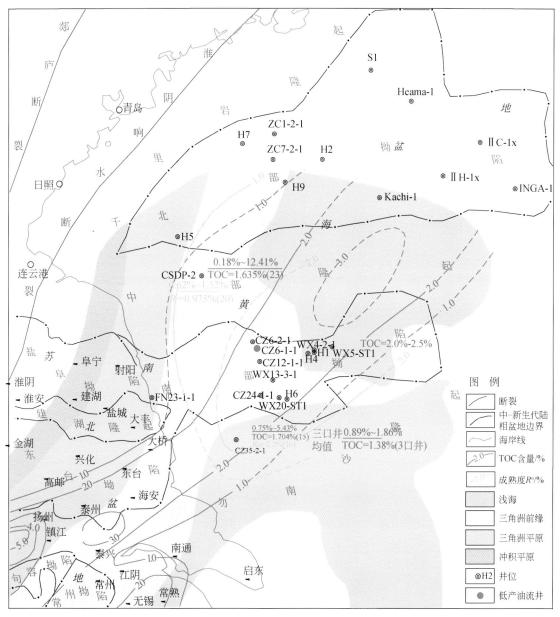

图 6.8 苏北-南黄海地区上二叠统龙潭组沉积相、烃源岩有机质丰度及成熟度分布预测图
据中国海洋石油总公司、中国石油化工集团公司华东石油勘探局、原地质矿产部资料并结合最新油气调查和
大陆架科学探井 CSDP-2 井等最新资料修编

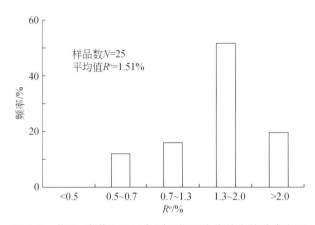

图 6.9　苏北–南黄海地区龙潭组烃源岩成熟度统计直方图

4）上二叠统大隆组烃源岩

下扬子陆区大隆组为一套深盆–陆棚相深灰色、灰黑色硅质岩和硅质泥岩沉积，不同相带烃源岩的有机质丰度存在显著差异（表6.22），残余有机碳含量为0.5%～3.45%，在平面上，句容–常州–靖江一带大隆组有机质丰度高，有机碳含量在3%以上，苏北海安–盐城地区相对低一些，通常在2%以下，大多属于中等—好烃源岩，局部为好—很好烃源岩。

海域勿南沙隆起CZ35–2–1井钻遇的大隆组中6个黑灰色泥岩样品有机碳含量为0.92%～3.48%，平均值为2.08%，氯仿沥青"A"含量为0.12%～0.33%，平均值为0.22%，热解氢指数（H_I）范围为78.14～142.62，平均值为107.28。2个黑灰色泥岩样品的镜质组反射率 R^o 分别为1.5%和1.7%，平均值为1.6%，均处于高成熟热演化阶段，有机质类型为Ⅲ型，属高成熟的好气源岩。

CSDP–2井3个大隆组深灰色泥岩和碳质泥岩样品有机碳含量为1.48%～4.85%，平均值为2.62%，镜质组反射率 R^o 变化在0.71%～0.807%，平均值为0.7585%，属处于成熟热演化阶段的好（局部中等—差）烃源岩。

据CZ35–2–1井和CSDP–2井揭示的大隆组泥岩有机地球化学指标、地层厚度和沉积相展布特征，推测南黄海盆地的勿南沙隆起–南部拗陷–中部隆起–北部拗陷西南部，存在一个厚度0～100m的深盆–陆棚相深灰色大隆组暗色泥岩发育区（图6.10），其平均有机碳含量为2.08%～2.62%，干酪根类型主要为Ⅱ型和Ⅲ型，R^o 平均值变化为0.76%～1.6%，属处于成熟（局部高成熟）热演化阶段的好（局部中等—差）气源岩（图6.11）。

3. 下扬子区下中生界海相烃源岩

下扬子地区下三叠统青龙组主要为浅海陆棚相和开阔台地相沉积，有机碳含量及分布在区域上以常州为界，常州以东相对较低，以西较高。丰度最高的地区位于常州—丹阳之间宽50km的NE向延伸的条带中。暗色泥岩有机碳含量为1.0%～2.46%，达到好—很好烃源岩标准，厚度小于20m；暗色碳酸盐岩厚度达200m左右，有机碳含量为0.2%～0.4%，部分达到有效烃源岩或形成中型油气田的有机碳含量下限值。常州以东地区有机碳含量较低，碳酸盐岩厚约300m±，有机碳含量仅0.05%±，未达到最低烃源岩下限值，属非烃源岩。

苏北陆区钻遇的三叠系下统青龙组（T_1q）一般厚160～200m（泥岩厚60m，灰岩厚100～200m），其有机碳含量较高，泥岩有机碳含量为0.12%～0.5%，灰岩有机碳含量为0.12%～0.55%。N13井钻遇青龙组灰岩有机碳含量平均值为0.25%，达到了碳酸盐岩烃源岩作为有效气源岩下限值（表6.7），总烃含量为134.4×10⁻⁶，氯仿沥青"A"含量平均值为0.02069%，$T_{max}=439℃$，显示青龙组灰岩具有一定的有机质丰度，并且有机质热演化程度处于成熟阶段，具有一定的生烃能力。苏北地区三叠系青龙组海相灰岩中获得了一些油气发现，如句容地区容2井和容3井分别于三叠系青龙组海相灰岩中获日产原油6t和10t。也证实三叠系青龙组海相灰岩具有一定的生烃潜力。

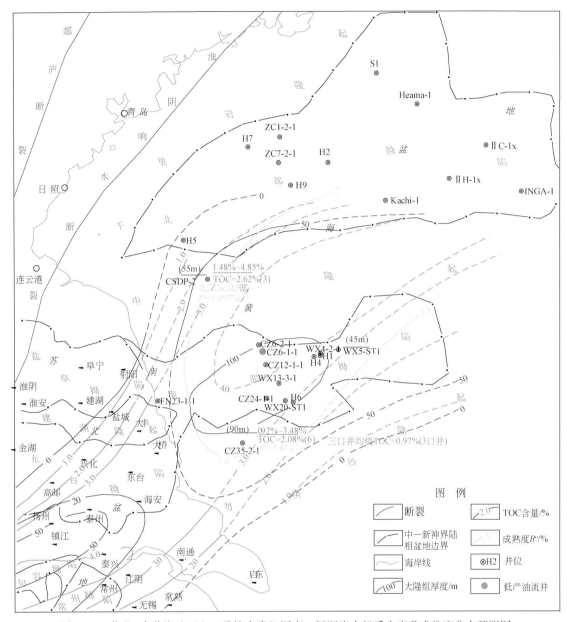

图 6.10 苏北-南黄海地区上二叠统大隆组厚度、烃源岩有机质丰度及成熟度分布预测图

据中国海洋石油总公司、中国石油化工集团公司华东石油勘探局、原地质矿产部资料并结合最新油气调查和

大陆架科学探井 CSDP-2 井等最新资料修编

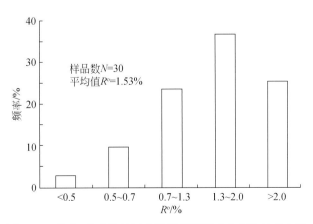

图 6.11 苏北-南黄海地区大隆组烃源岩成熟度统计直方图

南黄海海域盆地迄今仅6口探井不同程度钻遇下三叠统青龙组（T_1q）。南部坳陷的无锡 WX5-ST1 井揭露的厚度最大，为1410m，岩性主要为土黄色、灰色石灰岩与泥质灰岩互层，夹灰黄色、黄绿色和红褐色泥岩、泥质灰岩，以及浅灰色石灰岩与暗灰色石灰岩互层，部分灰岩具石膏假象，WX4-2-1 井钻厚 299.0m（未钻穿），CZ24-1-1 井钻厚 205.0m（未钻穿）；北部坳陷的 Kachi-1 井在井深 2693m 以下仅揭露青龙组灰岩 33.3m（未钻穿）后完钻；勿南沙隆起上的 CZ35-2-1 井钻遇青龙组灰岩 891m，上部为开阔台地相沉积，下部为局限台地相沉积；中部隆起西部的 CSDP-2 井钻遇厚达 231m 的青龙组泥质灰岩地层。

南黄海盆地勿南沙隆起上 CZ35-2-1 井钻遇的青龙组，25 个灰色灰岩样品有机碳含量为 0.1% ~ 0.52%，平均值为 0.308%，达到了碳酸盐岩烃源岩作为有效气源岩有机碳含量下限值，氯仿沥青 "A" 含量为 0.003% ~ 0.77%，平均值为 0.03%，生烃潜量 S_1+S_2 为 0.08 ~ 1.18mg/g，平均值为 0.428mg/g，热解氢指数范围 7.14 ~ 204.17，平均值为 97.34。其中 9 个灰色灰岩样品测得的镜质组反射率 R^o 为 0.7% ~ 1.2%，平均值为1.05%，处于有机质热演化成熟阶段，有机质类型为Ⅲ型，属中等—好（局部差）的成熟烃源岩。中部隆起西部的 CSDP-2 井中，7 个青龙组泥质灰岩样品的有机质丰度有机碳为 0.25% ~

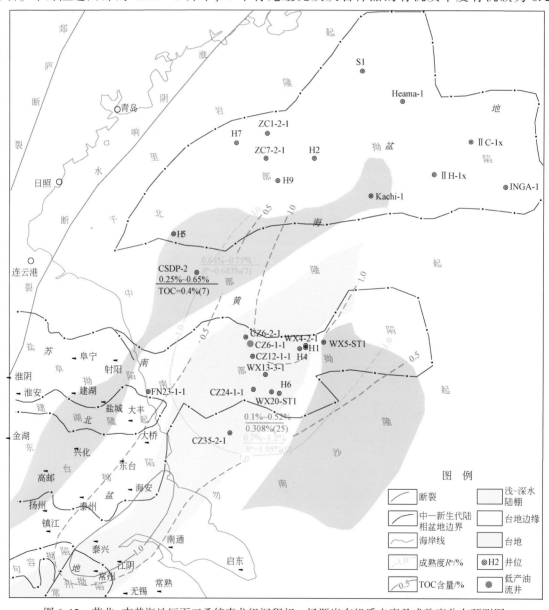

图 6.12 苏北-南黄海地区下三叠统青龙组沉积相、烃源岩有机质丰度及成熟度分布预测图

据中国海洋石油总公司、中国石油化工集团公司华东石油勘探局、原地质矿产部资料并结合最新油气调查和

大陆架科学探井 CSDP-2 井等最新资料修编

0.65%，平均值为0.4%，氯仿沥青"A"为0.0009%～0.1164%，平均值为0.04631%，生烃潜量S_1+S_2为0.001～0.31mg/g，平均值为0.1261mg/g，总烃变化在（2.81～887.12）×10^{-6}之间，均值为370.13×10^{-6}；镜质组反射率R^o为0.64%～0.75%，平均值为0.683%。综合平均CSDP-2井青龙组泥质灰岩中约60%为低成熟—成熟的中等—好烃源岩，其余为差—非烃源岩。

南黄海钻遇青龙组灰岩的6口井中，以WX4-2-1井有机质丰度最高，其次为CZ35-2-1井，再次为WX5-ST1井，CZ24-1-1井有机质丰度最低，有机质类型均为Ⅲ型。按有机碳含量划分的碳酸盐岩烃源岩等级划分标准，CZ24-1-1井和WX5-ST1井大部分碳酸盐岩属于非烃源岩，少部分属于中等烃源岩；CZ35-2-1井绝大部分青龙组属成熟的中等—好烃源岩。

依据钻井揭示地层结合地震资料分析，南黄海勿南沙隆起、南部拗陷、中部隆起发育厚0～2500m的下三叠统青龙组灰岩，沉积相包括台地相、台地边缘相和浅水-深水陆棚相。依据钻井揭示的油气地球化学分析资料，推测南部拗陷和中部隆起中部，尤其是中部隆起中部和南部拗陷的西部（CZ6-1-1井以西附近）和东部（WX4-2-1井附近）一带，可能存在厚达500～1500m（局部甚至可能厚逾2000m）的下三叠统青龙灰岩分布区（图2.13），有机碳含量类比CZ35-2-1井为0.1%～0.645%，平均值0.31%～0.39%，CSDP-2井为0.25%～0.65%，平均值0.4%，按碳酸盐岩烃源岩分类标准（表6.6）属中等—好烃源岩，其有机碳含量达到碳酸盐岩有效气源岩下限值（表6.7），有机质热演化类比CZ35-2-1井和CSDP-2井R^o为0.64%～1.2%，平均值为0.68%～1.05%，属低成熟—成熟的中等—好（局部差）烃源岩（图6.12）。

（二）中—古生界海相烃源岩海-陆对比

下扬子区-南黄海地区中—古生代主要发育下寒武统幕府山组、上奥陶统-下志留统五峰组-高家边组、下二叠统栖霞组和上二叠统龙潭组及大隆组、下中生界青龙组五套区域性海相烃源岩，下扬子陆地区域与南黄海地区烃源岩特征对比见表6.23，简述如下。

表6.23 下扬子与南黄海盆地中—古生代海相烃源岩地球化学特征对比表（据中国海洋石油总公司资料整理）

区域	地层层位	主要岩性	地层TOC/%		烃源岩TOC/%		有机质类型	烃源岩有效性评价	厚度/m
			样品数	范围值	样品数	平均值			
下扬子区	青龙组（苏北）	灰岩		0.12～0.50				中等—好成熟烃源岩	100～200
		泥岩		0.12～0.55				中等—好成熟烃源岩	60
	青龙组	灰岩		0.05～0.40				成熟	100～300
		泥岩		0.4～2.46				中等—好，局部差，成熟烃源岩	20～40
	大隆组	泥岩	69	0.23～14.82	62	3.66	Ⅱ～Ⅲ	中等—很好，局部差，成熟—高成熟气源岩	20～50
	龙潭组	泥岩及碳质泥岩	484	0.10～16.46	449	2.1	Ⅱ～Ⅲ	中等—很好，局部差，高成熟—过成熟气源岩	50～200
	栖霞组	泥灰岩灰岩	176	0.01～2.11	42	0.86	Ⅱ（Ⅲ）	中等—好，局部差，高成熟—过成熟烃源岩	50～100
	五峰组-高家边组	泥岩	589	0.01～3.29	68	1.28	Ⅰ	中等—好，局部差，高成熟—过成熟烃源岩	40～80
	幕府山组	泥岩	180	0.26～23.44	177	4.22	Ⅰ	中等—很好，局部差，过成熟烃源岩	50～300
南黄海	青龙组	灰岩		0.1～0.52		0.308	Ⅲ	中等—好，局部差，成熟烃源岩	100～200
	大隆组	泥岩	9	0.49～3.48	8	1.75	Ⅱ～Ⅲ	中等—很好，局部差，成熟—高成熟气源岩	45～90
	龙潭组	泥岩	24	0.37～5.43	23	1.57	Ⅱ～Ⅲ	中等—很好，局部差，高成熟—过成熟气源岩	234～252
	栖霞组	灰岩局部泥岩	75	0.05～2.36	11	1.21	Ⅱ（Ⅲ）	灰岩属好—很好，局部差；泥岩属中等—好，高成熟—过成熟烃源岩	24～77

（1）寒武系幕府山组泥岩属好烃源岩，有机质类型以Ⅰ型为主，已进入过成熟热演化阶段，属中等—很好（局部差）的过成熟烃源岩。

（2）奥陶—志留系泥岩为中等—好烃源岩，有机质类型以Ⅰ型为主，已进入高成熟—过成熟热演化阶段，属中等—好（局部差）的过成熟烃源岩。

（3）下扬子区二叠系灰岩（栖霞组）为中等—好（局部差）烃源岩，有机质类型以Ⅱ为主，部分为Ⅲ型，已进入高成熟—过成熟热演化阶段；南黄海区的二叠系栖霞组灰岩属好—很好，（局部差）的高成熟—过成熟烃源岩。

（4）二叠系泥岩（大隆组、龙潭组）为中等—很好烃源岩，有机质类型主要为Ⅱ、Ⅲ型；下扬子和南黄海地区二叠系上统大隆组灰色—灰黑色页岩，龙潭组的煤系地层整体进入成熟—高成熟热演化阶段。属中等—很好（局部差）的成熟—高成熟的气源岩。

（5）下三叠统青龙灰岩，有机碳含量为 0.12% ~ 0.5%，平均值 0.308%，镜质组反射率 R^o 为 0.7% ~ 1.2%，平均值为 1.05%（图 6.12），为中等—好（局部差）的成熟烃源岩。

第三节　烃源岩区域有效性评价

一、中—新生界陆相烃源岩区域有效性评价

（一）中—新生界沉降史与有机质热演化成熟度

有机质成熟度是烃源岩评价的重要指标，表 6.24 是南黄海盆地目前在 12 口探井中获得的烃源岩镜质组反射率 R^o（%）数据。按照镜质组反射率 R^o（%）成熟度，南黄海盆地各凹陷钻井揭示的生油门限深度差异较大，如北部拗陷北部凹陷的黄海 7 井生油门限深度为 1500m，ZC1-2-1 井初成熟门限为 1700 ~ 1800m，黄海 5 井、CZ6-1-1 井、WX20-ST1 井和 WX13-3-1 井揭示的初成熟生油门限分别是 2000m、2100m、2500m 和 2100m。构造发育史分析表明，黄海 7 井生油门限偏浅的原因是后期吴堡运动局部抬升剥蚀所致，ZC1-2-1 井点附近局部构造经历了白垩纪末期和渐新世至早中新世两次抬升剥蚀，剥蚀厚度总计 500 ~ 600m。

表 6.24　南黄海主要探井揭示烃源岩热演化和成熟度特征

井号	地层层位	镜质组反射率 R^o/%	样品深度/m	成熟阶段
ZC1-2-1 井	泰州组（K₂t）	0.79 ~ 1.02	3203 ~ 3351	（√）
黄海 7 井	泰州组（K₂t）	0.43 ~ 0.49，均值 0.46（2） 0.51 ~ 0.62，均值 0.55（3）	1375 ~ 1464 1547 ~ 1800	（−） （△）
黄海 2 井	阜宁组（E₁f）	0.50 ~ 0.54		（△）
黄海 5 井	阜宁组（E₁f）	0.38 ~ 0.49，均值 0.45（8） 0.50 ~ 0.54，均值 0.52（4）	1260 ~ 1984 2050 ~ 2209	（−） （△）
黄海 9 井	阜宁组（E₁f）	0.38 ~ 0.47，均值 0.43（6） 0.60 ~ 0.85，均值 0.725（4）	1513 ~ 1895 1860 ~ 2216	（−） （△）
CZ6-1-1（A）井	阜宁组（E₁f）	<0.5 0.71	3375 ~ 3475 3650	（−） （△）
	三垛组（E₃s）	0.57 ~ 0.58，均值 0.575（2）	2125 ~ 2175	（△）
WX13-3-1	阜宁组（E₁f）	0.51 ~ 0.66，均值 0.58（4）	2020 ~ 2140	（△）
WX4-2-1 井	阜宁组（E₁f）	0.32 ~ 0.44 0.45 ~ 0.51	1609 ~ 1754 1754 ~ 1999	（−） （△）
	泰州组（K₂t）	0.87 ~ 0.99	2433 ~ 2708	（√）

续表

井号	地层层位	镜质组反射率 R^o/%	样品深度/m	成熟阶段
WX5-ST1	青龙组（T_1q）	0.82	1330～2740	（√）
	龙潭组（P_2l）	2.06	2850～3179.84	（+）
CZ24-1-1 井	泰州组（K_2t）	0.43～0.54	3060～3301	（-）-（△）
WX20-ST1 井	戴南组（E_2d）	0.47	2409～2413	（-）
		0.51～0.69，均值0.58（6）	2515～3078	（△）
CZ35-2-1 井	下青龙组（T_1q）	0.7～1.2，均值1.05（9）	1600～2077	（√）
	大隆组（P_2d）	1.5～1.7，均值1.6（2）	2077～2192	（+）
	龙潭组（P_2l）	1.8～2.3，均值2.2（16）	2192～2471	（++）
	栖霞组（P_1q）	2.3～2.6，均值2.45（14）	2471～2728	（++）

注：（-）.未成熟（未开始生油）；（△）.初成熟或低成熟（开始生油）；（√）.主成熟（生油高峰期）；（+）.高成熟（凝析油气）；（++）.过成熟（干气）。

研究结果表明，各个凹陷的有机质热演化程度与凹陷的发育与沉降史有关。笔者利用实测地温梯度、镜质组反射率 R^o（%）、钻井地层，以及近年地质调查获得的地震资料，以北部拗陷的东北凹陷、北部凹陷、南部拗陷的南四凹陷为代表，编制沉积地层埋藏史曲线并分析各凹陷生烃源岩热成熟演化史，再结合地层分布对比研究各凹陷有效生烃岩分布特征及凹陷生烃潜力。

1. 中生代早期开始发育的快速沉降凹陷

如北部拗陷的东北凹陷。图 6.13 是据 N—S 向通过东北凹陷的地震-地质解释剖面结合 S1 井和 Heman-1 井揭示的地层剖面，类比北部凹陷白垩系泰州组、古近系阜宁组、戴南组和三垛组成熟度资料，并参考东部凹陷 Kachi-1 井揭示的青龙组灰岩地层及其成熟度编制的沉积地层埋藏史曲线。从图中可看出，该凹陷发育了自三叠纪—第四纪比较完整的沉积序列。三叠系青龙组灰岩在古近系阜宁组沉积前 TTI 值即可达到 8～64 的主成熟阶段，戴南组沉积前达到高成熟阶段（TTI=64～256），渐新世沉积时已进入过成熟阶段（TTI>256）；侏罗系碎屑岩在早白垩世中晚期达到初成熟，古近系阜宁组沉积期直至三垛组沉积前为主成熟生油高峰阶段，渐新世至早中新世为高成熟阶段，中中新世以后一直处于过成熟阶段（TTI>256）；白垩系在晚白垩世末—始新世达到初成熟，至早渐新世达到主成熟生油高峰阶段，晚中新世

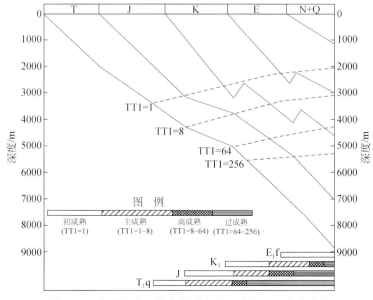

图 6.13　南黄海盆地北部拗陷东北凹陷沉积埋藏史曲线

末期至今为高成熟阶段；古近系阜宁组热演化程度较低，从渐新世末期至今一直处于低成熟阶段，东北凹陷内主力烃源岩侏罗系暗色岩组目前处于成熟–高成熟甚至过成熟阶段。

2. 中生代中—晚期开始发育的晚期沉降凹陷

如北部坳陷的北部凹陷。北部凹陷实测地温梯度为 3.2 ~ 3.3℃/100m，该凹陷除局部抬升剥蚀外，凹陷内发育了比较完整的自晚白垩世—第四纪的沉积序列。图 6.14 是据 2012 年最新获得的 N—S 向地震–地质解释剖面结合 ZC1–2–1 井和黄海 7 地层剖面及成熟度资料编制的沉积地层埋藏史曲线，从图中可看出，上白垩统泰州组烃源岩到古近系三垛组沉积前大部分已进入主成熟期，中中新统沉积前已进入高成熟阶段，深凹部位还出现局部的过成熟分布区（TTI>256）；阜宁组烃源岩在中中新统沉积前也大部分达到初成熟阶段，中中新世至晚中新世末进入主成熟生油高峰期，晚中新世末至今一直处于高成熟阶段；戴南组–三垛组因埋藏较浅，有机质热演化程度低，晚中新世末—至今处于初成熟期。目前，北部凹陷泰州组烃源岩成熟区面积占地层分布面积的 80% 以上，阜宁组烃源岩成熟区面积占地层分布面积的 60% 以上，戴南–三垛组烃源岩成熟区面积所占比例小，小于 30%，因此，白垩系泰州组和古近系阜宁组是北部凹陷主力生烃源岩。

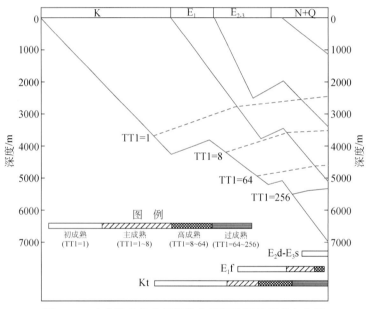

图 6.14　南黄海盆地北部坳陷北部凹陷沉积埋藏史曲线

3. 在古生代—早中生代基底上发育的晚白垩世—古近纪小断陷

如南部坳陷诸凹陷。图 6.15 是据地震–地质解释剖面和 CZ6–1–1（A）井地层剖面及成熟度资料编制的过南部坳陷南四凹陷的沉积地层埋藏史曲线。由图可见，南四凹陷白垩系残留厚度小（一般小于 600 ~ 700m），且上覆新生代的戴南组–三垛组剥蚀较多，白垩系泰州组在渐新世末—中新世末才达到主成熟生油高峰期，中新世末至今一直处于高成熟大量生油期；阜宁组在中中新世进入初成熟开始生油，并于第四纪进入主成熟生油高峰期；戴南组则至今刚处于初成熟期。南四凹陷白垩系泰州组和古近系阜宁组烃源岩迄今成熟区的面积仅占凹陷总面积的 45% 左右，无过成熟区分布。

（二）各凹陷烃源岩区域有效性评价

1. 北部凹陷

凹陷面积 5027km²，白垩系泰州组和古近系厚度 5500m。其中白垩系泰州组厚度一般 200 ~ 1200m，最厚达 1600m，古近系阜宁组厚度一般 200 ~ 2000m，最厚达 3800m，戴南组–三垛组厚度一般 400 ~ 1200m，最厚达 2600m；凹陷内已钻探的黄海 7 井、ZC1–2–1 井和 ZC7–2–1 井三口探井均证实阜宁组和泰州组是以暗色泥岩为主的生烃源岩，凹陷内发育泰州组和阜宁组两套烃源岩。

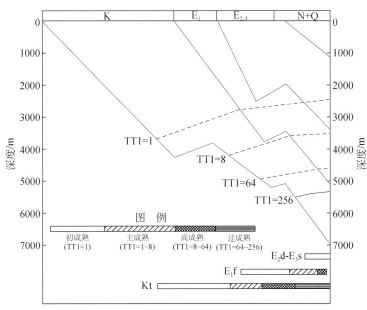

图 6.15 南黄海盆地南部拗陷南四凹陷沉积埋藏史曲线

1）泰州组烃源岩

黄海 7 井钻遇泰州组二段暗色泥岩，厚 295m，有机质含量平均值为有机碳 0.59%，氯仿沥青 "A" 0.096%，总烃 237×10^{-6}，$S_1 + S_2 = 3.37$mg/g（表 6.11），干酪根类型为 II_2 型，因阜宁组二段以上地层及戴南组全部被剥蚀，初成熟门限深度仅 1500m，该井泰州组顶面埋深 1363m，泰州组二段顶面埋深 1937m，$R^\circ = 0.46\% \sim 0.55\%$，处于初成熟门限深度以下，黄海 7 井揭示的泰州组二段暗色泥岩为初成熟的中等生烃岩。ZC1-2-1 井揭露泰州组暗色泥岩段的顶部，其有机质含量平均值为有机碳 0.92%，氯仿沥青 "A" 0.128%，总烃 837×10^{-6}（表 6.11），干酪根类型为 $\mathrm{I} - \mathrm{II}_1$ 型，ZC1-2-1 井古近系地层齐全，泰州组顶面埋藏深达 3203m，处于成熟门限深度以下，为成熟的中等偏好生烃岩。

泰州组的 I、II、III 级烃源岩约占北部凹陷面积的 70%，I、II 级烃源岩主要位于凹陷北侧的中东部，III 级烃源岩位于凹陷中南部，凹陷西部和南部 ZC7-2-1 井以南为河流相沉积，不发育烃源岩。TTI = 1 等值线沿凹陷周边围绕 I、II、III 级烃源岩分布，表明凹陷内烃源岩均已进入初成熟-成熟生烃期，凹陷北部还有两个 TTI>256 的过成熟生烃区（图 6.16）。

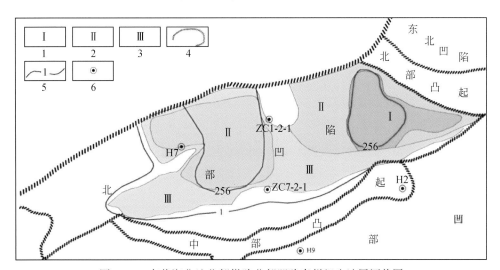

图 6.16 南黄海盆地北部拗陷北部凹陷泰州组生油层评价图

1. I 级烃源岩；2. II 级烃源岩；3. III 级烃源岩；4. 凹陷边界；5. TTI 等值线；6. 井位

ZC1-2-1 井钻井过程中油气显示丰富。于 3417~3421m 井段的烃源岩层中取心，岩心裂缝中向外渗油。岩心薄片荧光显示烃源岩中的油（淡黄色）沿微裂隙向小裂缝排泄，然后顺小裂缝运移，表明泰州组上段烃源岩已经生烃和排烃。烃源岩之上的 3401m 井壁取心为灰色泥质粉砂岩，见荧光显示。3286~3289m 和 3289~3292m 井段、氯仿浸泡岩屑样品后呈淡黄色荧光。测井解释 1888.4~1893.0m 和 1949.0~1952.5m 井段（三垛组）为油层。表明泰州组上段烃源岩生成的油气已沿断层向上运移并已聚集。

综上所述，北部凹陷泰州组上段烃源岩是已经证实的有效的成熟好烃源岩。

2）阜宁组烃源岩

ZC1-2-1 井中钻遇一套砂泥岩互层，单层暗色泥岩最厚达 60 余米，有机质含量平均值为有机碳 0.568%，氯仿沥青"A" 0.059%，总烃 292×10⁻⁶（表 6.11），有机质类型以腐殖-腐泥型为主，Ⅱ、Ⅲ级烃源岩分布面积约占北部凹陷面积的 55%，TTI=1 等值线基本上是围绕着北部凹陷主体分布（图 6.17），表明凹陷主体部位阜宁组烃源岩属初成熟的中等生烃岩，而处于凹陷中心或中北部深凹范围内的生烃岩，则可能处于成熟门限深度以下。

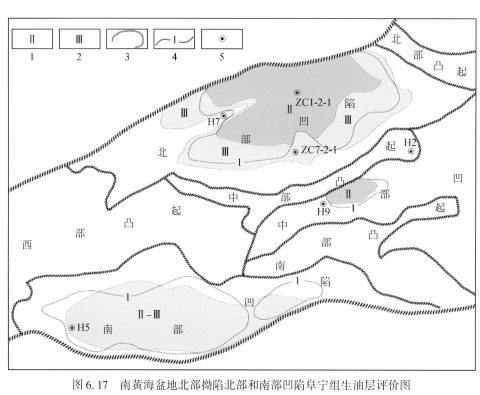

图 6.17 南黄海盆地北部拗陷北部和南部凹陷阜宁组生油层评价图
1. Ⅱ级烃源岩；2. Ⅲ级烃源岩；3. 凹陷边界；4. TTI 等值线；5. 井位

综上所述，北部凹陷泰州组有机质丰度较高，母质类型好，热演化程度适中，属于中等偏好的烃源岩。ZC1-2-1 井揭示泰州组烃源岩的 R^o=0.79%~1.02%，已达到主成熟生油高峰期，为北部凹陷陆相中生界的主力烃源岩；阜宁组中等生烃源岩也处于初成熟开始生油阶段。总体看，无论在有机质丰度还是在成熟度演化方面，北部凹陷应为北部拗陷中最主要的生烃凹陷之一，整体评价为一类生烃凹陷。

2. 东北凹陷

凹陷面积 4682km²，在磁性基地埋深较大的部位曾钻 Heama-1 井，于井深 2541m（井口起算），钻入白垩系赤山组 61m（未钻穿）完钻。Heama-1 井证实阜宁组（938~2076m 井段）全部为红色地层，该井阜宁组厚 1138m，基本可代表东北凹陷阜宁组沉积条件，不作为生烃岩为宜。泰州组（厚 404m）也为红色地层夹火山岩，目前所揭示的泰州组也不宜作为生烃岩考虑，但尚不能排除在局部深凹部位可能发育暗色泥岩。

值得注意的是，S1 井钻遇厚达 2200m 的深灰色、灰黑色泥岩夹灰褐色、褐色粉砂岩，初步确定为侏罗系，东北凹陷是目前南黄海盆地唯一证实发育巨厚侏罗系（?）的凹陷，结合地震资料分析认为，东北凹陷侏罗系分布较广，呈 NE 向展布，有 2 个沉积中心，西南部沉积中心最厚达 5000m，东北部沉积中心最厚 4000m（图 6.18）。

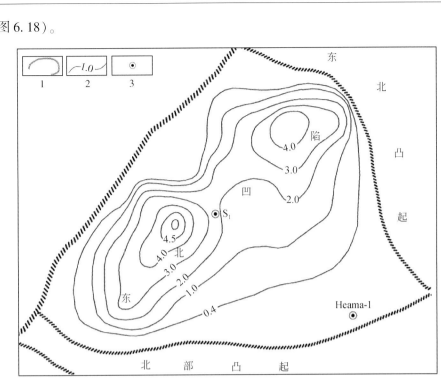

图 6.18　南黄海盆地北部拗陷东北凹陷侏罗系分布示意图

1. 凹陷边界；2. 地层厚度等值线（km）；3. 井位

据钻井和地震资料分析，东北凹陷西南部为浅湖–半深湖相沉积，属 I 级烃源岩区，东北部为滨浅湖相沉积，属 II 级烃源岩区，凹陷东部属 III 级烃源岩区，TTI=1 的等值线围绕于 I、II、III 级烃源岩分布区边缘，表明凹陷内绝大部分侏罗系烃源岩已进入初成熟–主成熟生油阶段，凹陷内两个沉积中心主体部位 TTI 值均达 256，属过成熟生烃区（图 6.19）。初成熟–成熟的 I、II 级烃源岩分布面积占凹陷面积65% 左右，其生烃潜力和资源前景应属北部拗陷之冠，整体评价为一类生烃凹陷。

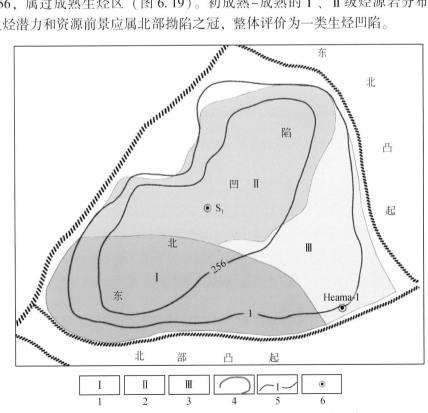

图 6.19　南黄海盆地北部拗陷东北凹陷侏罗系烃源岩评价图

1. I 级烃源岩；2. II 级烃源岩；3. III 级烃源岩；4. 凹陷边界；5. TTI 等值线；6. 井位

3. 南四凹陷

南部拗陷的南四凹陷面积为 1350km²，古近系加白垩系泰州组厚 4500m。已钻探的 CZ6-1-1（A）井和 CZ6-2-1 井两口探井证实存在阜宁组（含泰州组上段）、戴南组两套烃源岩。阜宁组烃源岩为浅湖相-半深湖相沉积，有机质含量平均值为有机碳 1.91%，氯仿沥青"A" 0.14%，总烃 1038×10⁻⁶，S_1+S_2 = 4.18mg/g，干酪根类型为 $I-II_1$ 型（表 6.11）。CZ6-1-1（A）井的初成熟生烃门限确定在井深 2100m 处，即三垛组下部和戴南组均已进入初成熟开始生油，而阜宁组则已进入主成熟生油高峰期，CZ6-1-1（A）井见到油流即是一个很好的证明。戴南组暗色泥岩有机碳含量为 1.03%，达到好的烃源岩标准，其有机质类型属对生油最有利的腐泥型。

图 6.20 显示，南四凹陷阜宁组（含泰州组）拥有 I、II、III 级 3 种类别的烃源岩，其中 I、II 级烃源岩分布面积占总烃源岩分布面积 55% 以上。TTI = 1 等值线位于烃源岩分布区外侧将 I、II、III 级烃源岩全部包围，表明凹陷内阜宁组烃源岩均已进入初成熟开始生油阶段，凹陷中心部位烃源岩则可能进入主成熟生油高峰期，可见南四凹陷阜宁组的生烃条件确实比较优越，整体评价为一类生烃凹陷。

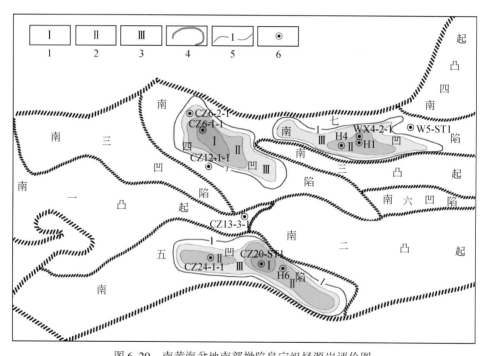

图 6.20　南黄海盆地南部拗陷阜宁组烃源岩评价图

1. I 级烃源岩；2. II 级烃源岩；3. III 级烃源岩；4. 凹陷边界；5. TTI 等值线；6. 井位

4. 南（西）部凹陷

该凹陷位于北部拗陷的西部凸起之南，有文献命名为西部凹陷，因其主体处于北部凹陷南部，本节据最新编制的构造区划图称为南（西）部凹陷。凹陷面积 4247km²，凹陷内黄海 5 井钻遇第四系、新近系、古近系三垛组（301.5m）、戴南组（221m）、阜宁组（1-4 段，厚 1090.80m，未钻穿）。据地震解释白垩系泰州组加古近系厚度约 3800m，地震相分析显示白垩系以河流相沉积为主，不发育烃源岩。黄海 5 井证实发育有阜宁组和戴南组两套烃源岩。阜宁组烃源岩为浅湖相-半深湖相暗色含膏泥岩，有机质含量平均值为有机碳 0.68%，氯仿沥青"A" 0.128%，总烃 173×10⁻⁶，S_1+S_2 = 3.6mg/g（表 6.11），干酪根类型为 II_2 型，R^o = 0.45% ~ 0.52%，为部分初成熟的中等烃源岩，初成熟生烃门限深度 2000m，TTI = 1 等值线基本上沿凹陷周缘分布，囊括了 II、III 级烃源岩分布区（图 6.17），表明凹陷内阜宁组生烃岩均已进入初成熟开始生油，戴南组暗色泥岩不够发育，仅占地层厚度的 30.8%，且未进入生油门限不能作为有效生烃岩考虑。因该凹陷暗色泥岩分布面积较小，其生烃前景不如北部凹陷，整体评价为二类生烃凹陷。

5. 南五凹陷

南部拗陷的南五凹陷，面积为 1249km²，古近系加白垩系泰州组厚 4000m。已钻探的 CZ24-1-1、WX20-ST1、黄海 6 井三口探井证实发育阜宁组（及泰州组上段）、戴南组两套烃源岩。阜宁组烃源岩为浅湖相，局部为半深湖相暗色泥岩，顶部为沼泽相，其有机质含量平均值为有机碳 1.62%，氯仿沥青"A" 0.088%，总烃 532×10⁻⁶，$S_1+S_2=5.46$mg/g（表 6.11），干酪根类型为 II_1 型，初成熟生烃门限深度为 2500m，相当于戴南组上部，即凹陷内阜宁组已达到过成熟，属成熟-过成熟的中等偏好生烃岩，深凹部位生烃条件变得更好。

戴南组烃源岩为沼泽相沉积，暗色泥岩有机质含量平均值为有机碳 1.768%，氯仿沥青"A"为 0.035%，总烃量 171×10⁻⁶，$S_1+S_2=1.66$mg/g（表 6.11），干酪根属 II-III 混合型，$R°=0.47\%\sim0.58\%$，为部分初成熟的中等生烃岩。因此，南五凹陷阜宁组（含泰州组）为成熟有效生烃岩，戴南组为局部有效生烃岩。

从图 6.20 看出，I 级烃源岩分布于南五凹陷中部，II 级烃源岩主要分布在凹陷中-东部，小部分布在西部，在 I、II 级分布带之外为 III 级烃源岩；再往外为 TTI=1 等值线所围绕，表明该凹陷内部阜宁组成熟度或生排烃条件比较好，I、II 级烃源岩所占面积也比较大，整体评价为二类生烃凹陷。

6. 中-东部凹陷

该凹陷位于北部拗陷中东部，中部与东部凹陷之间以鞍部或低凸起相隔，无明显界线，本节将其看作一个整体，称为中-东部凹陷，面积为 12010km²，中部凹陷是其主体。

1）阜宁组烃源岩

凹陷西部的黄海 9 井钻遇第四系、新近系、古近系戴南组（厚 389m）、阜宁组（1-4 段，厚 1036.12m，未钻穿），据地震解释古近系（可能包括部分白垩系）厚度为 3600m。黄海 9 井揭示阜宁组为浅湖-半深湖相沉积，是凹陷内烃源岩，有机质含量平均值有机碳 0.337%，氯仿沥青"A" 0.019%，总烃 130×10⁻⁶，$S_1+S_2=2.2$mg/g（表 6.11），干酪根为 II_2 型，属中等偏差烃源岩。因凹陷构造位置相对较高，以致古近系三垛组被剥蚀殆尽，生烃门限较浅，1513~1895m 井段 $R°=0.38\%\sim0.47\%$，平均值为 0.43%，1860-2216 井段 $R°=0.60\%\sim0.85\%$，平均值为 0.725%（表 6.11、表 6.22），门限深度约在 1850m，相当于阜宁组三段上部，即阜宁组三段中下部—阜一段均已成熟，TTI=1 的等值线分布于 II、III 级烃源岩分布区内侧（图 6.21），属部分初成熟的中等偏差生烃岩。

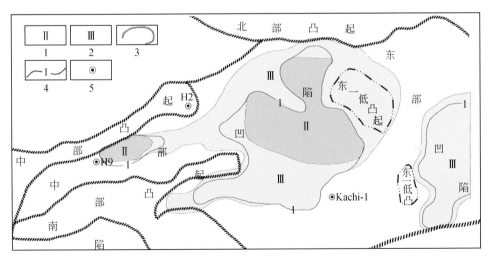

图 6.21　南黄海盆地北部拗陷中-东部凹陷阜宁组烃源岩评价图
1. II 级烃源岩；2. III 级烃源岩；3. 凹陷边界；4. TTI 等值线；5. 井位

2）泰州组烃源岩

凹陷东部的 Kachi-1 井钻遇第四系新近系共厚约 550m，缺失古近系，中生界白垩系 2080m，下三叠统青龙灰岩 33.3m（未钻穿）。凹陷内约 60% 面积白垩系（含部分三叠系）地层厚 400~1600m，在凹陷东南部发育中生界厚达 2500m 的深凹，最厚可达 4000m。凹陷内白垩系均属Ⅱ、Ⅲ级烃源岩。TTI=1 的等值线分布于Ⅱ、Ⅲ级烃源岩分布内部边缘，表明凹陷主体部位白垩系烃源岩已进入初成熟—成熟阶段，凹陷内还存在 4 个 TTI 值达 256 的过成熟生烃区（图 6.22）。

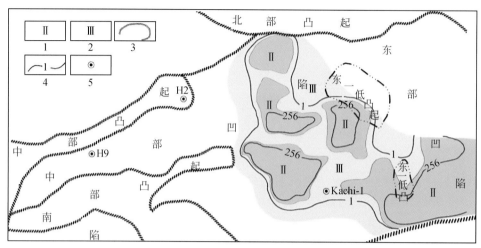

图 6.22　南黄海盆地北部拗陷中-东部凹陷泰州组烃源岩评价图

1. Ⅱ级烃源岩；2. Ⅲ级烃源岩；3. 凹陷边界；4. TTI 等值线；5. 井位

据钻井和地震资料综合分析，中-东部凹陷内发育泰州组和阜宁组两套烃源岩，凹陷西部的白垩系为河流相沉积，中东部为浅湖相沉积，故泰州组烃源岩主要分布于凹陷中东部，据沉积相分析和区域类比，可能属成熟（局部过成熟）的中等烃源岩；阜宁组烃源岩分布相对较广，但属中等偏差烃源岩，且进入主成熟生烃门限的阜三段-阜一段的厚度不大，其生烃前景相对较差。另外，凹陷东部区域较均匀分布的 Kachi-1、ⅡH-1xa、ⅡC-1x 和 Inga-1 四口探井都已钻穿阜宁组和泰州组，阜宁组厚 903~1391m，全部为红色地层；泰州组厚 668~721m，也全为红色地层，表明凹陷的东部地区目前尚未发现中—新生代烃源岩。综上所述，中-东部凹陷整体评为三类生烃凹陷。

7. 南七凹陷

南部拗陷的南七凹陷，面积 1256km²，古近系加白垩系泰州组厚 3000m。已钻探的黄海 1、黄海 4、WX4-2-1、WX5-ST1 四口探井已证实存在古近系阜宁组（含泰州组上段）和戴南组两套烃源岩。黄海 4 井、WX5-ST1 井及 WX4-2-1 井均钻遇阜宁组，黄海 4 井揭示阜四段为浅湖相沉积，其暗色泥岩有机质含量平均值为有机碳 1.67%，氯仿沥青 "A" 0.069%，总烃 242×10⁻⁶，干酪根为Ⅱ₂型，属中等烃源岩。WX4-2-1 井钻遇的阜宁组一段及泰州组均以棕红色泥岩为主的河流平原相沉积，烃源条件差，阜四段、阜三段和阜二段有机碳平均含量分别为 1.3%、1.57% 和 1.22%，均达到好烃源岩标准，但其生烃潜量 S_1+S_2 平均值分别为 1.74mg/g、2.76mg/g 和 2.7mg/g，镜质组反射率 R^o 分别为 0.32%~0.44%，0.45%~0.51%，0.45%~0.51%，干酪根类型分别为Ⅲ-Ⅱ₂型、Ⅲ-Ⅱ₂型、Ⅰ-Ⅱ₁型（表 6.11），按有机质丰度、类型和成熟度指标评价，分别为未成熟较好烃源岩，初成熟中等偏好烃源岩和成熟的中等偏好烃源岩。

戴南组烃源岩在黄海 1 井、黄海 4 井和 WX4-2-1 井钻遇，为沼泽相沉积暗色泥岩，其有机质丰度达到中等烃源岩（表 6.11），但剖面中含大量炭屑，表明干酪根可能为腐殖型为主，因埋藏较浅，为未成熟—初成熟的中等烃源岩。

WX4-2-1 井处于南七凹陷的中部，钻井揭示了第四系，新近系盐城组，古近系三垛组、戴南组、阜宁组（1，2，3，4 段），中生界上白垩统泰州组及下三叠统青龙组，是迄今为止南七凹唯一揭示新生界地层最全的一口井，从三垛组开始即钻遇较厚层的灰色泥岩，向下泥岩颜色逐渐加深，出现深灰色及灰黑色泥岩，局部钻遇黑色炭质泥岩，所揭示烃源岩基本可代表本凹陷烃源岩特征，具有生烃潜力的暗色泥岩主要分布在戴南组至阜二段，以戴南组最厚达 126m，以阜四段发育最好，全部为暗色泥岩；阜一段及泰州组最差。戴南组—阜四段有机质未成熟不能生油，阜三段—阜二段以低熟为主，生油能力不强，泰州组烃源岩虽进入成熟阶段，但仅在上段地层发育少量灰黑色泥岩（仅占地层厚度20.6%），生烃潜力有限，泰州组下段全部为不具生烃能力的棕色地层。

图6.20显示，南七凹陷内大面积分布的是Ⅲ级烃源岩（约占65%），Ⅱ级烃源岩仅分布于凹陷中心部位，面积占有效烃源岩面积35%，目前评价尚无Ⅰ级烃源岩。TTI=1等值线分布在Ⅱ、Ⅲ级烃源岩分布区外侧，表明凹陷内烃源岩大部分仍处于未熟–低熟演化阶段，只有凹陷深部的阜宁组生烃岩才能达到主成熟生油阶段，其生烃条件较南四凹陷和南五凹陷差，评价为三类生烃凹陷。

综上所述，南黄海盆地中—新生代陆相沉积盆地各生烃凹陷特征概括如下。

（1）陆相湖盆的古近系阜宁组和白垩系泰州组是南黄海陆相中—新生代盆地北部坳陷（除东北凹陷外）最主要的两套烃源岩，古近系戴南组局部暗色泥岩是潜在烃源岩；古近系阜宁组（含泰州组上部）和戴南组是南部坳陷最主要的两套烃源岩，三垛组局部发育的暗色泥岩为其潜在生烃岩；北部坳陷东北凹陷内最主要烃源岩是中生代陆相湖盆沉积侏罗系暗色泥岩。

（2）从有效生烃岩分布面积、厚度及有机质丰度、类型与成熟度等指标综合判断，中新生代盆地划分出三类生烃凹陷（表6.25）。

表6.25 南黄海盆地中新生代生烃凹陷分类表

凹陷名称	凹陷面积 /km²	成熟生烃岩体积 /km³	有效生烃岩体积系数 /(km³/km²)	评价	
				有效生烃岩	凹陷类别
北部凹陷	5027	1774.5	0.3530	泰州组与阜宁组	一类生烃凹陷
东北凹陷	4683	1908.5	0.4075	侏罗系	一类生烃凹陷
南四凹陷	1350	413.57	0.3063	阜宁组（含泰州组）和戴南组	一类生烃凹陷
南（西）部凹陷	4247	1071.45	0.2523	阜宁组	二类生烃凹陷
南五凹陷	1249	363.15	0.2908	阜宁组（含泰州组）和戴南组（局部成熟）	二类生烃凹陷
中–东部凹陷	10990	2005.45	0.1825	阜宁组	三类生烃凹陷
南七凹陷	1256	241.15	0.1920	阜宁组二段–三段及泰州组上段	三类生烃凹陷

一类生烃凹陷：发育两套以上（或一套厚层）的暗色泥岩，有机质丰度较高，母质类型好，两套均为有效的烃源岩，有效烃源岩厚度和体积大，体积系数>0.3，北部坳陷的北部凹陷、东北凹陷及南部坳陷的南四凹陷属此类。

二类生烃凹陷：发育两套暗色泥岩，但只有一套可成为成熟有效主力烃源岩，另一套则因成熟度不高仅局部成为有效烃源岩，有效烃源岩厚度和体积较小，体积系数为0.2~0.3，北部坳陷的南（西）部凹陷和南部坳陷的南五凹陷属此类。

三类生烃凹陷：发育一套及以上暗色泥岩，但暗色泥岩有机质丰度较低，或丰度虽较高但成熟度低，生烃能力不强，有效烃源岩厚度和体积均较小，体积系数一般<0.2，分布也较局限，烃源前景相对较差，北部坳陷的中–东部凹陷和南部坳陷的南七凹陷属此类。

二、中—古生界海相烃源岩区域有效性评价

印支构造面以下广泛分布中—古生代海相地层是盆地内另一套重要烃源岩。其有机质热演化程度在中新生代盆地凹凸（隆）区域分异明显：中新生代凹陷间低凸起区热演化程度最低，整体上处于低成熟–成熟的生油期，并具有一定的生气能力；坳陷周围的隆起区热演化程度最高，达到高成熟–过成熟演化的湿气、凝析油–干气阶段，整体以生气为主；作为中新生代凹陷区的"基底层"的中—古生代海相层热演

化程度介于上述两者之间，整体处于成熟–高成熟产凝析油–湿气高峰期。

（一）中新生代凹陷间低凸起区

中—古生代海相烃源岩有机质热演化程度最低。以 WX13-3-1 井及 CZ12-1-1A 井为代表，所钻遇上古生界二叠系栖霞组 $R^o=0.66\%$，处于低成熟开始生油期，其下石炭统 $R^o=1.48\%$，则属高成熟—过成熟演化产湿气、凝析油阶段。整体上以生油为主，并具有一定的生气能力。

（二）拗（凹）陷周围的隆起区

中—古生代海相烃源岩有机质热演化程度最高。以勿南沙隆起的 CZ35-2-1 井为代表，所钻遇中生界三叠系 $R^o=1.1\%$，属主成熟演化生油高峰阶段，上古生界 $R^o=1.6\%\sim3.1\%$，达到了高成熟—过成熟演化的湿气、凝析油–干气阶段，整体以生气为主。

苏北盆地滨海隆起上的滨 II-2 井，石炭系的 R^o 值为 $1.45\%\sim1.84\%$，为高成熟演化阶段，滨 I-4 井二叠系龙潭组 R^o 值为 $2.12\%\sim2.28\%$，达到了高成熟—过成熟演化阶段。

陆区的滨海隆起与海域的中部隆起具有相同的地质属性，陆区滨海隆起中—古生代地层的热演化程度能够反映海域中部隆起中古生界海相烃源岩的热演化程度。

（三）中新生代凹陷区内基底层

海域已钻遇中—古生代海相地层的镜质组反射率 R^o 值对比表明，中古生界烃源岩有机质热演化程度介于上述两者之间。以 WX5-ST1 井为代表，所钻遇中生界三叠系 $R^o=0.82\%$，属主成熟生油演化阶段，上古生界二叠系龙潭组 $R^o=2.06\%$，达到过成熟产干气阶段；整体处于成熟—高成熟产凝析油–湿气高峰期。

以上三类地区对比结果表明，南黄海中生界及上古生界海相烃源岩热演化程度最低的是中新生代凹陷间低凸起区，处于低熟—成熟演化阶段，以生油为主，并具有一定的生气能力；热演化程度最高的是拗（凹）陷周围的隆起区域，已达到高成熟—过成熟演化阶段，仍具有一定量的生气能力；热演化程度适中的是中新生代凹陷区内基底层的海相烃源岩，目前达到成熟—高成熟阶段，正处于生气的有利时机。

基于以上认识，推测南黄海南部拗陷中生界及上古生界的海相烃源岩生气最有利地区目前主要分布于凹陷区，因此，寻找古生新储油气藏应该围绕深凹的控凹主断层展开，既要有好的储盖组合及圈闭条件，还应有连接储集层与烃源岩的深源断层，才有可能使埋藏于凹陷中—新生界沉积层之下的中—古生界烃源岩生成的油气沿深源断层向上运移进入中—新生界储集层富集成藏。

另外，CZ35-2-1 井源岩氯仿沥青"A"的组成特征显示，上古生界二叠系烃源岩沥青"A"的非烃和沥青质含量相当高，最高值在龙潭组底部附近，达 $80\%\sim95\%$，与其对应的烷烃+芳烃的含量不足 20%，其中芳烃含量接近于零。表明该井处二叠系烃源岩成分特征对成气不利，若这种情况只是个别现象，只在受到热液或其他外力作用的地方才会出现，那么，应该说上古生界二叠系烃源岩对生气是有利的（III 型干酪根）；反之，若这种情况是本区二叠系的普遍现象，则二叠系地层目前是好的油源岩而非好气源岩。

第四节　储集层特征与分布

依据南黄海现有钻井揭示的海相石炭系、下二叠统栖霞组、上二叠统龙潭组–大隆组和下三叠统青龙组，以及陆相侏罗系、白垩系、古近系、新近系和第四系，由此形成了碳酸盐岩储集层和碎屑岩储集层两大类储集类型。

通过对扬子陆区储集层分析，认为南黄海地区海相中—古生界储集层较发育，主要是碳酸盐岩储集层，其次为碎屑岩储集层。碳酸盐岩储集层主要包括：①上震旦统灯影组白云岩储集层；②中—上寒武统白云岩、下奥陶统颗粒石灰岩和白云岩储集层；③中、上石炭统—下二叠统内碎屑灰岩、生物礁灰岩储集层；④下三叠统灰岩储集层。碎屑岩储集层包括：①泥盆系五通组石英砂岩–志留系三角洲砂岩及滨海相石英砂岩；②二叠系龙潭组海陆过渡相砂岩两套砂岩储集层；陆相中—新生界则发育白垩系、古近系和新近系砂岩储集层。本节针对研究区钻井揭示的碳酸盐岩储集层和碎屑岩储集层特征进行分析。

一、南黄海碳酸盐岩储集层

（一）储集层类型

下扬子-南黄海地区的碳酸盐岩按其沉积环境划分为颗粒灰岩类、泥晶灰岩类及白云岩类三种类型。

1. 颗粒灰岩类

颗粒灰岩类主要为浅水颗粒沉积为主的滩相沉积，其中以震旦纪、寒武纪、奥陶纪和二叠纪早期最为发育，此外三叠纪和石炭纪也有小型台地点滩和潮间滩的发育。按填隙物的不同将颗粒灰岩分为亮晶颗粒灰岩与泥晶颗粒灰岩两类。亮晶颗粒灰岩包括亮晶内碎屑灰岩、亮晶生物碎屑灰岩、亮晶球粒灰岩等；而亮晶鲕粒灰岩较少见，在交代白云岩中可见重结晶的残余鲕粒白云岩。生物碎屑泥晶灰岩较常见，在船山组、栖霞组等沉积地层中普遍发育。其中某些颗粒泥晶灰岩中的颗粒成分完全为亮晶方解石所交代，反映了较为强烈的重结晶作用。

2. 泥晶灰岩类

泥晶灰岩主要指含颗粒很少的泥晶石灰岩，是较为安静的海相或潟湖沉积环境的产物。在发育碳酸盐岩的层位中基本都有此类岩石的发育。泥晶灰岩发育足够的裂缝时也可以成为良好的储集层。

3. 白云岩类

白云岩在震旦系、寒武系、奥陶系、石炭系船山组和三叠系青龙组都有发育，以寒武系最多。

（二）海相中、古生界主要碳酸盐岩储集层

南黄海海相中、古生界地台型碳酸盐岩地层普遍致密，只是在局部层段发育了储集层。其储集层类型主要有白云岩孔隙储集层、礁滩相储集层、风化壳储集层和裂隙储集层（熊斌辉，2005）。

1. 白云岩孔隙储集层

WX5-ST1 井在三叠系下统青龙组 2302～2327m 井段揭示 1 层 25m 厚的白云岩，其中 2305～2315m 井段为高孔高渗白云岩储集层，有效孔隙度 6%～8%（图 6.23）。据四川盆地的勘探实际资料对比，白云岩有效孔隙度达到 6% 即是优质高产储集层。

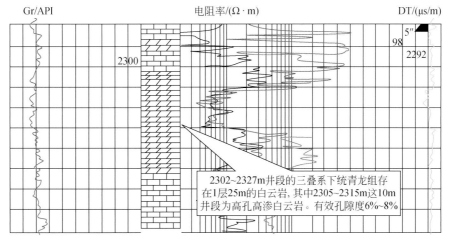

图 6.23　WX5-ST1 井三叠系白云岩孔隙性储集层（据梁杰等，2011 修改）

WX5-ST1 井普遍见到鲕粒亮晶灰岩和团粒亮晶灰岩，说明青龙组（图 6.24）确实存在与川东北三叠系类似的形成良好储集层的潜在地质条件。

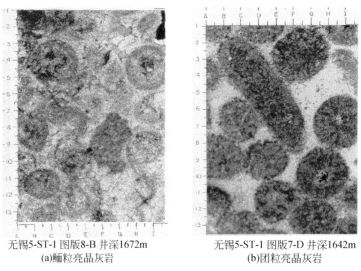

无锡5-ST-1 图版8-B 井深1672m
(a)鲕粒亮晶灰岩

无锡5-ST-1 图版7-D 井深1642m
(b)团粒亮晶灰岩

图 6.24　WX5-ST1 井三叠系岩石薄片（据中国海洋石油总公司资料）

目前青龙组既发现了白云岩孔隙性好储集层，又确认有形成更好储集层的潜在背景，是储集条件最好的层位。

CZ12-1-1 井石炭系下统老虎洞组发育白云岩，纯白云岩厚度达 90m。因其为泥晶白云岩，故比较致密，孔渗性差。若在水体更浅，能量更强的古隆起区，则泥晶白云岩沉积可能变成亮晶白云岩沉积，就可以成为好的储集层。因此老虎洞组是潜在的储集层发育层位。

下扬子区在句容、黄桥等地的钻井中，普遍见到下三叠统青龙组薄层灰岩的含油气显示。句容地区在青龙灰岩中试获工业油流，容 2 井最高获日产原油 6.6m³，容 3 井最高获日产原油 10.1m³；黄桥地区的N4、N5 井也曾试获少量原油和可燃天然气。

南黄海南部拗陷青龙组地层经历多期构造运动后，地层分布已经不仅仅受原始的沉积范围控制，目前的地层分布是遭受不同程度剥蚀后残留的结果。沉积相类型主要发育局限台地、开阔台地，局部层段发育陆棚相，可能局部发育台地浅滩，沉积物以碳酸盐岩为主，其有利储集层相带主要是开阔台地、局限台地相沉积。

青龙组单井、连井储集层对比分析（图 6.25）和沉积相带展布特征研究表明，青龙组储集层有利区主要分布于南黄海中部隆起、南部拗陷和勿南沙隆起区的开阔台地和局限台地的碳酸盐岩，北部拗陷分布非常局限。台地相的古岩溶裂缝、溶蚀孔洞是主要的储集层类型，其分布具有较强的非均质性，主要为 Ⅱ 类有利储集区（图 6.26）。

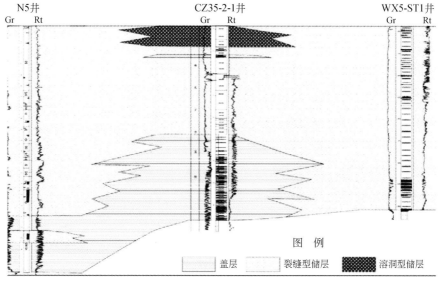

图 6.25　下扬子区 N5 井与南黄海 CZ35-2-1 井-WX5-ST1 井青龙组储、盖层对比剖面

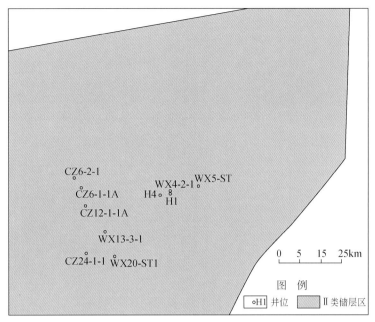

图 6.26 南黄海中部隆起–南部拗陷–勿南沙隆起三叠系青龙储集层分布预测图

2. 礁滩相储集层

据 CZ12–1–1 井揭示，石炭系船山组发育台地边缘礁滩相储集层，主要为生物碎屑灰岩（图 6.27）。

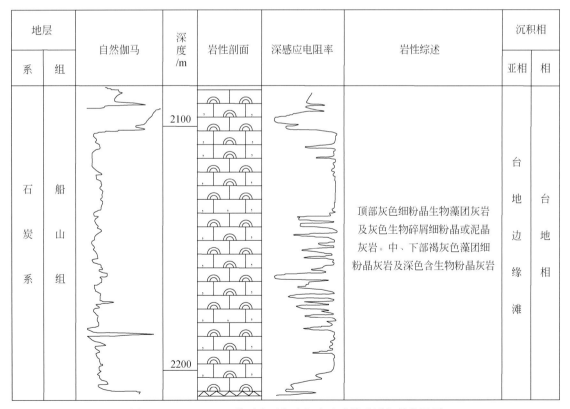

图 6.27 CZ12–1–1 井石炭系船山组台地边缘礁滩相储集层图

3. 风化壳储集层

南黄海海域钻遇了两套风化壳：印支面风化壳和海西面风化壳。印支面风化壳在所有钻遇中古生界海相碳酸盐岩地层的 6 口井都存在，其中 CZ35–2–1 井（风化壳层位在青龙组，图 6.28）和 CZ12–1–1

井（风化壳层位在黄龙组）特别发育，钻井时泥浆漏失严重。仅 CZ35-2-1 井钻遇海西面风化壳（图
6.29）。

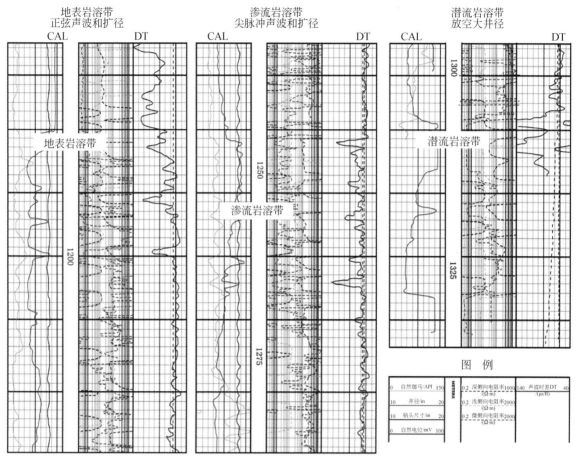

图 6.28　CZ35-2-1 井青龙组古岩溶测井响应剖面图（据梁杰等，2011 修改）

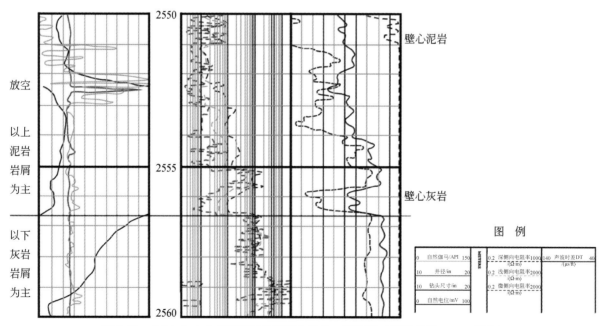

图 6.29　CZ35-2-1 井栖霞组风化壳综合录井、测井图（据梁杰等，2011 修改）

1）青龙组风化壳

CZ35-2-1井青龙组风化壳灰岩：灰白色、浅灰色及灰色，局部为黄褐色、灰黄色及橄榄灰色，细晶-微晶结构，致密，中硬-硬，灰白色灰岩风化严重，易碎成粉末，原岩为黄褐色和灰色灰岩，局部见方解石脉。可分为3个带：1185.5~1200m井段地表岩溶带，溶沟、溶缝发育，声波时差为振幅逐渐减小的正弦曲线（图6.28）；1200~1305m渗流岩溶带，地下水主要沿裂缝向下流动，裂缝带声波时差为尖锐振幅脉冲（图6.28）；1305~1330.54m潜流岩溶带，其中1326.89~1330.54m钻遇溶洞，钻具放空。

2）栖霞组风化壳

栖霞组风化壳比较薄，分为地表岩溶带和潜流岩溶带2段，缺渗流岩溶带。风化壳基岩泥灰岩，溶洞中充填的为泥岩、碳质泥岩段，局部夹小砾岩（图6.29）。

泥灰岩：深灰色，部分灰色，泥质分布较均匀，泥晶-粉晶结构，致密，硬，与酸反应后呈泥糊状。可见少量白色方解石。

泥岩：灰黑色，部分黑色。中硬，部分较软，质较纯，含少量灰质。

碳质泥岩：黑色，部分碳化程度高，性较软-中硬，质较纯，污手，吸水性中等，团块状-碎块状。

小砾岩：浅灰色，石英为主，次为燧石，棱角-次棱角状，分选较好，砾径2~4mm，最大10mm，充填物为砂质及泥质，泥质胶结，疏松。

栖霞组潜流岩溶带属于停滞潜流带，水体活动缓慢，因而充填作用强烈，淤积了泥岩。由于灰岩的支撑，沉积物压实成岩差，较疏松。虽然栖霞组顶部存在风化壳，但由于砂泥岩充填，不能作为储集层，但在发育了活动潜流带的更高部位，则能形成良好的储集空间。因此栖霞组风化壳是潜在储集层。

4. 裂隙储集层

因为构造变形会伴生裂隙发育，20世纪80年代以前，四川天然气勘探均以找构造裂隙型储集层为主，其勘探经验概括总结为"3占3沿"，即占高点、占鞍部、占断块、沿长轴、沿扭曲、沿陡坡。陆地的四川、江苏均存在裂隙型储集层，如苏北的黄桥气田。南黄海的CZ35-2-1井未钻遇裂隙型储集层，故将其作为潜在储集层。

综上，南黄海中生界和古生界的大套碳酸盐岩缝洞发育，具备成为良好储集层的条件。

（三）海相中、古生界碳酸盐岩储集层物性特征及控制因素

1. 碳酸盐岩储集层物性特征

钻井揭示南黄海盆地上青龙组灰岩孔隙度值为2.7%~5.6%，平均值为4.01%，渗透率小于0.01md。下青龙组孔隙度值为0.8%~1.6%，平均为1.12%，渗透率平均值为0.04md。栖霞组灰岩孔隙度值为0.46%~2.05%，平均为1.24%，渗透率小于0.01md。船山组藻灰岩孔隙度值为0.86%~3.55%，平均值为1.81%，渗透率小于0.01md（表6.26）。整体属于低孔特低渗储集层。

表6.26 南黄海盆地中古生界钻井实测物性统计表（据中国海洋石油总公司资料整理）

井名	层位	岩性	孔隙度/%		水平渗透率/md	
			范围值	平均值	范围值	平均值
CZ12-1-1A	船山组	藻灰岩	0.86~3.55	1.81	<0.01	
WX5-ST1	上青龙组	灰岩	2.7~5.6	4.01	<0.01	
	下青龙组	灰岩	0.8~1.6	1.12	0.01~0.14	0.04
	龙潭组	砂岩	1.7~4.6	3.56	<0.01	
WX13-3-1	栖霞组	灰岩	0.46~2.05	1.24	<0.01	

因实测物性的样本点分布不均且数量有限，具有局限性，并不能认为中—古生界储集层都是低孔、特低渗类型。通过对测井资料的重处理解释，认为碳酸盐岩储集层局部存在高孔渗层段，如栖霞组灰岩顶部局部存在高孔渗段。WX13-3-1井栖霞组顶部测井解释孔隙度值为3.33%~20.19%（表6.27）；

CZ35-2-1 井栖霞组高孔隙度层段测井解释孔隙度值为 6.5% ~10.4%（表 6.28）。可见，栖霞组局部高孔渗层段主要与风化面的暴露剥蚀有关。

表 6.27　WX13-3-1 井测井资料解释成果表（据中国海洋石油总公司资料整理）

层位	井段/m	厚度/m	岩性	自然伽马/API	泥质含量/%	电阻率/(Ω·m)	孔隙度/%	含水饱和度/%	结论
栖霞组	2080.60 ~ 2089.30	8.70	灰岩	31.33	6.51	19.34	20.19	60.0	二类层风化面
	2089.30 ~ 2120.60	31.30	灰岩	27.75	4.24	629.53	3.33	68.0	干层
	2120.60 ~ 2130.10	9.50	灰岩	27.17	4.47	76.13	9.45	55.0	二类层
	2131.60 ~ 2149.40	17.80	灰岩	32.47	7.09	99.08	8.01	55.0	二类层
	2149.40 ~ 2203.10	53.70	灰岩	31.39	6.42	145.08	3.91	90.0	干层
	2212.50 ~ 2219.90	7.40	灰岩		1.42	717.97	4.15	99.0	干层

表 6.28　CZ35-2-1 井测井资料解释成果表（据中国海洋石油总公司资料整理）

层位	井段/m	厚度/m	岩性	自然伽马/API	泥质含量/%	电阻率/(Ω·m)	孔隙度/%	含水饱和度/%	结论
盐城组	1025.0 ~ 1045.6	20.6	砂岩	38.0	12.0		19.0	100.0	水层
	1057.2 ~ 1152.0	94.8	砂岩	40.0	15.0		36.0	100.0	水层
	1156.0 ~ 1183.0	27.0	砂岩	35.0	5.0		20.0	100.0	水层
青龙组	1183.0 ~ 1277.4	94.4	灰岩	40.0	1.0		11.0	100.0	水层
	1300.0 ~ 1313.3	13.3	灰岩	40.0	6.0		23.0	100.0	水层
	1328.0 ~ 1406.5	78.5	灰岩	27.0	2.0		12.0	100.0	水层
	1406.5 ~ 1603.0	196.5	灰岩	30.0	4.0		3.0	100.0	干层
	1602.0 ~ 1624.1	22.1	灰岩	57.9	20.7	250.9	8.2	80.0	干层
	1628.7 ~ 1649.3	20.6	灰岩	33.4	4.4	750.5	4.5	70.0	干层
	1655.1 ~ 1676.3	21.2	灰岩	50.6	2.0	260.3	7.0	90.0	干层
大隆组	2126.7 ~ 2135.4	8.7	砂岩	109.1	48.3	27.7	13.3	80.0	水层
	2192.2 ~ 2196.0	3.8	砂岩	38.8	1.6	185.1	12.4	90.0	干层
龙潭组	2191.8 ~ 2196.1	4.3	砂岩	40.0	1.0	295	8.0	72.0	干层
	2209.2 ~ 2218.0	8.8	砂岩	105.0	14.0	95	4.0	100.0	干层
	2225.2 ~ 2253.6	28.4	砂岩	84.5	27.2	190.0	6.0	100.0	干层
	2256.1 ~ 2267.8	11.7	砂岩	71.8	18.6	243.5	6.6	80.0	干层
	2282.8 ~ 2286.3	3.5	砂岩	76.0	10.0	528	5.0	100.0	干层
栖霞组	2465.1 ~ 2482.9	17.8	灰岩	54.4	8.8	82.0	8.9	100.0	二类层风化面
	2482.9 ~ 2505.9	23.0	灰岩	54.5	8.8	296.2	6.5	80.0	干层
	2508.2 ~ 2516.2	8.0	灰岩	43.4	3.5	133.0	9.8	80.0	二类层
	2537.1 ~ 2600.8	63.7	灰岩	45.5	4.5	1007.5	4.3	80.0	干层
	2600.8 ~ 2636.2	35.4	灰岩	55.2	9.2	368.9	9.8	80.0	二类层
	2636.2 ~ 2641.0	4.8	灰岩	54.6	9.0	120.5	10.4	80.0	二类层
	2641.0 ~ 2670.6	29.6	灰岩	62.1	12.9	199.7	6.1	90.0	二类层
	2670.6 ~ 2706.9	36.3	灰岩	47.4	5.4	1215.3	4.2	70.0	干层
	2482.4 ~ 2720.0	237.6	灰岩	43.0	3.0	520	2.0	100.0	干层

青龙组大套灰岩储集层中局部高孔渗层段主要分布在下青龙组上段上部、上青龙组上段为白云岩发育段。CZ35-2-1 井下青龙组上段测井解释孔隙度值为 12%～23%，平均 15.3%（表 6.28）；CZ24-1-1 井下青龙组上段测井解释孔隙度局部 4.64%～7.17%（表 6.29），平均 5.91%。WX5-STl 井下青龙组灰岩中 2302～2327m 井段夹一层厚 25m 的白云岩，该套白云岩中 2305～2315m 为高孔渗白云岩，有效孔隙度值为 6%～8%（图 6.23）。总体来看，青龙组灰岩高孔渗段主要发育在该套灰岩上部以及白云岩发育段。

表 6.29　CZ24-1-1 井测井资料解释成果表（据中国海洋石油总公司资料整理）

层位	井段/m	厚度/m	自然伽马/API	泥质含量/%	电阻率/(Ω·m)	孔隙度/%	含水饱和度/%	结论
下青龙组	3355.40～3383.10	27.70	28.39	1.55	93.37	5.39	96.0	二类层
	3383.10～3409.50	26.40	32.71	1.90	67.77	3.83	96.0	干层
	3409.50～3442.00	32.50	37.16	4.64	87.67	7.48	86.0	二类层
	3442.00～3460.50	18.50	28.31	1.46	56.61	2.86	96.0	干层
	3460.50～3485.80	25.30	39.29	5.88	59.63	6.09	96.0	二类层
	3485.80～3513.90	28.10	40.83	7.17	35.54	3.45	96.0	干层
	3513.90～3533.50	19.60	38.59	5.37	47.60	5.59	96.0	二类层
	3533.50～3538.30	4.80	40.22	6.48	78.92	1.59	96.0	干层

船山组测井解释孔隙度值为 5.9%～12.1%（表 6.30），平均孔隙度为 10.06%。新解释的船山组顶部测井解释孔隙度高达 14%（表 6.31），认为存在风化剥蚀面。

表 6.30　CZ12-1-1A 井中古生界测井资料解释成果表（据中国海洋石油总公司资料整理）

层位	井段/m	自然伽马/API	泥质含量/%	电阻率/(Ω·m)	孔隙度/%	含水饱和度/%	结论
船山组	2085.0	25.0	6.0	53.0	11.0	90.0	水层
	2087.5	22.0	4.7	42.0	11.1	100.0	水层
	2399.5	21.0	4.3	70.0	10.2	99.3	水层
	2401.5	27.0	6.9	49.0	12.1	100.0	水层
	2402.5	27.0	6.9	210.0	5.9	100.0	水层
	2555.5	64.0	28.7	40.0	10.2		泥质层
黄龙组	2557.5	54.0	21.0	140.0	7.2		泥质层
	2695.0	35.0	13.2	550.0	5.6		致密砂岩
和州组	2699.0	45.0	19.4	300.0	4.1		致密砂岩
	2825.0	33.0	12.1	800.0	0.7		致密砂岩
	2891.5	97.0	47.0	54.0	7.8		泥质层
黄龙组	3197.0	103.0	74.7	82.0	1.2		泥质层
	3214.0	64.0	33.3	210.0	12.5		泥质层
	3218.5	94.0	63.3	490.0	4.6		泥质层
和州组	3349.0	38.0	15.0	1140.0	2.6		致密砂岩
	3355.5	38.0	15.0	660.0	3.4		致密砂岩
	3358.0	51.0	23.4	2740.0	1.9		致密砂岩
	3415.0	45.0	17.8	600.0	4.9		致密砂岩

表 6.31　CZ12-1-1A 井中古生界测井资料新解释成果表（据中国海洋石油总公司资料整理）

层位	井段/m	厚度/m	自然伽马/API	泥质含量/%	电阻率/(Ω·m)	孔隙度/%	含水饱和度/%	结论
	2070～2092	22	32.6	7.2	727.3	14.0	90.0	二类层风化面
船山组	2161～2184	23	17.4	1.4	998.9	8.0	80.0	
	2381～2402	21.5	24.8	3.6	47.6	9.8	100.0	

黄龙组高孔渗层段测井解释孔隙度值为 4.6%～12.5%，主要位于黄龙组下部，黄龙组上部测井解释孔隙度为 5.6%～7.2% 和州组上部高孔渗层段测井解释孔隙度值为 4.1%～7.8%，而下部比较致密（表6.30），和州组岩性主要以白云质灰岩为主，局部高孔渗层段的发育与白云岩的交代作用有关。

2. 碳酸盐岩储集层物性主要控制因素

1）岩石类型

不同的碳酸盐岩储集层其物性特征有着显著的差别，白云质碳酸盐岩溶蚀作用强，孔隙类型主要为溶蚀孔，主要的储集空间为溶蚀孔；而灰质碳酸盐岩裂缝非常发育，主要的储集空间为裂缝。相对于灰岩，白云岩拥有更好的孔渗性。碳酸盐沉积物的白云石化作用会增加晶体的粒度，增加孔隙吼道尺寸，降低孔隙粗糙度，从而增加碳酸盐岩的渗透性。理论上，由于白云石晶体比方解石晶体比重大，体积小，按分子对分子交代，灰岩变成白云岩将会增加 12.5% 的孔隙。此外白云岩比方解石性质更稳定，随埋深增加，孔隙保存能力更强。

2）溶蚀作用

压溶作用形成缝合线或者溶蚀作用形成溶蚀孔，会大大改善碳酸盐岩的储集空间。

3）构造运动

构造裂缝是改善碳酸盐岩储集层物性的又一个重要因素，在构造活动相对较强的位置，碳酸盐岩容易发送脆性变形，形成裂缝及缝合线，加上成岩后期的溶蚀作用，使得储集空间增加，极大地改善了储集层物性。

（四）海相中、古生界碳酸盐岩有利储集层预测

1. 构造事件及沉积间断形成的风化壳型良好储集层

由构造事件及沉积间断，使碳酸盐岩地层暴露并在界面附近发生大量的淋滤溶蚀作用，形成的风化壳，孔隙极为发育。前已述及，青龙组和栖霞组顶部均发育有风化壳，在钻井过程、测井和录井资料上均有明显反映，测井曲线响应为低电阻，中-高声波时差，风化壳在多口井多个井段发育，成为重要的有利储集层。

CZ35-2-1 井青龙组上部 1185～1325m 井段，录井认为存在古岩溶带，且可划分为地表岩溶带、渗流岩溶带及潜流岩溶带，声波曲线异常及井径曲线发生扩径（图6.28）。栖霞组顶部也出现相似特征，声波曲线异常且放空井径（图6.28），测井解释孔隙度高达 23%。WX13-3-1 井栖霞组顶部灰岩溶洞中见到充填的紫红色岩溶角砾岩，是顶界出露的重要证据（图6.30）。

图 6.30　WX13-3-1 井栖霞组灰岩溶洞中充填紫红色岩溶角砾岩

CZ12-1-1A 井船山组以藻灰岩为主，生物礁灰岩发育原生孔隙应是较好储集层，但在该井段，此类灰岩原生孔隙因成岩作用遭到破坏，孔隙度整体不高。但在该套藻灰岩顶端又发育高孔隙度，且在岩心上见到大量的溶蚀孔洞，测井曲线也表现出明显的风化壳的特征，表明风化淋滤作用改善了顶部储集层的孔渗物性。

风化壳型储集层主要受控于不整合面，发育于不整合面波及范围内，距离不整合范围越远，面孔率越低。

2. 有利沉积相带形成生物礁、滩等孔隙型储集层

震旦系灯影组、石炭系船山组、黄龙组、三叠系青龙组发育生物礁及滩，有较好的原生残余孔和次生溶蚀孔，尤其是三叠系青龙组有效孔隙度可达 6% ~ 8%，属良好的碳酸盐岩储集层。

3. 构造和压溶作用形成裂缝型储集层

以碳酸盐岩为主的中古生界海相地层，岩性较脆，在区域应力作用下容易破碎产生裂隙，另外，构造运动形成的富 H_2S 的地下水沿裂隙易形成溶蚀缝及孔洞，形成次生孔隙发育带。

三叠系青龙组、二叠系栖霞组、石炭系船山组发育着大量的裂缝型储集层，且裂缝及缝合线未被胶结物填充，极大地改善了储集层空间集孔渗物性。

裂缝型储集层主要受控于构造裂缝发育带，在裂缝发育带附近面孔率高，远离裂缝带面孔率低。

二、南黄海碎屑岩储集层

迄今在南黄海钻井揭示的碎屑岩储集层主要为海相的上古生界龙潭组-大隆组砂岩和陆相的中—新生界砂岩。中—新生界又以白垩系和古近系阜宁组、戴南组和三垛组最为主要。

（一）南黄海海相碎屑岩储集层

1. 海相碎屑岩储集层物性特征

钻井岩心实测物性资料表明，南黄海中—古生界海相碎屑岩储集层物性总体不高。

勿南沙隆起北部的 CZ35-2-1 井钻井资料揭示，海相碎屑岩主要分布于大隆组-龙潭组。大隆组砂岩物性较好，测井解释孔隙度达 12.4% ~ 13.3%；龙潭组砂岩储集物性总体偏差，孔隙度一般在 4% ~ 8%之间，泥质含量相对较高，一般在 1% ~ 14%，最高达 27.2%，测井解释的孔隙度一般在 4% ~ 8%（表6.28），渗透率一般在 5.4×10^{-3} ~ $31.99 \times 10^{-3} \mu m^2$。海陆对比表明，海域上二叠统龙潭组砂岩储集层的物性条件与陆区相似，砂岩虽然较为致密，但在浙北砂岩裂缝中已见油流和水。

南部坳陷 WX5-ST1 井揭示的龙潭组砂岩孔隙度值介于 1.7% ~ 4.6%之间，平均值为 3.56%，渗透率小于 0.01md（表6.26），属于超低孔超低渗储集层。下扬子区龙潭组以石英岩屑砂岩为主，孔隙度介于0.2% ~ 8.78%之间，平均值5.2%，渗透率平均0.64md。南黄海钻遇龙潭组储集层实测物性比区域上低。

因实测物性的样本数量有限，且分布也有一定局限性，并不能完全认为中—古生界海相碎屑岩储集层都是超低孔超低渗类型。对南黄海地区钻遇中—古生界探井的测井资料的重处理解释表明，龙潭组砂岩测井解释孔隙度值为 4% ~ 8%（表6.28），平均值为6%左右，比实测孔隙度高。

2. 海相碎屑岩储集层物性主要控制因素

1）岩石成分

对南黄海钻遇中、古生界地层的 5 口探井共 40 余块岩心样品的分析表明，碎屑岩杂基含量与面孔率呈负相关关系。杂基含量越高，面孔率值越低，也说明离物源越近，储集层物性越差，而长石和易溶岩屑含量越高，溶蚀面孔率占比越大，当长石与岩屑含量小于20%时，溶蚀作用发育强烈，储集层孔隙以溶蚀增孔为主，当长石与岩屑含量大于20%时，溶蚀作用得到一定的抑制，储集层孔隙以原生残余孔隙为主。

2）溶蚀作用

溶蚀作用可以改善储集层的物性，长石质石英砂岩溶蚀作用最发育，储集层物性最好，而石英砂岩

溶蚀作用次之，保存一定的原生孔隙（图6.31），研究区内碎屑岩以长石、岩屑溶蚀为主。

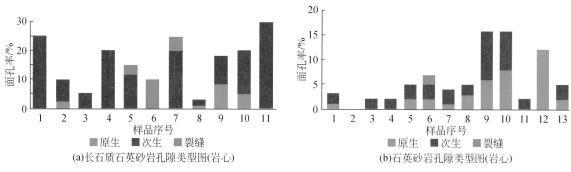

(a)长石质石英砂岩孔隙类型图(岩心)　　　　　　　　(b)石英砂岩孔隙类型图(岩心)

图6.31　南黄海中—古生界碎屑岩孔隙类型图

3. 海相碎屑岩有利储集层预测

下扬子露头区和苏北盆地区的钻井岩心研究结果表明，志留系储集层主要分布在上志留统的茅山组和坟头组砂岩，以后滨相砂岩为主，面孔率较高，储集层物性较好，滨岸–三角洲前缘相带的砂岩物性次之。据区域资料和地震资料解释推测，在南黄海中部隆起和南部拗陷，上志留统可能发育滨岸相和三角洲前缘砂体，可成为有利储集层。此外，发育于南部拗陷和勿南沙隆起的浊流沉积体砂体，尽管物性相对较差，但因浊积砂体紧邻烃源岩（图6.5），也是十分有利储集层。

二叠系龙潭组沉积相图（图6.8）显示，砂体比较发育的三角洲平原和三角洲前缘主要分布南部拗陷和中部隆起中–西部，西部主要为三角洲平原相带，中部为三角洲前缘及滨岸相带。三角洲前缘及滨岸相带主要为石英砂岩、含长石石英砂岩，以残余原生孔隙为主，少量溶蚀孔隙；三角洲平原相带主要为长石（岩屑）质石英砂岩，以溶蚀孔隙为主，极少量原生孔隙。故有利储集层主要分布于南部拗陷和中部隆起中–西部地区，呈条带状展布。

（二）南黄海陆相碎屑岩储集层

1. 陆相中—新生界碎屑岩储集层物性特征

陆相碎屑岩储集层主要发育于中—新生界。包括白垩系、古近系阜宁组和戴南组–三垛组及新近系盐城组。因南黄海海域钻井少，陆相碎屑岩储集层取心和分析测试数据有限，而与其毗邻的苏北盆地则钻井多，取心和分析测试资料较丰富，研究程度较高。基于苏北盆地与南黄海南部拗陷同属一个中—新生代陆相盆地（拗陷），其沉积体系认识基本相似，本章类比苏北盆地分析南黄海的中—新生代陆相盆地的储集层特征。

泰州组储集层岩性主要为浅灰色长石岩屑极细砂岩、细砂岩、中砂岩。碎屑成分主要为石英，次为长石、岩屑。填隙物主要为泥质、方解石、白云石。砂岩分选中–好，磨圆度次圆–次棱角状，接触方式为点、线–点接触，胶结类型有接触胶结、压嵌–孔隙胶结、压嵌–接触胶结。

阜一段储集层岩性主要为褐色、棕褐色、褐灰色、灰色长石岩屑石英粗粉砂岩、细砂岩、中砂岩。岩石分选中到好，磨圆度次圆–次棱角状，接触方式为点，点–线接触，胶结类型主要为接触–孔隙胶结、孔隙胶结、接触胶结，偶见基底–孔隙胶结。

阜二段储集层岩性主要为浅灰色岩屑长石极细砂岩–细砂岩、长石岩屑不等粒砂岩。碎屑成分以石英为主，长石次之，岩屑最小。填隙物主要为泥质和碳酸盐。砂岩分选中等–好，磨圆度为次圆–次棱角状，颗粒间呈点、点–线接触，胶结类型为接触胶结、孔隙胶结、孔隙–杂基胶结、孔隙–接触胶结、基底–孔隙胶结等。

阜三段储集层岩性主要为浅灰色长石岩屑粗粉砂岩、极细砂岩、细砂岩、中砂岩，碎屑成分以石英为主。填隙物主要为泥质和碳酸盐。砂岩分选中等–好，磨圆度为次圆–次棱角状，颗粒呈点、点–线接触，胶结类型为接触–压嵌胶结、接触–孔隙胶结、接触胶结，偶见基底胶结、基底–孔隙胶结。

阜四段储集层岩石岩性主要为浅灰色长石岩屑、石英细砂岩、中砂岩。砂岩分选好，磨圆度次圆－次棱角状，以点接触为主，偶见线－点接触，胶结类型主要为孔隙－接触胶结，偶见基底胶结、孔隙胶结、基底－孔隙胶结。

戴南组储集层岩性主要为长石岩屑砂岩。填隙物以泥质和方解石为主。砂岩分选好，磨圆度次圆－次棱角状，颗粒间呈点接触，孔隙－接触胶结。

三垛组储集层岩性主要为灰色、棕色长石岩屑砂岩。碎屑成分以石英为主，长石和岩屑含量均较少。砂岩分选中等－好，磨圆度次圆－次棱角状，颗粒间呈点接触，胶结类型主要为接触胶结，也见孔隙－接触胶结、孔隙胶结、孔隙－基底胶结。

总体看，陆区苏北盆地的金湖、高邮、海安三个凹陷各层位储集层岩石石英含量高，而长石含量低于 20%，盐城凹陷各层位石英含量明显比其他三个凹陷低，而长石含量明显比其他三凹陷高，显示出盐城凹陷物源有别于其他凹陷物源。

2. 陆相中—新生界碎屑岩储集层发育及物性主要控制因素

1）泰州组、阜宁组沉积砂岩储集体均受拗陷大湖制约，形成跨越凹陷和凸起的大型砂岩体

如阜宁组三段沉积时期，在苏北油气区的主体——东台地区形成了两个大面积分布的三角洲砂体（图 6.32）。

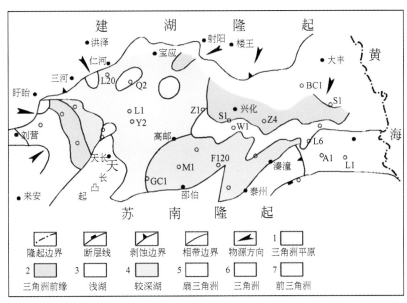

图 6.32　苏北盆地东台地区古近纪阜宁三段沉积环境

2）戴南组、三垛组沉积时期，砂岩储集体与泰州组、阜宁组沉积同属断陷型

该期沉积分隔性强，近物源，岩性以砾岩、砂岩为主，分布范围较小，箕状凹陷陡坡一侧的冲积扇体，缓坡一侧的河流、三角洲砂体，以及深凹内部的浊积砂体均为常见的储集层类型。

3）各凹陷在各个沉积阶段形成的储集层物性差别大

据岩心物性分析资料统计（表 6.32），陆上苏北各凹陷在各个沉积阶段的物性存在着较大的差别。在三垛组一段，金湖凹陷、海安凹陷、盐城凹陷的孔隙度一般为 10%～20%，渗透率一般为 $(1～100)×10^{-3}\,\mu m^2$；高邮凹陷的孔渗物性最好，孔隙度大于 18%，渗透率大于 $100×10^{-3}\,\mu m^2$；在三垛组二段，金湖凹陷的渗透率最低。

泰州组储集层，高邮凹陷的孔渗透性最好，孔隙度最高为 21.17%，渗透率最高为 $636.84×10^{-3}\,\mu m^2$，盐城凹陷孔渗性较差，孔隙度最低为 7.45%，渗透率最低仅为 $1.03×10^{-3}\,\mu m^2$。

阜宁组一段储集层，海安凹陷渗透率最高，平均值为 $228.25×10^{-3}\,\mu m^2$，洪泽凹陷渗透率最低，平均值仅为 $1×10^{-3}\,\mu m^2$；高邮、金湖、海安、盐城各凹陷孔隙度均大于 10%，最大值为高邮凹陷的 17.74%，洪泽凹陷最低仅为 7.23%。

表 6.32　苏北盆地主要储集层物性统计

区域参数 层位	高邮凹陷 $\Phi/\%$	高邮凹陷 $K/10^{-3}\mu m^2$	金湖凹陷 $\Phi/\%$	金湖凹陷 $K/10^{-3}\mu m^2$	海安凹陷 $\Phi/\%$	海安凹陷 $K/10^{-3}\mu m^2$	盐城凹陷 $\Phi/\%$	盐城凹陷 $K/10^{-3}\mu m^2$	洪泽凹陷 $\Phi/\%$	洪泽凹陷 $K/10^{-3}\mu m^2$
三垛组一段	>18	>100	一般 10~20	一般 1~100	一般 10~20	一般 1~100	一般 10~20	一般 1~100		
戴南组一段	>18	>100		一般 1~100		一般 1~100	一般 10~20	一般 <1~100	一般	一般 1~100
戴南组二段	<18	一般 >1~100		一般 1~100			<18	一般 >1~100	一般	一般 1~100
阜宁组一段	一般>10, 最大 17.74		一般 >10		一般 >10	均值 228.25	一般 >10		最小 7.23	均值 1.0
阜宁组二段	一般 11~16	最大为 31.33	一般 11~16		一般 11~16		一般 11~16		一般 11~16	最小为 4.42
阜宁组三段	最小为 16.32	最小为 36.73				最大为 699.08	最大为 20.75			
阜宁组四段			17.39	最大为 87.72			最大为 21.0	最小为 5.27	12.56	
泰州组	最高为 21.17	最高为 636.84					最低为 7.45	最低 1.03		

阜宁组二段储集层渗透率普遍偏低，以高邮凹陷渗透率最高，为 $31.33\times10^{-3}\mu m^2$，洪泽凹陷渗透率最低，仅 $4.42\times10^{-3}\mu m^2$，孔隙度均值一般在 11%~16%。

在阜宁组三段储集层，海安凹陷渗透率最高，达 $699.08\times10^{-3}\mu m^2$，高邮凹陷渗透率最低，仅 $36.73\times10^{-3}\mu m^2$，孔隙度最高值为盐城凹陷的 20.75%，最低值是高邮凹陷的 16.32%。

阜宁组四段储集层渗透率也普遍偏低，金湖凹陷渗透率最高，为 $87.72\times10^{-3}\mu m^2$，盐城凹陷渗透率最低，仅 $5.27\times10^{-3}\mu m^2$，孔隙度最高值是盐城凹陷的为 21%，金湖和洪泽凹陷孔隙度分别为 17.39% 和 12.56%。

在戴南组一段，金湖凹陷、海安凹陷、盐城凹陷、洪泽凹陷的渗透率一般在 $(1~100)\times10^{-3}\mu m^2$。盐城凹陷的渗透率最低，一般小于 $(1~100)\times10^{-3}\mu m^2$，孔隙度一般在 10%~20%，高邮凹陷的孔渗物性最好，孔隙度大于 18%，渗透率大于 $100\times10^{-3}\mu m^2$；在戴南组二段，金湖凹陷、洪泽凹陷的渗透率较低，一般在 $(1~100)\times10^{-3}\mu m^2$，高邮凹陷和盐城凹陷的孔渗物性较好，渗透率大于 $(1~100)\times10^{-3}\mu m^2$，孔隙度小于 18%。

3. 陆相中—新生界碎屑岩有利储集层预测

南黄海盆地海域几口已见油流和油气显示探井的储集层特征与苏北盆地对比分析表明，古近系储集层物性条件相对较好，孔隙度一般在 10%~20%，渗透率一般为 $(10~30)\times10^{-3}\mu m^2$；中生界白垩系储集层物性相对较差，孔隙度一般在 7%~15%，渗透率一般为 $(1~5)\times10^{-3}\mu m^2$。

与陆上苏北油田一样，上白垩统泰州组和古近系是中—新生界的主要储集层，包括上白垩统泰州组一段（K_2t）、古近系阜宁组（E_1f）、戴南组（E_2d）、三垛组（E_3s）、新近系盐城组上段和下段（Ny^1，Ny^2）五套储集层系，其发育分布情况见表 6.33~表 6.35。储集层类型以砂岩和砂砾岩为主，各层段储集层特征简述如下。

表 6.33　WX4-2-1 井测井解释表

层位	井段/m	厚度/m	岩性	渗透率/md	含水饱和度/%	孔隙度/%	自然伽马/API	电阻率/(Ω·m)	结论
E_2s	1392.4~1396.4	4.0	含砾砂岩	1.86	100.0	3.3	57.7	11.2	水层
E_2d	1415.2~1421.0	5.8	细砂岩	6.30	100.0	17.0	65.0	9.0	水层

续表

层位	井段/m	厚度/m	岩性	渗透率/md	含水饱和度/%	孔隙度/%	自然伽马/API	电阻率/(Ω·m)	结论
E_1f^d	1574.1~1587.3	13.1	细砂岩	16.59	100.0	24.0	67.9	4.7	水层
	1602.4~1609.3	6.9	细砂岩	12.47	100.0	21.4	69.6	4.6	水层
	1613.8~1616.3	2.5	砂岩	222.79	99.9	40.7	62.0	2.7	水层
E_1f^c	1806.8~1808.8	2.0	细砂岩	25.65	100.0	24.7	53.1	4.7	水层
	1823.3~1825.4	2.1	细砂岩	29.61	100.0	24.8	54.0	5.2	水层
	1827.9~1831.0	3.1	细砂岩	42.43	99.6	25.9	52.6	6.6	水层
E_1f^b	1863.1~1868.5	5.4	砂岩	0.08	100.0	10.2	63.7	6.2	干层
	1882.1~1885.9	3.8	细砂岩	37.35	100.0	27.5	59.3	4.6	水层
	1900.0~1907.3	7.3	砂岩	11.64	100.0	21.3	67.5	3.3	水层
	1917.6~1923.5	5.9	细砂岩	20.75	100.0	25.7	62.7	3.6	水层
	1989.4~1991.9	2.5	细砂岩	10.72	100.0	18.9	57.3	5.6	水层
E_1f^a	2004.8~2006.0	1.3	泥质粉砂岩	0.13	100.0	6.4	57.5	18.8	干层
	2047.6~2050.0	2.4	泥质粉砂岩	14.40	100.0	15.5	58.3	7.8	水层
	2077.8~2079.8	2.0	细砂岩	1.68	100.0	10.4	57.7	9.3	水层
	2081.8~2083.8	2.0	泥质粉砂岩	1.36	100.0	9.9	54.5	11.2	水层
	2096.3~2098.5	2.3	泥质粉砂岩	0.04	100.0	7.3	57.3	16.2	干层
	2108.1~2109.9	1.8	砂岩	1.44	100.0	10.5	55.1	6.4	水层
	2163.6~2165.5	1.9	泥质粉砂岩	0.01	100.0	3.3	63.7	13.4	干层
	2203.1~2204.3	1.1	粉砂岩	0.05	100.0	5.2	57.8	20.9	干层
	2338.8~2341.0	2.3	细砂岩	3.83	100.0	15.3	51.5	8.3	水层
	2364.0~2365.8	1.8	砂岩	1.48	100.0	10.0	56.8	10.4	水层
	2407.4~2410.5	3.1	砂岩	0.36	100.0	9.3	55.6	23.7	干层
K_2t_2	2465.0~2467.3	2.3	细砂岩	7.42	100.0	16.4	30.4	10.6	水层
	2475.3~2477.0	1.8	细砂岩	1.80	100.0	12.9	41.9	6.9	水层
	2488.5~2490.0	1.5	砂岩	7.80	100.0	17.8	62.0	7.9	水层
	2515.8~2519.1	3.4	砂岩	2.94	100.0	11.4	60.0	14.1	水层
K_2t_1	2568.5~2572.4	3.9	砂岩	0.00	100.0	1.7	61.3	118.7	干层
	2597.8~2603.5	5.8	砂岩	0.06	100.0	4.6	63.4	33.3	干层

表 6.34　北部拗陷各井砂岩占地层百分比统计表

参数 层位		砂岩占地层比例/%			
		黄海7井	黄海2井	黄海5井	黄海9井
盐城组	N	41.7~62.5	34~74.5	53~62.2	32.7~79.8
三垛组	E_2s		44.1	37.1	
戴南组	E_2d			29.9	
阜宁组	E_1f^d			28.6	29.9
	E_1f^c			34.8	13.3
	E_1f^b			23.6	4.4
	E_1f^a	48.4	52.6	14.1	14.8
泰州组	K_2t^2	11.8			
	K_2t^1	45.1			

表 6.35　诸城 1-2-1 井储集层物性数据

参数 层位		岩心分析		测井解释
		孔隙度/% 均值（范围值）	渗透率/$10^{-3}\mu m^2$ 均值（范围值）	孔隙度 φ/% 均值（范围值）
三垛组	E_2s	21.7（4.7~28.9）	27.82（0.33~60.80）	19.7（13.2~28.4）
戴南组	E_2d	7.2（5.9~8.4）	4.3（0.38~19.8）	19.8（13.4~24.7）
阜宁组	E_1f	6.4（4.2~11.0）	0.8（0.03~3.6）	17.2（13.0~22.1）

1）上白垩统泰州组一段（K_2t）

泰州组一段为河流相沉积的泥砂岩互层。砂岩厚度占该层厚度的45%，单层厚度一般为3~5m，最大厚度8m，以粉细砂岩为主，大部分含钙质，储集层物性较差，孔隙度为20.6%~24.6%，渗透率为（0.7~0.9）×$10^{-3}\mu m^2$。

北部拗陷白垩系沉积相类型主要为河流相、扇三角洲相、滨浅湖相和半深湖相，其中河流相和扇三角洲相砂岩相对较发育，是有利储集层发育相带，其次为滨浅湖砂坝和席状砂。综合分析表明，河流相为Ⅰ类储集区，主要分布于北部凹陷西部和南部凹陷；扇三角洲相砂体发育较为集中，为Ⅱ类储集区，主要分布于北部拗陷靠千里岩断裂一侧；滨浅湖总体砂岩发育较少，其中砂坝和席状砂尽管受浪洗作用物性相对较好，但砂体较为分散，目前较难确切预测，综合评价暂定为Ⅲ类储集区；半深湖相砂体不发育，可能发育一些浊积扇砂岩，评价为Ⅳ类或非储集层发育区（图6.33）。

南黄海南部拗陷 WX4-2-1 井泰州组上段为厚 1.5~3.4m 的薄层砂岩，测井解释孔隙度11.4%~17.8%，渗透率（1.8~7.8）×$10^{-3}\mu m^2$（表6.33），物性相对较好，属于中孔、中-低渗储集层；泰州组下段分选性差，测井解释孔隙度1.7%~4.6%，渗透率（0~0.06）×$10^{-3}\mu m^2$。

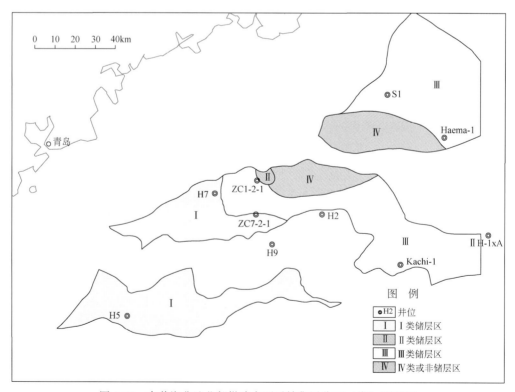

图 6.33　南黄海盆地北部拗陷白垩系储集层分区（类）预测图

2）古近系阜宁组（E_1f）

北部坳陷古近系阜宁组沉积相类型主要为河流相、扇三角洲相、滨浅湖相和半深湖相，埋藏总体相对较浅，成岩作用相对较弱，物性总体较好。与白垩系相似，河流相和扇三角洲相砂岩相对较为发育，是有利储集层发育相带，其次为滨浅湖砂坝和席状砂。研究表明，河流相为Ⅰ类储集层发育区，主要分布于北部坳陷中部、西部和南部地区；扇三角洲相砂体发育较集中，为Ⅱ类储集层发育区，主要分布于北部坳陷千里岩断裂下降盘一侧；滨浅湖相砂岩发育少，主要为砂坝和席状砂体，但较为分散，为Ⅲ类储集层发育区（图6.34）。

据北部坳陷中部凹陷的黄海9井和南部凹陷的黄海5井资料统计，砂岩厚度在阜宁组一段占14.1%~14.8%，阜宁组二段占4.4%~23.6%，阜宁组三段占13.3%~34.8%，阜宁组四段占28.6%~29.9%（表6.33），砂岩的单层厚度一般为1~4m，最大厚度为8m，岩性以长石砂岩为主。北部凹陷的诸城1-2-1井阜宁组储集层岩心分析的孔隙度变化在4.2%~11.0%，渗透率变化在$(0.03~3.6)×10^{-3}\,\mu m^2$，平均值为$0.8×10^{-3}\,\mu m^2$；声波测井计算的孔隙度变化在13.0%~22.1%，平均值为17.2%。阜宁组三段和四段是研究区内重要的储集层之一，阜宁组二段夹薄层生物碎屑灰岩，亦有成为良好储集层的条件。

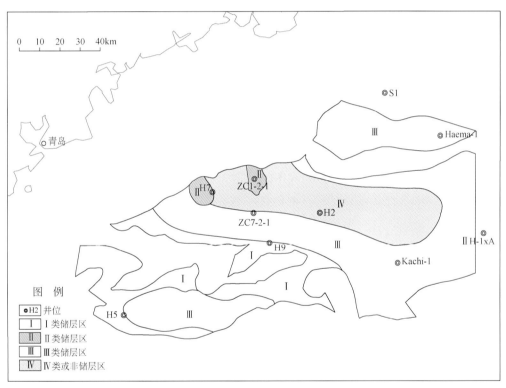

图6.34　南黄海盆地北部坳陷阜宁组储集层分区（类）预测图

南部坳陷古近系阜宁组沿坳陷边缘陡坡和缓坡均发育数个规模较小扇三角洲相（图6.35），其储集体大多数为单层厚2~3m的薄层砂岩，单层最大厚度13.1m，厚度变化大，测井解释孔隙度变化3.3%~27.5%，渗透率变化在$(0.01~42.43)×10^{-3}\,\mu m^2$之间，南四凹陷的常州6-1-1A井在阜宁组三段储集层内测试获得日产原油2.16t低产油流。

此外，地震解释在北部坳陷的北部凹陷北部发育有两个规模较大的南北向水下冲积扇（图6.34），预测其是较好的储集体；北部凹陷南部还发育有规模较小的冲积扇体和生物滩坝，预测其亦是较好的储集体。南部坳陷的南四凹陷、南五凹陷和南七凹陷，发育多个水下扇和扇三角洲，砂体规模较大，并具有一定厚度，且与生烃凹陷相连，推测其应为好的储集砂体。图6.35所示扇三角洲为Ⅱ类储集层发育区，滨浅湖亚相为Ⅲ类储集层发育区，半深湖相主要为泥岩沉积，砂体不发育，为Ⅳ类储集层或非储集层区。

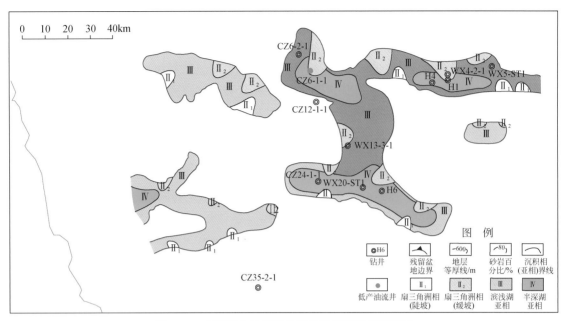

图 6.35　南黄海盆地南部拗陷阜宁组沉积相预测图

3）戴南组（E_2d）

戴南–三垛时期，滨浅湖和沼泽相沉积发育，砂岩比较发育，是研究区重要的含油（气）层段。

北部拗陷古近系戴南组–三垛组沉积相类型主要为河流相、扇三角洲相、滨浅湖相，因时代较新，埋藏较浅，成岩作用相对较弱，物性总体较好。河流相和扇三角洲相砂岩较发育，是有利的储集层发育相带，其次为滨浅湖砂坝和席状砂。戴南组–三垛组沉积时，北部拗陷河流相沉积发育广泛，分布于北部拗陷大部分区域，综合分析认为，河流相为Ⅰ类储集层发育区；扇三角洲相为Ⅱ类储集层发育区，主要分布于北部拗陷千里岩断裂下降盘一侧；滨浅湖砂岩发育较少，以砂坝和席状砂为主且较分散，为Ⅲ类储集层发育集区（图 6.36）。

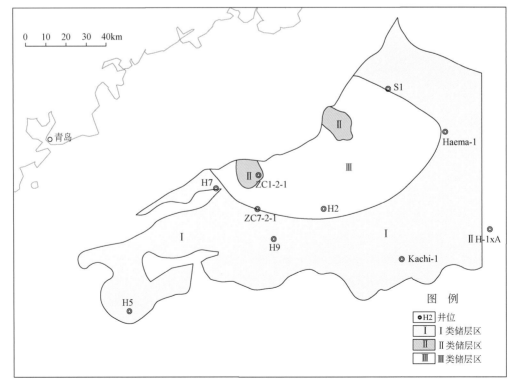

图 6.36　南黄海盆地北部拗陷戴南组–三垛组储集层分区（类）预测图

据北部拗陷的南部凹陷黄海 5 井资料统计，戴南组-三垛组砂岩比较发育，砂岩占地层厚度的 29.9%～37.1%（表 6.34），北部凹陷诸城 1-2-1 井岩心分析显示，戴南组砂岩孔隙度变化于 5.9%～8.4%，平均值为 7.2%，渗透率为（0.38～19.8）$\times 10^{-3} \mu m^2$，平均值为 $4.3 \times 10^{-3} \mu m^2$（表 6.35）。

南部拗陷钻井资料统计（表 6.36）表明，戴南组砂岩占地层厚度的 14%～44%，单层砂岩厚度一般 5～8m，最厚达 34m，以粉细砂岩为主。南四凹陷的常州 6-1-1A 井戴南组岩心分析其砂岩孔隙度均值为 17.8%，最高达 27%；渗透率均值为 $38 \times 10^{-3} \mu m^2$，最高达 $254 \times 10^{-3} \mu m^2$。

南七凹陷黄 4 井戴南组砂岩占地层厚度的 16%，南五凹陷 WX20-ST1 井戴南组砂岩占地层厚度的 22%，虽然两口井中砂岩占该组地层厚度比例不高，但其一个共同特点是底部均发育有 100 余米厚的砂岩集中段，该层段的砂岩百分比可达 50%～60%。由于戴南组砂岩均为近源沉积，其石英含量不高，一般低于 50%，长石、岩屑占比较大，基质一般为 10% 左右。砂岩粒度变化较大，从砂岩-粉砂岩各个粒级均有，以正韵律为主。砂岩的非均质性高，横向和纵向变化均较大。另外据地震资料解释，南五凹陷和南七凹陷的南缘发育有水下扇和扇三角洲（图 6.37），其前缘应具较好的储集层发育。戴南组底部已在常州 6-1-1A 井见到含油砂岩即是很好例证。

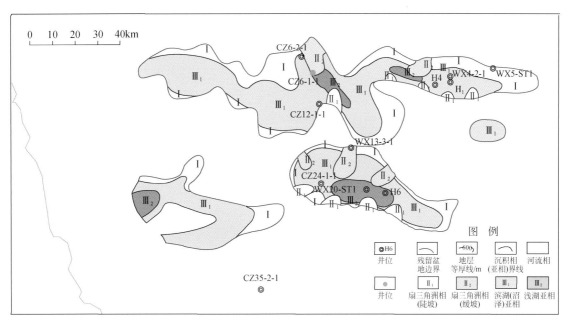

图 6.37　南黄海盆地南部拗陷戴南组沉积相预测图

4）三垛组（$E_2 s$）

三垛组分布范围广，下部砂岩发育，主要为河流相沉积。在南部拗陷的南四凹陷和北部拗陷的北部凹陷和南部凹陷为滨浅湖相沉积。据 9 口探井的资料统计，砂砾岩的厚度占地层厚度的 35%～37%，单层厚度一般为 5～10m，最大单层厚度可达 75m，以中粗砂岩为主。南部拗陷南四凹陷的常州 6-1-1A 井三垛组岩心分析砂岩孔隙度均值为 22%，最高达 30%；渗透率均值为 $13 \times 10^{-3} \mu m^3$，最大达 $101 \times 10^{-3} \mu m^2$；北部凹陷诸城 1-2-1 井三垛组岩心分析砂岩孔隙度为 4.7%～28.9%，平均值为 21.7%，渗透率为（0.33～60.8）$\times 10^{-3} \mu m^2$，平均值为 $27.82 \times 10^{-3} \mu m^2$（表 6.35）。在陆上苏北盆地，三垛组为真武油田主力产层，单井最高日产量曾超过千吨。

5）盐城组上段和下段（Ny^1，Ny^2）

盐城组上段和下段砂岩十分发育，分布极为广泛，为网状河流-蛇曲河流相沉积。盐城组下段的砂砾岩占地层厚度的 32.7%～79.8%（表 6.34），砂砾岩多呈块状，岩性较疏松，物性较好。盐城组上段的砂岩占地层厚度的 32%～53%，以中粗砂岩为主，岩性疏松，物性好。能否形成油气藏还要看它们的烃源岩和圈闭条件。

表6.36 南部拗陷主要探井砂岩储集层统计表

层位(组)	段	井号	南四凹陷 常州6-2-1井 砂岩厚度/m	砂地比/%	常州6-1-1A井 砂岩厚度/m	砂地比/%	南五凹陷 常州24-1-1井 砂岩厚度/m	砂地比/%	无锡20-1井 砂岩厚度/m	砂地比/%	黄海6井 砂岩厚度/m	砂地比/%	南七凹陷 黄海4井 砂岩厚度/m	砂地比/%	黄海1井 砂岩厚度/m	砂地比/%
盐城组	下段	Ny_1	272	37.9	415	45.3	580	79	530	81.7	395	68.2	240	45	340	54.6
三垛组	2段	E_2s^2*	0	0	18.8	5.4	313	79	379	54	379	77	26	31	13.5	24
三垛组	1段	E_2s^1*	25.5	5	53.5	22.8							14.2	19	18.5	24
戴南组		E_2d*	36	14	89.2	30.5	60	44	248.9	22	未钻穿		103.4	16	未钻穿	
阜宁组	4段	E_1f^d	未钻穿		0	0	4.5	5.4	未钻穿							
阜宁组	3段	E_1f^c*					135	40								
阜宁组	2段	E_1f^b					64.7	17.6								
阜宁组	1段	E_1f^a														

* 见油气显示或油砂。

砂岩储集层的储集物性一般随埋深变差，在 2500～2600m 以下，孔隙度由大于 23% 降到 15% 左右，3000m 以下降至 15% 以下。但因流体运移而发生的溶蚀孔隙，即孔隙增生现象也很普遍。戴南组富含长石和火山岩岩屑，更利于发育次生溶蚀孔隙。因此在埋藏较深的井段亦可能出现较好的物性，如 WX20-ST1 井在 3400m 井段仍有较高孔隙度，其渗透率达 $(182～982)×10^{-3}μm^2$。总的看来，戴南组储集层在南五凹陷、南四凹陷和南七凹陷均有分布，但前者的储集物性比后两者相对较好。南五凹陷戴南组砂岩储集层的声波时差比南四凹陷高 10ms/ft，而南四凹陷和南七凹陷的储集物性较差，可能与岩石结构和成岩后的变化有关。

第五节 盖层特征与分布

迄今南黄海钻井揭示了上二叠统至古近系戴南组-三垛组发育多套泥（页）岩及一套下三叠统青龙组碳酸盐岩，厚层的泥岩作为有效盖层，而碳酸盐岩，一方面裂隙型及孔洞型碳酸盐岩可作为储集层，另一方面致密碳酸盐岩又可作为局部有效盖层，形成自储自盖油气藏。

研究表明，盖层的发育与沉积相密切相关。半深湖相沉积的厚且稳定的泥岩层是有利的区域性盖层；滨浅湖相岩性横向变化较快，可形成局部性盖层；部分河漫及湖漫泥质岩同样可作为局部性盖层；开阔台地相和局限台地相致密碳酸盐岩可作为局部性盖层或较大区域盖层。本节因此依据沉积相和岩相特征，将盖层发育分布区带从好到差划分为 I 、II 和 III 三类：I 类盖层区为海相潮坪相和陆相半深湖相发育区；II 类盖层区为开阔台地相、局限台地相及滨浅湖相；III 类盖层区主要为扇三角洲相、三角洲相和河流相。

一、古生界海相及海陆过渡相沉积盖层发育与分布

（一）寒武系幕府山组和志留系高家边组泥岩盖层

下扬子-苏北地区寒武系幕府山组广阔发育的盆地相泥页岩，厚度大，平均 100～200m，覆盖了苏北盆地区。据地层展布和沉积发育特征分析，推测在南黄海盆地北部拗陷和中部隆起带的大部分地区，幕府山组的这套泥页岩亦由黑色页岩、炭质页岩及石煤夹层和硅质岩组成，这套盖层厚度大，生油能力高，分布广泛的暗色岩系，既是区内良好的生油层，又是区内较为有利的一套区域性盖层。

志留系高家边组岩性主要是泥岩、页岩、粉砂质泥岩，是现今保存最完整的岩性单一的盆地相至陆棚相沉积的均质泥岩盖层，其最大厚度可达 1400m。对下古生界油气组合起到了良好的封盖作用，虽然后期断裂对其产生一定影响，但因自身厚度大，并受其内部多重层间滑脱面的削减作用，高家边组巨厚泥岩盖层在大多数地区可能仍保持了自身的连续性，从而成为区内重要的区域盖层之一。

（二）上二叠统大隆组-龙潭组泥岩盖层

CZ35-2-1 井揭示大隆组和龙潭组厚 385m，其中大隆组厚 115m，龙潭组 270m。大隆组泥岩含量达 93.92%，单层泥岩厚度最大为 47.5m；龙潭组泥岩含量达 70%，单层泥岩最大厚度为 40m。南黄海地区的大隆组-龙潭组具有较好的盖层发育条件。据沉积相特征、平面展布和单井泥岩厚度等特征分析，南黄海地区上古生界上二叠统大隆组-龙潭组发育 I 类区和 III 类区两类有利盖层发育区。I 类区位于潮坪相沉积区（图 6.38），沉积厚层泥岩，地震特征表现为平行连续反射，该类盖层岩性比较均一；III 类区位于三角洲相和河流相（图 6.38），主要发育泥岩夹层，局部泥岩厚度较大，具一定的盖层发育条件，但横向连续性较差。

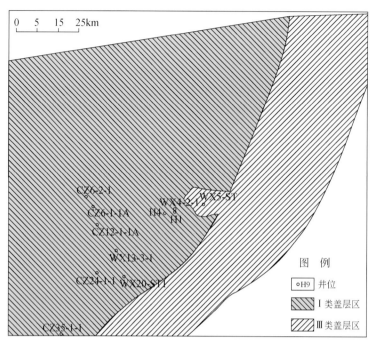

图 6.38　南黄海上古生界大隆组−龙潭组有利盖层发育与分布示意图

（三）下三叠统青龙组盖层

南黄海海域钻井揭示的青龙组主要发育局限台地相、开阔台地相、陆棚相。局限台地相、开阔台地相主要发育于青龙组中上段，陆棚相主要发育于青龙组下段，平面上主要分布于南部拗陷和勿南沙隆起的中西部。青龙组总体优势沉积相为开阔台地相和局限台地相，以此优势沉积相为主分析，开阔台地相和局限台地相发育的致密性灰岩，可作为局部性盖层，评价为Ⅱ类盖层发育区（图 6.39）。另外，在勿南沙隆起和南部拗陷局部复向斜构造深部的中三叠统黄马青组陆相碎屑沉积亦可以作为青龙组储集层的内幕盖层。

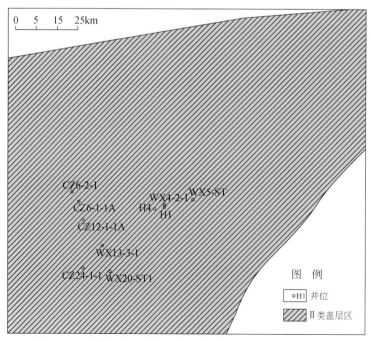

图 6.39　南黄海下三叠统青龙组有利盖层发育与分布示意图

二、中—上中生界—新生界陆相沉积层的盖层发育与分布

（一）白垩系泥岩盖层

白垩系主要分布于北部拗陷（南部拗陷分布比较局限）。北部凹陷的诸城7-2-1井揭示上白垩统上段泰州组259m，下段浦口组、赤山组共840m（未钻穿），诸城1-2-1井揭示上白垩统上段泰州组149m（未钻穿）。韩国在北部拗陷东部凹陷钻探的Kachi-1井揭露了相当于下白垩统葛村组和上白垩统下段的浦口组、赤山组地层，为湖泊-河流-湖泊相沉积旋回，下白垩统厚1358m，上白垩统下段厚722m；ⅡH-1X井揭示下白垩统厚643m（未钻穿），上白垩统下段厚418m。在东部凹陷东部的群山东次凹（韩国命名），韩国所钻的ⅡC-1X井和Inga-1井分别揭示相当于上白垩统下段地层473m和668m，揭示下白垩统地层16m（未钻穿）和1375m（未钻穿）。北部拗陷的东北凹陷目前有2口探井，我国所钻的S1井钻遇巨厚的侏罗系，证实缺失白垩系，韩国所钻的Haema-1井在相当于上白垩统上段地层钻遇404m的流纹质火山岩，相当于上白垩统下段的碎屑沉积61m（未钻穿）。

井-震对比解释表明，北部拗陷除在较大的凸起部位和东北凹陷缺失白垩系外，大部分地区均分布有白垩系，厚度250～2000m，最大厚度达4000m。钻井揭示的地层自下而上分别为葛村组、赤山组-浦口组和泰州组。泰州组泥岩较为发育，属有利盖层发育段，而赤山组-浦口组和葛村组砂岩较为发育，泥岩具薄层及不连续分布特点，仅在靠千里岩主控断裂带深凹区可能发育有较好泥岩。

综合分析白垩系沉积相带分布表明，北部拗陷的中西部以河流相为主，中部及东部为滨浅湖、半深湖沉积，呈东西向长条分布。半深湖相沉积区为Ⅰ类盖层发育区，主要分布于北部凹陷东北部和东北凹陷西南部，分布范围比较局限；滨浅湖相沉积区为Ⅱ类盖层发育区，分布范围较大；扇三角洲相、河流相沉积区属Ⅲ类盖层发育区，主要发育局部盖层（图6.40）。

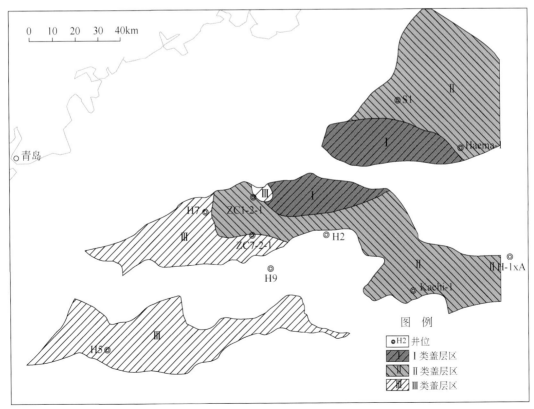

图6.40 南黄海北部拗陷白垩系盖层分类预测图

（二）古近系阜宁组泥岩盖层

古近系阜宁组主要发育河流相、滨浅湖相和半深湖相沉积，局部发育扇三角洲相，钻井揭示大套泥岩段主要发育于阜宁组中段，为有利盖层盖层发育段。据沉积相和岩相特征分析，发育于半深湖相沉积区的I类盖层主要分布于拗陷中部，呈近东西向展布；滨浅湖相沉积区的II类盖层分布于拗陷中部及西南部；扇三角洲相和河流相沉积发育区，泥岩不发育，且呈不连续分布，作为局部盖层分布于拗陷中西部（图6.41）。

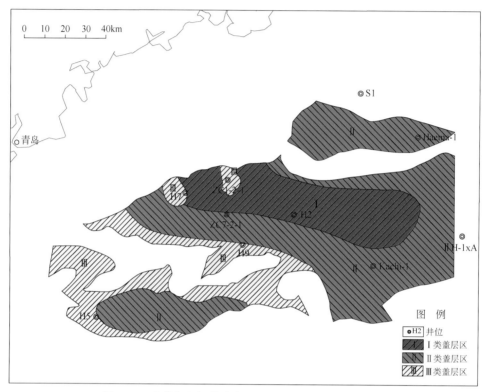

图 6.41　南黄海北部拗陷古近系阜宁组盖层分类预测图

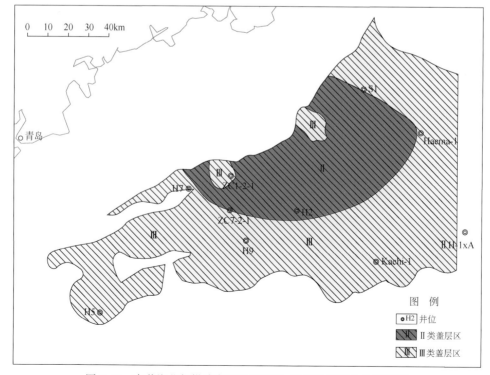

图 6.42　南黄海北部拗陷古近系戴南组–三垛组盖层分类预测图

（三）古近系戴南组-三垛组泥岩盖层

戴南组-三垛组主要发育河流相和滨浅湖相沉积，湖相总体水体较强，砂岩较为发育，夹薄层泥质岩，大部分为属局部盖层的Ⅲ类盖层，仅北部凹陷北部和东北凹陷西南部局部发育Ⅱ类盖层，整体封盖条件相对较差（图6.42）。

第六节　油气成藏控制因素与成藏模式探讨

在已证实有烃源岩存在的盆地中，油气藏形成条件的关键在于有无良好的储盖组合、有效的构造圈闭及保存条件，以及在烃类的生成、运移与储集诸因素的时空配合的优劣。南黄海盆地至今已钻探井27口，虽然一直未获得工业性突破，但近年的地质调查和研究显示，它仍然是一个很有希望的含油气盆地，除勘探程度不高外，主要在于它具备形成油气藏的诸多有利的基本条件。

一、油气成藏控制因素

中—古生界油气成藏的基础是烃源岩，关键是保存条件。烃源岩、有利的古构造单元、断裂构造和有利的圈闭类型是控制油气成藏的主要因素。

（一）烃源条件

综合前人研究成果和区域对比表明，南黄海盆地烃源形式与苏北盆地相似，主要有四类：一是印支期前就达到生烃高峰的古生界烃源；二是早期生成的烃类在后期改造过程中再分配；三是部分烃源岩在增熟作用下晚期（燕山期）的二次（或多次）生烃；四是"伴生气"、"液态烃裂解"、"氧化沥青的热演变"等烃源。苏北地区的勘探实践显示，在相同的地质条件下，多烃源区的油气富集程度比单一烃源区高。周庄气藏、刘庄气藏是单一近气源的实例，而黄桥气藏、溪桥气藏则是多气源的实例。可见，烃源条件佳、烃资源丰度高的地区是油气聚集的有利地区。

1. 原始烃源

下古生界烃源岩进入生烃时间较早，基本在印支期以前就进入生油高峰和生气阶段，形成了早期油气聚集，属生烃条件虽然优越，但其主要贡献在早期，易在后期改造中遭受破坏，是储集层中沥青的主要来源。唯有在构造长期稳定地区才能保存其生烃潜力，为后期的二次生烃形成热解气作出贡献。

上古生界烃源岩热演化程度相对较低，多数在印支期-燕山期才开始进入生油阶段，燕山期达到生油高峰，上古生界烃源岩的二次生烃是晚期成藏的主要贡献者，可以成为油气（尤其是天然气）成藏的主力烃源。

苏北盆地盐城凹陷的朱家墩气田，其所处的盐城凹陷下古生界与上古生界均为低演化区，前者镜质组反射率 R^o 为1.15%~2.10%，后者小于1.15%，都能为二次生烃形成热解气作出贡献。可见，在印支期处于相对隆起状态，古生界烃源岩未能进入大量生烃阶段，生烃潜力得以保存的地区是原始烃源主要的供应区。

2. 次生烃源

1）次生有机质生烃

下古生界的烃源岩由于其生烃高峰期已过，残留有机质生成的烃类难以形成工业性聚集，而先期生成的大量油气则可能已运移至台地，进而随着后期的构造变动演变成为次生海相烃源-储集层沥青或重质油，其后在新构造运动环境下进一步降解并加入新时期的供烃行列，成为一种不容忽视的烃源类型，它不属于二次生烃的范畴，仅是次生有机质的相态转换。

2）裂解水溶气源

早期聚集成藏的液态烃，被中—新生代巨厚的沉积再次深埋，经高温裂解作用转换成裂解天然气，在特定的温、压条件下长期溶解于地层水中，晚期大幅度抬升脱气聚集而成藏。原先的平衡关系被晚期的构造运动改造后，旧的含油气系统转化成为新含气系统的烃源之一。

3）非烃气源

下扬子中—新生代盆地经历多期构造变革，伴随多期次火山岩侵入与喷发，为无机成因气的形成、释放、聚集创造了有利的条件。黄桥二氧化碳依据其碳同位素的分析，应是以幔源为主的混合气。

（二）构造条件

1. 早古生代被动型大陆边缘两侧是下古生界重要的油气聚集带

苏北盆地在加里东期（震旦系—中奥陶统）主要位于扬子碳酸盐台地之上，其南北两侧所形成的两个被动型大陆边缘为早古生界重要的油气聚集带，下古生界的古油藏及沥青显示带均集中于台缘有利相带。苏北盆地所处的较高的地势使其成为这一时期下扬子区最有利的储集区之一。

2. 近烃源的古隆起、断阶带、斜坡带最有利油气富集带

苏北盆地的勘探实践证实，苏北盆地中、新生代为断陷-拗陷型地质结构，古隆起（或低凸起）、断阶带多位于生烃中心的周缘，近烃源区古隆起（低凸起）的局部构造圈闭和岩性圈闭有利于长期大面积捕获油气，这些部位的局部构造圈闭和岩性圈闭更易聚集烃源岩形成烃类而成藏，如苏北盆地的吴堡低凸起带、高邮凹陷断阶带等均是油气分布和富集的有利地区。

（三）生储盖层及成藏组合

前已述及，南黄海是下扬子在海域的延伸，从加里东期到喜马拉雅期经历了多期、多种类型的构造运动，沉积并发育了多套烃源岩并形成了多种样式的生、储、盖组合。无论是海相中—古生界，还是陆相的中—新生界，也不论是碳酸盐岩或是碎屑岩，其生、储、盖层往往不能截然分开，如二叠系栖霞组灰岩夹泥岩层、石炭系船山组、下三叠统青龙组等碳酸盐岩，既是储集层，又是生烃层，甚至某些夹层还兼具盖层性能，形成自生自储或生储盖三位一体的特殊组合。从岩性组合看，一些暗色硅质岩、硅质泥（页）岩，不仅是生烃层与盖层，同时在一定条件下因裂隙发育而可能成为储集层，故在纵向上可划分一系列生、储、盖组合。

总结前人研究和最新调查成果研究表明，苏北-南黄海盆地和下扬子地区，发育了巨厚的中—古生界海相、古生界海陆过渡相和中—新生界陆相烃源岩系。中—古生界海相（含海陆交互过渡相）层发育三套古生界海相层成藏组合、一套古生界海相-海陆交互过渡层成藏组合、另一套下中生界海相层成藏组合。中—上中生界和新生界以陆相湖盆沉积为最主要特征，凹陷分隔性强，各个凹陷具有独立的沉积体系、发育多种类型的成藏组合，据盆地内勘探主要目的层与烃源岩的关系，将成藏组合划分为与烃源岩直接相关的"完整型"成藏组合和与烃源岩间接相关的"非完整型"成藏组合两大类。"完整型"类成藏组合又据地层剖面中的泥岩和砂岩发育特征，以及烃源岩层、储集层和盖层的不同组合特点划分为"下生-上储-上盖"、"自生-自储-自盖"、"自生-自储-上盖"、与烃源岩直接相关的"三明治式"、"甜点式"及与断层相关的"侧向供烃、新生古储"完整型4个类亚类9种形式，以及1个"非完整型成藏组合（表6.37）。北部拗陷和南部拗陷的烃源岩发育不完全一致，其生、储、盖层发育及成藏组合也各具特点。

1. 古生界海相层成藏组合

第Ⅰ套成藏组合：寒武系幕府山组-震旦系灯影组形成"上生-下储-上盖"式成藏组合。

寒武系幕府山组下部深灰色泥岩（图6.43）、黑色碳质泥岩为生烃层，震旦系灯影组白云岩（图6.44）、白云质灰岩为储集层，寒武系上部厚层灰质白云岩和石灰岩为盖层，构成了下古生界第一套海相层成藏组合（表6.37、图6.47）。

表 6.37 南黄海生储盖层发育及成藏组合类型预测简表

层系	成藏组合	生、储、盖层	组合形式	资料依据
古生界海相层	第Ⅰ套成藏组合	生烃层：幕府山组下部深灰色泥岩、黑色碳质泥岩 储集层：灯影组白云岩、白云质灰岩 盖层：寒武系上部厚层灰质白云岩和石灰岩	幕府山组-灯影组"上生-下储-上盖"式	区域对比及地震解释推测
	第Ⅱ套成藏组合	生烃层：深灰色泥岩、黑色碳质泥岩 储集层：中上寒武统-下奥陶统生物碎屑灰岩、白云岩及裂隙溶蚀型灰岩 盖层：志留系五峰组-高家边组泥岩	寒武系幕府山组-中上寒武统-下奥陶统-志留系五峰组-高家边组"下生-上储-上盖"式	
	第Ⅲ套成藏组合	生烃层：志留系高家边组黑色泥（页）岩 储集层：泥盆系五通组砂岩，石炭系生物碎屑灰岩，栖霞组灰岩 盖层：栖霞组泥岩、孤峰组泥（页）岩	志留系高家边组-泥盆系五通组及石炭系-二叠系下统栖霞及孤峰组"下生-上储-上盖"式	
古生界海相-海陆交互过渡层	第Ⅳ套成藏组合	生烃层：上二叠统龙潭组煤系及灰色-深灰色泥岩 储集层：龙潭组内灰色砂岩 盖层：大隆组黄绿色-灰黑色页岩、钙质页岩	上二叠统龙潭组-大隆组"自生-自储-上盖"式	钻井、地震解释
下中生界海相层	第Ⅴ套成藏组合	生烃层：青龙组灰岩及灰黑色泥岩 储集层：青龙组薄层和厚层灰岩 盖层：青龙组泥岩层	下三叠统灰岩及泥岩"自生-自储-上盖"式	
中—上中生界和新生界陆相层	北部拗陷"下生-上储-上盖"完整型成藏组合	生烃层：上白垩统泰州组二段深灰色泥岩 储集层：阜宁组一段和二段河流相冲积砂岩 盖层：阜宁组三段的泥岩	泰州组二段-阜宁组三段"下生-上储-上盖"式	
		生烃层：戴南组和阜宁组下部暗色泥岩 储集层：三垛组下部为厚层块状砂岩 盖层：三垛组上部厚层泥岩	戴南组和阜宁组下部烃源岩与三垛组砂泥岩"下生-上储-上盖"式	
		生烃层：侏罗系灰色、深灰色泥岩 储集层：侏罗系底-中部、下白垩统下-中部砂岩 盖层：白垩系上部泥岩	侏罗系-下白垩统"下生-上储-上盖"式	地震解释及区域对比
	北部拗陷"自生-自储-自盖"完整型成藏组合	生烃层：阜宁组三段和四段暗色泥岩 储集层：阜宁组三段和四段砂岩 盖层：阜宁组三段和四段泥岩	阜宁组三段-阜宁组四段"自生-自储-自盖"式	钻井、地震解释
		生烃层：上白垩统泰州组灰色、灰黑色泥岩 储集层：下白垩统上部砂岩、上白垩统局部细砂岩 盖层：上白垩统泥岩	白垩系"自生-自储-自盖"式	
	北部拗陷"自生-自储-上盖"完整型成藏组合	生烃层：侏罗系灰色、深灰色泥岩 储集层：侏罗系底部和中部薄层砂岩 盖层：侏罗系上部和古近系泥岩	侏罗系-古近系"自生-自储-上盖"式	
	南部拗陷与烃源岩直接相关的"完整型"成藏组合	生烃层：阜宁组湖相暗色泥岩 储集层：戴南组底部河流相砂岩 盖层：戴南组上部沼泽相碳质泥岩	"三明治式""自生-自储-自盖"式	钻井、地震解释
		生烃层：阜宁组三段和四段暗色泥岩 储集层：阜宁组三段和四段暗色泥岩段内砂岩夹层 盖层：阜宁组三段和四段暗色泥岩	"甜点式""自生-自储-自盖"式	
		生烃层：断层上盘的新生界阜宁组暗色泥岩 储集层：断层下盘中生界-上古生界具储集性地层 盖层：古近系厚层泥岩	断层相关的"侧向供烃、新生古储"式	
	南部拗陷非完整型成藏组合	储集层：三垛组下部发育了厚层河流相砂岩 盖层：三垛组下部厚层浅湖相泥岩	古近系三垛组、新近系盐城组，仅有储集层和盖层而无直接烃源岩，通过断裂向上供烃（垂向运移）式	钻井、地震解释
		储集层：盐城组厚层河流相砂岩 盖层：盐城组厚层泥岩		

　　第Ⅱ套成藏组合：寒武系幕府山组–中上寒武统–下奥陶统–志留系五峰组–高家边组"下生–上储–上盖"式成藏组合。

　　寒武系幕府山组深灰色泥岩、黑色碳质泥岩（图6.43）为生油岩，中上寒武统–下奥陶统生物碎屑灰岩、白云岩及裂隙溶蚀型灰岩为储集层，志留系五峰组–高家边组泥岩（图6.45）为盖层，构成下古生界第二套海相层成藏组合。

图6.43　南京幕府山寒武系幕府山组泥岩

图6.44　南京幕府山震旦系灯影组白云岩

图6.45　高家边村志留系高家边组泥岩及砂岩

　　第Ⅲ套成藏组合：志留系高家边组–泥盆系五通组及石炭系–二叠系下统栖霞组"下生–上储–上盖"式成藏组合。志留系高家边组黑色泥（页）岩为主要生烃层，石炭系灰色、灰黑色泥（页）岩为次要生烃层；储集层包括碎屑岩和碳酸盐岩，碎屑岩储集层为泥盆系五通组砂岩，碳酸盐岩储集层为石炭系生物碎屑灰岩、粉晶灰岩；下二叠统栖霞组泥灰岩、孤峰组泥（页）岩为盖层，构成下古生界第三套海相层成藏组合。

下古生界成藏组合主要特征表现为生烃层泥岩厚度大，且多集中于下寒武统幕府山组，储集层岩性多表现为白云岩、灰岩且多见生物碎屑及裂隙溶蚀型。南黄海海域因缺少钻遇下古生界的实际钻井资料，成藏组合形式主要依据地震解释成果和陆区地质资料对比推测。

2. 古生界海相–海陆交互过渡层成藏组合

第Ⅳ套成藏组合：上二叠统龙潭组–大隆组"自生–自储–上盖"式成藏组合。生烃岩为上二叠统龙潭组煤系地层，岩性为灰色–深灰色泥岩与灰色砂岩互层，局部夹煤层；储集层为龙潭组内灰色砂岩薄层，盖层为大隆组黄绿色–灰黑色页岩、钙质页岩。构成上古生界海相–海陆交互过渡层成藏组合（表6.37，图6.47）。

3. 下中生界海相层成藏组合

第Ⅴ套成藏组合：中生界下三叠统灰岩及泥岩（图6.46）成藏组合。也是一套"自生–自储–上盖"式组合（表6.37，图6.47）。生烃岩为灰黑色泥岩、页岩，储集层为青龙群薄层和厚层灰岩，盖层是该层系的泥岩层，构成下中生界海相层成藏组合。

图6.46　青龙山龙潭镇下三叠统青龙组灰岩及灰黑色泥岩

4. 中—上中生界和新生界陆相层成藏组合

1）北部拗陷

北部拗陷的北部凹陷，已证实发育有上白垩统泰州组上段和古近系阜宁组三段和四段两套生烃层系，但因沉积相的变化，其生储盖层发育及成藏组合有别于南部拗陷。北部拗陷中—新生界陆相层主要发育"下生–上储–上盖"、"自生–自储–自盖"及"自生–自储–上盖"三类"完整型"的成藏组合（表6.37）。

A. "下生–上储–上盖"完整型成藏组合

（1）上白垩统泰州组二段–阜宁组三段"下生–上储–上盖"完整型成藏组合。

以上白垩统泰州组二段深灰色泥岩作为烃源岩，古近系阜宁组一段和二段河流相冲积砂岩层作为储集层，阜宁组三段的泥岩层作为盖层，形成一组具有一定规模的成藏组合模式，也是北部拗陷中（尤其是北部凹陷）最主要的成藏组合和勘探目的层。

（2）戴南组和阜宁组下部烃源岩与三垛组砂泥岩配合"下生–上储–上盖"完整型成藏组合。

戴南组和阜宁组下部暗色泥岩为烃源岩，三垛组下部为厚层块状砂岩为储集层，三垛组上部厚层泥岩为盖层。北部拗陷的南部凹陷的黄海5井初步揭示，在戴南组和三垛组具有类似这一特点的成藏组合。这种组合关系和南部拗陷一样，是北部拗陷另一个重要的勘探目的层。

（3）北部凹陷侏罗系–下白垩统"下生–上储–上盖"完整型成藏组合。

最新的地震解释推测北部拗陷千里岩断裂下降盘一侧的北部凹陷西南部、西部凸起东北部及中部凸起发育有一定厚层的侏罗系（未经钻探证实）。对比同处于千里岩断裂下降盘一侧的北部拗陷东北凹陷侏罗系发育情况，推测侏罗系灰色、深灰色泥岩为生烃岩，侏罗系底部和中部薄层砂岩，以及下白垩统下部和中部砂岩为储集层，白垩系上部泥岩为盖层。

B. "自生–自储–自盖"完整型成藏组合

（1）阜宁组三段–阜宁组四段"自生–自储–自盖"完整型组合。

据诸城 1–2–1 井的钻井地层资料，阜宁组三段和四段为砂泥岩互层，其中的暗色泥岩已进入生烃门限，可组成许多小规模的完整生储盖层的"自生–自储–自盖"成藏组合模式。

（2）白垩系内部"自生–自储–自盖"完整型组合。

以上白垩统泰州组灰色、灰黑色泥岩为生烃岩，上白垩统局部细砂岩夹层，以及下白垩统上部砂岩为储集层，上白垩统泥岩为盖层。

C. "自生–自储–上盖"完整型组合

东北凹陷 S1 井揭示厚层的侏罗系（图 2.15），以侏罗系灰色、深灰色泥岩为生烃岩，侏罗系底部和中部薄层砂岩为储集层，侏罗系上部和古近系泥岩为盖层。

因新生界古近系均为大陆河、湖相沉积，砂泥岩互层是其主要沉积特征，在泥岩相对集中段就可形成良好盖层，如古近系阜宁组三段、阜宁组四段及戴南组的泥质岩段都是良好盖层，其中阜宁组泥岩段是良好的区域性盖层，而戴南组泥岩段则是局部性好盖层。

2）南部拗陷

南部拗陷各凹陷三垛组均以砂泥岩互层为特征，但各凹陷的储盖组合和圈闭条件不同。

南五凹陷的三垛组下部为大段厚层块状砂岩，其上部有 200 余米以泥岩为主的地层，形成一个盖层段，可有效封盖住从烃源区或下（深）部阜宁组、戴南组地层中的原生油气藏通过断层等二次运移上来进入三垛组下部砂岩储集层中（如苏北真武油田）。但南五凹陷一些古近系构造的高部位缺失这段泥岩，或泥岩层质量较差，无法有效封盖住下部储集层中的油气，油气可继续向上通过不整合面扩散到盐城组上段的厚层砂岩中，而盐城组上段地层又缺少有效的圈闭条件，最终导致油气完全散失。

南四凹陷三垛组上部几乎全部为泥质岩，南七凹的三垛组砂岩层也只占地层厚度的 31% 以下，泥质地层厚且泥质含量高，其封盖条件优于南五凹陷。南部拗陷发育与烃源岩直接相关的"完整型"成藏组合和与烃源岩间接相关的"非完整型"成藏组合两种类型。

A. 与烃源岩直接相关的"完整型"成藏组合

（1）"三明治式"完整型成藏组合。

下部为阜宁组湖相暗色泥岩、中间为戴南组底部河流相砂岩、上部为戴南组上部沼泽相碳质泥岩，形成上下两层同时向中间供烃的"三明治式"完整成藏组合。如南五凹陷的无锡 20–ST1 井揭示，厚度超过 100m 的戴南组底部河流相砂岩体，直接覆盖在阜宁组暗色泥岩之上，其上又被另一套厚达数百米的戴南组上部沼泽相碳质泥岩层所覆盖，下伏湖相阜宁组暗色泥岩和上覆的沼泽相碳质泥岩均可向"中间砂岩层"供烃，组成了最完整而又有较大规模的成藏组合。该类成藏组合是南部拗陷最主要的勘探目的层。

（2）"甜点式"完整成藏组合。

烃源岩古近系阜宁组三段和四段暗色泥岩，储集层为阜宁组三段和四段暗色泥岩段内的少量河道砂岩体夹层，阜宁组三段和四段自身即可组成良好的"自生–自储–自盖""甜点式"完整成藏组合，具备形成"甜点式"岩性（或致密砂岩）油气藏的基本条件。但因陆相沉积盆地相变快，这类组合往往都是局部的，分布不稳定。

（3）与断层相关的"侧向供烃、新生古储"搭配的完整型成藏组合。

在这种搭配组合中，具有储集性能的是断层下盘的上古生界—中生界的储集层，烃源则是断层上盘的新生界阜宁组暗色泥岩烃源岩，二者之间以断层接触，形成"侧向供烃"关系，上古生界—中生界之上又被古近系厚层泥岩覆盖，从而形成"侧向供烃、新生古（中）储"的成藏组合模式。

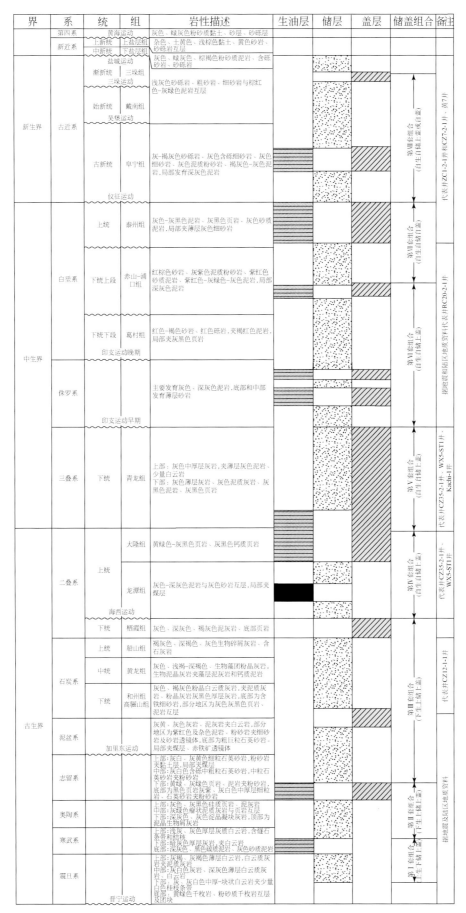

图 6.47　南黄海盆地古生界、中生界和新生界生储盖层及成藏组合纵剖面示意图

B. 与烃源岩间接相关的"非完整型"成藏组合

该类组合主要存在于古近系三垛组和新近系盐城组。

南五凹陷三垛组下部发育了厚层河流相砂岩体,厚度超过300m,具良好储集性能,其上被200余米厚的浅湖相红绿相间的泥岩层所覆盖,是很好的盖层。下部的阜宁组暗色泥岩烃源岩通过断裂向上供烃(垂向运移),这是一种仅有储集层和盖层而无直接烃源岩层的"非完整型"成藏组合。

新近系盐城组也是一套仅具储集层和盖层而无直接烃源岩层,需从深部获得烃源的一种"非完整型"成藏组合。

(四) 成藏组合分类评价

综上,按烃源岩、储集层特征、储集层分布范围、盖层岩性与分布、生储盖组合空间配置等因素综合分析,将上述生储盖组合划分出优质、中等及较差三类生储盖组合,按深层、中-深层和浅层进行归类,共划分出优质深层和中-深层生储盖组合各1个,优质浅层生储盖组合5个;中等深层生储盖组合1个,中等浅层生储盖组合4个;较差中-深层生储盖组合2个和浅层生储盖组合1个(表6.38)。

1. 优质生储盖组合

1) 优质的深层生储盖组合

寒武系幕府山组-震旦系灯影组"上生-下储-上盖"式组合。幕府山组深灰色泥岩、黑色碳质泥岩烃源岩质优,生烃能力强;储集层为灯影组藻白云岩、白云质灰岩物性好;盖层为下寒武统幕府山组泥岩及寒武系上部厚层灰质白云岩和石灰岩,烃源岩烃浓度封闭和物性封闭结合,同时盖层分布范围广。生储盖层在空间上匹配关系良好,使该组合成为南黄海地区深层优质生储盖组合。

2) 优质中-深层生储盖组合

二叠系上统龙潭组-大隆组"自生-自储-上盖"式组合。上二叠统龙潭组煤系及灰色-深灰色泥岩和碳质泥岩为优质烃源岩;三角洲平原河道砂体和三角洲前缘砂体是中浅层碎屑岩中物性最好的储集层,分布范围广,厚度大;大隆组硅质泥岩盖层封闭能力较好,是最优质的中-浅层生储盖组合。

3) 优质浅层生储盖组合

A. 南黄海盆地北部拗陷"下生-上储-上盖"完整型成藏组合

(1) 北部拗陷泰州组二段-阜宁组三段"下生-上储-上盖"式组合。生烃层为上白垩统泰州组二段深灰色泥岩,储集层为阜宁组一段和二段河流相冲积砂岩,盖层为阜宁组三段泥岩(表6.38)。

(2) 北部拗陷戴南组和阜宁组下部烃源岩与三垛组砂泥岩"下生-上储-上盖"式组合。生烃层为戴南组和阜宁组下部暗色泥岩,储集层为三垛组下部为厚层块状砂岩,盖层为三垛组上部厚层泥岩。

(3) 北部拗陷侏罗系—下白垩统"下生-上储-上盖"式组合。生烃层为侏罗系灰色、深灰色泥岩,储集层为侏罗系底-中部、下白垩统下-中部砂岩,盖层为白垩系上部泥岩。

表6.38　下扬子-苏北及南黄海地区油气成藏组合分类评价简表

等级 层位	优质	中等	较差
浅层(中-新生界陆相沉积层)	北部拗陷"下生-上储-上盖"完整型成藏组合 ①北部拗陷泰州组二段-阜宁组三段"下生-上储-上盖"式组合; ②北部拗陷戴南组和阜宁组下部烃源岩与三垛组砂泥岩"下生-上储-上盖"式组合; ③北部拗陷侏罗系-下白垩统"下生-上储-上盖"式组合; 南黄海盆地南部拗陷与烃源岩直接相关的"完整型"成藏组合 ①南部拗陷"三明治式""自生-自储-自盖"式组合; ②南部拗陷与断层相关的"侧向供烃、新生古储"式组合	①北部拗陷侏罗系-古近系"自生-自储-上盖"式组合; ②北部拗陷阜宁组三段-阜宁组四段"自生-自储-自盖"式组合; ③北部拗陷白垩系"自生-自储-自盖"式; ④南部拗陷"甜点式""自生-自储-自盖"式组合	南部拗陷非完整型成藏组合(仅有储集层和盖层而无直接烃源岩)

续表

等级 层位	优质	中等	较差
中-深层（古生界海-陆过渡相沉积层）	二叠系上统龙潭组-大隆组"自生-自储-上盖"式组合		①下三叠统灰岩及泥岩"自生-自储-上盖"式； ②二叠系栖霞组-孤峰组"下（自）生-上储-上盖"组合
深层（古生界海相沉积层）	寒武系幕府山组-震旦系灯影组"上生-下储-上盖"式组合	寒武系幕府山组-中上寒武统-下奥陶统-志留系五峰组-高家边组"下生-上储-上盖"式组合	

B. 南黄海盆地南部拗陷与烃源岩直接相关的"完整型"成藏组合

（1）"三明治式""自生-自储-自盖"式组合。生烃层为阜宁组湖相暗色泥岩，储集层为戴南组底部河流相砂岩，盖层为戴南组上部沼泽相碳质泥岩。

（2）与断层相关的"侧向供烃、新生古储"式组合。生烃层为断层上盘的新生界阜宁组暗色泥岩，储集层为断层下盘中生界—上古生界具储集性地层，盖层为古近系厚层泥岩。

2. 中等生储盖组合

1）中等深层生储盖组合

寒武系幕府山组—中上寒武统—下奥陶统—志留系五峰组-高家边组"下生-上储-上盖"式组合。寒武系幕府山组深灰色泥岩、黑色碳质泥岩为烃源岩质优；储集层位多，包括中—上寒武统—下奥陶统生物碎屑灰岩、白云岩及裂隙溶蚀型灰岩均为较好的次生溶蚀孔缝型储集层；高家边组泥岩厚度大，分布广，是较好的盖层。与其他组合相比总体相对较差，但局部存在优质的勘探目标。

2）中等浅层生储盖组合

（1）北部拗陷侏罗系—古近系"自生-自储-上盖"式组合。生烃层为侏罗系灰色、深灰色泥岩，储集层为侏罗系底部和中部薄层砂岩，盖层为侏罗系上部和古近系泥岩。

（2）北部拗陷阜宁组三段-阜宁组四段"自生-自储-自盖"式组合。生烃层为阜宁组三段和四段暗色泥岩，储集层为阜宁组三段和四段砂岩，盖层为阜宁组三段和四段泥岩。

（3）北部拗陷白垩系"自生-自储-自盖"式组合。生烃层为上白垩统泰州组灰色、灰黑色泥岩，储集层为下白垩统上部砂岩、上白垩统局部细砂岩，盖层为上白垩统泥岩。

（4）南部拗陷"甜点式""自生-自储-自盖"式组合。生烃层为阜宁组三段和四段暗色泥岩，储集层为阜宁组三段和四段暗色泥岩段内砂岩夹层，盖层为阜宁组三段和四段暗色盖层：阜宁组三段和四段暗色泥岩。

3. 较差生储盖组合

1）较差的中-深层生储盖组合

（1）下三叠统灰岩及泥岩"自生-自储-上盖"式组合。虽然储集层发育与分布范围较小，但局部生物礁及浅滩物性好，距烃源岩近，是具有潜力的勘探目标。

（2）二叠系栖霞组-孤峰组"下（自）生-上储-上盖"组合，孤峰组盖层厚度较薄，但栖霞组风化壳储集层物性好，烃源岩质量优良，具有一定的勘探潜力。

2）较差的浅层生储盖组合

南部拗陷非完整型成藏组合。仅有储集层和盖层而无直接烃源岩，通过断裂向上供烃（垂向运移）。储集层为古近系三垛组下部发育的厚层河流相砂岩，盖层为三垛组下部厚层浅湖相泥岩。

二、成藏模式探讨

勘探实践和综合研究表明，经印支期—燕山期的多期挤压造山和喜马拉雅期陆内裂陷的改造，位于下扬子区域的南黄海古生代克拉通原型盆地已经裂离解体，其原生的含油气系统在盆地改造过程中遭受破坏，原生油气藏中的烃类发生迁移并在后期的中—新生代沉积封盖体系下重新聚集成藏。古生代克拉通原型盆地被改造后，同一块体的盆地不同构造单元，经历了不同的埋藏改造史，其原生烃源和再生烃源在新的温压场和流体势场的作用下，烃类再次运移，或因抬升剥蚀暴露地表而逸散，或因再次深埋生烃或裂解，直到在新的油气封闭系统中重新达到平衡而聚集成藏，从时间次序看，海相的原型盆地改造后，具有再次生烃、聚集及晚期成藏的特点。

我国众多的油气勘探专家总结扬子区 60 余载的勘探实践与成功经验后一致认为，海相中—古生界油气成藏的基础是烃源，关键是油气保存条件，即盆地改造过程中的埋藏史和封闭系统决定了油气成藏。提出了"整体封存体系"的概念，认为整体封存体系是我国南方古生代海相油气成藏并保存的关键，其核心是"建造与改造的统一"（马力等，1994；印蕴玉，2001；戴少武等，2002；梁兴等，2004），并把封存体系分为沉积建造保持型和构造建造推覆保存型等 6 种类型，认为沉积建造保持型是最有利的保存体系（如四川盆地等）。根据含油气系统形成后区域性盖层的叠置和后期改造后的终极保存状况划分为持续型、重建型（包括沉积重建和构造重建）、剥蚀残余型和构造肢解型 4 种基本类型，其中持续型是最有利的"含油气保存单元"。

迄今为止，缺乏中生代区域性盖层的地质单元都均未发现大–中型油气田。分析认为，印支运动后中生代近 200Ma 地质时期的持续和及时埋藏，对下古生界烃源岩已形成油气的保存和上古生界烃源岩生烃及再生烃的封盖保存至关重要。

虽然南黄海的油气勘探至今未获得实质性突破，但同属于下扬子区的江苏陆上苏北盆地已发现了朱家墩气田、黄桥二氧化碳气田和句容残留油藏等。结合南黄海盆地具体地质条件分析认为，南黄海中南部是苏北盆地在海域的延伸，具有相同或相似的演化历史，发育相同或相似的成藏条件。因此，苏北盆地盐城凹陷古近纪深凹区的朱家墩气田（晚期深埋沉积重建–上古生界二次生烃–海、陆混合烃源晚古近纪—第四纪晚期成藏）和苏南隆起区的句容油藏（燕山期浅埋、喜马拉雅期抬升剥蚀的印支—燕山期不整合面附近的浅层残留型油藏）的成藏模式对南黄海中—古生界的油气勘探最具借鉴意义。

（一）下志留统区域盖层保护下的宽缓背斜构造型油气藏

前已述及，寒武系幕府山组—震旦系灯影组形成的"上生–下储–上盖"式优质深层生储盖组合和寒武系幕府山组—中上寒武统—下奥陶统—志留系五峰组-高家边组"下生–上储–上盖"式中等深层生储盖组合是下扬子区下古生界最重要的成藏组合。早古生代所形成的油气藏，经历了从加里东期到喜马拉雅期的多期多种类型的构造运动的强烈后期改造，多遭受后期改造破坏，因下古生界埋深大，有机质成熟度高，其烃源岩在志留纪末已成熟，至三叠纪末达到高成熟进入生油高峰和生气阶段，以生气为主，上覆盖层的完整性和封盖能力是油气成藏与保存的最关键因素，经多期严重剥蚀后，在原古油藏中构造位置相对较低及剥蚀较少的地区油气藏保存的可能性更大。

苏北陆区-南黄海盆地在加里东期（震旦系—中奥陶统）主要位于扬子碳酸盐台地之上，其南北两侧所形成的两个被动大陆边缘为早古生代重要的油气聚集带，下古生界的古油藏及沥青显示带均集中于台地边缘有利相带，苏北陆区-南黄海盆地早古生代时所处的较高的地势使其成为这一时期下扬子区有利的储集区之一。沉积建造保持型的古隆起（如南黄海中部隆起）、断阶带、斜坡带（南黄海中部隆起南部斜坡带）等是油气（尤其是天然气）富集的有利场所。推测在下志留统区域盖层（构造滑脱面）保护下的宽缓背斜构造带形成构造型油（凝析）气藏是南黄海下古生界主要的成藏模式。

（二）上古生界—中生界主要存在三种类型的成藏模式

上古生界主要存在印支不整合面青龙组顶部灰岩缝洞型油藏、龙潭组致密砂岩型油藏和次生型中生界致密砂岩油藏 3 种类型的油气藏。

江苏句容地区是我国南方海相中、古生界油气勘探较早、除四川盆地以外唯一获得工业油流突破的地区。自 20 世纪 50 年代后期以来，已钻井 90 余口，相继在白垩系、三叠系、二叠系发现了大量不同级别的油气显示，油气显示井多达 66 口，占总井数的 73%，油气显示层位包括了陆相中生界的白垩系浦口组、葛村组和上侏罗统，以及海相中、古生界的青龙组、龙潭组、栖霞组及泥盆系和石炭系等。油气显示类型丰富，储集空间包括砂岩孔隙、灰岩、火山岩裂缝、溶洞等多种类型。苏北陆上盆地的勘探证实了白垩系断鼻、三叠系缝洞和二叠系致密砂岩三种油藏类型（图6.48）。

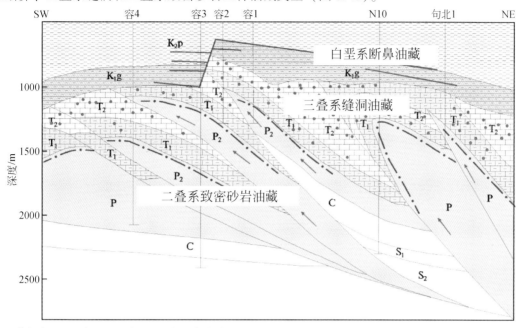

图6.48　江苏句容地区上古生界—中生界油气成藏模式（据中国石油化工集团公司华东石油勘探局，2012勘探年会报告材料）

1. 印支整合面青龙组顶部灰岩缝洞型油藏模式

印支不整合面青龙组顶部灰岩缝洞型油藏是早期形成圈闭，二次生烃过程中生成的烃类储存在早期形成的缝洞型圈闭中。1979年钻探的容2井及1980年钻探的容3井分别在下三叠统青龙灰岩中获得最高折算日产原油6.6m³和10.1m³的产能。

句容油藏为青龙群灰岩潜山披覆背景上的断层–不整合遮挡圈闭（图6.49），上覆晚中生代的地层厚度一般小于1000m，局部甚至出露地表，全区被第四系覆盖，而无古近系沉积（介霖等，1992）。油藏的主要油层为青龙群（T_1）泥晶灰岩和葛村组（K_1g）砂岩，属构造裂陷为主的储层。区域封盖层为葛村组

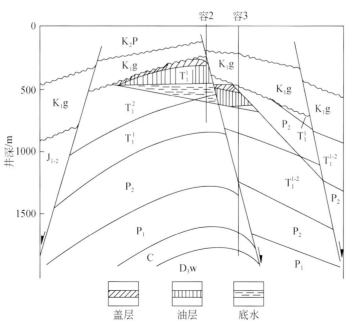

图6.49　句容油藏剖面图（据介霖等，1992修改）

（K_1g）泥岩和浦口组含膏泥岩（K_2p），容2井油藏范围内的浦口组残留厚度为100～400m，属早期生烃、燕山期浅埋、喜马拉雅期抬升剥蚀的印支—燕山期不整合面附近的浅层残留型油藏，油藏的原油具低蜡、低硫、高钒/镍比、重碳同位素（$\delta^{13}C$）和含孕甾烷等海相原油特点（表6.39），与苏北盆地陆相原油有很大差异。其主力烃源岩来自二叠系陆棚相和盆地相烃源岩，其次为青龙群（T_1）陆棚相深色泥岩，并混有上覆陆相地层的烃源信息。

表6.39　句容油藏海相原油特征（据介霖等，1992，马力等，2004）

井号	井深/m	层位	颜色	相对密度（D_4^{20}）	黏度/[g·(c/m)]	凝点/℃	含蜡量/%	含硫量/%	钒/镍	族组分/%			碳同位素（$\delta^{13}C$）/‰	甲基菲指数（MPI1）	甾烷	
										饱	芳	非+沥			孕甾/$C_{29}R$	$C_{29}S$/R
容2	202～215	K_1g	棕褐	0.8833	1.4	<0		0.37	3.93	56.2	26.1	17.7	−28.1	0.72	1.02	0.60
容2	295.45～425.88	T_1^l	棕褐	0.8722	8.9	<−5		0.53	2.81	69.72	24.4	5.34	−28.27	0.69	1.44	0.60
容3	569.73～653.31	T_1^l	黑绿	0.8063	2.3	<−10	3.8	0.40	1.31				−27.18	0.62	2.0	0.64
真33	1987～2036.2	Ef	棕褐	0.9184			8.5	0.19	<1							

2. 二叠系龙潭组致密砂岩型油藏模式

二叠系龙潭组致密砂岩油藏属"自生–自储"型油藏，龙潭组上部致密砂岩油层夹在大隆组、龙潭组、孤峰组烃源岩中，这些烃源岩生成的烃类储集在龙潭组致密砂岩中，如溪平1井在龙潭组垂直深度1570m，水平井段长602m（1848～2450m井段），揭示油层19段共厚314m，常规测试日产原油5.51t。华泰3井在龙潭组1650.8～1667.0m井段（厚16.2m）经压裂改造后获得日产原油1.1～1.2t的稳定油流，获得油气突破。

3. 次生型中生界致密砂岩油藏模式

原生和二次（生）烃源、海、陆混合烃源晚期成藏的典型是盐城凹陷朱家墩气田。该气田位于苏北盆地盐城凹陷南部的古近纪深陷带，属晚燕山—喜马拉雅期深埋藏二次生烃形成的气田，气田构造为夹持于两条断层之间的断背斜构造，上倾方向靠阜宁期（E_1f）早期形成的断裂–盐3断层遮挡（图6.50和

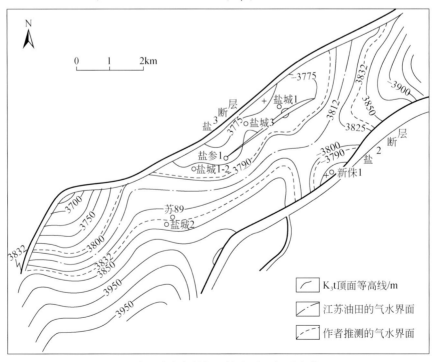

图6.50　盐城凹陷朱家墩气田构造图（据马力等，2004）

图6.51）。据流体包裹体测温结果，气藏的充注时间与上古生界的烃源岩二次生烃的生烃高峰时间（E—Q）一致（毛凤鸣等，2001；祝厚勤等，2003；陆梅娟等，2003；李云等，2005）。气田的主力气层为阜宁组一段（E_1f）三角洲相砂岩，盐参1井日产气13.6×10^4m³，凝析油4.88 m³；另在盐城1井泰州组（K_2t）玄武岩及上覆砂岩中获日产气5.8×10^4m³气田。探明地质储量2.45×10^8m³（马力等，2004），属中–小型气田。

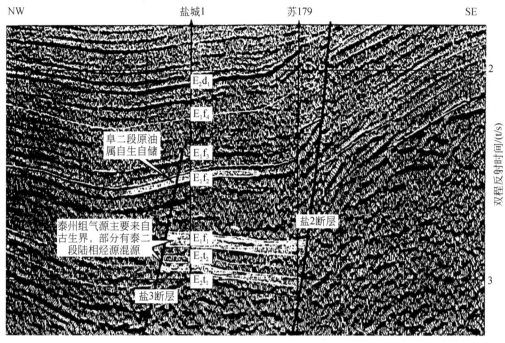

图6.51　朱家墩气田地震解释剖面（据马力等，2004）

研究表明，朱家墩气田的主力气源来源于盐城凹陷深部海相古生界的二次生烃提供的海相油型裂解干气和高成熟气，属于烃类"干气"，而非陆源伴生气。天然气常规组分中甲烷含量占91.89%～96.12%，表明在干气中夹有高成熟气，具有两种不同成熟度气源不均匀混源供给特点。

此外，天然气碳同位素分析成果（表6.40）也表明朱家墩气田的天然气与苏北古近系陆相油型伴生气存在较大差异；如甲烷碳同位素（$\delta^{13}C_1$）为-37.7‰～-38.1‰，轻于塔里木与四川盆地的海相裂解气（$\delta^{13}C_1$为-33‰～-30‰），但明显重于苏北盆地陆相油型伴生气（$\delta^{13}C_1$为-45‰～-50‰）；其乙烷碳同位素（$\delta^{13}C_2$）为-26.5‰～-28.3‰，重于古近系陆相油型气（$\delta^{13}C_2$值-29‰以上），而与黄桥、句容海相原油碳同位素（$\delta^{13}C_2$为-26.5‰～-28.29‰）接近，属腐泥型高熟气。

表6.40　朱家墩气田天然气碳同位素特征及对比（据马力等，2004）

井号	层位	井段/m	储集层	碳同位素 $\delta^{13}C$/‰						成因类型
				$\delta^{13}C_1$	$\delta^{13}C_2$	$\delta^{13}C_3$	$\delta^{13}C_4$	$\delta^{13}C_5$	$\delta^{13}C_2$ - $\delta^{13}C_1$	
盐参1	Ef^1	3766.0～3782.6	底砂岩	-37.8	-27.0	-25.6	-25.4	-23.5	-10.8	高熟气
盐参1	K_3t^2	4028.0～4050.6	玄武岩	-37.77	-28.3	-26.05	-25.16		-9.46	高熟气
盐参1	Ef^1	3788.0～3799.0	含砾砂岩	-37.9	-26.9	-25.4	-26.1	-23.5	-11.0	高熟气
盐参1	K_3t^2	4010.0～4018.0	玄武岩	-38.0	-27.0	-25.2	-24.2		-11.0	高熟气
新朱1	Ef^1	3770.4～3778.4	砂岩	-38.1	-26.5	-25.5	-24.6	-24.7	-11.6	高熟气
真98	Ed^1		砂岩	-45.5	-28.7	-26.7	-27.1		-16.8	伴生气

陈安定等（2001a，2001b，2001c）、马安来等（2001）研究认为，朱家墩气田的伴生凝析油来自于泰州（K_3t）腐殖–腐泥型母质的高熟凝析油与成熟原油的混合，表现为凝析油族组分中总烃占90%以上，

饱/芳比高达9.2~9.4，饱和烃色谱碳数分布广达 C_{35} 和富含 C_{15+} 以上正构烷烃的陆相高蜡油特征。但从凝析油生物标记化合物中富含孕甾烷和三环萜烷系列化合物的特征看，不排除有海相腐殖–腐泥型凝析油渗入的可能性（马力等，2004）。

据赵永强等（2007）研究，朱家墩气田天然气的 $^{40}Ar/^{36}Ar$ 值证明天然气来自上古生界石炭—二叠系烃源岩。天然气中 ^{40}Ar 主要来自母岩含钾矿物的放射性蜕变。随年代积累，由于 ^{40}Ar 的不断增加而 ^{36}Ar 相对不变，引起 $^{40}Ar/^{36}Ar$ 值增大。苏北古近系油伴生气 $^{40}Ar/^{36}Ar$ 值为 354~469（陈安定，2001a，2001b，2001c），朱家墩气田 $^{40}Ar/^{36}Ar$ 值为 608（江苏油田送国家地震局地质所测定），落在石炭—二叠系来源气 $^{40}Ar/^{36}Ar$ 值的变化范围内，这一结果排除了下古生界来源的可能性的。

综上所述，朱家墩气田的天然气主要是盐城凹陷深部上古生界的烃源岩二次生烃的产物。印支—中燕山构造运动使得上古生界抬升并使得初次生成的天然气散失。要保障古生界的二次生烃，古生界必须有一定的埋藏深度，盐城凹陷古生界经历了中生界的挤压冲断（T_2—J_2）的改造，但经燕山期至喜马拉雅期深埋藏之后，沉积了巨厚的中新生界，其海相烃源岩可以二次生烃并形成工业性气藏，属晚期埋藏沉积再造型成藏。进一步证明古生代原型盆地经改造后，后期的中—新生代沉积重建和及时埋藏（图6.52），对古生界烃源岩生烃及再生烃的封盖与成藏具有重要意义。

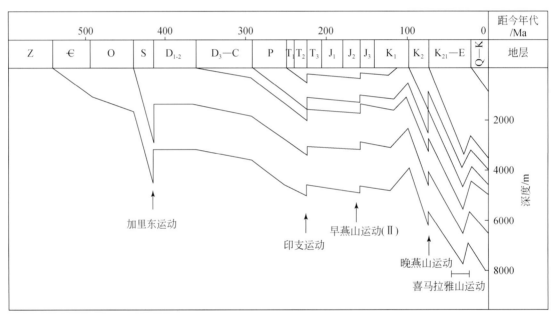

图 6.52　苏北盆地盐城凹陷埋藏史图（据郑求根，2006 调整修改）

（三）三垛末期形成的断裂背斜构造最利于古近纪油气成藏

目前南黄海中—新生界已经发现的局部构造圈闭类型有背斜、半背斜、断鼻、断块、潜山残丘、超覆和不整合，可能还有大量的岩性圈闭，这些圈闭都是聚集油、气的重要场所。上述各类局部构造圈闭中，尤其以三垛运动形成的断裂背斜圈闭，具有形态较完整、顶部剥蚀少、距油源近等特点，是南黄海盆地南部坳陷最具有勘探前景的圈闭。南四凹陷的常州 6-1 构造已获得油流。

在古近系凹陷中，局部构造圈闭往往形成较早，多期发育，最后定型于三垛运动，在上拱应力支配下，形成了一系列被反向正断层复杂化的断背斜圈闭，其构造圈闭形成期与油气生成运移的时空配置关系较好，有利于油气聚集。

北部坳陷北部凹陷北部的断阶带，众多断鼻构造发育分布于北部凹陷的深凹附近，距油源近，是北部凹陷重要的储油构造类型之一，如诸城 1-2 构造已见重要的原油显示。

北部坳陷泰州组烃源岩的油气运移期始于盐城组下段沉积末期，北部凹陷的诸城 7-2 构造，因其所处地质构造位置特殊，三垛运动形成了 NW—SE 向延伸的逆冲背斜，且在中新世末期和上新世末期仍有构造活动，形成继承性的中—上新世构造，虽其定型较晚，但仍可能继续捕集油气。对比北部拗陷局部构造圈闭形成期和油气主要聚集期不难看出，二者在时空配置关系上有利于古近系油气藏的形成。

南部拗陷南五凹陷中的一些构造圈闭和南四凹陷中的无锡 4-2 构造圈闭，均是在阜宁末期的吴堡运动中就具雏形，其余构造均于古近纪末的三垛运动才形成。南黄海盆地内多数凹陷的古近系阜宁组烃源岩，其烃类主要排烃期开始于三垛运动以后，中新统沉积期是主要排烃期，有的更晚甚至延续到第四纪初期。

第七章　油气资源评价与远景分析

第一节　油气资源概述

一、油气资源的含义

　　油气资源（oil-gas resource）泛指当前可资利用的赋存于地下的以碳氢化合物为主的一种混合物，是一种重要的矿产资源。石油（oil）在地下地层中呈液态（凝析油除外），在地表常温常压下仍呈液态；天然气（gas）在地下地层中主要呈气态（如气层气、气顶气），其次为溶解状态（如原油中溶解气、地层水中的水溶气等）。此外，尚有部分以吸附于固体颗粒表面或被封闭在水分子扩大晶格中的形式存在（如煤层气、固态气体水合物），天然气在地表常温常压下表现为气体。

　　石油和天然气资源是在地下经历漫长地质史缓慢生成、运移、聚集形成的自然矿产资源，因人类开采、利用而消耗速度远大于地下生成补给速度，在人类文明利用期内不可再生，是不可再生的一次性资源。因石油和天然气在地下深处地层中主要以流体形式存在，易于流动，在渗透层、断层、不整合面等构成的通道和压力、浮力、油气水势能共同控制下，油气沿一定方向运移并进入圈闭成藏，因构造幅度、储层岩性变化，尤其在陆相沉积层序中，同一地区同一类型圈闭捕获油气而成藏的机会并不均等，造成油气资源在地层中分布不均，区域上有富油气区与贫油气区、产层与非产层之分，即使在同一油气藏内部，因储层岩性、孔隙度和渗透性的非均质性，其含油气饱和度也不一定均匀，储量丰度往往存在明显的空间差异，增加了油气的勘探开发难度。除不均匀性外，因油气资源不可再生、总量有限及其在国民经济中的重要地位，近期又难以找到大规模替代物，因此油气资源在国际上还具有强烈竞争性和重要的战略性。

二、我国油气资源分类

　　油气资源分类体系是指油气资源勘探和评价过程中建立和使用的资源概念及其相互关系。其实质是按一种约定的方法和方案，对不同地区、不同层系和不同对象的油气资源进行精细描述，以便人们对该油气资源有明确的认识，为专家开展油气资源评价、管理和信息交流提供理论框架和标准。通常，在油气资源分类体系中，需考虑地质可信度、经济价值、开发技术可行性等诸多因素。油气资源分类体系是国家制定资源利用和管理政策的基础，是国际间矿产资源信息交流和投资合作的基础。随着石油工业的兴起，不同国家、不同部门（包括油公司）、不同专家据不同的需要或不同的理解，从不同的角度提出了多种油气资源分类。

　　由于历史的原因，我国传统资源系列的概念与西方国家含义不同，主要受前苏联（俄罗斯）分类的影响，以原始地质资源为对象，着重强调资源在地下的客观存在性和勘探认识程度，有时过分强调开采的社会效益胜于经济效益，对储量的限定不够严格，我国长期实行的储量规范中的储量和资源量一般是地质储量和地质资源量。尽管储量规范也要求储量"可供开采并能获得社会经济效益"，但实际上常将社会效益和经济效益割裂或片面强调社会效益。在进行油气资源量测算时，很少甚至从不考虑经济效益（资源的资产和商品属性），所测算的油气资源量仅是地下油气蕴藏量（资源的自然属性），相当一部分根本无法开发利用。这样一来，尽管我国的传统油气资源分类所用名词与国外相同，但其含义却有着很大差异。其结果一是难于进行科学对比，无法与国际接轨；二是容易造成误导；三是不利于有效地指导勘探。我国传统的油气资源概念，易给人以"勘探程度低、有利目标多、资源探明率低"等假象，难以有效地指导勘探部署。

2004 年 10 月我国颁布实施新的资源量/储量分类体系（图 7.1），其特点是既有地质资源分类，又有可采资源分类，也有储量状态分类。

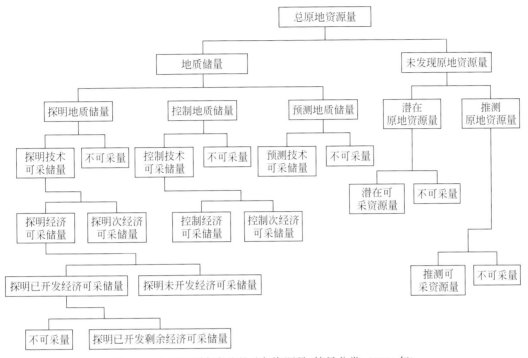

图 7.1　中国新颁布实施的油气资源量/储量分类（2004 年）

1. 总原地资源量

总原地资源量指根据不同勘探开发阶段所提供的地质、地球物理分析与地球化学化验等资料，经过综合地质研究，选择具有针对性的方法所估算得到的储集体中原始储藏的油气总量，分为已发现的地质储量和未发现的原地资源量。

2. 地质储量

地质储量指在钻探发现油气后，据已发现油气藏（田）的地震、钻井、测井和测试等资料估算得到的已发现油气藏（田）中原始储藏的油气总量。分为探明地质、控制和预测三级地质储量。探明地质储量指在油气藏评价阶段，经评价钻探证实油气藏（田）可提供开采并能获得经济效益后估算求得的确定性很大的储量，其相对误差不超过 20%；控制地质储量指在圈闭预探阶段预探井获得了工业油（气）流，并经初步钻探认为可提供开采后估算求得的确定性较大的储量，其相对误差不超过 50%；预测地质储量指在圈闭预探阶段预探井获得了油气流或综合解释有油气层存在时，对有进一步勘探价值的、可能存在的油（气）藏（田）估算求得的确定性较低的储量。

3. 未发现原地资源量

未发现原地资源量指对未发现的储集体预测求得的原始储藏油气总量。分为潜在原地资源量和推测原地资源量。潜在原地资源量指在圈闭预探阶段前期，对已发现的、有利含油气圈闭或油气田的邻近区块（层系），据石油地质条件分析与类比，采用圈闭法估算的原地油气总量。推测原地资源量指在区域普查阶段或其他勘探阶段，对有含油气远景的盆地、拗陷、凹陷或区带等推测的油气储集体，据地质、物化探及区域探井等资料所估算的原地油气总量。

4. 储量状态分类

储量状态分类主要指探明经济可采储量按其开发和生产状态进一步分为探明已开发和探明未开发两种经济可采储量。

美国的油气资源分类，重点考虑的指标是经济可行性及效益性，挪威的油气资源分类则比较强调开发的计划性和经济可行性。西方国家的分类并未抛弃"地质（in place）资源量（或储量）"等概念，只是比较强调可采资源量或储量。我国 2004 年新颁布的资源分类，与原分类相比，新体系取消了基本探明地质储量，把分类的核心由原来的地质储量管理转移到可采储量管理上，强化了资源的经济性评价，更有利于与国际接轨和交流。

三、油气资源评价的目的

油气资源评价在油气勘探开发系统工程中占据重要地位，贯穿于油气勘探全过程，在不同勘探阶段，需要针对不同勘探对象，采用不同方法对一个盆地、拗陷（凹陷）或构造区带、一个勘探层（PLAY）的油气资源分布状况进行描述与评价，并预测分析在不同经济技术指标下油气资源的存在特点、分布状况、规模概率与序列。为勘探工作部署及勘探开发效益分析提供依据。世界上许多国家和石油公司历来十分重视此项工作。美国每隔 4 ~ 5 年就由联邦地质调查局发布一次全国待发现的资源预测报告，前苏联在油气勘探上作出重大决策前，通常都要进行一次认真的油气资源评价工作。许多石油公司设置专门机构负责对即将进行勘探开发的区域进行系统的油气资源预测，评价出有利地区，为尽可能降低或规避勘探风险，提高勘探成功率和效益等投资决策提供依据。

油气资源评价目的因评价主体的身份角色不同而重点各异，所采取的方法技术亦有所不同。据组织者身份和评价目的可分为国际层面、国家层面和石油公司三个层面。

国际层面的油气资源评价，通常通过有关会议（如国际地质大会、国际石油大会、AAPG 年会等）组织有关专家进行全球油气资源评价与论证，也可由某一国际组织不定期地开展油气资源评价工作（如 CCOP 于 1987 ~ 1991 年开展的"东亚沉积盆地分析"等），评价结果主要反映在当时认识程度下，全球资源总量、分布规律及未探明油气资源潜力，为国际、地区和国家能源结构调整、能源政策的制定和充分利用国际资源提供依据和方向。

国家层面的油气资源评价，一般由某一代表国家利益并行使油气资源管理权的机构组织实施。国内具典型代表意义的国家层面的油气资源评价共有三次：一是 1982 ~ 1986 年由当时的地质矿产部组织数百名专家开展的"我国主要含油气盆地油气资源预测与评价（即第一轮全国油气资源评价）"；二是 1992 ~ 1994 年由当时的石油天然气总公司和海洋石油总公司共同组织实施的第二轮全国油气资源评价；三是 2004 ~ 2007 年由国家财政部、发改委和国土资源部共同组织实施的新一轮全国油气资源评价等。国家层面的油气资源评价，其目的是准确掌握国家油气资源状况，特别是剩余油气资源分布及品质、勘探开发技术可行性，为国家制定能源政策、保障能源安全、优化工业布局和发展国民经济、制定长远规划提供依据。

石油公司层面的油气资源评价，一般由公司内部专门机构或聘请外部咨询机构有关专家实施。评价规模一般不大，主要针对公司拥有矿权的区块和意欲争取矿权的区块，从资源总量、分布状况、品质、技术经济可行性、开发效益等方面进行综合分析与评价。

四、油气资源评价方法进展

（一）国内外油气资源评价方法进展

油气资源评价具有较长的发展史，迄今已有百年历史。从本质上讲，油气勘探过程本身就是油气资源评价工作，资源评价早期阶段以定性评价为主、方法简单、结果可靠性不高为特点。自 20 世纪 50 年代开始，随着石油工业迅速发展和对油气资源评价结果的重视，评价理论与方法获得快速发展，石油地质理论的飞跃发展，以及油气勘探技术和分析测试技术的日益完善，尤其是计算机技术的引入，油气资源评价迈入定量评价阶段。60 ~ 70 年代，扎根于油气地质理论基础上的油气资源评价理论与方法，特别是基于实验和统计学的评价方法日趋成熟，至 80 年代的盆地模拟、勘探层分析，再到 90 年代专家系统、决策分析等，已形成一个成熟的评价理论系统，评价方法多达数十种（表7.1）。

表7.1 资源评价主要方法及适用范围

大类	小类	主要方法	适用范围			
			未勘探区	勘探早期	勘探中期	勘探晚期
资源量计算	聚类判别类	聚类分析法	√	√	√	√
		判别分析法		√	√	√
	特征分析类	特征分析法	√	√	√	
		逻辑信息法	√	√	√	
	综合类	专家系统法	√	√	√	
	丰度法类	面积法	√	√		
		体积法	√	√		
		体积速度法	√	√		
	成因法类	有机碳法	√	√	√	√
		沥青"A"法	√	√		
		总烃法	√	√		
		物质平衡法	√	√	√	√
		Endman法	√	√	√	√
		Tissot法	√	√	√	√
		实验模拟法	√	√	√	
		盆地模拟法	√	√	√	√
	经验或历史趋势外推法	勘探成效外推法		√	√	√
		Zipf法		√	√	√
		油田规模序列法		√	√	√
		发展历程模型		√	√	√
	勘探目标分析法	勘探层法		√	√	√
		圈闭法		√	√	√
	主观直接评价法	专家主观估计法	√	√		
		特尔菲法	√	√		
	非常规油气评价法	煤层气资源评价法	√			
经济分析		投资费用计算方法		√	√	√
		财务评价方法		√	√	√
		国民经济评价方法		√	√	√
		勘探投资经济极限法		√	√	√
勘探决策		决策树		√	√	√

从评价模型上看，可分为含油气性（定性）评价方面的聚类分析、判别分析、逻辑信息及专家系统等，资源量计算方面的丰度法、成因法（包括盆地模拟）、经验历史趋势外推法、勘探目标分析法、主观评价法、经济、决策分析等多种方法；从处理方法上看，可分为统计分析、盆地模拟及人工智能类。

(二) 南黄海油气资源评价进展

资源评价是油气勘探过程经常要做的一项工作，在不同勘探阶段，需要针对不同勘探对象，采用不同方法对一个盆地、拗陷（凹陷）或构造区带、一个勘探层（PLAY）的油气资源分布状况进行描述与评价，并预测分析在不同经济技术指标下油气资源的存在特点、分布状况、规模概率与序列。为勘探工作部署，计划安排及勘探开发效益分析提供依据。

虽然南黄海是我国近海含油气盆地中目前唯一尚未获得突破的海域，但近 40 年来，针对盆地的研究工作始终未因勘探成效不高而中断。迄今为止，我国近海含油气盆地已使用多种方法进行过多轮油气资源评价。

第一轮（1981～1986 年）资源评价，利用生油岩热模拟实验确定门限深度、温度、求出了生油岩各热演化阶段的产油、产气态烃率，建立数字类比模型进行评价，类比分析是本次评价特点，其结果的可信度取决于类比模型、类比参数与类比作业者的认识，往往因人、因模型而异。

第二轮（1992～1994 年）油气资源评价，与第一轮评价最大区别在于：随着计算机硬件和软件技术的发展，盆地模拟技术方法也日趋成熟，评价方法普遍以盆地模拟及专家智能系统为主。以盆地模拟技术实现成因机制法的数值模拟评价（模拟盆地的埋藏史、热史、生烃排烃史和油气运移及聚集史）。通过对油气运移和聚集过程的仿真模拟，突破了原有的求取资源量的排聚系数法（排烃系数和聚集系数均通过类比获得）。

第三轮（1999～2000 年）油气资源评价，在中石油、中石化、中海油等国家石油（集团）公司重组、准备上市背景环境下，各石油公司为了摸清所属探区油气资源、特别是剩余油气资源现状而开展的全国油气探区的油气资源评价，国家地质调查部门则在相关专项项目中开展了相应的评价工作。此次评价的重点是为摸清家底，特别重视如有效烃源岩厚度及其分布、有机质丰度及其分布、分区有机质热演化程度、油气产烃率、排烃率、聚集系数等关系资源评价结果精度和可信度的一系列参数评价基础参数的详细梳理、整理与厘定。

新一轮（第四轮，2004～2007 年）油气资源评价，在前三轮资源评价基础上，以拓展油气勘探领域和战略接替基地为目的，结合前期新获得的地质、物探、地球化学资料，围绕盆地（凹陷）整体进行油气资源评价，重点对深层、弱勘探区的油气地质条件和勘探潜力开展评价与研究。

因勘探程度和地震-地质条件的复杂性，南黄海盆地的资源评价，前两轮评价均以新生代盆地为评价对象。1997～2002 年，国家有关专项课题的评价开始注意到了白垩系泰州组的生烃潜力，并依据新获得的资料重新编制了部分图件，采用盆地模拟法进行评价。

新一轮资源评价采用类比法对部分参数进行了调整，但未重新编制评价基础图件，期间仍未注意到中生界侏罗系和三叠系的分布特征并评价其资源潜力，其评价层位与结果与之前几乎无异。

综合前人对南黄海新生界及中生界白垩系泰州组的评价结果，生烃量北部拗陷为（32.38～450.34）×10^{8}t（相差 5～14 倍），南部拗陷为（19.43～213.79）×10^{8}t（相差 5～11 倍）；资源量亦相差 3～6 倍。各次评价结果差异较大，盖因以往的资源评价，从生烃量到资源量，仅需乘一个排聚系数就能达到，但这排聚系数却是最难确定的，它与许多关键油气地质问题有关，如所生烃类能不能顺利排出，排出的烃类在载体中如何运移，能否顺利进入圈闭内保存，是否又被再破坏、散失等。这些问题对于南黄海盆地这样一个经过多次改造破坏的复合残留盆地来说，现阶段是难以解决的。笔者认为，最好的办法是类比周缘勘探程度较高、油气地质条件相似的油气盆地反演的油、气排聚系数来估算其油气资源量。

自从 2002 年以后，由中国地质调查局实施的国家地质调查专项、中国海洋石油总公司在其探矿区块的勘探活动，以及美国丹文公司在其风险勘探区块的义务勘探工作，累计已在南黄海盆地又完成了二维地震 18341.25km 测线，钻探井 2 口。近年由中国地质调查局组织实施和新完成的地震调查以中、古生界为重点目的层段，采用大容量、长排列枪/缆组合进行野外施工采集，获得了质量较好的前古近系反射记录（此前的调查在前古近系层段几乎都未获得有效反射），新钻探井亦揭示了北部拗陷发育厚层的侏罗系。新获得的地震和钻井资料为了解南黄海盆地中、古生界地层展布、构造演化和资源潜力与分布提供了更翔实的资料，地质专家对盆地中—古生界的认识进一步加深，尤其是对中生界白垩系、侏罗系、三叠系，甚至是古生界的认识，并取得了一系列重要成果，这部分层系的资源潜力及其分布特征需重新认识与进一步研究评价。

第二节　盆地模拟与中—新生界油气资源评价

油气资源评价归根到底包括以下三个方面：一是对油气勘探不同阶段的目标预测，其结果为领导和决策部门提供某一地区或某一盆地是否值得进行油气勘探决策依据；二是对勘探目标的各类各级资源量的计算及其分布状况预测，其结果主要为制订油气勘探开发工程技术方案提供依据；三是从油气地质学与勘探经济学角度综合预测，其结果为近、中、远期最佳勘探方案的制订与选择提供依据。

油气资源评价具有实践性、风险性、综合性的特点。评价的工作途径是在油气地质和系统理论指导下，建立勘探目标评价系统的地质概念模型（地质语言），再通过各种定量参数将评价系统的概念模型转化成为系统的数学模型（数学语言），用系统分析的方法，借助计算机软件和专家智能系统进行演绎计算（计算语言，反演），并针对勘探目标进行不断的修正，使其尽可能地接近于客观实际与评价者的地质认识（正演与预测），得出可靠准确的定量地质结论和最佳评价结果，相应地建立评价系统成果数据和图形库等（结果表达）。

依据勘探程度的深浅和资料积累的多寡，油气资源评价分为盆地评价、区带评价、圈闭评价三级。目前南黄海盆地勘探程度不高，仅达到油气普查的程度，仅能作盆地-区带一级评价，评价的重点是摸清盆地及各次级构造单元的资源潜力及其分布特征，为进一步勘探提供依据，资源量计算和区域分布预测分析是盆地油气资源评价最重要的内容。以含油气系统理论与方法为指导，针对南黄海盆地油气调查程度与资料特点，结合实际钻井资料，以盆地模拟为主要技术手段，选用不同的模块分析盆地沉降与沉降埋藏史、热史、生排烃史及运聚史等（图7.2）。从石油地质角度看，盆地模拟就是使用地质原理和数学方法对盆地及其中任何一部分地质过程进行恢复、研究和预测，从石油的有机成因机制出发，再现盆地的生烃、排烃、运移与聚集成藏的全过程，从整个盆地油气资源的形成、演化过程，全方位进行模拟预测。

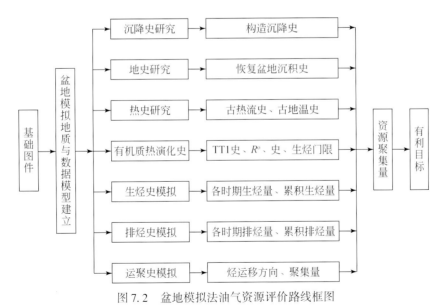

图7.2　盆地模拟法油气资源评价路线框图

盆地模拟的具体过程就是把地质时期的地质作用过程完整连续的时空关系，分解成纵向上尽量多（理论上是无数）个的单元和平面上的众多网格，输入不同时空的地质参数，定量计算出不同时间单元、不同空间网格上的结果和变化。是一个不断地把当今的静态资料转换成历史动态，更真实地再现各时期地质景观，从全盆地演化的角度出发，采用多参数、多变量、动态分析构造沉降、热演化和有机质成熟演化、烃类的生成、排出、运移和聚集等所有问题，更真实地反映出盆地中各地质事件之间既相互联系又相互制约的本来面貌，是当前定量研究盆地内油气生成、运移与聚集的可靠技术方法手段。

一、盆地模拟的地质模型

南黄海陆相中—新生代陆相盆地，盆地模拟所需的地质模型数据包括地质图形数据，如分层构造图、分层地层等厚图、沉积相图、断层平面图、断层剖面图、构造区划图、井点位置图等必备的基础图件，据目前勘探程度和资料品质，按照 1∶50 万比例尺编制有上述各层段的分层构造图、厚度图、沉积相图、断裂分布图等基础图件。所有图件经数字化后，转换为高程文件格式，分层输入模拟系统。此外，剥蚀厚度图、砂岩百分比图、暗色泥岩厚度图等则视勘探程度而定。沉积相图在油气资源评价中占有重要地位，它包含了有关评价对象的生烃、储层、盖层等方面信息，是油气地质学家对整个评价区域地质特征综合认识的结晶。在勘探程度较低区域，往往缺少砂岩百分比图、暗色泥岩厚度这些图件，且精度也较差，一般采用单井或多井钻井数据统计信息对沉积相进行相参数标定。

（一）中—新生代地层模型及属性

以南黄海盆地北部拗陷为例，其陆相中—新生代发育侏罗系（J）、白垩系（K）、古近系阜宁组（E$_1$f）、戴南–三垛组（E$_2$d–E$_3$s）、新近系+第四系（N+Q）共五套地层，据其地层发育特征分 5 个层段分别建立模拟地层厚度模型（图 7.3），各模拟地层的顶面和底面年龄按一般地质时代划分，分别按照第四系+新近系 0～23.0Ma、古近系戴南–三垛组 23.0～55.8Ma、古近系阜宁组 55.8～65.5Ma、白垩系 65.5～145.0Ma、侏罗系 145.0～245.0Ma 进行赋值。南部拗陷发育的白垩系（K）、古近系阜宁组（E$_1$f）、戴南–三垛组（E$_2$d–E$_3$s）、新近系+第四系（N+Q）共四套地层，同样的，分 4 个层段分别建立模拟地层厚度模型（不

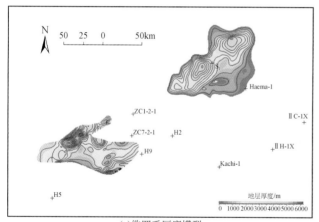

(a)侏罗系厚度模型

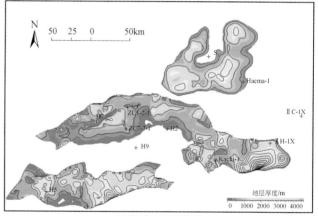

(b)白垩系厚度模型

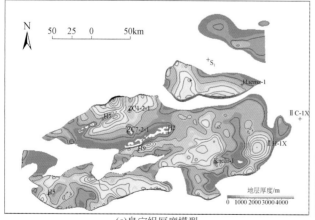

(c)阜宁组厚度模型

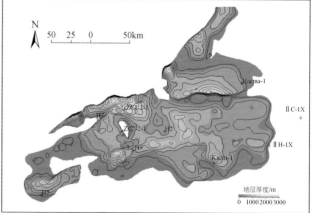

(d)戴南组+三垛组厚度模型

图 7.3　南黄海盆地北部拗陷各模拟层地层厚度数据模型

再赘述）。考虑到各地层厚度和岩性组合的差异，地质模型各层段依据钻井岩性组合和生储盖关系再分别细分为 5~20 个的若干小层（如北部拗陷阜宁组细分为 18 个小层），垂向上各层的计算步长均小于 200m。平面上按 250m×250m 的网格密度进行数据网格化处理，准确建立盆地地质模型（几何形态），实际计算时以 100m×100m 作为计算单元进行模拟计算，所建模型完全满足现有资料条件下的计算精度。

（二）中—新生代沉积相模型及属性

对应南黄海陆相中—新生代盆地北部拗陷地层的沉积相模型，依据沉积相图及其编号进行输入，建立北部拗陷各模拟层段沉积相输入数据模型（图 7.4），沉积相模型中第一个数字为层编号：1 为新近系+第四系，2 为古近系戴南-三垛组，3 为古近系阜宁组，4 为白垩系，5 为侏罗系；第三个数字为相编号：1 为河流相，2 为扇三角洲，3 为滨浅湖相，4 为半深湖相；第二个数字 0 为层号与相号间隔号，用于系统识别（图 7.4）。同样的，依据沉积相图建立南部拗陷各模拟层段沉积相模型（不再赘述），与北部拗陷不同之处是，南部拗陷发育有沼泽沉积，第三个数字相编号 1，2，3，4，分别代表河流相、滨湖相、沼泽相和半深湖相。

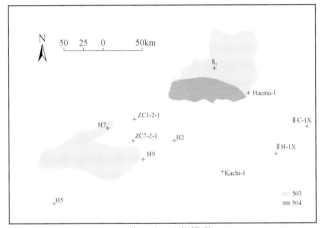

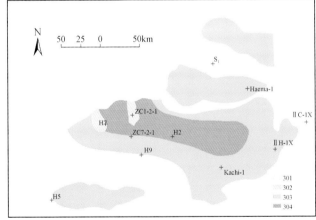

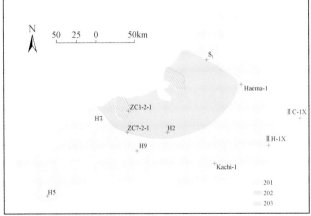

图 7.4 南黄海盆地北部拗陷各模拟层段沉积相数据模型

（三）中—新生代断层模型及属性

断层模型和属性参数是影响含油气盆地模拟结果的主控因素之一，对于烃源岩层的排烃，油气的运移、聚集及油藏保存均有重要影响。据研究区二维地震及重、磁资料，在前人大量研究工作基础上，将南黄海盆地北部拗陷、南部拗陷的断层属性进行了重新厘定，包括各主要构造层（T_4、T_7、T_8 各反射层）断层平面分布、断层属性（正断层、逆断层、平移断层）及断层活动期等确定。以北部拗陷为例，据各构造层断层平面分布特征，垂向依次建立每条断层空间模型（图7.5），断层模型底界面延伸程度据断层平面延伸长度分别设定，在垂向细层划分基础上进行断层模型网格化，据多次模拟结果检查分析，断层网格化结果较好，能够保证断层在空间上较好的连续对比追踪。

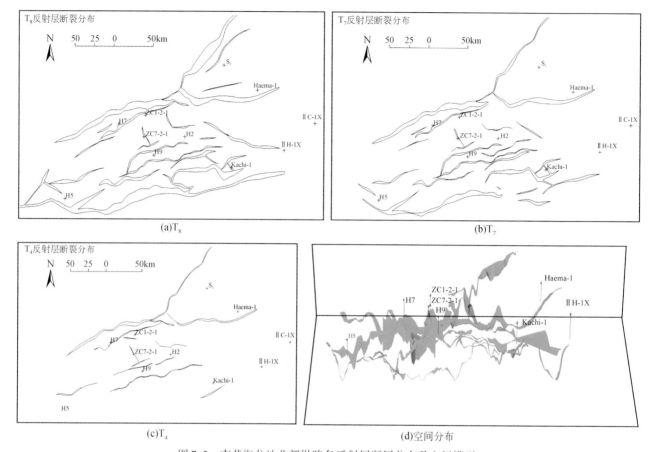

图7.5　南黄海盆地北部拗陷各反射层断层分布及空间模型

二、盆地模拟的参数模型

（一）涉及的主要参数

建立和选择合适的参数模型是盆地模拟中最重要的基础工作，模拟参数选择的合适程度直接决定着最终评价结果的可信度。据评价单元的具体情况，南黄海盆地模拟评价的参数选择原则为：首选工区实测资料；在无实测资料时，据区域地质对比研究成果在可信度范围内进行类比选取，主要参数包括如下21项。

（1）工区参数	（2）井点经纬度	（3）工区经纬网
（4）地层年龄	（5）图件采集参数	（6）图件网格化参数
（7）孔隙度及压实参数	（8）单井点拟合参数	（9）相标定参数
（10）盆地模拟参数	（11）流体运聚模拟参数	（12）depth-R^o曲线
（13）热导率参数	（14）古地温与地温梯度参数	（15）古水深参数
（16）古热流参数	（17）烃（油&气）产率图版	（18）原油裂解率
（19）有机碳恢复系数	（20）钻井资料实测统计数据	（21）各种有机地球化学参数

（二）主要参数选择

盆地模拟评价共涉及20多个参数，其中前1~6项参数为建立地质模型基础数据定义和系统设置参数，在图件数值化和数据输入系统时完成参数设置；7~21项参数为盆地模拟和流体运聚模拟参数，主要据前人钻井实测资料统计、研究成果及区域类比获得，如沉积相相参数标定中采用的数据，尽量采用钻井实测数据，若某一井处在某一层段的钻遇某一相带，则用这口井（或若干口井）的实测数据（包括砂、泥岩百分含量、暗色泥岩含量、有机质丰度、类型等地球化学参数）统计平均值或中值用于标定该沉积相，没有钻井的相带则依据地震解释研究、区域对比和经验类比推测取值标定。

1. 烃源岩评价地球化学参数

1）有效烃源岩标准

据国土资源部油气战略研究中心制定的烃源岩丰度标准，泥质岩类和碳酸盐岩有效烃源岩的下限标准分别为TOC≥1.0%和TOC≥0.4%。

2）有效烃源岩划分

在区域对比基础上，有效烃源岩主要依据钻井揭示的烃源岩层位，并在沉积有利相带和地层发育研究认识的基础上进行刻画。主力烃源岩为断陷期发育的侏罗系、白垩系及古近系半深湖相深灰色–部分黑色泥岩，其次为滨浅湖相暗色泥岩，烃源岩层的砂泥百分含量依据钻井实测数据加权平均，并参考陆区苏皖下扬子区相同层位、相似沉积相的有效烃源岩岩性进行误差分析。

研究区划分为北部拗陷和南部拗陷两个工区分别进行模拟，烃源岩评价参数依据主要探井实际数据统计结果进行标定，具体的烃源岩数据（丰度、类型、成熟度等）见表6.11。

2. 沉积相参数设置与标定

1）相参数设置

盆地模拟中所需的沉积相标定参数，采用由井点到面的方法，在有钻井的地方，采用实测数据（剔除异常点）的统计值进行标定；在没有钻井的相带，则采用地震地层学得到的沉积相图结合井间和区域对比资料，依据钻井实际数据统计及单井沉积相研究成果进行推测，主要沉积相参数设定值见表7.2。

表7.2　南黄海盆地北部拗陷模拟主要相参数标定设定值

地层	相带/相编号	砂岩含量/%	泥岩含量/%	烃源岩相参数				含油气系统
				干酪根类型	有机碳/%	氢指数/(mgHC/gTOC)	生烃动力学模型	
N+Q	河流相	90	10	—	—	—	—	上覆地层
E₂s—E₂d	河流相	80	20	—	—	—	—	储集层
	扇三角洲相	55	45	—	—	—	—	储集层
	滨浅湖相	35	65	Ⅲ	0.6	175	Behar 等（1997）_ TⅢ	烃源岩/盖层
E₁f	河流相301	85	15	—	—	—	—	储集层
	扇三角洲相	60	40	—	—	—	—	储集层
	滨浅湖相	30	70	Ⅲ	0.5	180	Behar 等（1997）_ TⅡ	烃源岩/盖层
	半深湖相	10	90	Ⅰ–Ⅱ	0.65	210	Behar 等（1997）_ TⅡ	烃源岩/盖层
K	河流相	85	15	—	—	—	—	储集层
	扇三角洲相	55	45	—	—	—	—	储集层
	滨浅湖相	30	70	Ⅲ	0.6	180	Behar 等（1997）_ TⅡ	烃源岩/盖层
	半深湖相	15	85	Ⅱ	1	250	Behar 等（1997）_ TⅡ	烃源岩/盖层
J	滨浅湖相	30	70	Ⅱ	0.6	210	Behar 等（1997）_ TⅡ	烃源岩/盖层
	半深湖相	15	85	Ⅱ	0.8	220	Behar 等（1997）_ TⅡ	烃源岩/盖层

2）各层相参数标定

根据各单井沉积相研究成果，在地震地层学分析和区域类比基础上，采用由井点及面的方法，对研究区不同地质时期沉积相进行了刻画，北部拗陷依据陆相中—新生代盆地发育的侏罗系（J）、白垩系（K）、古近系阜宁组（E_1f）、戴南-三垛组（E_2d-E_3s）、新近系+第四系（N+Q）共五套地层的厚度图、沉积相图进行相标定，南部拗陷依据陆相中—新生代盆地发育的白垩系（K）、古近系阜宁组（E_1f）、戴南-三垛组（E_2d-E_3s）、新近系+第四系（N+Q）共四套地层的厚度图、沉积相图进行相标定。依本区地层格架和地层划分界面，将各层沉积相图作为相标定的主要赋值依据。在实际模拟过程中，对于研究区以断陷盆地沉积环境为主的地层沉积相标定，仅用当前有限的沉积相研究成果进行各段地层相标定，并不能精确地反映实际地层频繁砂泥岩互层特征，尤其是地质类比及钻井揭示的区域性生、储、盖层及其空间配置关系的标定。为此，据目前最新地质认识，在对地层进行细层划分和多次模拟评价的基础上，将区域特性以生、储、盖层单独进行标定。

以北部拗陷古近系阜宁组为例，该套地层纵向自下而上分成四段，即阜一段、阜二段、阜三段和阜四段。据ZC1-2-1井等钻井资料，阜宁组岩性主要为暗色泥岩夹砂岩，整体自下而上表现为粗—细—粗特征的大旋回。阜一段底部为杂色砂泥互层，砂岩为主，上部为棕色砂泥岩互层，泥岩为主；阜二段为灰色泥岩与灰绿色砂岩不等厚互层；阜三段底部为灰色、棕红色泥岩夹薄层砂岩，上部为灰色、灰黑色泥岩夹薄层砂岩；阜四段以深灰色、灰黑色泥岩为主，中上部夹浅灰色砂岩。据此将北部拗陷阜宁组共划分为18个细层（表7.3），综合钻井揭示的地层岩性和地震解释的各层段沉积厚度，进行各细层分配并分别进行细层相标定。标定的基本原则是以沉积相研究成果（图7.4和表7.3）为主，突出当前对研究区油气地质条件的认识。

多次模拟结果对比表明，各小层沉积相标定输入是影响模拟结果重要因素之一，尤其是处在生烃门限范围内的侏罗系、白垩系、古近系，对于盆地的生烃量、排烃量、烃聚集量等结果均有重要影响。南黄海盆地北部拗陷近东西向和近南北向大剖面相标定结果见图7.6。

表7.3　南黄海盆地北部拗陷阜宁组各细层相标定简表

阜四段	E_{1f}-1	Map_ Ef_ face research rusults
	E_{1f}-2	Map_ Ef_ potential seal
	E_{1f}-3	Map_ Ef_ potential reservoir
	E_{1f}-4	Map_ Ef_ potential source_ 1
	E_{1f}-5	Map_ Ef_ face research rusults
阜三段	E_{1f}-6	Map_ Ef_ face research rusults
	E_{1f}-7	Map_ Ef_ potential source_ 2
	E_{1f}-8	Map_ Ef_ face research rusults
	E_{1f}-9	Map_ Ef_ potential seal
阜二段	E_{1f}-10	Map_ Ef_ potential reservoir
	E_{1f}-11	Map_ Ef_ face research rusults
	E_{1f}-12	Map_ Ef_ potential seal
	E_{1f}-13	Map_ Ef_ face research rusults
	E_{1f}-14	Map_ Ef_ face research rusults
阜一段	E_{1f}-15	Map_ Ef_ face research rusults
	E_{1f}-16	Map_ Ef_ potential seal
	E_{1f}-17	Map_ Ef_ potential reservoir
	E_{1f}-18	Map_ Ef_ face research rusults

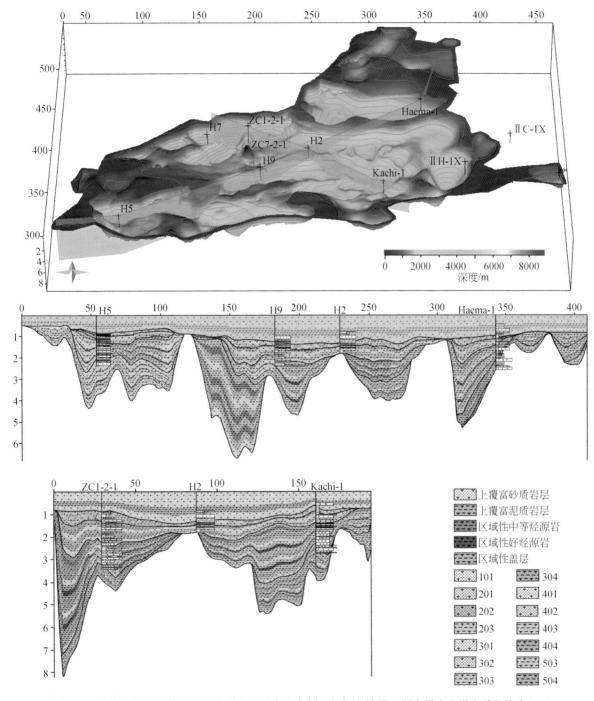

图 7.6 南黄海盆地北部拗陷近东西向和近南北向剖面相标定结果（图中横向和纵向单位均为 km）

图例中第一个数字为地层编号（1. 新近系+第四系, 2. 戴南组–三垛组, 3. 阜宁组, 4. 白垩系, 5. 侏罗系）；

第三个数字为沉积相编号（1. 河流相, 2. 扇三角洲相, 3. 滨浅湖相, 4. 半深湖相）；第二个数字 0 为间隔号

3. 热导率参数

岩石热导率表示岩石传热的特性，是岩石热物性中最主要的参数，其物理意义为沿热传导方向在单位厚度岩石两侧的温度差为 1℃ 时，单位时间内所通过的比热流量 [单位为 W/(m·K)]。不同岩石的热导率差异较大，沉积岩中的煤炭热导率最低，页岩、泥岩次之，石英岩、岩盐和石膏的热导率最大。砂岩和砾岩的热导率值变化大，往往是因其结构、成分有相当大的差异所致（熊亮萍等, 1994），尤其是岩石本身的成分对热导率起到控制作用，实际应用中，岩石的热导率值需实际采样实测确定。

地层的岩石平均热导率和盆地中不同时代地层的平均热导率是盆地沉积地层岩石热物性的重要参数，

在盆地热演化模拟中与沉积中有机质的热演化密切相关。王均等（1995）以塔里木盆地为研究对象，通过161块岩心样品和库车剖面的63块露头样品的岩石热导率测定，获得了盆地中不同时代地层的平均热导率值为1.14W/（m·K）（表7.4），同时计算了盆地的大地热流值。

邱楠生（2002b）在王均等（1995）研究成果基础上，补充塔中地区10个岩石样品的热导率实测值，获得塔里木盆地热导率平均值为2.318W/（m·K）。对准噶尔盆地主要岩性和层位的岩石热导率测试值统计分析得到全盆地样品的平均热导率值为2.048W/（m·K）（表7.4），其中泥岩类、砂岩类和火山岩类的热导率平均值分别为1.827W/（m·K）、2.219W/（m·K）和2.087W/（m·K）。沈显杰等（1994）和邱楠生等（2004a，2004b）在分别测试176个和98个样品的热导率的基础上，总结柴达木盆地的岩石热导率为0.6～3.2W/（m·K），平均值为1.914W/（m·K）（表7.4），个别样品较高，可达4.0W/（m·K）以上。

表7.4 西部三个盆地中的实测岩石热导率分层系统计分析结果

地层	塔里木盆地热导率 K /[W/(m·K)]	准噶尔盆地热导率 K /[W/(m·K)]	柴达木盆地热导率 K /[W/(m·K)]
第四系（Q）			0.854（46）
上新统（N_2）	1.806（40）	1.695（7）	1.890（71）
中新统（N_1）			1.899（51）
古近系（E）	2.480（3）	1.581（3）	2.365（59）
白垩系（K）	1.669（18）	1.462（20）	
侏罗系（J）	1.786（17）	2.187（57）	2.109（36）
三叠系（T）	2.207（41）	2.303（15）	
二叠系（P）	2.268（19）	1.993（43）	
石炭系（C）	2.515（30）	2.202（15）	
泥盆系（D）	2.829（6）		3.803（7）
志留系（S）	2.703（11）		
奥陶系（O）	3.287（34）		
寒武系（∈）			
元古界–震旦系			2.955（4）
全盆地均值	2.318（219）	2.048（160）	1.914（274）

邱楠生等（2004a，2004b）曾测试南黄海盆地南部地区9块钻井岩心样品的热导率值，考虑地层砂岩、泥岩及其他岩性的不同比值，计算出岩石热导率加权平均值。9块样品的岩石热导率为1.98～3.4W/（m·K）（表7.5），平均值为2.85W/（m·K）（图7.7）。

表7.5 南黄海地区实测岩石热导率数据（据邱楠生等，2004a，2004b修改）

构造单元	钻井	深度/m	取样层位	岩性	热导率/[W/(m·K)]
南五凹陷	CZ24-1-1	1399	N_1	砾岩	3.4
南七凹陷	WX5ST-1	1356	T_2	砾岩	3.1
	WX5ST-1	1452	T_2	泥岩	3.15
		2356	T_1	细砂岩	3.05
南四凹陷	CZ6-1-1	2945	P_2	砂岩	3.25
		3832	E_1	细砂岩	2.6
南三凹陷	CZ12-1-1A	2067	E_3	砂岩	2.55
		3503	C	泥岩	2.45
		3511	C	石灰岩	1.98

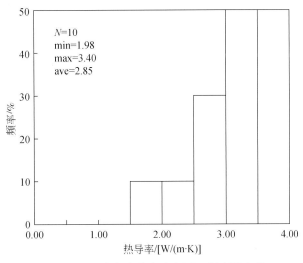

图 7.7 南黄海盆地南部热导率频率分布直方图（据邱楠生等，2004a，2004b）

总体看，南黄海盆地南部地区的热导率值较高，如南部拗陷的南五凹陷内 CZ24-1-1 井，热导率最高达 3.4W/(m·K)，南七凹陷内 WX5ST-1 井，下三叠统细砂岩热导率最低为 3.05W/(m·K)，中三叠统泥岩热导率值最高为 3.15W/(m·K)，南四凹陷内 CZ6-1-1 井，热导率变化在 2.6 ~ 3.25W/(m·K)，南三凹陷内 CZ12-1-1A 井，热导率变化在 1.98 ~ 2.55W/(m·K)；相同构造单元随岩性不同，其热导率也不同，砾岩最高，其次为砂岩、泥岩，而灰岩的热导率最低。

在研究区热导率实测数据基础上，针对南黄海陆相中、新生代盆地断陷为主的沉积特征，采用 Sekiguchi 热导率模型，分别对不同类型的沉积相带进行赋值，如北部拗陷各层段代表沉积相带热导率模型见图 7.8 。

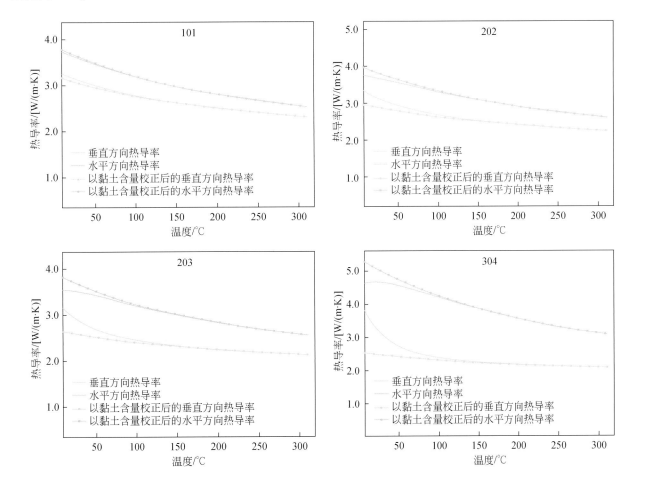

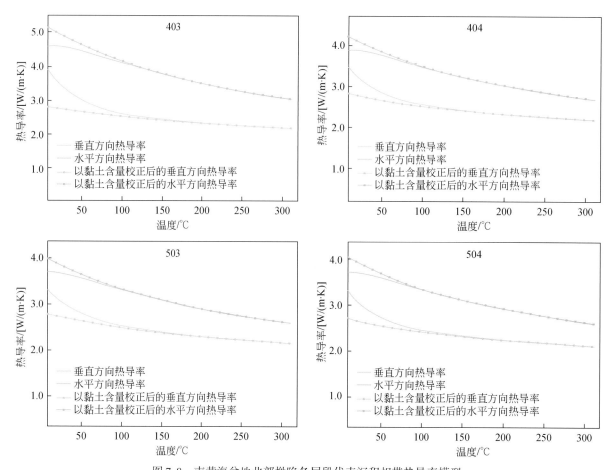

图 7.8　南黄海盆地北部拗陷各层段代表沉积相带热导率模型

图内顶部编号中第一个数字为层号（1. 新近系+第四系，2. 戴南组–三垛组，3. 阜宁组，4. 白垩系，5. 侏罗系）；
第三个数字为沉积相编号（1. 河流相，2. 扇三角洲相，3. 滨浅湖相，4. 半深湖相）；第二个数字 0 为间隔号

4. 古地温和地温梯度

盆地的动态演化、油气成藏的动力学研究均离不开古地温的研究。古地温梯度是研究古地温场强度的重要指标，古地温是指某一区域在地质历史某一时期曾经出现过的温度状况，它随地史的演化而不发生变化。古地温（场）不仅是温度的函数，还是时间的函数，不同构造单元和不同地史时期古温度场亦有很大差异。盆地的动态演化、油气成藏的动力学研究均离不开古地温的研究。目前恢复沉积盆地古地温的常用方法归纳起来主要有两个方面：一是利用各种古温标模拟盆地的热史，包括有机质成熟度指标、流体包裹体、黏土矿物转化、磷灰石裂变径迹等；二是利用盆地演化的热动力学模型来研究古温度。

我国沉积盆地古地温的研究虽然起步较晚，但很快引起油气勘探部门的重视并已经取得了大量的成果。汪缉安等（1985）研究了华北和下辽河盆地的古今地温；周中毅和潘长春（1992）用 R^o、CAI、磷灰石裂变径迹及包裹体测温等方法对西部的塔里木、准噶尔盆地及以黄骅拗陷为代表的我国东部中、新生代含油气盆地的古地温进行了研究；冯石（1986）等用磷灰石裂变径迹法研究我国东部盆地和中原油田的热历史；闵育顺（1983），王行信和辛国强（1980）利用黏土矿物转化关系及 CAI 研究古地温。此外，国内还有大量学者利用古温标方法或地球动力学模型，对我国的许多含油气盆地也进行过许多古地温方面的研究，并获得了重要进展与成果。

地质作用的复杂性决定了沉积盆地古地温是一个复杂的地质问题，很难通过纯粹或简单的理论推导建立一个确定的数学模型。确定古地温的方法均有两个特点：一是要有一定的理论依据；二是必须依赖大量实际资料的类比与综合予以佐证。事实上，盆地的古今地温（场）存在密切联系，今地温是盆地古

地温演化过程中的最后一环，也是盆地模拟计算的约束条件，详细的现今地温资料是研究盆地热演化、反演盆地热历史的基础和出发点，翔实可靠的今地温资料是通过其他手段（如盆地模拟）进一步认识盆地整个热历史、烃源岩成熟史，以及生、排烃史的基础。

因南黄海地区系统测温资料较少，在研究现今地温场时主要借助于部分探井（油层）的温度测试资料，邱楠生等（2004a，2004b）曾收集南黄海10口探井的温度测试资料开展盆地现今温度分布及现今地温场特征研究。因探井的温度测试数据一般为一口井特定目的层或仅限于试油的一小段深度或井底测点测得的温度，因温度与深度呈较好的线性关系（图7.9），其在计算各井地温梯度时优先考虑将地温梯度分段计算，再对所计算的地温梯度进行平均，实际获取古地温数据时，还采用在深度–温度区间内拟合拾取。

勘探资料和前人研究表明，南黄海盆地是一个地温梯度相对较低的冷盆。地温梯度平均2.883℃/100m。北部拗陷地温梯度相对比较高，据ZC1–2–1井资料拟合的地温梯度约为3.22℃/100m（图7.10）。

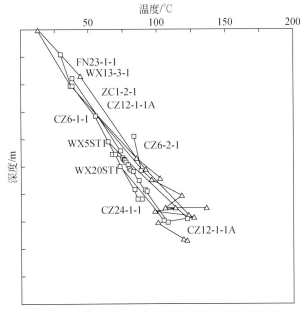

图7.9 南黄海盆地温度与深度呈较好的线性关系
（据邱楠生等，2004a，2004b）

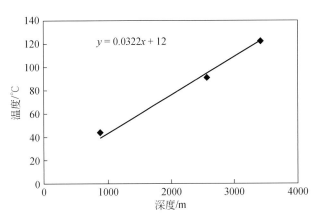

图7.10 ZC1–2–1井地温梯度图

据邱楠生等（2004）研究成果，盆地南部地区的地温梯度为2.47～3.20℃/100m，平均值为2.86℃/100m（表7.6），在平面分布上呈北高南低、西高东低趋势，如位于南部拗陷西部的南二凹陷和南三凹陷，地温梯度分别为3.19℃/100m和3.20℃/100m，南部拗陷北部的南七凹陷和南四凹陷，地温梯度为2.83～2.94℃/100m，拗陷东南部的南五凹陷，地温梯度较低，为2.68～2.81℃/100m。盆地内各拗陷的地温梯度较高，隆起上地温梯度较低，如勿南沙隆起，地温梯度仅2.47℃/100m，为全盆地最低值。盆地不同构造单元的平均地温梯度和不同深度温度见表7.7。

表7.6 南黄海盆地南部区平均地温梯度和不同深度温度（据邱楠生等，2004a，2004b修改）

钻井	构造单元	地温梯度/(℃/100m)	3000m/℃	4000m/℃	5000m/℃	6000m/℃
FN23–1–1	南二凹陷	3.19	111.0	142.85	174.7	206.55
CZ12–1–1A	南三凹陷	3.20	106.0	138.0	170.0	202.0
CZ24–1–1	南五凹陷	2.81	92.4	120.5	148.6	176.7
WX20ST–1	南五凹陷	2.68	89.0	115.8	142.6	169.4
WX13–3–1	南二凸起	2.72	96.0	123.2	150.4	177.6
CZ6–1–1A	南四凹陷	2.90	114.0	143.0	172.0	201.0

钻井	构造单元	地温梯度/(℃/100m)	3000m/℃	4000m/℃	5000m/℃	6000m/℃
* CZ6-2-1	南四凹陷	2.94	109.0	138.4	167.8	197.2
WX5ST-1	南七凹陷	2.83	86.0	114.3	142.6	170.9
CZ35-2-1	勿南沙隆起	2.47	88.6	113.3	138.0	162.7

* 原文为 CZ2-1-1，据笔者综合判断应为 CZ6-2-1。

表 7.7　南黄海盆地不同构造单元的平均地温梯度和不同深度温度（据石油地质志卷 16 资料整理）

钻井	构造单元	地温梯度/(℃/100m)	3000m 处温度/℃	4000m 处温度/℃	5000m 处温度/℃	6000m 处温度/℃
黄海 5 井	西部凹陷	2.82	97.1	125.3	153.5	181.7
黄海 7 井	北部凹陷	3.20	108.5	140.5	172.5	204.5
CZ6-1-1	南四凹陷	3.20	108.5	140.5	172.5	204.5
WX13-3-1	南二凸起	2.50	87.5	112.5	137.5	162.5
WX20-ST1	南五凹陷	2.82	97.1	125.3	153.5	181.7

注：海底温度统一为 12.5℃。

5. depth-R^o 曲线

从收集到的镜质组反射率数据看，南黄海盆地南部 R^o 数据分布在 0.2% ~ 3.6%，与深度的相关性较强，整体上各单井分段趋势具有较好的分段性，部分井深部 R^o 随深度变化的梯度大于浅部，尚有部分井（如 CZ35-2-1 井）还具有强烈的"跳跃"现象（图 7.11）。

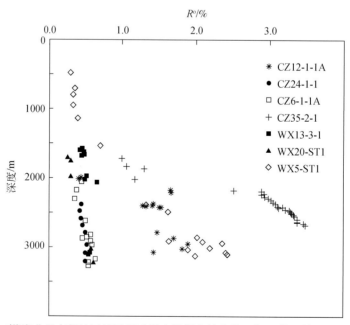

图 7.11　南黄海盆地南部地区镜质组反射率随深度的变化（据邱楠生等，2004a，2004b）

6. 构造沉降

南黄海盆地南部地区构造活动强烈且性质复杂，邱楠生等（2004a，2004b）研究认为，至少经历了四次快速沉降与缓慢热沉降的更替变化（图 7.12）。

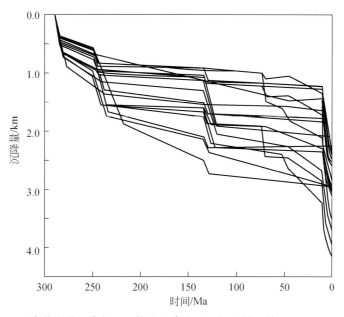

图 7.12 南黄海盆地南部地区构造沉降史图（据邱楠生等，2004a，2004b）

图 7.12 表明，第一次快速沉降发生在 290～285Ma（P$_1$），其特点是短暂且快速；第二次发生在 250Ma±，其特征与第一次类似；第三次构造沉降发生在 135Ma±，与第二次快速沉降之间存在一个较长时间的缓慢热沉降；第四次是中生代—新生代之间；最后一次是 10Ma 以来的区域性快速沉降。

7. 地层剥蚀厚度

南黄海盆地层剥蚀量在不同区域、不同时期差异较大，剥蚀厚度的计算也比较复杂，需综合多种资料并运用多种方法进行恢复计算。邱楠生等（2004a，2004b）的研究认为，中生代底部不整合面最大剥蚀量超过 3000m；新生界底部不整合面的剥蚀量平均值为 1962m；中生代末期，勿南沙隆起的抬升幅度比 WX5-ST1 井所在地区还要大。新生代期间，南黄海地区主要经历了两次大幅度抬升，始新世末戴南组顶面剥蚀量平均为 1600m±，渐新世末三垛组顶面的剥蚀量平均为 800m±。而郭飞飞等（2009）研究认为，古近纪渐新世末期的三垛运动使北部拗陷东北凹陷的中部受到强烈的挤压抬升，隆升幅度较大，同时伴随剪切走滑活动，不仅使三垛组和戴南组遭受强烈剥蚀，而且使部分阜宁组也遭受剥蚀。其基于参考层厚度变化率法和沉积速率法对始新统戴南组及其上覆三垛组估算的剥蚀厚度显示，渐新世末的三垛运动在东北凹陷的表现不是简单的水平抬升，是一种带有继承性的抬升剥蚀并伴随了强烈的挤压构造变形。从东北凹陷中央构造反转隆起带—南部的斜坡带—西部的凹陷中心，始新统戴南组剥蚀厚度顺次减小［图 7.13（a）］，凹陷中央构造反转隆起带的剥蚀厚度最大（大于1000m），南部的斜坡带剥蚀厚度较大（0～600m），西部的凹陷中心剥蚀厚度最小（0～200m）；而上覆三垛组则在东北凹陷范围内遭受广泛剥蚀［图 7.13（b）］，中央隆起带和凹陷中心剥蚀厚度较大（600～1000m），在南部斜坡带剥蚀厚度最小（0～300m），整体表现为三垛组剥蚀厚度较大，三垛组顶部剥蚀面近于准平原化的特点。

据南黄海盆地目前勘探和资料程度，研究中先通过区域构造分析获得剥蚀强度区域分布特征，再据钻井单井剥蚀量及区域剥蚀量分析，通过模拟计算转换成剥蚀厚度推测平面图。综合前人成果研究表明，南黄海中—新生代地层剥蚀共有印支期和燕山期二期。其中印支期平均剥蚀厚度 600m，北部地区最大可达 1000m；燕山期平均剥蚀厚度 700m，西南部无剥蚀，而北部拗陷的东北凹陷剥蚀最严重，燕山期最大剥蚀厚度可达 2100m。盆地模拟过程中各剥蚀期起止时间，主要依据区域热年代演化研究成果确定。

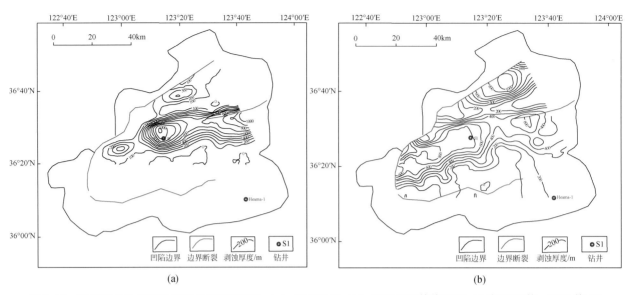

图 7.13　南黄海盆地北部拗陷东北凹陷戴南组（a）和三垛组（b）剥蚀厚度等值线图（据郭飞飞等，2009 修改）

8. 边界约束条件

据前述地层沉积史等的研究，结合实测资料，通过对井点模拟结果与实测 Ro、温度进行比较来反复调节边界约束条件（古水深、古热流、古地温等），直至二者均较好的拟合。这样，不但模拟结果可信，同时说明所选参数正确。最终确定选取的地质年代、古水深、沉积水表面温度地表温度、古热流等数据。

1）古水深

依据沉积相，南黄海北部拗陷河流-湖相-三角洲相沉积，沉积水深在 5～20m 范围内，不同时期古水深赋值曲线如图 7.14 所示。

2）沉积水表面温度

沉积水界面温度，目前低勘探盆地普遍采用 Wygrala（1989）全球平均沉积水表面温度（GMST）数据模型，南黄海盆地取模型中北半球 36°N 附近的平均数据进行赋值（图 7.15）。

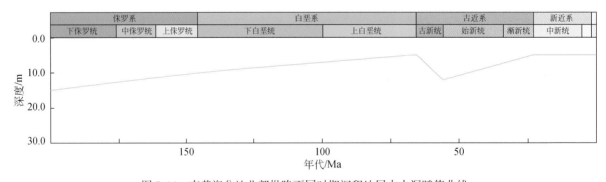

图 7.14　南黄海盆地北部拗陷不同时期沉积地层古水深赋值曲线

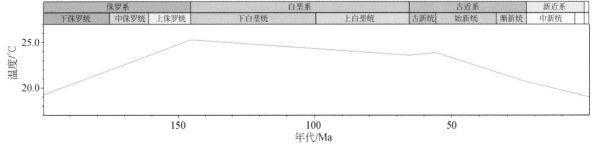

图 7.15　南黄海盆地北部拗陷不同沉积时期沉积水表面温度赋值曲线

3）古热流

实际模拟过程中，古热流作为烃源岩生烃演化最重要的控制参数之一，其赋值需有较为可靠的热流研究成果作为参考。

南黄海盆地南部拗陷，据邱楠生等（2004a，2004b）研究与计算结果，其热流值为 60.1~76.8mW/m²，平均值为 67.7mW/m²，整体表现为北东低、南西高的特征。邱楠生等（2004a，2004b）利用收集到的南部拗陷 6 口钻井的古温标数据进行的单井热史恢复结果显示，南黄海盆地南部地区经历的最高古热流是在中生代末，平均值达 113mW/m²，新生代则是相对低热流期；热流值平均值在三垛末期为 66.1mW/m²，渐新世末为 75.4mW/m²。考察整个热流史序列，从古生代到中生代是一个热流增高的过程，到新生代则大幅度减小。新生代内部还存在一次热流升降变化过程（图 7.16）。

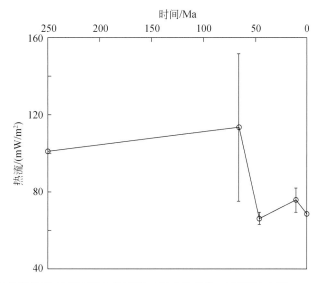

图 7.16　南黄海盆地南部地区古热流随时间变化趋势（据邱楠生等，2004a，2004b）

南黄海盆地北部拗陷，中、新生界具断陷演化的特点。各构造单元走向以 N—NE、N—E 向为主，与中、新生界主断裂系走向一致，断层大多断至中、古生界，并控制了中、新生界一系列断陷和凸起的发育（图 7.17）。

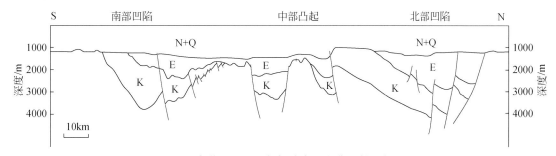

图 7.17　南黄海盆地北部拗陷南北向典型构造剖面图

沉积建造包括基底之上的中、古生代海相构造层及中、新生界陆相断拗构造层（姚永坚等，2008；张训华等，2014c），陆相沉积中心最厚超过 9000m（肖国林，2002；Yi et al.，2003）。自晚三叠世末期基本完成海陆转换，西太平洋构造域活动导致弧后伸展作用的逐步增强，开启了其裂陷发育的序幕，至中—晚侏罗世到早白垩世，陆相断陷沉积开始叠覆于中、古生界海相残留盆地之上，地震资料及钻井揭示早期的裂陷沉积中心主要在东北凹陷及南部凹陷局部地区，分布范围有限，但沉积厚度巨大，如东北凹陷 S 井已钻遇超过 2000m 厚的侏罗系，该套地层包含上部的河流相沉积及下部的厚层湖相暗色泥岩，代表了盆地初始裂陷期的快速沉积响应（高顺莉和周祖翼，2014a）。早白垩世开始，盆地进入大规模伸展断陷沉积阶段，发育多个沉积中心，白垩系分布广泛，尤其东北凹陷、北部凹陷东侧及东部凹陷大部分地区，均发育较厚的湖相暗色泥岩沉积，白垩系泰州组为盆地最为重要的一套烃源岩层。自白垩纪末期开始，盆地裂陷作用开始减弱，局部构造运动的控制作用增强，导致盆内差异隆升，但仍以整体沉降为主。随后渐新世末至中新世期间的盐城运动，断陷沉积结束，区域性沉积间断、普遍发育的平行不整合代表了盆地的整体抬升，表明盆地裂陷期及裂后期发育的彻底结束（图7.18）。

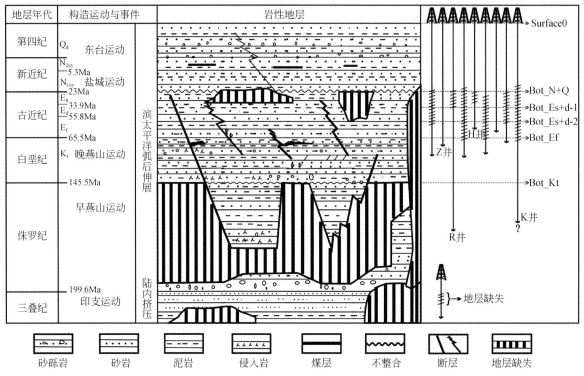

图 7.18　南黄海盆地北部拗陷岩性地层格架示意图及钻井情况

综合地球动力学模拟技术与传统古温标方法，基于改进 McKenzie 拉张模型的数值模拟计算拟合，计算拟合了单井埋藏史和相应的理论构造沉降趋势（图7.19）、地壳伸展系数 β 和岩石圈地幔伸展系数 γ（图7.20），以及联合约束的热史恢复曲线（图7.21）等一维模拟结果。结果表明，自中生代以来，伴随裂陷拉张过程其古热流整体呈现升高趋势，至晚白垩世末到古新世期间最高可达 $80\mathrm{mW/m^2}$，部分单井构造沉降史模拟结果显示多期拉张特征，裂后期热流持续降低，至渐新世末到中新世热流约为 $65\mathrm{mW/m^2}$，与现今热流值相当。

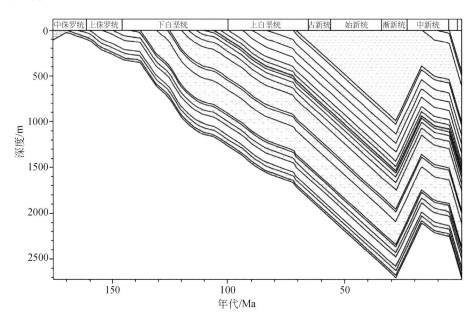

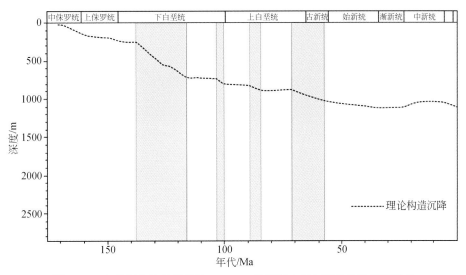

图 7.19　南黄海盆地北部拗陷 Kachi-1 井埋藏史图与理论构造沉降趋势

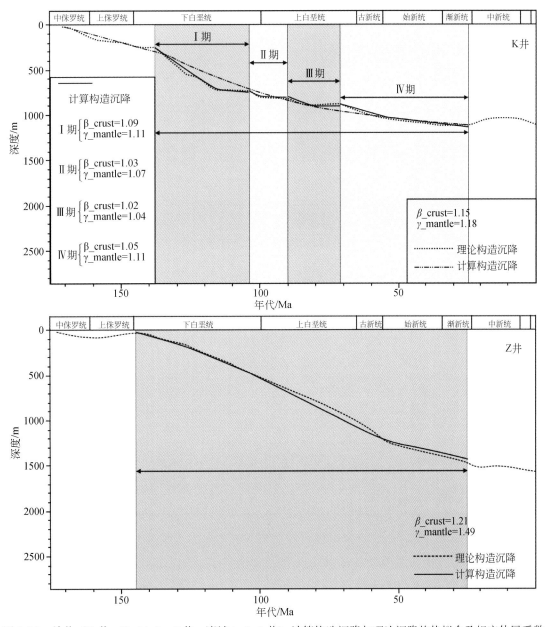

图 7.20　单井（K 井：Kachi-1，Z 井：诸城 1-2-1 井）计算构造沉降与理论沉降趋势拟合及相应伸展系数

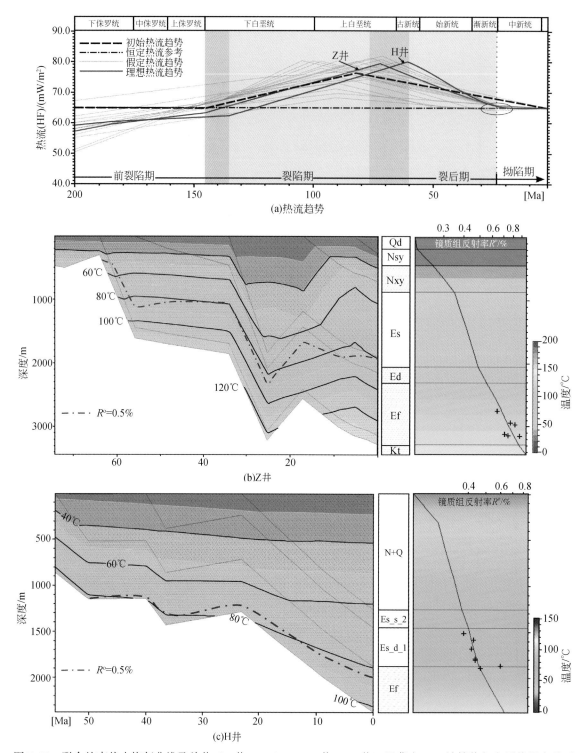

图 7.21　联合约束热史恢复曲线及单井（K 井：Kachi-1，H 井：H9 井）埋藏史、R^o 计算值与实测值拟合关系

　　各研究区古热流赋值范围确定之后，在一维模块下实现快速计算，对当前盆地内主要钻井进行单井模拟，依据单井实测样品热演化参数（R^o）进行反复调整拟合，直至单井模拟 R^o 趋势线与实测 R^o 数据达到较高的匹配度，将各井不同时期古热流值进行插值计算，生成古热流平面分布图，但限于当前钻井数量较少，古热流平面分布较难刻画，多数区域插值之后偏差较大，本次模拟采用古热流值赋值方式，以北部拗陷为例，各时期古热流赋值曲线见图 7.22，选取 H7、H9 井模拟结果与单井实测 R^o 进行对比（图 7.23），两者拟合匹配程度较高，表明我们选择的古环境参数是合适的。

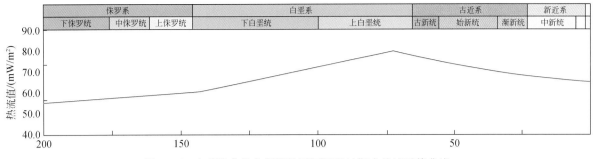

图 7.22　南黄海盆地北部拗陷不同沉积时期古热流赋值曲线

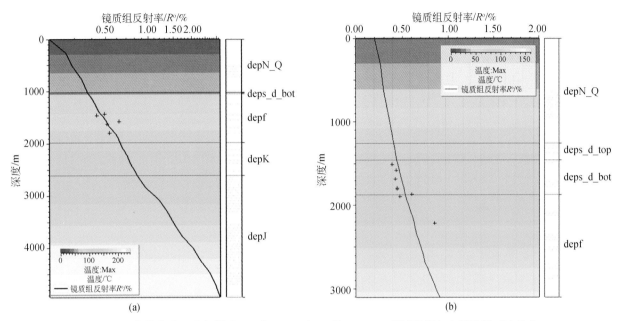

图 7.23　南黄海盆地北部拗陷 H7 井（a）及 H9 井（b）R^o 模拟结果与实测数据对比检验

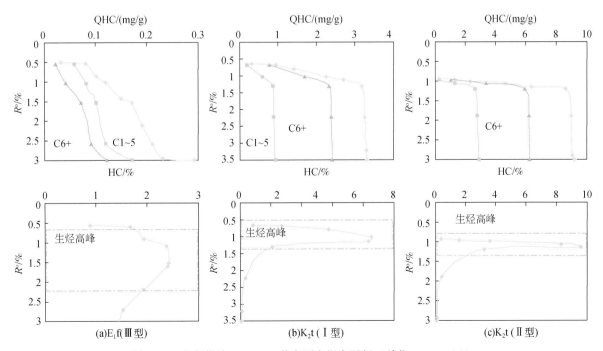

图 7.24　北部拗陷 ZC1-2-1 井实测产烃率图版（单位：mg/gTOC）

9. 产油率、产气率图版

虽然目前南黄海盆地的钻井较少，但从已有钻井的资料看，不同凹陷或拗陷的干酪根类型差别不太大，因此其产烃率图版参考全国油气资源第二轮、第三轮（即新一轮）评价所使用的图版。本次评价采用的产烃率数据主要依据北部拗陷的 ZC1-2-1 井实测数据图版（图7.24），同时，参考前人通过实验总结的三种不同类型干酪根产烃率作为补充（表7.8）。

表 7.8　　三种不同类型干酪根产烃率曲线综合数据表

产物 干酪根类型 $R^o/\%$	总烃产率/（mg/gTOC）						
	I_1	I_2	I_3	II_1	II_2	II_3	III
0.4	19	16	14	11	9	4	2
0.5	41	36	36	35	32	8	2
0.6	80	66	63	75	62	28	6
0.7	170	111	103	110	95	45	37
0.8	323	188	157	145	124	63	74
0.9	411	240	183	160	131	82	95
1.0	413	273	199	168	138	97	111
1.1	409	284	215	163	139	116	122
1.2	396	287	227	156	139	128	133

10. 有机碳恢复系数

对南黄海盆地进行定量模拟与评价，需要恢复各烃源层原始有机质丰度。人们采用有机碳恢复系数（$K_{恢复}$）来进行简单的处理，即采用现存的残余有机碳与原始有机碳的比例关系，将残余有机碳含量恢复到原始有机碳含量。

原始有机碳含量 $= K_{恢复} \times$ 碳残余有机碳含量，$K_{恢复}$ 的大小通常是根据干酪根类型及成熟度来推测的。前人研究成果表明，Ⅰ型干酪根的最大 $K_{恢复} = 3.1$，而Ⅲ型干酪根的最大 $K_{恢复} = 1.3$。本次模拟也采用全国第二轮和第三轮油气资源评价的 $K_{恢复}$ 值图版。

11. 运聚模拟参数

运聚模拟是在盆地生烃、排烃模拟的基础上进行的，故其一部分参数就是盆地生烃和排烃模拟的结果，而另一部分参数则来自包括断层平面和剖面图反映的断层性质、断层活动时间等，某一层的油气运移起止时间给定从其上一层沉积开始至今，运移方式考虑砂岩储层、不整合面、断层面，以及作为盖层的致密层的封隔因素等，选择横向和垂向的双向运移模式。

三、盆地模拟评价

盆地演化是地下固体和液体（油、气、水）两大类物质系统在一定外部条件下相互作用的结果。由于物理作用（机械压实、成岩作用、排液）和化学作用（黏土矿物转化脱水、烃源岩热演化、烃类的生成和运移）导致两大类物质系统的运动（物质迁移、变形、孔隙度变化、烃类生成、流体运移）和相互作用（质量交换、动量转化、能量传递）。

因南黄海盆地目前尚无现实的"油气藏"被发现，缺乏"油-源"对比信息和油气运移的实际资料依据，只能利用人工智能专家模型系统，采用人机交互方式，依据盆地地质模型、参数模型、计算模型，对盆地钻井中实测数据、关键参数进行迭代约束反演，同时进一步优化参数与计算模型，最大限度地保证盆地分析与油气资源评价结果的可靠性。计算模型包括①压实恢复模型（分段线性孔隙度模型）；②热模型（选用最优化反演热模型）；③生烃模型（产烃率模型）；④排烃模型（选用复杂和分区孔隙度排烃模型）；⑤运聚模型（以各网格单元在不同的地质时期和不同生油层系中的生烃量、排烃量和断层作为油气运聚模拟基础）进行包括：①单井地史、热史、成熟史、生烃史、排烃史分析；②剖面和平面热史、成熟史、生烃史、排烃史、运聚史分析与仿真模拟，定性地分析盆地的古构造、沉降与热演化、生烃、排烃，以及油气运移主要方向、路径与强度等。利用盆地模拟计算结果进行烃源岩、储集层、盖层（上覆岩层）、圈闭形成、油气生成—运移—聚集、保存条件等油气地质与成藏基本条件分析，评估盆地远景资源量及其区域分布特征。

（一）盆地有机质热演化与成熟度特点

1. 侏罗系有机质热演化与成熟度

盆地模拟结果显示，在白垩纪末期（65.5Ma），侏罗系顶面温度在北部拗陷东北凹陷东北部、西南部东北凹陷南部边界断层活跃区及深凹区，地温较高，局部达到80℃以上，泥岩中有机质开始进入生油门限；至阜宁期末（58.8Ma），东北凹陷西南部及北部凹陷东北角这两个断层活跃区的地层温度的范围进一步扩大，局部深凹区进入有机质大量生油气阶段；三垛期末（23.0Ma），上述两区域靠断陷深凹一侧，局部已进入有机质大量生气阶段；及至现今，有机质成熟生烃区进一步扩大，北部凹陷和东北凹陷约有50%的侏罗系沉积区域进入大量生气阶段，靠近千里岩断裂和东北凹陷南部边界断裂下降盘一侧附近深凹区已进入干气阶段（图7.25）。从靠近边界断层一侧地层温度较高，有机质成熟生烃区较发育特点分析，可能与深大断裂引起地幔上涌，地热传递距离短而导致温度上升有关。

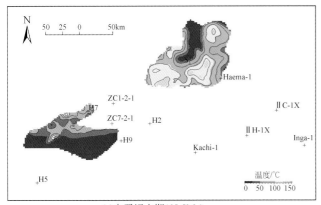

(a)白垩纪末期(65.5Ma)

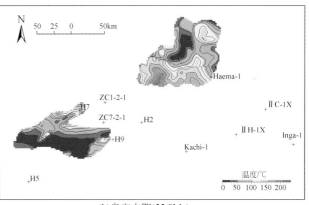

(b)阜宁末期(55.8Ma)

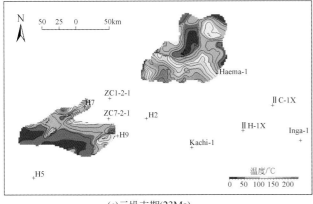

(c)三垛末期(23Ma)

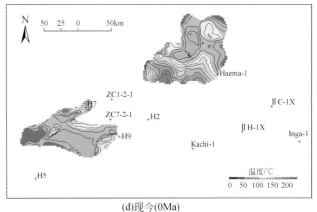

(d)现今(0Ma)

图7.25　北部拗陷侏罗系在白垩纪末—现今各地质时期地温（℃）特征

2. 白垩系泰州组有机质热演化与成熟度

阜宁期末（55.8Ma），北部拗陷泰州组顶面在北部凹陷的西部千里岩大断裂下降盘一侧、东部凹陷的中部和东部，南部凹陷东南边界断裂附近，以及东北凹陷南部边界断裂下降盘一侧附近深凹区，地温达到80℃以上，局部区域有机质开始进入生油门限；三垛期末（23.0Ma），成熟范围进一步扩大，进入大量生油阶段；及至现今，约有45%泰州组沉积发育区进入大量生油阶段，靠千里岩断裂下降盘、东北凹陷南部边界断裂下降盘一侧的深凹区，进入有机质大量生气阶段（图7.26）。

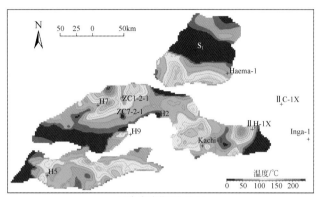

(a)阜宁末期(55.8Ma)

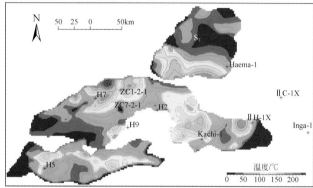

(b)三垛末期(23Ma)

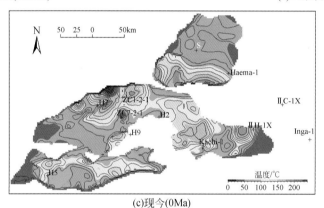

(c)现今(0Ma)

图7.26 北部拗陷白垩系在阜宁期末—现今各地质时期地温（℃）特征

3. 古近系阜宁组有机质热演化与成熟度

阜宁组在三垛期末也开始进入成熟阶段，北部凹陷、东北凹陷、中部凹陷和南部凹陷4个凹陷均有局部埋深较大区域，有机质开始进入成熟生烃阶段；北部凹陷、东北凹陷靠断层下降盘一侧局部深凹区进入大量生油阶段。及至现今，上述区域有机质成熟生烃区进一步扩大（图7.27），约占阜宁组沉积范围1/3的区域进入主生油期。

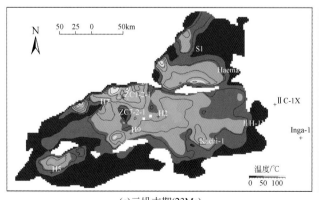

(a)三垛末期(23Ma)

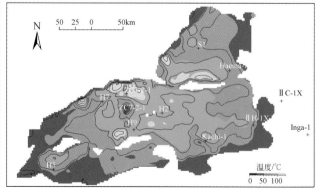

(b)现今(0Ma)

图7.27 北部拗陷阜宁组在三垛期末—现今各地质时期地温（℃）特征

4. 古近系戴南-三垛组有机质热演化与成熟度

古近系戴南-三垛地层埋藏较浅，至今绝大部分区域地温仍低于70℃，有机质未成熟，仅极少部分（约<5%）局部深凹部位进入初成熟阶段开始生烃。

总观北部拗陷各组地层不同时期的温度等值图表明，南黄海盆地北部拗陷中—新生代沉积物厚度大（图7.28），进入有机质成熟生烃临界温度时间早。主要发育于东北凹陷和北部凹陷的侏罗系，白垩纪末期（65.5Ma）即进入生烃门限开始生烃，阜宁期末（58.8Ma）进入大量生油阶段，三垛期末（23.0Ma）进入大量生气阶段，至现今，北部凹陷和东北凹陷约有50%的侏罗系沉积区域进入大量生气阶段，靠近北部凹陷千里岩断裂和东北凹陷南部边界断裂下降盘一侧附近深凹区已局部进入干气阶段。

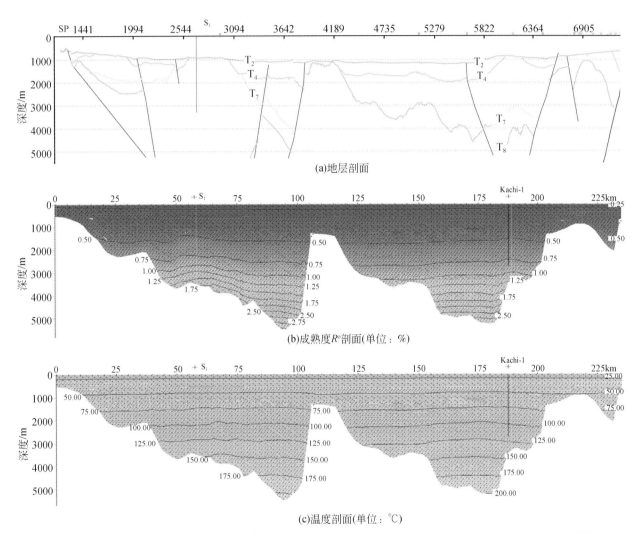

图7.28　南北向穿过千里岩隆起-南黄海陆相中—新生代盆地北部拗陷（东北凹陷-北部凸起-北部凹陷-南部凹陷）—中部隆起的H09-4剖面图

白垩系泰州组以北部凹陷埋深最大，地温也明显高于其他凹陷（图7.29），有机质进入成熟门限时间较早，至阜宁末期，泥岩中有机质就开始进入生油门限，现今约有45%的泰州组沉积发育区进入大量生油气阶段，靠千里岩断裂下降盘、东北凹陷南部边界断裂下降盘一侧的深凹部位已进入大量生气阶段。

阜宁组在三垛期末进入初成熟开始生烃，至现今，北部拗陷的北部凹陷、东北凹陷、中部凹陷和南部凹陷是机质成熟生烃的主要区域，约占阜宁组沉积范围35%的区域进入主生油期。

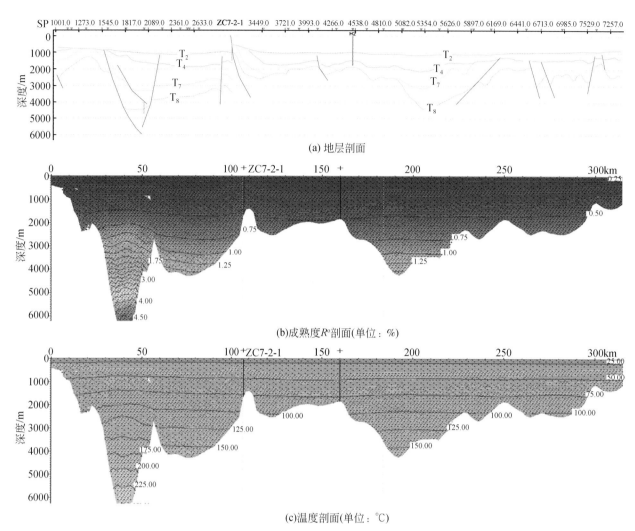

(a) 地层剖面

(b)成熟度$R°$剖面(单位：%)

(c)温度剖面(单位：℃)

图 7.29　东西向穿过南黄海陆相中—新生代盆地北部拗陷西部凸起-北部凹陷-中部凹陷-东部凹陷的 H08-3 剖面图

南黄海盆地的南部拗陷陆相中生界白垩系呈零星状残留分布，各组地层不同时期的温度等值图表明，仅在凹陷深凹区（如南五凹陷）进入生烃门限并达到成熟阶段，拗陷北部的南四凹陷仅部分深凹区进入生烃门限并达到初成熟-成熟阶段，斜坡带和低凸起区白垩系未进入生烃门限（图 7.30）；局部深凹部位阜宁组现今刚进入成熟阶段开始生烃（图 7.31）；戴南组绝大部分未进入有机质成熟生油门限（图 7.32）

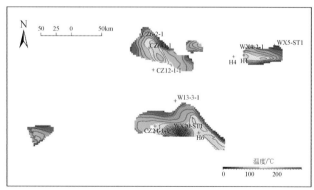

(a)三垛期末(23Ma)

(b)现今(0Ma)

图 7.30　南部拗陷白垩系在三垛末期—现今各地质时期地温特征

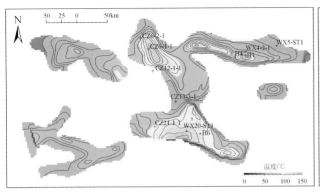 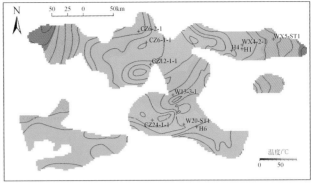

图7.31　南部拗陷阜宁组现今（0Ma）地温特征　　　图7.32　南部拗陷戴南组+三垛组现今（0Ma）地温特征

（二）各段地层生烃特点

侏罗系、泰州组、阜宁组中的暗色泥岩是北部拗陷内中—新生代陆相地层三套主力生烃岩系，其生烃特点简述如下。

1. 侏罗系各时期生烃特点

侏罗系是南黄海盆地中中生代前陆阶段产物，分布比较局限，主要发育于靠千里岩大断裂下降盘一侧，北部凹陷西南部和西部凸起东北部，发育 2000～5000m 厚的侏罗系，最大厚度达 6000m，南部凸起西部侏罗系厚 2000～3000m，局部厚达 4000m；东北凹陷发育 2 个侏罗系深凹，最大厚度分别为 4200m 和 4800m（图2.20）。白垩纪末期（65.5Ma），侏罗系中有机质局部进入初成熟开始生烃，但生烃范围有限，仅在东北凹陷的东北部和西南部两个侏罗系深凹部位发育一定的生烃区域，且生烃强度较低，（60～90）× 10^4t/km²（图7.33），而此时的北部凹陷侏罗系除靠近千里岩断裂下降盘一侧的局部深凹外，其余未开始生烃。

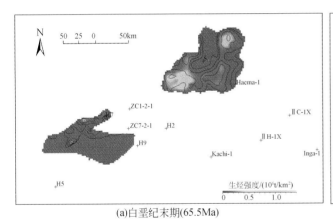 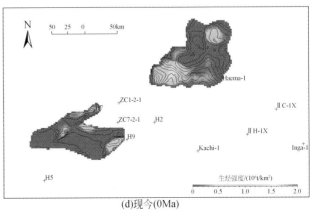

(a)白垩纪末期(65.5Ma)　　　　　　　　(b)阜宁末期(55.8Ma)

(c)三垛末期(23Ma)　　　　　　　　　(d)现今(0Ma)

图7.33　北部拗陷侏罗系在白垩纪—现今各地质时期生烃强度（10^6t/km²）

至阜宁期末（55.8Ma），东北凹陷的东北部和西南部的侏罗系生烃范围有所扩大，生烃强度增大，凹陷西南部最大生烃强度从白垩纪末期的90×10⁴t/km²增加到阜宁期末的150×10⁴t/km²，生烃范围内生烃强度（60~150）×10⁴t/km²，北部凹陷靠近千里岩断裂下降盘一侧的局部深凹区，生烃强度仍很低，约（60~90）×10⁴t/km²，其余区域未开始生烃。至三垛期末（23.0Ma），东北凹陷的东北部和西南部的侏罗系生烃范围进一步扩大，生烃强度有所增强，最大生烃强度从阜宁期末的150×10⁴t/km²增加到三垛期末的170×10⁴t/km²，生烃范围内生烃强度（60~170）×10⁴t/km²（图7.33），此时北部凹陷侏罗系生烃范围开始扩大，不仅靠近千里岩断裂下降盘一侧的局部深凹部位，北部凹陷的H7井附近、中部凸起西侧H9井附近的侏罗系也开始成熟生烃，生烃强度（60~90）×10⁴t/km²，其余未开始生烃。及至现今（0Ma），侏罗系生烃范围与生烃强度仍基本保持三垛期末的态势，可能与渐新世末期的三垛运动使北部坳陷三垛组和戴南组遭受强烈剥蚀，东北凹陷甚至阜宁组也遭受强烈剥蚀有关。

2. 白垩系泰州组各时期生烃特点

泰州组是南黄海晚中生代盆地拉张断陷期的沉积产物，具北断南超的特点，沉积地层发育明显受断裂控制，靠近断层下降盘一侧沉积物厚度较大，另一侧为斜坡区，逐渐向上超覆。泰州组在北部坳陷的东北凹陷、北部凹陷、东部凹陷和西部凹陷各个凹陷均有分布，靠近坳陷南部边界断裂东段的东部凹陷南部附近白垩系最大厚度达4750m，自东向西减薄，至西部凹陷H5井附近，白垩系厚约1750m，最厚达2000m；北部凹陷靠千里岩断裂下降盘一侧附近，发育多个厚达2000~2500m的白垩系深凹，东北凹陷除S₁井附近缺失白垩系外，普遍发育1000~1500m的白垩系，最大厚度1900m（图2.22）。

至阜宁期末（55.8Ma），白垩系泥岩中有机质基本未成熟，仅在东北凹陷的西南部深凹部位可能存在一定范围的初成熟生烃区，生烃强度很低，（30~40）×10⁴t/km²，其余基本上未开始生烃（图7.34）。

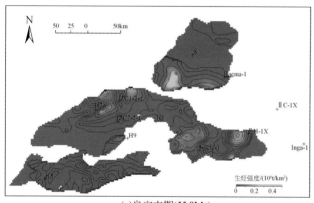

(a)阜宁末期(55.8Ma)

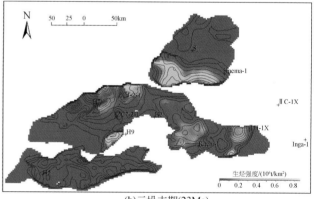

(b)三垛末期(23Ma)

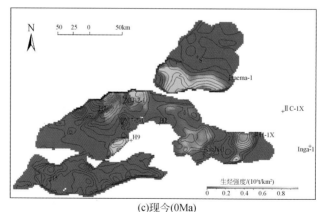

(c)现今(0Ma)

图7.34　北部坳陷白垩系在阜宁末期—现今各地质时期生烃强度（10⁶t/km²）

至三垛期末（23.0Ma），白垩系局部进入初成熟开始生烃，但生烃范围有限，仅在东北凹陷的西南部靠凹陷南部边界断裂下降盘一侧附近、北部凹陷靠千里岩断裂下降盘一侧附近、H9井西南部的中部凹陷东部，以及东部凹陷靠南部边界断裂附近存在一定的生烃区；生烃强度以东北凹陷的西南部和中部凹陷东部相对较大，为 $(50 \sim 80) \times 10^4 t/km^2$，北部凹陷靠千里岩断裂和东部凹陷靠南部边界断裂下降盘一侧附近区域，生烃强度均较低，一般小于 $40 \times 10^4 t/km^2$（图 7.34），其余基本上未开始生烃。

现今（0Ma）白垩系的生烃范围基本保持三垛末期的态势，仅生烃强度略有增强，东北凹陷的西南部和中部凹陷东部生烃强度 $(60 \sim 90) \times 10^4 t/km^2$，北部凹陷靠千里岩断裂和东部凹陷靠南部边界断裂下降盘一侧附近，其生烃强度普遍小于 $45 \times 10^4 t/km^2$（图 7.34）。这可能与渐新世末期的三垛运动使北部拗陷三垛组和戴南组遭受强烈剥蚀，东北凹陷甚至阜宁组也遭受强烈剥蚀有关。

3. 古近系阜宁组各时期生烃特点

阜宁组是南黄海新生代古近纪盆地拉张断陷-拗陷期的沉积产物，与泰州组一样，具有北断南超的特点并在北部拗陷的各个凹陷均有分布，但地层发育受断裂控制作用已不如白垩系强烈，且其分布范围也比白垩系泰州组更广，厚度以北部凹陷最大，最厚达 4600 多米，其次为东部凹陷和南部凹陷，分别厚达 $2800 \sim 3400m$ 和 $2800 \sim 3200m$ 不等，东北凹陷最厚达 $2800 \sim 3000m$（图 2.24）。

至三垛末期（23.0Ma），北部拗陷阜宁组局部进入初成熟开始生烃，但生烃范围极为有限，仅北部凹陷靠千里岩断裂下降盘一侧附近的 2 个深凹区，其中一个深凹区生烃强度为 $(15 \sim 30) \times 10^4 t/km^2$，另一个深凹区生烃强度小于 $15 \times 10^4 t/km^2$，东北凹陷西南部靠凹陷南部边界断裂附近有一个生烃强度小于 $10 \times 10^4 t/km^2$ 的生烃区（图 7.35），其余基本上未开始生烃。

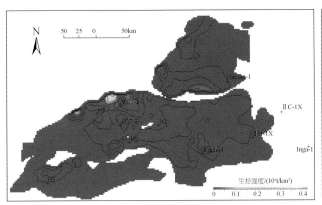
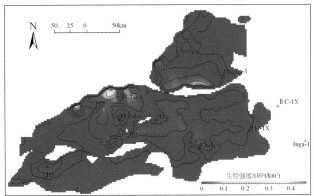

(a)三垛末期(23Ma)　　　　　　　　　　　　　(b)现今(0Ma)

图 7.35　北部拗陷阜宁组在三垛末期—现今各地质时期生烃强度

虽然现今（0Ma）阜宁组的生烃范围有所扩大，强度也略有增强，但其生烃强度仅比三垛末期（23.0Ma）增加约 $10 \times 10^4 t/km^2$，其中北部凹陷靠千里岩断裂下降盘一侧 ZC1-2-1 井附近的深凹区，生烃强度为 $(30 \sim 45) \times 10^4 t/km^2$，另一个深凹区生烃强度则变化不大，仅比三垛末期（23.0Ma）的生烃强度增加 $(2 \sim 3) \times 10^4 t/km^2$，为 $(15 \sim 20) \times 10^4 t/km^2$（图 7.35）。这同样与渐新世末期的三垛运动使北部拗陷三垛组和戴南组遭受强烈的抬升剥蚀有关。

从侏罗系、白垩系和古近系各层段源岩层的生烃期分析，侏罗系生烃源岩于白垩纪末期开始生烃，到三垛期末达到生烃高峰期，最大生烃强度从白垩纪末期的 $90 \times 10^4 t/km^2$ 增加到阜宁期末的 $150 \times 10^4 t/km^2$，至三垛期末进一步增加到 $170 \times 10^4 t/km^2$；白垩系生烃源岩于三垛期末局部（东北凹陷的西南部靠凹陷南部边界断裂附近、北部凹陷 H9 井西南部的中部凹陷东部及东部凹陷靠南部边界断裂附近区域）达到初成熟，生烃强度较低，为 $(50 \sim 80) \times 10^4 t/km^2$，三垛末期之后至今，白垩系的生烃范围基本保持三垛期末的态势，生烃强度略有所增强，达到 $(60 \sim 90) \times 10^4 t/km^2$，白垩系烃源岩至今仍处于生烃高峰期；古近系阜宁组烃源岩在古近纪末期（三垛期末）局部（仅北部凹陷靠千里岩断裂一侧附近的 2 个深凹）进入初成熟开始生烃，但生烃强度很低，仅为 $(10 \sim 30) \times 10^4 t/km^2$，至今其最大生烃强度仍小于 $45 \times 10^4 t/km^2$，故古近纪时期的生烃量主要为中生界侏罗系和白垩系烃源岩层的贡献。

据盆地模拟结果统计，至现今时期，北部拗陷中生界侏罗系和白垩系烃源岩的生烃量分别占总生烃量的 42.96% 和 31.0%，古近系阜宁组烃源岩层的生烃量占总生烃量的 26.04%，侏罗纪末、白垩纪末、古近纪渐新世末的生烃量分别占总生烃量的 16.57%、22.89%、49.12%，中新世以来的生烃量仅占总生烃量的 11.42%，可见古近纪是北部坳陷烃源岩的主要生烃期，生烃高峰期是渐新世末期。同时表明中生界烃源岩层的生烃贡献（占总生烃量的 74%）远大于古近系烃源岩层。其中原因有两个：一是古近系烃源岩的厚度较小；二是其至今尚未进入成熟的生烃高峰期，且前者的可能性更大，这从北部坳陷古近系分层等厚图就可以看出，北部坳陷内古近系厚度大于 2500m 的区域仅分布于北部凹陷千里岩断裂下降盘和东北凹陷南部边界断裂断层下降盘一侧附近，南部凹陷仅在东南部边界断裂附近，东部凹陷中部和东部局部区域。

综上所述，南黄海盆地北部坳陷最主要的生烃层系为中生界烃源层，其在古近纪生烃高峰期的生烃量，基本上决定了北部坳陷生烃规模，且在生烃高峰期后的新近纪和第四纪时期，中生界烃源岩依然是盆地内最主要的生烃层系，古近系烃源层则仅在局部地区于新近纪和第四纪时有少量的烃类生成。

南部坳陷呈零星状残留分布的白垩系，直至现今，也仅在凹陷深凹区（如南五凹陷）进入生烃门限并达到成熟阶段，阜宁组沉积范围虽有所扩大，但总体继承白垩纪沉积格局，因埋藏浅，仅在坳陷南部的南五凹陷部分深凹进入门限开始生烃，且生烃强度很小，戴南组则大部分未进入生烃门限，仅在个别深凹部位可能存在局部初成熟的生烃区，生烃强度很低（图 7.36）。

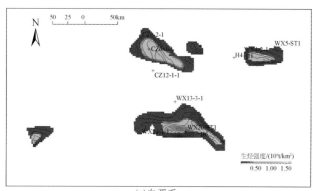
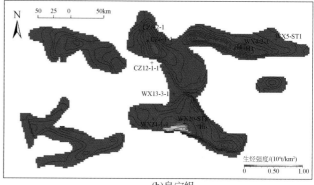

图 7.36　南部坳陷白垩系（a）和阜宁组（b）顶面现今生烃强度图

（三）各段地层排烃特点

烃类的排出是指油和气的初次运移，即油和气（烃）从烃源岩中排出到储层中的过程。

1. 侏罗系烃源岩各时期排烃特点

按照油气初次运移机理，当烃源岩中的烃类达到一定浓度以后即开始油和气初次运移的排烃过程。盆地运聚模拟显示，侏罗纪末期，深凹部位少量烃源岩开始初成熟生烃，白垩纪末期，侏罗系泥岩中有机质局部进入初成熟—成熟开始生烃和排烃，最大排烃强度区域与最大生烃强度区域基本一致，最大排烃强度达到 $240 \times 10^4 t/km^2$，阜宁期末增加到 $380 \times 10^4 t/km^2$，三垛期末又增加到 $450 \times 10^4 t/km^2$，现今的最大排烃强度比三垛期末略有增加，从 $450 \times 10^4 t/km^2$ 增加到 $480 \times 10^4 t/km^2$。白垩纪末、阜宁末、三垛期末和现今的最大排烃强度增量分别为 $140 \times 10^4 t/km^2$、$70 \times 10^4 t/km^2$ 和 $30 \times 10^4 t/km^2$；侏罗纪、白垩纪、古新世、始新—渐新世、中新世—第四纪各时期排烃量分别占总排烃量的 28.12%、58.69%、5.67%、5.05%、2.47%，可见，侏罗系烃源岩的排烃过程从侏罗纪末期开始一直延续至今，白垩纪达到排烃高峰。

2. 白垩系烃源岩各时期排烃特点

白垩纪末，白垩系泰州组烃源岩有机质局部进入初成熟开始生烃和排烃，阜宁期末开始大量生烃和排烃，最大排烃强度区位于东北凹陷西南部和东部凹陷东南部边界断裂附近，阜宁期末和三垛期末最大排烃强度分别达到 $230 \times 10^4 t/km^2$ 和 $360 \times 10^4 t/km^2$，现今最大排烃强度达 $420 \times 10^4 t/km^2$；白垩纪、古新世、始新—渐新世、中新世—第四纪各时期排烃量分别占总排烃量的 5.33%、32.89%、44.92%、16.86%，白垩系烃源岩的排烃过程从白垩纪末期开始一直延续至今，始新世—渐新世为白垩系泰州组烃源岩排烃高峰期。

3. 阜宁组烃源岩各时期排烃特点

古新世末，北部拗陷北部凹陷千里岩断裂下降盘一侧深凹部位，阜宁组泥岩有机质局部进入初成熟开始生烃和排烃，最大排烃强度达到 $90 \times 10^4 t/km^2$，现今的最大排烃强度达 $130 \times 10^4 t/km^2$；古新世末、始新—渐新世、中新世—第四纪各时期排烃量分别占总排烃量的 7.04%、64.19%、28.77%，阜宁组烃源岩的排烃过程从古新世末期开始一直延续至今，渐新世—中新世及第四纪为阜宁组烃源岩排烃高峰期。

盆地模拟显示，北部拗陷侏罗系、白垩系和阜宁组三套烃源岩的排烃量分别占总排烃量的 50.81%、19.56% 和 29.63%，戴南组和三垛组排烃量仅占总排烃量的不足 1.0%。表明侏罗系和白垩系是北部拗陷烃资源的主要贡献者（占 70.36%）。侏罗系、白垩系和阜宁组烃源岩的生排烃高峰期分别是白垩纪末、古近纪末和渐新世–中新世及第四纪。

南黄海盆地南部拗陷内呈零星状残留分布的中生代白垩系绝大部分区域直至现今的排烃强度小于 $50 \times 10^4 t/km^2$，仅局部可达到 $(100 \sim 120) \times 10^4 t/km^2$；阜宁组绝大部分区域现今的排烃强度小于 $40 \times 10^4 t/km^2$，仅局部可达到 $(80 \sim 100) \times 10^4 t/km^2$，个别局部深凹现今的排烃强度可达 $(150 \sim 200) \times 10^4 t/km^2$，其排烃强度仅相当于北部拗陷相同层位烃源岩排烃强度的 25% ~ 35%。

（四）各段地层烃类运聚特点

1. 侏罗系各时期烃类运聚特点

侏罗系中有机质从白垩纪末开始，局部进入初成熟开始生烃，生烃范围仅限于东北凹陷的西南部和东北部两个侏罗系深凹部位，以及北部凹陷近断裂一侧深凹区。除北部拗陷东北凹陷古新世末因构造抬升，致使部分古新统遭受剥蚀，部分烃类散失外，其烃源岩生烃及烃类运移聚集过程从白垩纪末开始一直延续至今。侏罗纪末—白垩纪、古新世、始新—渐新世及中新世—第四纪各时期的烃类运移聚集量分别占侏罗系内烃类运移量的是 61.15%、–26.10%（散失）、10.69%、2.10%，烃类运移聚集路径见图 7.37。

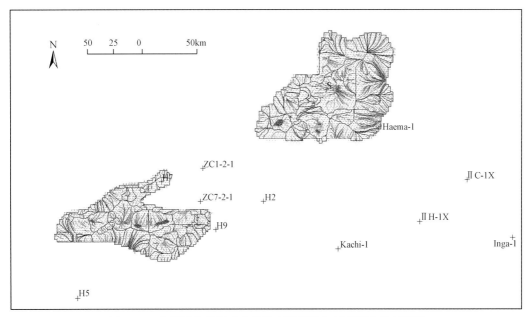

图 7.37 北部拗陷侏罗系生排烃高峰期油气运移聚集路径图示

2. 白垩系各时期烃类运聚特点

古新世阜宁期末，白垩系中有机质基本未成熟，直至渐新世三垛期末，白垩系烃源岩局部进入初成熟开始生烃，但生烃范围仅限于东北凹陷的西南部靠南部边界断裂附近、北部凹陷靠千里岩断裂一侧附近、H9 井西南部的中部凹陷东部。因此下部的侏罗系烃源岩从白垩纪末开始就已处于成熟生烃阶段，故白垩系内烃类运移与聚集从古新世末—现今一直处于比较活跃状态，古新世、始新—渐新世及中新世—第四纪各时期的烃类运移聚集量分别占白垩系内烃类运移量的 29.5%、44.65%、25.85%，主要运移期为始新世—渐新世，东北凹陷因构造抬升，烃类有散失趋势。白垩系内烃类运移聚集路径见图 7.38。

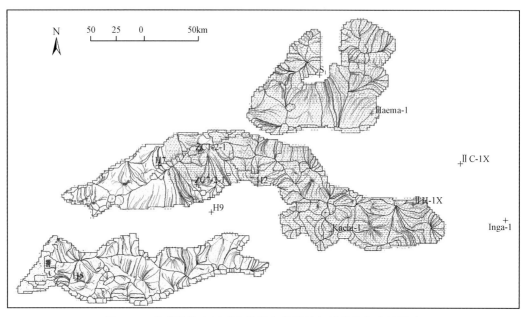

图 7.38　北部拗陷白垩系生排烃高峰期油气运移聚集路径图示

3. 古近系阜宁组各时期烃类运聚特点

渐新世三垛末期，北部拗陷阜宁组局部进入初成熟开始生烃，但生烃范围仅限于北部凹陷靠千里岩断裂一侧附近的 2 个深凹区，以及东北凹陷西南部靠南部边界断裂附近的一个深凹。阜宁组内始新—渐新世及中新世—第四纪时期的烃类运移聚集量分别占阜宁组内烃类运移量的 79.39%、20.61%，主要运移期为始新世—渐新世。东北凹陷因构造抬升，烃类有散失趋势。阜宁组内烃类运移聚集路径见图 7.39。

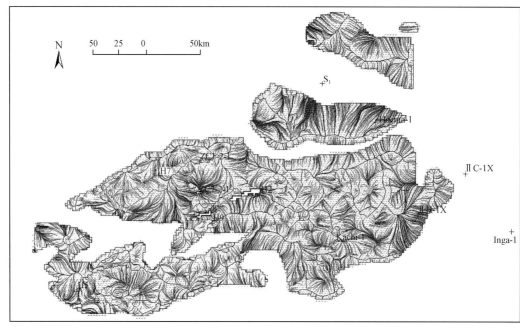

图 7.39　北部拗陷阜宁组生排烃高峰期油气运移聚集路径图示

4. 古近系戴南—三垛组下部地层各时期烃类运聚特点

渐新世末期的三垛运动使北部拗陷（尤其东北凹陷）普遍受到强烈的挤压抬升，同时伴随剪切走滑活动，不仅使三垛组和戴南组遭受强烈剥蚀，而且使部分阜宁组也遭受剥蚀。盆地模拟显示，戴南—三垛组内烃类运移不活跃（图7.40），可能与三垛运动使下伏生烃源岩埋藏深度达不到生烃门限深度有关。

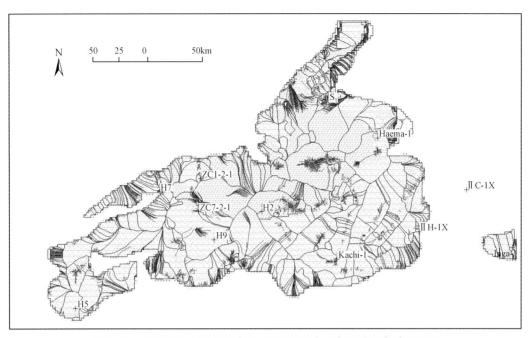

图7.40　北部拗陷古近系戴南组+三垛组现今油气运移聚集路径图示

第三节　海相中—古生界油气资源潜力评价

从事实上讲，油气勘探过程本身就是油气资源评价工作过程，不同地区、不同层系勘探程度的差异及资料丰富程度的不同，资源评价采用的方法也有差异，依据南黄海地区中—古生界油气实际勘探资料和成果，对海相中—古生界油气资源潜力的估算主要采用有机碳法。

一、计算方法与参数

有机碳法是成因法类物质平衡法的一种，主要利用生油岩有机质中有机碳含量和一些经验系数间接地求取生油气量，再利用运聚系数求取油气聚集量，即资源量。其计算公式是：

$$Q_{残} = S \times H \times D \times C\% \times K_{产烃率} \tag{7.1}$$

$$Q_{聚} = Q_{残} \times K_{恢复} \times K_{排聚} \tag{7.2}$$

式中，$Q_{残}$为生烃岩中残留生烃量；$Q_{聚}$为烃类聚集量（即资源量）；S为成熟生油岩面积（km^2），按照成熟门限深度在各层顶面埋深图中圈出其面积；H为有效烃源岩平均厚度（m），在成熟生油层范围内，采用等厚线中值；D为生油岩密度，一般取值23×10^8 t/km^3；C%为各层生油岩成熟门限深度以下样品中的残余有机碳含量值，取均值，先井点平均，再算数平均；$K_{恢复}$为有机碳恢复系数（一般通过类比求取）；$K_{产烃率}$为有机碳产烃率，mg 烃/gTOC（一般通过实测求取，也可通过类比求取）；$K_{排聚}$为烃类排聚系数（一般通过类比取值）。

上式计算出的$Q_{残}$是生烃岩中现今的残留生烃量，而非生烃（油和气）总量。计算生烃（油和气）总量，目前的解决办法是在上式中增加一个有机碳的恢复系数$K_{恢复}$，将依据现今有机碳残余生烃量反推到原始生烃量。据前人研究成果，恢复系数$K_{恢复} = 1/(1 - K_{排烃系数})$，排烃系数和恢复系数，随热演化成烃阶段不同，据龙胜详（2005）的研究，排烃系数和恢复系数具有如下关系（表7.9）。

表7.9　不同演化阶段排烃系数和恢复系数（据龙胜详，2005）

演化阶段	排烃系数	恢复系数
成油中期	0.25	1.333
成油末期	0.30	1.429
湿气末期	0.45	1.818
干气中后期	0.50	2.000

二、评价参数求取

1. 成熟生烃岩面积（s）

前已述及，南黄海地区共发育5套烃源岩，包括：下寒武统幕府山组泥质岩、奥陶系五峰组–下志留统高家边组烃源岩、下二叠统栖霞组烃源岩、上二叠统龙潭组—大隆组烃源岩和下三叠统青龙组烃源岩。通过地震资料的处理、区域对比，推测解释和编制出上述5个层段的地层厚度和沉积特征图件，圈定了这5套烃源岩大致的分布范围，分不同沉积特征范围进行面积求取，即可得到每套烃源岩的面积。

2. 有效烃源岩厚度

依据钻井资料和已知区统计各层位的有效烃源岩占地层比例（表7.10），再乘以南黄海该层位的地层厚度，便得到烃源岩的推测厚度分布。依据地质类比分析，推测得到各层位有效烃源岩厚度占地层总厚度的百分比，再结合地震资料解释成果，推算得出各层位有效烃源岩厚度（表7.11）。

表7.10　下扬子陆区海相地层泥质有效烃源岩占地层比例统计表

层位	岩性	滨海–有效烃源岩（烃源岩厚/地层厚）	滁县–有效烃源岩（烃源岩厚/地层厚）	南京–有效烃源岩（烃源岩厚/地层厚）	泰兴–有效烃源岩（烃源岩厚/地层厚）	桐庐有效烃源岩（烃源岩厚/地层厚）
T_1	泥质岩	—	—	7.46%（50/670）	14.71%（100/680）	—
P_2		4.87%（38/780）	—	100%（210/210）	100%（150/150）	—
P_1		—	—	—	—	—
S_1		8.88%（110/1239）	—	12.18%（320/2627）	32.43%（530/1634）	—
O		0	—	0	0	4.35%（150/3445）
ϵ_1		6.96%（80/1150）	5.06%（120/2373）	1.14%（30/2627）	4.89%（80/1634）	2.90%（100/3445）

表7.11　南黄海海相中—古生界有效烃源岩层预测厚度统计表

层系	T_1q	P_2d	P_2l	P_1q	$O_3—S_1g$	ϵ_1m
推测厚度/m	400～600	50～100	100～300	50～100	40～60	100～200

3. 烃源岩有机碳含量和有机质类型

南黄海海相中古生界烃源岩有机碳含量，有钻井资料则通过实际测试数据统计得到，无钻井资料的层位则主要利用沉积相进行类比推测。

下扬子陆区海相中—古生界烃源岩有机碳含量与沉积相相关性明显。其中，盆地相、陆棚相的烃源岩有机碳含量高，为好烃源岩，而台地相的烃源岩有机碳含量较低，为中等或差烃源岩（表6.20）。由陆区向海区建立下扬子陆区海相中—古生界的沉积相类型与TOC关系，通过区域对比分析南黄海中—古生界主力烃源岩发育时期的沉积相展布并应用于海区TOC预测，南黄海中—古生界主要烃源岩有机质有机碳丰度和类型特征见表 7.12 和表 7.13。

表 7.12　南黄海中-古生界主力烃源岩特征

区域	地层层位	主要岩性	烃源岩厚度/m 范围值	成熟度 R^o/% 范围值	烃源岩 TOC/% 范围值	烃源岩 TOC/% 平均值	有机质类型	烃源岩有效性评价	备注
南黄海	青龙组	灰岩	400～600	0.6～1.0	0.1～0.65	0.4	II_2 为主，部分Ⅲ型	中等—好，局部差，成熟烃源岩	类比 CZ35-2-1 井及 CSDP-2 井
	大隆组	泥岩	50～100	0.71～1.6	0.92～4.85	1.79	Ⅲ型为主，部分Ⅱ型	中等—很好，局部差，成熟—高成熟烃源岩	类比 CZ35-2-1 井及 CSDP-2 井
	龙潭组	泥岩	100～300	0.62～1.6	0.75～5.43	1.61	Ⅲ型为主，部分Ⅱ型	中等—很好，局部差，成熟—高成熟烃源岩	类比 CZ35-2-1 井、WX5-STl 井和 CSDP-2 井
	栖霞组	灰岩局部泥岩	50～100	0.82～2.02	0.45～1.52（灰岩）0.56～2.24（泥岩）	1.11 1.21	Ⅱ型及Ⅲ型	灰岩属好，局部差；泥岩属中等—好。成熟—高成熟，局部过成熟烃源岩	类比 CZ35-2-1 井及 CSDP-2 井
	奥陶系五峰组-下志留统高家边组	泥岩	40～60	0.8～1.3	0.5～1.0	0.88	Ⅰ型为主	中等—好，局部差，成熟—高成熟烃源岩	类比苏北陆区及 CSDP-2 井
	寒武系幕府山组	泥岩	100～200	1.6～2.0	1.0～3.0	2.0	Ⅰ型为主	中等—很好（局部差）过成熟烃源岩	类比苏北陆区

表 7.13　南黄海海相主要烃源岩沉积相与有机质类型类比统计

层位		主要沉积相	主要岩性	有机质主要类型
T_1q		浅海、陆棚及开阔台地相	暗色泥岩、碳酸盐岩	Ⅱ型为主，少量Ⅲ型
P	P_2d	海湾相、盆地相、陆棚相	暗色泥岩、碳酸盐岩	Ⅲ型为主，部分Ⅱ型
	P_2l	滨海沼泽相、潮坪相、三角洲相	暗色泥岩、碳质泥岩	Ⅲ型为主，部分Ⅱ型
	P_1g	台地-陆棚相	暗色硅质泥（页）岩	Ⅲ型
	P_1q	台地相、盆地相	暗色碳酸盐岩	Ⅱ型为主、少量Ⅲ型
S	S_1g	陆棚相、欠补偿盆地相	暗色泥岩	Ⅱ型
O	O_3	陆棚相、盆地相	暗色泥岩、碳酸盐岩	II_2 型为主，少量Ⅲ型及 II_1 型
Є	$Є_1$	台地相、盆地相	暗色泥岩、碳酸盐岩	Ⅰ型为主，部分 II_1 型

由表 7.13 可看出，寒武系下统泥质岩有机质类型主要为Ⅰ型，上奥陶统—志留系下统泥质岩有机质类型主要为Ⅱ型，下二叠统栖霞组灰岩有机质类型以Ⅱ型为主、少量Ⅲ型，上二叠统龙潭组-大隆组泥质岩有机质类型主要为Ⅲ型、部分Ⅱ型，下三叠统青龙组暗色泥岩和碳酸盐岩有机质类型也主要为Ⅱ型，少量Ⅲ型。

4. 烃源岩有机质成熟度

烃源岩有机质类型及成熟度决定了烃源岩产烃率。从实测情况看，下扬子陆区中、古生界海相烃源岩有机质的镜质组反射率普遍大于 1.0%，其热演化普遍进入成熟—高成熟阶段。而与此相似，少数实测值也证明，南黄海中、古生界海相有机质的镜质组反射率也达到 1.0% 以上，其热演化同样进入成熟—高成熟阶段（表 7.12）。

5. 有机碳恢复系数

估算烃源岩的生烃能力和生烃量，还需要了解烃源岩有机碳的类型和含量。然而，现今测得的烃源岩样品有机碳含量，是原始烃源岩经过生烃作用之后的残留部分，要得到烃源岩的原始有机碳含量，通常是采用某个可靠的恢复系数来进行恢复。本节类比采用地质条件较为近似的四川盆地的恢复系数（表7.14）。

表 7.14 四川盆地有机碳恢复系数（据新一轮油气资评资料，2004）

成熟度 R^o/% 类型	1.0	2.0	3.6
I	1.518	1.481	1.372
II	1.36	1.377	1.344
III	1.26	1.23	1.303

6. 烃源岩产烃率

图 7.41 是国土资源部油气战略中心在新一轮油气资源评价中规定统一使用的海相烃源岩产烃率图版。南黄海海相中古生界资源评价采用该图版取值。

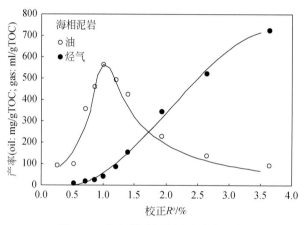

图 7.41 海相泥质烃源岩产油率图版

7. 烃排聚系数

表 7.15 给出了四川盆地各区块主要层系排聚系数（%）的统计结果，全国新一轮油气资源评价，对下扬子区句容–常州盆地油气资源量采用有机碳法计算时，曾采用表7.16 的排聚系数方案。依据地质类比分析原则，同时考虑属下扬子主体部位的南黄海比中–上扬子更稳定的地质认识，本次评价中南黄海海相中—古生界5 套主力烃源岩的排聚系数采用表7.17 的方案。

表 7.15 四川盆地各区块各层系排聚系数统计表 （单位:%）

层系	川东	川中	川南	川西南	川西	川北
T_3	2.63	6.04	4.99	5.29	8.08	2.87
T_2l	0.91	1.53	0.31	0.75	1.36	0.59
T_1j	3.97	2.20	2.83	2.73	1.69	1.11
T_1f	7.12	1.76	2.72	1.36	1.56	1.58
P_2	4.63	2.34	1.86	0.52	2.07	2.20
P_1	2.25	2.12	3.10	3.28	1.16	1.59

层系	川东	川中	川南	川西南	川西	川北
C_2	6.34	1.42	—	—	—	—
S	0.61	0.19	0.93	0.42	—	0.41
O	0.48	0.14	1.07	0.27	—	0.17
€	0.65	0.48	0.79	0.78	0.20	0.36

表 7.16　句容–常州盆地有机碳法评价采用的排聚系数

层系	T_1xl	P_2d—Ch	P_2l—P_1q	P_1g	S_1gl	O_3w	$€_1m$
排聚系数/‰	2	2	2	2	2	2	3

表 7.17　南黄海海相中—古生界主力烃源岩层位排聚系数表

层系	T_1q	P_2l—P_2d	P_1q	O_3—S_1g	$€_1m$
排聚系数/‰	3.5	3.0	3.0	2.5	2.0

第四节　油气资源潜力评价结果

一、盆地模拟法评价结果

（1）中—新生界生烃层发育和生烃潜力模拟表明，北部拗陷和南部拗陷均发育 3 套烃源岩。北部拗陷发育侏罗系、白垩系、阜宁组 3 套烃源岩；南部拗陷发育白垩系、阜宁组、戴南组（含部分三垛组）3套烃源岩。北部拗陷比南部拗陷多发育 1 套侏罗系烃源岩，缺少戴南组烃源岩，南部拗陷比北部拗陷少 1套侏罗系烃源岩，而多发育 1 套戴南组烃源岩。

（2）北部拗陷中—新生界生烃层的生烃潜力计算表明，中生界烃源岩（侏罗系和白垩系泰州组为主）生烃量占总生烃量的73.96%，古近系烃源岩（阜宁组为主）生烃占总生烃量的26.04%，古近系渐新统戴南组—三垛组和新近系及第四系无生烃作用发生；南部拗陷中生界烃源岩（白垩系王氏组）生烃占总生烃量的44.57%，古近系烃源岩（阜宁组和戴南组+三垛组）生烃占总生烃量的54.93%，新近系及第四系无生烃作用发生。可见，中生界烃源岩对北部拗陷的生烃贡献较大，而古近系烃源岩对南部拗陷的生烃贡献较大（表7.18、表7.19）。

表 7.18　南黄海盆地北部拗陷模拟结果统计表　　　　　　　（单位:%）

指标 层位	生烃量	排烃量	聚集量
总计	100	100	100
新近系—第四系	0	0	5.13
渐新统三垛–戴南组	0	0	6.17
古新统阜宁组	26.04	29.63	9.94
白垩系泰州组	31.0	19.56	74.36
侏罗系	42.96	50.81	4.40

表 7.19　南黄海盆地南部拗陷模拟结果统计表　　　　　　　　　　（单位:%）

指标 / 层位	生烃量	排烃量	聚集量
总计	100	100	100
新近系—第四系	0	0	0
渐新统三垛–戴南组	9.67	9.75	7.75
古新统阜宁组	45.76	50.55	67.71
白垩系泰州组	44.57	39.70	24.54

（3）中–新生界各层位的排烃模拟显示，北部拗陷的中生界（侏罗系和白垩系）和新生界（阜宁组、戴南–三垛组）烃源岩排烃量分别占北部拗陷总排烃量的 70.37% 和 29.63%；南部拗陷中生界（白垩系王氏组）和新生界（阜宁组和戴南组）烃源岩排烃量分别占南部拗陷总排烃量的 39.7% 和 60.3%。排烃量的分布与生烃量分布基本呈正相关关系。新近系无排烃作用发生。

（4）北部拗陷的烃源岩的生烃期从侏罗纪末一直延续到现今。北部拗陷侏罗系烃源岩的生烃和排烃高峰期是白垩纪，白垩系烃源岩的生烃和排烃高峰期是古新世—渐新世，阜宁组烃源岩的生烃和排烃高峰期是渐新世—现今（表 7.20、表 7.21）。南部拗陷烃源岩的生烃、排烃期与北部拗陷基本一致。

（5）运聚模拟计算结果统计显示，从层位看，北部拗陷烃类主要聚集在白垩系泰州组，占总聚集量的 74.36%，其次为古新统阜宁组和渐新统三垛–戴南组，分别占 9.94% 和 6.17%（表 7.18）；南部拗陷烃类主要聚集在古新统阜宁组，其次为白垩系泰州组，分别占总聚集量的 67.71% 和 24.54%（表 7.19）。

各地质时期烃类运聚特征表现为：侏罗系烃源岩生成的烃类于白垩纪发生运移聚集，至白垩纪末达到运聚高峰，运聚量占侏罗系烃类总运聚集量的 127.81%（包括白垩系烃源岩自身生成的部分烃类），白垩纪末至古新世的仪征运动，盆地再次发生张裂，北部拗陷形成了 NE—NEE 向裂陷，致使侏罗系烃源岩生成并已发生运移聚集的烃类在古新世期间散失了 54.52%（表 7.22 中负值表示散失），始新—渐新世和中新世—现今的运聚量分别占侏罗系烃类总运聚量的 22.33% 和 4.38%。

白垩系烃源岩生成的烃类于古新世时发生运移聚集，渐新世末达到运聚高峰期，随后运聚强度减弱，古新世、始新—渐新世和中新世—现今的聚集量分别占白垩系烃类总运聚量的 29.5%、44.65% 和 25.85%（表 7.22）。

表 7.20　北部拗陷中—新生界烃源岩生烃量分时期统计表　　　　　　（单位:%）

时期 / 层位	累计	中新世+第四纪	始新—渐新世	古新世	白垩纪	侏罗纪
阜宁组	100	28.57	55.21	16.22	0	0
白垩系	100	9.42	37.07	47.23	6.28	0
侏罗系	100	2.47	5.08	5.11	48.75	38.59

表 7.21　北部拗陷中—新生界烃源岩排烃量分时期统计表　　　　　　（单位:%）

时期 / 层位	累计	中新世+第四纪	始新—渐新世	古新世	白垩纪	侏罗纪
阜宁组	100	28.77	64.19	7.04	0	0
白垩系	100	16.86	44.92	32.89	5.33	0
侏罗系	100	2.47	5.05	5.67	58.69	28.12

阜宁组烃源岩生成的烃类于渐新世末达到运移聚集高峰，始新—渐新世的运聚量占阜宁组烃类总运移量 79.39%，中新世—现今的运聚集量占 20.61%（表 7.22）。

阜宁末期的吴堡运动、戴南末期的真武运动，以及三垛末期的三垛运动，均表现为盆地的张裂和抬升，在促进烃类运移的同时，亦有部分烃类发生了逸散。戴南+三垛期后生成的烃类逸散比例达18.26%（表7.22）。

表7.22　北部拗陷中—新生界烃类运移聚集量分时期统计表　（单位:%）

时期 层位	累计	中新世+第四纪	始新—渐新世	古新世	白垩纪	侏罗纪
戴南+三垛组	100	−18.26	118.26	0	0	0
阜宁组	100	20.61	79.39	0	0	0
白垩系	100	25.85	44.65	29.50	0	0
侏罗系	100	4.38	22.33	−54.52	127.81	0

（6）沉积特征及储盖特征分析表明，"下生上储上盖"、"自生自储上盖（或自盖）"是北部拗陷主要成藏组合。白垩系泰州组和古新统阜宁组储盖组合条件好，有利于烃类聚集保存，渐新统三垛-戴南组储集条件较好，但缺乏区域性盖层，不利于烃类易聚集保存；南部拗陷因比北部拗陷多一套戴南组烃源岩，除上述两种成藏组合外，由上下两侧泥岩作为烃源岩同时向中间储层供烃，泥岩又兼作盖层的"三明治"式成藏组合也是一个重要成藏组合。

（7）结合盆地内次级构造单元和局部构造分布特征分析表明，南黄海中—新生代盆地北部拗陷的油气聚集有利区带主要有6个，第一个是在北部凹陷千里岩断裂下降盘一侧的断阶带，第二个是沿中部凸起和中部凹陷呈NE向展布的凸起和断裂带，第三个是东部凹陷内沿NW向展布的断裂带和低凸起，第四个是北部凸起中段，第五个是东北凹陷中央隆起构造带，第六个是南部凹陷西界断裂和凹陷内NE向展布的断裂带。南部拗陷油气聚集有利区带主要有2个，第一个是南四凹陷及周边凸起区和斜坡带，第二个是南五凹陷及周边附近凸起带和斜坡带。

二、有机碳法评价结果

南黄海海区（下同）海相中—古生界5套烃源岩总体处于成熟—高成熟（局部过成熟）阶段，以生气为主，有机碳法评价结果表明，总生烃量204.95万亿~332.95万亿 m³气当量（下同），各层系不同沉积相带生烃量、生烃强度和资源丰度见表7.23。

（1）南黄海海域下古生界最具资源远景的层系和区域是下寒武统幕府山组盆地相烃源岩发育区。其范围主要包括北部拗陷中–南部、中部隆起中–东部、南部拗陷全区和勿南沙隆起北部（图6.2、表7.23）。生烃强度为 $(6.7128 \sim 10.0692) \times 10^8 \mathrm{m^3/km^2}$，平均资源丰度为 $0.2517 \times 10^8 \mathrm{m^3/km^2}$（表7.23）。位于勿南沙隆起西南部的开阔台地–台地边缘斜坡相区域，资源前景较差，其生烃强度和平均资源丰度约相当于盆地相区的16%~21%。

（2）上奥陶统五峰组—下志留统高家边组陆棚–欠补偿盆地相是南黄海海域下古生界另一个有效生烃区和远景区。其范围包括北部拗陷和中部隆起中部，南部拗陷中–东部和勿南沙隆起北端（图6.5、表7.23）。其生气强度变化在 $(1.2066 \sim 1.4077) \times 10^8 \mathrm{m^3/km^2}$，平均资源丰度约为 $0.0392 \times 10^8 \mathrm{m^3/km^2}$。生烃中心区大致位于北部拗陷—中部隆起—南部拗陷中部一带。浊流、潮坪和陆棚沉积区生气强度为 $(0.7648 \sim 1.1131) \times 10^8 \mathrm{m^3/km^2}$，平均资源丰度为 $(0.0258 \sim 0.0318) \times 10^8 \mathrm{m^3/km^2}$。可见，欠补偿的海盆沉积的生气强度较其他沉积环境优越。

（3）上二叠统龙潭–大隆组海陆交互（过渡）相烃源岩发育区是南黄海海域上古生界最具资源远景的层系和区域。其中位于北部拗陷、中部隆起和南部拗陷中–东部的浅海相和三角洲前缘发育区资源前景最好（图6.8、表7.23），浅海相沉积发育区生气强度为 $(3.6963 \sim 9.2407) \times 10^8 \mathrm{m^3/km^2}$，三角洲前缘沉积发育区生气强度为 $(6.0189 \sim 12.0377) \times 10^8 \mathrm{m^3/km^2}$，平均资源丰度为 $(0.1941 \sim 0.2708) \times 10^8 \mathrm{m^3/km^2}$；

位于勿南沙隆起北部、北部拗陷和中部隆起西部的三角洲平原沉积区，资源前景次之，其烃源岩生气强度为（1.0622~2.1243）×10^8m^3/km^2，平均资源丰度为 0.0478×10^8m^3/km^2。生气强度和平均资源丰度都仅相当于浅海相和三角洲前缘相区的 20%~30%。

表 7.23　南黄海海相中—古生界海相层生烃和资源丰度（气当量）统计表

层位	沉积相	生烃（气当量）量/10^8m^3		生烃（气当量）强度 /（10^8m^3/km^2）	资源丰度 /（10^8m^3/km^2）
		低值	高值		
T$_1$q	浅海–深水陆棚	192289.88	240362.35	2.0412~2.5515	0.1033
	台地边缘	42667.08	64000.62	1.4720~2.2081	0.0828
	台地	32854.03	39424.83	1.5113~1.8136	0.0748
P$_2$d	盆地相	74350.71	148701.42	2.1243~4.2486	0.0956
	陆棚	22439.04	37398.41	0.6373~1.0622	0.0255
P$_2$l	浅海	206319.65	515799.13	3.6963~9.2407	0.1941
	三角洲前缘	196678.52	393357.03	6.0189~12.0377	0.2708
	三角洲平原	38872.68	77745.35	1.0622~2.1243	0.0478
	冲积平原	1055.06	1758.43	0.4036~0.6727	0.0161
P$_1$q	盆地相	164512.29	197414.75	3.9937~4.7924	0.1318
	局限台地浅滩	91876.40	183752.81	1.0763~2.1526	0.0484
	开阔台地生物滩	1051.28	1752.13	0.1275~0.2124	0.0051
O$_3$—S$_1$g	盆地相	139954.21	163279.91	1.2066~1.4077	0.0392
	浊流	8816.04	10579.25	0.9276~1.1131	0.0306
	潮坪	3524.81	3845.25	1.0126~1.1046	0.0318
	陆棚	3479.61	4349.52	0.7648~0.9559	0.0258
$\in_1$m	盆地相	823191.52	1234787.28	6.7128~10.0692	0.2517
	开阔台地	5601.64	11203.28	1.0707~2.1413	0.0482
合计		2049534.44	3329511.74		

（4）下二叠统栖霞组盆地相和局限台地浅滩烃源岩发育区是南黄海海域上古生界次要有利远景区。位于北部拗陷和中部隆起东部的盆地相资源前景较好（图6.6、表7.23），生气强度（3.9937~4.7924）×10^8m^3/km^2，平均资源丰度为 0.1318×10^8m^3；位于北部拗陷、中部隆起、南部拗陷全区和勿南沙隆起北部的局限台地浅滩沉积区，生气强度为（1.0763~2.1526）×10^8m^3/km^2，平均资源丰度为 0.0484×10^8m^3。生气强度和平均资源丰度都仅相当于盆地相区的 30%~45%。

（5）下三叠统青龙组浅海陆棚烃源岩发育区是南黄海海域下中生界有利远景区。位于北部拗陷、中部隆起西部、南部拗陷东部的浅海陆棚烃源岩发育区（图6.12、表7.23），生气强度为（2.0412~2.5515）×10^8m^3/km^2，平均资源丰度 0.1033×10^8m^3；位于中部隆起中–东部、南部拗陷西部勿南沙隆起西北部的台地–台地边缘相区，生气强度为（1.4720~2.2081）×10^8m^3/km^2，平均资源丰度 0.0828×10^8m^3；资源前景仅次于浅海陆棚烃源岩发育区，也具有较好的油气资源远景。

第八章 南黄海中部隆起科学探井（CSDP-2）
初步成果及其意义

南黄海盆地是新生代、中生代、古生代大型叠合盆地，具有良好的油气资源前景。中部隆起是中、新生代陆相盆地的二级构造单元，前期的研究认为（裴振洪和王果寿，2003），中部隆起海相地层分布广、厚度大，埋藏浅、构造变形相对较弱，是油气二次创业的理想试验区。前期由于缺乏钻探资料，对中部隆起前新生代地层分布和油气资源前景的认识众说纷纭。

2014年，由中国地质调查局青岛海洋地质研究所组织实施的"大陆架科学钻探项目"，部署了以探查中部隆起中—古生代地层和地质结构、油气地质条件为目标的第一口科学探井（CSDP-2井），并实施了全取心钻探。其预定的科学目标：一为建立南黄海第四系、新近系的标准地层层序，探索陆架形成演化及其环境效应；二为探查南黄海中部隆起前新生代海相地层时代，揭示南黄海前新生代海相地层沉积演化过程。CSDP-2井在第四系、新近系陆相沉积层之下，首次在中部隆起钻遇了三叠系、二叠系、石炭系、泥盆系、志留系和奥陶系等多套海相地层，证实了中部隆起上发育中—古生代海相沉积地层的推论，使争论多年地层发育与分布特征有了比较明确的定论，并首次在中部隆起中—古生代海相沉积地层获得多个层位的油气显示，为进一步油气勘查突破奠定基础，极大地推动了南黄海尤其是中部隆起海相油气勘查工作。

第一节 钻 探 井 位

一、钻探目的、意义及井位部署

（一）钻探的目的与意义

1. 满足环境地质科学研究的需要

第四系和新近系（Q+N）地层记录较为完整，根据多道地震的资料，其厚度在600m以内，成层性良好，泥质沉积物所占比例相对较高。CSDP-2井设计钻穿新近系，与2013年实施的CSDP-01孔相结合，获取完整的新近纪地层记录，建立南黄海中部隆起新近系以来的地层格架，满足新近系以来科学研究的需要。为研究南黄海新近纪以来的高分辨率地层层序、沉积历史、海平面变化和古气候变化等提供基础资料；同时对深入研究晚上新世以来中国（亚洲）东部宏观环境演化、亚洲内陆干旱化的耦合关系，以及黄河巨型水系发育等重大科学问题奠定基础。

2. 开辟油气探查新领域

位于中国大陆和朝鲜半岛之间的南黄海盆地，是西太平洋和欧亚两大活动板块相互作用的关键区域，是连接中国东部和朝鲜半岛地质构造单元的重要纽带，也是古生代以来海陆相沉积盆地的重要发育区域；经历了复杂的地质演化历史，形成了中、古生代和新生代的叠合盆地，成为人们认识中国东部与朝鲜半岛之间构造联系乃至欧亚大陆边缘构造演化、环境资源效应的重要窗口，越来越受到地学研究者的关注。

中部隆起作为南黄海中、新生代盆地的一个二级构造单元，其前新近纪地层与构造演化、海相油气资源前景一直是地质工作者关注的焦点。然而，中部隆起的地质研究与油气勘探起步晚、调查程度低。由于该区域上覆的陆相沉积层厚度不超过1000m，未达到油气生成的门限深度，在以中、新生代陆相油气勘探为目标层的阶段，中部隆起成为油气勘探的禁区，以前的地质调查也仅获得几条成像品质很差的区域性地震测线剖面，只能反映T_2界面（新近系底界面，下同）之上地层反射特征。

2006 年新一轮的油气地质补充调查首次在中部隆起上获得了 T_2 界面以下清晰的层状反射，证明了区内 T_2 界面以下发育层状沉积地层。2007 年的地震调查进一步发现 T_2 界面以下发育多个可识别和追踪对比的地震反射波组，从而使该区的地层分析及其地质属性推断取得了新的进展。

上述调查和研究成果否定了之前认为中部隆起 T_2 反射界面下是变质岩地层的推断。但在缺乏钻井资料标定，地震、重力、磁力资料具有多解性的背景下，对中部隆起的地层分布目前仍存在三种不同的解释方案。

方案一：从距中部隆起最近的南部拗陷的 WX5-ST1 井出发，利用该井揭示的地层分层标定中生界三叠系青龙组、上古生界上部的龙潭组和大隆组地震层位，标定出中生界三叠系青龙组、上古生界上部的大隆-龙潭组煤系地层的地震层序为标志层。以南—北向的 X06-4 测线为骨干剖面，以大隆组-龙潭组作为古生界第一套地震层序，该层序 T_9—T_{10} 波之间的反射地震剖面上特征明显，振幅较强、连续性较好、频率较低的反射特征。对比陆区下扬子地区及苏北盆地地震特征可知，其岩性为中、细砂岩泥质砂岩与粉砂质泥岩和泥质粉砂岩互层，夹四层煤。其内部结构为似平行，外形为似席状。除北部拗陷外可全区追踪，部分剖面上为弱或一般反射，其上、下边界接触关系为整一-上超（图 2.7），将上述层位向北追踪引至中部隆起上，再以地震反射较清晰的、显示具有前中生界大型古隆起特征的 H09-10 测线（图 8.1）为基础，重点追踪青龙灰岩顶面（T_8）、大隆组-龙潭煤系地层，再向北延伸到 XQ07-3 和 XQ09-2 线。在其他剖面上寻找类似地震反射特征的波组进行追踪、对比，同时对比中扬子区、下扬子区陆上相应层位的地震反射特征，对地层属性依次进行下推，自上而下推测中—古生界地层，认为中部隆起主要发育三叠系、二叠系及以下地层。

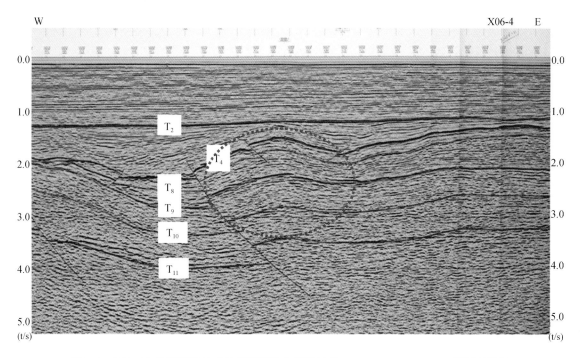

图 8.1　H09-10 地震测线显示的南部拗陷北部斜坡带 T_4、T_8、T_9、T_{10}、T_{11} 反射面特征

方案二：与邻近陆上滨海隆起对比，认为中部隆起、北部拗陷二叠系和中下三叠统残留地层分布局限，主要保存下二叠统及以下的古生界。

方案三：据地震反射波组、地震速度和重力、磁力特征对比，认为中部隆起局部可能发育着侏罗系，即 XQ07-3 测线的第一空白反射带可能是侏罗系均质性好的致密砂岩。

三种解释方案对应着三种构造演化历史，也造成对中部隆起油气资源前景的多种认识和推测，但其巨厚海相残留地层的勘探潜力已引起了石油地质工作者的注意。汪龙文（1989）指出，南黄海下一步找油应在"隆起区"进行地震勘探，首先以中部隆起中、古生界为主，注意礁块、喀斯特、推覆构造等。由于没有实际钻探资料的支撑，以及缺乏与周边陆地连接的地震测线，地震剖面品质差等因素的限制，地质学家们对面积超过 30000km² 的中部隆起广大区域的地层与构造演化的推断众说纷纭，或为变质岩、火山岩，或为中生代地层、下三叠统至上古生界、或为古生代地层。严重制约了油气勘探工作的进一步开展。

因此，在中部隆起上实施科学钻探，通过钻探探查中部隆起地质 T_2 强反射界面之下中—古生代地层和地质结构、油气地质条件，解决制约南黄海中部隆起油气勘查的海相残留盆地长期悬而未决的地层属性问题，同时为区域地质、海陆演化与海相油气资源前景研究和评价提供基础资料，对南黄海区域地质特征、海陆演化与海相残留盆地油气资源前景研究，均具重大的科学意义和实际价值。

（二）井位部署原则、技术路线和结果

1. 井位部署原则

CSDP-2 井是南黄海盆地中部隆起上面积达 3 万余平方千米广大地区第一口探井，此前在南黄海南部拗陷和北部拗陷钻探 26 口探井，只有 7 口钻遇中古生界海相地层，揭示的时代最老的地层为石炭系，且在海相中—古生界均没有见到油气显示（许红等，2015）。针对钻探目标，根据聚焦关键科学问题、兼顾钻探装备状况和区域地质、油气资源前景研究的原则，确定了井位部署原则。

（1）基于钻井平台的装备情况，从安全角度和装备适宜性考虑，钻孔所在的海域水深不超过 30m，钻孔位置距海岸的距离不超过 200km。

（2）当时中部隆起尚无一口揭示前第四系的钻井，对这一地区的地质构造演化特征，因对地震层位的解释存在不同的认识和方案，地质学家的推断多不相同，均缺乏实际地质资料支撑，应借此机会对前第四系基底的地质情况做更深入的了解，并通过钻探给予证实。

（3）兼顾环境地质科学问题，所选钻井位置应尽可能获取完整的新近纪以来的沉积地层记录。

（4）利用中部隆起海相残余地层埋藏浅的特点，钻达中生界—古生界海相地层，并且在 2000m 的深度范围内尽可能揭示更多的地层，同时兼顾油气发现，应将井位部署在构造高点部位。

（5）钻孔所在位置应有相交的多道地震测线进行标定，预测地质层位的主要地震反射层序可靠，且可进行横向追踪对比。

（6）以了解本区地质演化历史为主要目标，应避开火成岩等特殊的地质体。

（7）为保障钻井平台和施工安全，应避开浅层气发育区域。

2. 指导思想和技术路线

据中部隆起当时具有的资料基础和科学钻探目的，确定井位部署与钻前预测研究的指导思想和技术路线是，以区域约束局部，深层制约浅层为指导，以综合地球物理场特征对比研究为重点，采用以点带线、以线带面的技术路线，从南部拗陷内钻遇海相地层的 WX5-ST1 钻井出发，利用地震测线上反射特征横向追踪，同时结合重力、磁力异常特征分析中部隆起的海相地层展布特征，通过地球物理与地质相结合、正演与反演相结合、定性解释与定量计算相结合的工作方法，尽最大可能探索中部隆起海相残留盆地的基本地质条件和油气资源潜力（图 8.2）。

1）海陆对比

区域地质研究认为，陆地上的滨海隆起与南黄海中部隆起相连，滨海隆起仅相当于南黄海中部隆起的西翼一部分，具有相同的大地构造背景、基底结构属性和演化特征。

滨海隆起上区内主要分布寒武系（Є）、奥陶系（O）、志留系（S）、泥盆系（D）、石炭系（C）、二叠系（P）等地层，其中二叠系（P）龙潭组主要为一套深灰色粉砂岩及绿灰色黏土岩，中粗粒砂岩。富鲢粒及较多植物化石，含薄煤 5 层，厚约 387.14m。与下伏地层滨淮组呈整合接触。

滨海隆起构造格局，总体为一近 EW 向复向斜，轴部为上古生代二叠系，翼部由下古生代奥陶系、泥盆系等组成，缺失中生代三叠系、侏罗系（图 8.3）。滨海隆起上广泛分布着奥陶系，但志留系残留面积较小，其岩性上部为紫红色钙质泥岩与泥质灰岩互层，中部为杂色角砾岩，下部为深灰色厚层状灰岩。认为奥陶纪末至志留纪末的加里东运动在本区起了极其重要的作用，它不但结束了早古生代早、中期的

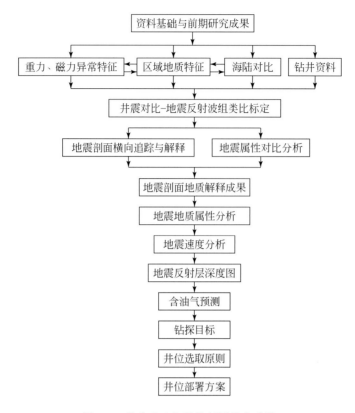

图 8.2　井位选取与钻前预测技术路线

海相地层沉积而且也使其地层遭到剥蚀。泥盆纪—二叠纪则主要发育一套海陆交替相的碳酸盐岩及碎屑岩建造，这一地质时期以振荡运动频繁，海水进退变化较大为特征，反映在旋回结构明显，沼泽相及泥炭沼泽相发育，小旋回多达 20 个以上。目前此套地层主要残存在滨海隆起复式向斜内的新港向斜及滨海–滨淮向斜的核部地区，残留厚度在 1970m 以上。

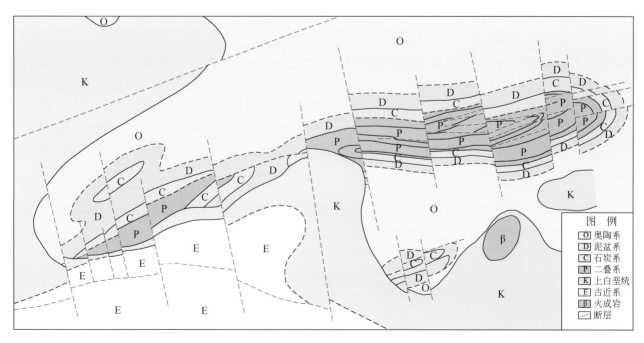

图 8.3　滨海隆起基岩地质图

印支运动结束了滨海隆起区古生代以来长期总体沉降作用而转为上升为陆，三叠系剥蚀殆尽，晚古生代地层也大部分遭受剥蚀，仅在几个向斜翼得以保存，缺失侏罗系和白垩系下统。可见印支运动是古生代以来本区构造发展史上一次具有划时代意义的构造变动。据此推测，中部隆起区内不存在大面积的三叠系下统青龙组和上二叠统大隆组、龙潭组地层。推断其主要地层为下古生界志留系、寒武系-奥陶系和震旦系，以及少量的中生界白垩系。

2）前新近系地震层位标定与对比追踪

鉴于南黄海盆地中部隆起尚未实施钻探的现实情况，地震剖面解释的主要思路是，结合区域地层及本区地层发育特征和分布规律，先寻找印支面（即 T_8 地震反射界面，在中部隆起大部分区域与 T_2 反射界面重合）；参考陆区苏北盆地及中扬子区地震-地质层位标定成果，据地震、地质特征进行地震-地质层位类比标定，运用现代构造地质学及地震地层学进行地层属性分析，进而对海相构造层内地震反射层进行识别，紧扣海相地层与陆相地层具明显不同地震反射特征这一特点（前者以低频、弱振幅、中等连续性地震特征为主，后者以中高频、中强振幅、中高连续特征为主）进行识别区域追踪对比。

据层位标定的结果，在区域对比追踪反射层位时，主要依据地震剖面反射结构及反射波组；而在断层解释时，主要利用地震波的中断、地震层序有规律的错断、产状的突然变化等断层标志，再充分利用断面波等异常波进行断层解释。从距中部隆起最近的南黄海盆地南部拗陷的 WX5-ST1 井出发，按照前述三种不同的解释方案的方案一的思路标定地震层位，并重点追踪青龙组灰岩顶面（T_8）、大隆组-龙潭煤系地层进行对比追踪。

根据井位部署原则，在深入分析中部隆起重力、磁力异常特征（图8.4、图8.5）的基础上，确定以中部隆起西部为井位部署区域，据层位追踪与 T_2 反射界面折射波速度、中部隆起重力布格异常、磁力化极 $\triangle T$ 异常特征联合解释结果，在 XQ09-2 线上解释了 T_2、T_8、T_9 和 T_{10} 反射波组。

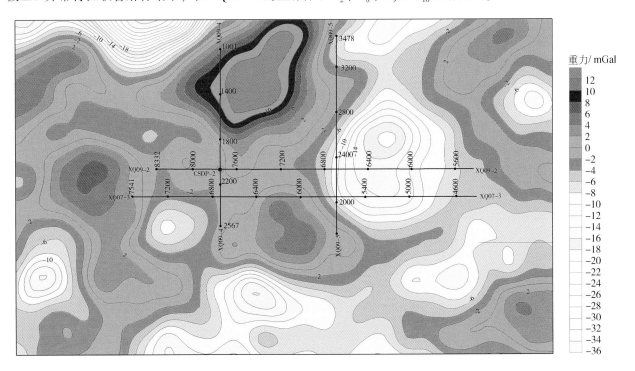

图8.4　南黄海中部隆起重力布格异常图

东西向的 X09-2 测线处于相对较低的重力布格异常区内（图8.4），测线西段布格重力异常值在-2～0mGal，中段存在一个半径22km左右的圆形负异常，最大负异常在15mGal左右；在磁力化极 ΔT 异常图（图8.5）上，测线西段处于负异常背景下，与重力布格负异常的中心位置存在差异，据重力、磁力异常特征和地震反射剖面特征，推测在该测线上火成岩不发育。

因印支期强烈的构造活动造成区域性的挤压、抬升、剥蚀，留下了明显的上下地层间不整合接触关系，利用该特征进行识别对比，上覆地层往往超覆于印支面上，下伏地层印支面上呈削截特征，同时根据折射波速度（图 8.6），解释 T_9 波组横向分布。

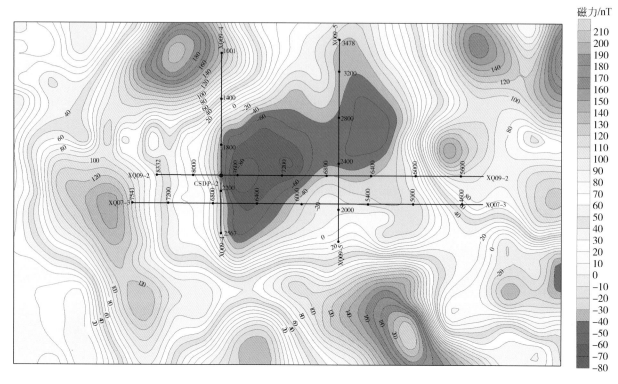

图 8.5　南黄海中部隆起磁力化极异常图

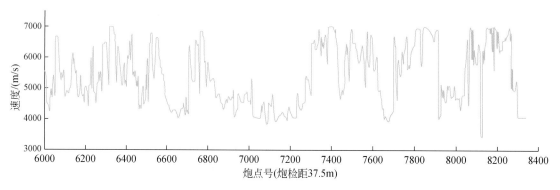

图 8.6　X09-2 线 T_2 界面折射波速度剖面图

3. 井位部署结果

经区域地质、地球物理综合研究，并根据钻探目标和井位部署原则，将科学钻探井（命名为 CSDP-2 井）部署在位于东西向地震测线 X09-2 线与南北向地震测线 X09-4 交点处（图 8.7、图 8.8），依据如下。

（1）第四系和新近系（Q+N）地层较为完整，据多道地震的资料显示，其厚度在 600m 以内，成层性良好，泥质沉积物所占比例相对较高，与 2013 年实施的 CSDP-1 孔相结合，预测可获取完整的新近纪以来的沉积记录，满足新近系以来科学研究的需要。

（2）CSDP-2 井位于构造高点附近，因地震测线较稀，是否存在完整的构造圈闭尚难确定，但从过井相交地震剖面上可看出，此处钻探在 2000m 井深范围内钻遇的地质层位较多；同时，虽然高速的地层埋藏较浅，但在布格重力异常图、磁力化极 ΔT 异常图上，CSDP-2 井均不存在较高的正异常特征，在地震剖面上呈层状反射特征，钻遇火成岩等特殊地质体的可能性较小。钻前预测可钻穿 3 套中生界—古生界海相地层，并且在 2000m 的深度范围可能钻遇第 4 套海相地层，符合钻探目标设计要求。

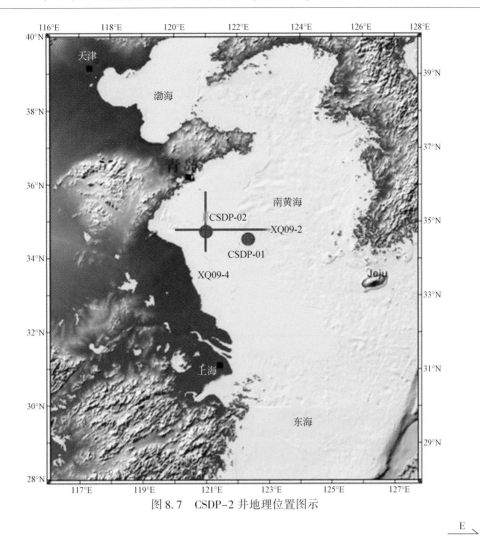

图 8.7　CSDP-2 井地理位置图示

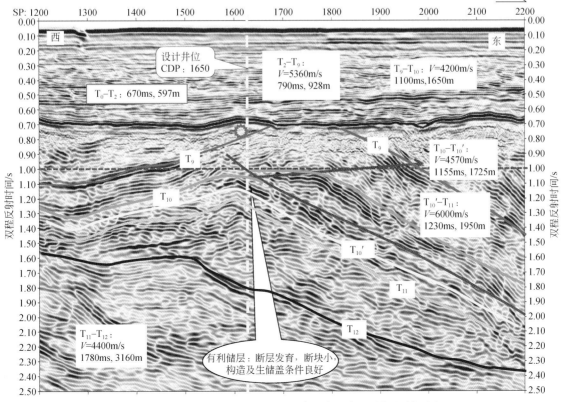

图 8.8　X09-2 测线过 CSDP-2 井位处东西向地震解释剖面图

（3）在东西向分布的 X09-2 测线地震剖面上，反射波组较清晰，信噪比相对较高，特征相对突出，从 CSDP-2 井出发，向东追踪到测线端点（120km 以上）可以标定推测 X09-2 测线东段以重力负异常为特征的宽缓隆起构造的地层属性，分析隆起构造的负重力异常形成的原因；同时与 X09-2 测线直交的南北向 X09-4 测线上，向北追踪 100km 左右可到达北部拗陷南部边界附近，可进一步确认北部拗陷陆相沉积盆地的下部反射层的地质属性，为研究南黄海盆地北部拗陷残留盆地的构造演化与油气资源前景评价提供依据。

二、钻探层位与储集层预测

（一）地质解释与地层预测

基于区域地质对比和地震地层学的研究，依据 X09-2 线多道地震剖面上地震层位追踪和解释结果，对钻探地质层位的岩性进行预测，结果表明，CSDP-2 井处主要分布新生代第四系和新近系，缺失新生界古近系和中生界白垩系、侏罗系，预测在新近系之下为海相碳酸盐岩和碎屑岩，见表 8.1。

表 8.1　CSDP-2 井地层预测表

时间 /ms	反射波组	层速度 /(m/s)	海底起算深度/m	厚度 /m	地层	岩性预测与描述
22	T_0	1500	0	22	海水	
517	T_1	1650	405	405	第四系（Q）	砂泥质沉积物
670	$T_{2/8}$	2015	598.0	193	新近系（N）	砂泥岩互层
780	T_9	5360	928	330	中、古生界第 I 海相层	碳酸盐岩
1130	T_{10}	4200	1650	722	中、古生界第 II 海相层	碎屑岩
1155	T_{10}''	4570	1725	75	中、古生界第 III 海相层	碳酸盐岩为主
1230	T_{11}	6000	1950	225		
1780	T_{12}	4400	3160	1210		

据区域地质对比，该区 T_2 反射界面（新近系底界）之下主要保存海相构造层，通过与邻近南部拗陷钻井标定，利用 WX5-ST1 井标定出上古生界上部的龙潭煤系地层的地震层序为标志层，在其他剖面上寻找类似地震反射特征的波组进行追踪对比，同时，对比中扬子区、下扬子区陆上相应层位的地震反射特征，对于下覆地层属性依次进行下推，从而自上而下推测古生界地层，认为中部隆起发育三叠系、二叠系及其以下地层，CSDP-2 井中—古生代地层岩性预测见图 8.9。

图 8.8 地震剖面上，T_2—T_9 反射波组代表的第 I 套中—古生界海相反射层序（双程反射时间为 670~780ms）为空白和平行弱反射，地震层速度 5360m/s，推测为三叠系青龙组。底界埋藏深度在 928m 左右（海底起算，下同），预测地层厚度约为 330m。

南黄海盆地有 WX5-ST1 井等 4 口钻遇该组地层，揭示岩性主要为灰岩、泥质灰岩、鲕状灰岩夹白云岩和白云质灰岩，预测该套地层岩性与其相当，可能夹有少量泥岩。

图 8.8 中 T_9—T_{10} 反射波组代表的第 II 套中、古生界海相反射层序（反射时间为 780~1130ms），总体呈现为振幅较强、连续性较好、频率较低，其内部结构为似平行反射特征，地震层速度 4200m/s，推测为二叠系大隆组与龙潭组，底界埋藏深度在 1650m 左右，预测厚度约为 722m。

参考 WX5-ST1 井和 CZ35-2-1 井钻井揭示的该套地层主要岩性为粉砂岩、砂岩、夹煤层，推测该套地层主要发育砂岩、泥岩互层，夹有煤层。从南黄海钻井资料分析看，该套地层孔隙不太发育，孔隙度一般在 4%~8%，泥质含量相对较高，一般在 4%~14%。

图 8.9 中 T_{10}—T_{12} 反射波组代表的第 III 套中、古生界海相反射层序（反射时间为 1130~1780ms）。据地震层速度从 4750m/s~6000m/s~4400m/s 的变化特征进一步分为三个小层（T_{10}—T_{10}'、T_{10}'—T_{11} 和 T_{11}—

T_{12}），推测为古生界下二叠统栖霞组、石炭系—泥盆系及其下更老地层。底界埋藏深度在 3160m 左右，预测总厚度约为 1510m。

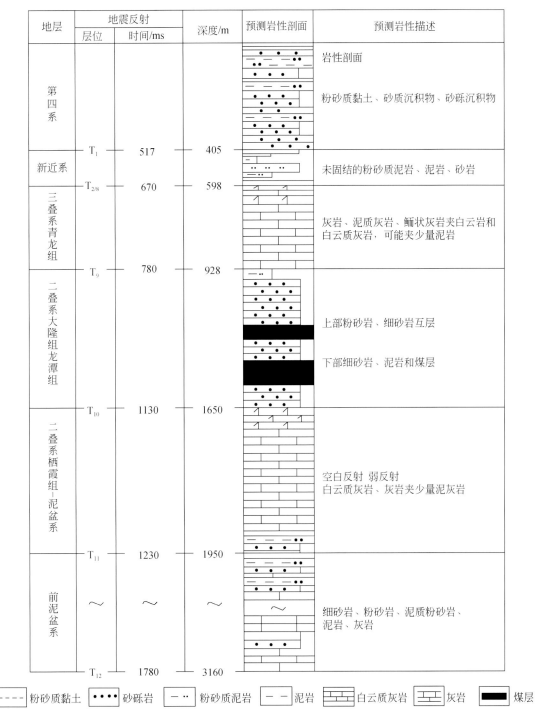

图 8.9　CSDP-2 井中—古生代地层岩性预测图

参考 CZ35-2-1 井、WX13-3-1 井揭示的二叠系栖霞组、石炭系岩性特征分析，该地层主要岩性为灰岩夹少量泥灰岩。鲕粒亮晶灰岩和团粒亮晶灰岩的存在，说明该套地层具有一定孔隙，由于遭受长期的风化剥蚀，在其顶部可能存在风化壳，勿南沙隆起的 CZ35-2-1 井钻遇青龙组风化壳，泥浆漏失严重，其中 1326.89～1330.54m 钻遇溶洞，钻具放空。同时，也不能排除存在地层高压的可能性。

(二) 目标储层预测与油气识别

鉴于中部隆起缺乏钻井资料，多项以钻井资料为约束的储层预测与油气识别方法无用武之地的难题，采用从储层和含油气层的地球物理特征分析入手，以无井约束下的属性分析技术进行目标储层预测与油气识别。

在缺乏钻井资料约束的条件下，仅依靠地震资料进行储层预测与油气识别是一个高难度的前沿课题，长期以来吸引了众多地球物理工作者的关注，投入了大量的试验研究工作。普遍认为，利用地震波信息估算地层弹性参数有利于确定地下介质的岩石物理性质，由此可辨识孔隙介质所含流体的性质。目前，针对砂岩储层的地震预测和油气识别方法有 AVO 分析、波阻抗反演与叠前弹性反演、属性分析等。

但是，碳酸盐岩储层具有很强的非均质性，裂缝型、孔洞型、裂缝-孔洞型等复杂的孔隙空间不均匀地随机分布，储层具有极强各向异性，其中裂缝是一种极其重要的储集类型。研究表明，在碳酸盐岩储层中，当岩石结构成致密块状时，地震波传播速度和岩石密度均较高，上覆沉积地层与碳酸盐岩间界面反映在地震剖面上应为强振幅的反射同相轴，其内部地震反射波振幅较弱；当碳酸盐岩顶面发育裂缝系统时，会使碳酸盐岩的波阻抗相对降低，与上覆介质的波阻抗差减小形成强背景下的弱振幅特征；当碳酸盐岩储层内幕发育缝洞时（往往充填油、水或其他物质），缝洞与周围介质存在较大的波阻抗差异，会形成相对强的振幅；碳酸盐岩结构较致密，地震波传播中吸收系数普遍很小，但当其含有油气时，则会出现高吸收系数异常区；碳酸盐岩储层的储集空间类型多为裂缝及孔洞，波在由地表（震源）向下传播的过程中，受到裂缝、孔隙及其所含油、气、水等的影响，高频成分衰减快；同时，实验模拟和理论研究均表明，流体充填介质常常导致地震波发生不同程度的频散和衰减，为利用地震波频散特征识别储层流体提供了依据。

根据以上分析，采用北京软岛科技有限公司的基于双相介质频散特征的储层识别与油气检测系统（WaveGO）和匹配追踪油气分析系统（GMP）进行储层预测与含油气识别。

WaveGO 是一套基于双相介质理论和波动方程正演的直接从叠前（或叠后）地震数据中提取频散特征地震属性进行储层识别与油气检测的系统，它采用基于 MORLET 变换计算地震反射波信号中点谱振幅随频率变化特性的瞬频多参数分析技术，依据地下介质的反射波所具有的频率、振幅及流体响应特性，提取地震反射频率与振幅信息。这种方法提取的瞬时频率等时频属性具有良好的抗噪能力（陈林和宋海斌，2008），得到的频散特征参数和衰减系数的综合地震属性能够敏感可靠识别流体，更加准确区分油与水、气与水。

众所周知，傅里叶变换的时频分辨率受时窗长度限制，不同的时窗参数对结果有较大的影响，小波变换以其多分辨率的特点能够得到更好的时频分布，但其在时间—频率尺度概念下的时频分解难以理解，这些缺点限制了利用地震时频特征追踪预测油气的精度。

GMP 匹配追踪油气分析预测方法于 1993 年由 Mallat 等提出，是一种具有较高时频分辨率的匹配追踪分解方法。它根据最佳匹配准则，将信号分解成一系列子波，每一次迭代寻优过程中，其时窗长度都由局部实际信号来确定，这些最优子波代表了信号的局部特征，可以更好地描述时变信号的时频特征，更适用于时变信号的分析。匹配追踪的时频分布和瞬时谱参数具有更高的分辨率，且分频重构信号不存在简谐波干扰，因而非常适用于具有非平稳特征的地震信号的时频分析。

匹配追踪以其优越的自适应特征，采用具有良好时间、频率分辨率的 Gabor 型时-频算子对地震信号不断寻找最佳匹配，真实准确地对地震信号进行时频分解，减少了频谱中交叉项的干扰，更适用于复杂的地震信号。

因此，基于匹配追踪的谱分解方法能够更准确地刻画地震信号的时频特征，反映储层体特征信息，而具有自适应特征的匹配追踪方法时频分析具有很好的分辨率，更适用于复杂的地震信号。

计算匹配追踪频谱差异属性，分析这些属性对流体的反应特点，利用地震高低频反射波信息的有效频带的分析推测储层含油气敏感程度，为钻探提供预测成果。图 8.10 为 WaveGO 处理分析得到的总能量剖面，剖面上存在两个区域性强能量界面，第一个强能量界面位于反射时间为 500ms 左右的位置，为较强的岩性分界面；第二个强能量界面位于反射时间为 650～750ms 的时窗内，是新近系的底界面，其下伏为速度较高的碳酸盐岩或碎屑岩地层；据区域地质特征分析，这两个界面是岩性和物性变化明显的界面，与油气赋存无关。在第二个强能量界面之下的钻井位置，在 800ms 附近和 1150ms 附近分别存在能量异常点，横向延续较短，表明此处的物性与围岩的差异较明显。

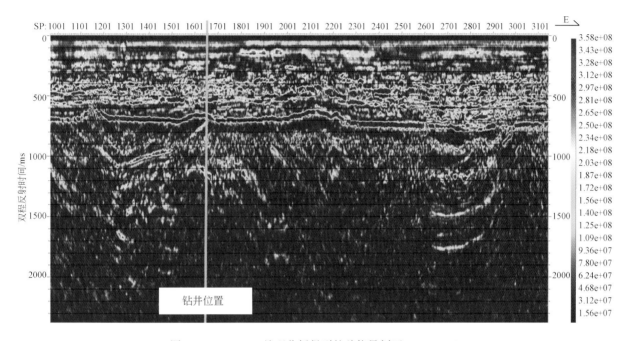

图 8.10　WaveGO 处理分析得到的总能量剖面（XQ09-2）

　　图 8.11 为由 GMP 匹配追踪油气分析预测方法处理得到的低频调谐能量剖面，图 8.8 显示的两个异常段呈现强的低频能量特征，表明低频能量受到吸收和衰减剖面的影响较小；同时，它在瞬时频宽差异剖面上（图 8.12），呈现较窄的频带宽度。结合图 8.11 的分析结果，说明这两处异常的高频能量受到较大的吸收和衰减，高频的衰减代表此处岩石存在孔隙的可能性较大，并且孔隙中含有流体成分。

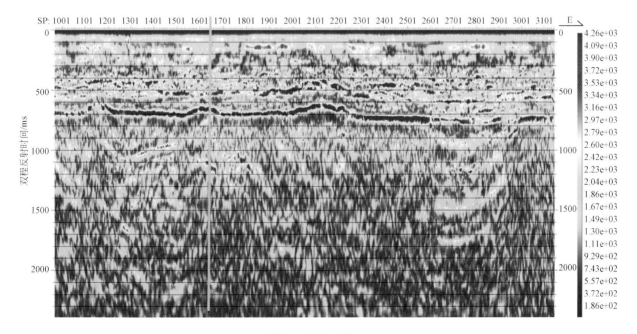

图 8.11　低频调谐能量剖面（XQ09-2）

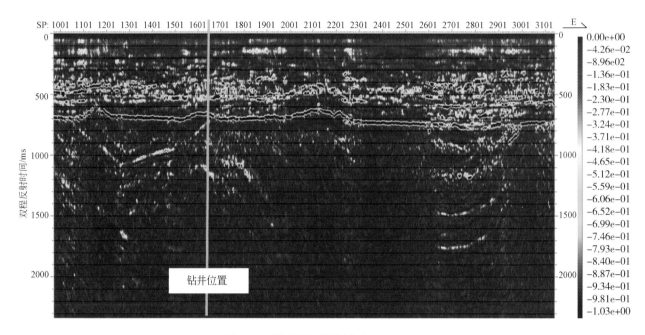

图 8.12　瞬时频宽差异剖面（XQ09-2）

以上处理和分析表明，CSDP-2 井在钻探深度 840m 和 1710m 附近存在具有较好物性条件的储层，并且储层孔隙中存在一定的流体成分。

第二节　钻探成果及其意义

CSDP-2 井从 2015 年 3 月开始使用"探海 1 号"钻井平台实施钻探（图 8.13），于 2016 年 9 月底钻至 2843.4m（钻盘面起算）完钻，实际钻探进尺 2810.10m（海底起算），平均取心率在 90% 以上。钻穿新近系后钻遇的岩性为灰岩、砂岩、泥岩、煤层等，并在灰岩岩心中见到了虫迹化石、疑似牙形刺化石、腹足类化石碎片、菊石和贝壳类古生物化石。通过对古生物化石、岩性的初步鉴定，基本确定了海相地层的地质属性，完钻井底地层依据现场岩性观察和对比苏北陆区推测为奥陶系。证实了方案一的地震解释成果最符合该区地层发育特征，并首次在中—古生代海相地层发现了多个含油气层段。这些成果极大地推动了南黄海地区的地质研究与中—古生代海相油气资源调查的进展。

图 8.13　"探海 1 号"钻井平台

一、初步厘定了中部隆起地层属性

根据钻探取得的岩心观察和古生物鉴定的初步结果，结合区域地质特征和地层对比结果，初步厘定了中部隆起地层属性和地质时代（表8.2）。从已钻取的岩心岩性组合变化特征分析，CSDP-2井自上而下钻遇第四系、新近系、三叠系、二叠系、石炭系、泥盆系、志留系和奥陶系（？），简述如下。

表8.2 CSDP-2井地层分层简表*

顶深/m	底深/m	厚度/m	地层	现场岩性描述
33.3	629	596	第四系及新近系	未固结沉积物
629	860	231	三叠系青龙组	灰岩、泥质灰岩、灰质泥岩和红褐色泥岩
860	915	55	二叠系大隆组	灰色、深灰色粉砂岩、细砂岩，砂岩与斑杂状红褐色似层状泥岩互层
915	1636	721	二叠系龙潭组	岩性主要为灰黑色泥岩、灰色粉砂岩、细砂岩互层夹薄煤层，煤系地层较发育，见大量陆地高等植物碎屑
1636	1648	12	二叠系孤峰组	灰黑色硅质泥岩、碳质泥（页）岩，含煤线
1648	1744	96	二叠系栖霞组	自上部至下部为灰白色石灰岩、灰黑色臭灰岩石、砂岩、碳质页岩夹煤线
1744	1818	74	石炭系船山组	上部白色灰岩，下部浅灰色、灰黑色灰岩，见典型的船山组灰色球粒状生物碎屑灰岩
1818	1960	142	石炭系黄龙组	肉红色泥晶灰岩
1960	2023	63	石炭系高骊山组	紫红色砾岩、杂色砂岩、粉砂质泥岩
2023	2360	337	泥盆系五通群	青灰色砂岩、粉砂岩、泥岩
2360	2843.4	483.4	上奥陶统至下志留统	岩性以泥岩为主，顶部砂泥岩互层中夹一薄层灰岩，下部为下部砂岩、粉砂岩、泥岩

* 深度数据从井口转盘面起算，补泥距33.0m。

（一）中生界地层与岩性

CSDP-2井于629～860m井段（井口起算深度，下同），钻遇前新近系，厚231m。岩性主要为大套深灰色泥质灰岩和灰质泥岩（郭兴伟等，2017），下部见红褐色含灰泥岩与白色薄层链条状灰岩混层，间歇性出现黑色有机质纹层及局部发育黄铁矿为主要特征，在井深640m处出现约3m左右的黄绿色泥页岩，并发现似断层角砾岩. 在井深671m、678m、679m、703m及704m等处发现菊石化石，715.2m处发现虫迹化石，846m处见疑似叠层石，848.8m发现疑似牙形刺化石，849.3m发现腹足类化石碎片。综合以上特征并结合区域对比认为，该套岩性组合与扬子下三叠统青龙组地层特征相似，确定该井段地层属三叠系青龙组（图8.14）。

（二）古生界地层与岩性

1. 上古生界

本井钻遇的上古生界包括二叠系大隆组、二叠系龙潭组、二叠系孤峰组、二叠系栖霞组4套地层。

1）二叠系大隆组

位于860～915m井段，厚55m。岩性主要为灰色、深灰色粉砂岩、细砂岩（郭兴伟等，2017），砂岩与斑杂状红褐色似层状泥岩互层。井深915m处开始出现明显的沉积环境变化，由下部的粉细砂岩、泥岩组合演变为碳酸盐岩沉积，表明该层段沉积时发生了海侵。该处存在约2cm黏土岩，推测为与二叠纪末期生物大绝灭紧密联系的火山灰夹层。据岩心岩性特征结合区域对比，初步确定该井段为上二叠统大隆组。

2）二叠系龙潭组

位于915～1636m井段，厚721m。岩性主要为灰黑色泥岩、灰色粉砂岩、细砂岩互层夹薄煤层，煤系地层较发育，见大量陆地高等植物碎屑。其中915～994m井段岩性为粉砂岩、细砂岩为主，夹泥岩，

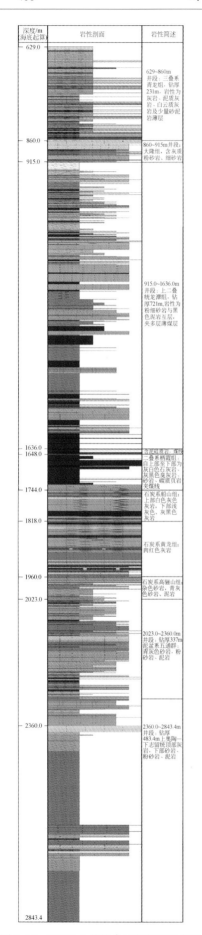

图 8.14　CSDP-2 井综合柱状剖面示意图

顶部为灰绿色与红褐色粉砂岩、泥岩交互出现，可能代表了潮坪相的沉积环境；在 964～966m 井段出现大量的陆地高等植物碳化碎屑，大量陆地高等植物类物质输入，表明该期沉积可能为海陆交互相；井深 976m 开始岩性变为灰绿色粉砂岩、细砂岩及泥岩，间或出现黑色纹层状泥岩/似泥炭夹层及粒状、细层状黄铁矿；994～1636m 井段岩性为粉细砂岩与黑色泥岩（图 8.15）互层，夹薄煤层。据岩心岩性特征结合区域对比，初步确定该井段为上二叠统龙潭组。

图 8.15　CSDP-2 井 1165m 井深附近的深灰色泥岩岩心

3）二叠系孤峰组

位于 1636～1648m 井段，厚 12m。岩性为灰黑色硅质泥岩、碳质泥（页）岩、含煤线。据岩心岩性特征结合区域对比，初步确定该井段为二叠系孤峰组。

4）二叠系栖霞组

位于 1648～1744m 井段，厚 96m。岩性自上至下为灰白色石灰岩、灰黑色臭灰岩、砂岩、碳质泥（页）岩夹煤线。在 1707.78～1709.78m 井段岩心中发现疑似珊瑚或者苔藓虫化石，综合以上特征和区域对比，初步确定该井段为二叠系栖霞组。

5）石炭系船山组

位于 1744～1818m 井段，厚 74m。上部为白色灰岩，下部为浅灰色、灰黑色灰岩，见典型的船山组灰色球粒状生物碎屑灰岩。在 1785.48～1787.18m 井段和 1800.78～1802.78m 井段岩心见疑似䗴化石，综合以上特征和区域对比，初步确定该井段为石炭系船山组。

6）石炭系黄龙组

位于 1818～1960m 井段，厚 142m。岩性为肉红色泥晶灰岩，岩性较均一。在 1823.08～1826.08m 井段见腕足类碎片，综合以上特征和区域对比，初步确定该井段为石炭系黄龙组。

7）石炭系高骊山组

位于 1960m～2023m 井段，厚 63m。岩性为紫红色砾岩、杂色砂岩，粉砂质泥岩。据钻井现场岩性描述，对比苏北陆区推测该层段为石炭系高骊山组。

8）泥盆系五通群

位于 2023～2360m 井段，厚 337m。岩性为绿灰色砂岩，粉砂岩、泥岩，对比苏北陆区推测该层段为泥盆系五通群（擂鼓台组、观山组）。

2. 下古生界

本井钻遇的下古生界包括上奥陶统（?）—下志留统2套地层（未钻穿）。

位于2360～2843.4m井段，厚483.4m。岩性以泥岩为主，顶部砂泥岩互层中夹一薄层灰岩，下部为砂岩、粉砂岩、泥岩，近井底在2835.5～2840m井段见晚奥陶世藻类化石，据岩心观察描述、区域对比及古生物化石，初步确定该层段为上奥陶统（?）至下志留统。

二、发现多层油气显示

CSDP-2井不仅在海相中—古生界钻遇厚度较大的多套烃源岩，而且在中生界三叠系青龙组、上古生界二叠系大隆组、龙潭组和栖霞组、下古生界泥盆系和志留系中获得多层不同级别的油气显示，不仅验证了钻前储层预测成果，更表明了南黄海中—古生代海相地层具有良好的油气资源前景。

（一）中生界油气显示层（青龙组）

位于垂直井深836.0～860.0m（井口起算，下同），岩性以薄层—中厚层泥灰岩、蠕虫状灰岩、白云质灰岩，间歇性出现黑色有机质纹层及局部发育黄铁矿为主要特征，初步确定为下三叠统青龙组。岩心中见沿灰岩裂隙分布的油气显示（图8.16）。存在油气显示的断面处手搓后有较浓烈的原油气味，钻井时气测录井见明显高值异常，最大达到0.37%（图8.17）。对裂隙处的黑色薄油层进行荧光分析，按照含油级别划分标准（表8.3），其"相当油含量"指标具有"油迹-油斑-油浸"层特征（表8.4），表明这些裂隙处存在（过）油气。大部分油气沿灰岩裂缝类的空隙分布，推测可能为油气运移通道或有效储层。

（二）古生界油气显示层

1. 上古生界油气显示层（龙潭组及栖霞组）

1）二叠系大隆组

位于垂直井深873～874m段，岩性为青灰色中细砂岩，于方解石脉体晶洞处明显渗出原油，荧光录井显示为"油斑"特征（表8.4）；垂直井深901～915m段，荧光录井显示为"油迹-油浸"特征，气测异常在0.1%～0.3%，最大达0.36%（图8.17）。

2）龙潭组油气显示

位于垂直井深915～1165m井段，按表8.3的含油级别划分标准，多个层位荧光录井结果显示为"荧光-油迹-油斑"（表8.4），显示层段长度超过10m。说明这些裂隙处存在（过）油气，并且大部分油气沿灰岩缝合面类的空隙分布，推测可能为油气运移通道或有效储层，渗油的方解石脉体一般与上、下部紧邻的灰黑色有机质纹层或泥岩相通，暗示该套储油组合可能为自生自储式。

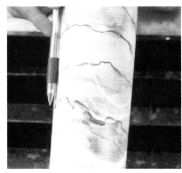 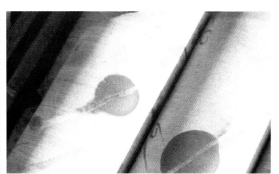

(a)灰岩裂隙内原油　　　　　　　　(b)沿方解石脉渗出的原油

图8.16　CSDP-2孔青龙组灰岩取心中的油气显示

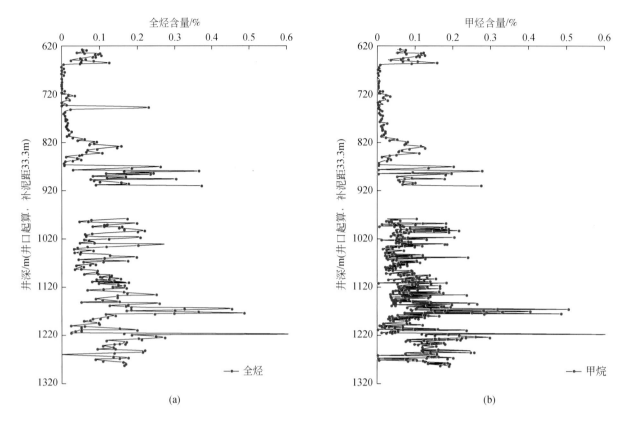

图 8.17　CSDP-2 井气测录井全烃（a）和甲烷（b）含量图示

表 8.3　含油级别划分标准

荧光含油浓度/（mg/L）	>5000	3000～5000	1250～3000	300～1250	10～300	<10
含油级别	饱含油	富含油	油浸	油斑	油迹	荧光

表 8.4　CSDP-2 井中生界—上古生界钻井录井含油特征数据简表

层位		井深/m	岩性	相当含油量/（mg/L）	含油级别
下三叠统	青龙组	834.65	泥灰岩	247.2～533.4	油迹-油斑
		836.50	泥灰岩	119.0～497.4	油迹-油斑
		836.70	泥灰岩	1681.56	油浸
		837.25	灰岩	306.5	油斑
		839.20	灰岩	501.90	油斑
		839.90	灰岩	321.0～684.3	油斑
上二叠统	大隆组	873.85	砂岩	1014.6～2373.0	油斑-油浸
		874.00	砂岩	542.70	油斑
	龙潭组	1155.00	砂岩	23.00	油斑
		1157.00	砂岩	7.0	荧光
		1159.00	砂岩	6.10	荧光
		1161.00	泥岩	4.80	荧光
		1163.00	粉砂岩	31.50	油斑
		1164.00	粉砂岩	11.90	油迹
		1165.00	泥岩	4.30	油迹

注：深度为井口起算，补泥距 33.3m。

3）栖霞组油气显示

位于垂直井深1719m左右，岩性为灰白色灰岩、含方解石脉，岩心表面见原油渗出（图8.18）。气测录井显示高于0.4%的异常（图8.17），为油迹级别的油气显示。

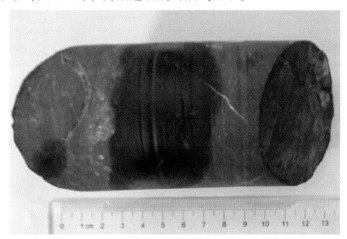

图8.18 CSDP-2井第998取心回次深度1719.68m处含油岩心

2. 下古生界油气显示层（泥盆系、志留系）

在垂直井深2034~2700m共666m井段见多个荧光、荧光-油迹、级别的油气显示层（表8.5）。

表8.5 CSDP-2井下古生界钻井录井含油特征数据简表

	层位	井深/m	层厚/m	岩性	相当油含量/(mg/L)	含油级别
泥盆系	擂鼓台组	2034~2071	37.0	砂岩、泥岩	0~31.7	荧光、油迹
		2072~2097	25.0	砂岩、泥岩	2.8~37.3	荧光、油迹
		2098~2114	16.0	砂岩、泥岩	0.2~27.7	荧光、油迹
	茅山组	2115~2117	2.0	砂岩	12.7~30.5	油迹
		2118~2122	4.0	砂岩	6.5~24.4	荧光、油迹
		2123~2127	4.0	砂岩、泥岩	9.6~16.8	荧光、油迹
		2128~2305.3	177.3	砂岩、泥岩	0~32.9	荧光、油迹
		2305.3~2309.0	3.7	砂岩、泥岩	0~32.9	荧光、油迹
		2309~2313	4.0	砂岩、泥岩	9.9~34.7	油迹
		2314~2333.4	19.4	砂岩	0~9.0	荧光
		2333.8~2334.6	0.8	砂岩	13.2~15.2	油迹
志留系	茅山组、高家边组	2335~2594	259.0	砂岩、泥岩	0~17.3	荧光、油迹
	高家边组	2595~2599	4.0	砂岩、泥岩	13.8~31.5	油迹
		2600~2700	100.0	砂岩、泥岩	0~9.7	荧光

2034~2305.3m井段，泥盆系擂鼓台组（2034.0~2114.0m）砂岩及泥岩层段，见荧光及油迹显示78.0m；观山组（2115.0~2305.3m）砂岩及泥岩层段，见油迹显示砂岩2.0m/1层，荧光及油迹显示砂岩4.0m/1层，观山组下部厚达181m的砂岩及泥岩层段，见荧光-油迹不同级别油气显示（表8.5）。

2305.3~2700.0m井段，志留系茅山组（2305.3~2334.6m）砂岩及泥岩层段，见油迹显示砂岩0.8m/1层、油迹显示砂岩及泥岩4.0m/1层，荧光-油迹显示砂岩及泥岩3.7m/1层，荧光显示砂岩19.4m/1层；茅山组-高家边组（2335.0~2594.0m）259m的砂岩及泥岩层段见多层荧光-油迹显示；高家边组下部（2595.0~2700.0m）见油迹显示砂岩及泥岩4.0m/1层，其余100.0m砂岩及泥岩井段均为荧光显示（表8.5）。

三、揭示中部隆起中—古生界发育多套中等-好的海相烃源岩

CSDP-2 井在中—古生界钻遇多套暗色泥岩。尤其是在钻入二叠系龙潭组煤系地层时，钻井实时录井显示高于 0.3% 的气测异常，表明该套层系具有较高的游离烃类；同样，钻井实时录井显示，泥盆系擂鼓台组、观山组，志留系茅山组、坟头组、高家边组均显示了较高的气测异常，表明地层中具有较高的游离烃类。

钻井岩心分析测试显示，CSDP-2 井揭示了海相碎屑岩和碳酸盐岩两类烃源岩。碎屑岩类烃源岩包括上二叠统（大隆组、龙潭组和孤峰组）暗色泥岩和碳质泥岩、石炭系（底部）碳质泥岩、泥盆系（擂鼓台组、观山组）灰色-深灰色及灰黑色泥岩，志留系（茅山组、坟头组、高家边组）深灰色及灰黑色泥岩；碳酸盐岩类烃源岩包括下三叠统青龙组泥质灰岩，下二叠统栖霞组灰白色灰岩和富含碳质的深灰色臭灰岩、石炭系（船山组、黄龙组）浅灰色-灰黑色灰岩和灰色球粒状生物碎屑灰岩、肉红色泥晶灰岩，泥盆系（底部）灰色灰岩。本次研究采取的 80 个烃源岩样品中，63 个为碎屑岩样品（其中灰色-深灰色泥岩 60 个，灰黑色碳质泥岩 3 个），17 个为碳酸盐岩样品（其中灰色-灰白色灰岩 15 个，富含碳质灰黑色栖霞臭灰岩 2 个）。

（一）烃源岩有机质丰度

60 个灰色-深灰色泥岩样品的 TOC 含量最高为 4.43%，最低仅 0.08%，3 个灰黑色碳质泥岩样品的 TOC 含量最高达 12.41%，最低 4.85%；15 个灰色-灰白色灰岩样品的 TOC 含量最高达 1.64%，最低仅 0.16%，2 个富含碳质的深灰色臭灰岩样品的 TOC 含量分别为 8.36% 和 7.77%。

碎屑类灰色-深灰色泥岩烃源岩样品的 TOC 含量较高值集中在上二叠统大隆组下部、龙潭组中-下部、泥盆系上部；灰黑色碳质泥岩样品的 TOC 含量以孤峰组下部最高，其次为石炭系底部、第三为大隆组底部，TOC 含量分别为 12.41%、10.59% 和 4.85%。

碳酸盐岩类烃源岩 TOC 含量较高值集中在栖霞组顶部的富含碳质的灰黑色臭灰岩（最高达 8.36%）、石炭系上部泥质灰岩（最高达 1.64%）和石炭系中部深灰色灰岩（最高达 1.20%），其次为青龙组泥质灰岩（最高达 0.65%），泥盆系底部的灰色灰岩的 TOC 含量较低，仅 0.28%。有机质丰度剖面见图 8.19，烃源岩分类评价主要指标和结果（表 8.7），简述如下。

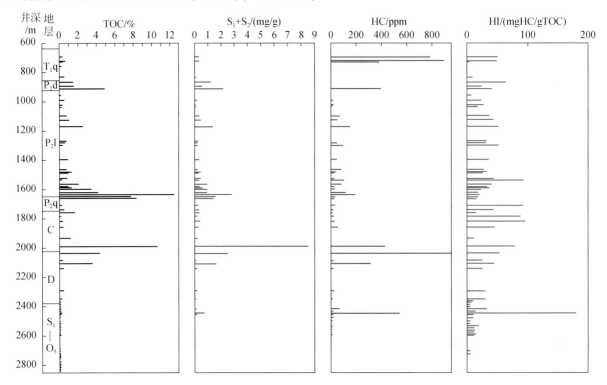

图 8.19　CSDP-2 井烃源岩有机质丰度单井纵剖面（肖国林等，2017）

1. 碳酸盐岩烃源岩

碳酸盐岩烃源岩有机质丰度分级评价采用秦建中等（2004）建立的碳酸盐岩烃源岩分类评价标准（表8.6）。

表8.6　碳酸盐岩烃源岩分类评价标准（秦建中等，2004）

评价级别		最好	好	中等	差	非烃源岩
有机碳/%	Ⅰ型	>1.4	0.7~1.4	0.4~0.7	0.2~0.4	<0.2
	Ⅱ₁型	>1.8	1.0~1.8	0.5~1.0	0.3~0.5	<0.3
	Ⅱ₂型	>2.8	1.4~2.8	0.7~1.4	0.4~0.7	<0.4
氯仿沥青"A"/%		>0.25	0.15~0.25	0.05~0.15	<0.05	—
总烃含量/10^{-6}		>1000.0	500~1000	150~500	<150	—
生烃潜量 S_1+S_2/(mg/g)		>10.0	5.0~10.0	2.0~5.0	1.0~2.0	<1.0

1）三叠系青龙组泥质灰岩烃源岩

三叠系青龙组7个泥质灰岩样品，TOC为0.25%~0.65%，平均值为0.4%（表8.7），均达到有效油源岩和有效气源岩及形成中型油气田的有机碳含量下限值（表6.7）。按陈建平烃源岩分类标准（表6.6），属好—非常好的碳酸盐岩烃源岩；而按照表8.6分类评价标准，青龙组泥质灰岩有机质以Ⅱ₂型为主，部分Ⅲ型泥质灰岩的TOC为0.4%~0.7%的差烃源岩占42.85%，而TOC<0.4%的非烃源岩占57.15%。总烃含量HC在（2.81~887.12）×10^{-6}范围内变化，均值为370.13，属中等烃源岩（表8.7）。

按表8.6评价标准，HC=500~1000的好烃源岩和HC<150的差烃源岩样品数均为3个，各占42.85%；HC为150~500的中等烃源岩样品1个，占14.30%（图8.20）。氯仿沥青"A"含量为0.0009%~0.1164%，均值为0.04631%（表8.7）。按表8.6评价标准，沥青"A"含量为0.05%~0.15%的中等烃源岩占42.85%，沥青"A"含量<0.05的差烃源岩占57.15%（图8.20）。

表8.7　CSDP-2井烃源岩评价简表（据肖国林等，2017 删改）

地层及岩性	指标	TOC含量/%	"A"含量/%	总烃/10^{-6}	有机质类型	成熟度 R^o/%	评价
青龙组	泥质灰岩	$\frac{0.25~0.65}{0.40}$（7）	$\frac{0.0009~0.1164}{0.046\,31}$（7）	$\frac{2.81~88712}{370.3}$（7）	Ⅱ₂为主，部分Ⅲ	$\frac{0.64~0.75}{0.683}$（7）	低成熟—成熟，近60%为中等—好，其余为差—非烃源岩
大隆组	泥岩	$\frac{1.48~4.85}{2.62}$（3）	$\frac{0.0434~0.0877}{0.062\,17}$（3）	395.28（1）	Ⅱ₁	$\frac{0.71~0.807}{0.758\,5}$（2）	成熟，总体好烃源岩，下部最好—优质，中-上部为中等，下部优于中-上部
龙潭组—孤峰组	泥岩	$\frac{0.18~4.18}{1.145}$（22）	$\frac{0.0015~0.0489}{0.01245}$（20）	$\frac{4.62~154.18}{54.29}$（20）	Ⅲ为主，部分Ⅱ₂	$\frac{0.62~1.52}{0.975}$（20）	总体成熟，上部差—非，中部泥岩以中等为主，夹80余米好—最好烃源层，下部发育部分优质烃源岩
	碳质泥岩	12.41（1）	0.0255（1）	190.48（1）	Ⅱ₁	—	成熟，好烃源岩
栖霞组	灰白色灰岩	$\frac{0.22~0.49}{0.355}$（2）	$\frac{0.004~0.0086}{0.006\,3}$（2）	$\frac{22.47~34.70}{28.585}$（2）	Ⅱ₂及Ⅰ	$\frac{0.82~1.13}{0.975}$（2）	成熟，中等—差，部分为非烃源岩
	深灰色臭灰岩	$\frac{7.77~8.36}{8.065}$（2）	$\frac{0.0059~0.0067}{0.0063}$（2）	$\frac{25.48~35.87}{30.675}$（2）	Ⅱ₂	$\frac{1.09~2.02}{1.555}$（2）	成熟—过成熟，好烃源岩

续表

指标 地层及岩性		TOC 含量/%	"A" 含量/%	总烃/10⁻⁶	有机质类型	成熟度 R^o/%	评 价
石炭系	上部泥质灰岩	$\dfrac{0.43 \sim 1.64}{1.035\ (2)}$	$\dfrac{0.0033 \sim 0.0079}{0.0056\ (2)}$	$\dfrac{13.55 \sim 55.73}{34.64\ (2)}$	I	$\dfrac{0.65 \sim 0.70}{0.675\ (2)}$	中上部灰岩非均质性强，低成熟—成熟，最好烃源岩占20%，中等占40%，即60%的烃源岩达到中等—最好烃源岩，其余40%属差—非烃源岩
	中部灰岩	$\dfrac{0.16 \sim 1.20}{0.567\ (3)}$	$\dfrac{0.0015 \sim 0.0103}{0.0058\ (3)}$	$\dfrac{2.776 \sim 29.66}{18.58\ (3)}$	III	$\dfrac{1.10 \sim 1.21}{1.155\ (3)}$	
	底部碳质泥岩	10.59（1）	0.1146（1）	427.92（1）	III	0.77（1）	低成熟，好—最好烃源岩
泥盆系	上部灰黑色泥岩	$\dfrac{3.56 \sim 4.43}{3.995\ (2)}$	$\dfrac{0.0749 \sim 0.2794}{0.177\,2\ (2)}$	$\dfrac{312.86 \sim 1317.93}{815.40\ (2)}$	III	$\dfrac{1.32 \sim 1.51}{1.415\ (2)}$	成熟—高成熟，好—最好，部分优质烃源岩
	中-下部深灰色泥岩	$\dfrac{0.41 \sim 0.47}{0.437\ (3)}$	$\dfrac{0.0038 \sim 0.0048}{0.004\,23\ (3)}$	$\dfrac{19.25 \sim 24.71}{21.66\ (3)}$	II₂及III	$\dfrac{0.82 \sim 1.34}{1.103\ (3)}$	成熟，差—非烃源岩
	底部灰色灰岩	0.28（1）	0.0034（1）	16.24（1）	II₂	0.84（1）	非烃源岩
上奥陶统—下志留统	上部2414.6~2446.6m井段深灰色泥岩	$\dfrac{0.16 \sim 0.24}{0.193\ (3)}$	$\dfrac{0.01 \sim 0.073}{0.0364\ (3)}$	$\dfrac{69.35 \sim 543.85}{277.32\ (3)}$	II₂	$\dfrac{0.75 \sim 0.82}{0.796\ (3)}$	成熟，中等—好烃源岩，局部为差—非烃源岩
	上部455.4~2839.6m井段深灰-灰黑色泥岩	$\dfrac{0.08 \sim 0.17}{0.138\ (28)}$	$\dfrac{0.0004 \sim 0.0034}{0.0018\ (28)}$	$\dfrac{2.0 \sim 23.18}{9.88\ (28)}$	II₂为主，少数III，极少II₁	$\dfrac{0.71 \sim 0.96}{0.864\ (28)}$	低成熟—成熟，非烃源岩

注：$\dfrac{最小值 \sim 最大值}{平均值（样品数）}$。

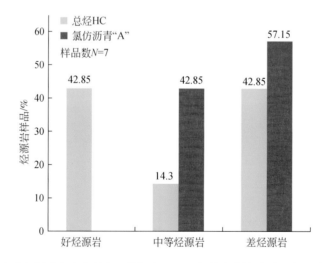

图 8.20　青龙组泥质灰岩总烃和氯仿沥青"A"含量分类统计图（肖国林等，2017）

综上可见，不同地球化学指标对青龙组泥质灰岩的评价结果差异较大，按陈建平烃源岩分类标准（表6.6）依据有机碳指标评价结果最乐观，均属好—非常好的烃源岩；按表8.6评价标准，依据总烃含量指标评价结果次之，好烃源岩占42.85%，中等烃源岩占14.30%，即近60%的样品达到中等—好烃源岩等级。综合考虑有效油源岩和气源岩有机碳含量下限值和上述各指标的评价结果表明，青龙组泥质灰岩近60%的样品属中等—好烃源岩。

2）下二叠统栖霞组灰岩烃源岩

（1）栖霞组2个灰白色灰岩样品有机碳含量虽达到有效油源岩和气源岩有机碳含量下限值，并且其中1个含I型有机质的灰岩样品达到中等烃源岩标准，但有机碳含量之外的其他指标均显示为非烃源岩，综合评价栖霞组中-下部灰白色灰岩属中等—差，部分为非烃源岩（表8.7）。

（2）栖霞组顶部2个富含碳质的灰黑色臭灰岩样品，TOC＝7.77%～8.36%，平均值为8.065%，以有机碳含量作为主要指标，综合考虑其他指标和岩性的非均质性，以及有机质达成熟—过成熟演化阶段等特点，综合评价属好烃源岩（表8.7）。

3）石炭系灰岩烃源岩

石炭系共分析测试6个烃源岩样品，其中中-上部5个为灰岩，底部1个为灰黑色碳质泥岩。

石炭系中-上部5个灰岩样品，井深1757.50m和1857.78m处含Ⅰ型有机质的2个深灰色灰岩，TOC＝0.43%～1.64%，均值为1.035%，按表8.6评价标准，分属TOC>1.4%和TOC＝0.4%～0.7%的最好和中等烃源岩。其余3个含Ⅲ型有机质的灰岩样品，TOC＝0.16%～1.2%，平均值为0.567%（表8.7），其中1个样品达到TOC＝0.7%～1.4%的中等级别烃源岩，另2个样品的TOC<0.40%，为非烃源岩。

石炭系中-上部5个为灰岩样品的总烃含量HC＝（2.78～55.73）×10^{-6}，均值为25.0；沥青"A"含量＝0.0015%～0.0103%，均值为0.0058%（表8.7）。按表8.6评价标准，均属差—非烃源岩。

综上所述，以有机碳含量为主要评价指标，石炭系中-上部5个灰岩烃源岩样品非均质性较强，最好烃源岩占20%，中等烃源岩占40%，即60%的烃源岩达到中等—最好烃源岩，其余40%属差—非烃源岩（表8.7）。

4）泥盆系灰岩烃源岩

泥盆系底部1个灰色灰岩样品，其有机质丰度为TOC＝0.28%，沥青"A"含量＝0.0034%，总烃含量HC＝16.24×10^{-6}，属非烃源岩（表8.7）。

2. 碎屑岩烃源岩

碎屑岩类烃源岩丰度分级评价主要参考王东良等（2001）建立的我国海相泥质烃源岩分类评价标准（表8.8）。

表8.8　海相泥质烃源岩分类评价标准（王东良等，2001）

岩性	评价级别	最好	好	中等	差	非烃源岩
泥岩	有机碳/%	>2.0	1.0～2.0	0.6～1.0	0.4～0.6	<0.4
	氯仿沥青"A"/%	>0.2	0.1～0.2	0.05～0.1	0.015～0.05	<0.015
	总烃/10^{-6}	>1000.0	500.0～1000.0	200.0～500.0	100.0～200.0	<100.0
	生烃潜量 S_1+S_2/（mg/g）	>20.0	6.0～20.0	2.0～6.0	1.0～2.0	<1.0
碳质泥岩	有机碳/%	>10.0	4.0～10.0	2.0～4.0	0.7～2.0	<0.7
	氯仿沥青"A"/%	>0.15	0.065～0.15	0.035～0.065	0.015～0.035	<0.015
	总烃/10^{-6}	>350.0	200.0～350.0	150.0～200.0	70.0～150.0	<70.0
	生烃潜量 S_1+S_2/（mg/g）	>20.0	6.0～20.0	2.0～6.0	0.5～2.0	<0.5

1）龙潭组-孤峰组泥岩烃源岩

龙潭组-孤峰组23个泥岩样品，其中22个为深灰色泥岩，底部1个为灰黑色碳质泥岩。22个深灰色泥岩样品的TOC＝0.18%～4.18%，平均值为1.145%（表8.7）；参照表8.8评价标准，TOC>3.0%和TOC＝2.0%～3.0%的优质和最好烃源岩各2个，TOC＝1.0%～2.0%的好烃源岩3个，TOC＝0.6%～1.0%的中等烃源岩9个，TOC＝0.4%～0.6%的差烃源岩仅1个，TOC<0.40%的非烃源岩5个。

总烃含量HC＝（4.62～154.18）×10^{-6}，均值为54.29；沥青"A"含量为0.0015%～0.0489%，均值为0.01245%；总体属中等—差烃源岩，部分属非烃源岩。

底部1个碳质泥岩样品TOC＝12.41%，达到最好烃源岩级别，以有机碳为主要指标，综合其他指标特征认为，该碳质泥岩属好烃源岩（表8.7）。

综上所述，二叠系龙潭组23个样品中，好—优质烃源岩占34.58%，中等烃源岩占39.13%，非烃源岩占21.73%，差烃源岩仅占4.35%（图8.21、图8.22）。

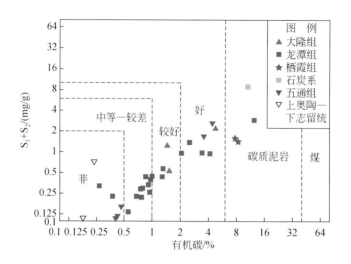

图 8.21　泥岩烃源岩质量与有机碳含量分类评价图（肖国林等，2017）

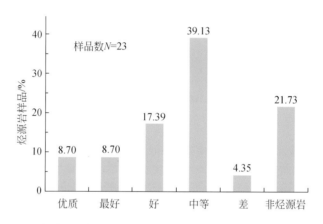

图 8.22　二叠系龙潭组暗色泥岩烃源岩有机碳含量分类统计图（肖国林等，2017）

2）大隆组泥岩烃源岩

大隆组 3 个泥岩样品，参照表 8.8 评价标准，下部的一个灰黑色泥岩样品，TOC = 4.85%，达到 TOC>3.0% 的优质烃源岩级别，总烃含量 HC = 395.28×10⁻⁶，达到中等级别；中−上部 2 个泥岩样品，TOC = 1.48% ~ 1.54%，均值为 1.51%，到达好烃源岩标准，沥青 "A" 含量 = 0.0434% ~ 0.0877%，均值为 0.0656%。以有机碳含量指标为主，综合其他指标衡量，中−上部 2 个泥岩样品属较好（中等）烃源岩。

综上，大隆组下部泥岩为最好—优质、中−上部总体属好、部分为较好（中等）烃源岩，下部优于中−上部（表 8.7、图 8.21）。

3）泥盆系五通群泥岩烃源岩

泥盆系五通群，参照表 8.8 评价标准，上部的 2 个灰黑色泥岩样品的 TOC = 3.56% ~ 4.43%，均值为 3.995%，达到 TOC>3.0% 优质烃源岩（侯读杰等，2011）级别，总烃含量 HC = (312.86 ~ 1317.93)×10⁻⁶，均值为 815.40×10⁻⁶，沥青 "A" 含量 = 0.0749% ~ 0.2794%，平均值为 0.1772%，达到好—最好烃源岩级别。综合考虑上述各指标特征，五通群上部 2 个泥岩烃源岩样品属好—最好，部分为优质烃源岩；中−下部 3 个深灰色泥岩样品，TOC = 0.41% ~ 0.47%，均值为 0.437%，总烃含量 HC = (19.25 ~ 24.71)×10⁻⁶，均值为 21.66×10⁻⁶，沥青 "A" 含量 = 0.0038% ~ 0.00048%，均值为 0.00423%；综合评价属差—非烃源岩；底部 1 个含 II₂ 型有机质的灰岩样品，TOC = 0.28%，总烃含量 HC = 16.24×10⁻⁶，沥青 "A" 含量 = 0.0034%，以有机碳含量为评价标准，该灰岩样品有机碳含量仅达到有效生气源岩标准，但其成熟度仅达到 Rᵒ = 0.84% 的低成熟阶段，综合考虑上述各评价参数认为属非烃源岩（表 8.7）。

4）上奥陶统—下志留统泥岩烃源岩

上奥陶统—下志留统 31 个深灰色-灰黑色样品，参照表 8.8 评价标准，仅在该地层上部井深 2414.60m 处和 2442.30～2446.60m 井段内的 3 个深灰色泥岩样品分别获得氯仿沥青"A"含量为 0.01% 和 0.0263%～0.073%，其中 2 个样品分别达到沥青"A"含量>0.015% 和>0.05% 的差和中等烃源岩下限值；总烃含量 HC 为 69.35×10⁻⁶ 和（200.77～543.85）×10⁻⁶，平均值为 277.32×10⁻⁶，其中 2 个样品分别达到总烃含量 HC>200×10⁻⁶ 和 500×10⁻⁶ 的中等和好烃源岩下限值，3 个样品总烃含量平均值达到中等烃源岩标准。综合总烃和氯仿沥青"A"含量指标特征，上述井段深灰色泥岩达到中等—好烃源岩级别，局部属差—非烃源岩（表 8.7）；中-下部的 28 个灰色、深灰色泥岩样品，氯仿沥青"A"含量 = 0.0004%～0.0034%，均值为 0.0018%；总烃含量 HC =（2.0～23.18），均值为 9.88；TOC = 0.08%～0.17%，均值为 0.1382%；均属非烃源岩（表 8.7、图 8.22）。

5）石炭系底部碳质泥岩烃源岩

前已述及，石炭系底部的 1 个碳质泥岩样品，有机质丰度为 TOC = 10.59%，总烃含量 HC = 427.92×10⁻⁶，属最好烃源岩，沥青"A"含量 = 0.1146%，参照表 8.8 评价标准，达到好-最好烃源岩级别，但成熟度偏低（表 8.7）。

（二）烃源岩有机质类型

含丰富有机质的烃源岩能否生成大量的烃类？还取决于有机质的类型及其热演化程度。前人研究表明，烃源岩的质量优劣，除有机质丰度外，还与其所含有机质的类型密切相关。母质不同的烃源岩，在相同热演化程度下，其生烃能力可能相差数倍、十几倍甚至更大。一定数量的有机质是成烃的物质基础，而有机质的质量（即母质类型优劣）则决定着生烃量的大小及生成烃类的性质。

因烃源岩样品热解的 T_{max} 偏高，H_1-T_{max} 图解不能有效地区分有机质类型，本书采用烃源岩干酪根镜鉴结果进行统计分类。

（1）青龙组泥质灰岩有机质干酪根类型包括典型的腐泥型（Ⅰ型）、腐殖型（Ⅲ型）和腐泥-腐殖型（Ⅱ₂）三种类型（下同），据统计，青龙组泥质灰岩有机质以 Ⅱ₂ 型为主（占 57.14%），其次为 Ⅰ 型（占 28.57%）、Ⅲ 型最少（占 14.29%）；饱和烃色谱显示其正构烷烃碳数分布在 C_{14}～C_{26} 之间，主峰为 nC_{22}，峰型呈前单峰型（图 8.23）；Pr/Ph = 0.477～0.69，轻/重烃 $\Sigma nC_{21-}/\Sigma nC_{22+}$ 为 0.83（表 8.9），Pr/nC_{17} 与 Ph/nC_{18} 参数显示其生源母质主要来源于还原环境的海相或咸湖相低等水生生物，同时伴有少量混合型有机质源输入。

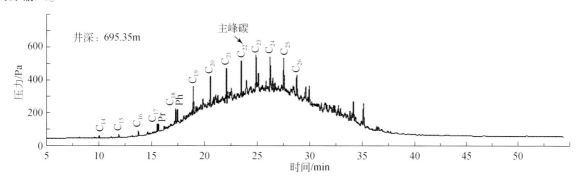

图 8.23　CSDP-2 井下三叠统青龙组烃源岩饱和烃气相色谱图（肖国林等，2017）

表 8.9　CSDP-2 井烃源岩饱和烃气相色谱分析数据简表（肖国林等，2017）

井深/m	碳数分布	主峰碳	Pr	Ph	Pr/Ph	$C_{(21+22)}/C_{(28+29)}$	$\Sigma nC_{21-}/\Sigma nC_{22+}$	$\Sigma nC_{22-}/\Sigma nC_{23+}$	Pr/nC_{17}	Ph/nC_{18}	$(Pr+Ph)/(nC_{17}+nC_{18})$	CPI	OEP
695.35	$C_{14}\sim C_{26}$	C_{22}	2.87	4.14	0.69	—	0.83	1.37	1.06	0.84	0.92	0.98	0.93
726.20	$C_{14}\sim C_{21}$	C_{21}	6.56	13.98	0.47	—	—	—	0.77	1.18	1.01	—	2.21
1298.2	$C_{15}\sim C_{39}$	C_{22}	0.27	1.91	0.14	18	0.27	0.42	0.58	0.81	0.77	1.03	0.86
1464.6	$C_{16}\sim C_{29}$	C_{21}	0.65	3.31	0.20	7.73	0.75	1.33	0.52	0.69	0.65	1.20	0.99

续表

井深/m	碳数分布	主峰碳	Pr	Ph	Pr/Ph	$C_{(21+22)}/C_{(28+29)}$	$\sum nC_{21-}/\sum nC_{22+}$	$\sum nC_{22-}/\sum nC_{23+}$	Pr/nC_{17}	Ph/nC_{18}	$(Pr+Ph)/(nC_{17}+nC_{18})$	CPI	OEP
1535.1	$C_{15} \sim C_{38}$	C_{20}	1.63	5.10	0.32	2.27	0.52	0.74	0.82	0.96	0.92	1.02	0.90
1578.3	$C_{17} \sim C_{29}$	C_{22}	0.51	3.54	0.14	2.46	0.47	0.77	0.69	1.04	0.97	1.36	0.96
1599.2	$C_{17} \sim C_{28}$	C_{19}	1.09	9.06	0.12	4.79	0.92	1.34	0.58	1.12	1.02	1.07	1.07
1660.6	$C_{17} \sim C_{29}$	C_{20}	0.54	4.28	0.13	1.77	0.51	0.76	0.57	1.03	0.95	1.29	0.95
1933.1	$C_{18} \sim C_{28}$	C_{23}	—	1.34	—	4.57	0.32	0.56	—	0.67	0.67	1.28	1.10
2414.6	$C_{16} \sim C_{23}$	C_{18}	5.34	14.48	0.37	—	5.27	13.79	0.58	0.83	0.74	—	0.83
2446.6	$C_{14} \sim C_{20}$	C_{18}	9.50	14.18	0.67	—	—	—	0.60	0.87	0.74	—	0.93
2530.3	$C_{16} \sim C_{26}$	C_{18}	3.47	14.29	0.24	—	1.40	2.04	0.69	1.12	1.00	1.38	0.72
2742.9	$C_{16} \sim C_{26}$	C_{18}	4.57	18.28	0.25	—	1.81	2.84	0.80	1.36	1.19	1.36	0.76

（2）大隆组的 1 个灰黑色泥岩样品显微组分中腐泥无定形体占 73.76%，镜质组和惰质组占 25.74%，属 Ⅰ 型干酪根，Pr/nC_{17} 与 Ph/nC_{18} 显示其生源母质主要来源于弱还原条件下海相或咸湖相低等水生生物。

（3）龙潭组大多数样品（占 71.43%）有机质干酪根为 Ⅲ 型，部分（占 28.57%）为 Ⅱ₁；5 个样品的饱和烃色谱显示其正构烷烃碳数分布在 $C_{15} \sim C_{39}$，主峰碳在 $C_{19} \sim C_{22}$，表现为高碳数较低碳数更丰富的为后单峰型 [表 8.9、图 8.24（a）]，Pr/Ph＝0.14～0.32，轻/重烃 $\sum nC_{21-}/\sum nC_{22+}$ 为 0.27～0.92，Pr/nC_{17} ＝0.527～0.82，Ph/nC_{18} ＝0.697～1.12，显示其生源母质以陆生植物为主，其次为含有水生生物的混源有机质，体现了海陆过渡背景下的弱氧化-弱还原环境。

（4）栖霞组 2 个富含碳质的臭灰岩样品显微组分多为壳质组（含量 80.35%～88.41%），其次为镜质组+惰质组（含量 11.59%～14.85%），属 Ⅱ₂ 型干酪根；2 个灰岩和泥质灰岩样品的有机质干酪根分别属 Ⅰ 型和 Ⅲ 型；饱和烃色谱显示正构烷烃碳数分布在 $C_{17} \sim C_{29}$，主峰碳为 C_{20}，峰型为后单峰型 [表 8.9、图 8.24（b）]，Pr/Ph＝0.13，Pr/nC_{17} ＝0.57、Ph/nC_{18} ＝1.03，轻/重烃的 $\sum nC_{21-}/\sum nC_{22+}$ 为 0.51，表明其生源母质主要源于含陆生植物的海相或咸湖相有机质，且源于陆生植物的高碳部分和源于低等水生生物的低碳部分大致相当，较低的 Pr/Ph 值体现了还原性较强的沉积环境。

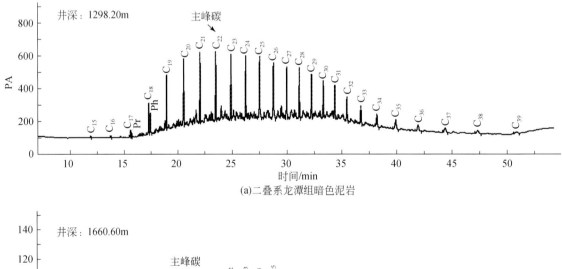

(a) 二叠系龙潭组暗色泥岩

(b) 二叠系栖霞组富含碳质臭灰岩

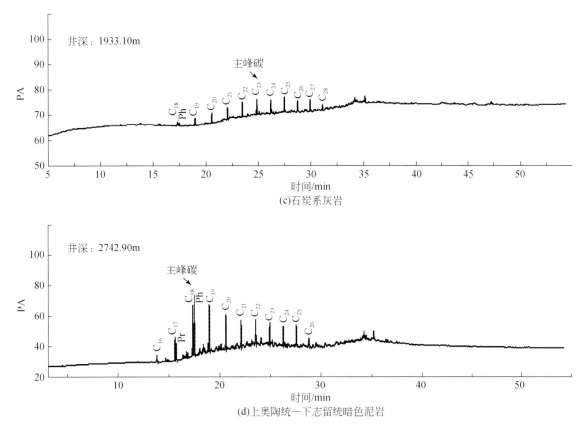

图 8.24　CSDP-2 井烃源岩饱和烃气相色谱图

（5）石炭系上部和中部的 2 个灰岩样品的显微组分中，含无定形体 65.2%～84.45%，含壳质组 0.71%～24.0%，含镜质组和惰质组 10.8%～14.84%，属 I 型干酪根（占 33.33%），其余 4 个样品均属 Ⅲ 型干酪根（占 66.67%）；饱和烃色谱显示正构烷烃碳数分布在 C_{18}～C_{28} 之间，主峰碳为 C_{23}，峰型为较对称单峰型［表 8.9、图 8.24（c）］，轻/重烃 $\sum nC_{21-}/\sum nC_{22+}$ 为 0.32，$Ph/nC_{18}=0.67$，表明其生源母质来源于低等水生生物略占优势的陆生植物和海相或咸湖相低等水生生物的混源输入。

（6）泥盆系（五通群）上部 2034.8～2104.65m 井段近 70m 地层段，3 个泥岩样品有机质显微组分中壳质组占 11.07%～50.0%，镜质组和惰质组占 50.0%～88.93%，腐泥无定形体仅占 0～0.90%，属 Ⅲ 型干酪根，显示其生源母为弱氧化环境下来源于陆生植物占优势的陆生植物和水生生物的混合输入；下部 2138.5～2347.0m 井段厚达 208.5m 地层段，3 个样品有机质显微组分中壳质组占 70.96%～75.54%，镜质组和惰质组占 23.53%～29.04%，腐泥无定形体仅占 0～1.82%，属 Ⅱ₂ 型干酪根，显示其生源母质来源于藻类为主的海相或咸湖相低等水生生物。

（7）上奥陶统—下志留统（2361.1～2839.6m 井段）共取 31 个深灰色泥岩样品，其中 27 个样品（占 87.1%）的有机质显微组分壳质组占 60.42%～88.49%，镜质组和惰质组占 8.99%～38.8%，腐泥无定形体仅占 0～5.94%（仅 1 个样品达到 22.7%），即 87.1% 样品的干酪根属 Ⅱ₂ 型，其余 4 个样品有机质属 Ⅲ 型，可见，该井段地层深灰色泥岩的干酪根以 Ⅱ₂ 型占绝对优势，Ⅲ 型的较少（占 12.9%）。饱和烃色谱显示正构烷烃碳数分布在 C_{14}～C_{26}，主峰碳为 C_{18}，峰型为后单峰型［表 8.9、图 8.24（d）］，$Pr/nC_{17}=0.58$～0.80，$Ph/nC_{18}=0.83$～1.36，轻/重烃 $\sum nC_{21-}/\sum nC_{22+}$ 为 1.40～5.27，显示其生源母质主要来自陆生植物和海相或咸湖相有机质的混源输入，$Pr/Ph=0.24$～0.67，体现了弱还原-弱氧化的沉积环境。

（三）烃源岩有机质成熟度

有机质的热成熟演化是烃源岩研究的重要指标。评价方法包括镜质组反射率 R^o（%）、岩石热解峰温

T_{max}、孢粉和干酪根颜色和可溶有机质化学法等。镜质组反射率 R^o（%）的变化在烃源岩热演化过程中的连续性、不可逆、镜质组分布广泛等特点，使其在烃源岩成熟度研究中得到广泛应用，被认为是评价烃源岩热演化程度的一项重要指标，并可用来较为准确地划分有机质的热演化阶段，一般认为，$R^o<0.5\%$ 时有机质未成熟，$R^o=0.5\%$ 为生油门限开始生油，$R^o=0.5\%\sim0.7\%$ 为低成熟阶段，$R^o=0.7\%\sim1.3\%$ 为成熟的大量生烃阶段，且 $R^o=1.0\%$ 为生烃高峰期；$R^o=1.3\%\sim2.0\%$ 为高成熟凝析油-湿气阶段，$R^o>2.0\%$ 为过成熟干气阶段。由于本次测试获得的热解峰温 T_{max} 值普遍偏高且有的存在两极分化现象，不能客观正确地反映有机质的真实热演化状态，本书主要采用镜质组反射率 R^o（%），同时参考正构烷烃碳数分布优势参数综合衡量有机质热演化程度。

1）镜质组反射率 R^o（%）

CSDP-2 井烃源岩石样品的实测 R^o（%）数据表明，南黄海中部隆起中—古生界海相烃源岩的有机质热演化程度差异较大，跨越低成熟-成熟-高成熟-过成熟各阶段（表8.7）。

下三叠统青龙组泥质灰岩，R^o 值集中在 0.64%～0.75% 范围内，均值为 0.683%，整体处于低成熟和生烃初期阶段。

二叠系大隆组泥岩及碳质泥岩，$R^o=0.71\%\sim0.807\%$，均值为 0.7585%，整体处于成熟和大量生烃初期；龙潭组泥岩和碳质泥岩，$R^o=0.62\%\sim1.52\%$，均值为 0.975%，其中在井深 956.3～1535.1m 井段，$R^o=0.69\%\sim1.26\%$，均值 0.899%，处于低成熟生烃—成熟大量生烃阶段；在 1562～1599.62m 近 40m 井段，连续出现 3 个 R^o 高值点（占总样品数15%），$R^o=1.47\%\sim1.52\%$，均值为 1.496%，处于高成熟的凝析油-湿气阶段。可见，龙潭组中-上部泥岩热演化总体处于成熟和大量生烃阶段，下部泥岩则达到高成熟的凝析油-湿气阶段。

二叠系栖霞组下部的灰色灰岩，$R^o=0.82\%\sim1.13\%$，均值为 0.975%，处于成熟和大量生烃阶段，上部富含碳质的臭灰岩，$R^o=1.09\%\sim2.02\%$，均值为 1.555%，处于成熟—高成熟的生烃高峰和凝析油-湿气阶段，局部达到过成熟的干气阶段。

石炭系灰岩和泥质灰岩，$R^o=0.65\%\sim1.21\%$，均值为 0.886%，其中井深 1757.5m、1857.78m 处的纯灰岩样品，$R^o=0.65\%\sim0.70\%$，均值为 0.675%，处于低成熟—成熟生烃初期，中部的 2 个泥质灰岩样品，$R^o=1.10\%\sim1.21\%$，均值为 1.155%，处于成熟和生烃高峰阶段，石炭系底部的 1 个碳质泥岩样品，$R^o=0.77\%$，处于成熟和大量生烃初始阶段。

泥盆系深灰色泥岩，$R^o=0.82\%\sim1.51\%$，均值为 1.163%，中上部的 2034.8～2138.5m（厚107m）井段，$R^o=1.32\%\sim1.51\%$，处于高成熟的凝析油-湿气阶段，而下部的 2291.15～2347.0m（厚55.85m）井段，其 R^o 值仅达到 0.82%～0.84% 的成熟和大量生烃初始阶段。

上奥陶统—下志留统（2361.1～2839.6m 井段），31 个泥岩样品的 R^o 值为 0.75%～0.96%，R^o 值总体变化趋势随深度增加而增加，平均值 0.86%，处于成熟和大量生烃初始阶段。

2）正构烷烃奇碳优势（CPI）的变化

烃源岩的正构烷烃分布特征不仅具有指相意义，还可以表征有机质热演化程度。未成熟泥质源岩有机质存在明显的奇碳优势，随着成熟作用的增加，奇碳优势逐渐消失。一般将 CPI=1.0～1.2 作为成熟阶段的标志，目前获得的 13 个烃源岩样品色谱分析结果表明，随着成熟度的增加，CPI 值逐渐减小并趋近于 1（表8.9、图8.25）。

下三叠统青龙组灰岩烃源岩 CPI=0.98，正构烷烃的奇碳优势消失，表明其热演化程度相对较高，有机质基本成熟。

二叠系大隆组和龙潭组烃源岩 CPI=1.02～1.36，OEP=0.86～1.07，其中 80% 的样品 CPI 值为 1.02～1.2，正构烷烃奇碳优势基本消失，绝大部分为成熟烃源岩。

二叠系栖霞组顶部富含碳质的臭灰岩，CPI=1.29，OEP 为 0.95，正构烷烃具微弱奇碳优势，烃源岩处于成熟演化阶段。

石炭系烃源岩，仅 1 个样品进行了气相色谱分析，CPI=1.28，OEP=1.10，正构烷烃具微弱奇碳优势，属成熟烃源岩。

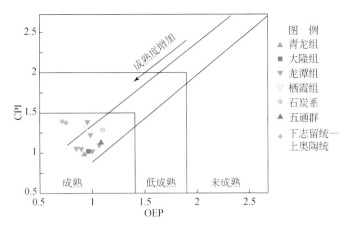

图 8.25　CSDP-2 井烃源岩 CPI 和 OEP 参数及成熟度特征

上奥陶统—下志留统（2361.1～2839.6m 井段）深灰色泥岩，4 个样品进行了气相色谱分析，仅 2 个样品的 CPI=1.36～1.38，4 个样品的 OEP=0.72～0.93，正构烷烃具微弱奇碳优势，属成熟烃源岩。

四、初步揭示了中部隆起 CSDP-2 井区中—古生界海相油气成藏特征

（一）石油与烃源岩源的对比

对含油岩心样品（886.0～886.3m 井段油砂样品）和油砂样品上部 866.6～867.2m 井段和下部井深 894.7m、1271.2m 和 1273.0m 的泥岩烃源岩样品进行了油气地球化学及生物标志物参数分析，综合评价烃源岩的有机质丰度、类型、成熟度等。结果表明，上述 4 块泥岩烃源岩样品有机质丰度较高、均达到中等—好的烃源岩级别，热演化达到成熟阶段，属成熟的好烃源岩。相对而言，井深 1271.2m 和 1273m 处 2 块样品所代表的烃源岩有机质热演化程度较井深 866.6～867.2m 和 894.7m 处 2 块样品所代表的烃源岩有机质热演化程度略高（表 8.10），烃源岩有机质类型以 II 型为主，烃源岩和原油的有机质来源显示为陆生植物和藻类混源并以水生藻类略占优势特征（图 8.26）。T_s/T_m 与 $C_{29}-\alpha\alpha\alpha20S/(S+R)$ 关系（图 8.27）和 $C_{29}-\beta\beta/(\alpha\alpha+\beta\beta)$ 与 $C_{29}-\alpha\alpha\alpha20S/(S+R)$ 关系（图 8.28）均显示，井深 886.0～886.3m 处油砂样品的原油与井深 866.6～867.2m 和 894.7m 的 2 个深灰色泥岩烃源岩样品具有很好的亲缘关系，而与井深 1271.2m 和 1273.0m 处的 2 个深灰色泥岩样品代表的烃源岩则不具有亲缘关系，表明油气具近距离运移、就近聚集成藏的特征。

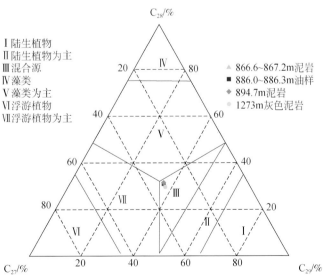

图 8.26　CSDP-2 井烃源岩和原油甾烷 20R$\alpha\alpha\alpha$C$_{27}$-C$_{28}$-C$_{29}$ 相对百分含量三角图

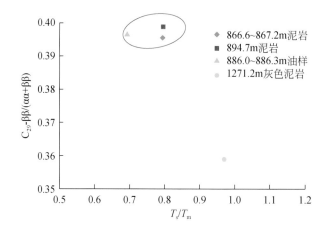

图 8.27　T_s/T_m 与 $C_{29}-\alpha\alpha\alpha20S/(S+R)$ 关系图

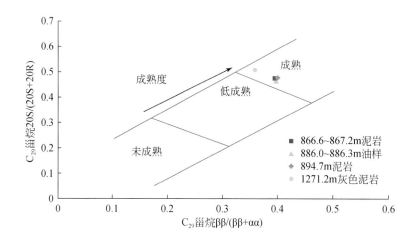

图 8.28　$C_{29}-\beta\beta/(\alpha\alpha+\beta\beta)$ 与 $C_{29}-\alpha\alpha\alpha20S/(S+R)$ 关系图

（二）CSDP-2 井区油气成藏组合配置预测

海相中—古生界经历多期构造运动改造，地层抬升剥蚀对埋藏史及有机质热演化史进程的影响直接影响油气的生成、运移、聚集成藏。

南黄海中部隆起中—古生代演化过程主要经历了印支期（T_2—J_3）和燕山期（K_2—E）两大抬升剥蚀期。其中印支期抬升剥蚀对南黄海中—古生界的有机质热演化及油气成藏至关重要，印支期的抬升剥蚀主要影响三叠系地层的剥蚀量和残留分布面貌，燕山期的抬升主要影响侏罗系和白垩系的剥蚀量及其残留分布特征。依据现有资料，南黄海侏罗系主要发育分布于北部拗陷东北凹陷和北部凹陷，白垩系则在北部拗陷各凹陷均有分布，在南部拗陷呈零星残留状态分布，中部隆起迄今未在地震剖面上观测存在侏罗系和白垩系。

因此，地层剥蚀量对中部隆起油气成藏的影响主要考虑印支期的三叠系青龙组的剥蚀量。据钻井和地震资料分析，整个南黄海地区地震剖面上观测到的三叠系厚度为 0～2500m，预测中部隆起三叠系最大厚度 2250m（图 2.13），考虑地震层速度误差，保守估算预测中部隆起三叠系地层的原始最大厚度约为 2000m。

按照前述假设，若三叠系地层的最大原始厚度约为 2000m，CSDP-2 井在新近系之下直接钻遇了下三叠统青龙组 231m，据此推测该井处三叠系被剥蚀厚度达 1700～1800m，属严重剥蚀区。

据与苏北陆区资料和海区 CSDP-2 井揭示地层对比分析，下寒武统幕府山组（海区目前尚未揭示）盆地相暗色泥页岩，奥陶系五峰组—下志留统高家边组陆棚-欠补偿盆地环境下发育的暗色泥岩，上二叠统沼泽相、三角洲平原相泥岩夹碳质泥岩、薄煤层为主的龙潭组和深水盆地-陆棚相的深灰色、灰黑色硅质泥（页）岩为主的大隆组以及下二叠统局限台地和开阔台地相的石灰岩、臭灰岩、碳质泥岩是由苏北陆区盆地向东一直延伸到南黄海盆地区最重要的三套烃源岩（图6.2、图6.5、图6.6、图6.8和图6.10）。

CSDP-2井揭示地层的烃源岩油气地球化学评价证实，南黄海盆地中部隆起中—古生界分别发育下三叠统青龙组、下二叠统栖霞组和石炭系3套灰岩烃源岩和上二叠统大隆组—龙潭组、泥盆系和上奥陶统—下志留统3套碎屑岩烃源岩；青龙组上段灰岩和上奥陶统—下志留统上部泥岩属"倾油型"烃源岩，石炭系中-上部灰岩属"油气型"烃源岩，大隆组—龙潭组泥岩和碳质泥岩、栖霞组上部富含碳质的臭灰岩、石炭系中-下部灰岩和底部碳质泥岩属"倾气型"烃源岩烃源岩。

依据钻井揭示的地层厚度、烃源岩厚度和密度、有机碳含量和降解率等参数，采用"生烃法"模拟计算的各套烃源岩的生烃强度表明中—古生界总生烃强度是（20.7619～31.2839）×10^8 m^3/km^2（气当量），与国内外大中型气田分布区域的生气强度相当（黄保家等，2002）。碎屑岩烃源岩的总生烃强度是碳酸盐岩烃源岩总生烃强度的2倍以上，生气强度是生油强度的4～5倍（肖国林等，2017），巨大的生烃强度和多源层供烃为南黄海中部隆起中—古生界形成大-中型的油气聚集成藏提供了充分的物质基础。

以下寒武统幕府山组盆地相暗色泥岩；奥陶系五峰组-下志留统高家边组陆棚-欠补偿盆地暗色泥岩；上二叠统沼泽相、三角洲平原相泥岩夹碳质泥岩、薄煤层为主的龙潭组-大隆组深灰色、灰黑色硅质泥岩为主以及下二叠统局限和开阔台地相的石灰岩、臭灰岩、碳质泥岩三套最重要的烃源岩为基础，对中部隆起CSDP-2井区中—古生界海相油气成藏组合配置模式（图8.29）推测分析如下。

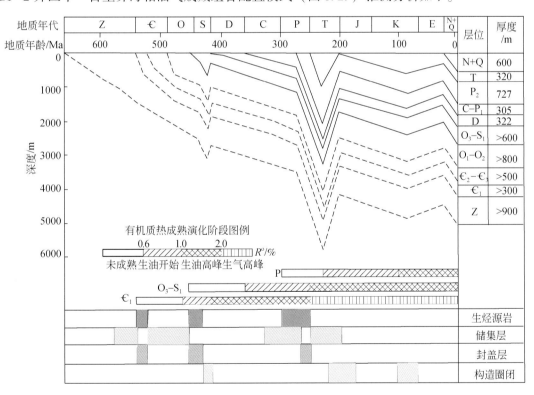

图8.29　CSDP-2井区油（气）成藏组合配置关系模式图示

成藏组合模式一：以二叠系（龙潭组-大隆组）暗色泥岩和栖霞组灰岩为主力烃源岩的浅层成藏组合。

上古生界上部的二叠系（龙潭组-大隆组）暗色泥岩和栖霞组灰岩，于中三叠世开始成熟生油，晚白垩世开始进入生油高峰并持续至今，CSDP-2井区大隆—龙潭组构造层（T$_9$-T$_{10}$反射层）圈闭于T$_9$反射层沉积之后形成雏形，并于印支期末期—燕山期最后定型。形成油藏的烃源岩是下二叠统栖霞组灰岩和上二叠统龙潭组-大隆组暗色泥岩，储层是大隆组碎屑岩和三叠系青龙组碳酸盐；二叠系大隆组泥岩、下三

叠统致密灰岩以及 T_2（或 T_8）不整合面之上覆盖的新近系泥岩作为盖层共同构成生–储–盖组合，圈闭定型期（印支期末期—燕山期）早于生油高峰期（晚白垩世—现今），烃源岩生成的烃类就近进入本组砂岩储集层，成藏配置条件较优越。

原油与烃源岩的"油–源"对比显示，CSDP-2 井 886.0～886.3m 井段油砂中的原油主要来源于该段储层上部和下部附近的井深 866.6～867.2m 和 894.7m 处的大隆组暗色泥岩烃源岩，两者具有明显的亲缘关系，而与更深层的井深 1271.2m 和 1273m 处（龙潭组）2 块样品所代表的烃源岩无亲缘关系（图 8.27、图 8.28），表明其油气具近距离运移，就近聚集成藏的特征。上二叠统龙潭组暗色泥岩和下二叠统栖霞组灰岩烃源岩生成的烃类可能因地层致密，未能向上运移进入上部的大隆组砂岩储集层，油藏具二叠系大隆组烃源岩生烃、烃类就近进入大隆组砂岩储集，具"自生自储"致密砂岩油藏特点。

成藏组合模式二：以上奥陶统五峰组和下志留统高家边组暗色泥岩为主力烃源岩的中深层成藏组合。

五峰组和高家边组暗色泥岩"倾油型"烃源岩，于晚泥盆世开始成熟生油，二叠纪末开始进入生油高峰，上古生界中部的石炭系的船山组、黄龙组及和州组灰岩为储层，上古生界上部的下二叠统栖霞组灰岩和上二叠统龙潭组–大隆组泥岩为盖层形成生–储–盖组合，圈闭则主要形成于印支期，虽然生油期早于圈闭形成期，成藏组合条件配置较差，但该套烃源岩现今仍处于生油窗后期及凝析油–湿气阶段，生烃强度达（12～14）×10^4t/km^2，晚期形成凝析气藏的可能性较大。

成藏组合模式三：以古生界深部以下寒武统幕府山组盆地相暗色泥岩为主力烃源岩的深层成藏组合。

虽然在中部隆起上目前未钻遇幕府山组，区域对比表明府山组暗色泥岩烃源岩于奥陶纪末有机质开始成熟生油，志留纪末进入生油高峰，二叠纪末进入生气高峰，震旦系灯影组、中—上寒武统、下—中奥陶统碳酸盐岩为储层，奥陶系五峰组和志留系高家边组为区域盖层形成生–储–盖组合，圈闭主要形成于加里东期，早于或同期于烃源岩生油高峰期，在奥陶纪—志留纪油充注和二叠纪气充注成藏后，虽然油气藏经历了印支—早燕山期的破坏和改造过程，但因储层埋藏较深，推测现存的以原生油气藏改造后再聚集或残存气藏为主。

第九章　进展与展望

第一节　南黄海中—古生界研究新进展

南黄海盆地位于下扬子地台的东北部，郯庐断裂带以东的活动区内（金翔龙和喻普之，1982；蔡乾忠，1995），是一个在前震旦系变质岩基底之上，经海相中—古生界、陆相中生界和新生界多期沉积叠覆而成的叠合盆地，其找油前景引起人们的极大关注（温珍河，1989；张家强，2002；冯志强等，2002；李刚等，2003；戴春山等，2003）。传统上将南黄海盆地划分为千里岩隆起、北部坳陷、中部隆起、南部坳陷和勿南沙隆起"三隆两坳"的构造格局。2000年之前的油气勘探主要集中于南黄海中—新生代陆相沉积为主的北部坳陷和南部坳陷，而忽视隆起区。

前人研究成果曾认为南黄海盆地中部隆起构造相对稳定（王巍等，1999），隆起存在古老的刚性结晶基底（梁瑞才和韩国忠，2001），但因之前地震反射资料成像品质差，T_2 强反射面之下几乎未获得有效的反射，人们普遍认为其主要由火成岩或变质岩构成，对中部隆起的勘探和研究程度一直很低，对南黄海地区海相地层分布与属性，以及其油气前景的认识一直未能有比较明确的结论。

部分研究者依据滨海隆起与中部隆起的空间重力和布格重力异常、化极磁异常特征和区域地层对比认为，中部隆起与滨海隆起一样发育有二叠系、泥盆系及下古生界，缺失中生界。另有学者依据靠近中部隆起西部陆地上钻探揭示厚约400m的第四系和新近系直接覆盖在古生界二叠系或石炭系之上，推测南黄海中部隆起缺失古近系和中生界或不存在大面积的下三叠统青龙灰岩，以及上二叠统大隆组、龙潭组。亦有部分学者的研究认为，中部隆起残留的海相地层以下三叠统及上古生界为主，中—古生界海相地层残留厚度约5000m（冯志强等，2002），其海相地层大部分受后期变形作用较弱，是下扬子区面积最大的稳定区。

一、重力、磁力反演结果反映南黄海地区普遍发育巨厚的古生界

虽然南黄海海区变质岩性质的基底磁性并不强，甚至为弱磁性，但重、磁的同源性相对较好，基底磁性相对要一些，对基底的反演精度也高一些。依据航磁异常采用全梯度模值深度标定方法求取深度的磁性基底深度反映，南黄海盆地因周边的磁性基底浅埋区烘托，呈现出明显的沉积盆地特征。苏北属磁性基底埋藏最深的地区，深度为9～11km，在阜宁、宝应、高邮附近存在有磁性基底隆起；勿南沙隆起为磁场最平稳地区，磁性基底埋深大于10km；北部坳陷磁性基底的起伏变化较勿南沙隆起和苏北地区更复杂一些，磁性基底埋深为9km左右。据磁性基岩深度图推测，古生界和中下三叠统最厚的地区位于中部隆起，厚度大于7000m，即古生代—中生代早期南黄海盆地北部坳陷和南部坳陷为隆起区，而中部隆起和勿南沙隆起为坳陷区，现今的南黄海盆地北部坳陷和南部坳陷是古生代—中生代早期的隆起区转化而来的。根据已有资料，选取下古生界及其以前地层密度为2.72g/cm³，根据重力反演计算出上、下古生界厚度（图9.1、图9.2）。由图可见，南黄海盆地区下古生界最厚区域位于中部隆起东南部，最大厚度达8.0km，其次为北部坳陷的中—东部凹陷、东北凹陷东部、南部凹陷，一般厚4.5～6.0km，最大厚度达6.5km，中部隆起中部、北部坳陷的南部凹陷，局部区域下古生界厚2.5～4.0km，南部坳陷厚度一般0.5～3.5km，最大厚度虽达5.5km，但仅呈局部分布，局部地区甚至缺失下古生界；上古生界最厚处位于中部隆起中北部与北部坳陷交接处附近、中部隆起中南部与南部坳陷交接处附近，以及北部坳陷西部千里岩断裂带下降盘一侧，最大厚度均达8.0km。北部坳陷的东北凹陷、南部坳陷的南四凹陷、南七凹陷及南五凹陷区域，上古生界厚度较小，一般厚0～4km。

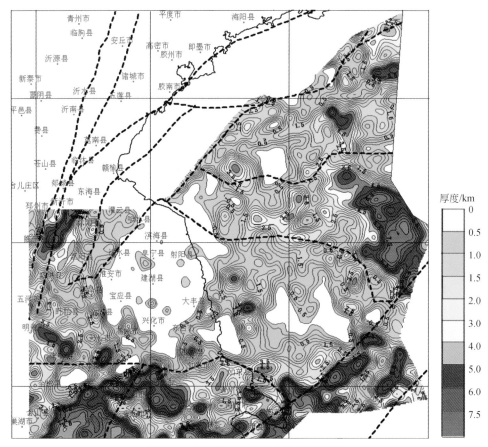

图 9.1　南黄海及邻区下古生界厚度图

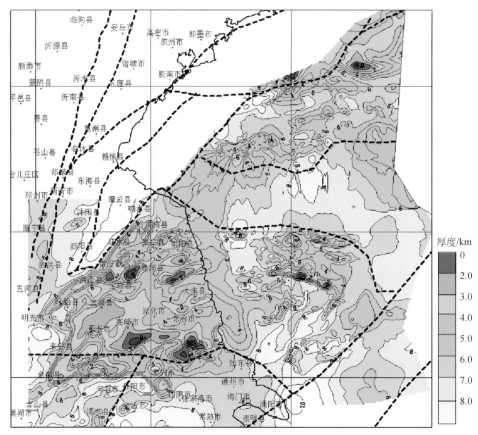

图 9.2　南黄海及邻区上古生界厚度图

二、地震-地质解释出巨厚的中—古生界海相地层

2006 年，在中部隆起的地质调查首次在地震 T_2 强反射面之下获得了清晰的沉积层反射，随着后续勘探资料的丰富和研究的深入，研究者对中部隆起地层分布与属性的认识逐步深入和清晰：认为中部隆起广泛分布震旦系—志留系海相地层，自西向东发育两个残留沉积中心，最大厚度分别为 6000m 和 7000m，具"西薄东厚"特征，构造走向为近 EW 向。晚古生代则继承了早期沉积构造格局，泥盆系—下二叠统在中部隆起亦广泛分布，因受剥蚀程度高，残留厚度相对下古生界小得多，分布特征与下古生界相似，仍是"西薄东厚"和近 EW 走向为特征（图 9.3）。

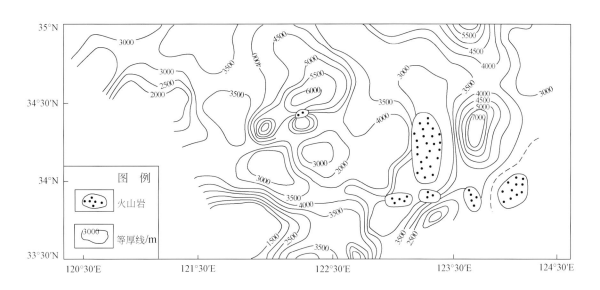

图 9.3　南黄海中部隆起震旦系—志留系分布（据李刚，2003）

采用新的地震勘探技术获得了新近系之下地层成像清晰的中—古生代海相碳酸盐岩有效反射（图 2.10）。对 2012 年采用"上、下源延迟激发+长排列"的新技术采集的地震资料进行了攻关处理，大幅度提高了 T_8 反射界面之下的地层成像品质，并在 T_8 反射界面之下获得了与南部拗陷 T_9—T_{10} 反射波组之间的地层相似地震反射波组（图 2.9），特征，通过地震反射波组特征、速度分析，以及区域对比与综合解释研究认为，南黄海盆地北部拗陷内的南部（凹陷）和西部（凸起）部位，仍保留有一定范围和厚度的 T_9—T_{10} 反射波组之间的地层（大隆-龙潭组）。区域追踪表明，北部拗陷在 T_8 反射波之下，广泛分布着古生界海相地层，剖面上表现为低频、弱振幅、反射强度弱或一般，与上覆 T_8 反射波以上地层多呈不整合接触，与下伏更老的地层（海相？）呈整合-不整合接触。笔者认为，该套地层属于北部拗陷陆相中生界之下残留的海相地层，其地层可能包括局部残留的中生界下三叠统青龙组、上古生界二叠系上统的大隆组和龙潭组、二叠系下统的栖霞组、石炭系、泥盆系，底部一组中-低频、中-弱振幅、1~2 个中-弱连续性波组推测为志留系底部泥页岩或泥盆系底部的杂色砂页岩、黏土层、局部煤层形成的反射波组。

2014 年，在中部隆起上实施的大陆架科学探井 CSDP-02 井，首次在中部隆起揭示了三叠系、二叠系、石炭系、泥盆系、志留系和奥陶系等海相地层，证实中部隆起上发育下三叠统及其以下的海相沉积地层，使争论多年地层发育与分布特征有了明确的定论。地震和钻井资料综合解释表明，中—古生界海相地层在北部拗陷区域一般厚 2~6km，最厚达 11km，中部隆起区域一般厚 3~5km，最厚达 7km，南部拗陷区域一般厚 2~3km，最厚达 7km（图 9.4）。

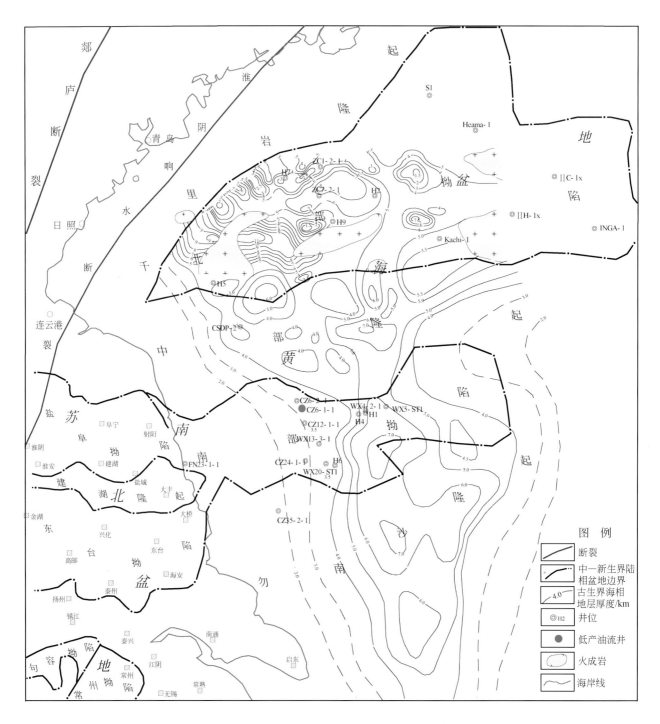

图 9.4　南黄海地区古生界海相地层分布特征示意图

三、地层速度分析推测北部拗陷残留海相地层以下古生界为主

1. 地层层速度特征

目前钻井揭示，南黄海南部拗陷分布范围较大的二叠系上统大隆组砂泥岩地层和龙潭组暗色泥岩夹煤层。根据测井资料分析，地层中暗色泥岩的速度一般在 3800 ~ 4400 m/s，砂岩速度一般在 4800 ~

5200m/s，煤层的速度较低，一般在 2800～3160m/s。由于地层中以暗色泥岩为主，地层的层速度较低，一般在 4000m/s 左右（表 9.1、表 9.2）。

CZ12-1-1 井揭示石炭系和州组为白云质灰岩夹数层泥质灰岩，测井速度为 5600～6350m/s，以 5900～6200m/s 为主；黄龙组泥晶灰岩粉晶灰岩，测井速度为 5000～6000m/s，以 5700～5800m/s 为主；船山组以粉晶灰岩为主，测井速度为 6000～6500m/s，以 6250～6350m/s 为主。声波测井资料分析表明，整体上石炭统的层速度在横向上（不同的钻井）和纵向上（不同的深度）变化不大，基本上稳定在 6300～6400m/s。

2. 井旁地层地震层速度分析

S1 钻井位于南北向穿过北部拗陷东北凹陷南北向的 H09-4 地震测线 SP2677 点附近，采用 DIX 公式计算井点附近的层速度。

S1 钻井揭示新近系底界 831m，对应的地震反射 t_0 时间为 910ms，利用 DIX 公式计算出对应的层速度为 2007m/s，831～1078m 井段钻遇古近系碎屑岩，对应的地震反射 t_0 时间为 910～1080ms，对应的地层层速度为 2007～2576m/s。1078～3217m 井段钻遇中生代侏罗系（未钻穿），对应的地震反射 t_0 值为 1080～2500ms，对应的地层层速度为 3679～5272m/s（图 9.5）。

表 9.1 WX5-ST1 井钻遇中—古生界层速度、反射时间对应表

地层				层速度/(m/s)	厚度/m	时间/s	岩性
白垩系	上统	泰州组	上	4762	1405	1.2104	砂泥岩
			下				
	中统	赤山组					
三叠系	下统	上青龙组					灰岩
		下青龙组		5268	1564	1.2707	
				6047	1705	1.3174	
				6452	1805	1.3484	
				6250	1905	1.3804	
				5714	2105	1.4504	
				6333	2305	1.5135	
				6603	2571	1.5941	
				5015	2705	1.6475	
				4167	2805	1.6955	
二叠系	上统	大隆组		3636	2905	1.7505	砂泥岩、玄武岩
				3255	2925	1.7628	
		龙潭组		4504	3165	1.8694	煤系地层
				4000	3265	1.9194	

表 9.2 南黄海盆地钻遇中—古生界海相地层层速度数据表

地层		CZ35-2-1		CZ24-1-1		WX5-ST1		CZ12-1-1		Kachi-1	
		深度/m	层速度/(m/s) 最小~最大/平均	深度/m	层速度/(m/s) 最小~最大/平均	深度/m	层速度/(m/s)	深度/m	层速度/(m/s) 最小~最大/平均	深度/m	层速度/(m/s) 最小~最大
K	K_2t 泰州组			3341	5125~5611/5409	1410	4656			2693	3724~5032
	K_2c 赤山组										
T	T_1 上青龙组			3546	6038~6143/6060			2732			
	T_1 下青龙组	2077	5756/5264			2820	6603/6034			2726.3	5032~5590
P	P_2 大隆组	2192	3462~4074/3746			2930	4167				
	P_2 龙潭组	2462	3092~5002/3933			3259	4504/4112	2240	5611/3624		
	P_1 栖霞组	2728	4886~6516/5989								
C	C_3 船山组							2405	5610~6235/5772		
	C_2 黄龙组							2660	5432~6289/5736		
	C_1 和州组							2923	5378~6496/5935		
	C_1 高骊山组							3086	4328~5684/5118		

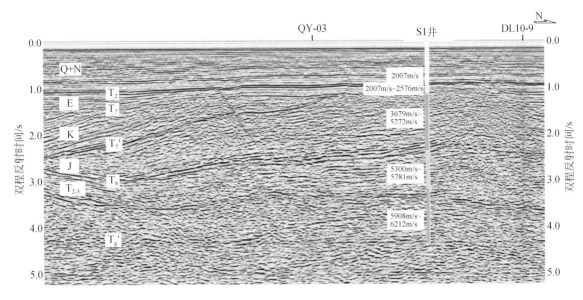

图 9.5 过 S1 井的南北向地震测线 H09-4 剖面井旁地层层速度特征

地震反射 $t_0 = 2500 \sim 3300\text{ms}$ 层段，对应的地层层速度为 $5300 \sim 5781\text{m/s}\pm$，依据区域地层地震层速度资料变化特征，推测解释认为属中生代下三叠统青龙组灰岩。

从地震反射 t_0 时间 3300ms 开始，对应的地层层速度逐渐增加，从 $t_0 = 3300\text{ms}$ 处的 5781m/s 增至 $t_0 = 6000\text{ms}$ 处的 6422m/s，从地震层速度资料变化特征和区域地层层序分析判断，地震反射 $t_0 = 3300 \sim 6000\text{ms}$ 层段属古生界海相灰岩类地层。在过 S1 井的 H09-4 地震剖面上，在 $t_0 = 4300\text{ms}$ 处见一组较强反射层，对应的层速度为 6212m/s，与南黄海盆地内钻遇中—古生代海相地层的 CZ35-2-1 井、CZ24-1-1 井、WX5-ST1 井和 CZ12-1-1 井揭示的地层层速度特征（表 9.2）一致。笔者推测解释以此界面作为中—古生代海相层序的底界。

此外，多道地震和 OBS 资料（图 3.126）的速度综合分析显示，北部坳陷内残留的古生界海相层，其层速度明显高于中部隆起和南部坳陷古生界，推测北部坳陷残留以下古生界为主、厚度较大的海相地层。

四、地震解释推测的海相沉积层分布

据北部坳陷海相沉积层的地震反射特征，综合地震、OBS 资料，以及井旁地层地震层速度分析，推测解释了中—古生界第一套海相残留地层的分布特征。北部坳陷中—古生界海相层底面（T_g'）视埋深（可能包括部分逆冲重叠地层，下同）的 t_0（地震双程反射时间，下同）值一般为 $2000 \sim 5000\text{ms}$，最深处 t_0 值达 5400ms。参考区域地层速度资料推测解释，北部坳陷中—古生界海相层底面（T_g'）视埋深 $3300 \sim 11000\text{m}$，最深达 13000m；视厚度（可能包括部分逆冲重叠地层，下同）一般 $2000 \sim 9000\text{m}$，最厚达 11000m（图 9.4）。

地震剖面（图 2.7）解释结果显示，南黄海盆地南部坳陷、北部坳陷与中部隆起在早古生代—三叠纪时连为统一的沉积坳陷，广泛发育震旦纪—三叠纪地层。印支运动结束了这一地区古生代以来的长期总体沉降格局并发生隆坳反转和抬升剥蚀，导致中部隆起缺失侏罗系和白垩系下统沉积，三叠系也遭受不同程度剥蚀，北部坳陷因反转抬升幅度大、强度高，三叠系几乎被剥蚀殆尽，甚至大部分晚古生代地层也几乎全被剥蚀殆尽，仅在几个向斜的翼部得以保存，致使北部坳陷目前残留海相地层以下古生界为主。

综上所述，南黄海盆地的北部坳陷区、中部隆起区、南部坳陷区和勿南沙隆起新生代地层之下是古生界—中生界下三叠统以碳酸盐岩为主的海相沉积。区域地层对比认为是下扬子地台向海域的延伸部分，这套中—古生界海相地层在长江下游地区已多处见到油气，更是四川盆地的重要产层。地震资料初步解释还发现了一批中、古生界局部圈闭构造，如北部拗陷海相沉积层已解释出的潜山内幕构造圈闭（图9.6），按区域地层速度资料推测其视构造幅度在500~1650m（甚至达1800m）。这些中—古生界潜山构造上覆新生界，可能具有较好的油气圈闭和保存条件，是值得探索的新领域。

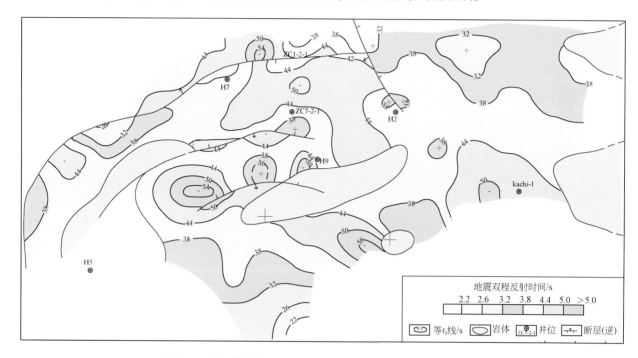

图 9.6　北部拗陷中—古生界海相层潜山内幕等 t_0 构造圈闭图

五、揭示侏罗系发育分布特征

在 S1 井钻探之前，对南黄海陆相中生界是否发育侏罗系的问题，一直是仁者见仁，智者见智。前人据部分地震剖面（如 YN-1 等）在北部千里岩断裂带南侧于新生界之下至 T_9 波之间存在一套厚度较大的反射层，推测是比白垩系更老的地层，认为北部拗陷内某些地段可能存在侏罗系（图9.7）。2008 年，在北部拗陷的东北凹陷中央反转构造带钻探的 S1 井，钻前预测将 T_2 强反射面之下多套疏密相间的反射层识别为古近系和中生界白垩系，设计井深 4441m（赤山组），目的层为阜宁组和泰州组一段，重点是揭示泰州组烃源岩，预计 2250m 钻入泰州组。

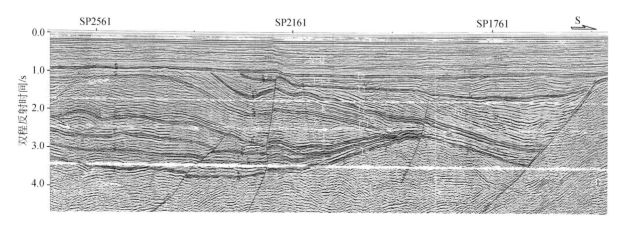

图 9.7　过北部拗陷东北凹陷的 YN-1 测线地震解释剖面

　　S1 井实钻至 1000m 后，即钻入大套与北黄海盆地东部拗陷侏罗系相似的砂岩、泥岩和砾岩为特征的致密层，钻至 3200m 提前终孔，全井未钻遇古近系和白垩系，但揭示了厚逾 2000m 的侏罗系（钻厚 2202m，未钻穿），证实南黄海盆地北部拗陷东北凹陷发育巨厚的侏罗系（高顺莉等，2015）。后续的调查在多条地震测线剖面中见到与 YN-1 测线剖面（图 9.7）相似的反射特征，如 H08-1（见图 2.16）、YE-1（见图 2.17）、H09-4（见图 2.18）。通过井-震对比、地震波组特征分析、速度分析、地层接触关系的分析对比，首次在北部拗陷识别了侏罗系反射波组，并通过闭合解释分析了侏罗系的分布特征。新解释的侏罗系分布在北部拗陷西部千里岩断裂下降盘一侧附近，发育 5 个沉积深凹（东北凹陷 2 个，北部凹陷 3 个），侏罗系底面反射 $t_0 = 3500 \sim 4250ms$，深凹陷位于千里岩下降盘一侧。参考 S1 井侏罗系层速度资料，推测侏罗系底面埋深 1000 ~ 6000m，最深达 8000m，侏罗系厚度 0 ~ 5000m，最厚达 6000m。北部凹陷另 2 个较浅的凹陷，侏罗系底面反射 $t_0 = 3000 \sim 3750ms$，推测其厚度 1500 ~ 3500m，最大厚度 >4000m。

第二节　上、下扬子区构造演化及叠合盆地油气地质条件对比

　　四川盆地和南黄海盆地作为扬子区不同次级块体之上的典型叠合盆地，构造演化过程存在可类比性，尤其在早燕山期之前，均在晋宁运动末期强变质及混合岩化基底之上，叠加了中古生界海相克拉通沉积，具体表现为 1000Ma 前后 Rodinia 超大陆生成，800 ~ 600Ma 裂解的新元古代超大陆（Mc Menamin，1990），由于相互间裂离作用，最终解体形成的扬子、华夏等块体，于晚震旦至奥陶纪形成被动陆缘型克拉通盆地。加里东末期华夏块体与扬子块体发生碰撞，形成统一的华南块体，而华北块体则向北远离扬子块体，扬子块体北缘为被动陆缘，南缘为克拉通前陆。直到印支运动华北块体与扬子块体碰撞，形成扬子块体南北对冲的双前陆盆地结构。印支末期—燕山早期是上、下扬子区构造演化分异的开始，上扬子区逐步转化为前陆盆地，晚三叠世是上扬子海-陆转换的关键期，而晚燕山期之后构造运动表现为地层的强烈褶皱回返及剥蚀，仅在龙门山前缘发育白垩系、新生代前陆盆地。而下扬子区则由于早燕山期东部库拉板块（Kula plate）的斜向俯冲造成压扭性抬升剥蚀，同时形成走滑拉分盆地，伴随板块俯冲的进行，至约晚侏罗—早白垩世，下扬子区域应力场演变为 NW—SE 向伸展作用，导致中—古生代海相残留盆地及前陆盆地之上叠合了陆相断陷盆地，直至渐新世太平洋板块（pacific plate）的 NWW 向俯冲，结束了下扬子区断陷发育的历史，转而进入拗陷阶段。因此，下扬子苏北-南黄海盆地与上扬子四川盆地在构造演化、沉积地层、盆地结构等方面既有相似性又有实质性的差异。

一、构造旋回及沉积地层

　　前人依据块体及邻区构造背景、地震层序、沉积特征及地层接触关系等，将扬子区叠合盆地演化进行了详细的划分。笔者在此基础上，将上、下扬子区构造旋回与沉积地层发育划分为四期，即前震旦纪的基底发育阶段、加里东旋回期的海相下构造层发育阶段、海西-印支旋回期的海相上构造层发育阶段、燕山-喜马拉雅旋回期的陆相构造层发育阶段（图 9.8、表 9.3）。

1. 前震旦系基底

　　关于扬子块体前震旦纪的构造拼合过程，总结认为存在以下认识：①古元古代之前复杂拼合演化并未形成稳定的克拉通，或者未形成统一的克拉通；②扬子块体直到新元古代晋宁期才完成克拉通化，目前认为上扬子四川盆地与下扬子苏北-南黄海盆地具有相似的双层前寒武基底，即早前寒武结晶基底和中晚前寒武强变质基底，为一套强烈混合岩化的片麻岩、片麻花岗岩及混合岩；③扬子块体发育早期内部由多个次级块体拼合而成，中-上扬子区是一个统一的块体，而下扬子区很可能是处于另一个块体，至少沿华蓥山-重庆-贵阳深大断裂和雪峰隆升带两侧地球物理特征差异明显，表现为不同的古块体，而由于古中国大陆拼合之前的多块体形成时代不同，它们具有"同序时差"的特征。

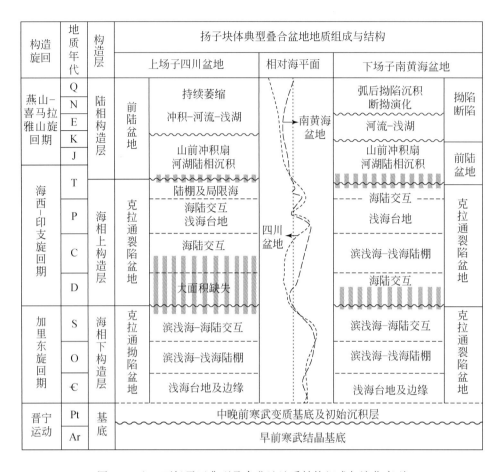

图 9.8　上、下扬子区典型叠合盆地地质结构组成与演化序列

表 9.3　上扬子四川盆地区与下扬子苏北–南黄海盆地区演化特征对比

演化时期		上扬子四川盆地区	下扬子苏北–南黄海盆地区
燕山、喜马拉雅旋回期	新近纪以来	青藏高原隆升导致四川盆地强烈隆升，沉积作用基本结束	洋壳俯冲、弧后拉张引起陆内沉降，典型拗陷盆地，地层产状平缓、分布广，基本无褶皱变形
	晚白垩世—渐新世	印度板块与冈底斯碰撞引起盆地隆升进入萎缩期，川西下白垩统强烈剥蚀，川东、川中以隆升构造为特征	白垩系—古近系呈现 NE–SW 向块断格局，具有断陷盆地沉积特征，以河湖相沉积为主
	晚三叠世—白垩纪	盆地周缘北接米仓山–大巴山冲断带，西抵龙门山冲断带，东南分别为雪峰和黔中古隆起，呈典型前陆型盆地	印支运动之后整体隆升为陆，但受滨太平洋构造域控制，挤压作用较四川盆地弱，郯庐断裂左行走滑的扭拉效应，上三叠统—白垩系主要发育在苏鲁造山带南侧的北部拗陷，具冲积、河流相沉积特征，呈北部类前陆、南部伸展断陷的构造格局
海西、印支旋回期	中三叠世与晚三叠世	典型的前陆盆地（晚三叠世早期末），局限海台地–蒸发潮坪相沉积；晚三叠世开始陆相盆地沉积改造，但褶皱作用弱，上三叠统与下伏下—中三叠统多呈小角度不整合或假整合	扬子与中朝块体碰撞形成秦岭–大别–苏鲁造山带，彻底结束海相沉积史，扬子块体北缘由被动陆缘变为陆内造山带，陆内开阔盆地相碎屑沉积；晚三叠世开始，陆相盆地沉积改造，褶皱抬升强，上三叠统乃至整个三叠系普遍缺失
	晚二叠世末—早三叠世	全区海侵，广泛发育陆棚碳酸盐岩沉积，上二叠统底部均为海陆交互相碎屑岩沉积，下三叠统为灰岩及泥质灰岩层	全区海侵，广泛发育陆棚碳酸盐岩沉积，上二叠统底部均为海陆交互相碎屑岩沉积，下三叠统为灰岩及泥质灰岩层

续表

演化时期		上扬子四川盆地区	下扬子苏北-南黄海盆地区
海西、印支旋回期	二叠纪—早三叠世	早二叠世末期东吴运动引发华南区域隆升和大规模海退，伴随大量玄武岩活动；上二叠统含煤沼泽相沉积；早二叠世海西运动致使海侵在达到高峰，下二叠统均为典型的栖霞组海相碳酸盐岩	早二叠世末期东吴运动引发华南区域隆升和大规模海退，未见玄武岩活动；上二叠统发育台地-沼泽相和煤系地层；早二叠世海西运动致使海侵在达到高峰，下二叠统均为典型的栖霞组海相碳酸盐岩。 南黄海中部隆起西部的CSDP-2井钻遇二叠系栖霞组灰岩，孤峰组黑色硅质泥（页）岩，龙潭组煤系地层及大龙组灰黑色泥岩，杂色泥岩，粉、细砂岩，下三叠统为深灰色泥晶灰岩、灰质泥岩、红褐色含灰泥岩
	泥盆纪—石炭纪	隆升剥蚀强烈，直到中—晚石炭世才缓慢海进。大面积缺失上志留统、泥盆—石炭系，仅局部地区发育克拉通内裂陷沉积，岩性为陆相砂质岩、少量页岩和生物灰岩互层及白云岩	晚泥盆世已明显海进，发育海陆交互相沉积，苏北上泥盆统五通组陆源碎屑砂泥互层，早石炭世出现浅海相碎屑岩及碳酸盐岩沉积组合，晚石炭世下扬子海继续扩展并向西延伸，沉积的灰岩厚度稳定。 南黄海中部隆起西部的CSDP-02井钻遇泥盆系五通群深灰色石英砂岩和粉-细砂岩夹泥岩；石炭系船山组为典型的灰色球粒状生物碎屑灰岩，黄龙组为肉红色泥晶灰岩，高骊山组为紫红色砾岩、粉砂质泥岩
加里东旋回期	中—晚志留世	加里东末期，陆内造山逐步中止了扬子块体自晚震旦世以来的海侵史，华南褶皱造山带整体隆升遭受剥蚀，强度大，上志留统缺失	加里东末期，陆内造山逐步中止了扬子块体自晚震旦世以来的海侵史，华南褶皱造山带整体隆升遭受剥蚀，强度较小
	晚奥陶世—早志留世	广泛海侵，扬子全区发育一套暗色泥岩沉积，区域对比性较好，下志留统龙马溪组深灰色-灰色泥岩	广泛海侵，扬子全区发育一套暗色泥岩沉积，区域对比性较好，下志留统高家边组深灰色-灰色泥岩。 南黄海中部隆起西部的CSDP-02井钻遇志留系高家边组为浅灰色泥岩，粉砂质泥岩，局部夹泥晶灰岩条带，底部发育灰黑色泥岩；坟头组为绿灰色细砂岩与绿灰色粉砂质泥岩互层；茅山组下部为灰色泥质粉砂岩与黑灰色泥岩互层，上部为红棕色细砂岩、泥质粉砂岩，夹灰绿色泥岩。近井底见晚奥陶世藻类化石，岩性为砂岩、粉砂岩及黑色泥岩，推测为上奥陶统
	震旦世—早-中奥陶世	奥陶纪开始发生海进，早—中奥陶世上、下扬子区均为滨浅海陆缘环境；中—晚寒武世水体变浅，以台地边缘相夹杂潮坪相沉积为主；早寒武世以浅海台地相沉积为主；上震旦统陡山沱组广泛发育一套泥质岩，而上部灯影组则为一套碳酸盐岩；下震旦统主要发育浅海碎屑沉积	区域上下寒武统除部分地区为泥岩夹碳质页岩外，均为碳酸盐岩沉积；震旦系主要为薄层白云岩、白云质灰岩夹泥灰岩、炭质页岩
前震旦系基底		具双层前寒武基底，一个统一的块体	具双层前寒武基底，处于另一个块体

2. 加里东旋回期的海相下构造层

自震旦纪开始，扬子区在拉张背景下发生大范围海侵，发育了第一套克拉通-被动陆缘沉积层，标志着盆地沉积发育的开始。前人据地震反射资料与苏北盆地对比，推测下扬子区广泛发育震旦系—志留系克拉通陆缘沉积，其中震旦系主要为薄层白云岩、白云质灰岩夹泥灰岩、炭质页岩；南黄海中部隆起西部的CSDP-02井钻遇奥陶系上部为灰绿色砂岩，下部为肉色、灰色粉细砂岩；志留系高家边组为浅灰色泥岩，粉砂质泥岩，局部夹泥晶灰岩条带，底部发育灰黑色泥岩；坟头组为绿灰色细砂岩与绿灰色粉砂质泥岩互层；茅山组下部为灰色泥质粉砂岩与黑灰色泥岩互层，上部为红棕色细砂岩、泥质粉砂岩，夹灰绿色泥岩；同期的上扬子区早震旦世则主要发育浅海碎屑沉积，至晚震旦世则以台地碳酸盐岩沉积为主，其中上震旦统陡山沱组为四川盆地广泛发育的一套泥质岩，而上部灯影组则为一套碳酸盐岩沉积。

寒武纪—奥陶纪扬子全区广泛发育滨浅海-浅海陆棚沉积,该套构造层厚度大且分布稳定。上扬子区早寒武世以浅海台地相沉积为主,中—晚寒武世水体变浅,陆区面积加大,以台地边缘相夹杂潮坪相沉积为主;同期下扬子区除部分地区下寒武统为泥岩夹碳质页岩外,均为碳酸盐岩沉积。奥陶纪开始发生海进,早—中奥陶世时,上、下扬子区均为滨浅海陆缘环境,表现为寒武纪地层之上整合发育的浅海陆棚相碳酸盐岩建造,至晚奥陶世时,海水明显加深,全区发育广泛的灰质泥岩及硅泥沉积。

晚奥陶世—早志留世发生广泛的海侵,扬子全区发育了一套暗色泥岩沉积,典型地层表现为下志留统上扬子区的龙马溪组和下扬子区的高家边组,均为深灰色-灰色泥岩,区域对比性较好。中—晚志留世开始的广西运动(加里东末期)是扬子区影响范围较大的一次陆内造山运动,逐步中止了扬子块体自晚震旦世以来的海侵史,并最终形成了华南褶皱造山带,这在上、下扬子区地层发育上具有统一性,即整体隆升并遭受剥蚀,引起海退旋回下的上志留统缺失。相比之下,上扬子区隆升剥蚀强度更大,推测为中-上扬子区自西北向东南由高到低的构造趋势所控制。加里东期之后,中国南方古陆基本形成。

3. 海西-印支旋回期的海相上构造层

加里东末期广西运动大规模隆升剥蚀,海西期在早古生代海相下构造层不整合之上叠加发育。上扬子区隆升剥蚀更为强烈,直到中—晚石炭世才缓慢海进,而下扬子地区晚泥盆世已明显海进,表现为四川盆地大面积缺失上志留统、泥盆—石炭系,仅在局部地区发育克拉通内裂陷沉积,岩性为陆相砂质岩、少量页岩和生物灰岩互层及白云岩,其中仅于龙门山区残存石炭系中统黄龙组;下扬子区晚泥盆世开始发育海陆交互相沉积,苏北上泥盆统五通组陆源碎屑砂泥互层,至早石炭世出现浅海相碎屑岩及碳酸盐岩沉积组合,南黄海南部钻井CZ12-1-1(A)已获证实,表明当时下扬子已为滨浅海环境,晚石炭世下扬子海继续扩展并向西延伸,沉积的灰岩厚度稳定,如黄龙组和船山组的典型浅海碳酸盐岩地层。

海西运动造成的海侵在早二叠世达到高峰,并可能是中国南方晚古生代以来的最大一次海侵,扬子全区下二叠统均为典型的栖霞组海相碳酸盐岩。随后早二叠世末期,中国南方普遍存在的东吴运动引发华南区域隆升和大规模海退,上扬子区上二叠统含煤沼泽相沉积与下扬子台地-沼泽相和煤系地层均为东吴运动的结果,所不同的是上扬子东吴运动伴随大量的玄武岩活动,而南黄海地区未见此类现象。晚二叠世末到早三叠世,扬子全区再次发生海侵,广泛发育陆棚碳酸盐岩沉积,四川盆地和南黄海盆地上二叠统底部均为龙潭组海陆交互相碎屑岩沉积,上部为灰岩及泥质灰岩层。

发生于中三叠世与晚三叠世的印支运动是中国及邻区规模最大、影响最为深远的一次陆内造山运动,扬子块体与中朝块体碰撞并形成秦岭-大别-苏鲁造山带,使中国南方彻底结束了海相沉积的历史,扬子块体北缘由被动陆缘变为陆内造山带,上扬子四川盆地演变为典型的前陆盆地、下扬子苏北-南黄海盆地为类前陆盆地。发生的时段亦有差异,东部地区发生于中三叠世末期,西部的滇黔桂和川西地区则发生于晚三叠世早期末,相应古秦岭洋的关闭也在中三叠世末—晚三叠世呈现由东向西的剪刀手式关闭。受周缘构造影响,四川盆地主要发育局限海台地-蒸发潮坪相沉积,而南黄海盆地已为陆内开阔盆地相碎屑沉积。晚三叠世开始,上、下扬子区均进入陆相盆地沉积改造阶段。上扬子区地层褶皱作用较弱,上三叠统与下伏中-下三叠统多呈小角度不整合或假整合,而下扬子区褶皱抬升较强,上三叠统乃至整个三叠系普遍缺失,其原因推测为上扬子克拉通基底抗挤压性强,从而削弱了印支运动造成的影响。

4. 燕山-喜马拉雅旋回期陆相构造层

随着印支运动揭开阿尔卑斯构造旋回,地壳演化进入新全球构造发展阶段,即由块体机制演变为板块机制,扬子克拉通持续受到周缘构造单元活动控制,上、下扬子区周缘环境的差异是导致燕山-喜马拉雅旋回期陆相构造层发育不同的根本原因。晚三叠世—白垩纪,上扬子区受北部秦岭洋关闭及西部特提斯域构造变革共同控制,在持续挤压作用下,四川盆地周缘呈现北接米仓山-大巴山隆起、西抵龙门山冲断带、东南分别为雪峰古隆起和黔中隆起的构造格局,进入典型前陆型盆地演化阶段,盆地沉积集中在山前拗陷的几个重要沉积中心,沉积相主要为河湖沼泽相、冲积扇相等,物源区为周缘造山隆起带,至白垩纪中期，盆地沉积面积明显缩小，主要集中在北侧及西侧山前，以冲积相为主；相比之下，下扬子印支运动之后也整体隆升为陆，但受滨太平洋构造域控制，中生代挤压作用较四川盆地弱，并因郯庐断裂左行走滑引起的扭拉作用，在南黄海反映为上三叠统—白垩系主要发育在苏鲁造山带南侧的北部拗陷，具有冲积、河流相沉积特征，呈现北部类前陆、南部伸展断陷的构造格局，北部拗陷东北凹陷 S1 井钻遇巨厚的侏罗系，且这套地层在地震反射剖面上呈明显的"楔形"（图 2.19），中部隆起和南部拗陷至今尚无钻井钻遇侏罗系，在地震剖面上亦未见到类似北部拗陷侏罗系的反射。

晚白垩世—渐新世上扬子受印度板块与冈底斯碰撞影响，四川盆地隆升并进入萎缩期，川西下白垩统强烈剥蚀及川东、川中隆升为该时期典型构造特征，沉积地层以冲积-河流-滨浅湖相为主。下扬子南黄海盆地白垩系—古近系呈现 NE—SW 向块断格局，钻井和地震均证实为河湖相沉积，具有断陷盆地沉积特征。

进入新近纪以来，龙门山构造带受青藏高原隆升影响持续发育，四川盆地强烈隆升，沉积作用基本结束。下扬子地区因洋壳俯冲至欧亚板块之下，弧后拉张引起陆内沉降，形成西太平洋沟-弧-盆体系，南黄海盆地新近系—第四系为典型拗陷盆地沉积，地层产状极为平缓，分布广泛，断层不发育且基本无褶皱变形，与下部岩层之间为较强的地震反射显示。

二、盆地结构与古隆起

全球海相油气勘探实践表明，克拉通边缘盆地是海相油气聚集的有利区带。盆地地质结构控制沉积发育，进而决定盆地的油气成藏要素特征。扬子块体之上克拉通盆地经历周缘块体与造山带多期构造叠加，大致以印支运动为界，前印支期以海相台地边缘盆地为主，印支期经历区域性碰撞造山进入大规模前陆盆地发育阶段，发育了不同的山前拗陷和前陆盆地。四川盆地作为上扬子克拉通之上的边缘盆地，西界龙门山和北界米仓—大巴山一线既是盆地边界，又是扬子块体的边界，晚三叠世之后形成了典型的川西-川北盆山结构区，并与现存大中型油气田存在较好的耦合关系，其原因一是山前拗陷区是四川盆地中—新生代沉积中心区，陆相沉积地层可达 3000m 以上，既为下部油气提供了聚集场所，也提供了必要的保存条件；二是山前拗陷区剥蚀作用弱，这对于中—新生代长期处于挤压背景之下的下伏地层保存十分有利，且长期挤压背景形成一系列逆冲断褶带，当逆断层连通深部源岩却未发育至地表时，即形成优良的生储盖条件。因此，四川盆地的川西-川北盆山结构区对于海相古油气藏的保存较为有利，且中—新生代巨厚陆相地层又为浅部油气成藏系统提供了必要的物质基础。对比而言，下扬子地块中—新生代存在两期显著的构造叠加，即挤压-前陆盆地和伸展断陷盆地两个演化阶段，逆冲和断拗构造是下扬子地区主要构造样式，中古生界平缓地层先期卷入逆冲推覆，后期伸展断陷并接受陆相沉积，这不同于四川盆地中—新生代挤压逆冲主导的盆地结构，并且印支-燕山运动对下扬子地层破坏作用更大，造成南黄海北部地区下—中三叠统，甚至上古生界（二叠系为主）遭受强烈剥蚀（见图 2.10），且下扬子地区中—新生代存在强烈岩浆作用，对油气保存不利。但南黄海南部地区包括中部隆起、南部拗陷及勿南沙隆起等构造部位，因印支构造滑脱面和加里东构造滑脱面的缓冲作用，中—古生界海相地层保存较为完整，应具备形成大中型油气田的条件（图 9.9）。

古隆起是现存的形成于历史时期的大型正向构造单元，并往往成为油气聚集的有利区域。叠合盆地历经多次构造叠加，每一次的构造运动均伴随着剧烈的区域隆升，相比我国东部新生界陆相断陷湖盆而言，古隆起的形成与发育对叠合盆地结构的影响更为显著，并进一步控制了盆地的沉积作用。上扬子四川盆地古隆起极为发育，如加里东期形成的乐山—龙女寺古隆起，印支期形成的泸州-开江古隆起及燕山期形成的江油—九龙山古隆起等，均对盆地演化和地层发育产生重要影响。与之对比，下扬子区构造运动强度与上扬子区相似，中—新生代构造运动甚至更为剧烈，现今隆拗格局更加明显，因此古隆起的发育和演化更加成熟，但因下扬子勘探程度所限，古隆起的形成过程及地质要素仍需进一步研究。

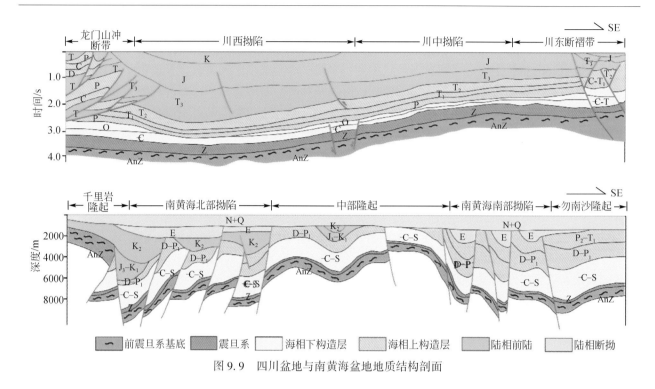

图9.9　四川盆地与南黄海盆地地质结构剖面

三、油气成藏地质条件分析

1. 烃源岩条件

构造演化与盆地结构控制了上、下扬子油气地质条件的异同。上、下扬子中—古生界烃源岩层可对比度较高，主要存在四套统一的烃源岩层，即下寒武统 I 型暗色泥页岩、下志留统 I – II 型深灰色泥岩、下二叠统 II – III型生物灰岩夹薄层泥岩、上二叠统 II – III型灰色–深灰色泥页岩，热演化程度较高，均在成熟—过成熟阶段，整体具有泥页岩质量优于碳酸盐岩、下部成熟度高于上部的特征。从烃源岩分布对比，下扬子地块海相下部烃源岩发育优于上扬子区，海相上部烃源岩则相反，上扬子区优于下扬子地块，四川盆地烃源岩有机质丰度较下扬子区高。此外，上扬子区因广西运动剧烈隆升，持续到中—晚石炭世才发生缓慢海进，而下扬子地区晚泥盆世已开始明显海进，如苏北上泥盆统五通组陆源碎屑沉积，因此下扬子区存在一套泥盆纪烃源岩层。进入中—新生代陆相沉积发育期后，上扬子四川盆地因山前拗陷沉积而发育上三叠统须家河组及下—中侏罗统自流井组-凉高山组烃源岩，至白垩纪中期以后，盆地开始萎缩而缺失上部烃源岩。下扬子苏北-南黄海盆地则受滨太平洋构造域控制，晚中生代开始进入断陷盆地演化阶段，隆拗格局逐步形成，并在拗陷区发育多套 I – II 型低成熟烃源岩，如苏北盆地泰州组、阜宁组烃源岩，导致下扬子区晚白垩世以来断陷沉积发育了较为丰富的油气资源（图9.10）。

2. 储层特征

上扬子区四川盆地从新元古界震旦系到中生界侏罗系红层近万米沉积层均有油气显示，以海相碳酸盐岩储层为主，约占总储量2/3，陆相砂岩储层次之。碳酸盐岩主要有粒屑白云岩、鲕状白云岩、礁白云岩、礁灰岩等；碎屑岩以长石-石英砂岩、岩屑石英砂岩为主。绝大多数气田储集空间以孔隙型、裂缝–孔隙型为主。储层物性整体较差，碳酸盐岩储层平均孔隙度仅为1.8%左右，渗透率极低且变化范围较大，一般低于1mD。储层分布各区差别较大，如川东北地区主要为二叠—三叠系储层、川东地区主要为石炭系储层、川西地区为三叠系—侏罗系储层、川中地区则表现为纵向各期储层叠置特征，导致大中型气田在平面上具有成群分布特征。下扬子中—古生界储集层与上扬子相似，而中—新生代因断陷盆地演化而发育多套陆相碎屑岩储集层，尤其是苏北地区上白垩统—古近系多套砂岩储层极为发育，南黄海盆地的北部拗陷陆相沉积层与苏北地区具有相似的储层特征，但目前尚未获油气突破。

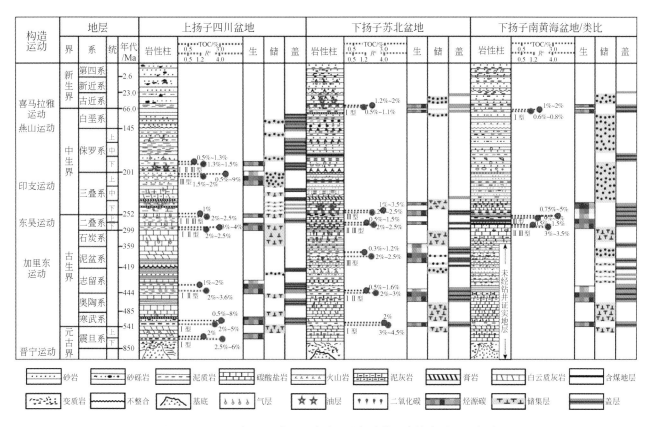

图9.10　上、下扬子区典型叠合盆地油气成藏要素综合对比示意图

3. 保存条件

叠合盆地演化的多期构造对地层的破坏作用，以及气藏对保存条件的苛刻要求，使盖层评价在南方海相油气勘探中占据重要位置。扬子地区广泛发育两类区域性盖层，即泥质岩层和膏岩层，其中泥质岩层也包括区域性泥质烃源岩层，它们既是良好的气源，又为下伏储集层提供了优质的封盖条件；膏岩层主要为蒸发岩台地相沉积的致密白云岩–膏岩层。泥岩盖层在上、下扬子区均较为发育，尤其是大地构造旋回阶段的海陆转换期，区域对比性好。四川盆地膏盐岩主要有两套，即中寒武统膏盐岩，下三叠统嘉陵江组和中三叠统雷口坡组膏盐岩，下–中三叠统膏盐层是否发育是四川盆地海相油气能否大规模聚集成藏的关键，如普光特大气田的主要盖层就是嘉陵江组、雷口坡组及飞仙关组上部的潟湖相、潮坪相膏盐层，元坝大气田则是由飞仙关组至雷口坡组的厚层膏岩层所封闭。南黄海地区钻井仅钻遇上二叠统龙潭–大隆组、下三叠统、下白垩统三套盖层，据海陆对比分析，尽管南黄海海相中、古生界发育类似盖层，但上、下扬子区保存条件却存在本质差异，主要体现在中—新生代构造运动对保存条件的改造作用上，四川盆地属于连续覆盖型盆地，即中—新生代盆地由连续齐全的地层组成，并以整合或假整合关系完整地覆盖于前期盆地之上，中—新生代的构造运动对其油气藏的破坏并不明显。与四川盆地不同，位于下扬子区的南黄海盆地属于间断覆盖型盆地，中—新生代地层多呈角度不整合接触关系，海相地层受到的剥蚀作用也更强，加之岩浆作用比较强烈的影响，海相地层受到了比较严重的破坏，并出现大面积缺失，如勿南沙隆起区新近系不整合覆盖于三叠系青龙组之上，北部拗陷东北凹陷的白垩系和古近系的多个层系均存在比较严重的剥蚀；南部拗陷的古近系直接覆盖于上古生界之上，白垩系分布范围也比较局限，呈零星状；中部隆起区则是新近系不整合覆盖在古生界之上等。相比较而言，下扬子南黄海地区保存条件比上扬子差，而对比下扬子海区和陆区地震剖面可以发现，海区地震反射波组稳定、连续性好，钻井揭示的地层重复现象不明显，构造变形相对较弱，表明在下扬子地块海区比陆区构造变形弱。

四、油气成藏主控因素

1. 多元多阶段供烃是成藏的物质基础

自新元古代至中生代晚期,上扬子区历经多次区域性构造旋回,而每一次构造旋回的转换期均是主力烃源层发育的关键时期(华南海相下组合层系)。自震旦系—侏罗系近万米的巨厚沉积序列中,自下而上发育了多套泥质岩及碳酸盐岩优质烃源层,南方海相地层的生烃潜力是毋庸置疑的(马力,2004;马永生和蔡勋育,2006,2010),而构造旋回叠加造成了烃源岩埋藏史、热史演化及排烃的多阶段性,导致纵向多层系复合含油气,此外,先期形成的油藏在地史演化中也存在油裂解生气的普遍现象,在一定程度上促进了盆内天然气的聚集成藏。

2. 有利的保存条件是成藏的关键

我国南方扬子海相地层发育区,从四川盆地—黔东—鄂苏皖一带普遍发育古生界古油藏,表明南方扬子海相地层烃源条件充足,且有过大规模的成藏过程。而油气能否顺利保存,是南方其他广大地区与四川盆地的最大区别。对比分析表明,四川盆地几套区域性盖层发育较好,在隆升剥蚀过程中遭受破坏并不严重,如陆相区域盖层(上三叠统—侏罗系)和海相区域盖层(下—中三叠统膏盐层),而南方其他地区地表隆升幅度普遍大于四川盆地,保存条件明显变差。此外,后期构造变形引起的断裂,也是导致保存条件变差的重要原因之一。

五、四川盆地油气勘探对南黄海的指示意义

1. 中—古生界海相地层是南黄海油气突破的关键

南黄海盆地作为扬子块体在东部海域的延伸,与上扬子四川盆地存在类似的构造演化过程,尤其是中—古生代的构造及沉积过程具有很高的相似程度,油气成藏要素及组合关系评价较好。但是长期以来,南黄海勘探的重点集中在陆相断拗陷盆地中—新生界,导致南黄海虽然存在巨大的油气勘探潜力,但至今仍是我国近海唯一未获得油气突破的海区。近年来,随着中国海及邻区地质调查工作的深入,尤其是南黄海前古近系油气远景调查工作的开展,对南黄海盆地中—古生代海相地层及成藏要素有了一定的新认识:一是明确了中—古生代海相地层在南黄海油气勘探的重要地位;二是南黄海中部隆起最新的重磁及地震资料获得了 T_2 界面(新近系底界面)以下多个清晰的并可追踪对比的层状反射,明确了中部隆起发育巨厚层状沉积地层的认识;三是中—古生代烃源岩经历多期构造叠加,既有原生油气藏,又存在晚期次生油藏,但应以气藏为主;四是扬子块体后期构造运动对油气藏破坏能力有限,如四川盆地震旦系灯影组储层,受后期构造破坏影响显著,多处震旦系古油藏遭破坏,部分油层裂解为气层,但自威远气田发现至今,又在川中部分构造(高石梯)发现大气田,显示其较好的勘探潜力。

2. 油气勘探需重点关注深层

上扬子四川盆地已发现的天然气藏主要在以克拉通盆地上部层系和前陆盆地层系中,3000~3500m 的中深层约占 40%,其次为 3500~5000m 的深层,约占 30%。中国海相最大的普光气田主力产层下三叠统飞仙关组埋深均大于 5000m,考虑到下扬子海区陆相断陷盆地生烃条件较陆区苏北盆地差,但海相尤其是下古生代烃源岩区域展布广,发育厚度较大,故南黄海盆地油气勘探应重点关注深层,依据如下:一是深层具备大规模生烃的物质基础,且存在中新生代构造运动之后的晚期生烃作用;二是深层因上部构造层滑脱面缓冲作用而变形较弱,具有更好的保存条件;三是早期古油藏的埋深裂解生气是后期天然气聚集成藏的来源之一。

3. 古隆起对油气聚集的关键作用

构造运动在控制沉积地层演化的同时,所形成的古隆起无疑是早期油气运移指向和聚集的有利场所。

四川盆地现今发现的大中型气田大多与古隆起的发育有较好的耦合关系（马永生等，2007）。原因如下：一是与古隆起有关的构造圈闭是油气运移的有利指向区，当古隆起形成的时间早于烃源岩主排烃期或与之同期，而古隆起上覆盖层未被剥光或继承性古隆起上覆区域性盖层，则古隆起对油气的聚集十分有利，如加里东期乐山-龙女寺古隆起南缘斜坡上的威远震旦系气田，印支期开江古隆起北西缘的普光大气田；二是古隆起的形成对储层物性的改造作用，特别是对于碳酸盐岩储层物性的改善至关重要，有利于储层溶蚀孔、洞及裂缝的发育，如川东石炭系黄龙组风化性优质储层的形成，南黄海勿南沙隆起下二叠统栖霞灰岩顶部和下三叠统青龙灰岩顶部的风化性储集层均是物性良好的优质储层；三是古隆起相关断层和不整合是油气大规模运移的天然通道；四是与古隆起相邻的拗陷往往是烃源岩发育的有利部位此外，先期成藏的圈闭在后期构造隆升的过程中有利于天然气的解压，并成为后生圈闭的气源。因此，南黄海盆地加里东运动、海西-印支运动形成的隆褶带，特别是后期隆升剥蚀较弱的地区是油气聚集的指向区，也是下一步勘探的努力方向。

第三节　南黄海海相油气地震勘探关键问题与解决方案

历经 50 余年的勘探，南黄海盆地的油气勘探仍未取得工业性的突破，这其中有油气地质条件复杂的原因，而海相油气目标层地震成像精度低、品质差，难以进行精确的地震-地质解释是制约油气勘探突破的主要原因。南黄海海相油气地震勘探的关键问题是，常规的海洋地震勘探技术方法与复杂地震-地质条件的适宜性问题，现就这些问题从理论与实践角度进行探讨分析，提出下一步努力方向。

一、关键问题

1. 常规地震勘探理论不适宜南黄海复杂地震地质条件

南黄海海相油气地震勘探的基础也是核心问题，实际上是个理论问题。众所周知，常规的地震勘探理论基础是，传播地震波的介质是各向同性均匀介质、层状介质和连续介质，地震波的传播速度在水平方向是基本不变或渐变的。而南黄海海相碳酸盐岩目标层构造复杂，断裂及逆掩断层、褶皱发育，地层横向突变严重，速度横向变化大，严重背离了常规地震勘探的理论基础。基础勘探理论与实际地质条件的不适宜，带来了地震资料采集、成像处理技术方法的不适宜。

2. 海洋拖缆二维地震采集技术不能满足复杂地震-地质条件下采集需要

（1）勘探区毗邻我国东部经济发达区，海上经济活动频繁，商船多、渔船遍布全海域，采集环境差，外源噪声大，地震施工中难以避让，降低采集噪声的难度极大。通过前期采集的地震原始记录中环境噪声分析，得出了该海域环境噪声 RMS（均方根）振幅值在 $2 \sim 5\mu bars$，船干扰噪声 RMS 振幅值一般在 $4 \sim 10\mu bars$，而目标层有效反射 RMS 振幅值小于 $3\mu bars$，微弱的有效反射被掩盖在环境噪声中。

（2）水深条件的限制，使某些对提高复杂构造成像品质有益的地震采集技术，如上下缆采集技术（Moldoveanu et al.，2007；赵仁永等，2011）、斜缆采集技术（Kragh et al.，2009）等无法使用；受海流速度大、方向复杂多变的影响，OBC（海底电缆）采集（Brian，2000）存在低频噪声能量强、原始数据信噪比低等问题。

（3）南黄海海相残留盆地构造复杂，断裂与逆掩推覆构造发育，复杂的上覆地质结构及高速地层的存在使下伏勘探目的层地震照明强度显著下降，造成目的层界面或构造成像困难。目前的地震采集技术方案的设计基本沿用基于水平层状假设的规则共中心点覆盖进行观测系统设计的思路，激发与接收范围的确定未能针对勘探地质目标。复杂构造造成地震波场的畸变，导致不规则的地下共中心点覆盖，且受上覆结构变化的影响，不同目的层及同一目的层上不同部位的地震照明强度变化很大，特别是对于上覆高速地层掩盖下的地质目标体，经常存在一些照明强度较弱的区域（称为照明阴影区），难以达到理想的地质成像效果。基于水平层状模型的常规观测系统设计方法未能充分考虑提高这些阴影区的照明强度，显然这种设计思路在逆冲推覆、横向速度剧变等复杂构造区已不再适用，需选择基于模型、面向勘探目标的有针对性的观测系统设计方法。

另外，单船拖缆只能进行单边激发、单边接收地震资料采集，不能做到对非水平分布目标体地震照明的均匀分布，造成成像处理品质差异较大；同时，受勘探船拖曳电缆长度的限制，地震接收的道数受到限制，不能有效增加地震覆盖次数，难以提高弱反射目标层信号的信噪比。

（4）海相碳酸盐岩地层与碎屑岩地层分界面为速度突变界面，对地震波向下传播起到了强烈的阻滞作用，使透过该界面向下传播的地震波能量非常有限，而碳酸盐岩地层间的物性差异小，反射系数一般小于0.1，难以形成强能量的有效反射。这两种因素相叠加，造成目标层有效反射微弱。因此，客观的地震条件使得提高目标层有效反射能量困难重重，采用常规地震勘探方法难以奏效。

（5）对深层地震勘探中随机噪声的类型及产生机制缺乏分析，由于深层构造复杂、各向异性强，震源激发后产生的次生噪声，主要包括由于介质的不均匀性造成的弹性波的散射，以及来自于任意方向的、相位变化毫无规律的波的叠加等，在成像处理成果剖面上表现为波组差、横向追踪困难（图9.11）。目前，对这噪声产生的机理和范围、表现特征缺乏分析。

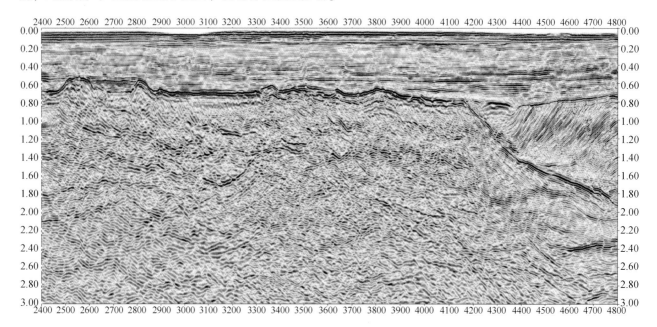

图9.11　南黄海中部隆起地震剖面

3. 现有的成像处理技术方法难以得到复杂地震–地质条件的精确成像

（1）复杂构造目标体的二维地震勘探，得到并非测线垂直面反射点的反射波，由于缺乏横向的接收点位置，在数据处理中不能进行精确偏移归位处理，对侧面反射干扰波也不能有效压制。

（2）多次波类型多、压制方法针对性较差，海平面、海底、新近系底界面及海相地层内部的碳酸盐岩与碎屑岩等反射系数较强的界面导致多类型多次波发育，降低了海相目标层段反射信号的信噪比，在衰减多次波同时又要区分并保留有效信号的难度极大。在隆起区域，强反射的新近系底界面为崎岖不平的风化剥蚀面，也使一部分反射能量散射、产生绕射波。

目前多次波压制方法主要分为滤波法、预测相减法两类。滤波法基于信号分析处理，利用有效波和多次波之间周期性、速度等差异，在不同变换域中用滤波的方法将多次波过滤掉；而预测相减法是通过波动方程模拟波场或反演地震数据来预测多次波，然后把它们从原始地震数据中减去。两类压制方法又各有独自的算法，丰富多样的多次波压制模块各自有其独特的应用前提和优势，分别适应于不同类型的多次波干扰。对这些方法如何进行合理组合压制各种类型的多次波，目前仍在探索与实践中。

其次，对于海相地层内部碳酸盐岩与碎屑岩等反射系数较强的界面导致的多次波，由于其旅行路程在高速地层中，其特征速度与有效波的速度差异不大，造成了识别难、压制更难。

（3）目前的速度分析方法不适宜复杂地质体的地震速度分析，速度场通过速度分析获得，即使在构造幅度变化较小的情况下，速度分析过程中不可避免地存在误差，南黄海海相残留盆地具有复杂及陡倾构造、较深层目标反射体和复杂储层的特点，造成地震波传播路径复杂，数据信噪比低。这些特点使得基于水平层状介质假设的共深度点（CDP）道集与实际的共反射点（CRP）道集差异巨大，在这种情况下，精确地确定速度场非常困难，复杂的波场变化、凌乱的同相轴难以对比、标定和追踪，精确的速度解释成了"缘木求鱼"。

另一方面，在复杂构造地震资料处理过程中，为了获得高质量的叠加和偏移成像，需要各个速度层空间分布细节。受地震波传播路径复杂造成的速度谱分布密度不足和信噪比低等因素的影响，常规速度分析所得到的速度层横向分布细节存在遗漏或丢失的现象。

其次，地震叠前偏移成像技术是改善海相碳酸岩目标层地震资料质量和提高深层复杂构造与岩性成像精度的有效技术，叠前偏移成像方法对速度场非常敏感，要获得比较理想的反映地下真实构造的成像结果，需要精确的速度信息。如果速度的分析精度不能保障，叠前深度（时间）偏移算法精确的优点已经被速度敏感的缺点所抵消甚至压制，很难得到精确和高品质的成像成果。

（4）偏移成像问题，叠前时间偏移在理论上假设偏移孔径内速度没有横向变化，因此，在地层倾角较大、但地下横向速度变化不是十分剧烈的情况下，能够取得更好的成像效果。而对于构造复杂、横向速度变化大和存在各向异性的目标层段，叠前时间偏移根本不可能得到一个好的成像结果（Etlenne，2012），南黄海海相残留盆地的地震成像就属于这种类型。

叠前深度偏移技术是一种基于模型的地震成像技术，在理论上不再受到地下构造起伏和横向速度变化的影响。但是，它必须在准确的地震速度模型建立的基础上，才能得到精确的偏移成像结果（黄元溢等，2011），南黄海复杂构造条件下的地震资料是低信噪比数据，进行精确的速度建模谈何容易。

4. 地震资料品质差、钻井资料缺乏，地震资料解释多解性问题突出

众所周知，地震反射波是地震波在向下传播过程中遇到地下不同的物性界面的反射向上传播又经过不同的物性界面而在地面（或海平面）得到的地震波旅行时间的记录。由于地下岩层千差万别、构造复杂多变，其速度不仅纵向上有差别，横向上也在剧烈地变化。对于这种复杂的波场形成的地震记录，是地震波旅行过程中的综合反映，虽然在成像处理中采取了各种措施，但也难以将地震波在传播过程的各种影响因素全部消除。因此，地震资料的解释存在多解性，特别当地震资料的信噪比较低，波组特征差的情况下，这种情况更加突出。总结南黄海海相油气地震解释的主要困难如下。

（1）可参考的钻井资料与地质露头稀少，无法做好地震层位的标定，复杂构造区地震精细构造解释的经验（徐敏和梁虹，2015）表明，在结合地面地质露头剖面进行地震剖面"地质戴帽"的基础上，对钻遇复杂断块的实钻井进行地质剖面恢复，确定其合理构造解释模式，才能对数据体进行三维立体可视化多方位综合解释。目前，南黄海海域只有 7 口钻井钻遇海相碳酸盐岩地层，其中 5 口井分布在南部拗陷，北部拗陷和勿南沙隆起各有 1 口钻井，中部隆起上没有实施钻探，同时也缺乏跨越海陆过渡带连接苏北盆地钻井和陆地地质露头的地震测线，再加上地震资料品质较差，层位标定困难重重。

（2）海相碳酸盐岩目标层内幕反射弱、层位追踪困难。黄海海域的碳酸盐岩多为灰岩，声波测井资料分析表明，无论是三叠系还是二叠系、石炭系的灰岩，其速度和密度均变化不大，难以形成有效的波阻抗差界面，何况本区碳酸盐岩地层构造也十分复杂。例如，常州（CZ）12-1-1A 井钻遇的碳酸盐岩地层是石炭系船山组和黄龙组灰岩，从钻井资料所恢复的地下构造来看，碳酸盐岩地层构造复杂，地层重叠，倒转背斜和逆冲断层发育［图 9.12（a）］。由于灰岩地层稳定的速度结构，因此在该井的合成地震记录上看不到碳酸盐岩内幕有效反射，基本上呈"空白"反射。在这种地震地质条件下，说明黄海海域的地震剖面上的"空白"反射带不一定代表了稳定的碳酸盐岩地层构造；同时，在地震剖面上标定与追踪地质学家所关心的碳酸盐岩内幕结构难上加难。

（3）物性界面与地质时代界面不对应，根据 Vail 等（1977）的论述，"地震反射产生于岩石中的物性界面，这些界面主要是由具有速度-密度差的层（层理）和不整合面组成的（等时界面）"，因此，"地震剖面是年代地层（地质时间-沉积地层）沉积和构造样式的反映"。也就是说地震波组不一定代表地质年代地层界面的等时界面，没有地震反射的界面也可能是等时界面。

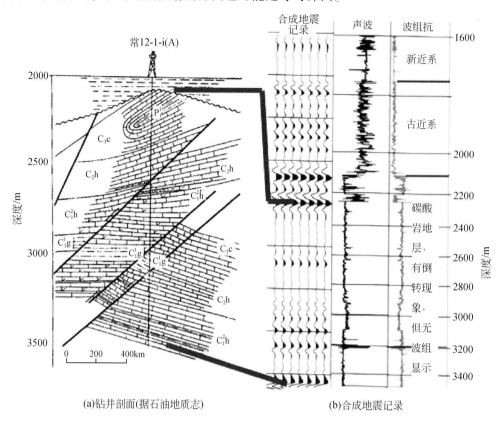

(a)钻井剖面(据石油地质志)　　　　　　　(b)合成地震记录

图 9.12　CZ12-1-1A 井钻井与合成记录对比图

南黄海海相残留盆地泥盆系与志留系地质界面为加里东期构造运动形成的不整合界面，是一个非常明显的地质分界面。目前，在南黄海海域还没有钻井钻遇该套地层，苏北盆地已有的测井资料表明，该界面在速度、密度物性虽然存在一定的物性差异，但从合成地震记录上可以看到（图9.13），在碎屑岩与碳酸盐岩分界面强地震反射振幅的屏蔽下，加里东构造不整合界面的地震反射能量相对微弱，受埋藏深、上覆地质体构造复杂、地震反射信号微弱和分辨率低等因素的影响，该界面在地震剖面上难以有效识别。

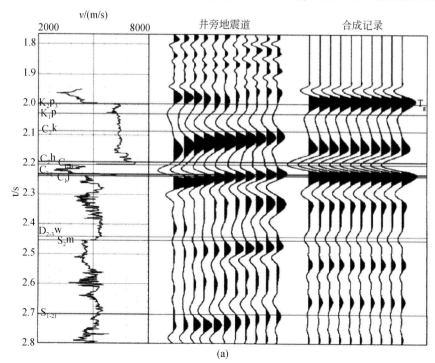

(a)

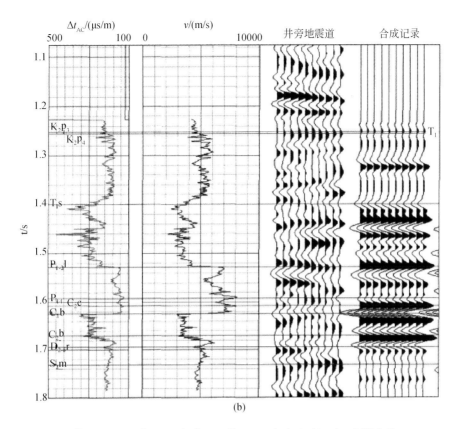

图 9.13　苏北盆地 N4 井（a）与苏 174 井（b）合成地震记录（据郑华锋，2011）

二、解决方案

1. 指导思想

勘探理论方法的不适宜与诸多技术难点严重制约了南黄海海相油气勘探进程，是至今未取得油气突破的主要因素。因此，南黄海海相油气地震勘探必须打破传统观念桎梏，在坚持观念、理论与技术方法创新的指导思想下，重新定位地震勘探流程，开展理论与技术方法创新研究，为获得良好的勘探成果提供理论与技术支撑。

1）转变观念、重新定位地震勘探流程

面对南黄海海相碳酸盐岩复杂的地震地质条件，常规的地震勘探流程难以取得良好的勘探效果的现实，需要我们转变观念，打破常规，以获得良好的成像效果为目标，重新定位地震勘探流程，采用有针对性的地震资料采集、处理技术方法。

2）打牢基础，做好理论基础研究

复杂的构造背景导致了地震波场的复杂化，理论基础研究是认识地震波场的必由之路。因此，进行有针对性的地震波场的理论模拟研究工作势在必行，只有查清复杂构造的地震波表现特征，才能为地震资料采集、处理和解释提供技术依据。只有做好这些地震勘探的基础工作，才能提出有针对性的地震勘探技术流程与方案。

3）创新思维，加强地震采集技术方法创新应用与海上试验

地震资料采集是地震勘探工作的基础，地震原始资料品质的优劣与采集技术方法的合理配置有着密切的关系。目前地震采集亟需解决的问题是突破高速地层对地震信号的强反射影响，获得目标层弱反射界面的有效反射，常规的地震资料采集技术方法已不能适应勘探目标要求。因此，必须创新思维，加强地震采集技术方法创新应用与海上试验工作。

4）勇于探索，继续开展地震资料成像处理技术方法的攻关研究与试验

基于浅层、水平层状介质和短排列的常规地震处理方法难以适应南黄海海相碳酸盐岩复杂构造成像的要求，必须解放思想、探索新的地震资料成像处理技术。在继续进行基于各向异性的叠前偏移成像技术方法攻关试验的同时，结合采集技术方法研究与试验的进程，创新性地开展广角反射波地震成像、折射波+反射波联合成像等新技术方法的攻关研究和试验工作，以达到充分利用地震信息、实现对勘探目标体高品质成像的目的。

5）解放思想，推进与非震地球物理技术手段的有效融合，提高地震解释预测精度

刘光鼎（2005）指出，地球物理的基本问题是反演问题的多解性，任何一种地球物理方法都是以一种岩石物性为依据来认识地球的一个侧面，要想取得比较全面的深刻认识，就必须开展地质地球物理的综合研究，也就是综合建模、综合解释。

南黄海现有的地震剖面目标层反射振幅弱、信噪比低、连续性差，地震解释的多解性强。而进行海洋地震勘探的同时，也采集了重力、磁力数据，加强综合地球物理研究，充分利用地下目标体的地震反射和密度、磁力特征，开展地震、重力、磁力联合反演与综合解释，实现多种地球物理方法的有效融合，最大程度地降低多解性，提高解释与预测精度。

2. 努力方向

1）开展复杂地震–地质条件下的地震波场正演模拟

地震波场正演模拟是研究地震波传播规律的一种重要的方法，对于人们理解波动传播现象、解释实际地震资料以表征地下介质构造与岩性等方面均具有重要的理论与实际意义。南黄海海相碳酸盐岩地层组合是非常复杂非均匀介质，常规数学模拟方法以均匀介质或层状介质理论为基础，没有考虑到复杂介质的非均匀性，无法得到与这些非均匀性相联系的地震波场特征。因此，必须进行复杂、非均匀介质模型的地震波场模拟方法研究，以先进的理论模拟方法准确地表征地震波场，为地震资料采集技术方案针对性设计、成像处理流程的有效整合和准确的地质构造解释奠定坚实的理论基础。

2）创新地震资料采集技术方法

从前面的分析中可以看出，常规的海洋拖缆地震资料采集已不能满足复杂构造目标体的成像需求，要求我们必须改变目前的采集方式，根据勘探目标层设计针对性的海上地震采集技术方案。

A. 做好地震采集技术方案的理论模拟和论证分析

基于水平叠加理论的常规采集技术方案，只是大致考虑构造倾向和走向，不能适应复杂构造目标体勘探的需要。近几年新发展的地震照明分析技术是复杂构造、复杂地区地震采集设计的有效手段（吕公河和尹成，2006）。采用地震照明分析技术，通过地震波对地下目的层激发照明，了解地下目的层产生反射能量的强弱区域，分析有利构造区域产生地震反射波能力的大小，评估目的层对观测点的接收照明及对地下构造的成像能力，优化设计与分析地震采集观测系统。

B. 近期工作目标

建议在继续坚持大容量、多层气枪阵列+长排列的采集技术。同时，创新性地开展地震采集技术方法研究与试验。根据地震反射特征理论模拟研究成果，开展立体宽线（吴志强等，2012）、长排列+OBS和双船联合立体采集技术方法（张训华等，2014b）研究和海上试验，以获得均匀分布的目标层地震射线信号和强能量的广角反射信号，为成像处理奠定良好基础。

在前期的地震波场模拟研究中，采用了基于全波波动方程的理论计算模拟和地震模型的物理模拟方法，模拟了不同排列长度和激发方式下的成像品质效果（图3.22、图9.14）。从图中可以看出，长排列与中间激发对改善深部目标层的成像品质均起到了不可忽视的作用。但是，在海洋二维地震采集中，常规的单船拖缆作业方式无法采用中间激发的方式进行数据采集，且单船拖带电缆过长时受海流等因素的影响，电缆的羽角难以控制在规定的范围内。而长排列（长缆）立体宽线+OBS（图9.15）或双船联合立体宽线（图9.16）采集方法，既兼顾了中间激发、又实现了长排列广角反射采集，达到对复杂目标体地震射线的均匀分布和构造两翼有效成像的目的，应成为下一步采集技术研究的主攻方向和海上试验的主要内容。

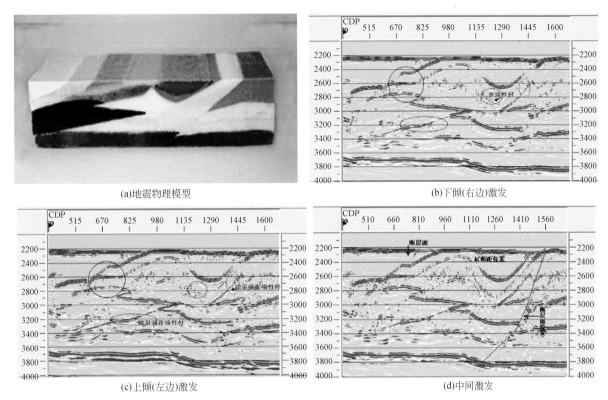

(a)地震物理模型 (b)下倾(右边)激发

(c)上倾(左边)激发 (d)中间激发

图9.14 地震模型模拟不同激发方式成像效果对比

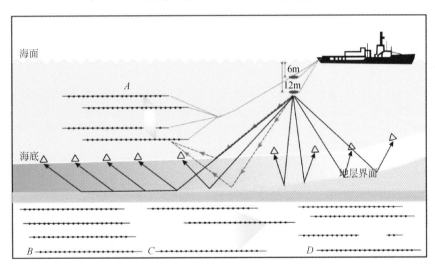

图9.15 长排列立体宽线+OBS地震资料采集方式示意图（图中△为OBS站位位置）

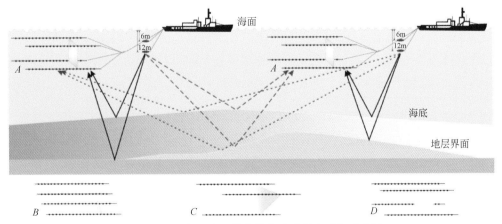

图9.16 双船联合立体宽线方式地震在采集示意图

C. 开展"两宽一高（宽频带、宽方位角、高密度）"技术方法研究与海上试验

复杂构造地质目标体是"三维"问题，所有的"二维"地震勘探都不能做到对复杂构造地质目标体的精确成像。因此，必须采用"两宽一高"的地震勘探技术方法实施南黄海海相油气地震勘探，着力提高地震原始数据频带宽度，以提高地震成像剖面的分辨率和改善地震波组特征；通过宽方位角地震资料采集获得优质的多方位角原始地震数据，为成像处理奠定良好的资料基础；以高密度激发和接收的观测方式，大幅度增加共发射点（CRP）上的地震射线覆盖次数，提高地震资料的信噪比和目标层段的反射能量。

但是，常规的海洋三维地震勘探基本上采用束线状观测系统，横向排列宽度窄、纵向排列长度大，为窄方位角采集观测系统，它沿一个方向排列的地震传播路径对地下构造进行成像，在地下构造复杂、地层速度变化大的条件下，地震射线弯曲且路径复杂，窄方位角采集观测系统会造成部分地下构造点成为无反射的盲区而不能有效成像（Howard et al.，2007；Kapoor et al.，2007），降低了勘探决策的可信度。

宽方位角（WAZ）地震勘探技术能够采集到在激发接收方向上范围较宽的地震数据，能够更清楚地反映地下构造形态，所采集的地震资料信噪比和分辨率高，适用于各种复杂地质条件（Howard et al.，2007b；Kapoor et al.，2007b）。

但是，在海洋三维地震勘探中，宽方位角采集是非常困难的，因为宽方位角采集观测系统要求横向排列宽度必须大于纵向排列长度 0.5 倍（Moldoveanu，2008），一条采集船无法做到海洋宽方位角三维地震采集，需要几艘采集船并肩作业，造成采集成本成倍增加。

西方奇科公司于 2008 年发明了一种海上三维地震宽方位角采集技术——环形激发技术（coil shooting）（Moldoveanu，2008），对南黄海海相碳酸盐岩三维地震勘探很有启示作用。该技术采用配备多条拖缆和一套震源单船作业，船沿重叠的环形或曲线路径航行，航行轨迹覆盖整个工区，激发和接收连续进行。coil shooting 技术采集的是全方位角（FAZ）地震资料，能够更全面地反映地下构造，更有利于压制噪声和衰减多次波。利用这种技术可以采集到几乎达到全方位角的近偏移距资料，这是即使采用多船宽方位角观测系统也不可能完成的。通过这种方法还能够在方位角内对数据进行多种选取，将数据体划分到不同的方位角域内，建立各向异性速度模型，分析裂缝形态。这种连续激发和接收的采集模式实际上消除了非生产时间，提高了方位贡献，因此能够大幅度降低采集成本。

因此，在南黄海海相油气地震勘探中，建议启动环形激发技术的方法技术研究与海上试验工作，以期取得三维宽方位角原始地震数据，为成像处理奠定良好的基础。

但是，仅采用环形激发技术还不能达到"宽频带、高密度"采集的目标，建议采用国际最新的海洋油气地震勘探新技术——OBN 技术（ocean bottom station nodes）。该方法将 OBS 按采集网格的节点位置沉放在海底，接收并记录来自海平面中高密度网格的炮点激发形成的反射与折射信号，它以灵活的地震观测系统设计，可以实现对常规地震勘探不能实施的盲区有效探测与成像，提供对复杂、屏蔽构造有效成像必不可少的宽方位角数据、宽频带、高密度地震数据（Beaudoi，2006；Jean et al.，2010）。

所谓"节点"含义是位于检波点的接收站是自主式的记录器，它包括了检波器、电池、电子元器件和容量足够大的数据储存器。其他的多道地震采集系统是由电缆连接采集站（器）组成的，其灵活性和适用性受设备配置的限制。而 OBS 节点的自主式记录，由遥控机器人（remotely operated vehicle，ROV）准确布放在每个接收点上（图9.17），不受地震调查船设备配置和电缆连接等种种限制，展现了其卓越的灵活性和适用性。

该采集系统可以实现宽方位角、高密度地震资料采集，立体气枪阵列震源延迟激发技术相结合，可以实现宽频带地震采集。同时，由于 OBS 放置在海底，记录的上行波和下行波在处理中可以有效分离，对多次波压制或成像非常有用；另外，OBS 记录器是四分量的能够记录转换波信号，为岩性识别与裂缝预测提供有用的信息；采用遥控机器人 ROV 进行 OBS 的布设，可以将 OBS 精确地置放在设计的位置，为精确成像奠定了良好的基础。其次，该采集系统中震源船是相对独立的，激发炮线的设计可以灵活多变，既可以实现中间激发、多边接收，也可以实现大炮检距激发接收，可以获得多方位角的广角发射记录，为弱发射目标体的有效成像提供高质量原始地震数据。

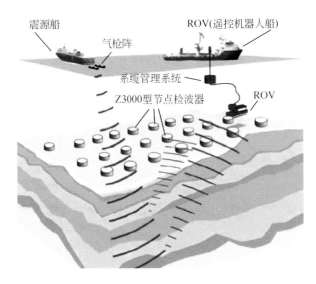

图 9.17　OBN 地震资料采集工作原理（Jean et al.，2010）

上述采集方法较常规地震采集的成本有大幅度上升，但这些方法能够得到高品质的地震数据，为地质解释与研究提供高精度的基础资料，与采用常规的地震勘探方法得到"模糊不清"的成像结果相比，其综合"性价比"还是非常高的。

3）地震成像处理

如前面的分析可以看出，基于水平叠加的地震成像处理技术难以获得复杂构造的精确成像，我们必须对成像处理进行创新性研究。近期应做好如下几个方面的工作。

A. 提高信噪比和反射能量

针对地震波能量弱，可以考虑扩大面元叠加，但由于走时曲线非双曲线性质，直接叠加会损失信号，必须做好各项异性速度分析与校正，将非双曲线校正为双曲线再叠加，同时注意扩大面元叠加有可能损失复杂构造引起的绕射波，从而影响复杂构造断点的成像。对于信噪比低的特点，需要考虑消除规则干扰和随机噪声的方法。提高分辨能力处理应主要考虑黏弹性损耗对波形的补偿问题，还需要考虑速度频散造成的迭加损失分辨率问题，为了考虑强非均匀储层特征的刻画，需要考虑非水平地层剥蚀不整合面的散射，这需要考虑对称轴非垂直的横向各向同性介质的反射和透射。

B. "化敌为友"，研究利用多次波提高成像品质的方法

在地震资料处理中，长周期层间多次波通常作为噪声被压制和消除。但和有效波类似，多次波是地下反射层多次反射的结果，蕴含了丰富的地层结构信息。如果把有效反射波当作震源（准震源），把多次反射波当作接收点波场，就可以像处理有效波一样对多次波进行偏移成像。

单国健（2007）提出了将多次波有效利用的方法，首先通过互相关技术将多次波转化成准一次波，然后以一次反射波地表接收点作为准震源，对准一次波进行偏移成像。准一次波的运动学特征与一次波的相似，因此可以用准一次波来弥补一次波记录中缺失的近炮检距数据，以及在有陡倾角构造的情况下，有可能弥补缺失的远炮检距数据。数值模拟表明，多次波偏移能得到和一次波相似的成像结果。

C. 偏移成像

对于复杂构造地质条件下的低信噪比地震原始数据，采用哪种成像处理方法与流程，需要我们进行细致的分析研究。杨金华等（2008）利用数值模拟方法，研究了现有的处理方法对复杂构造成像能力及存在的问题，认为在速度场误差较小时，叠前深度偏移毫无疑问地优于时间域成像方法，时间域成像由于没有正确考虑射线在速度界面上的偏折，当上覆地层速度横向变化较大时，其成像结果不可避免地出现误差；在低信噪比复杂构造情况下，尽管常规处理的结果可能比叠前深度偏移的结果在面貌上"好看"，但常规处理只是确定了复杂构造的轮廓，利用其结果得到的构造图可能存在一定的误差甚至"陷阱"。因此，必须坚定不移地坚持叠前偏移成像的攻关研究工作。

做好叠前偏移成像还应从速度场精确建模开始。众所周知，叠前偏移成像的关键是速度场的建立是否准确，目前发展的反射波层析反演和偏移速度分析联合建模技术，在反射波层析反演中，采取全局整体优化方式避免了层剥离方式的累积误差，逐点偏移速度分析可克服低信噪比资料难以建模的困难。为我们进行精确的速度建模提供了有利的借鉴。

另外，基于地震资料采集新方法，开展针对性的成像处理技术方法攻关研究也是当务之急。

4）地震解释

地震解释是地震数据的关键环节，现代的地震解释工作与早期相比，在广泛正、反演模型的分析基础上，解释工作与岩性处理密切结合，同时广泛应用有关的地质、地球物理资料，使解释的全过程更具有综合性。

但是，地震反射波毕竟不是直接的地质资料，是地下地质情况的地震反射波场的综合反映。地下地质情况的复杂性反映到地震资料上就有多解性；同时，现今的地震资料解释已不仅仅满足于常规的构造解释，它更倾向于以地震信息为主，开展储层特征综合分析、油气藏分布规律等更深层次的研究。随着科学技术的迅速发展，地震资料解释和地质综合研究技术有了飞速发展，地震相干解释技术、地震相分析技术、波阻抗反演技术、三维可视化解释技术、振幅属性分析、地震反演、构造成图等新技术层出不穷。这些技术可用于解决复杂的地质、油气问题。因此，建议在今后的地震解释中，重点做好如下几个方面的工作。

A. 做好地质模式的波场正演模拟

对地质模型进行波场正演计算可以模拟地震波在地下介质中的传播规律，以明确地质体地震记录特征。在地震资料解释过程中，对地质模型的正演模拟可以对解释结果进行验证，并能提供目标地质体地震波岩石物理响应特性，为地质学家正确研究地下地质环境提供地震波场证据。

B. 加强采集、处理、解释一体化的研究

在海相油气地震勘探工作，应加强采集、处理、解释一体化的研究，将解释认识渗透在采集参数设计和处理流程确定的过程中。在地震资料解释中，以构造建模、地层标定、反射结构分析、断裂样式分析及组合、平衡剖面、数值模拟等先进技术做好对复杂构造的地质刻画工作。

构造建模技术通过分析地震波组特征并结合区域构造特征，对研究区的断层、褶皱样式作出符合地质规律的解释，如同沉积断裂、传播褶皱、滑脱构造、双重构造、三角带构造、逆冲推覆构造、古潜山构造等，依据构造模式的解释思路，在处理中可以去伪存真，进一步提高地震资料质量。

反射结构分析通过研究波组之间的相对接触关系，判断构造的角度和位置，推断是否有滑脱构造和双重构造存在；地层标定技术主要是根据露头或钻井资料对不清晰成像的区域地层所在位置及地层发育情况给出相对明确的解释，由此判断该部位可能存在的构造类型或断裂样式，进而指导地震资料处理中速度场建立和流程的优化。平衡剖面技术是通过模拟构造的演化过程，计算缩短量和缩短率，以验证解释是否可靠。通过平衡剖面恢复的沉积和构造演化过程，可以进一步验证构造解释模式的合理性。

数值模拟技术对波场特征的认识和解释结果验证非常有帮助。通过对叠加和偏移剖面的初步解释，建立构造地质模型并进行正演分析；通过模拟波场与实际波场的对比分析，研究构造解释正确与否，再不断改进解释方案，逐步逼近真实的地下构造形态。

上述解释方法强调基础、细节，充分体现"处理–解释–建模模拟–再解释–再处理–再解释"的处理解释一体化理念，如在偏移成像过程中常出现"剪刀式"的波组交叉现象，按照常规的解释模式，这种波组的交叉现象肯定是不合理的，但在处理中不断修改速度模型，力图收掉倾斜的波组，但即使速度调整范围已经很大，效果仍不理想。在这种情况下，需要我们重新审视解释模式，在研究波组特征及区域地层和构造特征的基础上，建立新的构造模式，采用"双重构造"的模式，就可以解释这种"剪刀式"的波组交叉现象。当然，这只是一种解释模式，其正确性需要钻井验证，但它说明"解释指导处理、处理验证解释模式"的重要性。

C. 正确认识多解性问题

地震反射特征可以理解为在若干种速度模型所得的地震响应中与之最相近的一个，它具有多解性，需要有一个符合实际的地质模式进行解释。因此，必须根据地质的先验知识所得的地质模式来判断。一个地区、一个构造区带，有时甚至是一个构造地质体的地质解释或地质模式的厘定，往往须经过若干年、多口钻井、大量地震和地质资料的积累，并在实际研究过程中，随着资料的累积、认识的深入，不断地修改和逼近才能得到。例如，位于上扬子地台的四川东部地区的油气勘探历程较好地说明了这个问题。该区构造陡峭复杂，但仍不及下扬子地区的复杂程度，在花了近 20 年时间，约打了 20 余口落空井和低效井，取得了大量地震资料后，加上地震资料成像处理技术和钻井工艺技术的进步，最终才获得较准确的地质模式，取得今天的油气勘探成果。

D. 地震资料解释的主要原则

地震资料的解释是一个循序渐进的过程，地震资料解释要遵循以下原则：①以区域地质特征为背景，建立构造模式，运用先进的地质理论指导地震资料解释；②地震解释先解释大断层控制的构造格局和整个形态，再解释大断块内的构造细节，先解释资料品质相对比较好的线段，确定可靠的部分，再根据地质模式推断差的部分线段；③先以基干测网为主解释主要断层，再逐块解剖内部构造细节；④提取某种地震属性，如振幅、相位、频率、波形等，突出特定的地质特征；⑤在解释地震资料的同时要充分利用钻井、地质、测井等资料，同时还要参考重、磁、电等资料，尽量捕捉多种信息，增加解释的可靠性。

第四节　"多旋回叠合盆地油气成藏"新理论对南黄海油气勘探的启示

"多旋回叠合盆地"的油气勘探已经成为研究热点。顾名思义，"叠合盆地"是指不同时代，不同构造体制下的含油气盆地相互并行叠加，经历多期构造变格，由多个单型盆地经多方位叠加而形成的具有复杂结构的盆地。早在 20 世纪 40 年代，黄汲清先生的《中国主要构造单位》的论著为多旋回地壳运动奠定了基础；80 年代以来，这一理论获得进一步发展，朱夏（1986）将中国古生代海相沉积盆地和中—新生代陆相为主的沉积盆地划分为两个世代的盆地；甘克文（1982）在研究世界油气盆地基本类型时指出，有些盆地形成和演化过程中，不同世代和不同构造运动体制下的盆地可相互并行叠加形成多种类型的复合、组合和叠合关系；徐旺和姚慧君（1993）对叠合盆地的类型做了初步划分；之后汤良杰、贾承造等的研究成果进一步赋予新的解释，认为叠合盆地经历了多期的构造变格，由多个单型盆地经多方位叠加而形成的具有复杂结构的盆地。

自 20 世纪 90 年代以来，我国西部的多个含油气盆地，如塔里木、准噶尔、鄂尔多斯、四川东等盆地的勘探均取得了具有战略意义的突破。在此基础上，逐步总结形成的"叠合盆地油气成藏新理论"对指导我国中—古生代盆地的油气勘探工作意义重大。

近年来，叠合盆地成为我国含油气盆地研究的重要方向之一，因其在不同地史阶段受不同的地球动力学机制影响，叠合不同类型的盆地，具有独特的构造特征和深远的油气勘探意义（汤良杰，2001，2003；赵文智，2003；金之钧，2004；贾承造，2006；刘池洋，2007）。

不同学者根据自己对"叠合"概念的理解并结合研究盆地的特征，给出了不同的"叠合盆地"定义：黄汲清（1980）认为叠合盆地是指经历了多期构造变革、由多个单型盆地经多方位叠加复合而形成的具有复杂结构的盆地，由于经历多期构造运动的改造，其原型盆地性质往往发生变化，又称之为残留盆地（刘光鼎，1997）、改造型盆地（刘池洋，1999）或叠合-复合盆地（贾承造，2006）；庞雄奇（2002）相对于单型盆地的概念而提出的"叠合盆地"的概念，指不同时间形成的不同类型的沉积盆地或沉积地层在同一地理位置上的叠加和复合，盆地之间在纵向上通过沉积间断或不整合面接触和关联；汤良杰（2003）认为"叠合盆地"是指经历了多期构造变革、由多个单型盆地经多方位叠加复合而形成的具有复杂结构的盆地；金之钧（2004，2005）认为叠合盆地是指经历了多期构造变革、由多个单型盆地经多方位叠加、复合而形成的具有复杂结构的盆地，其核心是单型盆地叠置的结构。

目前，国内学者针对叠合盆地的理论研究主要集中在我国西部，尤以塔里木盆地最为深入。基于复杂叠合盆地具有"多期构造变革、多套生储盖组合、多旋回油气成藏、多次调整改造"的油气地质特征（金之钧，2004；庞雄奇，2007），结合地球物理综合剖面、地球化学测试分析、流体包裹体测试、示踪同位素等多种资料，应用动态分析方法，在成盆、成烃、成藏等方面取得了显著成绩：①发现了叠合盆地广泛分布的复杂油气藏；②建立了复杂油气藏成因模式；③揭示了复杂油气藏的改造机制；④提出了构造叠加改造复杂油气藏评价模型，并指出大油气田的形成和分布受"古隆起迁移、烃源灶演化、区域盖层发育、构造平衡带叠合"四大要素的控制（金之钧，2005，2006；庞雄奇，2007，2012）。赵文智等（2015）通过总结勘探实践，认为在"多期烃灶、多套储集层、多期、晚期成藏期"等因素的控制下，形成了多勘探"黄金带"，其中古隆起、古斜坡、古台缘与多期继承性断裂带控制了勘探"黄金带"内油气分布。今后叠合盆地油气成藏的研究方向主要集中在"多要素联合控藏模式"、"油气复合成藏机制"、"油气藏调整改造机理及预测模式"等方面，通过不断总结、不断创新，进一步发展和完善叠合盆地油气成藏理论（庞雄奇，2012）。

"多旋回叠合盆地"经历多次沉积过程和构造变动的改造，盆地的油气成藏既受成盆期构造、沉积格局和演化过程的控制，又明显受成盆期后历次构造运动的影响，原始油气的分布格局因沉积格局和构造变动等影响而发生了重大改变。具有多期构造演化和不同运动体制、多套烃源层系、储集层（体）、多套储盖配置、多期叠加复式圈闭、复式油气输导网络，以及多期油气聚散和成藏的特点。传统的"源控论"或"含油气系统"理论，往往不能有效地预测现今油气藏的分布。

一、多期构造演化和不同运动体制

盆地的改造主要受相邻板块运动过程中一些构造事件的控制，板块的裂离、拼贴、碰撞均可导致盆地整体或局部沉积过程中断而被抬升，受区域应力作用、大小、先成构造等制约而表现出不同程度的拉张、挤压和走滑变形，盆地的叠加方式取决于盆地的变形作用方式，如塔里木盆地主体在古生代为整体沉降，间于弱改造的整体叠加，产生了多个多期复合的古隆起，盆地中部为一个稳定的古生代克拉通。古生代盆地演化经历了自震旦纪的大陆裂谷、寒武—奥陶纪裂谷盆地和克拉通内盆地，以及泥盆纪晚期碰撞闭合；石炭纪开始（弧后）拉张，二叠纪为构造转换及弧后裂谷阶段，早期发育玄武岩。中—新生代的陆内伸展挤压，主要受控于特提斯周期性开合和印度板块碰撞影响，中生代则表现为以盆地边缘沉降、沉积为主的镶嵌式叠加。新生代呈披覆式叠加，最终形成一个统一的大型复合盆地。

苏北-南黄海盆地位于华南板块下扬子陆块，地理上分为陆区和海区两个部分，分别称为苏北盆地和南黄海（南部）盆地（冯志强等，2002），为前寒武纪古老克拉通基础上发育的中—古生代海相与中—新生代陆相叠合的大型含油气盆地（马力等，1994；马立桥，2007；马永生，2009；张训华等，2014c；杨长清等，2014）。作为下扬子准地台的主体，南黄海盆地发育在前震旦纪褶皱变质结晶基底之上，经历了中元古代末四堡运动和新元古代晋宁运动的固结回返后，形成具双层变质岩的基底结构，之后进入中—古生代海相盆地稳定演化阶段、形成一个稳定的古生代克拉通盆地。中生代陆相盆地演化阶段、古近纪断陷盆地发育阶段、新近纪以来区域沉降阶段（姚永坚等，2005；侯方辉等，2008；张训华等，2013，2014e）。其中，印支-早燕山造陆运动是早、中三叠世海盆消亡演化阶段，也是扬子地台与华北地台俯冲、碰撞的开始，使南黄海的构造格局发生根本性的转变，构成上下两套完全不同的海-陆构造体系。

印支运动以其强烈的碰撞造山、挤压、推覆、隆升剥蚀，以及燕山运动早期剧烈的岩浆活动和断裂活动，改造着古生代盆地的构造面貌，形成在区域挤压应力背景上的逆冲断层和大量的褶皱构造。该时期南黄海地区总体处于隆起状态，且北部隆起高、南部隆起低，造成了南黄海盆地克拉通期间沉积地层遭受强烈剥蚀，其剥蚀强度北部远大于南部，中生界下三叠统、甚至上古生界在北部拗陷基本被剥蚀殆尽，几无残留，而南部的中部隆起、南部拗陷及勿南沙隆起上，下三叠统及二叠系保存相对较好且厚度较大。

与塔里木盆地中生代以盆地边缘沉降、沉积为主的镶嵌式叠加，新生代呈披覆式叠加不同，南黄海地区中生代表现为强烈的挤压变形，新生代构造体制和应力状态从压性向张性转化，伸展断裂活动更强烈，形成NE向展布的断陷与凸起雁行排列，将统一的古生界分割改造成条块状格局，原始的海相盆地已不复存在。南黄海海相中—古生界油气勘探的关键首先是"中—古生代盆地原型（原始的单型盆地）的恢复"。

二、多层烃源岩和多期成藏

叠合盆地中往往具有两个（或以上）世代和不同构造层系的叠加，自下而上分布有多套烃源岩，如塔里木盆地至少发育台盆相的寒武—奥陶系碳酸盐岩烃源岩、海相碎屑相的志留系烃源岩、海陆交互相的石炭系烃源岩和湖沼相及煤系发育的三叠系—侏罗系烃源岩，在塔里木盆地形成了多层系、多期次、不同类型的油气聚集。

位于下扬子块体的南黄海中—古生界海相残留盆地，震旦系—下三叠统存在一下古生界海相沉积为主的下寒武统幕府山组、上奥陶—下志留统五峰组和高家边组；上古生界海陆交互（过渡）相的下二叠统栖霞组灰岩和泥岩、上二叠统龙潭组和大隆组泥岩和含煤碎屑，以及中生界下三叠统青龙组灰岩共5套烃源岩系，据钻井和地震解释推测，上述5套烃源岩累计厚度2000~3000m。下古生界烃源岩因热演化程度高和后期热变质损失，虽然有机碳含量较高，但氯仿沥青"A"含量普遍较低，（10~50）×10⁻⁶，其有效烃源岩应以热演化程度较低的上古生界为主，早期形成的油气藏，以及"二次生烃"形成的烃类亦是后期成藏的有效烃源，如位于苏北盆地陆区朱家敦气田所在的盐城凹陷三史图（图9.18）显示，深埋于凹陷底部的古生界源岩在晚白垩世、古近纪、新近纪时期曾有过两期"二次生烃"。

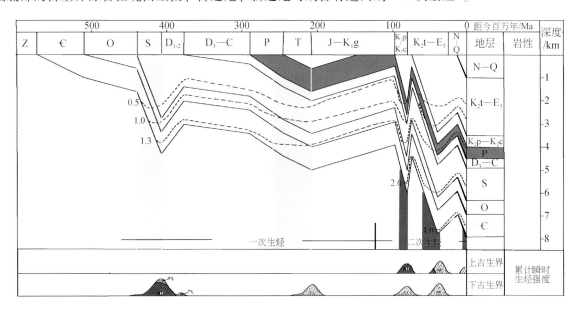

图9.18　盐城凹陷古生界源岩三史图（据张洪年，2006）

因海相地层的稳定性，推测南黄海海域下志留统高家边烃源岩有机质丰度和有机质类型大体与苏北陆区相当，暗色泥岩厚度在100m左右，TOC在1.0%~4.0%，有机质类型主要为Ⅰ型和Ⅱ型，R^o为1.0%~2.5%，为高成熟—过成熟的好烃源岩。据南黄海地区的埋藏史类比分析认为，南黄海盆地下志留统不仅一次生烃，而且可能还存在"二次生烃"过程，多套烃源岩系和"二次生烃"过程可为不同期次的成藏过程提供烃源。

三、叠合盆地有利储集层类型

叠合盆地一般发育海相、陆相两套储层，下构造层为海相储层，上构造层为陆相储层。按岩性分则存在碳酸盐岩和碎屑岩两大类三种不同类型的储集层，即原生孔隙和次生孔隙为主的孔隙型、压溶–溶蚀作用形成的溶缝洞型和构造成因的裂缝型。

位于叠合盆地下构造层的海相储层由于地层时代老、埋藏深，上覆地层的压实和成岩作用强烈，由于成岩后生变化，古生代的孔隙型储集层，物性条件一般较差，只有当较早形成的油气充填孔隙而使其较好保留时，其原生孔隙方可较好保留；而中—新生代的孔隙型储集层，又多远离油源，不易捕获来自古生界烃源岩的油气。溶缝型、构造裂缝型、与不整合面和强应变面有关的改造型储集层（体）是最有利储层，寻找和预测此类储集层（体）是叠合盆地油气勘探中储集层研究和预测成败的关键。

如四川盆地威远气田震旦系白云岩、鄂尔多斯盆地奥陶系白云岩等属古岩溶裂缝性储层，川东地区的石炭系白云岩是经过溶蚀作用形成的裂缝-溶蚀孔隙型的优质储层，孔隙度一般为 6.6% ~ 8.9%，这些均质性较好的碳酸盐岩型储层通过酸化压裂后可获得数倍于常规测试的产能。

海相沉积储层中另有一套滨海相砂岩储层，如塔里木盆地塔北东河塘油田石炭系底部发育滨海相纯石英砂岩，虽然深埋 5700m 左右，但孔隙度仍达 15% ~ 18%，最大可达 28%，渗透率一般（78 ~ 190）× $10^{-3} \mu m^2$，单井日产量高，如东河塘和塔中 4 油田单井日产 200 ~ 600t。

叠合盆地上构造层的陆相储层，如鄂尔多斯盆地在印支期后的晚三叠世进入内陆湖盆发育期，湖盆中心位于盆地西南部，盆地东北部和西部发育的大型三角洲前缘相带和分流河道砂体是相对较好的储层，形成了安塞、靖边油田，在庆阳一带则为下侏罗统沿上三叠统顶部不整合面形成古地貌油藏。

塔里木盆地和准噶尔盆地的三叠系、侏罗系储层分布于隆起斜坡区和前陆盆地区，因压实和成岩作用强弱不同，储层物性差异很大，如位于塔里木盆地塔北隆起的昆仑南地区，三叠系和侏罗系陆相储层为扇三角洲分流河道和网状河三角洲砂岩，物性良好，单井日产高达 100 ~ 600t。而位于库车前陆盆地的三叠系和侏罗系，因埋藏较深（4500m 以下），上覆地层的压实、压溶和晚成岩作用较强，导致大量原生孔隙消失，物性较差，属低孔低渗型储层。但其烃源岩生成的大量天然气可注入本层系储层并运聚于上覆物性较好的白垩系储集层中。

钻井解释和海陆类比研究表明，南黄海地区发育海相和陆相两套储层。海相中—古生界储层以碳酸盐岩储层为主（如上震旦统灯影组白云岩储层、中—上寒武统白云岩、下奥陶统颗粒石灰岩和白云岩储层，中、上石炭统—下二叠统内碎屑灰岩、生物礁灰岩储层，下三叠统灰岩储层），其次为碎屑岩储层（如泥盆系五通组石英砂岩—志留系三角洲砂岩及滨海相石英砂岩、二叠系龙潭组海陆过渡相砂岩、陆相中—新生界的于白垩系、古近系和新近系的砂岩储层）。

压溶作用形成缝合线、溶蚀作用形成溶蚀孔、淋滤溶蚀作用形成的风化壳、溶蚀孔隙和岩溶带都将大大改善碳酸盐岩的储集空间，如南黄海青龙组和栖霞组顶部均发育有风化壳，孔隙极为发育，在多口井和多个井段发育，成为重要的有利储层，如栖霞组顶部因风化淋滤孔隙，声波曲线异常且放空井径，测井解释孔隙度高达 23%；此外，海陆对比表明，海域上二叠统龙潭组砂岩储层的物性条件与陆区相似，虽然较为致密，但在浙北砂岩裂缝中已见油流和水。上述结果显示，即使是老地层，溶蚀、风化淋滤、裂缝等对储层物性的改善也非常显著。

四、复杂的输导系统和复式含油气系统

多旋回叠加盆地，多期复合的复杂构造变形，形成了复杂的断裂及不整合系统。这些多期开启与封闭的构造行迹组合与渗透性地层一起构成了复杂的油气运移系统。对叠合盆地影响较大的构造运动主要有加里东运动、海西运动、印支运动、燕山运动和喜马拉雅运动，发生多期的挤压或伸展活动，大规模的抬升、剥蚀，形成不同时期的断裂及不整合，促使多期多源的油气穿越单一的油气系统，在平面上沿断裂和不整合面成片或成带，纵向上沿主要断裂多层聚集，组成了复式含油气系统（赵文智，2001），一些大型构造脊和鼻状构造常构成油气二次运移的"汇烃脊"（何治亮等，2000）。

如塔里木盆地塔北地区，海相的奥陶系含油气系统（奥陶系古溶蚀斜坡和断裂背斜带塔河、雅克拉油气田），志留系含油气系统（哈里哈塘）和石炭系含油气系统（东河塘油田、吉拉克气田），陆相含油气系统有三叠系—侏罗系含油气系统（轮南油田），以及由三叠系—侏罗系烃源岩生成的油气运聚于白垩系、古近系、新近系的次生含油气系统（雅克拉和英买力气田）。

综上表明，叠合盆地内分布着海相和陆相组成的复式含油气系统，在一些隆起区、古斜坡区，以及一些构造带内，常形成多期多源具有内在成因联系而类型不同的油气藏叠合连片，组成了与渤海湾盆地不

同类型但同样丰富多彩的"复式油气聚集"区，如塔里木盆地塔北区、准噶尔盆地陆梁区、川中地区、陕北中部斜坡区等。

南黄海中—古生代盆地经多期构造运动改造，尤其是印支期形成的对冲、逆冲构造带，经后期抬升和风化剥蚀，将古生代原型盆地内不同时期的断裂、不整合、烃源岩（如塑性强的志留系高家边组泥岩）在空间上重新组合，有利于多源和多期的油气穿越单一类型的油气系统，汇聚形成丰富多彩的"复式油气聚集"，如江苏句容地区，历经50多年的勘探先后在白垩系、三叠系青龙组、二叠系龙潭组、栖霞组发现了大量不同级别的油气，类型包括白垩系断鼻、三叠系缝洞和二叠系致密砂岩等类型。因此，南黄海中—古生界油气勘探，应特别关注拗陷区内低凸起、拗陷与隆起过渡的斜坡带、逆冲构造带等复杂构造形成的复杂输导系统和复式含油气系统的研究。

五、多套封盖体系与储盖配置

多旋回叠合盆地发育多套局部性和区域性盖层构成多个封盖体系。塔里木盆地的石炭系膏泥岩，侏罗系中部的煤系及泥岩、古近系、新近系膏泥岩在纵向上形成封闭盖层。在塔里木和下扬子区均存在多个由欠压实形成的压力封盖层，如塔里木盆地塔中的石炭系及古近系、新近系，下扬子区的高家边组及浦口组，构成了岩性和压力的复合封闭。

有效储集层与有效盖层的合理配置形成有效储盖组合，如塔里木盆地石炭系膏泥岩及异常压力封闭下不整合面以上的东河砂岩及以下的下奥陶统碳酸盐岩溶洞裂缝型储集层是典型的复合型储盖组合。

南黄海的高家边组、龙潭组-大隆组、泰州-浦口组、阜宁和戴南组、盐城组，在纵向上形成5个封闭盖层；与本组或其下伏的砂岩储集层和压力封闭的不整合面以上的碎屑岩储集层及以下的非均质性改造型储集层组成配置优越的储盖组合。

六、多期叠加的复式圈闭系统

不同的构造变形产生不同的圈闭组合，不同构造部位演化成不同的圈闭叠加，不同的构造变形与沉积充填的差异形成了多种圈闭系统。

如下扬子地区黄桥构造（事件）以前的挤压变形构成了以盖层滑脱为主的挤压型圈闭组合，黄桥事件转换面发育潜山、地层削截、地层尖灭等圈闭组合。黄桥事件后的伸展变形又形成了以伸展断块、断鼻、逆牵引背斜、披覆背斜等有关的圈闭组合，共同构成了从压性-张性负反转盆地的圈闭系统。塔里木盆地多期的挤压变形及局部的走滑、伸展变形，形成了丰富的圈闭系统。

南黄海中部隆起的山前冲断带属典型的多层滑脱，隆起主体本身属克拉通背景下的多期活动古隆起的圈闭系统，包括基底卷入型的背冲背斜、断块潜山、披覆背斜、地层削截及岩性尖灭等圈闭。此外，除中部隆起外，还应重视南黄海南、北两个拗陷区海相古隆起的勘探。

虽然目前南黄海盆地尚未发现中—古生界油气田，研究其油气成藏特点为时尚早。"他山之石可攻玉"，借鉴和类比我国西部的多个含油气盆地（如塔里木盆地、四川盆地）的勘探成果和经验，研究南黄海中—古生代和中—新生代叠合盆地通过历次构造运动、断裂活动、抬升剥蚀和再沉降，沉降及沉积中心的转移，以及由此导致不同时代的烃源岩和生烃拗陷的迁移和油气聚集的重新调整，从多个烃源多期生成的烃类、经复杂的输导系统网络运移聚集到复式储集层和油气系统圈闭群，经历改造和再次成藏，多源多期成藏形成复杂的油气再分配再聚集，形成一些复式含油气系统格局的规律。这一点在南黄海海相中—古生界油气勘探中应予重视，尤其要加强围绕生烃岩发育和成熟期、成烃成藏期的研究，结合构造演化特点研究油气运移聚集规律。

参 考 文 献

包汉勇，郭战峰，黄亚平，等．2013a. 苏北盆地晚白垩世以来的构造热演化. 高校地质学报，19（4）：574-579.

包汉勇，郭战峰，张罗磊，等．2013b. 盆地伸展系数求取方法与评价——以苏北盆地为例. 石油实验地质，35（3）：331-338.

蔡东升，冯晓杰，张川燕，等．2002. 黄海海域盆地构造演化特征与中、古生界油气勘探前景探讨. 海洋地质动态，18（11）：23-24.

蔡东升，冯晓杰，高乐，等．2004. 中国近海前第三纪残余盆地及其勘探潜力与方向. 中国海上油气（地质），16（2）：1-17.

蔡峰，孙萍．2005. 应用合成地震记录确定南黄海北部拗陷中生代地层的分布. 海洋科学，29（4）：45-50.

蔡峰，熊斌辉．2007. 南黄海海域与下扬子地区海相中—古生界地层对比及烃源岩评价. 海洋地质动态，23（6）：1-6.

蔡乾忠．1995. 中国东部与朝鲜大地构造单元对应划分. 海洋地质与第四纪地质，15（1）：7-20.

蔡乾忠．2002. 黄海含油气盆地区域地质与大地. 海洋地质动态，18（11）：8-12.

蔡乾忠．2005a. 横贯黄海的中朝造山带与北、南黄海成盆成烃关系. 石油与天然气地质，26（2）：185-192.

蔡乾忠．2005b. 中国海域油气地质学. 北京：海洋出版社.

曹树恒．1988. 应用航磁异常探讨四川盆地基底性质及四川省区域构造特征. 四川地质学报，2：1-9.

昌松，全海燕，罗敏学，等．2010. RMS 分析技术在拖缆地震资料采集质量控制中的应用. 石油地球物理勘探，45（增刊1）：13-17.

陈安定，等．2001a. 江苏中、古生界源岩"二次生烃". 碳酸盐岩油气勘探研讨会报告.

陈安定，刘东鹰，刘子满．2001b. 江苏下扬子区海相中、古生界烃源岩晚期生烃的论证与定量研究. 海相油气地质，6（4）：27-33.

陈安定，王文军，岳克功，等．2001c. 盐城朱家墩气田气源及发现意义. 石油勘探与开发，28（6）：45-49.

陈浩林，全海燕，於国平，等．2008. 气枪震源理论与技术综述（下）. 物探装备，18（5）：300-308，312.

陈沪生，张永鸿，等．1999. 下扬子及邻区岩石圈结构构造特征与油气资源评价. 北京：地质出版社.

陈焕疆，邱之俊．1988. 中扬子区与上下扬子区、油气地质条件的对比分析. 石油实验地质，10（4）：305-314.

陈建平，梁狄刚，张水昌，等．2012. 中国古生界海相烃源岩生烃潜力评价标准与方法. 地质学报，86（7）：1132-1142.

陈建文，肖国林，刘守全，等．2003. 中国海域油气资源勘查战略研究. 海洋地质与第四纪地质，23（4）：77-82.

陈乐寿，王光锷．1990. 大地电磁测深法. 北京：地质出版社.

陈林，宋海斌．2008. 基于 Morlet 小波匹配追踪算法的地震时频属性提取. 石油地球物理勘探，43（6）：673-679.

陈颐亨．1984. 浅析南黄海的找油气前景. 海洋地质与第四纪地质，4（2）：49-56.

陈银节，姚亚明，赵欣．2007. 利用三维荧光技术判识油气属性. 物探与化探，31（2）：138-142.

程方道，刘东甲，姚汝信．1987. 划分重力区域场和局部场的研究. 物探化探计算技术，9（1）：1-9.

程克明．1994. 吐哈盆地油气生成. 北京：石油工业出版社.

程克明，王铁冠，钟宁宁，等．1995. 烃源岩地球化学. 北京：科学出版社.

程克明，王兆云，钟宁宁，等．1996. 碳酸盐岩油气生成理论与实践. 北京：石油工业出版社.

程克明，熊英，Moldowan J M，Todd J G. 2002. 吐哈盆地煤成烃研究新进展. 沉积学报，20（3）：456-461.

池际尚．1988. 中国东部新生代玄武岩及上地幔研究. 武汉：中国地质大学出版社.

戴春山．2011. 中国海域含油气盆地群和早期评价技术. 青岛：海洋出版社.

戴春山，李刚，蔡峰，等．2003. 黄海前第三系及油气勘探方向. 中国海上油气（地质），17（4）：225-231.

戴春山，杨艳秋，闫桂京．2005. 南黄海中-古生代海相残留盆地埋藏生烃史模拟及其意义. 石油与天然气地质，26（1）：49-56.

戴金星．1979. 成煤作用中形成的天然气和石油. 石油勘探与开发，（3）：10-17.

戴金星．1980. 我国煤系地层的含油气性初步研究. 石油学报，1（4）：27-37.

戴金星．1986. 我国煤成气藏的类型和有利煤成气远景区. 中国石油学会石油地质委员会编. 天然气勘探. 北京：石油工业出版社，15-31.

戴金星，李鹏举．1994．中国主要含油气盆地天然气的 C5-C8 轻烃单体系列碳同位素研究．科学通报，39（23）：2071-2073．

戴金星，何斌，孙永祥．1995a．中亚煤成气聚集域形成及其源岩．石油勘探与开发，22（3）：1-6．

戴金星，何斌，孙永祥，等．1995b．中亚煤成气聚集域东部煤成气的地球化学特征．石油勘探与开发，22（4）：1-5．

戴勤奋，周良勇，魏合龙，等．2002．南黄海卫星重力场及构造演化．海洋地质与第四纪地质，22（4）：67-72．

戴少武，贺自爱，王津义，等．2002．整体封存体系的内涵．石油与天然气地质，23（2）：107-114．

邓明，魏文博，邓靖武．2001．五分量海底大地电磁仪总成．中国：Z L00250105，2001-08．

邓明，刘方兰，张启升，陈凯．2006．海陆联合大跨度多点位海底大地电磁同步数据采集．科技导报，24（10）：28-32．

董贺平，李双林，肖国林，等．2012．南黄海中部隆起区海底沉积物三维荧光特征及其油气指示意义．石油天然气学报，34（12）：12-17．

冯石．1986．磷灰石裂变径迹的分析在石油勘探中的初步应用．华东石油学院学报：自然科学版，（2）：13-23．

冯志强，姚永坚，曾祥辉，等．2002．对黄海中、古生界地质构造及油气远景的新认识．中国海上油气（地质），16（6）：367-373．

冯志强，陈春峰，姚永坚．2008．南黄海北部前陆盆地的构造演化与油气突破．地学前缘，15（6）：219-230．

傅朝奎，关延学，孙玉群．2005 最大炮检距对地震资料采集和成像效果的影响．石油天然气学报（江汉石油学院学报），27（6）：862-864．

傅家谟，史继杨．1979．石油演化理论与实践（1）——石油演化的机理与石油演化的阶段．地球化学，（2）：87-110．

傅家谟，刘德汉，盛国英．1990．煤成烃地球化学．北京：科学出版社．

傅良魁．1983．电法勘探教程．北京：地质出版社．

甘克文．1982．世界含油、气盆地的基本类型及其远景评价．石油学报，（s1）：27-36．

高德章，赵金海，薄玉玲，等．2004．东海重磁地震综合探测剖面研究．地球物理学报，47（5）：853-861．

高顺莉，徐发．2014．浅海区古生界海底电缆拟宽线地震采集方法．地球物理学进展，29（5）：2382-2387．

高顺莉，周祖翼．2014．南黄海盆地东北凹侏罗纪地层的发现及其分布特征．高校地质学报，20（2）：286-293．

高顺莉，张敏强，陈华．2014．大震源长缆深沉放地震采集技术在南黄海中古生代盆地的应用．海洋地质与第四纪地质，34（1）：95-101．

高顺莉，谭思哲，侯凯文．2015a．南黄海海域侏罗系分布与构造意义．海洋地质前沿，31（4）：7-12．

高顺莉，徐曦，周祖翼．2015b．南黄海北部盆地晚白垩世以来构造变形与盆地成因．石油与天然气地质，36（6）：924-933．

高银波，张研．2006．准噶尔盆地沙漠区延迟爆炸激发正演模拟分析．石油物探，45（6）：642-645．

高振西．1950．试论中国湖相白垩纪地层与石油之生成．地质论评，15（1-3）：75-76．

龚再升．1997．加强勘探开发实现海洋石油两个 1000 万吨——战略研讨会上总结发言．中国海上油气（地质），11（6）：385-388．

龚再升，王国纯．2001．渤海新构造运动控制晚期油气成藏．石油学报，22（2）：1-7．

顾建平．2003．改进的 Radon 滤波压制多次波技术及应用效果．石油地球物理勘探，11（38）：38-41．

顾树松．1996．柴达木盆地第四系生物气藏的形成与模式．天然气工业，16（5）：6-9．

关小平，黄嘉正，罗孝宽．1995．重力、地震资料联合反演实例．石油地球物理勘探，30（3）：379-385．

郭飞飞，曹强，唐文旭．2009．南黄海北部盆地东北凹陷地层剥蚀厚度恢复．海洋地质与第四纪地质，29（5）：99-105．

郭树祥．2009．地震采集观测系统设计分析与探讨．油气地球物理，7（4）：1-4．

郭彤楼．2005．下扬子地区区域磁异常和基底特征研究．石油天然气学报（江汉石油学院学报），27（3）：329-333．

郭兴伟，朱晓青，牟林，等．2017．南黄海中部隆起二叠纪—三叠纪菊石的发现及其意义．海洋地质与第四纪地质，37（3）：21-127．

郭旭升，梅廉夫，汤济广，等．2006．扬子地块中、新生代构造演化对海相油气成藏的制约．石油与天然气地质，27（3）：295-304．

郭玉贵，李延成，许东禹．1997．黄东海大陆架及邻域大地构造演化史．海洋地质与第四纪地质，17（1）：1-12．

韩景行，朱景善，谢秋元，冯福阖．1982．中国石油地质工作六十年的回顾和展望．地质论评，28（3）：272-276．

韩宗珠，王来明，张自恒．1992．鲁苏榴辉岩的成因与演化．地质找矿论丛，（04）：13-23．

韩宗珠，肖莹，于航，等．2007．南黄海千里岩岛榴辉岩的矿物化学及成因探讨．海洋湖沼通报，（01）：83-87．

郝守玲，赵群．2002．地震物理模型技术的应用与发展．勘探地球物理进展，25（3），34-43．

郝天珧，游庆瑜．2011．国产海底地震仪研制现状及其在海底结构探测中的应用．地球物理学报，54（12）：3352-3361．

郝天珧, 刘伊克, 段昶. 1996. 根据重磁资料探讨中国东部及其邻域断裂体系. 地球物理学报, 39 (增刊): 141-149.

郝天珧, 刘伊克, 段昶. 1997. 中国东部及其邻域地球物理场特征与大地构造意义. 地球物理学报, 40 (5): 677-690.

郝天珧, 刘伊克, 徐万哲. 1998. 黄海和邻区重磁场及区域构造特征. 地球物理学进展, 13 (1): 27-39.

郝天珧, Suh M, 王谦身, 等. 2002. 根据重力数据研究黄海周边断裂带在海区的延伸. 地球物理学报, 45 (3): 385-397.

郝天珧, Suh M, 阎晓蔚, 等. 2003a. 黄海中央断裂带的地球物理证据及其与边缘海演化的关系. 地球物理学报, 46 (2): 179-184.

郝天珧, Suh M, 刘建华, 等. 2003b. 黄海深部结构与中朝-扬子块体结合带在海区位置的地球物理研究. 地学前缘, 11 (3): 51-61.

郝天珧, 刘建华, Suh M, 等. 2003c. 黄海及其邻区深部结构特点与地质演化. 地球物理学报, 46 (6): 803-808.

郝天珧, 刘建华, 王谦身, 等. 2003d. 对下扬子与华南边界结合带东延问题的地球物理探讨. 地球物理学进展, 18 (2): 269-275.

郝天珧, 徐亚, 胥颐, 等. 2006. 对黄海-东海研究区深部结构的一些新认识. 地球物理学报, 49 (2): 458-468.

郝天珧, 黄松, 徐亚, 等. 2008. 南海东北部及邻区深部结构的综合地球物理研究. 地球物理学报, 51 (6): 1785-1796.

郝天珧, 黄松, 徐亚, 等. 2010. 关于黄海深部构造的地球物理认识. 地球物理学报, 53 (6): 1315-1326.

何汉漪. 2004. 海上高分辨率地震勘探技术及其应用. 北京: 地质出版社.

何继善. 1997. 电法勘探的发展与展望. 地球物理学报, 40 (增刊): 308-316.

何继善, 鲍力知. 1999. 海洋电磁研究的现状和进展. 地球物理学进展, 14 (1): 7-38.

何丽娟. 1999. 辽河盆地新生代多期构造热演化模拟. 地球物理学报, 42 (1): 62-68.

何丽娟. 2000. 沉积盆地构造热演化模拟的研究进展. 地球科学进展, 15 (6): 661-665.

何丽娟. 2002. 岩石圈流变性对拉张盆地构造热演化历史的影响. 地球物理学报, 45 (1): 49-55.

何丽娟, 熊亮萍. 1998. 拉张盆地构造热演化模拟的影响因素. 地质科学, 33 (2): 222-228.

何明喜, 杜建波, 古哲, 等. 2006. 下扬子北缘前陆盆地构造变形样式. 石油实验地质, 28 (4): 322-324.

何展翔, 余刚. 2008. 海洋电磁勘探技术及新进展. 地球物理学进展, 31 (1): 2-8.

何展翔, 孙卫斌, 孔繁恕, 王晓帆. 2006. 海洋电磁法. 石油地球物理勘探, 41 (4): 451-457.

何治亮, 毛洪斌. 2000. 塔里木多旋回盆地与复式油气系统. 石油与天然气地质, 21 (3): 207-213.

洪大卫, 谢锡林, 张季生. 2002. 试析杭州–诸广山–花山高 $\varepsilon\_(Nd)$ 值花岗岩带的地质意义. 地质通报, (06): 348-354.

侯德封. 1959. 关于陆相沉积盆地石油地质的一些问题. 地质科学, (8): 225-227.

侯读杰, 冯子辉. 2011. 油气地球化学. 北京: 石油工业出版社.

侯方辉, 张志珣, 张训华, 等. 2008. 南黄海盆地地质演化及构造样式地震解释. 海洋地质与第四纪地质, 28 (5): 61-68.

侯方辉, 田振兴, 张训华, 等. 2012a. 南黄海盆地两条地震剖面的重磁数据联合反演效果. 石油地球物理勘探, 47 (5): 808-814.

侯方辉, 李日辉, 张训华, 等. 2012b. 胶莱盆地向南黄海延伸——来自南黄海地震剖面的新证据. 海洋地质前言, 28 (3): 12-16.

胡朝元. 1982. 生油区控制油气田分布——中国东部陆相盆地进行区域勘探的有效理论. 石油学报, 3 (2): 9-13.

胡芬. 2010. 南黄海盆地海相中、古生界油气资源潜力研究. 海洋石油, 30 (3): 1-9.

胡芬, 江东辉, 周兴海. 2012. 南黄海盆地中、古生界油气地质条件研究. 海洋石油, 32 (2): 9-15.

胡见义, 童晓光, 徐树宝. 1981. 渤海湾盆地古潜山油藏的区域分布规律. 石油勘探与开发, (5): 1-9.

胡见义, 童晓光, 徐树宝. 1986. 渤海湾盆地复式油气聚集区 (带) 的形成和分布. 石油勘探与开发, (1): 1-8.

胡杰, 张金岗, 张立军, 等. 2006. 柴达木盆地复杂山采集技术及效果. 中国石油勘探, 5: 51-58.

胡开明. 2001. 江绍断裂带的构造演化初探. 浙江地质, (02): 1-11.

胡社荣. 1998. 煤成油理论与实践. 北京: 地震出版社.

胡圣标, 汪集旸. 1995. 沉积盆地热体制研究的基本原理和进展. 地学前缘, 2 (3-4): 171-180.

胡圣标, 张容燕, 罗毓晖, 等. 1999. 渤海盆地热历史及构造-热演化特征. 地球物理学报, 42 (6): 748-755.

黄保家. 2002. 莺–琼盆地天然气的成因特征及烃源岩生气潜力. 21 世纪中国油气勘探国际研讨会论文集: 400-409.

黄保家, 肖贤明, 董伟良. 2002. 莺歌海盆地烃源岩特征及天然气生成演化模式. 天然气工业, 22 (1): 26-32.

黄第藩. 1984. 陆相有机质演化和成烃机理. 北京: 石油工业出版社.

黄第藩. 1988. 中国陆相油气生成. 北京: 石油工业出版社.

黄第藩. 1995. 煤成油的形成和成烃机理. 北京: 石油工业出版社.

黄第藩, 等. 2003. 中国未成熟石油成因机制和成藏条件. 北京: 石油工业出版社.

黄方，刘琼颖，何丽娟．2012．晚喜山期以来四川盆地构造–热演化模拟．地球物理学报，55（11）：3742-3753.

黄汲清．1980．中国大地构造及其演化．北京：科学出版社．

黄汲清，翁文波．1947．新疆油田地质调查报告．中央地质调查所地质专报．

黄汝昌．1959．柴达木盆地西部第三纪地层对比岩相变化及含油有利地区．地质学报，39（1）：1-22.

黄松，郝天珧，徐亚，等．2010．南黄海残留盆地宏观分布特征研究．地球物理学报，53（6）：1344-1353.

黄新武，吴律，牛滨华，等．2003．抛物线 Radon 变换中的参数采样与假频．石油大学学报（自然科学版），27（2）：27-31.

黄元溢，罗仁泽，王进海，等．2011．几种叠前深度偏移技术效果的对比．物探与化探，35（6）：798-803.

晃洪太，崔昭文，李家灵．1992．鲁中地区北西向断裂及其第四纪晚期的活动特征．地震学刊，12（2）：1-10.

霍玉华．1985．我国东南沿海区中生代火山岩形成的构造环境．地球化学，03：255-263.

纪壮义，赵环金，赵光华．1992．黄海海域千里岩岛发育榴辉岩．山东地质，（02）：123.

贾承造．2006．中国叠合盆地形成演化与中下组合油气勘探潜力．中国石油勘探，11（1）：1-4.

江为为，刘伊克，郝天珧．2001．四川盆地综合地质、地球物理研究．地球物理学进展，16（1）：11-23.

介霖，朱儒勋，陈瑞庚，等．1992．苏浙皖闽油气区．见：中国石油地质志，卷十六．北京：石油工业出版社．

金奎励，王宜林．1997．新疆准格尔侏罗系煤成油．北京：石油工业出版社．

金翔龙，喻普之．1982．黄海、东海的地质构造．见：黄东海地质．北京：科学出版社．

金性春．1982．西太平洋边缘盆地的形成和演化．海洋科学，6（2）：59-64.

金之钧．2005．中国典型叠合盆地及其油气成藏研究新进展（之一）——叠合盆地划分与研究方法．石油与天然气地质，26（5）：553-562.

金之钧，王清晨．2004．中国典型叠合盆地与油气成藏研究新进展——以塔里木盆地为例．中国科学，34（z1）：1-12.

金之钧，刘光祥，方成名，等．2013．下扬子区海相油气勘探选区评价研究．石油实验地质，35（5）：473-486.

康玉柱．2008．我国古生代海相碳酸盐岩成藏理论的新进展．海相油气地质，13（4）：8-11.

李德生．1980．渤海湾含油气盆地的地质构造特征．石油学报，1（1）：6-20.

李芳，曹思远，姚健．2012．任意各向异性介质相（群）速度的计算．地球物理学报，55（10）：3420-3426.

李福喜，聂学武．1987．黄陵断隆北部崆岭群地质时代及地层划分．湖北地质，1（1）：28-41.

李刚，吴时国．2007．南黄海海域的海相地层含油气系统．海洋地质动态，23（7）：27-32.

李刚，陈建文，肖国林，等．2003．南黄海海域的海相中古生界油气远景．海洋地质动态，19（8）：12-16.

李刚，张燕，陈建文，等．2004．黄海海域陆相中生界地震反射特征及靶区优选．中国海洋大学学报，34（6）：1067-1074.

李浩，林畅松，张燕梅，等．2014．伊洛瓦底盆地热-沉降史模拟及构造-热演化特征．地球物理学报，57（3）：884-890.

李慧君．2014 南黄海盆地海相中-古生界构造区划．海洋地质前沿，30（10）：8-13.

李锦轶．2001．中朝地块与扬子地块碰撞的时限与方式——长江中下游地区震旦纪—侏罗纪沉积环境的演变．地质学报，（01）：25-34.

李强，徐戈．2005．南黄海北部拗陷丛集地震的环境应力特征．防灾减灾工程学报，25（3）：320-324.

李庆忠．1986．关于低信噪比地震资料的基本概念和质量改进方向．石油地球物理勘探，21（4）：343-364.

李庆忠．1992．岩石的纵、横波速度规律．石油地球物理勘探，27（1）：1-12.

李庆忠．1993．走向精确地震勘探的道路．北京：石油工业出版社．

李儒峰，陈莉琼，李亚军，等．2010．苏北盆地高邮凹陷热史恢复与成藏期判识．地学前缘，17（4）：151-159.

李双林，何拥军，肖菲，等．2003．南黄海北部盆地表层沉积物烃类地球化学探测．海洋地质与第四纪地质，23（4）：39-44.

李双林，赵青芳，肖菲．2007．高分子量烃在海洋油气地球化学探测中的应用．海洋地质动态，23（11）：35-41.

李双林，董贺平，赵青芳，等．2009a．海洋油气目标地球化学探测及其在南黄海海域的应用．海洋地质动态，25（12）：19-26.

李双林，张生银，赵青芳，等．2009b．南黄海海底沉积物饱和烃类地球化学特征及其指示意义．海洋地质动态，25（12）：1-7.

李万万．2008．基于波动方程正演的地震观测系统设计．石油地球物理勘探，43（2）：134-141.

李文彬，王晓鸣，赵国志，等．2002．高分辨率地震勘探的垂向叠加震源研究．南京理工大学学报，26（1）：44-47.

李武，雍克岚．1996．三维荧光光谱指纹技术应用研究．石油勘探与开发，23（4）：32-34.

李武，宋继海，胡斌．2009．三维荧光光谱技术在油气勘探中的应用．海洋地质动态，25（12）：13-18.

李绪宣，温书亮，顾汉明，等．2009．海上气枪阵列震源子波数值模拟研究．中国海上油气，21（4）：215-220.

李绪宣，王建花，杨凯，等．2012．海上深水区气枪震源阵列优化组合研究与应用．中国海上油气，24（3）：1-6.

李焱，吕新华．2005．三维荧光分析在东濮凹陷胡一庆油田油气勘探中的应用．石油天然气学报，27（3）：204-306.

李云，陈佳强，王建．2005．盐城凹陷朱家墩天然气成藏特征．石油天然气学报，27（3）：300-303.

梁狄刚，张水昌，张宝民，等．2000．从塔里木盆地看中国海相生油问题．地学前缘，7（4）：543-547.

梁杰，张银国，董刚，等．2011．南黄海海相中—古生界储集条件分析与预测．海洋地质与第四纪地质，38（6）：641-651.

梁名胜，郭振轩．1986．中国海洋油气普查工作大事记．海洋地质与第四纪地质，6（4）：111-116.

梁瑞才，韩国忠．2001．南黄海重磁场与地质构造特征．科学通报，12（46）：59-67.

梁兴，叶舟，马力，等．2004．中国南方海相含油气保存单元的层次划分与综合评价．海相油气地质，9（z1）：59-76.

廖杰，周蒂，赵中贤．2009．裂谷盆地构造热演化的数值模型及在南海北部的应用．热带海洋学报，28（6）：41-51.

林建民，王宝善，葛洪魁，等．2008．大容量气枪震源特征及地震波传播的震相分析．地球物理学报，51（1），206-212.

林年添，高登辉，孙剑，等．2012．南黄海盆地青岛拗陷二叠系、三叠系地震属性及其地质意义．石油学报，33（6）：987-995.

凌云，吴琳，陈波，等．2005．宽/窄方位角勘探实例分析与评价（二）．石油地球物理勘探，40（4）：423-427.

刘池洋．2007．叠合盆地特征及油气赋存条件．石油学报，28（1）：1-7.

刘池洋，孙海山．1999．改造型盆地类型划分．新疆石油地质，20（2）：79-82.

刘崇禧．1982．南黄海水中可溶气态烃分布特征．海洋科学，6（4）：26-29.

刘春成，戴福贵，吴红华，杨克绳．2010．中国东部含油气盆地逆断层地震解释．特种油气藏，17（4）：55-58.

刘光鼎．1989a．海洋物探的成长与发展．石油物探，23（3）：8-15.

刘光鼎．1989b．论综合地球物理解释原则与实例．见：八十年代地球物理学进展．北京：学术书刊出版社：231-242.

刘光鼎．1990．中国海大地构造演化．石油与天然气地质，11（1）：23-29.

刘光鼎．1992．中国海区及邻域地球物理场特征．北京：科学出版社.

刘光鼎．1996．中国海区及邻域地质地球物理系列图集．北京：科学出版社.

刘光鼎．1997．试论残留盆地．勘探家，2（3）：1-4.

刘光鼎．2001a．前新生代海相残留盆地．地球物理学进展，16（2）：1-7.

刘光鼎．2001b．中国油气资源企盼二次创业．地球物理学进展，16（4）：1-3.

刘光鼎．2002．雄关漫道真如铁——论中国油气二次创业．地球物理学进展，17（2）：186-190.

刘光鼎．2005．以地球物理为先导，开展残留盆地的油气勘探．同济大学学报（自然科学版），33（9）：1154-1159.

刘光鼎，宋海滨，张福勤．1999．中国近海前新生代残留盆地初探．地球物理学进展，14（3）：1-8.

刘贵．1987．中扬子的基底结构及其大地构造演化．江汉石油学院学报，9（2）：6-13.

刘建华，胥颐，郝天珧．2004．地震波衰减的物理机制研究．地球物理学进展，19（1）：1-7.

刘丽华，吕川川，郝天珧，等．2012．海底地震仪数据处理方法及其在海洋油气资源探测中的发展趋势．地球物理学进展，27（6）：2673-2684.

刘琼颖，何丽娟．2015．裂谷盆地构造-热演化模拟中几个问题的讨论．地球物理学报，58（2）：601-612.

刘天佑，杨宇山，李媛媛，等．2005．重力、地震联合反演方法确定深层油气藏的分布--以锡林凹陷石炭系分布为例．天然气工业，（5）：34-36.

刘文霞，王艳华，王媛，王江．2011．叠前时间偏移的偏移孔径与采集孔径关系分析．海相油气地质，16（4）：66-70.

刘喜武，刘洪，李幼铭．2004．高分辨率 Radon 变换方法及其在地震信号处理中的应用．地球物理学进展，19（1）：008-015.

刘星利．1983．对南黄海境内扬子准地台界限和演化的探讨．海洋地质与第四纪地质，3（2）：64-77.

柳建新，严崇斌，何继善，等．2003．基于相关系数的海底大地电磁阻抗 Robust 估算方法．地球物理学报，46（2）：241-245.

龙汉春．1998．试论华北地区地壳拉张、挤压与裂谷推服构造的成因联系．地质评论，34（2）：105-113.

陆梅娟，刘喜欢．2003．盐城凹陷主要含气储层研究．石油天然气学报，25 增刊（下）：14-15.

陆松年，李怀坤，陈志宏，等．2004．新元古时期中国古大陆与罗迪尼亚超大陆的关系．地学前缘，11（2）：515-523.

吕川川，郝天珧，丘学林，等．2011．南海西南次海盆北缘海底地震仪侧线深部地壳结构研究．地球物理学报，54（12）：3129-3138.

吕公河，尹成．2006．基于采集目标的地震照明度的精确模拟．石油地球物理勘探，41（3）：258-262.

罗桂纯，王宝善，葛洪魁，等．2006．气枪震源在地球深部结构探测中的应用研究进展．地球物理学进展，21（2）：400-407.

罗文造，阎贫，温宁，等．2009．南海北部潮汕拗陷海区海底地震仪调查实验．热带海洋学报，28（4）：59-65．

马安来，包建平，王培荣，等．2001．盐城凹陷天然气藏成因研究．石油勘探与开发，28（6）：42-44．

马力，陈继贤，支家生，等．1994．中国南方油气勘探的主要问题与勘探方向．海相油气地质，（1）：15-29．

马力，陈焕疆，甘克文，等．2004．中国南方大地构造和海相油气地质．北京：地质出版社．

马立桥，陈汉林，董庸，等．2007．苏北-南黄海南部叠合盆地构造演化与海相油气勘探潜力．石油与天然气地质，28（1）：35-42．

马永生．2006．中国海相油气田勘探实例之六：四川盆地普光大气田的发现与勘探．海相油气地质，11（2）：36-40．

马永生，蔡勋育．2006．四川盆地川东北区二叠系—三叠系天然气勘探成果与前景展望．石油与天然气地质，27（6）：741-750．

马永生，陈洪德，王国力，等．2009．中国南方层序地层与古地理．北京：科学出版社．

马永生，蔡勋育，赵培荣，等．2010．深层超深层碳酸盐岩优质储层发育机理和"三元控储"模式．地质学报，84（8）：1087-1094．

毛凤鸣，侯建国．2001．盐城凹陷朱家墩地区天然气储层特征．西安石油学院学报自然科学版，6（1）：8-15．

孟祥君，张训华，吴志强，李阳．2014．OBS调查技术方法及其在南黄海的应用．海洋地质前沿，30（7）：60-65．

闵育顺．1983．涠西南凹陷第三系沉积物中粘土矿物的研究．矿物学报，（1）：35-42+88．

莫杰．1987．我国海洋地质调查和油气勘查的进展概述．中国区域地质，3：237-241．

倪春华，周小进，王果寿，等．2009．海相烃源岩有机质丰度的影响因素．海相油气地质，20（2）：20-23．

牛雄伟，阮爱国，吴振利，等．2014a．海底地震仪实用技术探讨．地球物理学进展，29（3）：1418-1425．

牛雄伟，卫小冬，阮爱国，等．2014b．海底广角地震剖面反演方法对比——以南海礼乐滩OBS剖面为例．地球物理学报，57（8）：2071-2712．

欧阳凯，张训华，李刚．2009．南黄海中部隆起地层分布特征．海洋地质与第四纪地质，29（1）：59-66．

潘长春，周中毅，范善发，等．1996．塔里木盆地热历史．矿物岩石地球化学通报，15（3）：150-152．

潘长春，周中毅，范善发，等．1997．准噶尔盆地热历史．地球化学，（6）：1-7．

潘军．2013．渤海OBS-2011深地震探测及深部构造成像研究．青岛：中国海洋大学博士学位论文．

潘钟祥．1943．略谈中国油田．地质论评，16（1）：1951．

庞雄奇，金之钧，姜振学，等．2002．叠合盆地油气资源评价问题及其研究意义．石油勘探与开发，29（1）：9-13．

庞雄奇，罗晓容，姜振学，等．2007．中国西部复杂叠合盆地油气成藏研究进展与问题．地球科学进展，22（9）：879-887．

庞雄奇，周新源，姜振学，等．2012．叠合盆地油气藏形成、演化与预测评价．地质学报，86（1）：1-103．

庞玉茂，张训华，肖国林，等．2016．下扬子南黄海沉积盆地构造地质特征．地质论评，62（3）：604-616．

裴振洪，王果寿．2003．苏北-南黄海海相中古生界构造变形类型划分．天然气工业，23（6）：32-36．

祁江豪，温珍河，张训华，等．2013．南黄海地区与上扬子地区海相中—古生界岩性地层对比．海洋地质与第四纪地质，2（28）：109-119．

祁江豪，张训华，吴志强，等．2015．南黄海OBS2013海陆联合深地震探测初步成果．热带海洋学报，34（2）：76-84．

秦建中，刘宝泉，国建英，等．2004．关于碳酸盐烃源岩的评价标准．石油实验地质，26（3）：281-285．

秦匡宗，郭绍辉，李术元．1997．有机地质大分子的结构与未成熟油的生成．石油勘探与开发，24（5）：1-7．

秦亚玲，王彦春，秦广胜，等．2010．各向异性叠前时间偏移——以东濮凹陷为例．地球物理学进展，25（3）：926-931．

丘学林，周蒂，夏戡原，等．2000．南海西沙海槽地壳结构的海底地震仪探测与研究．热带海洋，19（2）：9-18．

丘学林，赵明辉，叶春明，等．2003．南海东北部海陆联测与海底地震仪探测．大地构造与成矿学，27（4）：295-300．

丘学林，陈顒，朱日祥，等．2007．大容量气枪震源在海陆联测中的应用：南海北部试验结果分析．科学通报，52（4）：463-469．

丘学林，赵明辉，敖威，等．2011．南海西南次海盆与南沙地块的OBS探测和地壳结构．地球物理学报，54（12）：3117-3128．

丘学林，赵明辉，徐辉龙，等．2012．南海深地震探测的重要科学进程：回顾和展望．热带海洋学报，31（3）：1-9．

邱海峻，许志琴，乔德武．2006．苏北盆地构造演化研究进展．地质通报，25（9-10）：1117-1120．

邱楠生．2002a．中国西部地区沉积盆地热演化和成烃史分析．石油勘探与开发，29（1）：6-8．

邱楠生．2002b．中国西部地区沉积盆地岩石热导率和生热率特征．地质科学，37（2）：196-206．

邱楠生，杨海波，王绪龙．2002．准格尔盆地构造-热演化特征．地质科学，37（4）：423-429．

邱楠生，胡圣标，何丽娟．2004a．沉积盆地地热体制研究的理论与应用．北京：石油工业出版社．

邱楠生，李善鹏，曾溅辉．2004b．渤海湾盆地济阳拗陷热历史及构造-热演化特征．地质学报，78（2）：263-269．

邱中建，康竹林，何文渊 . 2002. 从近期发现的油气新领域展望中国油气勘探发展前景 . 石油学报，23（4）：1-6.

曲希玉，刘立，陈建文，等 . 2005. 南黄海盆地北部拗陷白垩系沉积特征 . 吉林大学学报（地球科学版）35（4）：443-448.

全海燕，陈小宏，韦秀波，等 . 2011. 气枪阵列延迟激发技术探讨 . 石油地球物理勘探，46（4）：513-516.

任战利，张盛，高胜利，等 . 2007. 鄂尔多斯盆地构造热演化史及其成藏成矿意义 . 中国科学，37（A01）：23-32.

阮爱国，李家彪，冯占英，等 . 2004. 海底地震仪及其国内外发展现状 . 东海海洋，22（2）：19-27.

阮爱国，初凤友，孟补在 . 2007. 海底天然气水合物地震研究方法及海底地震仪的应用 . 天然气工业，27（4）：46-48.

单国健 . 2007. 地表多次波应用研究 . 石油物探，46（6）：604-610.

单翔麟 . 1993. 扬子地区古生代盆地基底建造特征 . 石油实验地质，15（4）：370-384.

尚彦军，等 . 1999. 下扬子侏罗纪-早白垩世盆地沉积特征及演化 . 沉积学报，17（2）：188-191.

邵宇蓝，李唐律，廖仪，等 . 2014. 基于 SVI 方法的折射波信噪比改善效果研究 . 海洋地质前沿，32（5）：52-57.

佘德平，吴继敏，李佩，等 . 2006. 低频信号在玄武岩地区深层成像中的应用研究 . 河海大学学报（自然科学版），34（1）：83-87.

佘德平，管路平，徐颖，等 . 2007. 应用低频信号提高高速玄武岩屏蔽层下的成像质量 . 石油地球物理勘探，42（5）：564-567.

神风殿 . 1983. 地震宽线方法的应用和效果 . 石油物探，22（4）：1-17.

沈俊，周炼，冯庆来，等 . 2014. 华南二叠纪-三叠纪之交初级生产力的演化以及大隆组黑色岩系初级生产力的定量估算 . 中国科学：地球科学，44：132-145.

沈显杰，李国桦，汪缉安，等 . 1994. 青海柴达木盆地大地热流测量与统计热流计算 . 地球物理学报，37（1）：56-65.

施剑，蒋龙聪 . 2014. 南黄海地震资料邻船干扰特征及压制方法 . 海洋地质前沿，30（7）：66-70.

施剑，吴志强，刘江平，范建柯 . 2011. 动校正拉伸分析及处理方法 . 海洋地质与第四纪地质，31（04）：187-194.

施剑，吴志强，崔三元，等 . 2013. 南黄海地震勘探中非双曲线时差分析 . 石油地球物理勘探，48（2）：192-199.

施小斌，汪集旸，罗晓容 . 2000. 古温标重建沉积盆地热史的能力探讨 . 地球物理学报，43（3）：386-392.

史全党，林小云，刘建 . 2008. 南黄海海域中–古生界海相烃源岩特征及生烃分析 . 石油天然气学报（江汉石油学院学报），30（5）：197-199.

史训知，戴金星，朱家蔚，等 . 1985. 联邦德国煤成气的甲烷碳同位素研究和对我们的启示 . 天然气工业，（2）：1-9.

宋继海，吴杰颖，王凌峰 . 2002. 荧光分析法在油气化探中的应用 . 物探与化探，26（5）：347-349.

宋继梅，李武，胡斌 . 2006. 油气化探中芳烃油气性的辨识 . 物探与化探，30（1）：45-47.

宋家文，Verschuur D J，陈小宏 . 2014. 多次波压制的研究现状与进展 . 地球物理学进展，29（1）：240-247.

孙长赞，王建民，冯文霞，那晓敏 . 2010. 各向异性叠前时间偏移技术在大庆探区的应用 . 石油地球物理勘探，45（增刊1）：71-73.

孙焕章 . 1985. 扬子断块区基底的形成与演化 . 地质科学，4：334-341.

孙祥娥 . 2006. 双参数速度扫描方法研究 . 石油天然气学报，28（6）：65-68.

孙肇才，邱蕴玉，郭正吾 . 1991. 板内形变与晚期次成藏——扬子区海相油气总体形成规律的探讨 . 石油实验地质，13（2）：107-142.

谭绍泉 . 2003. 震源延迟叠加技术及应用效果 . 石油物探，42（4）：427-433.

汤良杰，金之钧，贾承造，等 . 2001. 叠合盆地构造解析几点思考 . 石油实验地质，23（3）：251-255.

汤良杰，贾承造，金之钧，等 . 2003. 中国西北叠合盆地的主要构造特征 . 地学前缘，10（1）：118-122.

唐松华，李斌，张异彪，等 . 2013. 立体阵列组合技术在南黄海盆地的应用 . 海洋地质前沿，29（5）：64-69.

陶国宝 . 1996. 南黄海周缘地区的地质构造联系 . 海洋地质译丛，4：1-14.

田在艺 . 1960. 中国陆相地层的生油和陆相地层中找油 . 见：中国陆相沉积和找油论文集 . 北京：石油工业出版社 .

童思友 . 2010. 南黄海地震资料多次波形成机理及压制技术研究 . 青岛：中国海洋大学博士学位论文 .

童思友，向飞，王东凯，等 . 2012. 基于维纳滤波的双检合成鸣震压制技术 . 海洋地质前沿，28（10）：46-52.

涂广红，江为为，朱东英，等 . 2008. 综合地球物理方法对黄海地区前新生代残留盆地分布的研究 . 地球物理学进展，23（2）：398-406.

万欢，李添才，方中于，等 . 2011. 各向异性叠前时间偏移在复杂断块中的应用 . 地球物理学进展，26（1）：207-213.

万天丰 . 2001. 中朝与扬子板块的鉴别特征 . 地质论评，47（1）：57-63.

万天丰 . 2004. 中国大地构造学纲要 . 北京：地质出版社 .

万天丰，郝天珧 . 2009. 黄海新生代构造及油气勘探前景 . 现代地质，23（3）：385-393.

万志超，滕吉文，张秉明 . 1997. 各向异性介质中地震波速度分析的研究现状 . 地球物理学进展，12（3）：35-44.

汪缉安，汪集暘，王永玲，等．1985．辽河断陷地热基本特征．石油与天然气地质，6（4）：347-358．

汪集暘，等．2015．地热学及其应用．北京：科学出版社．

汪龙文．1989．南黄海的基本地质构造特征和油气远景．海洋地质与第四纪地质，9（3）：41-50．

王大锐．2000．油气稳定同位素地球化学．北京：石油工业出版社．

王德利，何樵登，韩立国．2007．裂隙各向异性介质中的NMO速度．地球物理学进展，22（6）：1698-1705．

王东良，李欣，李书琴，等．2001．未成熟—低成熟煤系烃源岩生烃潜力的评价——以塔东北地区为例．中国矿业大学学报（自然科学版），30（3）：317-322．

王丰，李慧君，张银国．2010．南黄海崂山隆起地层属性及油气地质．海洋地质与第四纪地质，30（2）：95-102．

王桂华．2004．海上地震数据采集主要参数选取方法．海洋石油，24（3）：35-39．

王鸿祯．1986．中国华南地区地壳构造发展的轮廓．见：王鸿祯，杨巍然，刘本培．华南地区古大陆边缘构造史．武汉：武汉地质学院出版社．

王家林，吴健生．1995．中国典型含油气盆地综合地球物理研究．上海：同济大学出版社，112-135．

王建，赵明辉，贺恩远，等．2014．初至波层析成像的反演参数选取：以南海中央次海盆三维地震探测数据为例．热带海洋学报，33（05）：74-83．

王建花，李庆忠，邱睿．2003．浅层强反射界面的能量屏蔽作用．石油地球物理勘探，38（6）：589-596，602．

王建立，周纳，王真理，杨长春．2010．VTI介质叠前时间偏移及实例分析．石油天然气学报（江汉石油学院学报），32（3）：228-231．

王金渝，周荔青，郭念发，等．2000．苏浙皖石油天然气地质．北京：石油工业出版社．

王均，邱楠生，沈继英．1995．塔里木盆地的大地热流．地质科学，20（4）：399-404．

王立明．2010．范氏气体下气枪激发子波信号模拟研究．长安大学博士学位论文．

王连进，叶加仁，吴冲龙．2005．南黄海盆地前第三系油气地质特征．天然气工业，25（7）：1-3．

王良书，李成．1995．下扬子区地温场和大地热流密度分布．地球物理学报，38（4）：469-476．

王明健，张训华，吴志强，等．2014．南黄海南部拗陷构造演化与二叠系油气成藏．中国矿业大学学报，43（2）：271-278．

王谦身，安玉林．1999．南黄海西部及邻域重力场与深部构造．科学通报，44（22）：2448-2453．

王胜利，卢华复，李刚，等．2006．南黄海盆地北部凹陷古近纪伸展断层转折褶皱作用．石油与天然气地质，27（4）：495-503．

王铁冠．1990a．生物标志物地球化学．武汉：中国地质大学出版社．

王铁冠．1990b．试论我国某些原油与生油岩中的生物标志物．地球化学，（3）：256-263．

王廷栋，蔡开平．1990．生物标志物在凝析气藏天然气运移和气源对比中的应用．石油学报，11（1）：25-31．

王巍，陈高，王家林，等．1999．苏北南黄海盆地区域构造特征分析．地震学刊，（1）：47-55．

王西文，孟昭泰，张工会，等．1991．重力、地震联合反演在研究含油气盆地构造中的应用．石油地球物理勘探，26（2）：201-209．

王行信，辛国强．1980．松辽盆地白垩系粘土矿物的纵向演变与有机变质作用的关系．石油勘探与开发，（2）：14-22．

卫小冬，赵明辉，阮爱国，等．2010．南海中北部OBS2006-3地震剖面中横波的识别与应用．热带海洋学报，29（5）：72-80．

卫小东，阮爱国，赵明辉，等．2011．穿越东沙隆起和潮汕拗陷的OBS广角地震剖面．地球物理学报，54（12）：3325-3335．

魏文博．2002．我国大地电磁测深新进展及瞻望．地球物理学进展，17（2）：245-254．

魏文博，邓明，温珍河，等．2009．南黄海海底大地电磁测深试验研究．地球物理学报．52（3）：740-749．

魏文博，邓明，谭捍东，等．2011．我国海底大地电磁测深技术研究的进展．地震地质，23（2）：131-137．

温珍河．1989．"中国海域及邻区主要含油气盆地对比研究"研究报告（地质矿产部海洋地质研究所内部资料）．

温珍河．1995．国家"八五"科技攻关项目"南黄海大陆架及邻近海域油气资源远景评价"研究报告（地质矿产部海洋地质研究所内部资料）．

温珍河，张金川．1989．南黄海盆地找油新方向的探讨．海洋地质与第四纪地质，19（2）：19-28．

文百红，程方道．1990．用于划分磁异常的新方法——插值切割法．中南矿冶学院学报，21（3）：229-235．

吴浩若．2005．下扬子区加里东期构造古地理问题．古地理学报，7（2）：243-248．

吴健生，陈冰，王家林．2005．东海陆架区中北部前第三系基底综合地球物理研究．热带海洋学报，24（2）：8-15．

吴健生，王家林，于鹏，等．2006．苏北及邻区前志留基础层的综合地球物理研究．勘探地球物理进展，29（2）：109-114．

吴启达，李芦玲，周伏洪．1984．中国东部海域与邻区的构造关系——根据航磁资料探讨．海洋地质与第四纪地质，4（2）：

15-27.

吴振利, 阮爱国, 李家彪, 等 . 2008. 南海中北部地壳深部结构探测新进展 . 华南地震, 28 (1): 21-28.

吴振利, 阮爱国, 李家彪, 等 . 2010. 南海南部海底地震仪试验及初步结果 . 海洋学研究, 28 (1): 55-61.

吴振利, 李家彪, 阮爱国, 等 . 2011. 南海西北次海盆地壳结构: 海底广角地震实验结果 . 中国科学: D 辑, 41 (10): 1463-1476.

吴志强 . 2003. 黄海地层岩石地球物理特征及其对地震勘探技术的挑战 . 中国海上油气 (地质), 17 (6): 407-411.

吴志强 . 2009. 南黄海中部隆起海相地层油气地震勘探关键技术研究 . 青岛: 中国海洋大学博士学位论文 .

吴志强, 温珍河 . 2006. 南黄海前第三系油气勘探策略 . 海洋地质动态, 22 (6): 20-24.

吴志强, 童思友, 闫桂京, 等 . 2006. 广角地震勘探技术及在南黄海前古近系油气勘探中的应用前景 . 海洋地质动态, 22 (4): 26-30.

吴志强, 陆凯, 闫桂京, 等 . 2008a. 南黄海前新生代地球物理勘探方法 . 海洋地质动态, 24 (8), 1-7.

吴志强, 许行, 童思友, 等 . 2008b. 南黄海前新生代地震采集技术研究 . 海洋地质动态, 24 (8): 20-25.

吴志强, 施剑, 童思友, 等 . 2010. 南黄海沉积层地震反射特征模拟分析与勘探技术选择的思考 . 海洋地质动态, 26 (12): 14-18.

吴志强, 吴时国, 童思友, 等 . 2011. 基于南黄海海相油气勘探的地震采集技术研究 . 地球物理学报, 54 (4): 1061-1070.

吴志强, 肖国林, 董贺平, 等 . 2012. 基于南黄海盆地海相油气的海洋立体宽线地震勘探技术设想 . 海洋地质前沿, 28 (8): 56-60.

吴志强, 曾天玖, 肖国林, 等 . 2013. 各向异性叠前时间偏移在南黄海海相油气勘探中的应用 . 海洋地质前沿 . 29 (1): 61-65.

吴志强, 骆迪, 曾天玖等 . 2014a. 南黄海海相油气地震勘探的难点分析与对策建议 . 海相油气地质, 19 (3): 8-17.

吴志强, 曾天玖, 肖国林, 等 . 2014b. 南黄海低信噪比地震资料处理技术探索 . 物探与化探, 38 (5): 1029-1037.

吴志强, 肖国林, 林年添, 等 . 2014c. 基于南黄海区域地质调查的地震关键技术和成果 . 海洋地质与第四纪地质, 34 (6): 119-126.

吴志强, 高江涛, 陈茂根, 等 . 2014d. 南黄海盆地地震试验数据处理分析方法与成果 . 海洋地质前沿, 30 (7): 51-59.

吴志强, 肖国林, 张训华, 等 . 2014e. 南黄海区域地质构造背景与地震勘探部署及试验成果 . 海洋地质前沿, 30 (10): 62-69.

吴志强, 刘丽华, 肖国林, 等 . 2015a. 南黄海海相残留盆地综合地球物理调查进展与启示 . 地球物理学进展, 30 (5): 1692-1705.

吴志强, 郝天珧, 张训华, 等 . 2015b. 扬子地块与华北地块在海区的接触关系——来自上下源、长排列多道地震剖面的新认识 . 地球物理学报, 58 (5): 1692-1705.

吴志强, 郝天珧, 唐松华, 等 . 2016. 立体气枪阵列延迟激发震源特性及在浅海区 OBS 探测中的应用 . 地球物理学报, 59 (7): 2573-2586. DOI: 10.6038/cjg20160722.

夏新宇, 陶士振, 戴金星 . 2000. 中国海相碳酸盐岩油气田的现状和若干特征 . 海相油气地质, 5 (1-2): 6-11.

夏新宇 . 2000. 碳酸盐岩生烃与长庆气田气源 . 北京: 石油工业出版社 .

向明菊, 史继杨, 周友平, 等 . 1997. 不同类型沉积物中脂肪酸的分布、演化和生烃意义 . 沉积学报, 15 (2): 84-88.

肖国林 . 2002. 南黄海盆地油气地质特征及其资源潜力再认识 . 海洋地质与第四纪地质, 22 (2): 81-87.

肖国林, 蔡来星, 郭兴伟, 等 . 2017. 南黄海中部隆起 CSDP-2 井中—古生界烃源岩精细评价 . 海洋地质前沿, 33 (12): 24-36.

谢家荣 . 1922. 甘肃玉门石油报告 . 湖南实业杂志, 第 54 号 .

谢家荣 . 1930. 石油 . 上海: 商务印书馆 .

邢涛, 张训华, 张维冈 . 2005. 南黄海区域地质构造研究进展 . 海洋地质动态, 21 (12): 6-9.

熊金良, 狄帮让, 岳英, 等 . 2006. 基于地震物理模拟的采集脚印分析 . 石油地球物理勘探, 41 (5): 493-497.

熊亮萍, 胡圣标, 汪缉安 . 1994. 中国东南地区岩石热导率值的分析 . 岩石学报, 10 (3): 323-329.

熊忠, 高顺莉, 张敏强, 等 . 2016. 上下源宽线地震采集技术在南黄海中部隆起的应用 . 石油地球物理勘探, 51 (4): 647-653.

胥颐, 郝天珧, 李志伟, 等 . 2008. 中国边缘海域及其邻区的岩石层结构与构造分析 . 地学前缘, (03): 55-63.

胥颐, 李志伟, 刘劲松, 等 . 2008. 黄海及其邻近地区的 Pn 波速度与各向异性 . 地球物理学报, 51 (5): 1444-1450.

胥颐, 李志伟, KimKwanghee, 等 . 2009. 黄海的地壳速度结构与中朝-扬子块体拼合边界 . 地球物理学报, 52 (3): 646-652.

徐辉龙，叶春明，丘学林，等．2010．南海北部滨海断裂带的深部地球物理探测及其发震构造研究．华南地震，30（S1）：10-18．

徐敏，梁虹．2015．川东北高陡复杂构造区三维地震精细构造解释技术．石油物探，54（2）：197-202．

徐佩芬．2001．大别-苏鲁造山带与华北陆块东部岩石层三维速度结构．北京：中国科学院地质与地球物理研究所博士论文．

徐世浙，余海龙．2007．位场曲化平的插值——迭代法．球物理学报，50（6）：1811-1815．

徐世浙，张研，文百红，等．2006．切割法在陆东地区磁异常解释中的应用．石油物探，45（3）：316-318．

徐世浙，曹洛华，姚敬金．2007．重力异常三维反演——视密度成像方法技术的应用．物探与化探，31（1）：25-28．

徐旺，姚慧君．1993．叠合盆地及其含油性．北京：石油工业出版社．

徐曦，杨风丽，赵文芳．2011．下扬子区海相中、古生界上油气成藏组合特征分析．海洋石油，31（4）：48-53．

徐旭辉，周小进，彭金宁．2014．从扬子地区海相盆地演化改造与成藏浅析南黄海勘探方向．石油实验地质，36（5）：523-531．

许红，张海洋，张柏林，等．2015．南黄海盆地26口钻井特征．海洋地质前沿，31（4）：1-6．

许薇龄．1982．论南黄海区的两个新生代盆地．海洋地质研究，2（1）：66-77．

薛海涛．2010．碳酸盐岩烃源岩有机质丰度评价标准．北京：石油工业出版社．

薛海涛，卢双舫，钟宁宁．2004．碳酸盐岩气源岩有机质丰度下限研究．中国科学（D辑），34（A01）：127-133．

闫敦实，王尚文，唐智．1980．渤海湾含油气盆地断块活动与潜山油气田形成．石油学报，1（2）：1-10．

闫桂京，李慧君，何玉华，等．2012．南黄海海相层石油地质条件分析与勘探方向．海洋地质与第四纪地质，32（5）：107-113．

沿海大陆架及毗邻海域油气区石油地质志编写组．1990．中国石油地质志卷十六沿海大陆架及邻海域油气区（上）．北京：石油工业出版社．

阎贫，刘昭蜀，姜绍仁．1996．东沙群岛海域的折射地震探测．海洋地质与第四纪地质，16（4）：19-24．

阎贫，刘昭蜀，姜绍仁．1997．南海北部地壳的深地震地质结构探测．海洋地质与第四纪地质，17（2）：21-27．

阎世信，等．2000．山地地球物理勘探技术．北京：石油工业出版社．

燕子杰，滕玉明，何道勇．2008．三维荧光录井技术在胜利油田油质判识中的应用．石油地质与工程，22（1）：34-36．

杨长清，董贺平，李刚．2014．南黄海盆地中部隆起的形成与演化．海洋地质前沿，30（7）：17-21，33．

杨怀春，高生军．2004．海洋地震勘探中空气枪震源激发特征研究．石油物探，43（4）：323-326．

杨金华，满益志，刘洋，等．2008．复杂构造成像能力及其存在问题．天然气工业，28（6）：34-36．

杨金玉，吴志强，姚长利．2008．2.5D重磁震联合反演在南黄海地质研究中的应用．海洋地质 动态，24（8）：33-38．

杨克绳．2002．中国东部逆断层及油气．海相油气地质，7（2）：48-53．

杨琦，陈红宇．2003．苏北-南黄海盆地构造演化．石油试验地质，25（增刊）：562-565．

杨少华．1959．柴达木盆地生油层及主要油源区．地质科学，（5）：145-147．

杨树春，蔡东升，冯晓杰，等．2003a．南黄海南部盆地前第三系烃源岩成熟度及生烃期次研究．中国海上油气（地质），17（6）：370-375．

杨树春，胡圣标，蔡东升，等．2003b．南黄海南部盆地地温场特征及热-构造演化．科学通报，48（14）：1564-1569．

杨艳秋，李刚，易春燕．2015．南黄海盆地海相地层地震反射特征及地震层序地质时代．东北石油大学学报，39（3）：50-59．

杨子建．1996．下扬子北部地区电性参数分析．石油物探，35（2）：114-122．

姚伯初．2006．黄海海域地质构造特征及其油气资源潜力．海洋地质与第四纪地质，26（2）：85-93．

姚蓉，罗开平，杨长清．2011．南黄海北部地区逆冲推覆构造特征．石油实验地质，33（3）：282-284．

姚永坚，夏斌，冯志强，等．2004．南黄海构造样式的特征与含油气性．50（6）：633-638．

姚永坚，夏斌，冯志强，等．2005．南黄海古生代以来构造演化．石油实验地质，27（2）：124-128．

姚永坚，冯志强，郝天珧，等．2008．对南黄海盆地构造层特征及含油气性的新认识．地学前缘，15（6）：232-240．

业治铮．1988．中国海洋地质调查研究进展概况．海洋地质与第四纪地质，8（3）：1-7．

叶舟，梁兴，马力，等．2006．下扬子独立地块海相残留盆地油气勘探方向探讨．地球科学，41（3）：523-548．

殷军，徐峰，杨举勇，等．2008．库车地区宽线采集技术应用与效果．天然气工业，28（6）：94-96．

尹延鸿，温珍河．2010．中国东部海区及邻域区域构造图见：张洪涛，张训华，温珍河，等．中国东部海区及邻域地质地球物理系列图（1：10000000）．北京：海洋出版社．

尹赞勋．1948．火山爆发白垩纪鱼层及昆虫之大量死亡与玉门石油之生成．地质论评，13（1-2）：139．

印蕴玉．2001．中、下扬子区海相油气几个晚期成藏实例及中、古生界油气区带、目标评价．中、下扬子地区中、古生界油气勘探专题研讨会材料汇编.

游庆瑜, 刘福田, 冉崇荣, 王广福. 2003. 高频微功耗海底地震仪研制. 地球物理学进展, 18 (1): 173-176.

于鹏, 王家林, 吴健生, 等. 2007. 重力与地震资料的模拟退火约束联合反演. 地球物理学报, 50 (2): 529-538.

于世焕, 丁伟, 徐淑合, 等. 2004. 延迟震源技术在三维高分辨率地震勘探中的应用. 石油物探, 43 (2): 111-115.

余伯良. 1957. 甘肃走廊新构造运动的特征与意义. 见: 中国科学院地学部编辑. 中国科学院第一次新构造运动座谈会发言记录. 北京: 科学出版社, 159-166.

俞寿朋, 蔡希玲. 1998. 频率倍增与速度分析. 中国海上油气 (地质), 12 (5): 342-345.

袁文光. 1989. 渤海、黄海、东海的地球物理调查史. 海洋地质与第四纪地质, 9 (3): 19-27.

张宝金, 成谷, 文鹏飞, 等. 2010. 南黄海中古生代残留沉积地层的地震成像. 地球物理学进展, 25 (2): 389-395.

张国伟, 郭安林, 王岳军, 等. 2013. 中国华南大陆构造与问题. 中国科学: 地球科学, 43 (10): 1553-1582.

张海啟, 陈建文, 李刚, 等. 2009. 地震调查在南黄海崂山隆起的发现及其石油地质意义. 海洋地质与第四纪地质, 29 (3): 107-113.

张淮, 周荔青, 李建青. 2006. 下扬子地区海相下组合油气勘探潜力分析. 石油实验地质, 28 (1): 15-20.

张会星, 宁书年, 杨峰, 等. 2001. 时延爆炸理论及应用研究. 中国煤田地质, 13 (4): 47-49.

张家强. 2002. 南黄海中、古生界油气勘探前景. 海洋地质动态, 18 (11): 25-27.

张军华, 吕宁, 雷凌, 等. 2004. 抛物线拉冬变换消除多次波的应用要素分析. 石油大学学报 (自然科学版), 39 (4): 388-393.

张雷, 魏赟, 高顺莉, 姜雨. 2013. 南黄海中、古生界地震反射特征模拟分析与勘探对策. 中国石油勘探, 2: 26-29.

张莉, 赵明辉, 王建, 等. 2013. 南海中央次海盆 OBS 位置校正及三维地震探测新进展. 地球科学 (中国地质大学学报), (01): 33-42.

张明华, 张家强. 2005. 现代卫星测高重力异常分能力分析及在海洋资源调查中应用. 物探与化探, 29 (4), 1-5.

张水昌, 等译. 2011. 生物标志化合物指南. 北京: 石油工业出版社.

张文波, 朱光明. 2005. 海底电缆数据中压力分量与垂直分量的分析与应用. 地球科学与环境学报, 27 (1): 72-75.

张文佑. 1986. 中国及邻区海陆构造. 北京: 科学出版社.

张文佑, 张抗, 赵永贵, 等. 1983. 华北断块区中、新生代地质构造特征及岩石圈动力学模型. 地质学报, (01): 33-42.

张文昭. 1997. 中国陆相大油田. 北京: 石油工业出版社.

张文正, 关师德. 1997. 液态烃分子系列碳同位素地球化学. 北京: 石油工业出版社.

张学洪. 1995. 三维荧光光谱测试方法及其在油气化探中的应用. 桂林工学院学报, 15 (2): 171-179.

张训华. 2008. 中国海域构造地质学. 北京: 海洋出版社.

张训华, 郭兴伟. 2014. 块体构造学说的大地构造体系. 地球物理学报, 57 (12): 3861-3868, DOI: 10.6038/ cjg20141201.

张训华, 孟祥君, 韩波. 2009. 块体与块体构造学说. 海洋地质与第四纪地质, 29 (05): 59-64.

张训华, 郭兴伟, 杨金玉, 等. 2010. 中国及邻区重力特征与块体构造单元初划. 中国地质, 37 (4): 881-887.

张训华, 张志珣, 蓝先洪, 等. 2013. 黄海区域地质. 北京: 海洋出版社.

张训华, 吴志强, 肖国林, 等. 2014a. 新世纪南黄海地震勘探的进展成果与展望. 海洋地质前沿, 30 (7): 1-8.

张训华, 吴志强, 肖国林, 等. 2014b. 南黄海前新生代油气地震勘探面临的问题与努力方向. 海洋地质前沿, 30 (10): 1-7.

张训华, 杨金玉, 李刚, 等. 2014c. 南黄海盆地基底及海相中、古生界地层分布特征. 地球物理学报, 57 (12): 4041-4051.

张训华, 王忠蕾, 侯方辉, 等. 2014d. 印支运动以来中国海陆地势演化及阶梯地貌特征. 地球物理学报, 57 (12): 3968-3980, DOI: 10.6038/cjg20141210.

张训华, 杨金玉, 李刚, 等. 2014e. 南黄海盆地基底及海相中、古生界地层分布特征. 地球物理学报, 57 (12): 4041-4051, DOI: 10.6038/cjg20141216.

张银国, 梁杰. 2014. 南黄海盆地二叠系至三叠系沉积体系及其沉积演化. 吉林大学学报, 44 (5): 140-1418.

张银国, 肖国林, 吴志强, 等. 2014. 南黄海盆地北部坳陷古近系沉积特征及其沉积演化. 海洋地质前缘, 30 (10): 26-32.

张永刚, 王赟, 王妙月. 2004. 目前多分量地震勘探中的几个关键问题. 地球物理学报, 47 (1): 151-155.

张永刚, 等. 2007. 复杂介质地震波场模拟分析与应用. 北京: 石油工业出版社.

张中杰. 2002. 地震各向异性研究进展. 地球物理学进展, 17 (2): 281-293.

赵爱华, 张美根, 丁志峰. 2006. 横向各向同性介质中地震波走时模拟. 地球物理学报, 49 (6): 1762-1769.

赵长煜，宋海斌，钱荣毅，等 . 2010. 叠合盆地构造热演化模拟方法研究——以江汉盆地为例 . 地球物理学报，53（1）：128-137.

赵殿栋，谭绍泉，张庆淮，等 . 2001. 地震勘探中特殊震源的研制与应用 . 石油地球物理勘探，36（4）：383-389.

赵虎，尹成，李瑞，徐峰，等 . 2011. 基于检波器接收照明能量效率最大化的炮检距设计方法 . 石油地球物理勘探，46（3）：333-338.

赵美训，张玉琢，邢磊，等 . 2011. 南航还表层沉积物中正构烷烃的组成特征、分布及其对沉积有机质来源的指示意义 . 中国海洋大学学报，44（4）：90-96.

赵明辉，丘学林，叶春明，等 . 2004. 南海东北部海陆深地震联测与滨海断裂带两侧地壳结构分析 . 地球物理学报，47（5）：845-852.

赵明辉，丘学林，徐辉龙，等 . 2006. 华南海陆过渡带的地壳结构与壳内低速层 . 热带海洋学报，25（5）：36-42.

赵明辉，丘学林，徐辉龙，等 . 2007. 南海北部沉积层和地壳内低速层的分布与识别 . 自然科学进展，17（04）：471-479.

赵明辉，丘学林，夏少红，等 . 2008. 大容量气枪震源及其波形特征 . 地球物理学报，51（2）：558-565.

赵群，马国庆，宗遐龄 . 2004. 超声地震物理模型连续数据采集系统 . 地球物理学进展，19（4）：786-788.

赵仁永，张振波，轩义华 . 2011. 上下源、上下缆地震采集技术在珠江口盆地的应用 . 石油地球物理勘探，46（4）：517-521.

赵维娜，张训华，孟祥君，等 . 2017. 南黄海 OBS 数据转换横波分析及其地质意义 . 地球物理学报，60（4）：1479-1490，doi：10.6038/cjg20170401.

赵文芳，杨凤丽，庄建建 . 2011. 南黄海中部隆起中–古生界构造特征分析 . 油气藏评价与开发，1（5）：6-13.

赵文智，何登发，瞿辉，等 . 2001. 复合含油气系统中油气运移流向研究的意义 . 石油学报，22（4）：7-12.

赵文智，张光亚，王红军，等 . 2003. 中国叠合含油气盆地石油地质基本特征与研究方法 . 石油勘探与开发，30（2）：1-8.

赵文智，胡素云，刘伟，等 . 2015. 论叠合含油气盆地多勘探"黄金带"及其意义 . 石油勘探与开发，42（1）：1-12.

赵永强，段铁军，袁东风，等 . 2007. 苏北朱家墩气田成藏特征对南黄海南部盆地勘探的意义 . 海洋地质与第四纪地质，27（4）：91-96.

郑度，姚檀栋 . 2006. 青藏高原隆升及其环境效应 . 地球科学进展，21（5）：451-458.

郑华锋 . 2011. 苏北盆地中、上古生界分布预测 . 石油物探，50（1）：51-58.

郑求根 . 2006. 扬子区前第三系油气成藏条件分析 . 北京：中国地质大学 .

郑永飞，张少兵 . 2007. 华南前寒武纪大陆地壳的形成和演化 . 科学通报，52（1）：1-10.

支鹏遥，刘保华，华清峰，等 . 2012. 渤海海底地震仪探测试验及初步成果 . 地球科学进展，27（7）：769-777.

中国科学院兰州地质研究所 . 1960. 中国西北区陆相油气田形成及其分布规律 . 北京：地质出版社 .

中国石油化工集团公司华东石油勘探局 . 2012 年勘探年会报告材料 .

周俊昌，罗勇 . 2002. 古潜山风化壳溶洞地层钻进的启示——常州 35-2-1 井实钻情况分析 . 中国海上油气（工程），14（3）：23-27.

周小进，杨帆 . 2007. 中国南方新元古代-早古生代构造演化与盆地原型分析 . 石油实验地质，29（5）：446-451.

周中毅，潘长春，范善发，等 . 1989. 准噶尔盆地的地温特征及其找油意义 . 新疆石油地质，（3）：67-74.

朱纯，潘建明，卢冰，等 . 2005 长江口及邻近海域现代沉积物中正构烷烃分子组合特征及其对有机碳运移分布的指示 . 海洋学报，27（4）：59-67.

朱鹏宇，杨晗，杨海涛，等 . 2010. 宽线观测大组合接收技术在阜康断裂带的应用 . 勘探地球物理进展，33（5）：359-362.

朱平 . 2007. 南黄海盆地北部凹陷含油气系统分析 . 石油实验地质，29（6）：549-553.

朱生旺，魏修成，李锋 . 2002. 用抛物线 Radon 变换稀疏解分离和压制多次波 . 石油地球物理勘探，37（2）：110-115.

朱伟林，王国纯 . 2000. 渤海浅层油气成藏条件分析 . 中国海上油气（地质），14（6）：367-374.

朱夏 . 1986. 论中国含油气盆地构造 . 北京：石油工业出版社 .

祝厚勤，刘平兰 . 2003. 盐城凹陷朱家墩泰州组气藏形成机理研究 . 天然气地球科学，14（3）：220-223.

邹伟 . 2008. 三维荧光分析技术在东濮凹陷西斜坡油源分析中的应用 . 石油与天然气地质，29（4）：511-516.

左银辉，张旺，李兆影，等 . 2015. 查干凹陷中、新生代构造-热演化史 . 地球物理学报，58（7）：2366-2379.

Abrams M. 1992. Geophysical and geochemical evidence for subsurface hydrocarbon leakage in the Bering Sea, Alaska. Marine and Petroleum Geology, 9：208-221.

Abrams M A. 1996a. Distribution of subsurface hydrocarbon seepage in near surface marine sediments. Hydrocarbon Migration and Its Near Surface Expression：American Association Petroleum Geology Memoir, 66：1-14.

Abrams M A. 1996b. Interpretation of surface methane carbon isotopes extracted from surficial marine sediments for detection of subsurface hydrocarbons. In: Schumacher D, Abrams M. Hydrocarbon Migration and its Near-Surface Expression: AAPG Memoir, 66: 305-314.

Abrams M A. 2004. Evaluating petroleum systems in frontier exploration areas using seabed geochemistry. World Oil, 225 (6): 53-60.

Abrams M A. 2005. Significance of hydrocarbon seepage relative to petroleum generation and entrapment. Marine and Petroleum Geology, 22: 457-477.

Abrams M A. 2007. Sediment gases as indicators of subsurface hydrocarbon generation and entrapment-examining the record both in laboratory and field studies—A thesis submitted for the degree of Doctor of Philosophy. Department of Earth Science and Engineering, Imperial College, London.

Abrams M A, Segall M P, Burtell S G. 2001a. Best practices for detecting, identifying, and characterizing near-surface migration of hydrocarbons within marine sediments. In: Offshore Technology Conference, Houston, TX. Proceedings Volume, OTC Paper 13039.

Abrams M A, Guliev I S, Collister J. 2001b. Geochemical evaluation ofrapidly subsiding basin: South Caspian Basin. In: American AssociationPetroleum Geology Convention Abstracts, Annual AAPG Convention, Denver, Colorado, June 3-6.

Abrams M A, Segall M P, Burtell S G. 2001c. Best practices for detecting, identifying, and characterizing near surface migration of hydrocarbons within marine sediments. OTC Paper, 13-39.

Aki K. 1969. Analysis of the seismic coda of local earthquake as scattered waves. Geophys Res, 74: 615-631.

Aki K, Chouet B. 1975. Origin of coda waves: Source, attenuation and scattering effects. Journal of Geophysical Research, 80 (23): 3322-3342.

Alistair R B. 1997. 地震属性及其分类. 严又生译. 国外油气勘探, 9 (4): 529-530.

Alkhalifah T. 1995. Gaussian beam migration in anisotropic media. Geophysies, 60 (5): 1474-1484.

Alkhalifah T. 2006. Kirchhoff time migration for transversely isotropic media: An application to Trinidad data. Geophysics, 71 (1): 29-35.

Alkhalifah T, Larner K. 1994. Migration error in transversely isotropic media. GeoPhysies, 59: 1405-1418.

Alkhalifah T, Tsvankin. 1995. Velocity analysis for transversely isotropic media. GeoPhysies, 60 (5): 1550-1566.

Allen P A, Allen J R. 1990. Basin Analysis- Principles and Applications. Forward models of heat flow and inversion of vitrinite reflectance data in investigating Tertiary inversion events. Blackwell Scientific Publications, Cambridge.

Alroy J. 2010. The Shifting balance of diversity among major marine animal groups. Science, 329: 1191-1194.

Assad J M, Tatham R H. 1992. A physical model study of microcrack-induced anisotropy. Geophysics, 57 (12): 1562-1570.

Bahorich M S, Bridges S R. 1992. Seismic sequence attribute map (SSAM). SEG Expanded AbstractsⅡ, 227-230.

Bao H Y, Guo Z F, Huang Y P, et al. 2013a. Tectonic-thermal evolution of the subei basin since the Late Cretaceous. Geological Journal of China Universities, 19 (4): 574-579.

Bao H Y, Guo Z F, Zhang L L, et al. 2013b. Calculating methods and assessment of stretching factor. Petroleum Geology & Experiment, 35 (3): 331-338.

Barwise T, Hay, S. 1996. Predicting oil properties from core fluorescence. In: Abrams M A. Hydrocarbon Migration and its Near Surface Effects. American Association of Petroleum Geologist Memoir, 66: 363-371.

Baur F, Littke R, Wielens H, et al. 2010. Basin modeling meets rift analysis- A numerical modeling study from the Jeanne d'Arc basin, offshore Newfoundland, Canada. Marine and Petroleum Geology, 27 (3): 585-599.

Beaudoin G, Michell S. 2006. The Atlantis OBS Project: OBS Nodes- Defining the Need, Selecting the technology, and Demonstrating the Solut64ion. Offshore Technology Conference, paper OTC 17977.

Behar F, Vandenbroucke M, Tang Y, et al. 1997. Thermal cracking of kerogen in open and closed systems: Determination of kinetic parameters and stoichiometric coefficients for oil and gasgeneration. Organic Geochemistry, 26 (5): 321-339.

Bernard B B, Brooks J M, Sackett W M, 1976. Natural gas seepage in Gulf of Mexico. Earth and Planetary Science Letters, 31: 48-54.

Bernard B B, Brooks J M, Baillie P, et al. 2008. Surface geochemical exploration and heat flow surveys in fifteen frontier indonesian basins. Proceedings, Indonesia Petroleum Association, 32th Annual Convention & Exhibition, 5: 1-17.

Berner U, Faber E. 1993. Light hydrocarbons in sediments of the Nankai Accretionary Prism (LEG 131, SITE 808). In: Hill I A, Taira A, Firth J V, et al. Ocean Drilling Program: Scientific Results, 131: 185-195.

Berner U, Faber E. 1996. Empirical carbon isotope/maturity relationships for gases from algal kerogens and terrigenous organic matter, based on dry, open-system pyrolysis. Organic Geochemistry, 24: 947-955.

Boelle J L, Lecerf D, Lafram A, et al. 2010. Ocean Bottom Node processing in deep offshore environment for reservoir monitoring. 80th Annual International Meeting, SEG, Expanded Abstracts, 4190-4194.

Bohnhoff M, Makris J, Papanikolaou D, et al. 2001. Crustal investigation of the Hellenic subduction zone using wide aperture seismic data. Tectonophysics, 343: 239-262.

Breivik A J, Mjelde R, Grogan P, et al. 2003. Crustal structure and transform margin development south of Svalbard based on ocean bottom seismometer data. Tectonophysics, 369: 37-70.

Brian H H. 2000. Applications of OBC recording. The Leading Edge, 19 (4): 382-391.

Brooks J D, Smith J W. 1967. The diagenesis of plant lipids during the formation of coal, petroleum and natural gas-I. Changes in n-paraffin hydrocarbons Geochimical et Cosmochimica Acta, 31: 2389-2397.

Brooks J D, Smith J W. 1969. The diagenesis of plant lipids during the formation of coal, petroleum and natural gas-Ⅱ. Colification and the formation of oil and gas in the Gippsland Basin. Geochimica et Cosmochimica Acta, 33: 1183-1194.

Brooks J M, Kennicutt Ⅱ M C, Bernard L A, et al. 1983. Applications of total scanning fluorescence to exploration geochemistry. Offshore Technology Paper, OTC-4624, 393-400.

Brown A R. 1987. The value of seismic amplitude. The Leading Edge, 6 (30): 30-33.

Brown R J, Lawton D C. 1991. Scaled physical modelling of anisotropic wave propagation: Multi-offset profiles over an orthorhombic medium. Geophysical Journal International, 107: 693-702.

Cagniard L. 1953. Basic Theory of the Magneto—Telluric method of geophysical prospecting. Geophysics, 18 (3): 605-635.

Cambois G, Long A, Parkes G, et al. 2009a. Multi-level airgun array—A simple and effective way to enhance low frequencies in Marine seismic. 71st EAGE Conference and Exhibition, Amsterdam, The Netherlands.

Cambois G, Long A, Parkes G, et al. 2009b. Multi-level airgun array: A simple and effective way to enhance the low frequency content of marine seismic data. SEG Houston 2009 International Exposition and Annual Meeting: 152-156.

Charvis P, Operto S. 1999. Structure of the Cretaceous Kerguelen Volcanic Province (southern Indian Ocean) from wide-angle seismic data. Geodynamics, 28: 51-71.

Chen L, Song H B. 2008. Extraction of seismic time-frequency attribute based on Morlet wavelet match tracing algorithm. OGP, 43 (6): 673-679.

Chen Q, Sidney S. 1997. Seismic attribute technology for reservoir forecasting and monitoring. The Leading Edge, 16 (5): 445-456.

Chen Q, Sidney S, 张翠兰. 1998. 用于储层预测和监测的地震属性技术. 国外油气勘探, (2): 220-231.

Cheremisinoff N P. 1979. Applied Fluid Flow Measurement. New York: Marcel Dekker.

Chernov, Yu A. 1971. Oblique Sounding of Ionosphere. Moscow: Svyaz'.

Chon Y T, Turpening W R. 1990. Complex salt and subsalt imaging: A seismic physical model study in 2-D and 3-D: 60th SEG. Expanded Abstracts, 1569-1571.

Chung H M, Gormly J R, Squires R M. 1988. Gas generation from source rocks: Aspects of a qualitative treatment. Chemical Geology, 71: 97-104.

Clayton C J. 1991. Carbon isotope fractionation during natural gas generation from kerogen. Marine and Petroleum Geology, 8: 232-240.

Cole G, Requejo R, DeVay J, et al. 2001. The deepwater GOM petroleum system: Insights from piston coring, defining seepage, anomalies, and background. In: 21st Annual GCS-SEPM Research Conference, 315-342.

Coleman D D, Lin C, Keogh R A. 1977. Isotopic identification of leakage gas from underground storage reservoirs—a progress report, Illinois State Geological Survey Illinois. Petroleum, 111: 1-10.

Cong B, Zhai M. Cars well D A, et al. 1995. Petrogenesis of ultrahigh pressure rock at Shuang in Dabieshan, central China. Eur J Mnem 1, 7: 119-138.

Constable S, et al. 1998. Marine magnetotellurics for petroleum exploration 1: A seafloor instrument system. Geophysics, 63: 816-825.

Cox C S, et al. 1971. Electromagnetic studies of ocean currents and electrical conductivity below the ocean floor. The Sea, 4 (Part I), 637-693.

Crampin S. 1984. Effective anisotropic elastic contants for wave propagation through cracked solids. Geophys J R astr Soc, 76: 135-145.

Crampin S. 1987. The geologicaland industrial implicationsof extensive-dilatancy anisotropy. Nature, 328: 491-496.

Davide S, Solarino S, Eva C. 2009. P wave seismic velocity and Vp/Vs ratio beneath the Italian peninsula from local earthquake tomography. Tectonophysics, 465: 1-23.

Devleena Mani, Patil D J, Dayal A M. 2011. Stable carbon isotope geochemistry of adsorbed alkane gases in near-surface soils of the Saurashtra Basin, India. Chemical Geology, 280: 144-153.

Dix C H. 1995. Seismic velocities from surface measurement. Geophysics, 20 (1): 68-86.

Donelick R A. 2005. Apatite fission-track analysis. Reviews in Mineralogy and Geochemistry, 58 (1): 49-94.

Douglas J. 1992. Suppression of multiple reflection using the radon transform. Geophysical, 57 (3): 386-395.

Dragoset B, MacKay S. 1993. Surface multiple attenuation and subsalt imaging in 63rd Ann. Internat Mtg Soc of Expl Geophys, 58: 1099-1102.

Dragoset W H. 1984. A comprehensive method for evaluating the design of air guns and air gun arrays. The Leading Edge, 52: 52-61.

Dragoset W H, Jericevic Z. 1998. Some remarks on surface multiple attenuation. Geophysics, 63: 772-789.

Drakatos G, Karastathis V, Makris J, et al. 2005. 3D crustal structure in the neotectonic basin of the Gulf of Saronikos (Greece). Tectonophysics, 400: 55-65.

Eakin D H, Mcintosh K D, Van Avendonk H J A, et al. 2014. Crustal-scale seismic profiles across the Manila subduction zone: The transition from intraoceanic subduction to incipient collision. Journal of Geophysical Research: Solid Earth, 119 (1): 1-17.

Ebrom D A, Tatham R H, Sekharan K K, McDonald J A. 1990. Hyperbolic travel time analysis of first arrivals in an azimuthally anisotropic medium: A physical modeling study. Geophysics, 55: 185-191.

Eglinton G, Hamilton. 1967. Leaf epicuticular waxes. Science, 156 (780): 1322-1335.

Faber E, Stahl W J. 1983. Analytical procedure and results of an isotope geochemical surface survey in an area of the British North Sea. In: Brooks J. Petroleum Geochemistry and Exploration of Europe: Geological Society, London, Spec. Publ., 12: 51-63.

Faber E, Stahl W. 1984. Geochemical surface exploration for hydrocarbon in North Sea. American Association of Petroleum Geologists Bulletin, 68: 363-386.

Feng Z Q, Yao Y J, Zeng X H, et al. 2002. The new understanding on Mesozoic-Paleozoic structural feature and hydrocarbon prospect in the Yellow Sea. Marine Geology Letters. (In Chinese), 18 (11): 17-20.

Fjeldskaar W, Helset H M, Johansen H, et al. 2008. Thermal modelling of magmatic intrusions in the Gjallar Ridge, Norwegian Sea: implications for vitrinite reflectance and hydrocarbon maturation. Basin Research, 20 (1): 143-159.

Flynn H G. 1975. Cavitation dynamics I: A mathematical formulation. J Acoust Soc Am, 57: 1379-1396.

Ford S R, Phillips W S, Walter W R, et al. 2009. Attenuation to mography of the Yellow Sea/Korean Peninsula from Coda-source normalized and direct Lg Amplitudes. Pure Appl Geophys, doi: 10.1007/s00024-009-0023-2.

Fuex A N. 1977. The use of stable carbon isotope in hydrocarbon exploration. Journal of Geochemical Exploration, 7: 155-188.

Fuex A N. 1980. Experimental evidence against an appreciable isotopic fractionation of methane during migration. In: Douglas A G, Maxwell J R. Advances in organic geochemistry 1979: Physics and Chemistry of Earth, 12: 725-732.

Gao S L, Zhou Z Y. 2014. Discovery of the Jurassic strata in the North-East Sag of South Yellow Sea. Geological Journal of China Universities, 20 (2): 286-293.

Gao S L, Xu X, Zhou Z Y. 2015. Structural deformation and genesis of the northern sub-basin in South Yellow Sea since Late Cretaceous. Oil & Gas Geology, 36 (6): 924-933.

Gearing P, Gearing J N, Lytle T F, et al. 1976. Hydrocarbons in 60 northeast Gulf of Mexico shelf sediments: A preliminarysurvey. Eochimica et Cosmochimica Acta, Volume 40, Issue 9, September, 1005-1017.

Goni M A, Ruttenberg K C, Eglinton T I. 1997. Sources and contribution of terrigenous organic carbon to surface sediments in the Gulf of Mexico. Nature, 389 (6648): 275-278.

Hao T Y, Liu Y K, Duan C. 1996. Approaching fault system of the East China and adjacent area from gravity and magnetic data. Chinese J. Geophys (In Chinese), 39 (Suppl.): 141-149.

Hao T Y, Suh M, Wang Q S, et al. 2002. A study on the extension of fault zones in Yellow Sea and its adjacent areas based on gravity data. Chinese Journal of Geophysics, 45 (3): 385-397.

Hao T Y, Suh M, Liu J H, et al. 2003a. Deep structure and boundary belt position between Sino-Korean and Yangtze blocks in Yellow Sea. Earth Science Frontiers, 11 (3): 51-61.

Hao T Y, Liu J H, Suh M, et al. 2003b. Deep structure characteristics and geological evolution of the yellow sea and its adjacent regions. Chinese J Geophys (In Chinese), 46 (6): 803-808.

Hao T Y, Huang S, Xu Y, et al. 2010. Geophysical understandings on deep structure in Yellow Sea. Chinese J. Geophys. (In

Chinese), 53 (6): 1315-1326.

Harry Dembicki Jr. 2010. Recognizing and compensating for interference from the sediment´s background organic matter and biodegradation during interpretation of biomarker data from seafloor hydrocarbon seeps: An example from the Marco Polo area seeps, Gulf of Mexico, USA. Marine and Petroleum Geology, 1936-1951.

He L J. 1999. Mutipletectono-thermal modeling of Liaohe Basin in the Cenozoic. Chinese Journal of Geophysics, 42 (1): 62-68.

He L J. 2000. Advance in tectono-thermal modelling of sedimentary basins. Advance in Earth Sciences, 15 (6): 661-665.

He L J. 2002. Effects of lithospheric rheology on thermal-mechanical modeling of extensional basins. Chinese Journal of Geophysics, 45 (1): 49-55.

He L J, Xiong L P, Wang J Y. 1998. Effects on the tectono-thermal modeling of extensional basins. Scientia Geologica Sinica, 33 (2): 222-228.

Heinson G. 2000. Episodic melt transport at a mid-ocean ridge inferred from magnetotelluric sounding. Geophys Res Lett, 18: 1917-1920.

Helbig K. 1983. Elliptical anisotropy its significance and meaning. Geophysics, 48: 825-832.

Herring C. 1941. Office of scienctific research and development report. No. 236 (NDRC C4-sr 20-010).

Hill D, Combee L, Bacon J. 2006. Over/under acquisition and data processing: The next quantum leap in seismic technology. First Break, 24 (6): 81-96.

Hobro J W D. 1999. Three-dimensional tomographic inversion of combined reflection and refraction seismic traveltime data. PhD thesis, University of Cambridge.

Hobro J W D, Singh S C, Minshull T A. 2003. Three-dimensional tomographic inversion of combined reflection and refraction seismic traveltime data. Geophysical Journal International, 152 (1): 79-93.

Horvitz L. 1985. Geochemical exploration for petroleum. Science, 229: 812-827.

Hostettler F D, Pereira W E, Kvenvolden K A, et al. 1999. A record of hydrocarbon input to San Francisco Bay as traced by biomarker profiles in surface sediment and sediment cores. Marine Chemistry, 64 (1-2): 115-127.

Hou F H, Zhang Z X, Zhang X H, et al. 2008. Geologic evolution and tectonic styles in the South Yellow Sea Basin. Marine Geology & Quaternary Geology, 28 (5): 61-68.

Hou F H, Tian Z X, Zhang X H, et al. 2012. Joint inversion of gravity magnetic and seismic data of the South Yellow Sea Basin. OGP, 47 (5): 808-814.

Hoversten G H. 1998. Marine magnetotellurics for petroleum exploration 2, Numerical analysis of subsalt resolution. Geophysics, 63: 826-840.

Hoversten G H. 1999. Marine magnetotellurics for base salt mapping: Gulf of Mexico field-test at the Gemini structure. Geophysics, 65: 1476-1488.

Howard M, Harding C, Stoughton D. 2007. Rich azimuth marine seismic, a cost effective approach to better subsalt images. First Break, 25 (3): 63-68.

Hu S B, Wang J Y. 1995. Principles and progresses on thermal regime of sedimentary basins-an overview. Earth Science Frontiers, 2 (3-4:) 171-180.

Hu S B, Zhang R Y, Luo Y H, et al. 1999. Thermal history and tectonic-thermal evolution of Bohai Basin, East China. Chinese Journal of Geophysics, 42 (6): 748-755.

Hu S B, O'Sullivan P B, Raza A, et al. 2001. Thermal history and tectonic subsidence of the Bohai Basin, northern China: A Cenozoic rifted and local pull-apart basin. Physics of Earth and Planetary Interiors, 126 (3-4): 221-235.

Huang F, Liu Q Y, He L J. 2012. Tectono-thermal modeling of the Sichuan Basin since the Late Himalayan period. Chinese Journal of Geophysics, 55 (11): 3742-3753.

Hudson J A, Knopoff L. 1989. Predicting the overall properties of composites materials with small-scale inclusions or cracks. Pure Appl Geophys, 131: 551-576.

Hugonnet P. 2002. Partial surface related multiple elimination in 72nd Ann. Internat Mtg Soc of Expl Geophys, 2104-3005.

James A T. 1983. Correlation of natural gas by use of carbon isotopic distribution between hydrocarbon components. American Association of Petroleum Geologists Bulletin, 67: 1176-1191.

James A T. 1990. Correlation of reservoired gases using the carbon isotopic composition of wet gas components. American Association of Petroleum Geologists Bulletin, 74: 1141-1158.

Jarvis G T, McKenzie D P. 1980. Sedimentary basin formation with finite extension rates. Earth and Planetary Science Letters, 48

（1）：42-52.

Johnson D T. 1994. Understanding air-gun bubble behavior. Geophysics, 59（11）：1729-1734.

Johnston R C. 1982. Development of more efficient air gun arrays：Theory and experiment. Geophysical Prospecting, 30：752-773.

Jones I F, et al. 2001. 采集方向对叠前深度偏移成像的影响. 李学慧译. 石油物探译丛, 3：33-39.

Kapoor S, Moldoveanu N, Egan M, et al. 2007. Subsalt imaging：The RAZ-WAZ experience. The Leading Edge, 26（11）：1414-1422.

Katzman R, Holbrook W S, Paull C K. 1994. Combined vertical-incidence and wide-angle seismic study of a gas hydrate zone, Blake Ridge. Journal of Geophysical Research solid Earth, 99（B9）：17975-17995.

Kelamis P G, Verschuur D J. 2000. Surface-related multiple elimination on land seismic data-Strategies via case studies. Geophysics, 65（3）：719-734.

Kennicutt II M, Brooks J M. 1988a. Surface geochemical exploration studies predict API gravity off California. Oil and Gas Journal, 9-11.

Kennicutt II M, Brooks J M. 1988b. Relation between shallow sediment bitumens and deeper reservoir hydrocarbons, Offshore Santa Maria Basin, CA, USA. Applied Geochemistry, 3：573-582.

Ketcham R A. 2005. Forward and inverse modeling of low-temperature thermochronometry data. Reviews in Mineralogy and Geochemistry, 58（1）：275-314.

Kim S W, Kwon S H, Ryu I C, et al. 2012. Characteristics of the Early Cretaceous igneous activity in the Korean Peninsula and tectonic implications. The Journal of Geology, 120（6）：625-646.

Korenaga J, Holbrook W S, Kent G M, et al. 2000. Crustal structure of the southeast Greenland margin from joint refraction and reflection seismic tomography. J Geophys Res, 105（B9）：21591-21614.

Koulakov I, Stupina T, Kopp H. 2010. Creating realistic models based on combined forward modeling and tomographic inversion of seismic profiling data. Geophysics, 75（3）：B115-B136.

Kragh E, Svendsen M, Kapadia D, et al. 2009. A method for efficient broadband marine acquisition and processing. 71st EAGE Conference and Exhibition, Amsterdam, The Netherlands.

Krigh E., Muyzert E, Curtis T, et al. 2010. Efficient broadband marine acquisition and processing for improved resolution and deep imaging. The Leading Edge, 29（4）：464-469.

Landrø M. 1992. Modelling of GI gun signatures. Geophysical Prospecting, 40：721-747.

Langhammer J, Landrø M. 1993a. Experimental study of viscosity effects on air-gun signatures. Geophysics, 58（12）：1801-1808.

Langhammer J, Landrø M. 1993b. Temperature effects on airgun signatures. Geophysical Prospecting, 41：737-750.

Laws R, Landrø M, Amudnsen L. 1988. An experimental comparison of three direct methods of marine source signature estimation. Geophysical Prospecting, 46：353-389.

Laws R M, Hatton L, Haartsen M. 1990. Computer modeling of clustered airguns. First Break, 8（9）：331-338.

Lee G H, Kwon Y I, Yoon C S, et al. 2006. Igneous complexes in the eastern Northern South Yellow Sea Basin and their implications for hydrocarbon systems. Marine and Petroleum Geology, 23（6）：631-645.

Li H, Lin C S, Zhang Y M, et al. 2014. The modeling of thermal-subsidence history and character of tectonic-thermal evolution in Irrawaddy Basin. Chinese Journal of Geophysics, 57（3）：884-890.

Li R F, Chen L Q, Li Y J, et al. 2010. The thermal history reconstruction and hydrocarbon accumulation period discrimination of Gaoyou Depression in Subei Basin. Earth Science Frontiers, 17（4）：151-159.

Li Y. 1989. 气枪信号估算及海洋地震资料子波处理. 石油物探译丛, 3：33-44.

Liang R C, Pei Y L, Zheng Y P, et al. 2003. Gravity and magnetic field and tectonic structure character in the southern Yellow Sea. Chinese Science Bulletin, 48（1 Supplement）：64-73.

Liao J, Zhou D, Zhao Z X. 2009. Numerical models of the tectono-thermal evolution of rift basins and their applications to the Northern South China Sea. Journal of Tropical Oceanography, 28（6）：41-51.

Lisker F, Ventura B, Glasmacher U A. 2009. Apatite thermochronology in modern geology. Geological Society, London, Special Publications, 324（1）：1-23.

Liu G D. 1993. Atlas of Geology and Geophysical of Chinese and Adjacent Regions（in Chinese）. Beijing：Science Press.

Liu G D. 2002. Building the next great wall-The second round of oil & gas exploration of China. Progress in Geophysics（in Chinese）, 17（2）：186-190.

Liu Q Y, He L J. 2015. Discussion on several problems in tectono-thermal modeling of rift basins. Chinese Journal of Geophysics, 58

（2）：601-612.

Logan G A, Abrams M A, Dahdah N F, Grosjean E. 2009. Laboratory methods for evaluating migrated high molecular weight hydro-carbonsin marine sediments at naturally occurring oil seeps. Organic Geochemistry, 365-375.

Lorant F, Prinzhofer A, Behar F, Huc A Y. 1988. Carbon isotopic and molecular constraints on the formation and the expulsion of thermogenic hydrocarbon gases. Chemical Geology, 147: 249-264.

Ma Y S. 2006. Cases of discovery and exploration of marine fields in China (part6): Puguang gas field in Sichuan basin. Marine Origin Petroleum Geology (in Chinese), 11 (2): 36-40.

MacGillivray A O. 2006. An acoustic modeling study of seismic airgun survey noise in Queen Charlotte Basin Victoria: University Victoria［Master Thesis］.

MacGregor L. 2001. Electrical resistivity structure of the Valu Fa Ridge, Lau Basin, from marine controlled-source electromagnetic sounding. Geophys J Int, 146.

Mahapatra S N, Imhof M G. 2008. Seismic attribute analysis and geo-body visualization changes our perception about a century old highly heterogeneous field. The Leading Edge, 27 (3): 368-374.

Makris J, Thiessen J. 1984. Offshore seismic investigations of sedimentary basins with a newly developed ocean bottom seismograph. The 54th international SEG meeting, Atlanta, USA.

Mc Menamin. 1990. The Emergence of Animal-The Cambrian Breakthrough. New York: Columbia Univ Press.

Mcintosh K D, Nakamura Y, Wang T K, et al. 2005. Crustal-scale seismic profiles across Taiwan and the western Philippine Sea. Tectonophysics, 401: 23-54.

Mcintosh K D, Liu C, Lee C. 2012. Introduction to the TAIGER special issue of marine geophysical research. Marine Geophysical Research, 33 (4): 285-287.

McKenzie D. 1978. Some remarks on the development of sedimentary basins. Earth and Planetary Science Letters, 40 (1): 25-32.

McMenamin M A, McMenamin D L S. 1990. The emergence of animals: The Cambrianbreakthrough. Columbia University Press.

Mienert J, Bunz S, Guidard S, et al. 2005. Ocean bottom seismometer in vestigations in the Ormen Lange area offshore mid-Norway provide evidence for shallow gas layers in subsurface sediments. Marine and Petroleum Geology, 22 (1-2): 287-297.

Miura S, Takahashi N, Nakanishi A, et al. 2005. Structural characteristics off Miyagi forearc region, the Japan Trench seismogenic zone, deduced from a wide-angle reflection and refraction study. Tectonophysics, 407: 165-188.

Moldoveanu N. 2000. Vertical source array in marine seismic exploration: 70th Annual International Meeting, SEG, Expanded Abstracts, 53-56.

Moldoveanu N. 2008. Circular Geometry for Wide-Azimuth Towed-Streamer Acquisition. 70st EAGE Conference & Exhibition, Extended Abstracts, G011.

Moldoveanu N, Combee L, Egan A M, et al. 2007. Over/under towed-streamer acquisition: A method to extend seismic bandwidth to both higher and lower frequencies. The Leading Edge, 26 (1): 41-58.

Moldoveanu N, Seymour N., Manen D J, Caprioli P. 2012. Broadband seismic methods for towed-streamer acquisition. 74st EAGE Conference & Exhibition, Extended Abstracts, V021.

Musser J A. 2000. 3D seismic survey design: A solution. First Break, 18 (5): 166-171.

Nazareth J J, Clayton R W. 2003. Crustal structure of the borderland-continent transition zone of southern California adjacent to Los Angeles. JGR, 108 (B8): 2404.

Neves F A, Zahrani M S, Bremkamp S W. 2004. Detection of potential fractures and small faults using seismic. The Leading Edge, 23 (9): 903-906.

Odebeatu E, Zhang J, Chapman M, et al. 2006. Application of spectral decomposition to anomalies associated with gas saturation. The Leading Edge, 25 (2): 206-210.

Okaya D, Henrys S, Stern T. 2002. Double-sided onshore-offshore seismic imaging of a plate boundary: "super-gathers" across South Island, New Zealand. Tectonophysics, 355 (1): 247-263.

Oldenburg D W. 1974. The inversion and interpretation of gravity anomalies. Geophysics, 39 (4): 526-536.

Paige C C, Saunders M A. 1982. An algorithm for sparse linear equations and sparse least squares. ACM Transactions on Mathematical Software (TOMS), 8 (1): 43-71.

Pan C H. 1941. Non-marine origin of petroleum in North Shansi, and the cretaceous of Sichuan, China. Bull, AAPG, 25 (11): 2058-2068.

Pang Y M, Zhang X H, Xiao G L, et al. 2016. Structural and geological characteristics of the South Yellow Sea Basin in Lower

Yangtze Block. Geological Review, 62（3）: 604-616.

Park R L. 1973. The rapid calculation of potential anomaies. Geohpys J Roy astr Soc,（31）: 447-455.

Pei Z H, Wang G S. 2003. Classification of deformation of types of the marine Mesozoic- Paleozoic erathemin North Jiangsu- South Yellow Sea. Natural Gas Industry（in Chinese）, 23（6）: 32-36.

Pica A, Diet J, Tarantola A. 1990. Nonlinear inversion of seismic reflection data in a laterally invariant medium. Geophysics, 55: 284-292.

Poelchau H S, Baker D R, Hantsche T H, et al. 1997. Basin simulation and the design of the conceptual basin model. Petroleum and Basin Evolution, Springer: 3-70.

Prinzhofer A A, Huc A Y. 1995. Genetic and post-genetic molecular isotopic fractionations in natural gases. Chemical Geology, 126: 281-290.

Qiu N S, Li S P, Zeng J H. 2004. Thermal history and tectonic- thermal evolution of the Jiyang Depression in the Bohai Bay Basin, East China. Acta GeologicaSinica, 78（2）: 263-269.

Ren J, Tamaki K, Li S, et al. 2002. Late mesozoic and cenozoic rifting and its dynamic setting in Eastern China and adjacent areas. Tectonophysics, 344（3）: 175-205.

Robein E. 2012. 地震资料叠前偏移——方法、原理和优缺点分析. 王克斌, 曹孟奇, 王永明, 等译. 北京: 石油工业出版社.

Sachpazi M, Galvé A, Laigle M, et al. 2007. Moho topography under central Greece and its compensation by Pn time- terms for the accurate location of hypocenters: The example of the Gulf of Corinth 1995 Aigion earthquake. Tectonophysics, 440: 53-65.

Safar M H. 1976a. The radiation of acoustic waves from an airgun. Geophysical Prospecting, 24: 756-772.

Safar M H. 1976b. Efficient design of air-gun arrays. Geophysical Prospecting, 24: 773-787.

Sanez G. 1984. Geochemical prospecting in Mexico. Organic Geochemistry, 6: 715-725.

Sato H. 1977. Energy propagation including scattering effect: Single isotropic scattering, approximations. Bull Seis Soc Amer, 68: 923-948.

Schoell M. 1983a. Isotope technique for tracing migration of gases in sedimentary basins. Journal of the Geological Society of London, 140: 415-422.

Schoell M. 1983b. Genetic characterization of natural gases. American Association of Petroleum Geologist Bulletin, 67: 2225-2238.

Schoell M. 1984. Recent advances in petroleum isotope geochemistry. Organic Geochemistry, 6: 645-663.

Schulze-Gattermann R. 1972. Physical aspects of the "airpulser" as a seismic energy source. Geophysical Prospecting, 20: 155-192.

Schumacher D. 1996. Hydrocarbon- induced alteration of soils and sediments. In: Schumacher D M, Abrams M A. Hydrocarbon Migration and its Near-Surface Expression: AAPG Memoir, 66: 71-89.

Sercel INC. Marine souree. http: //www. sereel. com. 2006-09.

Shen J, Zhou L, Feng Q L, et al. 2014. Paleo- productivity evolution across the Permian- Triassic boundary and quantitative calculation of primary productivity of black rock series from the Dalong Formation, South China. Science China: Earth Sciences（in Chinese）, doi: 10. 1007/s11430-013-4780-5.

Shi X B, Wang J Y, Luo X R. 2000. Discussion on the abilities of thermal indicators in reconstructing thermal history of sedimentary basin. Chinese Journal of Geophysics, 43（3）: 386-392.

Soubaras R. 2010. Deghosting by joint deconvolution of a migration and a mirror migration. 80th SEG Annual Meeting, Expanded Abstracts, 3406-3410.

Stahl W J. 1974. Carbon isotope fractionations in natural gases. Nature, 251（471）: 134-135.

Stahl W, Faber E, Carey B D, Kirksey D L. 1981. Near-surface evidence of migration of natural gas from deep reservoirs and source rocks. American Association of Petroleum Geologists Bulletin, 65: 1543-1550.

Steckler M S, Watts A B. 1978. Subsidence of the Atlantic-type continental margin off New York. Earth and Planetary Science Letters, 41（1）: 1-13.

Sven H, Olav H, Roger S. 1996. Test of a new surface geochemistry tool for resource prediction in frontier areas. Marine and Petroleum Geology, 13（1）: 107-124.

Sweeney J J, Burnham A K. 1990. Evaluation of a simple model of vitrinite reflectance based on chemical kinetics（1）. AAPG Bulletin, 74（10）: 1559-1570.

Tenghamn R, Vaage S, Borresen C. 2007. A Dual- Sensor, Towed Marine Streamer. Its Viable Implementation and Initial Results. SEG/San Antonio 2007 Annual Meeting.

Thoms R M. 1979. condensation of steam on water in turbulent motion. International Journal of Multiphase Flow, 5: 1-5.

Thomsen L. 1986. Weak elastic anisotropy. Geophysies, 51 (10): 1954-1966.

Thurber C, Kissling E. 2000. Advamces in Travel-time Caculations for 2-structures. Adcances in Event Location, Kluwer Academic Publishers, 101: 71-99.

Tompkins M J. 2004. Effects of vertical anisotropy on marine active source electromagnetic data and inversions. 66th EAGE Annual Meeting, Paris, France.

Trey H, Cooper A K, Pellis G, et al. 1999. Transect across the West Antarctic rift system in the Ross Sea, Antarctica. Tectonophysics, 301: 61-74.

Tsvankin L, Thomsen L. 1994. Nonhyerbolic reflection moveout in anisotropic media. GeoPhysies, 59: 1290-1304.

Vail P R, Mitchum R M Jr, Thompson S. 1977. Seismic stratigraphy and global changes of sea level, Part3: Relative changes of sea level from coastal onlap. AAPG Memoir, 26: 63-81.

Van Avendonk H J, Holbrook W S, Okaya D, et al. 2004. Continental crust under compression: A seismic refraction study of South Island geophysical transect I, South Island, New Zealand. Journal of Geophysical Research: Solid Earth, B06302 (109): 1-16.

Verschuur D J, Berkhout A J, Wapenaar C P A. 1992. Adaptive surface-related mutiple elimination. Geophysics, 57 (9): 1166-1177.

Volkinan J K, Johns R B, Gillan F T. 1980. Microbial lipids of an intertidal sediment. 1. Fattyacids and hydroearbons. Geoehimica et Cosmochimica Acta, 44: 113-143.

Wan T F. 2001. Distinetive characteristics of Sino-Korean and Yangtze Plates. Geological Review (in Chinese), 47 (1): 57-63.

Wang J Y, et al. 2015. Geothermics and Its Applications. Beijing: Science Press.

Wang L J, Ye J R, Wu C L. 2005. Petroleum geological characteristics of Pre-Tertiary in South Yellow Sea basin. Natural Gas Industry (in Chinese), 25 (7): 1-3.

Wang L S, Li C, Shi Y S, et al. 1995. Distributions of geotemperature and terrestrial heat flow density in Lower Yangtze area. Chinese Journal of Geophysics, 38 (4): 469-476.

Wang L W. 1989. Basic characteristics of geology and prospects of oil and gas production in the Southern Huanghai sea basin. Marine Geology & Quaternary Geology (in Chinese), 9 (3): 41-50.

Wang Q C, Akira I W, Zhao Z Y, et al. 1993. Coesite-bearing granulite retrograde from eclogite in Weihai, eastern China. Eur J Mnem, 5: 141-152.

Wang Q S, An Y L. 1999. Gravity field and deep structure in the Western part of South Yellow Sea and adjacent area. Chinese Science Bulletion (in Chinese), 44 (22): 2448-2453.

Wang T K, Chen M, Lee C, et al. 2006. Seismic imaging of the transitional crust across the northeastern margin of the South China Sea. Tectonophysics, 412 (3-4): 237-254.

Waples D W. 2002. A new model for heat flow in extensional basins: Estimating radiogenic heat production. Natural Resources Research, 11 (2): 125-133.

Watson J M, Swanson C A. 1975. North sea-major petroleum province. Bull AAPG, 59 (7): 1098-1112.

Whiticar M J. 1994. Correlation of natural gases with their sources. In: Magoon L, Dow W. The Petroleum System-from Source to Trap: AAPG Spec. Publ. , Ch. , 16: 261-283.

Whiticar M J. 1999. Carbon and hydrogen isotopes systematics of bacterial formation and oxidation of methane. Chemical Geology, 161: 291-341.

Whiticar M J, Faber E. 1986. Methane oxidation in sediment and water column environments-isotope evidence. Advances in Organic Chemistry 1985 (12th EAOG meeting) . Organic Geochemistry, 10: 759-768.

Wu Z Q, Xiao G L, Dong H P, et al. 2012. A suggestion of marine tridimensional wide line seismic technique for exploration of marine carbonate reservoir in the south Yellow Sea basin. Marine Geology Frontiers (in Chinese), 28 (8): 56-60.

Wu Z Q, Liu L H, Xiao G L, et al. 2015a. Progress and enlightenment of integrated geophysics exploration of marine residual basin in the South Yellow Sea. Progress in Geophys (in Chinese), 30 (5): 1692-1705.

Wu Z Q, Hao T Y, Zhang X H, et al. 2015b. The contact characteristics between the North China block and the Yangtze block: New constraints from over/under source and long spread multi-channel seismic profiles. Chinese J Geophys (In Chinese), 58 (5): 1692-1705.

Wu Z Q, Hao T Y, Tang S H, et al. 2016. Tridimensional air-gun array with delay fired source signal characteristics and the application in OBS exploration in shallow sea. Chinese J Geophys (In Chinese), 59 (7): 2573-2586, doi:

10. 6038/cjg20160722.

Xia S, Zhao M, Qiu X, et al. 2010. Crustal structure in an onshore-offshore transitional zone near Hong Kong, northern South China Sea. Journal of Asian Earth Sciences, 37 (5-6): 460-472.

Xu H, Zhang H Y, Zhang B L, et al. 2015. Characteristics of the 26 wells from the South Yellow Sea basin. Marine Geology Frontiers (in Chinese), 31 (4): 1-6.

Xu Y, Li Z W, Liu J S, et al. 2008. Pn wave velocity and anisotropy in the Yellow Sea and adjacent region. Chinese Journal of Geophysics, 51 (5): 1444-1450.

Xu Y, Li Z W, Kim K H, et al. 2009. Crustal velocity structure and collision boundary between the Sino-Korea and Yangtze blocks in the Yellow Sea. Chinese Journal of Geophysics, 52 (3): 646-652.

Yan P, Zhou D, Liu Z S. 2001. A crustal structure profile across the northern continental margin of the South China Sea. Tectonophysics, 338 (1): 1-21.

Yang Q, Chen H Y. 2003. Tectonic evolution of the North Jiangsu-South Yellow Sea basin. Petroleum Geology and Experiment, 25 (11): 562-565.

Yang Y Q, Li G, Yi C Y. 2015. Characteristics of seismic reflection and geological ages of seismic sequences for marine strata in the south Yellow Sea basin. Journal of Northeast Petroleum University (in Chinese), 39 (3): 50-50.

Yao Y J, Xia B, Feng Z Q, et al. 2005. Tectonic evolution of the South Yellow Sea since the Paleozoic. Petroleum Geology & Experiment, 27 (2): 124-128.

Yao Y J, Feng Z Q, Hao T Y, et al. 2008. A new understanding of the structural layers in the South Yellow Sea Basin and their hydrocarbon-bearing characteristics. Earth Science Frontiers, 15 (6): 232-240.

Yao Y J, Chen C F, Feng Z Q, et al. 2010. Tectonic evolution and hydrocarbon potential in northern area of the South Yellow Sea. Journal of Earth Science, 21: 71-82.

Yi S H, Yi S S, Batten D J, et al. 2003. Cretaceous and Cenozoic non-marine deposits of the Northern South Yellow Sea Basin, offshore western Korea: Palynostratigraphy and palaeoenvironments. " Palaeogeography, Palaeoclimatology, Palaeoecology, 191 (1): 15-44.

Zelt C A, Barton P J. 1998. Three-dimensional seismic refraction tomography: A comparison of two methods applied to data from the Faeroe Basin. Journal of Geophysical Research: Solid Earth (1978-2012), 103 (B4): 7187-7210.

Zelt C A, Smith R B. 1992. Seismic traveltime inversion for 2-D crustal velocity structure. Geophysical Journal International, 108 (1): 16-34.

Zerilli A. 1999. Application of marine magnetotelluric to commercial exploration: Cases from the mediterranean and the gulf of Mexico. 61st EAGE Meeting, Helsinki.

Zerilli A. 2000. Advances in marine magnetotellurics. 62nd EAGE Meeting, Glasgow.

Zerilli A, Botta M. 2000. Advances in commercial marine magnetotellurics for hydrocarbon exploration. The Expanded Abstracts of 70th SEG Mtg, Calgary, Canada, 1-6.

Zhai M G, Cong B L, Guo J H, et al. 1997. Sm-Nd geochronology and petrography of garnet pyroxene Granulites in the Northem sulu region of China and their Geotectonic implication. Lithos, 52: 23-33.

Zhang H Q, Chen J W, Li G, et al. 2009. Discovery from seismic survey in Laoshan uplift of the South Yellow Sea and the significance. Marine Geology & Quaternary Geology (in Chinese), 29 (3): 107-113.

Zhang M H, Xu D S, Chen J W. 2007. Geological structure of the yellow sea area from regional gravity and magnetic in terpretation. Applied Geophysics, 4 (2): 75-83.

Zhang X H. 2008. Tectonic Geology in China Seas. Beijing: Ocean Publishing House.

Zhang X H, Guo X W. 2014. Block tectonics and its geotectonic system. Chinese J Geophys (in Chinese), 57 (12): 3861-3868, DOI: 10. 6038/cjg20141201.

Zhang X H, Meng X J, Han B. 2009. Block and block tectonics. Marine Geology & Quaternary Geology (in Chinese), 29 (5): 59-64.

Zhang X H, Zhang Z X, Lan X H, et al. 2013. Regional Geological in South Yellow Seas. Beijing: Ocean Publishing House.

Zhang X H, Yang J Y, Li G, et al. 2014a. Basement structure and distribution of Mesozoic-Paleozoic marine strata in the South Yellow Sea basin. Chinese Journal of Geophysics, 57 (12): 4041-4051.

Zhang X H, Wang Z L, Hou F H, et al. 2014b. Terrain evolution of China seas and land since the Indo-China movement and characteristics of the stepped landform. Chinese J Geophys (in Chinese), 57 (12): 3968-3980. DOI: 10. 6038/cjg20141210.

Zhao C Y, Song H B, Qian R Y, et al. 2010. Research on tectono-thermal evolution modeling method for superimposed basin with the Jianghan Basin as an example. Chinese Journal of Geophysics, 53 (1): 128-137.

Zhao W F, Yang F L, Zhuang J J. 2011. Analysis of the tectonic characteristics of Mesozoic-Palaeozoic in the middle uplift of South Yellow Sea. Reservoir Evaluation and Development (in Chinese), 1 (5): 6-13.

Zhao W N, Zhang X H, Meng X J, et al. 2017. Analysis of converted shear wave based on OBS data in the South Yellow Sea and its geological implications. Chinese J Geophys (in Chinese), 60 (4): 1479-1490, doi: 10. 6038/cjg20170401.

Zhou J C, Luo Y. 2002. The inspiration from drilling weathered surface/Karst Cave formation in buried hill well Changzhou 35-2-1 actual drilling analysis. China Offshore Oil and Gas (Engineering) (in Chinese), 14 (3): 23-27.

Ziegler P A. 1975. Petroleum geology and geology of the North Sea and northeast Atlantic contirental margin. Universitets for Laget, 1-27.

Ziolkowski A. 1970. A method for calculating the output pressure waveform from an air gun. Geophys J R astr Soc, 21: 137-161.

Ziolkowski A. 1991. Why don't we measure seismic signatures. Geophysics, 56 (2): 190-201.

Ziolkowski A. 1998. Measurement of air-gun bubble oscillations. Geophysics, 63 (6): 2009-2024.

Ziolkowski A M, Metselaar G. 1984. The pressure wave field of an air-gun array. 54th Meeting, Society of Exploration Meeting, Expanded Abstracts. 274-276.

Ziolkowski A, Parkes G, Hatton L, et al. 1982. The signature of an air gun array: Computation from near-field measurements including interactions. Geophysics, 47 (10): 1413-1421.

Ziolkowski A M, Hanssen P, Gatliff R, et al. 2003. Use of low frequencies for sub-basalt imaging. Geophysical Prospecting, 51: 169-182.

Zuo Y H, Zhang W, Li Z Y, et al. 2015. Mesozoic and cenozoic tectono-thermal evolution history in the Chagan Sag, Inner Mongolia. Chinese Journal of Geophysics, 57 (7): 2366-2379.